Vorwort

Auch fachfremde Ingenieure betreiben elektrische Anlagen. Bei unsachgemäßem Umgang damit können leicht erhebliche Schäden auftreten. Sie sind meist nicht nur sehr kostspielig, sondern sie können sich auch sehr gefährlich auf die Umgebung auswirken.

Hier ist die Rede von Anlagen der elektrischen Energietechnik. Wie in den meisten Gebieten der Technik genügt auch hier ein verhältnismäßig eng umreißbarer Rahmen an Grundkenntnissen, um einen erfolgreichen und gefahrlosen Umgang mit solchen Anlagen zu gewährleisten und die nötige Sicherheit und allmählich auch angemessene Unbefangenheit zu gewinnen.

Neben der wohl unvermeidlichen Theorie sollen viele praktische und exemplarische Übungsbeispiele Schwerpunkte setzen. Diese Beispiele sind stets vollständig durchgerechnet oder -gemessen, soweit es sich um Laborbeispiele handelt. In jedem Falle werden die Ergebnisse interpretiert und im Rahmen der aktuellen Technik ausgewertet.

Dem Studierenden wird sich so bald der Weg zum selbständigen, typisch elektrotechnischen Denken eröffnen. Der Weg dahin wird durch viele Illustrationen, Tabellen und Meßprotokolle geebnet, vor allem aber auch durch viele aktuelle Fotografien.

Mit der üblichen Laborausstattung von Hoch- und Berufsschulen dürften die ersten hundert Labor-Meßpunkte ohne Schwierigkeiten nachvollziehbar sein. Ab Meßpunkt 103 muß jedoch mit einem Niveau *lebensgefährlicher Betriebsspannung gerechnet werden.* Diese Übungen gehören daher in die Hände geschulten Fachpersonals!

Das Studium der Laborübungen dürfte auch für denjenigen gewinnbringend sein, der die einzelnen Meßpunkte womöglich nicht live nachvollziehen kann, falls ihm keine Laborausstattung verfügbar sein sollte. Er kann sich an den konkreten und realistischen Meßergebnissen orientieren, die tabelliert und in Diagramme und Kennlinien ausgewertet wurden. Sie stellen einen wesentlichen Teil des Buchs dar, der die Theorie praktisch beleuchten und kritisch zu kontrollieren gestatten soll.

Im gegebenen Rahmen und bei der Zielrichtung Fachfremde war es natürlich unvermeidlich, einige Vereinfachungen zu treffen. So wird z.B. die magnetische Streuung nicht erwähnt, Schaltungen werden nur im technisch sinnvollen Umfang behandelt, die Wechselstromkreise bleiben auf das Nötigste beschränkt, unsymmetrische Drehstrombelastungen bleiben weg, auf das Ersatzschaltbild des Trafos und der Asynchronmaschine wurde verzichtet, in wenigen Fällen auch auf die Herleitung von weniger wichtigen Formeln.

Ein ernstes Problem ist die Tatsache, daß das VDE-Vorschriftenwerk vor dem Hintergrund „internationaler Harmonisierungen" auf längere Zeit im Umbruch begriffen sein dürfte. Davon sind alle aktuellen Darstellungen ebenso betroffen, wie die hier vorliegende. Im Zweifelsfall gelten die jeweils neuesten Bestimmungen. Der Anwender muß sich im Einzelfall selbst darum kümmern, keiner veralteten Bestimmung zum Opfer zu fallen.

Besonders bedanken möchte ich mich bei den vielen Firmen, die mich großzügig mit Fotos aktueller Anlagen und moderner Geräte unterstützt haben. Wo offensichtlich ältere Anlagen zu sehen sind, war das auch beabsichtigt, z.B. wegen des pädagogischen Inhalts.

Ich hoffe, daß gerade die vielen Illustrationen dem Benutzer des Buchs großen Gewinn bringen. Gleichzeitig ist es auch beabsichtigt gewesen, dem Leser einen Überblick über die *Elektroindustrie* unseres Landes zu geben. Dabei war es allerdings nicht möglich, alle Firmen gleichmäßig zu berücksichtigen. Die Auswahl verlief somit auch zufällig.

Die spezielle elektrotechnische Interpretation einiger Wilhelm-Busch-Figuren wird man mir hoffentlich genügend verständnisvoll quittieren. Bekanntlich begann Wilhelm Busch seinen Berufsweg mit einem Maschinenbaustudium. Sicherlich hätte er technische Veröffentlichungen durchweg so illustriert.

Besonderen Dank schulde ich meinem Labormeister, Herrn Georg Beckert für seine langjährige fachliche Unterstützung. Sehr segensreich floß seine apparative Erfahrung in viele Laborübungen ein.

Horst Krämer

Ulm, Januar 1984

Inhaltsverzeichnis

Beispiele

1 Grundbegriffe

1.1 Normen; DIN, VDE

Das Vorschriftenwerk des *Verbands Deutscher Elektrotechniker (VDE) e.V.* liefert die maßgebliche Arbeits- und Entscheidungsgrundlage für die Probleme der Elektrotechnik. Seine einzelnen *Bestimmungen* sind teilweise Bestandteil des DIN-Normenwerks.

Eine wichtige erste Orientierungsgrundlage, z.B. darüber, ob zu einem Stichwort Bestimmungen überhaupt existieren, ist das

- Sachverzeichnis des VDE: etwa 2500 Stichworte führen zu Nummern von VDE-Bestimmungen, sowie das
- Nummern-Verzeichnis (VDE-Vorschriftenwerk) [1].

Entscheidend sind natürlich stets die jeweils neuesten Bestimmungen. Zu einigen besonders wichtigen Bestimmungen gibt es sehr nützliche Kommentare [2].

1.2 Elektrische Ladung

1.2.1 Erklärung, Einheit und Elementarladung

Ein Atom erscheint nach außen hin normalerweise als ungeladen (Bild 1-1). Damit ist gemeint, daß die Kern- und Hüllen-Atombausteine ladungsmäßig im Gleichgewicht sind.

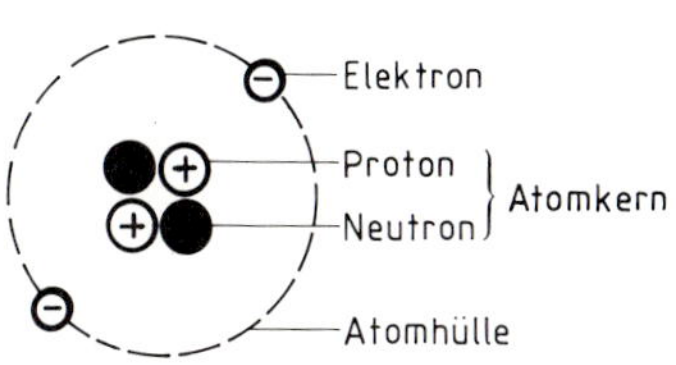

Bild 1-1 Modellbeispiel Heliumatom: je 2 Elektronen, Protonen, Neutronen. Das Atom erscheint äußerlich neutral (ungeladen).

Tabelle 1-1 Ladungszonen, Polaritätsfestlegungen, Atomzonen

Baustein	Ladungsart Polarität	Zone
Elektron	negativ	Atomhülle
Proton	positiv	Atomkern
Neutron	ungeladen	

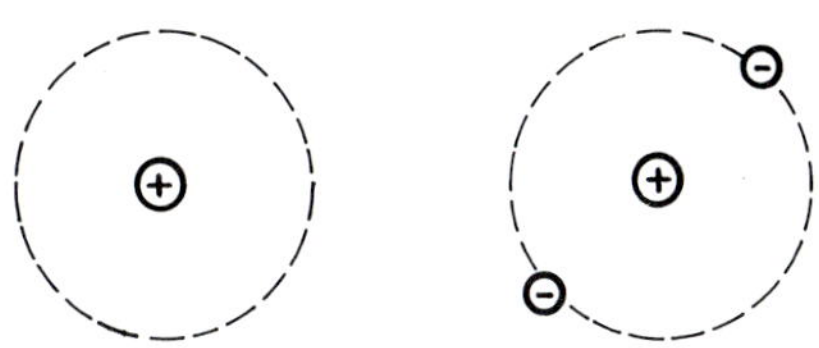

Bild 1-2 Zwei-(Wasserstoff)-Ionen, links positives, rechts negatives H-Ion

Mit elektrischer Ladung können gemeint sein:

- der Zustand der Atombausteine (Tabelle 1-1),
- derjenige von Ionen (Bild 1-2),
- die jeweiligen Bausteine selbst.

Das Formelzeichen der elektrischen Ladung ist

Q für zeitlich konstante Ladungen, bzw.
q für zeitlich veränderliche Ladungen.

Die Einheit der elektrischen Ladung Q heißt:

$$1 \text{ Coulomb} = 1\text{ C} = 1\text{ A} \cdot 1\text{ s}. \qquad (1.1)$$

Die kleinste je gemessene Ladung ist die eines Atombausteins. Sie hat den Betrag:

$$e = 0{,}1602 \cdot 10^{-18}\text{ C} = 0{,}1602\text{ aC}. \qquad (1.2)$$

Man nennt sie die Elementarladung. Die möglicherweise weitere Unterteilbarkeit der Atombausteine in Quarks ist zumindestens für die hiesige Darstellung unerheblich [3].

1.2.2 Eigenschaften von Ladungen

Von elektrischen Ladungen gehen Kraftwirkungen aus (Bild 1-3 und Tabelle 1-2).
Wegen ihrer Kristallgitterstruktur sind bei Stoffen wie Cu, Ag, Al und anderen Stoffen im festen Aggregatzustand die Protonen unbeweglich.
Verschiebbar sind bei ihnen jedoch die Elektronen, mindestens auf der jeweils äußersten Energiestufe („Schale") der Atomhülle. Solche frei verschiebbaren Elektronen nennt man *freie Elektronen* (Tabelle 1-3).

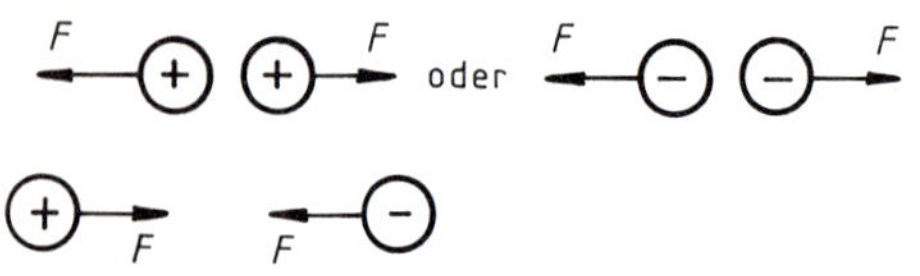

Bild 1-3 Kraftwirkungen auf Ladungen

Tabelle 1-2 Kraftwirkung zwischen zwei Ladungen, wie auch in Bild 1-3 zu sehen

Ladungsart	Kraftwirkung
gleichartig ungleichartig	Abstoßung Anziehung

Tabelle 1-3 Beweglichkeit von Ladungen; Kriterien für Leiter, Isolator und Halbleiter

Stoffart	Die Ladungsträger (Elektronen) der äußersten Schale des betreffenden Stoffes ...
Leiter z.B. Cu, Ag	... sind frei beweglich
Isolator, Nichtleiter	... sind *nicht frei beweglich*
Halbleiter	... werden erst *durch äußere Einwirkung frei beweglich* (i.a. durch Energiezufuhr oder äußere Ladungen)

1.3 Elektrische Spannung

1.3.1 Erklärung und Einheit

Die elektrische Spannung kann betrachtet werden als

- Zustand zwischen zwei getrennten elektrischen Ladungen (Bild 1-4)
  – entweder unterschiedlichen Betrags
  – oder unterschiedlicher Polarität,
- Ursache für das Zustandekommen eines elektrischen Stroms.

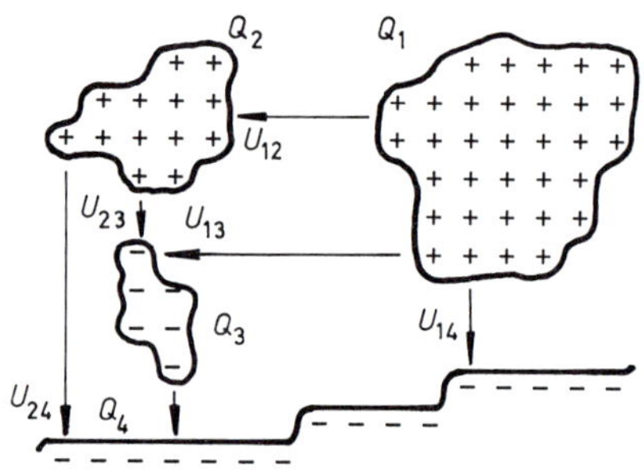

Bild 1-4 Die Spannungspfeile symbolisieren den Ladungszustand zwischen den einzelnen Zonen (z.B. Wolken) untereinander, sowie gegenüber der Erde. Der Pfeil zeigt stets von Plus nach Minus, bzw. von positiveren zu weniger positiven Zonen hin.

Das Formelzeichen der elektrischen Spannung ist

U für zeitlich konstante Spannungen, bzw.
u für zeitlich veränderliche (z.B. vor allem von Wechsel-)Spannungen.

Die Einheit der elektrischen Spannung heißt 1 Volt = 1 V.

1.3.2 Definition der elektrischen Spannung

Man kann die elektrische Spannung definieren nach Gl. (1.3) bzw. Gl. (1.4):

$$U = \frac{W}{Q}, \tag{1.3}$$

$$u = \frac{\mathrm{d}w}{\mathrm{d}q}. \tag{1.4}$$

Bild 1-5 Spannungsüberschlag bei 1,3 Millionen V (Effektivwert) und 50 Hz zwischen einem Auto und einer Hochspannungsanlage. Im Auto saß dabei eine Versuchsperson. Das Auto schirmt als Faradayscher Käfig die elektrischen Wirkungen von den Insassen ab. Allerdings können bei großen Blitzentladungen die Reifen platzen. (Werkbild *Siemens AG*)

Hierin bedeuten:

W (bzw. w) die Energie, die zur Trennung der Ladung Q (bzw. q) erforderlich ist.

Die elektrische Spannung breitet sich in einer elektrischen Anlage etwa mit Lichtgeschwindigkeit aus.

1.3.3 Polarität

Einer elektrischen Spannung wird ein Pfeil zugeordnet (analog der Darstellung von Kräften in der Mechanik). Er zeigt von der Plus- zur Minus-Ladungszone bzw. vom höheren zum niedrigeren Potential (Bild 1-4).
Diese (stets einspitzige) Pfeildarstellung ist eine wichtige Arbeitserleichterung bei Berechnungen, besonders bei unübersichtlicheren Schaltungen.

1.3.4 Spannungsarten

Man unterscheidet Gleich- und Wechselspannung. Kriterium der Unterscheidung ist der Richtungssinn:

- Gleichspannung hat stets den gleichen Richtungssinn (Bild 1-6),
- bei Wechselspannung wechselt der Richtungssinn, also das Vorzeichen, periodisch (Bild 1-7).

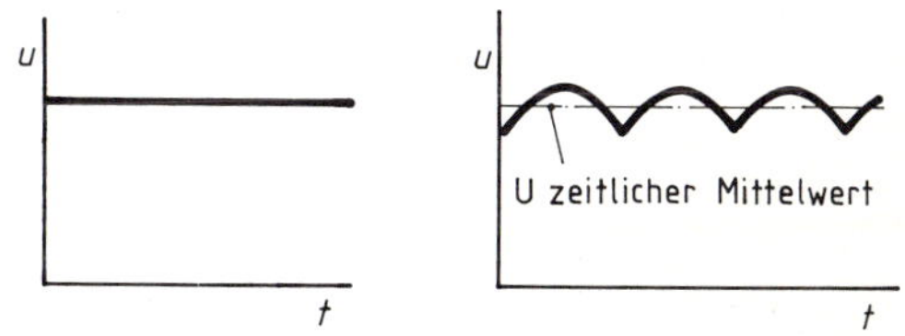

Bild 1-6 Beispiele für Gleichspannung, links glatte, rechts pulsierende Spannung

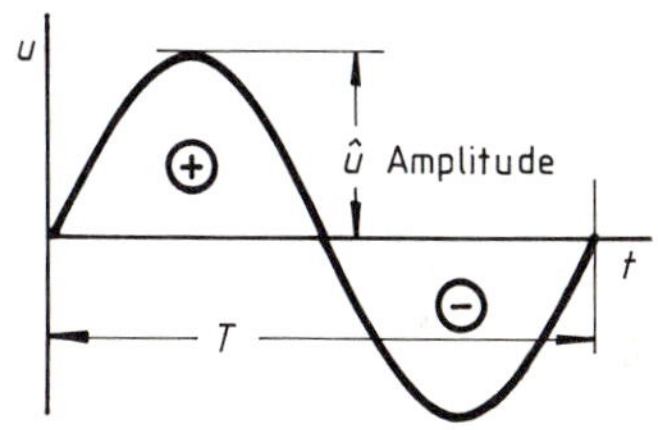

Bild 1-7 Beispiel für eine Wechselspannung. Sie muß nicht unbedingt immer sinusförmig sein. Bei $f = 50$ Hz beträgt $T = 20$ ms.

Den Vorgang rechts in Bild 1-6 bezeichnet man auch als Mischspannung. Man kann ihn auf eine Überlagerung von Gleich- und Wechselspannung zurückführen.

1.3.5 Periodendauer und Frequenz

Zwischen der aus Bild 1-7 zu ersehenden Periodendauer T und der Frequenz f einer Wechselspannung gilt im Sinne einer Definition der Zusammenhang:

$$f = \frac{1}{T}. \tag{1.5}$$

Die Einheit der Frequenz heißt 1 Hertz = 1 Hz:

$$1 \text{ Hertz} = 1 \text{ s}^{-1}. \tag{1.6}$$

In Europa beträgt die Frequenz der öffentlichen Netzversorgungsspannung $f = 50$ Hz bei einer damit verknüpften Periodendauer von $T = 20$ ms.

1.4 Elektrischer Strom

1.4.1 Erklärung und Einheit

Unter einem elektrischen Strom versteht man *bewegte Ladung*. Ursachen für solche Bewegungen können z.B. sein:

- die Wirkung elektrischer Spannung auf elektrische Ladungen,
- rein mechanischer Ladungstransport, z.B. in Flüssigkeiten, Gasen und Plasmen (ionisierten Gasen).

Das Formelzeichen des elektrischen Stroms ist

I für zeitlich konstanten Strom, bzw.
i für zeitlich veränderlichen Strom,

analog den Spannungen.
Die Einheit des elektrischen Stroms heißt 1 Ampere = 1 A.

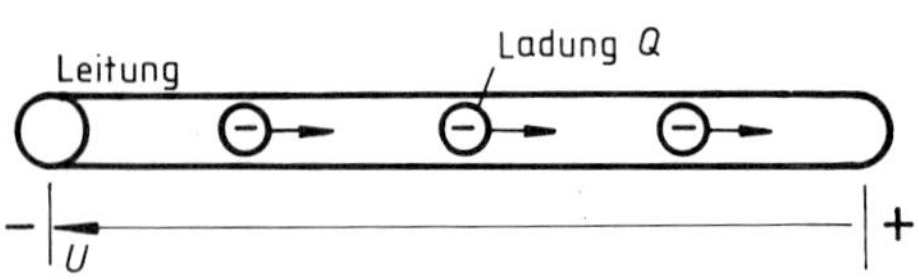

Bild 1-8 Elektrischer Strom ist bewegte Ladung. Die Pfeile geben den Richtungssinn an, in dem sich die Ladungsträger Q bewegen.

1.4.2 Definition des elektrischen Stroms

Man kann den elektrischen Strom wie folgt definieren:

$$I = \frac{Q}{t}, \tag{1.7}$$

$$i = \frac{dq}{dt}. \tag{1.8}$$

Hierin bedeutet t die Zeit, innerhalb derer die Ladung Q bzw. q verschoben wird.
Je größer die Geschwindigkeit der Ladungsbewegung dabei ist, desto größer ist der Strombetrag, die Stromstärke. Energietechnisch übliche Geschwindigkeiten liegen bei einigen Zentimetern pro Minute, keinesfalls jedoch bei Lichtgeschwindigkeit.

1.4.3 Eigenschaften des elektrischen Stroms

Die bewegten *freien Ladungen* treten bei der Durchströmung des Materials mit anderen Ladungen in Wechselwirkung. Dadurch entsteht Wärme, sogenannte Joulesche Wärme. Weiterhin treten magnetische, chemische und physiologische Wirkungen auf (Tabelle 1-4).

Tabelle 1-4 Wirkungen des elektrischen Stroms

Wirkung	Wirkungsbasis
thermische	Joulesche Wärme; sie ist maßgeblich für die Bemessung (zulässiger) Leiterquerschnitte von elektrischen Anlagen und deren Absicherung. Ferner ist sie z.B. die Ausgangsbasis für elektrische Öfen und dgl.
magnetische	Sie sind die Grundlage der Wirkungsweise aller Motoren, Generatoren, Transformatoren, sowie sehr vieler sonstiger Anlagen, vor allem der elektrischen Energietechnik, z.B. auch von Kfz-Zündanlagen.
chemische	Sie spielen die Hauptrolle bei galvanotechnischen Problemen und für die Ladung von Akkumulatoren.
physiologische	Man spürt sie beim Stromdurchgang durch den menschlichen Körper, ab etwa 1 mA mehr oder weniger deutlich als „Schlag". Mit tödlicher Wirkung auf das Herz und mehr oder weniger heftigen Verbrennungen ist ab etwa 50 mA und Einwirkungsdauern von etwa 1 s und mehr zu rechnen. Bei Strömen hoher Frequenzen wird weniger das Herz beansprucht als vielmehr die Haut und darunter liegendes Gewebe durch schwere Brandverletzungen.

1.5 Elektrische Leistung und Arbeit

Für die Leistung gilt die allgemeine physikalische Definition:

$$p = \frac{dw}{dt}. \tag{1.9}$$

Hierin bedeutet w Energie (Arbeit).

In Gl. (1.8) kann ersetzt werden:

der Zähler aus Gl. (1.3),
der Nenner aus Gl. (1.7).

Man erhält dann mit diesen Ausdrücken:

$$P = U \cdot I, \tag{1.10}$$

$$p = u \cdot i, \tag{1.11}$$

Große Leistung bedeutet große Anlagen-*Erwärmung*. Die Anlage muß dafür dimensioniert sein. Andernfalls wird sie thermisch überlastet.
Die leistungsanaloge Bemessung der Anlage spiegelt sich im Volumen, der Masse, dem Gewicht und dem Preis.
Die Einheit der Leistung ist bekanntlich das Watt. Wegen Gl. (1.10) gilt damit:

$$1 \text{ Watt} = 1 \text{ W} = 1 \text{ Volt} \cdot 1 \text{ Ampere}. \tag{1.12}$$

Entsprechend dem physikalischen Zusammenhang

$$w = p \cdot t \tag{1.13}$$

gilt sinngemäß für die elektrische Arbeit:

$$W = U \cdot I \cdot t, \tag{1.14}$$

$$w = u \cdot i \cdot t. \tag{1.15}$$

Die Einheit der Arbeit heißt 1 Joule = 1 J.

Es gilt:

$$1 \text{ Joule} = 1 \text{ J} = 1 \text{ Ws} = 1 \text{ Nm} = 0{,}102 \text{ kpm}. \tag{1.16}$$

1.6 Elektrischer Widerstand

1.6.1 Erklärung und Schaltzeichen

Mit elektrischem Widerstand können gemeint sein:

- das Verhältnis von Spannung U zu Strom I,
- elektrische Bauelemente, symbolisiert durch den Buchstaben R (Resistanz) (Bilder 1-9 bis 1-13),
- die physikalische Eigenschaft dieser Bauelemente, jedoch auch diejenige jeglicher anderer Anlagen dem Strom gegenüber.

Auch alle elektrischen Energiequellen haben (schon) einen Widerstand, den sogenannten inneren oder Quellenwiderstand R_q.

1.6.2 Definitionen

Für zeitlich konstante Werte von Spannung U und Strom I gilt:

(statischer) elektrischer Widerstand:
$$R = \frac{U}{I} \tag{1.17}$$

dynamischer (differentieller) elektrischer Widerstand
$$r = \frac{du}{di} \tag{1.18}$$

Im folgenden wird ausschließlich mit Gl. (1.17) und nicht mit Gl. (1.18) gearbeitet. Letztere spielt mehr bei Problemen der Elektronik eine Rolle.
Mitunter ist für manche Berechnungen (allerdings mehr in der Nachrichtentechnik) der Begriff

elektrischer Leitwert:
$$G = \frac{1}{R} = \frac{I}{U} \tag{1.19}$$

zweckmäßiger.

1.6.3 Einheiten

Die Einheit des elektrischen Widerstands ist

1 Ohm = 1 Ω.

Wegen Gl. (1.17) gilt die Beziehung:

$$1\,\Omega = \frac{1\text{ V}}{1\text{ A}}. \tag{1.20}$$

Die Einheit des elektrischen Leitwerts G ist

1 Siemens = 1 S.

Wegen Gl. (1.19) gilt die Beziehung:

$$1\text{ S} = 1\,\Omega^{-1}. \tag{1.21}$$

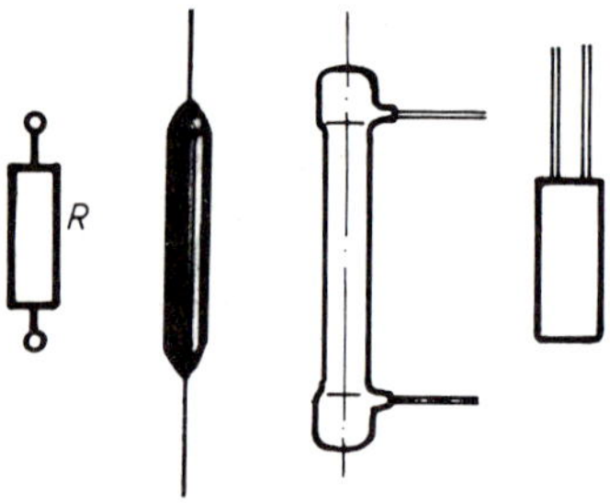

Bild 1-9 Links Widerstands-Schaltzeichen, daneben einige Ausführungsformen für Festwiderstände, speziell rechts bei Verwendung für gedruckte Leiterplatten und dgl.

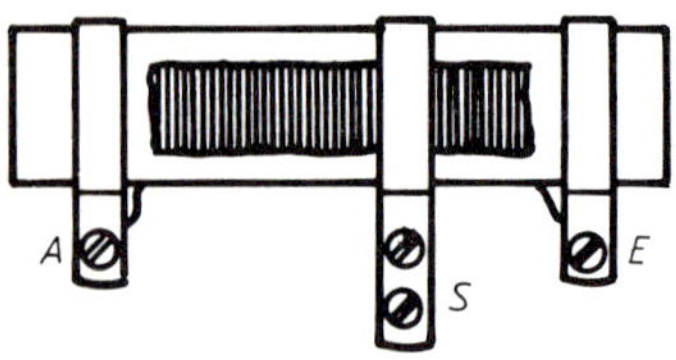

Bild 1-10 Widerstand mit Schiebe-Schraubschelle (S).

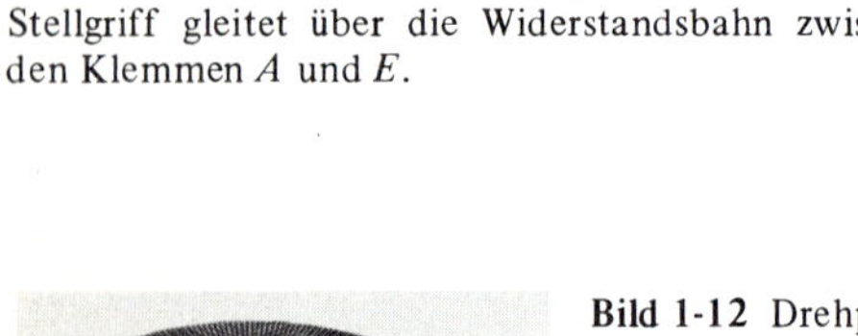

Bild 1-11 Schiebepotentiometer; der Kontakt S am Stellgriff gleitet über die Widerstandsbahn zwischen den Klemmen A und E.

Bild 1-12 Drehpotentiometer für beliebig häufige Betätigung im Gegensatz zum Trimmpotentiometer (Werkbild *Erhard Hoffmann*, Köln)

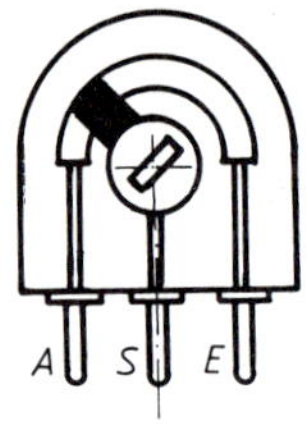

a)

b)

a) prinzipieller Aufbau
b) Ansicht

Bild 1-13 Trimmpotentiometer: gedacht zur einmaligen Abgleicheinstellung

1.6.4 Materialien

Als Widerstandsmaterial werden vor allem verwendet:

- Metalllegierungen, Metalloxide, Edelmetalle, Kohle und Halbleiter.

1.6.5 Berechnung des Widerstandsbetrags

Den Betrag eines elektrischen Widerstands in Ohm kann man ermitteln nach:

$$R = \frac{l \cdot \rho}{A}, \tag{1.22}$$

$$R = \frac{l}{\gamma \cdot A}, \tag{1.23}$$

$$\gamma = \frac{1}{\rho}. \tag{1.24}$$

Hierin bedeuten:

l Länge des stromdurchflossenen Objekts,
A Querschnitt,
ρ spezifischer Widerstand } siehe hierzu
γ spezifischer Leitwert } Tabelle 1-5.

Beispiel 1.1: Kabelwiderstand

Das Kupferkabel von der Batterie zum Starter (Anlasser) eines Personenkraftwagens habe die Daten:

$l = 1{,}4$ m, $A = 25$ mm².

Gesucht sei der Kabelwiderstand.

Lösung: Gl. (1.23) liefert das Ergebnis:

$$R = \frac{l}{\gamma \cdot A} = \frac{1{,}4\ \text{m}}{56\ \text{S} \cdot \text{m} \cdot \text{mm}^{-2} \cdot 25\ \text{mm}^2},$$

$$\underline{\underline{R = 0{,}001\ \Omega = 1\ \text{m}\Omega.}}$$

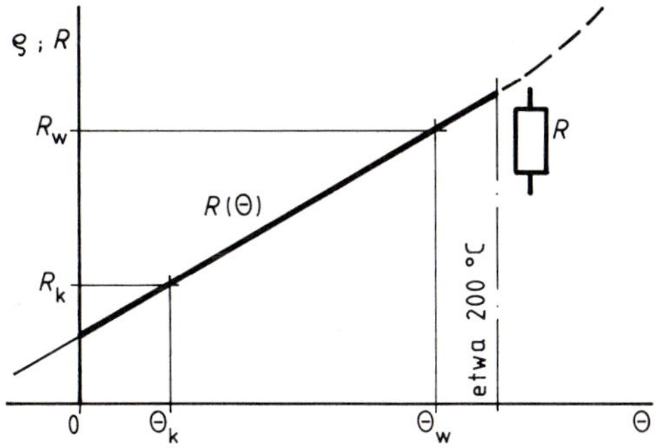

Bild 1-14 Temperaturverhalten normalen Widerstandsmaterials bei den üblichen Betriebstemperaturen elektrischer Anlagen

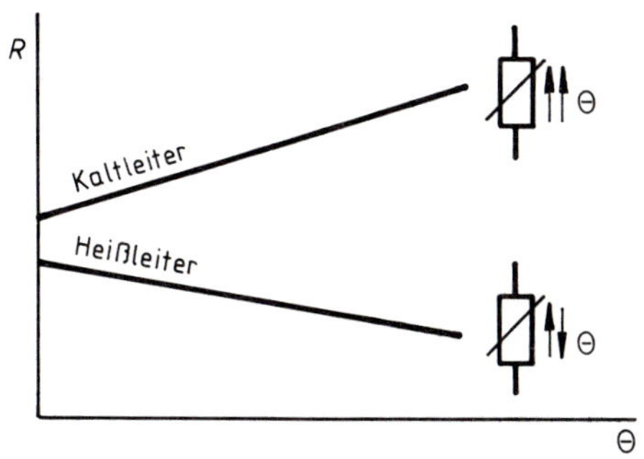

Bild 1-15 Grundsätzlicher Verlauf bei Thermistoren. Oben Kaltleiter, unten Heißleiter. Die Temperaturachse ist dabei logarithmisch skaliert. Andernfalls verlaufen die Kurven krummlinig. Technisch realistische Werte erhält man aus Industrielisten.

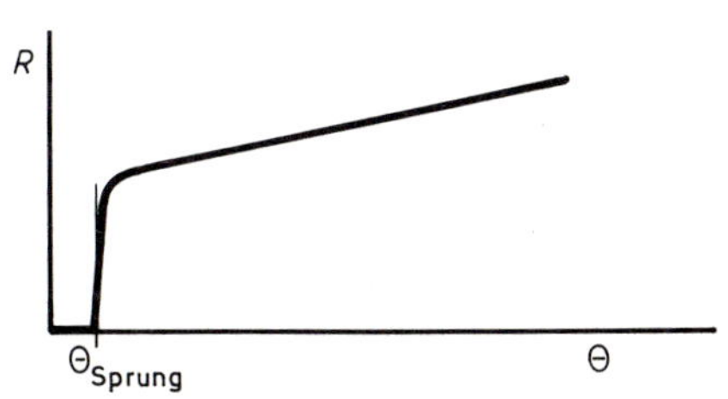

Bild 1-16 Bei der Sprungtemperatur verlieren einige Materialien jeglichen elektrischen Widerstand.

1.6.6 Temperaturverhalten von Widerständen

Mit der Betriebstemperatur einer Anlage ändert sich im allgemeinen auch der Widerstandsbetrag des Anlagenmaterials. Dabei sind Charakteristiken entsprechend den Bildern 1-14 und 1-15

Tabelle 1-5 Werkstoffzahlenwerte

Größe	Einheit	Material	
		Kupfer	Aluminium
spezifischer Widerstand ρ	$\Omega \cdot mm^2 \cdot m^{-1}$	0,01786	0,02857
spezifischer Leitwert γ	$S \cdot m \cdot mm^{-2}$	56	35
Temperaturkonstante τ	Kelvin	235	245
spezifischer Temperaturkoeffizient α	$Kelvin^{-1} \cdot 10^{-3}$	3,93	3,77

möglich. Bild 1-14 ist besonders charakteristisch für Metalle wie Kupfer und Aluminium.

Der Kurvenverlauf aus Bild 1-14 läßt sich sowohl durch Gl. (1.25) als auch durch Gl. (1.26) beschreiben:

$$R_w = R_k \cdot [1 + \alpha(\theta_w - \theta_k)], \quad (1.25)$$

$$R_w = R_k \cdot \frac{\tau + \theta_w}{\tau + \theta_k}. \quad (1.26)$$

Hierin bedeuten (siehe auch Tabelle 1-5):

θ Temperatur, τ Temperaturkonstante,

α spezifischer Temperaturkoeffizient (oft auch einfach „TK“ genannt).

w warm; k kalt

Die Gln. (1.25) und (1.26) sind brauchbar bis hinauf zu etwa 200 °C. Darüberhinaus sind (wegen des gekrümmten Kurvenverlaufs in Bild 1-14) Korrekturen erforderlich. Normalerweise werden elektrische Anlagen bei solchen Temperaturen aber sowieso nicht betrieben.

Der Unterschied zwischen „normalen“ Metallen und Kaltleitern liegt in der Größenordnung von α und τ. Diese sind bei Kaltleitern größer und nicht konstant. Für Heißleiter sind α und τ negativ und nicht konstant.

1.6.7 Supraleitfähigkeit

Für einige Stoffe aus den 3. bis 5. Gruppen des periodischen Systems der Elemente sinkt der Widerstand im Bereich zwischen Betriebstemperaturen von 0 K bis etwa 20 K schlagartig auf

Null Ohm. Diesen Betriebsfall nennt man Supraleitfähigkeit. Er gewinnt große Bedeutung vor allem im Zusammenhang mit

- dem Bau größter Kraftwerksgeneratoren,
- der verlustlosen Fortleitung elektrischer Energie größten Umfangs auf Hochspannungsleitungen.

Die dazugehörige Technik ist weitgehend noch in der Entwicklung.

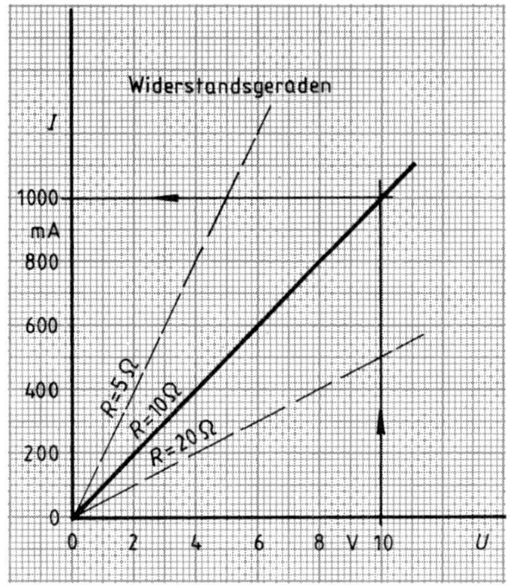

Bild 1-17 Im Gültigkeitsbereich des Ohmschen Gesetzes ist der I-U-Zusammenhang linear (eine Gerade). Man liest ab: Bei $U = 10$ V tritt in einem Widerstand von $R = 10\ \Omega$ = const. ein Strom von 1000 mA, bei $R = 20\ \Omega$ = const. ein Strom von 500 mA auf.

1.7 Das Ohmsche Gesetz

Aus Gl. (1.17) wird das Ohmsche Gesetz, wenn gesichert ist, daß R = const. bleibt.
Ohmsches Gesetz Georg Simon Ohm 1826

$$R = \frac{U}{I} = \text{const.} \qquad (1.27)$$

Strenggenommen gilt der Sachverhalt R = const. nur für das Material Konstantan. Für den I-U-Zusammenhang ergibt sich dabei eine Gerade (Bild 1-17). Sie drückt die Verhältnisse der danach genannten *linearen Elektrotechnik* aus.

Für alle anderen Materialien gilt Gl. (1.27) nicht oder mindestens nicht genau genug. Arbeitet man trotzdem mit ihr, dann braucht man sich über eventuell krasse Fehlergebnisse nicht zu wundern.

Elektrotechnisch wichtige Materialien sind Kupfer und Aluminium. Hierfür gilt Gl. (1.27) zwar nicht exakt. Für technische Ansprüche sind die Abweichungen jedoch tragbar. Tabelle 1-6 zeigt, in welchen Fällen mit dem Ohmschen Gesetz zulässig gearbeitet werden darf.

Besonders grob falsche Ergebnisse erhält man meist in Verbindungen mit elektronischen Bauelementen. Sie müssen nach den Verfahren der *nichtlinearen Elektrotechnik* behandelt werden.

Aus Bild 1-17 kann man außer dem in der Bildunterschrift Gesagten noch entnehmen:

1. Unterschiedliche Widerstandswerte bedeuten unterschiedliche Steigungen der betreffenden Geraden; Das Steigungsmaß ist dem Widerstand in Ohm indirekt proportional.

Tabelle 1-6 Gültigkeitsbereich des Ohmschen Gesetzes

<table>
<tr><th rowspan="2">Anlagenart / Stromart</th><th rowspan="2">reine Widerstandsbauelemente, Kabel und dgl., Niedertemperaturanlagen</th><th rowspan="2">Spulen, Meßinstrumente</th><th colspan="2">Motoren für die Betriebsfälle</th><th rowspan="2">Kondensatoren</th><th rowspan="2">Lampen und andere Hochtemperaturanlagen</th><th rowspan="2">elektronische Bauelemente</th><th rowspan="2">menschlicher Körper</th></tr>
<tr><th>$n = 0$</th><th>$n \neq 0$</th></tr>
<tr><td>glatter Gleichstrom</td><td colspan="3">Das Ohmsche Gesetz ist gültig</td><td></td><td></td><td></td><td></td><td></td></tr>
<tr><td>pulsierender Gleichstrom</td><td rowspan="2">ungenau, besonders bei höheren Temperaturen</td><td colspan="7" rowspan="2">Das Ohmsche Gesetz ist in der Form der Gl. (1.27) auf keinen Fall gültig!</td></tr>
<tr><td>Wechselstrom</td></tr>
</table>

2. Die Gerade für $R = \infty$ (Stromkreisunterbrechung) ist die U-Achse.
3. Die Gerade für $R = 0$ (Kurzschluß) ist die I-Achse.

Die Werte für $R = \infty$ bzw. $R = 0$ sind praktisch natürlich nie ganz realisierbar, wie auch aus Gl. (1.22) hervorgeht.

Der Widerstand des menschlichen Körpers ist spannungs- und frequenzabhängig. Bei trockener Haut kann man für $U = 220$ V Wechselspannung von einem Widerstand von etwa $R = 2000\ \Omega$ ausgehen. Bei nasser Haut von erheblich weniger.

Bild 1-18 zeigt einige typische I-U-Zusammenhänge elektronischer Bauelemente.

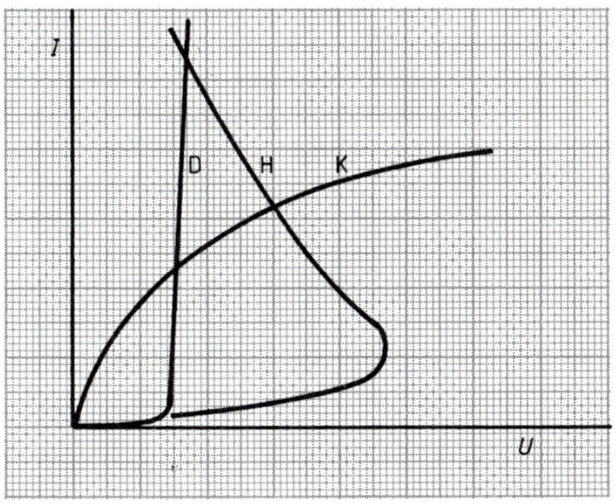

Bild 1-18 Typischer nichtlinearer Zusammenhang zwischen I und U bei einigen elektronischen Bauelementen. D Diode, H Heißleiter, K Kaltleiter.

1.8 Nenndaten

Mit Nenndaten meint man die für die jeweilige Anlage zulässigen Daten. Sie werden mit dem Index N gekennzeichnet. Es sind damit stets diejenigen Daten gemeint, bei denen von seiten

- des Stroms die zulässige joulesche Wärme nicht überschritten wird,
- der Spannung die Isolationsbeanspruchung nicht zu hoch ist,
- der Drehzahl die Zentrifugalkräfte noch beherrscht werden

und dgl. mehr. Diese Daten werden vom Hersteller auf dem *Leistungsschild* des Geräts angegeben, mindestens die Nennspannung und die dabei auftretende Nenn*leistung*.

Der entscheidende Einstieg für einige immer wiederkehrende und elektrotechnisch typische Fragestellungen ist die Gl. (1.10). In Verbindung mit Gl. (1.27) ergibt sich daraus das folgende Gleichungstripel:

$$P_N = U_N \cdot I_N = \frac{U_N^2}{R} = I_N^2 \cdot R. \qquad (1.28)$$

Hieraus erkennt man:

Die Leistungsaufnahme eines Geräts ist von der Spannung *quadratisch* abhängig. Nur bei der *Nenn*spannung erhält man die *Nenn*leistung, also die noch zulässige Leistung. Die auf ein Gerät aufgedruckte oder gestempelte Nennleistung ist also keinesfalls eine Konstante. Vielmehr ist sie quadratisch von der Spannung abhängig. Bei höherer Spannung als der Nennspannung ist jedes elektrische Gerät gefährdet, mindestens gegen thermische Überlastung!

Unterscheiden sich zwei Geräte gleicher Bauart durch die Nennleistung, so ist das Gerät für die größere Nennleistung auch voluminöser oder es benötigt eine zusätzliche Kühlung.

Beispiel 1.2: Nennspannungen

Gegeben sei eine Baureihe von Widerständen mit der Nennbelastbarkeit von $P_N = 2$ W. Die Widerstandsbeträge seien: 0,5 Ω, 2 Ω und 8 Ω.

Frage: Wie groß sind die jeweiligen Nennspannungen?

Lösung: Die Lösung liefert Gl. (1.28):

$U_N = \sqrt{P_N \cdot R}$, also erhält man im einzelnen:

$$U_{N1} = \sqrt{2\ \text{W} \cdot 0{,}5\ \Omega} = 1\ \text{V},$$
$$U_{N2} = \sqrt{2\ \text{W} \cdot 2{,}0\ \Omega} = 2\ \text{V},$$
$$U_{N3} = \sqrt{2\ \text{W} \cdot 8{,}0\ \Omega} = 4\ \text{V}.$$

Auswertung: Legt man an den Widerstand mit den Daten $R = 0{,}5\ \Omega$, $P_N = 2$ W eine größere Spannung als $U_{N1} = 1{,}0$ V, so erwärmt er sich unzulässig.

Möglicherweise fällt er aus der Anlage heraus, wenn er dort festgelötet war und das Lötzinn allmählich flüssig wird. Bei erheblich zu hoher Spannung kann der Widerstand womöglich gar zu brennen beginnen. Das ist denkbar bei z.B. der Spannung von $U = 4{,}5$ V einer Taschenlampenbatterie. Hier ergibt sich schon eine Belastung von etwa 20 W: Brandgefahr!

2 Komponenten elektrischer Anlagen

In vielen elektrischen Anlagen sind manche typischen Bauelemente immer wieder anzutreffen. Im Vorgriff auf spätere, teilweise detailliertere Behandlung werden im folgenden beschrieben

- ihre wichtigsten Eigenschaften und Wirkungsweise,
- Einfluß auf die Berechnung elektrischer Stromkreise,
- typische Ausführungsformen und ihre
- Handhabung.

2.1 Verbindungselemente

Ganz besonders zuverlässig müssen bei elektrischen Anlagen die einzelnen Komponenten miteinander mechanisch *verbunden* sein und bleiben. Zum Beispiel können durch das Schmoren von Wackelkontakten Brände entstehen. Mit der Unterbrechung von Leitungen, z.B. des Nulleiters, können tödliche elektrische Unfälle einhergehen aber auch Funkstörungen, etwa bei Bahn-, Post-, Flugsicherungs- oder Verteidigungsanlagen und dementsprechend kritisch in ihrer Auswirkung werden.

Einige Ausführungsbeispiele von elektrischen Verbindungen zeigt Tabelle 2-1.

Tabelle 2-1 Verbindungsarten und -elemente

Verbindungsart	Ausführungsformen
lösbar	Stecker und Buchsen, ein-, zwei- oder vielpolig, wie z.B. üblich für den Anschluß elektrischer Verbraucher bei Kraftfahrzeugen
	Schraubklemmen und Kabelschuhe
	Flach- und Käfigzugfeder (schraubenlose Steckklemmverbindungen)
nicht lösbar	Löt- und Schweißverbindungen
	Wrap- und Quetschverbindungen

2.2 Stromwege

2.2.1 Erklärung

In der Technik werden die folgenden Bauelemente oft auch als galvanische Verbindungen, im Gegensatz z.B. zu kapazitiver oder induktiver Kopplung bezeichnet.

Man unterscheidet Kabel und Leitungen.

Rein äußerlich sind sie kaum zu unterscheiden. Zuverlässig geht der Unterschied erst aus den Typenbezeichnungen hervor. Sie sind aus Herstellerlisten ersichtlich. Die einzelnen Typen sind VDE-mäßig erfaßt und definiert.

Ganz grob kann man aussagen:

- Leitungen dürfen nie ins Erdreich verlegt werden,
- Kabel sind besser isoliert, stärker armiert, höher mit Strom belastbar und teurer als Leitungen.

2.2.2 Belastbarkeit

Für die Bemessung von Leitungen und Kabeln sind entscheidend:

- ihre zulässige Belastbarkeit mit Strom,
- der entlang den Stromwegen auftretende Spannungsabfall,
- ihre Beanspruchung durch magnetische Kräfte, vor allem bei etwaigen Kurzschlüssen.

Von diesen Gesichtspunkten sei hier zunächst nur der erste näher erläutert; siehe hierzu die Beispiele 2.1 und 2.2. Sie stehen in Verbindung mit den Tabellen 2-2 und 2-3.

Tabelle 2-2 Strombelastbarkeit von Leitungen und Nicht-Erdkabeln und ihre zugeordneten Sicherungsnennströme, gültig für Kupfer

Zulässige Stromstärke in Ampere und Zuordnung von Leitungsschutzsicherungen und Leitungsschutzschaltern für isolierte Cu-Leitungen und nicht im Erdreich verlegte Kabel bei Umgebungstemperaturen bis zu 30 °C nach DIN 57 100 Teil 430/VDE 0100 Teil 430 und DIN 57 100 Teil 523/VDE 0100 Teil 523 bearbeitet.

Nennquerschnitt in mm²	Gruppe 1		Gruppe 2		Gruppe 3	
	Leitung	Sicherung	Leitung	Sicherung	Leitung	Sicherung
0,75	–	–	12	6	15	10
1	11	6	15	10	19	10
1,5	15	10	18	10¹)	24	20
2,5	20	16	26	20	32	25
4	25	20	34	25	42	35
6	33	25	44	35	54	50
10	45	35	61	50	73	63
16	61	50	82	63	98	80
25	83	63	108	80	129	100
35	103	80	135	100	158	125
50	132	100	168	125	198	160
70	165	125	207	160	245	200
95	197	160	250	200	292	250
120	235	200	292	250	344	315
150	–	–	335	250	391	315
185	–	–	382	315	448	400
240	–	–	453	400	528	400
300	–	–	504	400	608	500
400	–	–	–	–	726	630
500	–	–	–	–	830	630

1) Für Leitungen mit 2 belasteten Adern kann bis zur endgültigen internationalen Festlegung von deren Strombelastbarkeit ein Schutzorgan von 16 A gewählt werden.

Erklärung der Gruppen nach Tabelle 2-2:

Gruppe 1: eine oder mehrere in Rohr verlegte einadrige Leitungen;

Gruppe 2: Mehraderleitungen, z. B. Mantelleitungen, Rohrdrähte, Bleimantel-Leitungen, Stegleitungen, bewegliche Leitungen;

Gruppe 3: einadrige, frei in Luft verlegte Leitungen *und Kabel*, wobei diese mit einem Zwischenraum, der etwa ihrem Durchmesser entspricht, verlegt sind.

Tabelle 2-3 Strombelastbarkeit von Kabeln, in Luft bzw. in Erde

Zulässige Stromstärke in Ampere für Cu-Kabel z. B. des Typs NYY 0,6/1 kV bei zulässiger Betriebstemperatur von 70 °C nach DIN 57 298 Teil 2/ VDE 0298 Teil 2 bearbeitet.

Kabel-Nennquerschnitt in mm²	Einleiterkabel bei Verlegung in		Zweileiterkabel bei Verlegung in		Drei- und Vierleiterkabel bei Verlegung in	
	Erde	Luft	Erde	Luft	Erde	Luft
1,5	40	26	32	20	26	18,5
2,5	54	35	42	27	34	25
4	70	46	54	37	44	34
6	90	58	68	48	56	43
10	122	79	90	66	75	60
16	160	105	116	89	98	80
25	206	140	–	118	128	106
35	249	174	–	145	157	131
50	296	212	–	176	185	159
70	365	269	–	224	228	202
95	438	331	–	271	275	244
120	499	386	–	314	313	282
150	561	442	–	361	353	324
185	637	511	–	412	399	371
240	743	612	–	484	464	436
300	843	707	–	–	524	481
400	986	859	–	–	600	560
500	1125	1000	–	–	–	–

Maßgeblich sind im Zweifelsfall stets die Originaltabellen nach DIN bzw. VDE. Wegen internationaler Harmonisierungsbestrebungen sind in nächster Zeit Änderungen zu erwarten.

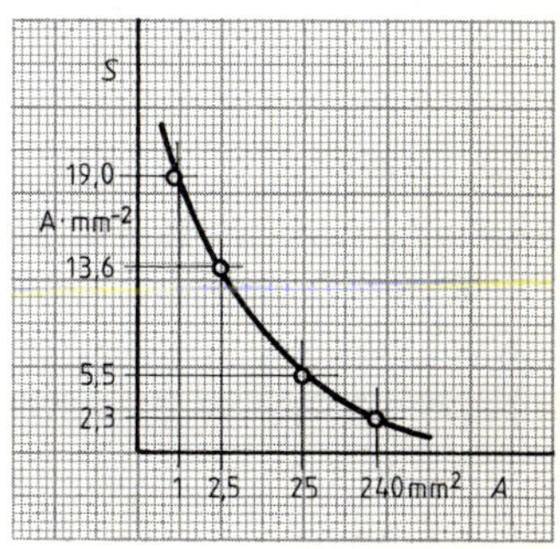

Bild 2-1 Aus der Tabelle 2-2 kann z. B. für Gruppe 3 beim Querschnitt $A = 240\ \text{mm}^2$ eine zulässige Leitungsbelastung von $S = 2{,}3\ \text{A} \cdot \text{mm}^{-2}$ abgelesen werden, bei $A = 1\ \text{mm}^2$ sind dagegen $19\ \text{A} \cdot \text{mm}^{-2}$ zulässig.

Beispiel 2.1: Zulässiger Leitungsquerschnitt

Eine Anlage soll als sogenannte Feuchtraumleitung installiert werden und 32 A übertragen können (entspricht etwa der Summe der Leistungen einer Waschmaschine und eines Wäschetrockners). Das Leitermaterial sei Kupfer, die zuständige Bestimmung: VDE 0100, Teil 523.

Gesucht sei der zulässige Querschnitt.

Lösung: Tabelle 2-2 zeigt in der Zeile 4 mm^2 bei Gruppe 2 (Feuchtraumleitungen), daß dieser Querschnitt mit 34 A belastet werden darf, somit also auch 32 A zulässig sind. Der zulässige Querschnitt lautet somit je A = 4 mm^2 für die Hin- und die Rückleitung.

Beispiel 2.2: Kabelverlauf im Erdreich

Wie Beispiel 2.1, jedoch verlaufe die Installation durch das Erdreich. Es handle sich um drei Leiter (Hin-, Rück- und Schutzleiter).

Lösung: Die Erdverlegung erfordert nach Abschnitt 2.2.1 ein *Kabel.* Hierfür werde z.B. der Typ NYY gewählt. Zuständig hierfür ist die Bestimmung DIN 57 298/VDE 0298, siehe Tabelle 2-3.

Man erkennt aus der Zeile 2,5 mm^2 in der Spalte „Drei- und Vierleiterkabel bei Erdverlegung" den zulässigen Strom von I = 34 A. Der zulässige Kabelquerschnitt lautet somit für Hin-, Rück- und Schutzleiter je 2,5 mm^2.

Anmerkung: Die Ergebnisse der beiden letzten Beispiele sind eventuell zu revidieren, wenn die Umgebungstemperatur der betreffenden Anlage höher als 30 °C im Fall der Leitung bzw. 70 °C Betriebstemperatur im Fall des Kabels liegt.

Hierfür gibt es in den genannten Bestimmungen Korrekturtabellen.

Zusammenfassende Auswertung zu den Beispielen 2.1 und 2.2:

Ein Verstoß gegen die Ergebnisse aus den beiden letzten Beispielen in Richtung auf unzulässig niedrigere Querschnitte führt ziemlich unweigerlich durch Überwärmung der Anlage zu einem Brand.

2.2.3 Stromdichte

Vergleicht man in Tabelle 2-3 extrem unterschiedliche Querschnitte A, noch dazu bei unterschiedlichen Bedingungen (Erde bzw. Luft), so ergibt sich z.B. folgender Vergleich:

$$S = \frac{40\ \text{A}}{1{,}5\ \text{mm}^2} = 26\tfrac{2}{3}\ \text{A}\cdot\text{mm}^{-2}$$ siehe in Tab. 2-3 links oben,

$$S = \frac{560\ \text{A}}{400\ \text{mm}^2} = 1{,}4\ \text{A}\cdot\text{mm}^{-2}$$ siehe in Tab. 2-3 rechts unten.

Das Verhältnis der Kabeloberfläche, die die entstehende joulesche Stromwärme abführen kann, zum belasteten Querschnitt A wird mit wachsendem Querschnitt ungünstiger. Das ist auch bei Wicklungen und Spulen elektrischer Maschinen usw. nicht anders. Dieses Verhältnis wird als die zulässige Stromdichte S definiert:

$$S = \frac{I}{A}. \tag{2.1}$$

In der Größenordnung der vorigen Ergebnisse, also zwischen etwa 1 A · mm^{-2} und 20 A · mm^{-2} liegen auch etwa die technisch realisierbaren bzw. äußerstenfalls ratsamen Stromdichten.

Die anderen in Abschnitt 2.2.2 angesprochenen Themen werden später näher erläutert, und zwar das Thema

- Spannungsabfall im Abschnitt 7.11,
- magnetische Kräfte im Abschnitt 6.15.3.

2.2.4 Einfluß auf die Berechnung

Grundsätzlich hat jede elektrische Leitung oder jedes Kabel einen mehr oder weniger großen Widerstand, siehe Gl. (1.23). Die ohmschen Widerstände elektrischer Anlagen im Energiebereich pflegen zwischen $10^{-2}\ \Omega$ und $10^{+2}\ \Omega$ zu liegen. Inwieweit man ihnen gegenüber den ohmschen Widerstand von Leitungen und Kabeln vernachlässigen kann, läßt sich nicht verallgemeinern. Es empfiehlt sich daher, den Widerstand von Leitungen und Kabeln zu berechnen. Dazu kommt bei Wechselstromanlagen noch der Einfluß von Größen wie Kapazität und Induktivität, die eventuell eine große Rolle spielen [4].

2.3 Überstrom- und Fehlerstrom-Schutzeinrichtungen

2.3.1 Erklärung

Überströme sind betriebsmäßig oft unvermeidbar, z.B. beim Einschalten von Glühlampen, Motoren und Kondensatoren. Daher haben Überstromschutzeinrichtungen die Aufgabe, Überströme zwar zuzulassen, sie jedoch

- rechtzeitig quantitativ zu erfassen
- und gegebenenfalls zeitig genug abzuschalten, ehe Schäden auftreten.

Man unterscheidet dabei im allgemeinen:

- Über*last*(strom) und meint damit Ströme in der Größenordnung bis zum 10- bis 12-fachen Nennstrom,
- Über*strom* (Kurzschluß) und meint damit Ströme ab Überlast bis zu den betrieblich möglichen Strömen (bis über 100 kA).

Mit Fehlerströmen meint man dagegen solche Ströme, die z.B. aus Isolationsschadensstellen über das Gehäuse zur Erde abfließen und dabei Personen gefährden können, wenn diese in der betreffenden Strombahn liegen. Die hierfür infrage kommenden Fehlerstromschutzeinrichtungen erfassen solche Ströme im Bereich zwischen etwa 10 mA bis 300 mA und schalten die betreffenden Stromkreise ab.

2.3.2 Sicherungen

Eine Sicherung ist eine beabsichtigte thermisch aktive Schwachstelle im Stromweg. Sie schmilzt selbständig durch, wenn der Strom unzulässig groß wird und unterbricht ihn damit. Fehlerströme werden nicht erfaßt.

Die Bilder 2-2 bis 2-4 zeigen diverse Ausführungsformen gebräuchlicher Sicherungssysteme. Aus Tabelle 2-4 ist das Schaltvermögen der betreffenden Sicherungen zu ersehen. Es ist zweckmäßig, sich vom zuständigen Energieversorgungsunternehmen (EVU) beraten zu lassen, welche Ausführungsform z.B. bei der Installation eines Gebäudes erforderlich ist. Wird eine Sicherung mit einem höheren Kurzschlußstrom als dem aus Tabelle 2-4 konfrontiert, so kann sie explodieren, ohne daß der Strom dabei auch wenigstens abgeschaltet würde. Er besteht womöglich als Lichtbogen im Sicherungssockel weiter, bis eine eventuell noch davor liegende Sicherung anspricht.

Welche Kurzschlußströme in den einzelnen Netzen möglich sind, kann von EVU zu EVU verschieden sein.

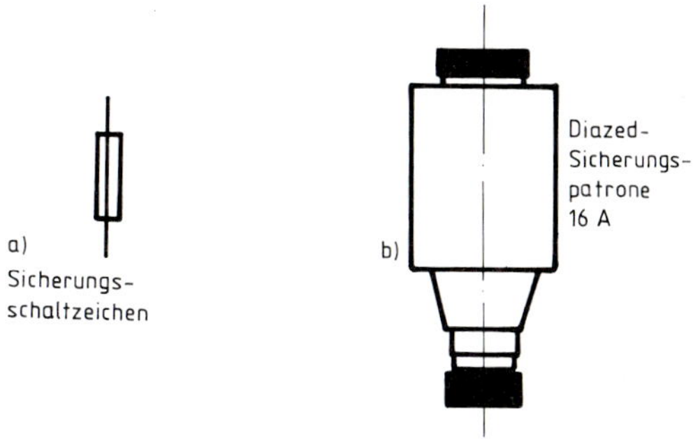

Bild 2-2 a) Schaltzeichen, b) Ausführungsbeispiel einer Sicherung (z. B. für Haushaltsinstallationen).

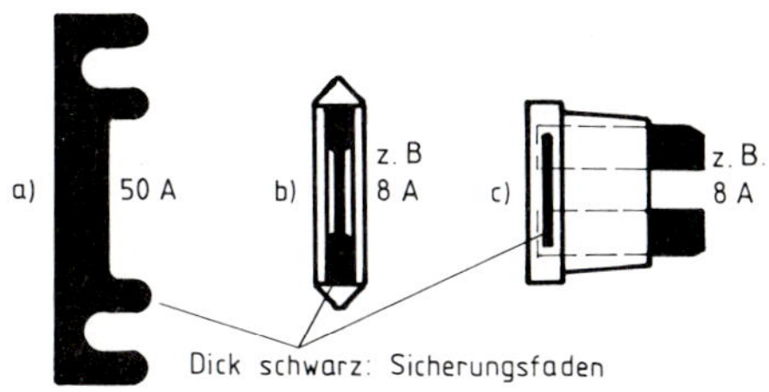

Bild 2-3 Sicherungsausführungsbeispiele für Kraftfahrzeuge. a) für den Vorglühstromkreis bei Dieselmotoren, b) übliche Ausführung für Beleuchtungsstromkreise, c) dito, jedoch erheblich leichter zu bedienen.

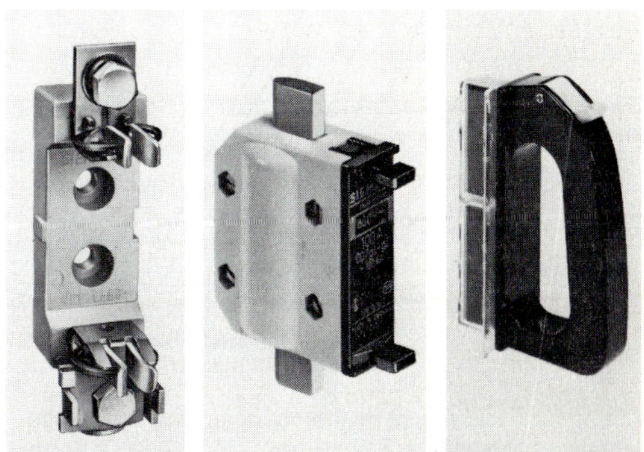

Bild 2-4 NH-(Niederspannungs-Hochleistungs)Sicherungssystem: Unterteil, Einsatz und Griff (Werkbild: *Siemens AG*)

Tabelle 2-4 Schaltvermögen von Sicherungen

Sicherungsbauart	Kfz und Fein	Neozed	Diazed	NH
Schaltvermögen in kA	< 1	50	70	> 100

Mit Ausnahme der Kfz- und Neozed-Sicherungssysteme werden Sicherungen mit sogenannter träger, flinker und überflinker Charakteristik angeboten. Flinke Sicherungen schalten schneller als träge. Überflinke Sicherungen sind für die hochempfindlichen Halbleiterbauelemente erforderlich.

Bild 2-5 zeigt die Schmelzzeiten von trägen Sicherungen (Neozed-Typ) in Abhängigkeit von der auftretenden Stromstärke.

Die Kennlinien von flinken Sicherungen liegen zu den dortigen Kennlinien nach links verschoben.

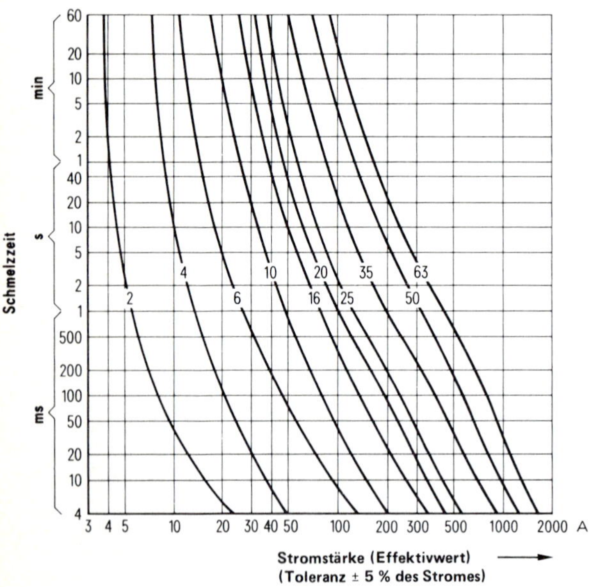

Bild 2-5 Sicherungskennlinien beim Neozedsystem, Schmelzzeiten träger Sicherungen. Man liest z.B. ab: Bei einem Betriebsstrom von $I = 50$ A löst eine 16-A-Sicherung nach etwa 10 s aus, falls der Strom nicht vorher auf einen kleineren Wert zurückgeht. (Werkbild: *Siemens AG*)

2.3.3 Schutzschalter (Automaten)

Mit Schutzschaltern meint man selbsttätig (also automatisch) abschaltende Geräte (Automaten) mit den folgenden Organen:

- auf Bimetallbasis arbeitende *thermische* Auslöser, wirksam gegen Über*last*,
- auf Spulenbasis arbeitende *elektromagnetische* Auslöser, wirksam gegen Kurzschlußströme.
- auf Stromvergleichsbasis arbeitende sogenannte *Fehlerstromschutzschalter* und *Personenschutzautomaten*, wirksam gegen Isolationsschäden. Sie können weder Überlast noch Kurzschlußströme abschalten.

Das mit Schutzschaltern (Automaten) erreichbare Ausschaltvermögen liegt bei etwa 6 ... 10 kA. Größere Ströme sind von seiten der Automatenschaltkontakte nicht mehr schaltbar.

Da in den meisten Netzen jedoch größere Kurzschlußströme als nur 6 kA auftreten können, sind vorsorglich den Automaten noch zusätzliche Sicherungen (der sogenannte Back up-Schutz) vorzuschalten. Nicht jeder Kurzschluß wird 6 kA erreichen. Die Sicherungen werden also nicht jedes Mal mit ansprechen. Sonst könnte man ja die Automaten weglassen. Falls aber ein größerer „Kurzer" tatsächlich auftreten sollte, so leistet der Back up-Schutz die eigentliche „Knochenarbeit" schneller als die Automatenkontakte verschmoren können.

Damit die Sicherungen auch selektiv genug arbeiten, sind sie eine Stufe höher auszuwählen als die Automaten, maximal jedoch für 100 A Nennstrom.

Bild 2-6 zeigt einen Automaten, speziell eine Variante mit Hilfskontakten. Abhängig vom Schaltzustand (Ein bzw. Aus) können mit Hilfe dieser Kontakte noch Steuer- oder Überwachungsfunktionen getätigt bzw. weitergemeldet werden.

Bild 2-7 zeigt einen Personenschutzautomaten. Dessen linke Hälfte ist ein „normaler" Automat mit Schutz gegen Überlast und Überstrom. Die rechte Hälfte dagegen erfaßt etwaige Fehlerströme, z.B. solche, die über eine Person, wenn diese ein unisoliertes Anlagenteil berühren sollte,

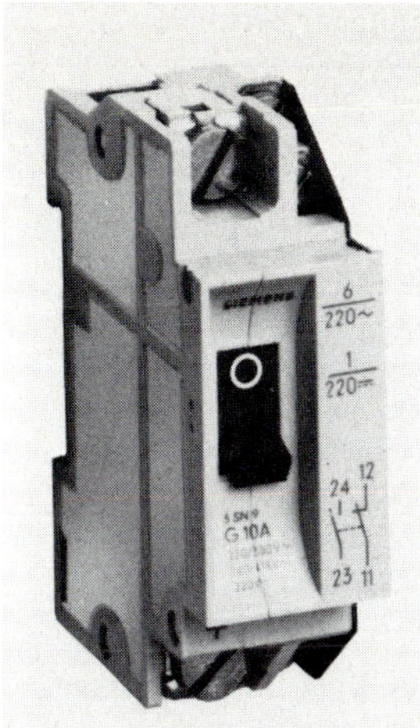

Bild 2-6 Beispiel für einen Schutzschalter; er vereinigt ein Glied gegen Überlast mit einem Glied gegen Kurzschluß. Der Betriebszustand kann durch Hilfskontakte weitergemeldet werden, siehe rechts unten je ein Öffner: 11, 12 und ein Schließer: 23, 24. (Werkbild: *Siemens AG*)

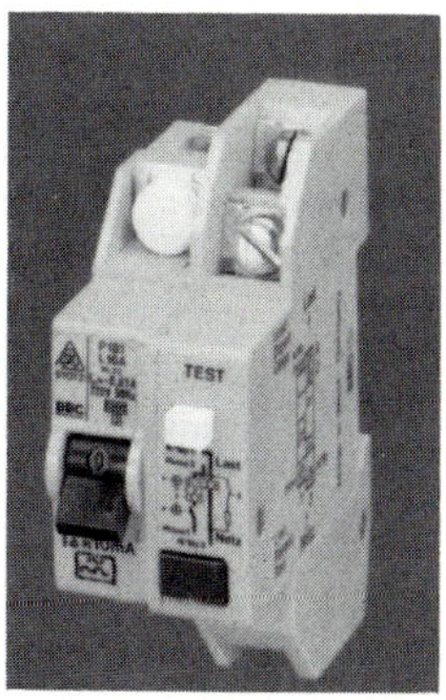

Bild 2-7 Personenschutzautomat. Über die Schutzglieder nach Bild 2-6 hinaus (linke Gerätehälfte) enthält dieser Automat noch eine Überwachung gegen Isolationsschäden, wie sie Personen und Tieren gefährlich werden könnten. Der Automat löst bei Leckströmen ab etwa 10 mA aus. (Werkbild: *Brown Boveri & Cie AG*)

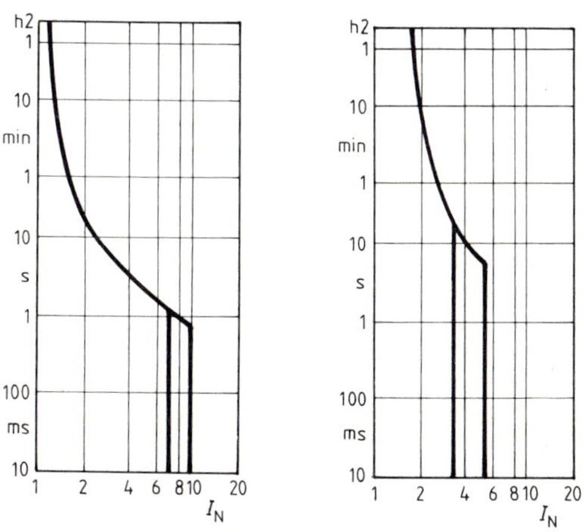

Bild 2-8 Auslöse-Charakteristiken von Schutzschaltern für Leitungsschutz (links) und Geräteschutz (rechts). Nach Siemens AG-Unterlagen. Auf der Abszisse ist das jeweilige Vielfache des Nennstroms I_N abzulesen.

zur Erde abfließen. Genauso arbeitet ein einzelner Fehlerstromschutzschalter. Siehe hierzu auch Beispiel 6.8 und Bild 8-24.

Beispiel 2.3: Ansprechzeiten von Sicherungen

Es liege eine Neozed-Sicherung für den Nennstrom $I_N = 10$ A vor. Betrieblich mögen folgende Stromstärken auftreten können:

10 A, 20 A, 50 A, 100 A und 200 A.

Frage: Nach welcher Zeit spricht die fragliche Sicherung bei diesen Betriebsfällen an?

Lösung: Bild 2-5 liefert die gesuchten Zeitwerte, wenn man von der Stromachse aus bis zur Kennlinie für I = 10 A hochgeht, und zwar folgende Ergebnisse:

$t_{10\,A} = \infty$ (die Sicherung spricht also überhaupt nicht an),

$t_{20\,A} = 10$ min,

$t_{50\,A} = 800$ ms,

$t_{100\,A} = 40$ ms

$t_{200\,A} = 4$ ms, nach Bild 1-7 also noch innerhalb eines Wechselstromhalbwellen-Anstiegs!

2.3.4 Vergleich: Sicherung-Schutzschalter

Die Frage, welche Schutzeinrichtung man für eine Anlage wählen sollte, läßt sich nicht eindeutig beantworten. Man muß dazu die jeweiligen Eigenschaften einander gegenüberstellen:

- Sicherungen haben ein höheres Ausschaltvermögen (größere Schaltleistung) als Schutzschalter (Automaten).
- Der Betriebszustand einer Anlage ist bei Sicherungen nicht so leicht erkennbar.
- Sicherungen können gegen Fehlerströme nicht wirksam werden, da diese im allgemeinen weit unter dem Sicherungsnennstrom liegen, wenn sie auch für Personen und Tiere lebensgefährlich sein oder Brände auslösen können.
- Ein hoher Prozentsatz tödlicher Betriebsunfälle ereignet sich beim Routinevorgang des Auswechselns von Sicherungen, selbst beim Fachpersonal!
- Beim Wiedereinschalten von Automaten dagegen kommt das Personal nicht an spannungsführende Anlagenteile.

- Automaten können (wenigstens bei Überlast) nahezu beliebig oft geschaltet werden, Sicherungen nur einmal.
- Automaten sind teurer als Sicherungen, aber auch „intelligenter".
- Die Betätigung von Automaten spart Zeit und ist auch zumutbarer als diejenige von Sicherungen, z.B., wenn eine Anlage spannungslos gemacht werden soll, weil daran gearbeitet wird.

Solange ein Automat die erforderliche Abschaltleistung erbringen kann, spricht somit alles für die Entscheidung zugunsten eines Automaten und gegen eine Sicherung. Es gibt auch Automaten im Kfz-Bereich.

2.3.5 Einfluß auf die Stromkreisberechnung

Von seiten des Widerstandseinflusses der genannten Schutzeinrichtungen ist kein nennenswerter Einfluß auf die Berechnung zu erwarten. Man kann den Widerstand im allgemeinen vernachlässigen, wenn es nicht gerade um den Schutz von Meßinstrumenten geht. In diesem Zusammenhang können erhebliche Anzeigefehler auftreten.

2.4 Schalter

2.4.1 Schalterkategorien

Schalter können die unterschiedlichsten Aufgabenstellungen haben. Einen Überblick liefern die Tabellen 2-5 bis 2-8, und zwar hinsichtlich Schaltleistungen, Schaltaufgaben, Betätigungsarten und Wirkungsweise.

2.4.2 Kontakte

Aufgabe eines Schalters ist es, zu sorgen für die

- Herstellung einwandfreier widerstandsloser Stromwege beim *Ein*schalten sowie
- klare strom- und spannungslose Abtrennung einer Anlage beim *Aus*schalten, bis hinauf zu Strömen bei Kurzschlüssen, also im Bereich um 100 kA und mehr.

Die Kontakte müssen für diese Aufgaben bemessen sein und stellen kritische Verschleißstellen dar.

Tabelle 2-5 Schaltleistungen, Beispiele

Name	Schaltzeichen	Funktion	Schaltleistung, Kontaktbeanspruchung
Trennschalter		Eine elektrische Anlage soll aus stromlosem Zustand auch noch spannungslos gemacht werden.	kleinste
Lastschalter		Etwa der doppelte Schalternennstrom muß schaltbar sein.	große
Leistungsschalter		Selbst Kurzschlußströme müssen ausgeschaltet werden können.	maximale

Tabelle 2-6 Schalteraufgaben, Beispiele

Aufgabe	Bezeichnung	Schaltbild	Beispiele
Inbetriebnahme	unbetätigt: offen Schließer		Einschalten von Lampen, Motoren, Kondensatoren usw.
Unterbrechung von Stromkreisen	unbetätigt: geschlossen Öffner		Unterbrecherkontakte im Otto-Motor-Zündkreis
Umschaltung	Wechsler		Fahr-/Fernlicht-Umschaltung

Tabelle 2-7 Betätigungsbeispiele von Schaltern

Betätigung	Beispiel	Vorteil, Schwerpunkt
Handschalter	Hausinstallation, Lichtschalter usw.	Die Betriebsstellung ist direkt sichtbar.
elektromagnetischer Schalter	Druckknopfbetätigtes Relais, Schütz, Hilfsschalter	Von beliebig vielen Stellen aus ist Betätigung und logische Verknüpfung möglich.

Tabelle 2-8 Wirkungsweise von Schaltern

Wirkungsweise	Verschleiß	Geräusch	Schaltgeschwindigkeit	Störempfindlichkeit
mechanische Kontakte	von Fall zu Fall sehr erheblich		klein	groß
Elektronikausführung	keiner	keines	größte	im allgemeinen klein

Je moderner eine elektrische Anlage ist, desto weniger *mechanische* Kontakte wird sie haben. Im Idealfall sind sie durch elektronische Bauelemente ersetzt und damit mechanisch absolut verschleißfrei und geräuschlos. Gefährdet sind solche elektronische Bauelemente bei höheren Betriebstemperaturen und gegen Überspannungen. Ferner ist weder der Betriebszustand erkennbar, was bei Schaltern ohne weiteres möglich ist, noch ist im Schadensfall verhältnismäßig so leicht Abhilfe möglich wie bei Schalterkontakten.

Nicht übersehen werden darf auch die Störanfälligkeit aller Elektronik gegen radioaktive Strahlung, z.B. aus thermonuklearen Waffen. Je strategisch wichtiger und notfallverfügbarer eine Anlage sein soll, um so weniger sollten ihre Schaltfunktionen von elektronischen Bauelementen abhängen. Ein normaler Schalter läßt sich allemal noch von Hand öffnen und schließen, ein elektronischer nicht.

Ob daher ein mechanischer Schalter wirklich in jedem Fall durch einen elektronischen (meist auch teureren) ersetzt werden soll, muß nach allen Seiten abgewogen werden. Solange mit großer Wahrscheinlichkeit mit ständigem Funktionieren gerechnet werden kann, ist die elektronische Lösung natürlich vorzuziehen.

2.4.3 Große Schaltleistungen

Besondere Probleme liegen vor beim

- Einschalten von großen Stromstärken, damit sich die Kontakte nicht etwa verschweißen und dann nicht wieder zum Abschalten getrennt werden können; dies kann beim Einschalten von Kondensatoren auftreten (siehe Bild 6-15, große Stromspitze).
- Ausschalten, vor allem bei Kurzschlüssen, besonders bei Hochspannungsanlagen; der etwa verloschene Schaltlichtbogen wird dabei nämlich durch die ionisierend wirkende Hochspannung immer wieder neu gezündet, die Spannung schlägt stets wieder neu über.

Im Hochspannungsnetz waren früher wegen der großen Bauvolumen für die Schalter und wegen der beachtlichen erforderlichen Isolationsabstände Freiluftschaltanlagen mit erheblichem Flächenbedarf notwendig. Mittlerweile beherrscht man die fraglichen Spannungen auch mit Schalterbauweisen, deren Schaltkammern speziell durch das Material Hexafluorid (SF_6) soweit verkleinert wurden, daß man sie auch auf erheblich kleineren Raum konzentrieren konnte. Bis hinauf zu Spannungen von derzeit 535 kV sind daher platzsparende *Innenraumschaltanlagen* möglich geworden. Man kann sie auch im Weichbild von Städten errichten.

2.4.4 Einfluß auf die Berechnung

Im Idealfall wirken sich die Kontakte von geschlossenen Schaltern in den Stromwegen nicht als Widerstände aus. Je korrodierter und verschmorter die Kontaktoberflächen jedoch sind, um so höher ist der Übergangswiderstand.

Im allgemeinen kann vor allem der Übergangswiderstand von elektronischen Schaltern bzw. entsprechender Bauelemente *nicht vernachlässigt* werden. Ferner kann nicht immer damit gerechnet werden, daß ein elektronischer Schalter den Strom *restlos* zum Verschwinden bringt, wovon bei einem mechanischen Schalter praktisch ausgegangen werden kann!

2.5 Spulen

2.5.1 Erklärung und Schaltzeichen

Spulen mit Eisenkernen sind die Grundelemente aller Anlagen, z.B.

- Motoren und Generatoren,
- Transformatoren, Zündspulen etc.,
- Zeiger-Meßinstrumente,
- Elektromagnete aller Art und vieles andere, z.B. auch diverse nachrichtentechnische Geräte.

All diesen Anlagen ist gemeinsam, daß Spulen Sitz und Speicher von Magnetfeldern und damit von (magnetischer Feld-) Energie sind.

Bild 2-9 zeigt links und in der Mitte Schaltzeichen für Spulen (mit und ohne Eisenkern). Bild 2-10 läßt ein technisch wichtiges Spulenbeispiel erkennen: eine Zündspule für ein Kraftfahrzeug mit Ottomotor.

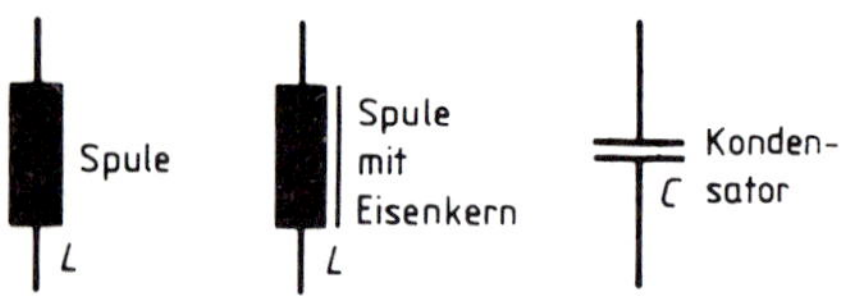

Bild 2-9 Spulen- und Kondensatoren-Schaltzeichen.

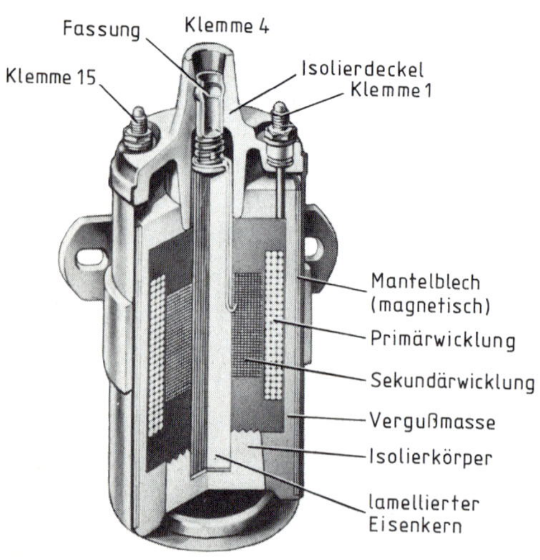

Bild 2-10 Schematisierte Innenansicht einer Kfz-Zündspule (Werkbild: *Bosch*, Technische Unterrichtung, Batteriezündung)

2.5.2 Einfluß auf die Berechnung

Da eine Spule aus mehr oder weniger vielen Drahtwindungen besteht, ist klar, daß sie einen nach Gl. (1.22) errechenbaren Ohmschen Widerstand hat. In Gleichstrom-Kreisen wird er die maßgebliche Größe sein.

Wechselstrom und sonstigen zeitlich veränderlichen Betriebssituationen gegenüber kommt bei Spulen noch eine andere Größe, die Induktivität, zum Tragen, besonders bei Spulen mit Eisenkern. Das Ohmsche Gesetz gilt für Spulen nur bei konstantem Gleichstrom!

2.6 Kondensatoren

2.6.1 Erklärung und Schaltzeichen

Ein Kondensator stellt ein Bauelement dar, das aus zwei Platten oder sonstigen leitfähigen Schichten besteht, die durch ein Isoliermittel voneinander getrennt sind, also praktisch ein Loch im Stromkreis. Das geht auch aus dem Schaltzeichen in Bild 2-9, rechts, hervor. Bild 2-11 zeigt diverse Ausführungsformen von Kondensatoren (siehe hierzu auch die Bilder 6-12 und 6-14).

Gleichstrom kann durch einen Kondensator nicht fließen. Dagegen wird sich später zeigen, daß immer dann Strom fließen kann, wenn an einem Kondensator eine solche Spannung liegt, die sich *ändert*. Damit ist vor allem eine Wechselspannung gemeint, jedoch auch jeder Schaltvorgang, Laständerungen, Unterbrecherfunken und dgl. mehr.

Typische Anlagen mit Kondensatoren sind

- Anlagen zur Blindleistungskompensation,
- Motoranlaufschaltungen,
- Entstöranlagen (z.B. Funkenlöschung an Kontakten und Stromwendern von Maschinen),
- bestimmte Kraftfahrzeug-Zündanlagen,
- Baugruppen zur Schwingungserzeugung in nachrichtentechnischen Anlagen,
- Glättung pulsierenden Gleichstroms
- und vieles andere.

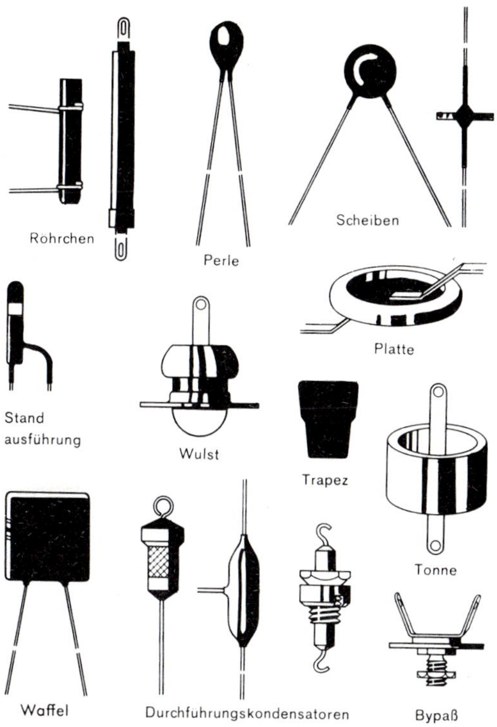

Bild 2-11 Einige Ausführungsformen von sogenannten Keramik-Kondensatoren (aus Christiani-Datenbank). Weitere Bauformen siehe Bilder 6–12 und 6–14.

Auch jede Leitung stellt zwischen ihren isolierten Adern einen Kondensator dar.

Die menschliche Haut verhält sich ebenfalls wie ein Kondensator.

2.6.2 Einfluß auf die Berechnung

Das Ohmsche Gesetz gilt bei Vorhandensein von Kondensatoren natürlich nicht. Der Widerstand gegenüber Gleichstrom ist praktisch unendlich groß. Gegenüber Strom*änderungen* macht sich die charakteristische Größe eines Kondensators bemerkbar: seine Kapazität.

2.7 Halbleiterbauelemente

2.7.1 Erklärung

Mit Halbleitern meint man im allgemeinen typisch elektronische Komponenten. In großen Zügen kann man dabei unterscheiden:

- Thermistoren (Heiß- und Kaltleiter),
- VDR-Widerstände (Abkürzung für voltage dependent resistor, also: spannungsabhängiger Widerstand),
- Sperrschichthalbleiter,
- optoelektronische Bauelemente,
- magnetfeldabhängige Widerstände.

2.7.2 Leitungsmechanismen bei Halbleitern

Die in Abschnitt 2.7.1 genannten Komponenten können etwa folgendermaßen beschrieben werden:

1. Metalle und Kaltleiter sind schon bei normaler Raumtemperatur leitfähig, d.h., sie haben dann schon frei bewegliche Elektronen (siehe Tabelle 1-3). Die freien Elektronen bewegen sich durch die Zonen von unfreien, aber um ihren Standort schwingenden Elektronen. Diese Schwingungen verlaufen mit um so größeren Amplituden, je höher die Betriebstemperatur wird. Etwaige „Zusammenstöße" der freien mit den temperaturabhängig schwingenden Elektronen werden um so wahrscheinlicher, je höher die Temperatur ist.

   Man kann das auch so ausdrücken: Mit wachsender Temperatur wächst der Widerstand, der sich den freien Elektronen entgegenstellt, siehe hierzu die Bilder 1-14, 1-15 und 2-15.

   Somit ist es eigentlich nicht möglich, eine spezielle Größe namens „Widerstand" im Stromweg irgendwo zu lokalisieren.
2. Heißleiter haben bei normaler Raumtemperatur *noch so gut wie keine freien Elektronen.* Mit wachsender Betriebstemperatur werden durch die damit verbundene thermische Energiezufuhr mehr und mehr Elektronen frei und somit für den Ladungstransport (Strom) verfügbar. Hier kommt also mit wachsender Temperatur der Strom erst richtig zum Fließen. Er hat natürlich auch mit der temperaturabhängig schwingenden Umgebung zu „kämpfen". Es werden aber schneller weitere Elektronen „frei", als sich die Temperaturzunahme störend bemerkbar macht: Siehe Bild 2-16.

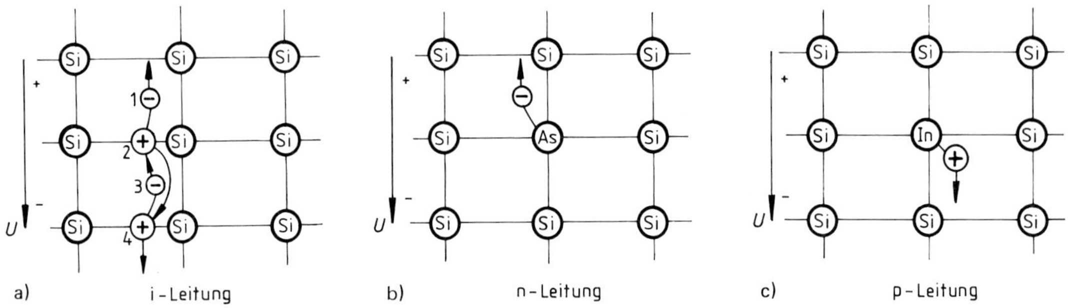

Eines der wenigen freien Elektronen 1 hat unter der Wirkung der außen angelegten Spannung *U* seinen Platz im Kristallgitter verlassen. Dabei bleibt ein Loch 2 entgegengesetzter Ladung zurück. Dieses geladene Loch besorgt sich aus der Umgebung ein anderes Elektron: 3. So ist zwar das vorige Loch wieder neutralisiert. Das Elektron 3 hat aber ein neues Loch 4 hinterlassen. Beides bewegt sich also, nämlich Elektronen *und* Löcher, und zwar bei gegenläufigem Richtungssinn. Diese Ladungsbewegung heißt Eigenleitung (i-Leitung).

Wie bei der i-Leitung, jedoch mit einer zusätzlichen Wirkung: vom 5-wertigen Arsen her ist ein Elektron übrig, weil es in das 4-wertige Si-System (4 Bindungs-Elektronen) nicht ohne Rest hineinpaßt. Somit ist das 5. Elektron über die Eigenleitung des Siliciums hinaus als freie Ladung verfügbar: negativer Ladungsüberschuß. Man spricht von negativ dotiertem oder einfach von n-Material.

Wie beim Arsenfall, jedoch ist hier alles gerade umgekehrt. Eine der 4 Si-Bindungen muß offen bleiben, da Indium 3-wertig ist, also ein Elektron zu wenig (positive Restladung im Silicium) da ist. Solche Materialkombinationen nennt man dementsprechend positiv dotiert oder einfach p-Material. Sowohl n- als auch p-Material leitet erheblich besser als undotiertes Material.

Bild 2-12 Leitungsmechanismen bei Silicium. Die durchgehenden Striche bedeuten Elektronenbindungen. Man muß sich die Halbleiter-Kristallverhältnisse insbesondere so vorstellen: a) präziseste Kristallreinheit, b) gezielte Verunreinigung mit Arsen oder dgl., c) genauso, wie mittleres Bild, jedoch Indium oder anderer 3-wertiger Stoff..

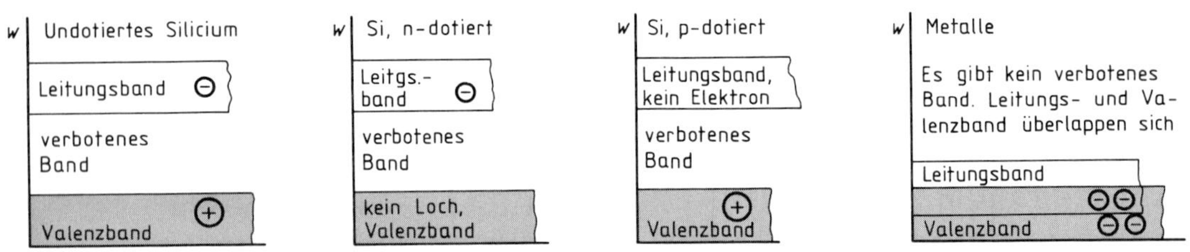

Mit genügend großem Energieaufwand Δw kann ein Elektron vom normalen Valenzband-Energieniveau ins höhere, das Leitungsband befördert werden. Im Valenzband bleibt dann ein positiv geladenes Loch zurück. In der „verbotenen" Zone kann sich ein Elektron nicht aufhalten.

Die Tatsache, daß das überschüssige Arsen-Elektron frei beweglich ist, kommt einer Energiesituation im Leitungsband gleich, ohne daß im Valenzband ein Loch zurückgeblieben sein müßte.

Bei Indiumdotierung gilt sinngemäß dasselbe wie bei n-Material, jedoch ist alles umgekehrt.

Bei Metallen, wie z. B. Kupfer, sind schon bei Zimmertemperatur etwa alle aktivierbaren Elektronen frei beweglich. Valenz- und Leitungsband überlappen sich. Löcher bleiben daher gar nicht erst zurück, wenn ein Elektron vom Valenz- ins Leitungsband „hochfindet".

Bild 2-13 Bändermodellvorstellungen der Atom-Kernschalen (K, L, M, ...) zur Erklärung des unterschiedlichen Leitfähigkeitsverhaltens bei undotierten und dotierten Halbleitern, sowie bei Metallen. *w* Energieniveau der betreffenden Kernschale.

Mit Blick auf das Widerstandsverhalten ergibt sich: Mit wachsender Betriebstemperatur sinkt der Widerstand.

3. VDR-Widerstände haben im spannungslosen Zustand wenige freie Elektronen. Mit wachsender Spannung und damit wachsender Energiezufuhr werden mehr und mehr Elektronen frei: der Widerstand sinkt.
4. Auf Feldplatten wirkt sich ein Magnetfeld so aus, daß sich die Strombahnen zonenweise mehr oder weniger stark verdrehen (Bild 2-14). Das läuft auf dasselbe hinaus, als wenn in Gl. (1.22) die Leiterlänge l wächst. Je dichter das Feld wird, um so größer wird der Widerstand einer Feldplatte.
5. Optoelektronische Bauelemente reagieren auf die zugeführte optische Energie. Sie wirkt sich sinngemäß genauso aus, wie die thermische Energiezufuhr auf Heißleiter.
6. Materialien wie Germanium und Silicium haben bei normaler Raumtemperatur fast keine freien Elektronen, also eine geringe Eigenleitfähigkeit. Man spricht von intrinsic- (oder i-) Leitung.

   Durch jedwede Energiezufuhr, z.B. Wärme, Licht, Strahlung usw. werden nicht nur Elektronen aus ihrem Kristallgitter frei beweglich, sondern sie *hinterlassen dort Löcher mit entgegengesetzter Ladung,* also positive Ladungen (Bilder 2-12 und 2-13).

   Die Tatsache, daß dieser Mechanismus nicht auch für Metalle wie Kupfer und Silber zutrifft, hängt damit zusammen, daß hier das Valenz- und das Leitungsband ineinander übergehen (Bild 2-13, rechts).
7. In das sehr reine Grundmaterial eines Kristalls, z.B. von Silicium-Material, kann man Atome eines anderen Elements einkristallisieren. Man spricht von „gezielter Verunreinigung“ oder Dotierung, z.B. durch ein 5- oder ein 3-wertiges Element. Diese Störung im Kristallgefüge führt zu einer erheblichen Steigerung der Leitfähigkeit des Gesamtkristalls, wie man aus Bild 2-12 Mitte und rechts erkennen kann.

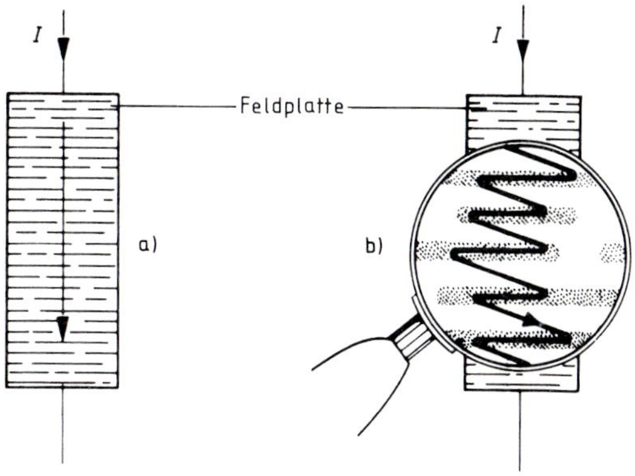

Bild 2-14 Links ohne, rechts mit Magnetfeld: die Strombahn wird mit Magnetfeld länger, der Widerstand steigt dadurch. (Werkbild: *Siemens AG*)

2.7.3 p-n-Übergänge

Elektronische Komponenten, wie Dioden, Transistoren, Thyristoren und ihre diversen Varianten, leiten sich durchweg aus Kombinationen von p- und n-leitendem Material her. Hierbei ist mit p- und n-leitendem Material das Ergebnis der Bilder 2-12 Mitte und rechts gemeint.

Die genannten Komponenten unterscheiden sich vor allem in der *Anzahl* der p- und n-Zonen, bzw. deren *Übergängen* (englisch: junctions, daher der häufige Index j in Halbleiterprospekten).

Vergleiche hierzu auch die Tabelle 2-9.

Tabelle 2-9 p-n-Übergänge und deren Anwendungen

Prinzipbild, Schichtenfolge	p n	p / n; n- p- Ring	p n p / n p n	p n p n	p n p n p
p-n-Übergänge	1		2	3	4
Bezeichnung	Diode	Unipolar- oder Feldeffekt-Transistor (FET)	Bipolar- oder Injektions-Transistor	Thyristor	Diac

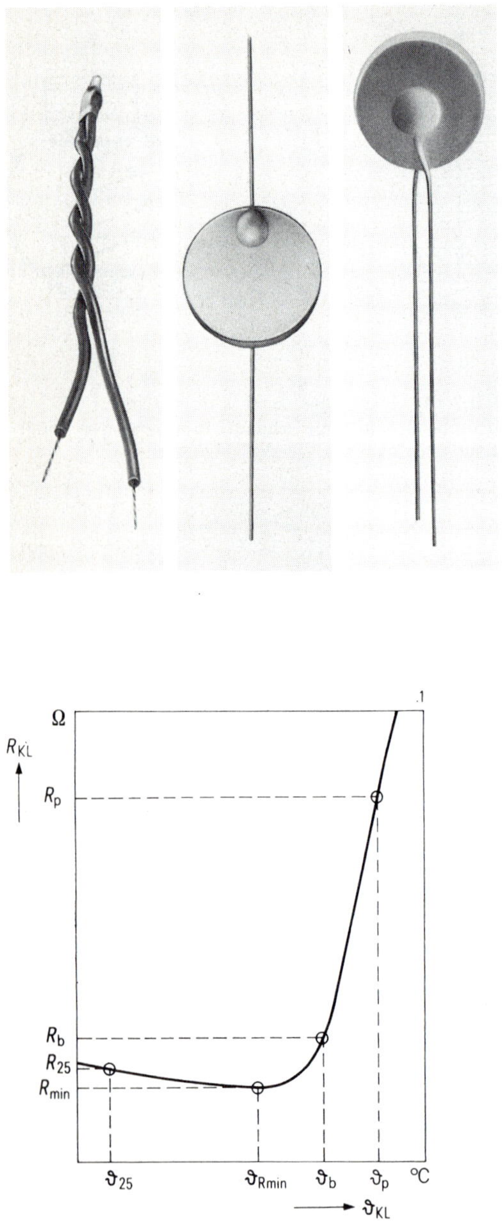

Bild 2-15 Einige Ausführungsformen von Kaltleitern und eine typische Kennlinie für den Widerstands-Temperatur-Verlauf (Werkbild: *Siemens AG*)

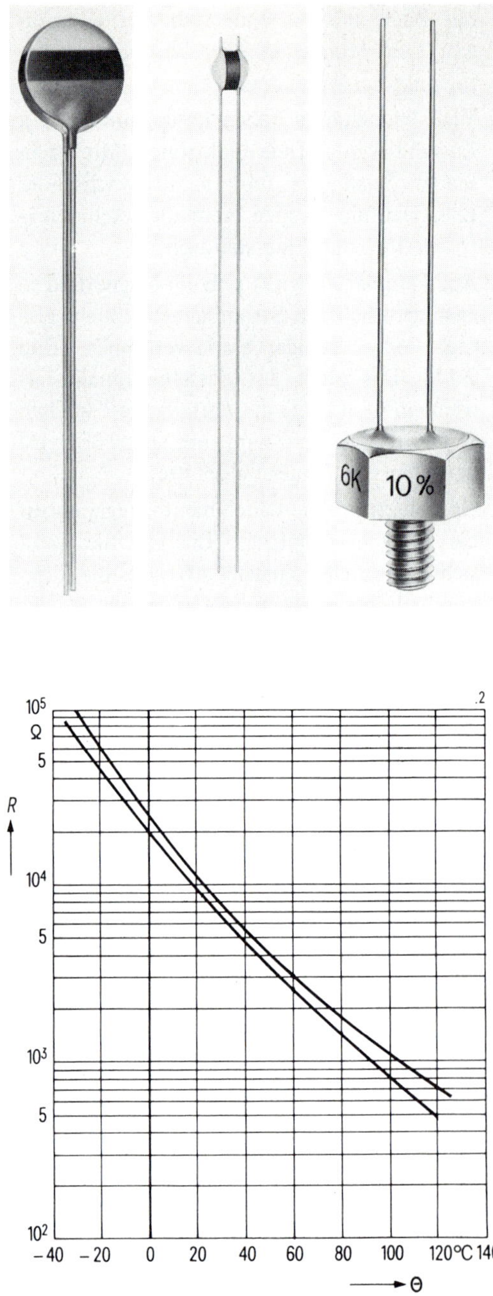

Bild 2-16 Einige Ausführungsbeispiele von Heißleitern und eine typische Kennlinie eines Heißleiters für den Widerstands-Temperatur-Verlauf. (Werkbilder: *Siemens AG*)

2.7.4 Dioden und Sperrschichten

Bild 2-17 zeigt die Verhältnisse bei einer Diode, also einem einzigen p-n-Übergang. In der Mitte ist das Schaltzeichen zu sehen. In den einzelnen Zonen sind über die i-Leitfähigkeit hinaus verfügbar (siehe Bild 2-12):

- im p-Material *p*ositive Ladungsträger,
- im n-Material *n*egative Ladungsträger.

Je nachdem, wie nun Spannung an die Diode angelegt wird, setzt sich ein Strom von Ladungsträgern in Bewegung.

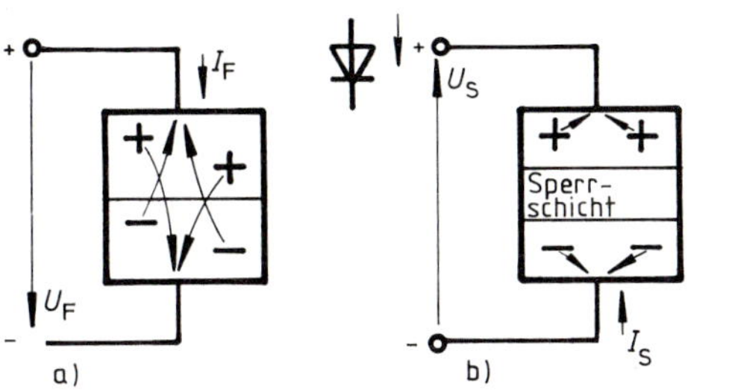

Bild 2-17 a) Diode in Durchlaßrichtung; I_F (Index: Fließ-, flux- usw.). b) Diode in Sperrichtung; I_S (Index: Sperr-, auch R = reverse)

Die Sperrschicht in Diodenmitte bei Sperrbetrieb ist äußerst dünn (μm-Größenordnung). Der Pfeil des Symbols in der Mitte soll die Durchlaßrichtung symbolisieren.

Im linken Fall ist es ein kontinuierlicher Strom

- von positiven Ladungsträgern abwärts *und gleichzeitig*
- von negativen Ladungsträgern aufwärts, solange Spannung anliegt.

Im rechten Fall kommt zwar auch ein Ladungstransport zustande, aber nur für eine ganz kurze Zeitspanne: Dann „steht" der Strom wieder, sowohl auf- als abwärts. Am p-n-Übergang bildet sich eine ladungsträgerfreie Zone. In ihrer Dicke ist sie von der angelegten Spannung abhängig. Man nennt sie die sogenannte Sperrschicht.

Bild 2-18 zeigt den I-U-Verlauf einer Diode. Man beachte dort den unterschiedlichen Spannungsmaßstab! Zu sehen ist aus Bild 2-18:

- Ab einer gewissen Spannungshöhe, der sogenannten Schleusenspannung, läßt die Diode Strom nennenswerten Betrags durch, wenn Klemmenplus am p-Material liegt: Durchlaßstrom I_F (F Fließ-).
- Bei umgekehrter Polarität *sperrt* die Diode. Es fließt allerdings doch ein gewisses Minimum an Strom: der Sperrstrom I_S (S Sperr-, bzw. R reverse), normalerweise einige nanoampere.

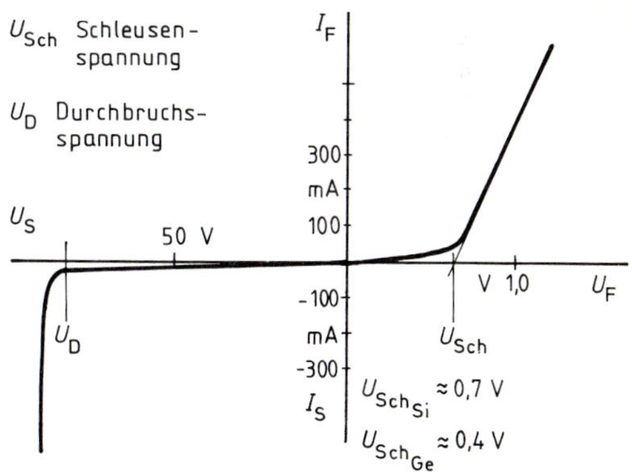

Bild 2-18 Beispiel für eine Diodenkennlinie (Silicium-Material). Der zulässige Durchlaßstrom ist dem zuständigen Datenblatt zu entnehmen. Die Durchbruchsspannung kann unmittelbar abgelesen werden. Die Schleusenspannung ist bei Germanium kleiner als bei Silicium.

Gefährdet ist eine Diode:

- in *Durchlaß*richtung bei zu starken *Strömen* durch Joulesche Wärme,
- in *Sperr*richtung bei zu hoher *Spannung*; ab der Durchbruchsspannung U_D läßt die Diode auch in Sperrichtung viel Strom durch;
- in beiden Fällen wird dabei der p-n-Übergang zerstört; die Diode verhält sich dann wie ein Kurzschluß.

Realistische Daten für diese Größen müssen Datenblättern der Hersteller entnommen werden.

Wegen der Polaritätsabhängigkeit der angelegten Spannung eignen sich Dioden für alle Aufgaben, bei denen ein Strom eines bestimmten Richtungssinnes von einer Anlage ferngehalten werden soll. Das bedeutet Verwendung vor allem als

- Gleichrichter,
- Geräteschutz im Bereich bis zur Schleusenspannung,
- Nachrichtentechnik (Radio),

} (im Durchlaßbereich betrieben),

- Verpolschutz (im Sperrbereich betrieben).

Dioden werden bis zu etwa 1000 A gebaut.

Einige Spezialdioden werden ausschließlich im Sperrbetrieb gefahren und sind speziell hierfür entwickelt. Hierzu gehören:

1. Z-Dioden (Zener-Dioden): Sie halten eine Überschreitung der Durchbruchsspannung ohne Dauerschaden aus. Ihre Aufgabe ist häufig:
   - Begrenzung einer Spannung auf einen maximalen Wert, z.B. als Geräteschutz,
   - Stabilisierung einer Spannung gegen betriebliche Schwankungen (siehe Beispiel 5.3).
2. Kapazitätsdioden: Die Dicke der Sperrschicht ist vom Betrag der (Sperr-)Spannung abhängig. Die Sperrschicht wirkt wie die Isolierschicht eines Kondensators, ihr Betrag ist maßgeblich für die Kapazität des Kondensators. Somit stellt eine Kapazitätsdiode einen *spannungssteuerbaren Kondensator* dar.

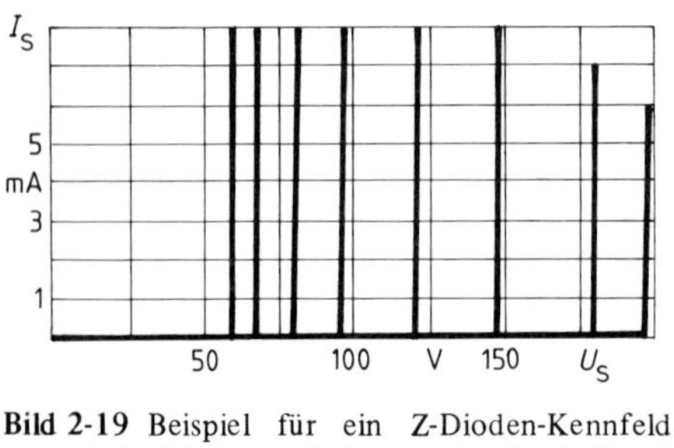

Bild 2-19 Beispiel für ein Z-Dioden-Kennfeld. Die erste dicke Linie von links besagt z.B.: in Verbindung mit dieser Diode kann die Spannung an der Z-Diode ca. 60 V nicht überschreiten.

3. Fotodioden: Eine Glaslinse läßt Licht auf die Sperrschichtzone fallen. Je energiereicher es ist, um so mehr Ladungsträger werden trotz Sperrbetriebs frei. So ist eine *lichtstärkeabhängige* Steuerung des Stroms in Sperrichtung möglich.

   Anwendung vor allem bei Filmprojektoren mit „Lichtton".
4. Lumineszenzdioden: Sie sind als Energierichtungsumkehr einer Fotodiode zu sehen:
   - unter Licht läßt eine Fotodiode Strom durch,
   - unter Strom leuchtet eine Lumineszenzdiode.

Lumineszenzdioden finden z.B. als Anzeige bei Taschenrechnern und Meßinstrumenten Verwendung.

2.7.5 Transistoren (transient resistors)

Transistoren sind steuerbare Widerstände. Tabelle 2-9 zeigte zwei Grundprinzipien mit Varianten:

1. *Unipolar-* oder *Feldeffekt-Transistor* (FET)

   Das p-Material in Bild 2-20 ist ohne weiteres leitfähig. Unter der Wirkung der äußeren Spannung U_{DS} fließt ein Strom I_D.

   Wird nun noch zusätzlich eine kleine Spannung U_{GS} angelegt, so bildet sich analog Bild 2-17 (rechts) eine Sperrzone *quer zum Stromfluß* I_D. Diese Sperrzone verengt den Kanal für I_D, indem sie ihn an Ladungsträgern verarmen („austrocknen") läßt, den Strom I_D also in Schwierigkeiten bringt, und zwar um so mehr, je größer U_{GS} wird. Dabei bleibt der *Strom* I_G in sehr kleinen Grenzen. Er ist nahezu Null. Die Kanalverengung beruht mehr auf einem elektrischen *Feld*, es wird auch fast keine Leistung benötigt, um die Kanalverengung zu bewirken.

   Die Stromleitung I_D verläuft nur in *einerlei* (*unipolarem*) Material. Die Sperrschicht wird über ein elektrisches *Feld* gesteuert. Daher die Bezeichnungen dieses Transistors. Es gibt auch die Variante mit n-Kanal (siehe Tabelle 2-9).

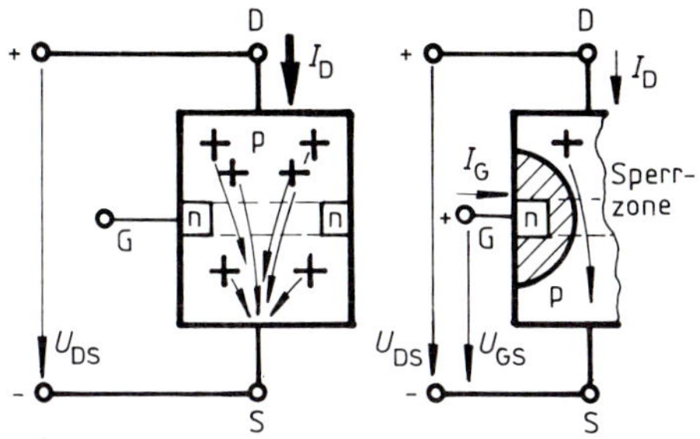

Bild 2-20 Wirkungsprinzip bei einem p-Kanal-Feldeffekttransistor. Der n-Ring in Verbindung mit dem p-Kanal stellt eine Diode dar. Im rechten Bildteil wird über die Spannung U_{GS} speziell dieser Polung die Diode im Sperrbetrieb gefahren. Der Transport der positiven Ladungen wird dabei erheblich erschwert, weil er stark eingeengt wird.
D Drain, S Source, G Gate.

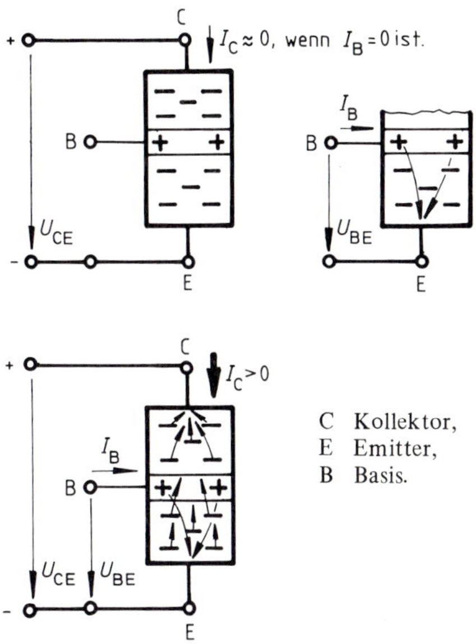

C Kollektor,
E Emitter,
B Basis.

Bild 2-21 Beim Injektionstransistor ist es gerade umgekehrt wie beim Felddefekttransistor: Ohne die zusätzlich angelegte Spannung U_{BE} kommt der Strom I_C nicht zum Fließen.

Je größer der Strom I_B wird, um so größer wird auch der Strom I_C, der Kollektorstrom.

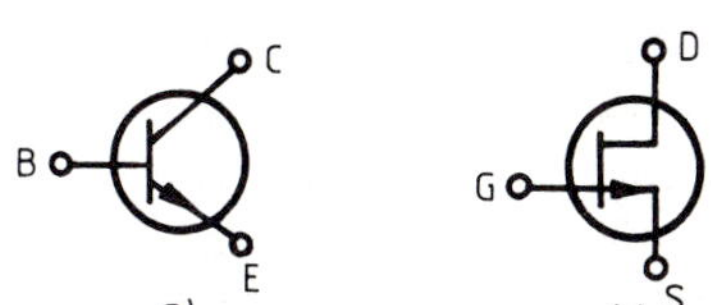

Bild 2-22 Transistorschaltzeichen. a) bipolar, npn-Typ, b) unipolar, n-Kanaltyp. Beim pnp-bzw. p-Kanaltyp sind die Pfeile umgekehrt.

2. *Bipolar-* oder *Injektions-Transistor*

Aus Bild 2-21 ist zu ersehen, daß *zweierlei* (also *bipolares*) Material nacheinander vom Strom I_C durchflossen wird.

Die von außen angelegte Spannung U_{CE} kann zunächst noch keinen Strom I_C zuwege bringen. Beim hier vorliegenden npn-Transistortyp besteht ja die Strecke C-E aus zwei hintereinanderliegenden Dioden, die erste in Sperr- die zweite in Durchlaßbetrieb, wie man im Vergleich mit Bild 2-17 erkennt.

Legt man jedoch noch *zusätzlich* die Spannung U_{BE} so an, wie im Bild 2-21 skizziert, so fließt auf jeden Fall der Strom I_B, denn der Diodenabschnitt B-E stellt ja eine Diode im Durchlaßbetrieb dar.

Diese „Injektion" des Stroms I_B hat zur Folge, daß auch der Strom I_C fließen kann. Die Basiszone des Transistors ist nämlich in Wirklichkeit sehr dünn. Der Strom I_B hat auf die Sperrschicht zwischen C und B die Auswirkung, daß sie von *C*-wärts ausschwärmenden Ladungsträgern leitfähig gemacht wird, und zwar um so mehr, je größer der Strom I_B ist.

Das Stromverhältnis beträgt dabei etwa:

$$I_C : I_B \approx 100 : 1,$$

je nach Transistorart und Betriebsweise.

Man kann sagen: I_C ist durch I_B steuerbar. Im Vergleich mit dem Feldeffekttransistor ergibt sich:

$$I_B \gg I_G.$$

Beim Injektionstransistor kann man nicht von leistungsloser Steuerung sprechen.

Die Tabelle 2-9 ließ für die beiden Transistorarten je zwei zueinander duale Materialausführungen erkennen. Bei der jeweils anderen Ausführung müssen gegenüber den Bildern 2-20 und 2-21 natürlich alle Spannungen umgepolt werden, damit die Transistoren so wie beschrieben arbeiten.

Zulässige Betriebsdaten für Transistoren muß man sich aus den Datenblättern der Hersteller besorgen. Sie sind teilweise recht umfangreich und enthalten auch Kennlinien.

Verwendet werden Transistoren vor allem als

- kontaktlose Schalter und / Verstärker } in der elektrischen Energietechnik,
- sowie für außerordentlich zahlreiche Aufgabengebiete der Nachrichten- und Computertechnik.

2.7.6 Thyristor

Bei der Vierschichtenfolge nach Bild 2-23 liegt ohne weitere äußere Eingriffe in der Zone A-K Sperrbetrieb vor, wenn die Spannung U_{AK} angelegt wird: $I_A = 0$. Der mittlere p-n-Übergang kann ja den Strom so nicht durchlassen, auch umgekehrt nicht.

Dagegen arbeitet die Spannung U_{GK} in offenen Durchlaßbereich. I_G kann fließen. Wenn I_G fließt *und* U_{AK} anliegt, wie skizziert, wird ab Erreichen der Schleusenspannung an der Zone G-K die *ganze Zone* A-K schlagartig leitfähig. Man sagt: Der Thyristor hat *gezündet* oder er ist durchgesteuert. Dabei treten also ähnliche Wirkungen auf, wie beim Bipolar-Transistor. Es gibt jedoch entscheidende Unterschiede. Sie sind aus Tabelle 2-10 zu ersehen.

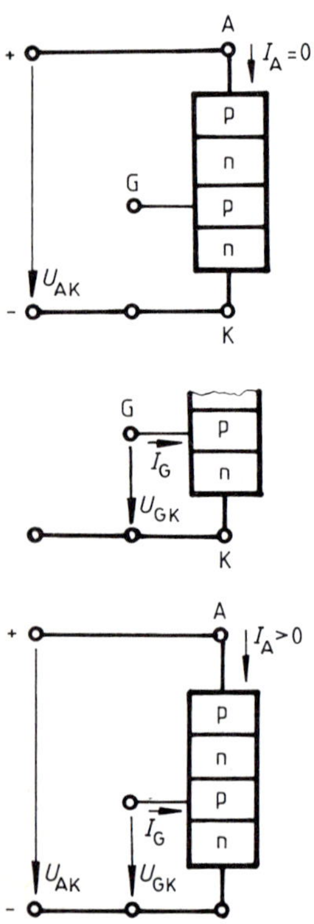

Bild 2-23 Der Thyristor zwischen den Klemmen A und K ist ohne die Steuerspannung U_{GK} vor- und rückwärts gesperrt. Sobald jedoch ein kritischer Betrag von I_G fließt, wird die Strecke A–K leitend.
A = Anode,
K = Kathode,
G = Gate.

Tabelle 2-10 Transistor-Thyristor-Vergleich

Vergleichsobjekt	Transistor	Thyristor
Schaltzeichen, Stromorientierung	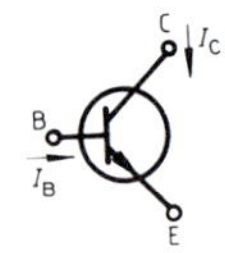	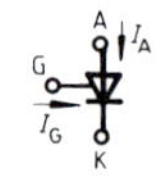
ohne Steuerstrom I_G bzw. I_B bleibt	$I_C = 0$	$I_A = 0$
mit Steuerstrom I_G bzw. I_B ist	$I_C > 0$	$I_A > 0$
Nach dem Abschalten des Steuerstroms I_G bzw. I_B	hört I_C auf;	bleibt I_A voll erhalten.
Bei Variation des Steuerstroms I_G bzw. I_B	ändert sich I_C gleichsinnig mit;	reagiert I_A nicht.
Bei Umkehr der Spannung zwischen A-K bzw. C-E	fließt I_C auch;	fließt I_A gar nicht.

Einer der wesentlichsten Unterschiede ist der:

> bei einem Thyristor verlöscht der Strom I_A nicht, wenn der Steuerstrom I_G gesenkt oder gar abgeschaltet wird.

Es gibt zwar die sogenannten *abschaltbaren* oder GTO (gate-turn-off-)Thyristoren. Indessen kann man auch bei normalen Thyristoren mit geringem zusätzlichem Aufwand selbst in einem Gleichstromkreis den Strom I_A zum Stehen bringen, ohne zu mechanischen Schalterkontakten greifen zu müssen.

Indessen wird I_A zu Null, wenn U_{AK} einen kritischen Wert, die sogenannte Haltespannung, unterschreitet. Das ist z.B. unvermeidlich, wenn Wechselspannung an der Strecke A-K liegt. Hiervon kann sowieso nur der positive Teil wirksam werden. Gegen die negative Spannung wirkt der Thyristor auf jeden Fall sperrend. Soll wenigstens während der positiven Zeitabschnitte I_A fließen, so muß der Strom nach jedem Spannungs-Nulldurchgang neu gezündet werden.

Man hat es dabei allerdings in der Hand, wann der Strom I_A wirklich gezündet wird. So lassen sich je nach Zündzeitpunkt Fälle einstellen, wie sie in Bild 2-24 skizziert sind. Auf diese Weise kann z.B. die Helligkeit von Lampen oder die Drehzahl von Stromwendermotoren verstellt werden (siehe Abschnitt 16.2.2).

Thyristoren werden vor allem als Schalter verwendet, und zwar besonders zum kontaktlosen Schalten großer Ströme, bis hinauf zu etwa 1000 A. Aus Bild 2-24 geht ferner hervor, daß man mit Thyristoren Ströme nicht nur schalten, sondern auch im Betrag verstellen kann.

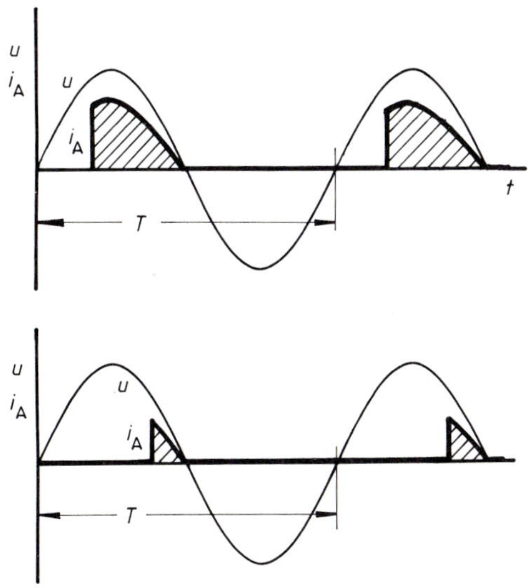

Bild 2-24 Die dünn gezeichnete Kurve ist die Netzspannung, die dicke Kurve der Strom. Man kann erkennen, daß im oberen Bild der Strom schon früher gezündet wird als im unteren. Im oberen Fall wird die betreffende Anlage längere Zeit und unter einem größeren Strom stehen als im unteren. Man spricht von Anschnittsteuerung.

2.7.7 Triac

Während ein Thyristor nur „vorwärts" betrieben (nur von positiven Spannungen U_{AK} gezündet) werden kann, ist dies bei einem Triac auch mit negativer Spannung möglich. Den Aufbau und das Schaltzeichen eines Triacs zeigt Bild 2-25.

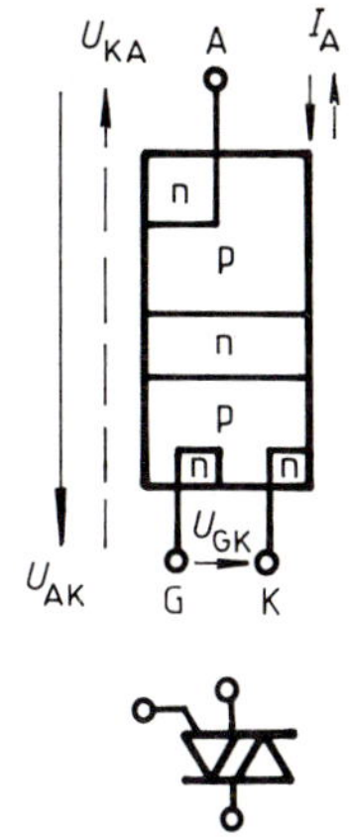

Bild 2-25 Triac-Schichtenfolge und Betrieb. Der Strom I_A wird in beiden Richtungen durchgelassen, wenn U_{GK} anliegt.

So kann mit Hilfe eines Triacs auch die negative Halbwelle eines Wechselstroms durchgelassen bzw. zu einem bestimmten Zündzeitpunkt zum Fließen gebracht werden.

Solche Geräte sind vor allem als Dimmer und Drehzahlverstellgeräte für Handbohrmaschinen usw. üblich.

2.7.8 Diac

Bild 2-26 zeigt den Aufbau und das Schaltzeichen eines Diacs. Die dortigen 5 Schichten können ab einer bestimmten kritischen Spannung gezündet werden. Der Betrieb ist in beiden Richtungen möglich, da das Bauelement symmetrisch gebaut ist.

Diacs werden vor allem zur Ansteuerung von Triacs verwendet.

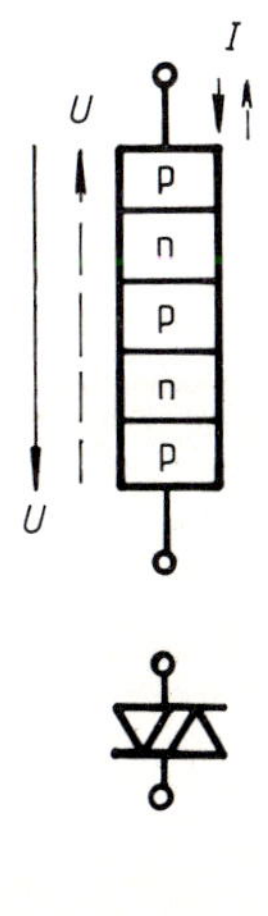

Bild 2-26 Diac-Schichtenfolge und Betrieb. Der Strom kann in beiden Richtungen fließen, wenn die Spannung U hoch genug ist.

2.7.9 Zusammenfassung der Sperrschichtenbauelemente

Tabelle 2-11 zeigt eine Übersicht über die Einsatzgebiete der in den Abschnitten 2.7.4 bis 2.7.8 beschriebenen Bauelemente. Die Bilder 2-27 bis 2-29 zeigen einige typische technische Ausführungsbeispiele.

Tabelle 2-11 Anwendungsbeispiele

Bauelemente	Anwendungsbeispiele
Diode	Gleichrichtung, Spannungsbegrenzung, Überspannungsschutz, Verpolschutz
Transistor	kontaktloser Schalter, Verstärker, Computer, Oszillator, Stabilisator, Umrichter
Thyristor	kontaktloser Schalter großer Leistung, Stromrichter (Gleich-, Wechsel- und Umrichter)
Triac	Verstellung von Wechselspannung
Diac	Ansteuerung von Triacs

2.7.10 Einfluß auf die Berechnung

In Verbindung mit elektronischen Bauelementen gilt das Ohmsche Gesetz nicht mehr. Von *Berechnung* kann daher im allgemeinen keine Rede sein. Die Lösung entsprechender Probleme muß somit meistens graphisch erfolgen (siehe Kap. 5). Das heißt nicht, daß elektronische Bauelemente keinen Widerstand besäßen. Er ist unter Umständen sogar sehr erheblich, bis hin $\rightarrow \infty$. Der Widerstandswert ist jedoch i.a. nicht konstant.

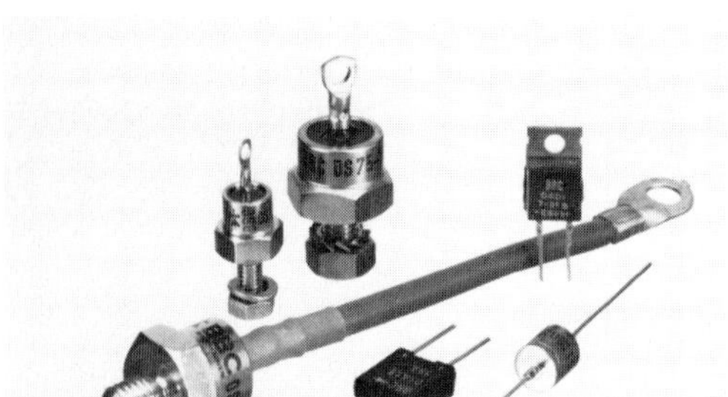

Bild 2-27 Einige Ausführungsbeispiele für Dioden. (Werkbild: *Brown Boveri & Cie AG*)

Bild 2-28 Drei von sehr vielen Ausführungsmöglichkeiten von Transistoren (Werkbild: *Siemens AG*)

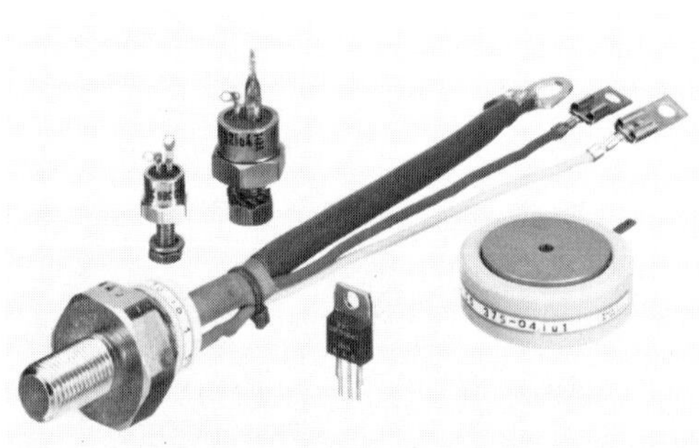

Bild 2-29 Einige Ausführungsbeispiele für Thyristoren (Werkbild: *Brown Boveri & Cie AG*)

2.8 Meßgeräte mit Zeigern und Ziffern

2.8.1 Allgemeines

Mit elektrischen Meßinstrumenten können gemessen werden (Bild 2-30):

- direkt sämtliche elektrischen Größen,
- indirekt die meisten nichtelektrischen physikalischen Größen.

Bei indirekter Messung werden die zu messenden Größen in elektrisch analoge Spannungen umgeformt.

Bild 2-30 Beispiele für Meßinstrumente

Alle Geräte arbeiten auf der Basis:

- Spannungen lassen in Meßwerken Ströme fließen.

Ab hier unterscheiden sich die möglichen beiden Prinzipien:

- Analoge Anzeige mit Zeiger (Bild 2-31):
  Von den Strömen gehen Magnetfelder aus. Stets wirken zwei Felder gleichzeitig und üben ein Drehmoment aufeinander aus. Das führt zum Zeigerausschlag.
- Digitale Anzeige mit Ziffern (Bild 2-32):
  Ziffernsysteme werden analog dem Betrag des Meßstroms angesteuert. Man unterscheidet dabei:
  - LCD-Anzeige (liquid cristal display) schwarze Ziffern auf grauem Grund, nur bei Helligkeit ablesbar,
  - LED-Anzeige (light emitting diode) Leuchtziffern, ungeeignet bei hellem Umgebungslicht.

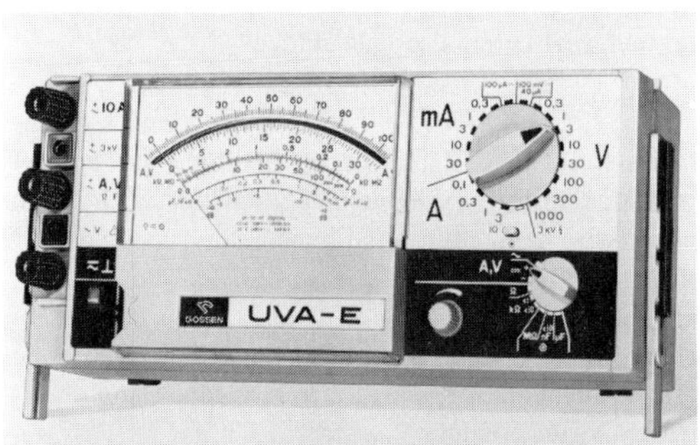

a)

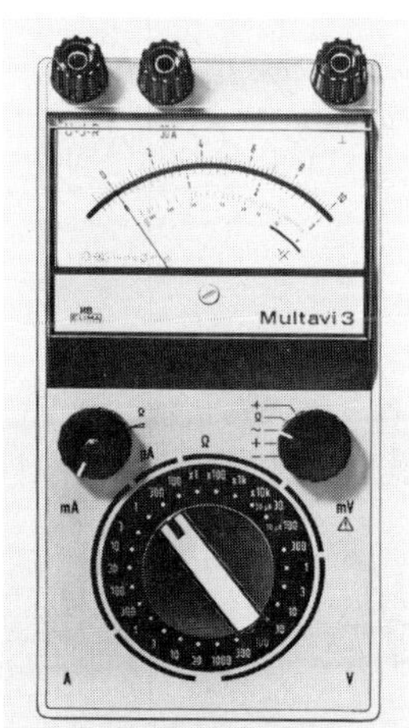

b)

Bild 2-31 Zwei Beispiele moderner Vielfach-Zeigermeßinstrumente (analoge Anzeige). (Werkbilder: a) *Gossen,* b) *Hartmann & Braun*)

Bild 2-32 Beispiel für ein digital anzeigendes Vielfach-Meßinstrument. (Werkbild: *BBC-Metrawatt*)

Das digitale Prinzip ist das modernere und meist auch bequemere, insbesondere mit Rechner- und Druckerverknüpfung sowie Anschluß zur automatischen Prozeßdatenverarbeitung. Ferner sind die digitalen Geräte oft erheblich genauer und besser geschützt als analoge Geräte, sowohl gegen elektrische als auch gegen mechanische Schäden (z.B. Sturz).

Vom Preis her existieren fast kaum mehr Unterschiede, abgesehen von Sondergeräten.

Analoge Geräte werden trotzdem weiterhin gebaut und benötigt. Oft sind sie viel besser geeignet als digitale, und zwar von seiten der

- Ablesung aus größerer Entfernung,
- Ablesung bei unruhigen Meßgrößen,
- Ablesung von Tendenzanzeigen.

Tabelle 2-12 Widerstandsbeispiele bei einem analogen Vielfachmeßinstrument (Unigor 1 p, BBC-Metrawatt). Der Begriff der Kenngröße ist ein Vergleichsmaß für verschiedene Instrumente: Innerhalb aller Spannungsmeßbereiche ist die Kenngröße gleich

Widerstandsproblem	Meßbereiche und dazugehörige Widerstandsbeispiele					ideal wäre
$R_{Ⓐ}$	20 nA 10 MΩ	20 mA 16 Ω	200 mA 2,5 Ω	… …	50 A 1 mΩ	überall 0 Ω
$R_{Ⓥ}$	600 mV 2 kΩ	3 V 10 kΩ	120 V 400 kΩ	… …	1,2 kV 4 MΩ	überall ∞ Ω
Kenngröße	$\frac{2\,\text{k}\Omega}{600\,\text{mV}} = \ldots = \frac{400\,\text{k}\Omega}{120\,\text{V}} = 3\frac{1}{3}\,\frac{\text{k}\Omega}{\text{V}}$					

Bei sogenannten Universalmeßinstrumenten (tragbare Geräte) sind mehrere Meßbereiche und Meß*arten* (Gleich- und Wechselstrom, Mittel- und Effektivwert) in einem Gerät vereinigt.

Womöglich sind mehrere Meßgrößen mit ein und demselben Gerät meßbar, also U, I, R, C, L, θ usw.

2.8.2 Technische Daten

2.8.2.1 Klassengenauigkeit

Mit Klasse meint man eigentlich den Anzeigefehler, bezogen auf den Meßbereichs*end*wert. Siehe hierzu Beispiel 2.4.

Man unterscheidet folgende Klassen:

- Feinmeßgeräte: 0,1; 0,2; 0,5,
- Betriebsmeßgeräte: 1; 1,5; 2,5; 5.

2.8.2.2 Innenwiderstand

Jedes Meßinstrument hat unvermeidlicherweise einen Innenwiderstand R_i. Er sollte sein:

- bei Amperemetern kleinstmöglich,
- bei Voltmetern größtmöglich

(siehe hierzu die Beispiele 4.3 und 4.4).

Andernfalls wird die Anzeige *dadurch* erheblich verfälscht, *daß gemessen wird,* d.h., ohne Messung wäre die Betriebsgröße anders.

2.8.2.3 Kenngröße

Kaum 2 Meßinstrumente unterschiedlicher Hersteller zeigen gleiche Innenwiderstände. Damit man Meßinstrumente unterschiedlicher Fabrikate hinsichtlich ihrer Spannungsmeßbereichs-Widerstände besser miteinander vergleichen kann und so einen besseren Überblick über etwaige Auswirkungen auf die Messung abschätzen kann, bedient man sich des Vergleichsmaßes:

$$\text{Kenngröße} = \frac{\text{Innenwiderstand}}{\text{Meßbereichsendwert}}. \qquad (2.2)$$

Einen Überblick hierzu liefert Tabelle 2-12. Ein qualifiziertes Meßinstrument hat in Spannungsmeßbereichen eine hohe Kenngröße.

Das bedeutet:

schon eine ganz kleine Spannung führt zum Zeigerausschlag.

Es muß also nicht erst ein großer Meßstrom fließen und das ganze System entsprechend belasten und verfälschen.

Bei modernen Instrumenten sind Kenngrößen von 1 MΩ/V und mehr realistisch. Für Messungen an elektrischen Maschinen genügen aber durchaus kleinere Werte.

Beispiel 2.4: Instrumentenanzeige

Ein Voltmeter mit einer Skala entsprechend Bild 2-33 habe bei Gleichspannung die Klassengenauigkeit 1 %. Siehe hierzu auch den Hinweis 1₋ links unten auf der Skala. Der Zeiger steht auf 22 Skt.

Frage: Welchen Meßwert zeigt das Instrument an?

Lösung: Die Anzeige lautet 22 V. Der Anzeigefehler beträgt 1 %, aber nicht von der Anzeige, sondern vom Meßbereichs*end*wert, also

1 % von 30 V = 0,3 V.

Der Meßwert lautet also vollständig:

$$U = 22\ \text{V} \pm 0{,}3\ \text{V} \quad \text{oder:} \quad 21{,}7\ \text{V} \leqq U \leqq 22{,}3\ \text{V}.$$

Auswertung: Das Ergebnis zeigt deutlich, daß der bei einer Messung zu wählende Meßbereich gar nicht klein genug sein kann. Sonst wird nämlich „automatisch" der Anzeigefehler groß.

Extrembeispiel: der obige Fall hätte auch im Meßbereich 300 V gelegen haben können. Die Meßgröße wäre vielleicht 2,2 V statt 22 V gewesen. Dann ergibt sich als Anzeigefehler:

1 % von 300 V = 3 V.

Somit wäre *hier der Anzeigefehler größer als die ganze Meßgröße*! Man erlebt trotzdem nicht selten, daß vor allem Anfänger in solcherart ungeeigneten Meßbereichen arbeiten.

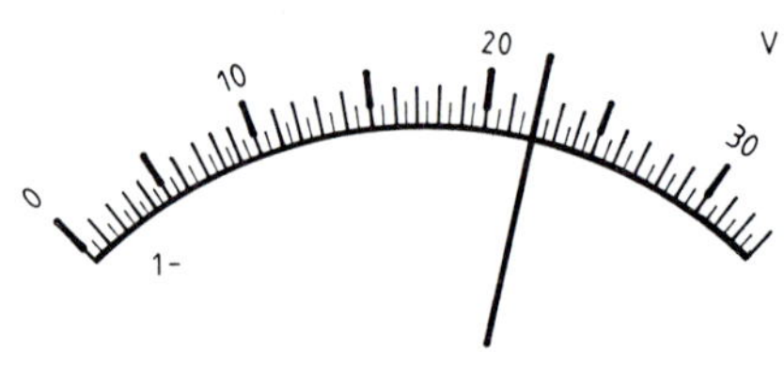

Bild 2-33 Skala und Anzeige zum Beispiel 2.4

2.8.2.4 Die wichtigsten Meßschaltungen

Die Bilder 2-34 bis 2-36 zeigen die Schaltungen für die Messung von

- Strom: das Gerät liegt *im* Stromweg,
- Spannung: das Gerät liegt *am* Meßobjekt,
- Leistung: das Gerät liegt gleichzeitig im Stromweg und am Meßobjekt.

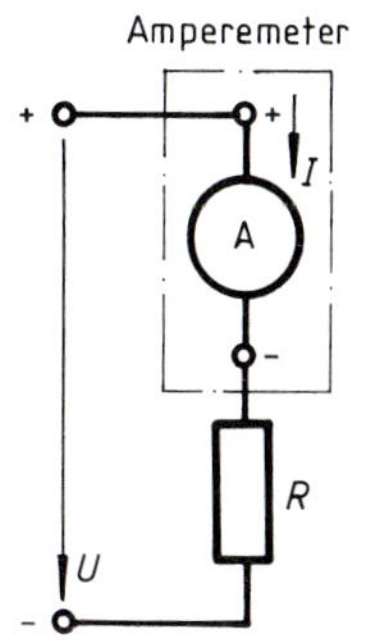

Bild 2-34 Strommessung. Das Meßinstrument liegt *im* Leitungszug.

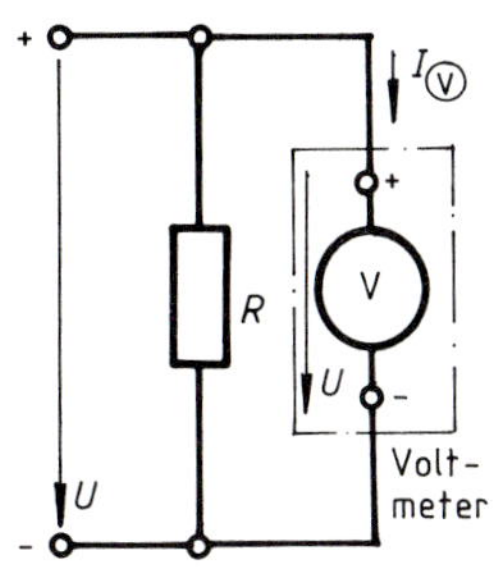

Bild 2-35 Spannungsmessung. Das Meßinstrument liegt *am* Meßobjekt.

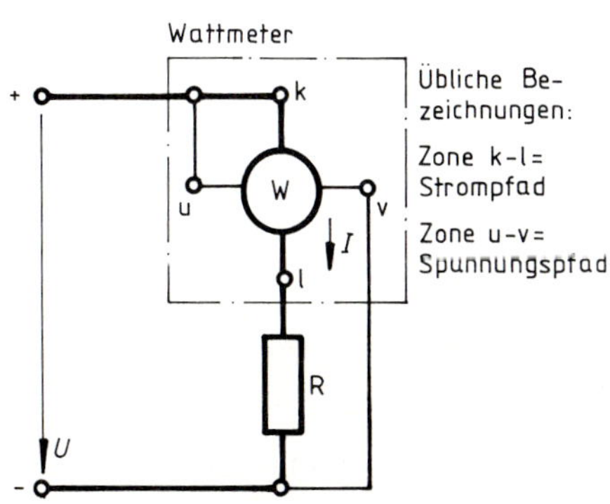

Bild 2-36 Leistungsmessung. Strom *und* Spannung müssen gleichzeitig wirksam sein. Es liegt eine Kombination aus Bild 2-34 und Bild 2-35 vor.

Normalerweise erwartet man bei einem Meßinstrument Rechtsausschlag. Bei Meßinstrumenten mit Polaritätsbezeichnungen an den Klemmen, also z.B. +, −, ⊥ oder dergleichen, gilt für Rechtsausschlag bei

- V- und A-Metern: Der Meßstrom muß von Quellenplus kommend in die Geräte-Plusklemme fließen,
- W-Metern: die Klemmen müssen in alphabetischer Reihenfolge durchflossen werden (Bild 2-36).

2.8.2.5 Skalenauswertung

Moderne Zeigerinstrumente pflegen so viele Skalen zu haben wie Meßbereiche. Dabei gilt eine gemeinsame Skala z.B. für Meßbereiche wie 0,3 V, 3 V, 30 V, 300 V usw. Sie ist dann in 30 Skalenteile (Skt.) unterteilt. Die Ablesung ist hier besonders einfach (siehe auch Bild 2-37).

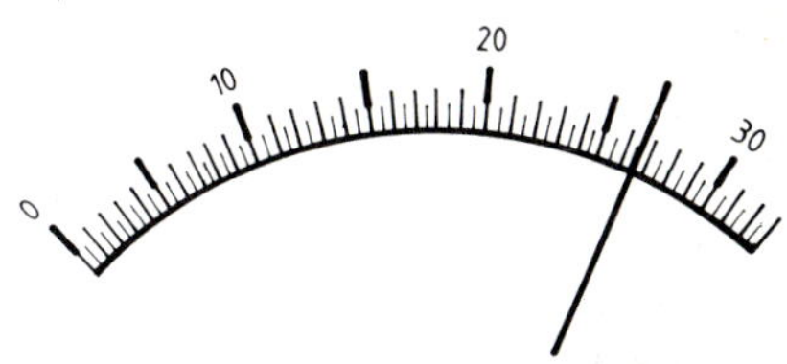

Bild 2-37 Der Zeiger steht auf der Anzeige A = 26,7 Skalenteile = 26,7 Skt.

Es gibt jedoch auch Instrumente mit nur einer einzigen Skala, auch wenn die einzelnen Meßbereiche sich nicht nur durch Zehnerpotenzen voneinander unterscheiden. Man kann dann die Proportion ansetzen:

$$\frac{I}{A} = \frac{M}{S}, \text{ aufgelöst nach } I \text{ ergibt das:}$$

$$I = \frac{M}{S} \cdot A = a \cdot A. \qquad (2.3)$$

Hierin bedeuten:

I gemessener Strom,
A Skalenteilanzeige (Skt.)
M Meßbereich
S Skalenendwert

$$a = \frac{M}{S} \text{ Meßbereichsfaktor.}$$

Siehe hierzu auch das Beispiel 2.5.

Beispiel 2.5: Strombetragsanzeige

Aus Bild 2-37 ist zu erkennen:

ein Zeigerausschlag von A = 26,7 Skt.,
ein Skalenendwert von S = 30 Skt.,
Meßbereich M = 6 mA.

Frage: Wie groß ist der hier angezeigte Strom?

Lösung: Nach Gl. (2.3) erhält man:

$$I = \frac{M}{S} \cdot A = \frac{6 \text{ mA}}{30 \text{ Skt.}} \cdot 26{,}7 \text{ Skt.}$$

$$\underline{\underline{I = 5{,}34 \text{ mA.}}}$$

2.8.2.6 Einfluß auf die Berechnung

Vom Innenwiderstand des Meßinstruments können recht erhebliche Auswirkungen auf den ganzen technischen Vorgang ausgehen. Grundsätzlich muß er stets berücksichtigt werden.

2.9 Oszilloskop

2.9.1 Erklärung

Spätere Laborübungsbeispiele werden erkennen lassen, daß die Anzeige von Meßinstrumenten ab manchen Kurvenformen irreführend oder gar falsch sein kann. Ferner kann die Meßinstrumentenanzeige weder für beliebig niedrige noch für beliebig hohe Frequenzen richtig sein.

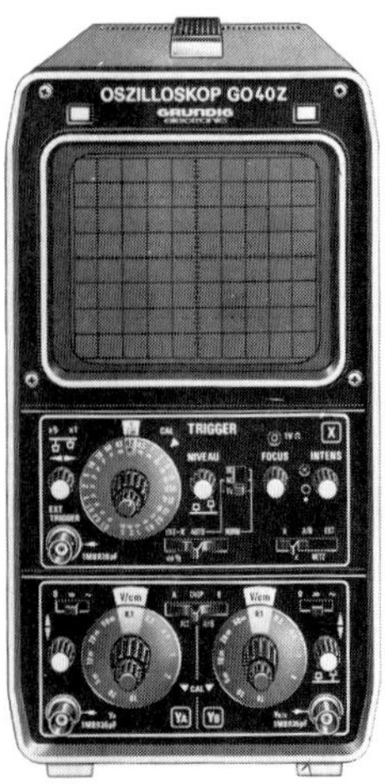

Bild 2-38 Beispiel für ein Oszilloskop (Zweikanaltyp). Links und rechts unten sind die Anschlüsse für jeden Kanal. Im allgemeinen werden hieran besondere, sogenannte BNC-Buchsen aufgeschoben, über die die Meßgrößen an jeden Kanal zweipolig zugeführt werden können. Unten in der Mitte die Stellknöpfe für den Spannungsmeßbereich jeden Kanals. Mitte links der Zeitablenkbereichsknopf (s/cm). (Werkbild: *Grundig*)

Außerdem ist die Erfassung einmaliger Vorgänge weder mit Zeiger- noch mit digitalen Meßinstrumenten möglich. Vor allem Zeigerinstrumente haben eine große Anzeigeträgheit. Der Zeigerausschlag ist meistens absichtlich gedämpft.

Praktisch masse- und damit trägheitslos ist die Anzeige durch einen Elektronenstrahl auf dem Leuchtschirm eines Oszilloskops (früher Oszillograph genannt).

2.9.2 Meßmöglichkeiten

Mit einem Oszilloskop können sichtbar gemacht und gemessen werden:

- direkt: Spannungen und Zeiten,
- indirekt: Ströme, Frequenzen und Kennlinien, sowie alle möglichen nichtelektrischen physikalischen oder physiologischen Vorgänge, wenn sie sich *elektrisch analog* abbilden lassen.

Ferner lassen sich alle erfaßbaren Vorgänge in speziellen, sogenannten Speicheroszilloskopen abbilden und so dokumentieren.

2.9.3 Auswertung

Die Anzeige erfolgt in Form einer Auslenkung des Elektronenstrahls auf dem Bildschirm. Entsprechend Bild 2-39 zielt die Auswertung auf die Berechnung der Spannungen und Zeiten hin. Das läuft auf die Beziehung (2.3) hinaus. Die Meßbereichsfaktoren a_u und a_t in Bild 2-39 können an den entsprechenden Stellknopf-Skalen des Oszilloskops abgelesen werden.

Analog Gl. (2.3) lauten die Verknüpfungen für:

Spannungen: $$u = a_u \cdot l_u, \qquad (2.4)$$

Zeiten bzw. Frequenzen: $$t = a_t \cdot l_t. \qquad (2.5)$$

Hierin bedeuten:

l Strahlauslenkung auf dem Bildschirm,
a Ablenkfaktor.

Aus den so ermittelten Zeiten kommt man im Bedarfsfall über Gl. (1.5) zu den Frequenzen.

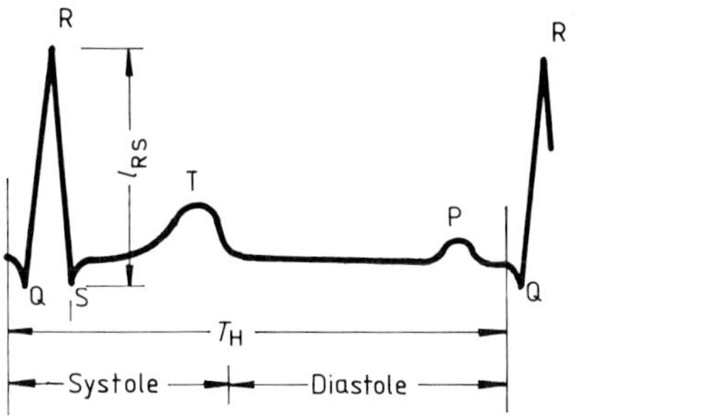

Bild 2-39 Elektrokardiogramm (EKG) eines Menschen. Es seien eingestellt gewesen die Daten: $a_u = 0{,}3\,\frac{mV}{cm}$, $a_t = 120\,\frac{ms}{cm}$. Abzulesen sei: $l_u = l_{RS} = 3$ cm; $T_H \mathrel{\hat{=}} l_{T_H} = 6{,}2$ cm.

2.9.4 Einfluß auf die Berechnung

Der Widerstand zwischen den Meß-Anschlußklemmen eines Oszilloskops ist zwar nicht gerade ∞ groß, er ist aber so hoch, daß er den Meßvorgang nicht beeinflußt.

Beispiel 2.6 Elektrokardiogramm (EKG)

Bild 2-39 zeigt das Elektrokardiogramm eines gesunden Menschen. Im Bild sind Ablenkdaten des verwendeten Oszilloskops sowie die registrierten Ablenkungen selbst eingetragen.

Fragen:

1. Welche elektrische Spannung tritt zwischen den Zacken R und S auf?
2. Welchem Pulsschlag entsprach das EKG?

Lösungen:

1. Die Spannung ermittelt man über Gl. (2.4) zu:

$$u_{RS} = a_u \cdot l_u = a_u \cdot l_{RS}$$

$$u_{RS} = 0{,}3\,\frac{mV}{cm} \cdot 3\,cm = 0{,}9\,mV.$$

2. Die Frage nach dem Pulsschlag ist die Frage nach der Frequenz des Vorgangs. Er ist dem Pulsschlag analog. Die Frequenz erhält man aus der Periodendauer T_H des Vorgangs nach Bild 2-39.

Die Periodendauer liefert Gl. (2.5) zu:

$$T_H = a_t \cdot l_t = a_t \cdot l_{T_H}$$

$$T_H = 120\,\frac{ms}{cm} \cdot 6{,}2\,cm = 744\,ms$$

$$f_H = \frac{1}{T_H} = \frac{1}{744\,ms} = 1{,}344\,s^{-1} \cdot \frac{60\,s}{min}$$

$$f_H = 80{,}6 \text{ Pulsschläge je Minute.}$$

2.10 Quellen

Charakteristisch für eine elektrische Energiequelle sind die Daten:

- Quellenspannung U_q (die frühere Bezeichnung lautet EMK E = Elektromotorische Kraft E)
- Quellenwiderstand R_q (oder R_i)
- Quellenleistung P_q

Im Prinzip kann jede Energieform in elektrische Energie umgewandelt werden. Zu technischer Bedeutung sind jedoch nur die Quellen laut Tabelle 2-13 gelangt. Man kann dabei jede

Tabelle 2-13 Die technisch wichtigsten Quellen

Bezeichnung	Schaltzeichenbeispiel	Prinzip	Energiepartner	Anwendungsschwerpunkt	Art der Spannung	Erläuterung
Induktionsvorgang	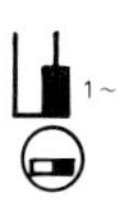	Lorentzkraft	mechanische Kräfte, Magnetfeld als „Katalysator“	Kraftwerke und Fahrzeugbordnetze	meistens Wechselspannung	Bild 2-40
galvanische Elemente, Zellen, Akkus		Chemische Materialumsetzung	chemischer Energieinhalt	ortsveränderliche Antriebe sowie die Nachrichtentechnik	Gleichspannung	Bild 2-41
Sonnenzelle (Solarzelle)		innerer Photoeffekt	elektronenoptische Wirkungen	Raumfahrt	Gleichspannung	Bild 2-42

Quelle auf das Prinzip zurückführen, daß irgendwie elektrische Ladungspaare aus dem Gleichgewichtszustand heraus aufgetrennt werden.

2.10.1 Generatoren

Bis auf weiteres dürfte den umlaufenden, meist von Turbinen angetriebenen Generatoren die größte Bedeutung in der öffentlichen Energieversorgung zukommen und erhalten bleiben. Ihnen liegt der Induktionsvorgang zugrunde. Der Induktionsvorgang seinerseits kann wiederum auf die Wirkung der Lorentzkraft zurückgeführt werden, wie aus Bild 2-40 hervorgeht.

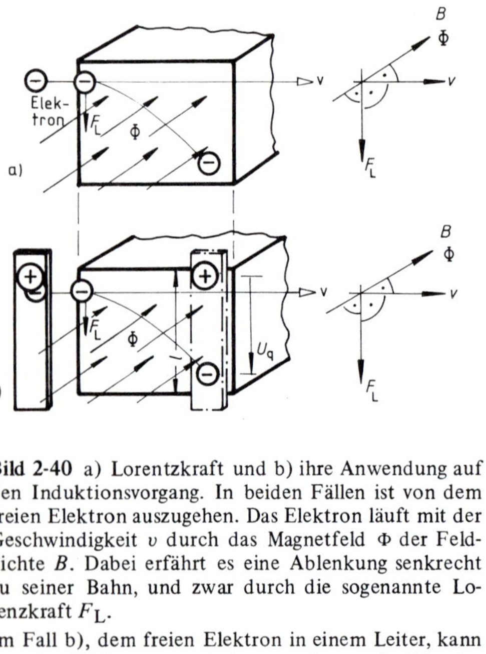

Bild 2-40 a) Lorentzkraft und b) ihre Anwendung auf den Induktionsvorgang. In beiden Fällen ist von dem freien Elektron auszugehen. Das Elektron läuft mit der Geschwindigkeit v durch das Magnetfeld Φ der Felddichte B. Dabei erfährt es eine Ablenkung senkrecht zu seiner Bahn, und zwar durch die sogenannte Lorenzkraft F_L.

Im Fall b), dem freien Elektron in einem Leiter, kann nur das Elektron verschoben werden und nicht der positive Partner eines Kupferatoms. Daher bildet sich zwischen beiden die Induktions-Quellenspannung U_q, siehe auch Tabelle 2-13.

Die so erreichbare Spannung U_q hängt von der Gl. (2.6):

$$U_q = c \cdot n \cdot \Phi \quad (2.6)$$

ab. Nähere Einzelheiten hierzu liefert später unter anderem Abschnitt 14.2.1.1.

2.10.2 Galvanische Elemente

Bei galvanischen Elementen unterscheidet man

- Primärelemente: „Einwegquellen" mit Materialverbrauch, nicht wieder regenerierbar (nicht aufladbar).
- Sekundärelemente: Akkumulatorenprinzip; die Quellen sind wieder aufladbar.

Durch die Zusammenschaltung zweier oder mehrerer Zellen erhält man eine Batterie (Bild 2-41).

Bild 2-41 Rechts: Batterie*zellen*; v.o.n.u.: Mono, Baby, Mignon, Mikro, Lady, je 1,5 V. Links: *Batterien*; v.o.n.u.: Flachbatterie 4,5 V, Blockbatterie 9 V, Stabbatterie 3 V.

2.10.3 Sonnenzellen

Die mit Sonnenzellen erreichbare Spannung ist nach oben mit Sättigungscharakter begrenzt, wie Bild 2-42 zeigt. Der Wirkungsgrad von Sonnenzelien liegt in der Größenordnung 10 %.

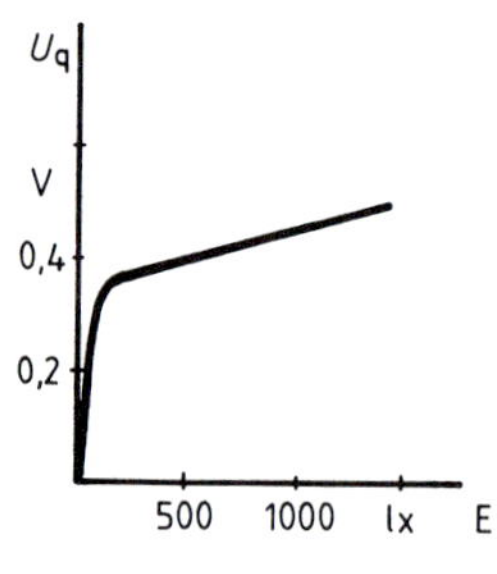

Bild 2.42 Spannungsverlauf bei einer Sonnenzelle über der Lichtstärke in Lux (lx) aufgetragen

Eine neue Technologie läßt geringere Herstellungskosten erwarten. Möglicherweise wächst dadurch die Einsatzmöglichkeit.

2.10.4 Schadquellen

Außer den vorerwähnten technischen *Nutzquellen* muß man auch mit einigen Fällen rechnen, in denen durchaus unbeabsichtigte Spannungen auftreten und erhebliche Schäden verursachen können. In diesem Zusammenhang ist vor allem Reibung und Korrosion zu erwähnen.

Durch Reibung können elektrostatische Aufladungen auftreten, von denen mindestens Funkstörungen und dgl. ihren Ausgang nehmen. Sie können allerdings auch die Ursache katastrophalster Gas- und Staubexplosionen und Brände sein.

Durch Reibungs-, Korrosions- und Induktions-Vorgänge sind auch Ströme möglich, die sich durch ein ganzes Maschinengehäuse ziehen und dabei vor allem in Lagerzonen äußerst schädliche Wirkungen verursachen können.

Ähnliche Wirkungen treten auch durch ungeeignete Materialpaarungen auf elektrolytischer Basis auf.

Als Orientierung zur Vorbeugung gegen derartige Schäden kann der umfangreiche Erfahrungsschatz der Versicherungsunternehmen und ihrer Veröffentlichungen herangezogen werden [5].

2.10.5 Einfluß auf die Berechnung

Normalerweise hat jede Quelle einen Widerstand, den Quellenwiderstand R_q. Im allgemeinen muß er bei der Berechnung eines Stromkreises berücksichtigt werden und beeinflußt das Ergebnis auch (siehe Abschnitt 4.2.5). Es gibt aber auch Fälle, wo man ihn ohne Schaden vernachlässigen kann.

Bei Wechselstromgeneratoren tritt zum Ohmschen Quellenwiderstand R_q noch der induktive Quellen-Blindwiderstand X_q hinzu. Er kann den Ohmschen Quellenwiderstand erheblich übersteigen.

3 Elektrische Stromkreise

3.1 Erklärung

Von einem geschlossenen Stromkreis spricht man, wenn eine Quelle mit irgendwelchen Komponenten so zusammengeschaltet ist, daß ein elektrischer Strom fließen kann.

3.2 Das Ersatzschaltbild

Im folgenden stehen die Stromstärken und Spannungen im Mittelpunkt der Betrachtung. Den Strom benötigt man als Ausgangsgröße für die Ermittlung der erforderlichen Querschnitte. Die Höhe der Spannung ist die Grundlage für die Bemessung der Isolation der betreffenden Anlage.

Damit man diese Größen berechnen kann, ist es zweckmäßig, die jeweiligen Schaltskizzen in ein *Ersatzschaltbild* zu überführen (Bilder 3-1 und 3-2). Bei allen denkbaren Komponenten ist

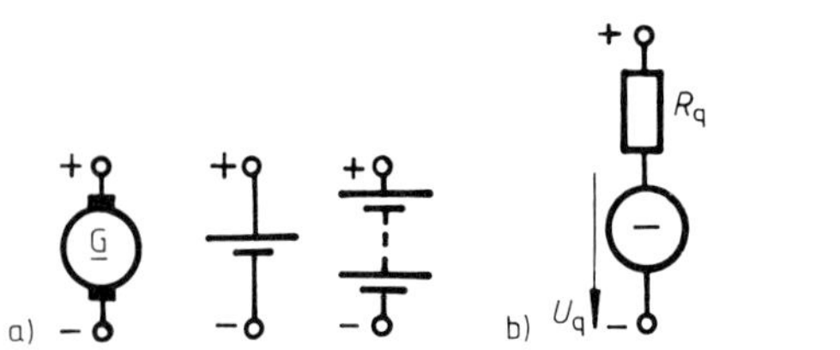

Bild 3-1 a) drei Gleichspannungsquellen, b) ihr gemeinsames Ersatzschaltbild. U_q Quellenspannung, R_q Quellenwiderstand.

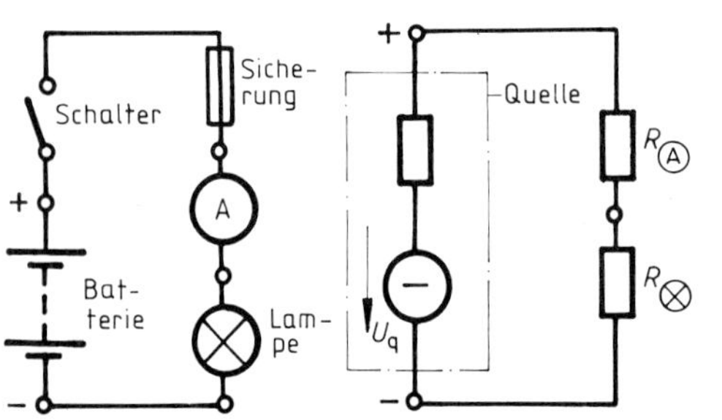

Bild 3-2 Schalter, Sicherung, Kontaktverbindung und Stromwege (wenn kurz) gehen ins Ersatzschaltbild nicht ein, da ihr Widerstand vernachlässigbar klein ist. Rechts das Ersatzschaltbild der Einzelkomponenten.

ab ihrer Ersatzschaltbilddarstellung nur noch von Interesse, ob sie Quellen- oder Verbraucher-Eigenschaft haben.

Es ist zweckmäßig, bei der Aufstellung der Ersatzschaltbilder eine gewisse Systematik walten zu lassen, z.B.:

- der Energiefluß verläuft von links nach rechts,
- links stehen nur Quellen, rechts Verbraucher (Ohmsche Widerstände, Kapazitäten, Induktivitäten) (Bilder 3-3 und z.B. 7-18).

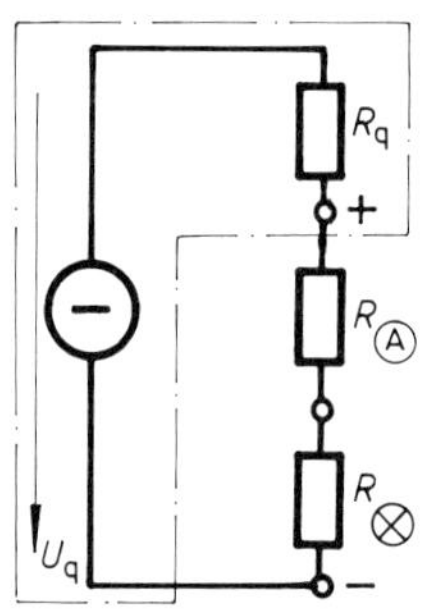

Bild 3-3
Normiertes Ersatzschaltbild für den Stromkreis aus Bild 3-2. Links liegt die Quellenspannung U_q (der aktive Teil der Quelle) allein im Bild, rechts liegen alle Widerstandskomponenten (Verbraucher), auch der Quellenwiderstand R_q.

So kann man im Sinne einer Bilanz leichter den Überblick behalten, besonders bei komplizierteren Schaltungen.

Mitunter ist der Quellenwiderstand R_q einer Quelle sehr klein, womöglich im Vergleich zum sonstigen Umgebungsniveau vernachlässigbar. In der Rechnung kann er dann entfallen.

Bei manchen Labornetzgeräten (für stabilisierte Spannung) und bei größeren Fahrzeugbordnetzen wird die Spannung auf Konstanz *geregelt.* In diesen Fällen kann so getan werden, als sei $R_q = 0$. In Wirklichkeit wird dabei quellenintern die veränderte Spannungssituation lastabhängig nachgeregelt. R_q ist natürlich größer als Null.

3.3 Technischer Stromrichtungssinn

Als allgemein verbindlich wurde international einheitlich (!) der im Bild 3-4 ersichtliche Stromrichtungssinn festgelegt. Er entspricht einem Löcherstrom in Bild 2-15, also dem Verlauf *positiver Ladungsträger*. Hierauf fußen sämtliche Anschlußvorstellungen von Meßinstrumenten und Motoren.

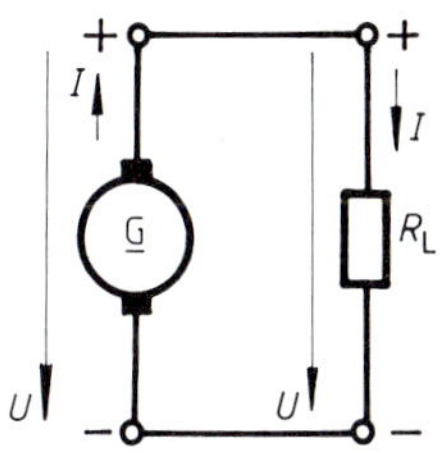

Bild 3-4
Vereinbarung des technischen Stromrichtungssinnes.

Der Strom tritt aus der Plusklemme der Quelle ins Netz (in den Verbraucher R_L): technischer Stromrichtungssinn (willkürliche Definition).

Die Vereinbarung wurde schon zu Zeiten getroffen, als man weder vom Elektronen- noch vom Löcherstrom etwas wußte. Sie gilt somit auch für Anlagen, in denen gar kein Löcherstrom zu erwarten ist, also z.B. beim Betrieb von Motoren am öffentlichen Netz.

3.4 Erzeuger-, Speicher- und Verbraucherkriterium

Tabelle 3-1 wertet Bild 3-4 dahin aus, daß als charakteristisches Kriterium ausgesprochen werden kann:

- bei einer Quelle sind Spannungs- und Strompfeil *gegen*sinnig,
- bei einem Verbraucher *gleich*sinnig.

Beim Beispiel 4.6 etwa (siehe Bild 4-24) aber auch in anderen Fällen der Elektrotechnik kann die Situation vorliegen, daß zwei Quellen gegeneinander arbeiten, wie das in Bild 3-5 zu sehen ist: Ladevorgang eines Akkus oder innere Gegenspannung eines Motors (siehe Bild 16-11).

Tabelle 3-1 zeigt die einzelnen möglichen Betriebsfälle. Man erkennt daraus:

- Ohmsche Widerstände können nur als Verbraucher auftreten,
- Quellen dagegen können als *speisende* oder als *speichernde* Quelle arbeiten; ihr tatsächlicher Betriebsfall geht aus der Pfeillage zwischen U und I hervor.

Tabelle 3-1 Verbraucher-, Quelle- und Speicherkriterien

Zone	U und I liegen	Pfeile	Zeichen
Last R_L	gleichsinnig	$U\downarrow$ $\downarrow I$	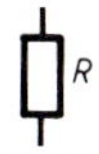
Speise-quelle	gegensinnig	$U_q\downarrow$ $\uparrow I$	
Speicher-quelle	gleichsinnig	$U_q\downarrow$ $\downarrow I$	

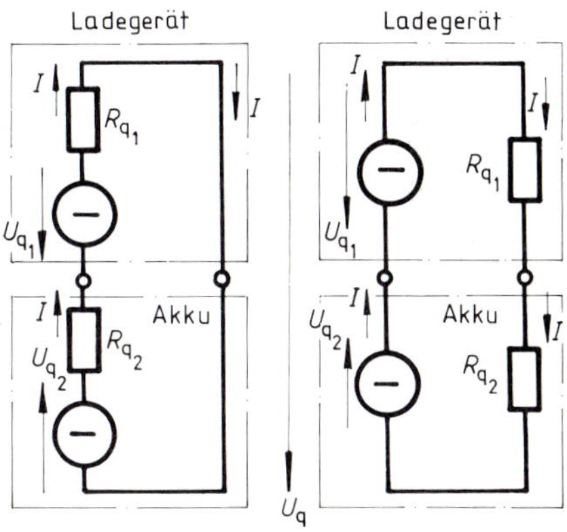

Bild 3-5 Die dargestellte Situation kann in Verbindung mit einem Ladegerät (U_{q1}, R_{q1}) an einem Akku (U_{q2}, R_{q2}) auftreten. Die hier stärkere Quellenspannung U_{q1} setzt sich gegenüber der Quellenspannung U_{q2} durch. Es bildet sich die Resultierende U_q. Sie allein würde einen Stromrichtungssinn verursachen, wie er eingezeichnet ist (analog Bild 3-4). Dabei sind unvermeidlicherweise U_{q1} und I, also die wirklichen Quellenpfeile, gegensinnig, die Pfeile des Akkus (Speicher) gleichsinnig zueinander (siehe Tabelle 3-1).

4 Gleichstromkreise mit linearen Komponenten

4.1 Erklärung

Lineare Komponenten sind solche Bauelemente, für die Gl. (1.27) gilt: das Ohmsche Gesetz.

Bei den Rechnungen geht es hier ausschließlich um die Auseinandersetzung zwischen Gleichspannungsquellen und Ohmschen Widerständen. Nichtlineare Komponenten werden dabei nur peripher gestreift und später näher behandelt.

4.2 Reihenschaltung

Schon die einfachste denkbare Schaltung: eine Quelle mit *einem* einzigen Verbraucher, dem Lastwiderstand R_L, stellt eigentlich schon eine Reihenschaltung dar, wie aus der Bilderfolge 4-1 hervorgeht.

Im folgenden wird ersetzt:

U_q durch U, R_q durch R_1 und R_L durch R_2.

Dadurch werden die Indices der nächsten Formeln übersichtlicher und eine größere Allgemeingültigkeit erreicht (Bild 4-2).

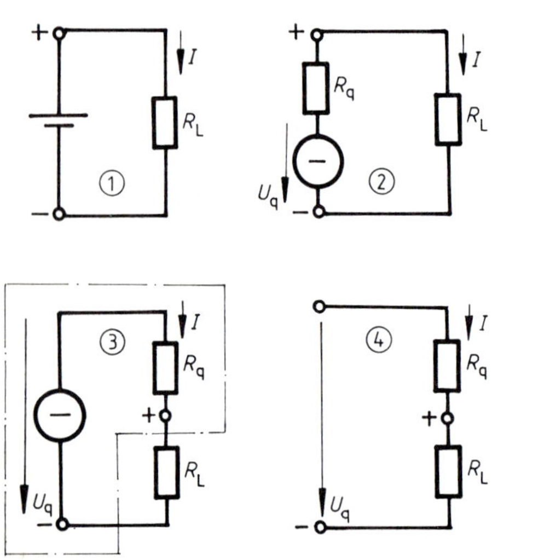

Bild 4-1 Auch eine Quelle mit nur einer einzigen Last R_L (siehe 1) stellt wegen des Quellenwiderstands R_q bereits eine Reihenschaltung dar.

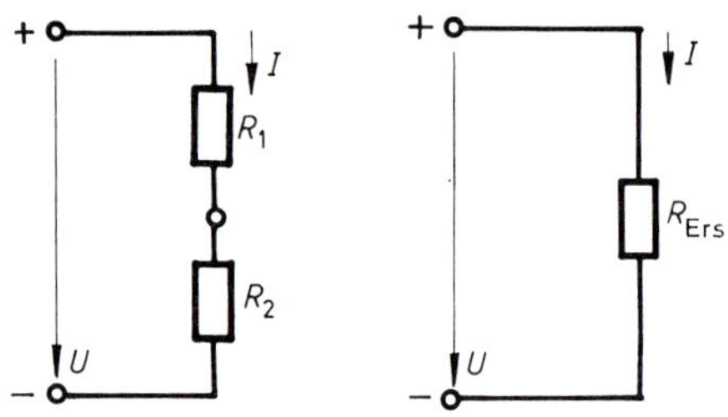

Bild 4-2 Die Spannung U liefert an R_{Ers} denselben Strom I wie an R_1 und R_2. Es gilt also: $R_{Ers} = R_1 + R_2$.

4.2.1 Ersatzwiderstand

Die Teilbilder 4-2 sind auch umkehrbar, Gl. (4.1) ist also von links nach rechts und umgekehrt lesbar:

$$R_{Ers} = R_1 + R_2 . \tag{4.1}$$

R_{Ers} ist also ein Widerstand, der auch in die Teile R_1 plus R_2 zerlegt werden könnte.

4.2.2 Strom

Aus Bild 4-2 kann über die Gln. (1.27) und (4.1) der Strom ermittelt werden:

$$I = \frac{U}{R_{Ers}} = \frac{U}{R_1 + R_2} . \tag{4.2}$$

Es gibt in einer Reihenschaltung nur diesen einen Strom; er ist an jeder Stelle der Reihenschaltung gleich groß, da er sich nirgendwohin verzweigen kann.

4.2.3 Teilspannungen; Spannungsabfälle

Aus Gl. (4.2) erhält man auch:

$$U = I \cdot (R_1 + R_2) = \underbrace{I \cdot R_1}_{U_1} + \underbrace{I \cdot R_2}_{U_2} . \tag{4.3}$$

Man kann dafür also auch schreiben:

$$U = U_1 + U_2 . \tag{4.4}$$

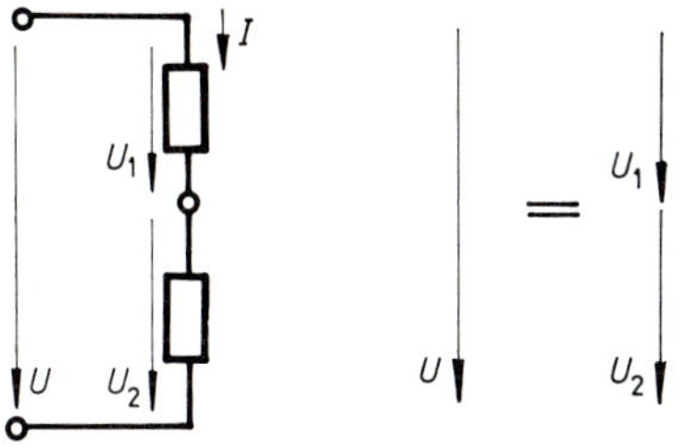

Bild 4-3 Aufteilung einer Spannung U auf zwei Widerstände in Reihenschaltung: $U = U_1 + U_2$.

Für die Terme U_1 und U_2 ergaben sich aus Gl. (4.3) auch die Ausdrücke:

$$U_1 = I \cdot R_1 \quad (4.5)$$

$$U_2 = I \cdot R_2. \quad (4.6)$$

Diese Terme werden Teilspannungen, Widerstandsspannungen oder Spannungsabfälle (mitunter auch: Spannungsfälle) genannt. Setzt man die Gln. (4.5) und (4.6) zueinander ins Verhältnis, so erhält man:

$$\frac{U_1}{U_2} = \frac{R_1}{R_2}. \quad (4.7)$$

Man kann das Ergebnis der Gln. (4.4) bis (4.7) so zusammenfassen:

Legt man Spannung an eine Reihenschaltung von Widerständen,

- so teilt sich die Spannung auf die beteiligten Widerstände in Teilspannungen auf,
- dabei verhalten sich die Teilspannungen wie die Widerstände.

Es erscheint ferner zweckmäßig, die Begriffe auseinanderzuhalten:

1. Quellenspannungen U_q: Es sind sozusagen „geborene" Spannungen, *von außen angelegt.*
2. Teilspannungen $U = I \cdot R$: Sie treten an den einzelnen Widerstandsabschnitten einer Reihenschaltung auf *als Ergebnis einer angelegten Quellenspannung.*

Aus Bild 4-2 ist die Beziehung ablesbar:

$$U = I \cdot R_{Ers}.$$

In Verbindung mit Gl. (4.5) bzw. Gl. (4.6) ergibt sich daraus ferner:

$$\frac{U_1}{U} = \frac{R_1}{R_{Ers}}, \quad \frac{U_2}{U} = \frac{R_2}{R_{Ers}}. \quad (4.8)$$

4.2.4 Verallgemeinerung

Natürlich gelten die Gln. (4.1) bis (4.7) sinngemäß erweitert auch für mehr als zwei Widerstände in Reihe.

4.2.5 Klemmenspannung

Spannungsabfälle treten nicht nur an Verbraucherwiderständen (Lasten R_L) auf, sondern auch schon *in jeder Quelle selbst*, und zwar an deren Quellenwiderstand R_q als innerer Spannungsabfall U_{R_q}, (Bild 4-4). Im Sinne der Gl. (4.4) kann man dort ablesen:

$$U_q = U_{R_q} + U = I \cdot R_q + I \cdot R_L. \quad (4.9)$$

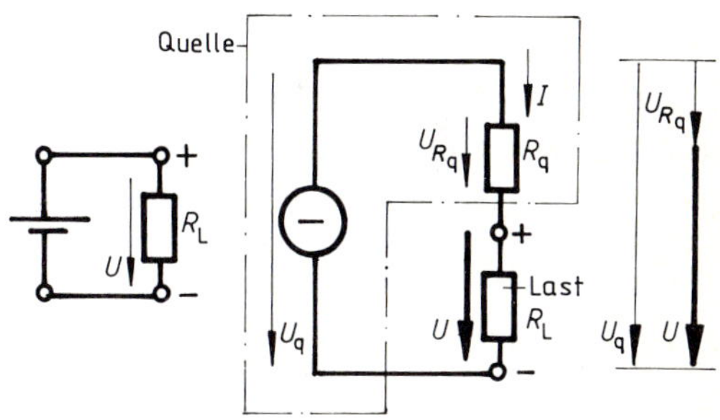

Bild 4-4 Die Quelle und ihr Ersatzschaltbild. Von der Quellenspannung U_q bleibt wegen des Spannungsabfalls U_{R_q} am Quellenwiderstand R_q nur die Klemmenspannung $U = U_q - U_{R_q}$ übrig. Sie tritt zwischen der Plus- und der Minusklemme auf (siehe den dicken U-Pfeil).

Hierbei wird der Ausdruck U in Gl. (4.9) als *Klemmenspannung* bezeichnet. Er steht meist im Mittelpunkt der eigentlichen Betrachtung. Nach U aufgelöst erhält man aus Gl. (4.9):

$$U = U_q - U_{R_q} = U_q - I \cdot R_q = I \cdot R_L.$$

oder anders geschrieben:

$$U = -R_q \cdot I + U_q = I \cdot R_L. \quad (4.10)$$

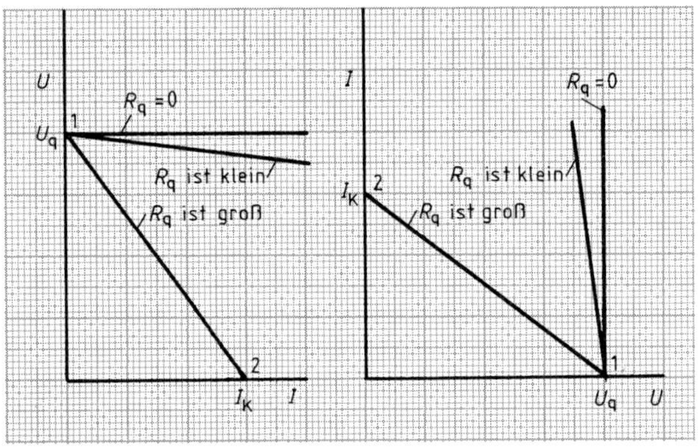

Bild 4-5 Das Bild zur Gl. (4.10) heißt Quellenkennlinie oder Arbeitsgerade. In ihrer *U-I*-Darstellung (links) beschreibt sie den Verlauf der Klemmenspannung U für $0 \leqslant U \leqslant U_q$. Die *I-U*-Darstellung (rechts) ist natürlich an sich dasselbe, wie die linke Darstellung. Andererseits ist sie die Ausgangsbasis für nichtlineare Komponentenprobleme.

Tabelle 4-1 Die Nullstellen in Bild 4-5

Betriebsfall	Lastwiderstand R_L	Klemmenspannung U	Strom I
Leerlauf, Punkt 1	Unterbrechung, $R_L = \infty$	$U = U_q$	$I = 0$
Kurzschluß, Punkt 2	$R_L = 0$	$U = 0$	$I = \frac{U_q}{R_q}$

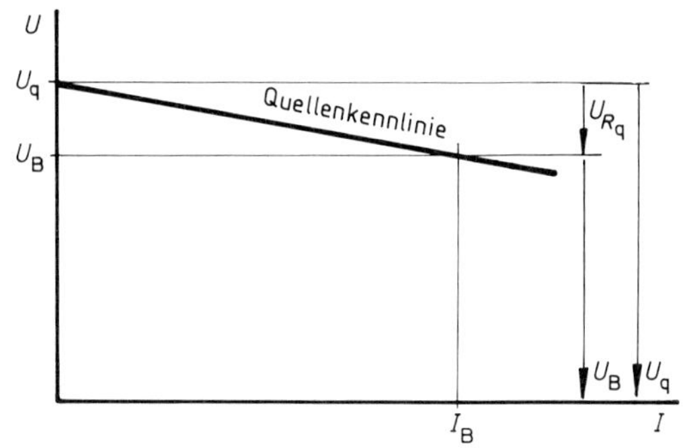

Bild 4-6 Bei einem beliebigen Betriebsstrom I_B stellt sich die Betriebs-Klemmenspannung U_B ein. Sie unterscheidet sich um den Spannungsabfall U_{R_q} am Quellenwiderstand R_q von der Quellenspannung U_q (siehe auch Bild 4-4).

Die Klemmenspannung Gl. (4.10) läßt sofort erkennen, daß es sich um die Gleichung einer Geraden handelt, analog deren üblicher Darstellungsform:

$$y = -m \cdot x + b. \tag{4.11}$$

Man erhält dementsprechend das Bild 4-5, wenn man die Klemmenspannung U über dem Strom I aufträgt.

Aus der Analogie der Gln. (4.10) und (4.11) erkennt man, daß der Quellenwiderstand R_q die Rolle eines Steigungsmaßes spielt. Die Gerade aus Bild 4-5 wird Quellenkennlinie genannt (mitunter auch: Arbeitsgerade, falls sie eine *Gerade* ist). Sie hat zwei Nullstellen entsprechend den Betriebsfällen nach Tabelle 4-1.

Die *U-I*-Darstellung aus Bild 4-5 wird im Bild 4-6 nochmals vergrößert herausgestellt.

Im Zusammenhang mit nichtlinearen Bauelementen ist oft die *I-U*-Darstellung aus Bild 4-5 zweckmäßig und vor allem industrieüblich. Es kommt auch auf das Ziel an, welche Darstellung zweckmäßiger ist. Siehe hierzu auch Kap. 5.

In Verbindung mit Gl. (4.10) kann Tabelle 4-1 folgendermaßen interpretiert werden:

1. Leerlauf:

Hierzu gehört der Betriebsfall $I = 0$, ferner die Situation, daß im Stromkreis eine Unterbrechung vorliegt. Aus Gl. (4.10) ist zu entnehmen, daß hierfür $U = U_q$ gilt, daß also *an der Unterbrechungsstelle die größtmögliche Spannung des betreffenden Systems ansteht.*

Das ist einmal interessant für das etwaige Aufsuchen einer Unterbrechung im Stromkreis. Zum andern ist es wichtig von der Frage des Gefahrenpotentials her, das von einer Unterbrechung ausgehen kann.

2. Kurzschluß:

Bei Kurzschluß ist die Klemmenspannung an der Kurzschlußstelle Null. Daher kann man auch umgekehrt formulieren:

Will man erreichen, daß zwischen irgendwelchen Anlageteilen auf keinen Fall irgendeine Spannung auftreten kann, so müssen diese Teile bestleitend miteinander kurzgeschlossen werden.

Dieses Ergebnis ist z.B. die Grundlage für die Schutzmaßnahme Nullung im Abschnitt 8.9.1:

- Alle gegen Berührungsspannung zu schützenden Anlagenteile sind miteinander und mit Erde verbunden (siehe Bild 8-24). Gegen Erde kann infolgedessen keine Spannung auftreten.

Die Aussage, daß an der Kurzschlußstelle die Klemmenspannung $U = 0$ ist, darf nicht über die Gefährlichkeit dieses Betriebsfalls hinwegtäuschen. Immerhin fließt dabei laut Gl. (4.10) der größtmögliche Strom, der in einem System auftreten kann, nämlich:

$$I = I_K = \frac{U_q}{R_q}. \tag{4.12}$$

Damit können durch thermische und magnetische Wirkungen schwere Schäden verbunden sein.

Beispiel 4.1: Bordnetzspannung beim Starten eines Kfz

Es wird eine Kfz-Startanlage im Einschaltaugenblick untersucht. Dabei werden die Daten von Beispiel 1.1 zugrundegelegt (Bild 4-7)

l = 1,4 m,
A = 25 mm²

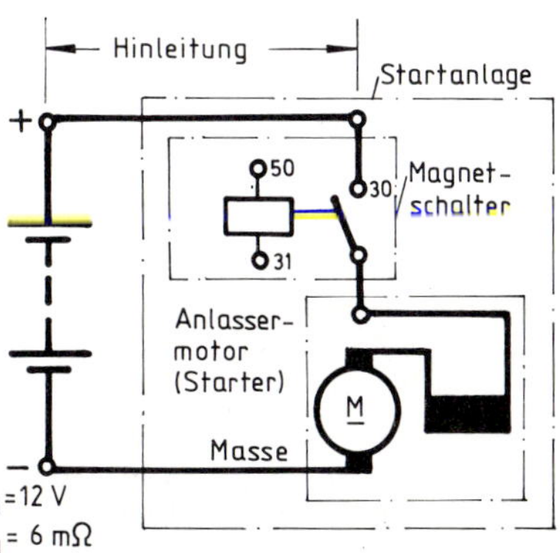

Bild 4-7 Schaltung und Daten zu einer Pkw-Starteranlage.

Widerstand des Starters: R_{St} = 13 mΩ.
Kupfer als Material des Starterkabels.

Gesucht sind:

1. Ersatzschaltbild mit allen Daten,
2. Strom I beim Einschalten (n = 0),
3. die einzelnen Spannungsbeträge,
4. die Bordnetzspannung U_B (Klemmenspannung) beim Einschalten des Starters (n = 0).

Lösungen:

1. Das Bild 4-8 zeigt das gesuchte Ersatzschaltbild. (Der Zweig für die Betätigung des Magnetschalters ist hier weggelassen worden[1].) Der Betrag R_H = 1 mΩ entstammt dem Ergebnis von Beispiel 1.1. Der Widerstand R_R für die Rückleitung hat natürlich einen endlichen Betrag. Der Querschnitt, den der Strom in der Karosserie als Rückleitung vor sich hat, ist jedoch sehr groß, daher wurde R_R = 0 gesetzt.

   Ebenfalls werden Schalterkontakte als widerstandslos angenommen (siehe Abschnitt 2.4.4).

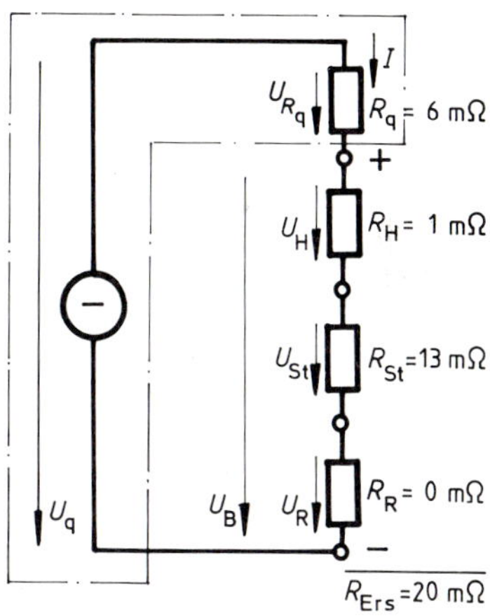

Bild 4-8 Ersatzschaltbild zur Schaltskizze 4-7.

2. Gl. (4.2) auf Bild 4-8 angewendet, liefert unmittelbar:

$$\underline{\underline{I}} = \frac{U_q}{R_{Ers}} = \frac{12\text{ V}}{20\text{ m}\Omega} = 0{,}6\text{ kA} = \underline{\underline{600\text{ A}}}.$$

   Sobald sich der Anlasser zu drehen beginnt, nimmt dieser große Strombetrag allerdings ab. Das Niveau von einigen Hundert Ampere bleibt jedoch während des Startvorgangs bestehen [6].

[1] siehe hierzu Bild 4-10.

3. In Bild 4-9 sind die einzelnen gesuchten Spannungsbeträge durchgerechnet.

   Sie wurden nach Gleichungstypen, wie Gl. (4.5) ermittelt. Man könnte auch nach Gl. (4.7) arbeiten.

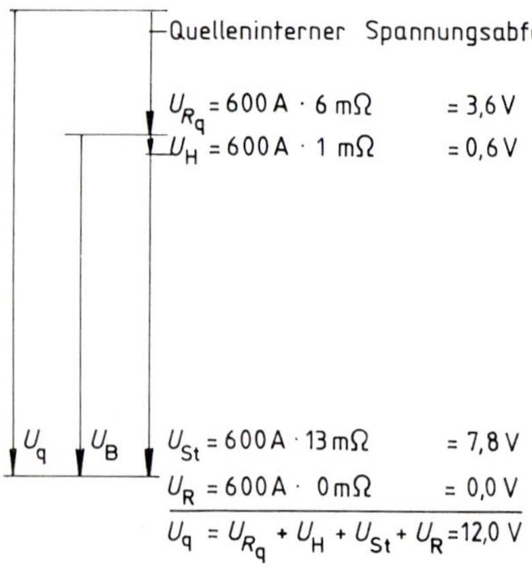

Bild 4-9 Spannungsdiagramm und Teilergebnisse zu Bild 4-8.

4. Aus Bild 4-8 kann man ablesen:

   $U_B = U_H + U_{St} + U_R$ oder: $U_B = U_q - U_{R_q}$.

   So oder so erhält man, auch in Verbindung mit Bild 4-9:

   $\underline{\underline{U_B}} = 12\text{ V} - 3{,}6\text{ V} = \underline{\underline{8{,}4\text{ V}}}$.

Anmerkung: Wenn der Strom bei sich drehendem Anlasser, wie schon gesagt, sinkt, z.B. auf $I = 300$ A, so wird auch der Spannungsabfall am Quellenwiderstand keine 3,6 V mehr betragen, sondern nur noch

$$U_{R_q} = I \cdot R_q = 300\text{ A} \cdot 6\text{ m}\Omega = 1{,}8\text{ V} \approx 2\text{ V}.$$

Somit bleibt die Bordnetzspannung nicht während des ganzen Startvorgangs auf $U_B = 8{,}4$ V, sondern sie „erholt" sich auf etwa 10 V, solange der Anlasser betätigt wird.

Von diesem Wert wird für das folgende Beispiel ausgegangen, also

$U_{B_{Start}} = 10$ V (siehe auch Tabelle 4-2).

Beispiel 4.2: Zündanlage eines Kfz mit Startanhebung

Gegeben seien die Daten aus Bild 4-10, der Zündanlage eines Kraftfahrzeugs mit Ottomotor. Im eigentlichen Zündkreis erkennt man die Zündspule R_Z und ihren Vorwiderstand R_V. Es handelt sich um die gleiche Quelle wie bei Beispiel 4.1.

Im Mittelpunkt der Betrachtung steht die Spannung an der Zündspule und zwar beim Starten und bei laufendem Ottomotor.

Gesucht sind in Verbindung mit Tabelle 4.2:

1. das jeweilige Ersatzschaltbild für die Stellungen des Fahrtschalters (Zündschlosses) in den Betriebsfällen:
   a) an Klemme 50: Starten,
   b) an Klemme 15: Zündung Ein, Fahrt;
2. die Spannung an der Zündspule und dem Vorwiderstand für die Fälle aus 1;
3. die Leistungsaufnahme der Glieder im Zündkreis;
4. der Sinn und Zweck des Vorwiderstands.

Tabelle 4-2 Kfz-Betriebsspannungen bei verschiedenen Betriebsfällen. Die Spannungen sind jeweils als konstant zu betrachten

Betriebsfall		Spannung $\frac{U_B}{\text{V}}$
Start	Beginn	8,4
	Dauer	10,0
unbetätigt		12,0
Leerlauf und Fahrt		14,0

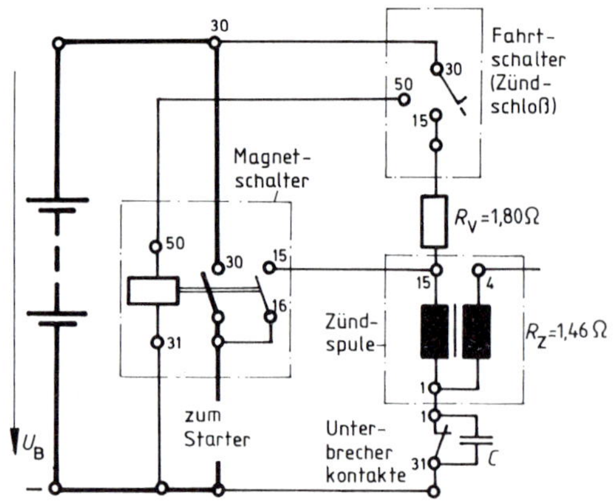

Bild 4-10 Schaltskizze und Daten zur Zündanlage eines Pkw mit Ottomotor des Beispiels 4.2. R_Z liegt zwischen den Klemmen 15 und 1 der Zündspule. Der Fahrtschalter steht in Stellung „Motor aus".

Lösungen:

1. Die Bilder 4-11 und 4-12 zeigen die gesuchten Ersatzschaltbilder. Hierzu ist anzumerken:

   Der Quellenwiderstand R_q ist hier weggelassen worden, da er im Verhältnis zu den anderen Widerstandsbeträgen vernachlässigt werden kann.

   Beim Starten sind alle Magnetschalterkontakte geschlossen. Dadurch wird der Vorwiderstand R_V

überbrückt (speziell durch die Klemmenreihenfolge: 30–16–15). Der Strom fließt also an R_V vorbei. In Bild 4-11 ist R_V daher beim Startvorgang nur gestrichelt gezeichnet.

2. Aus Bild 4-11 liest man für den Betriebsfall Starten in Verbindung mit Tabelle 4-2 unmittelbar ab:

$U_Z = U_B = 10$ V.

Ferner ist

$U_V = 0$ V.

Aus Bild 4-12, Betriebsfall „laufender Ottomotor" ist über Gl. (4.8) ermittelbar:

$$U_Z = U_B \cdot \frac{R_Z}{R_{Ers}} = 14\text{ V} \cdot \frac{1{,}46\ \Omega}{3{,}26\ \Omega}$$

$U_Z = 6{,}27$ V.
$U_V = 14\text{ V} - 6{,}27\text{ V} = 7{,}73$ V.

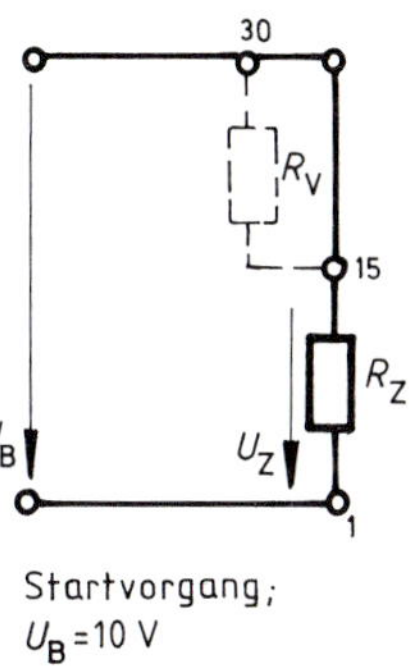

Bild 4-11
Ersatzschaltbild zum Betriebsfall Starten.

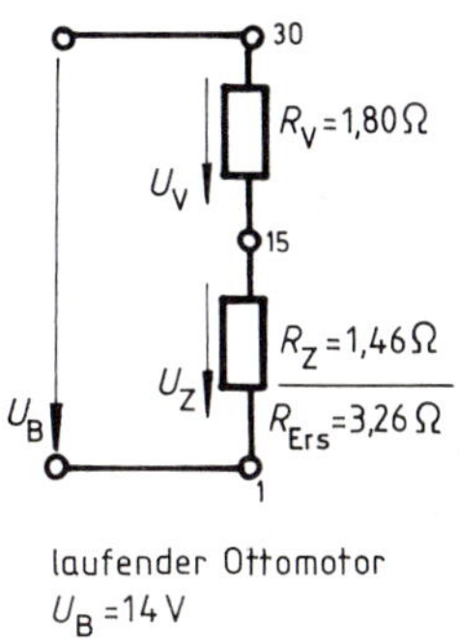

Bild 4-12
Ersatzschaltbild zum Betriebsfall laufender Motor.

3. Aus Gl. (1.27) erhält man:

$$P_V = \frac{U_V^2}{R_V} = \frac{7{,}73^2\ \text{V}^2}{1{,}80\ \Omega} = 33{,}20\ \text{Watt}$$

$$P_Z = \frac{U_Z^2}{R_Z} = \frac{6{,}27^2\ \text{V}^2}{1{,}46\ \Omega} = 26{,}93\ \text{Watt.}$$

Hierbei ist stillschweigend vorausgesetzt, daß die Spannungen U_V bzw. U_Z konstant bleiben, was allerdings nicht zutrifft.

4. Das Ergebnis von Beispiel 4.1 war unter anderem:

Im Startaugenblick, gerade da, wo also zum einwandfreien Zündvorgang auch eine genügend hohe Bordnetzspannung erforderlich wäre, geht die Spannung auf etwa $U_B = 10$ V herunter.

Der Vorwiderstand liefert hier zweierlei Ergebnisse:

a) Im Dauerbetrieb ist die Zündspule gar nicht für 12 V oder gar 14 V ausgelegt, sondern für $U_Z = 6{,}27$ V.

Im Startaugenblick liegen 10 V an ihr, da dann der Vorwiderstand kurzgeschlossen ist. So tritt an der Zündspule also gerade dann genügend Spannung auf, wenn sie am dringendsten gebraucht wird, nämlich im Startaugenblick, sogar mehr als im Dauerbetrieb.

b) In der Zündspule treten nur $P_Z = 26{,}93$ W Leistung (also Wärmebelastung) auf. Käme noch die Wärmebelastung aus dem Vorwiderstand zusätzlich auf die Zündspule zu, also

$$P_{ges} = 33{,}20\text{ W} + 26{,}93\text{ W} = 60{,}13\text{ W},$$

so wäre die Zündspule erheblich stärker belastet, müßte also stärker bemessen und somit auch teurer werden.

Gesamtergebnis: Der Motor springt sicherer an und die Zündspule wird billiger und kleiner.

Dieses Prinzip der „Zündung mit Startanhebung" ist seit mehreren Jahren in der Kraftfahrzeugelektrik üblich. Mitunter ist der Vorwiderstand irgendwo in der Zuleitung zwischen den Klemmen 30 und 15 integriert.

Kritische Anmerkungen und Erläuterungen zu Beispiel 4.2:

1. Die Rechnung ging von geschlossenen (mechanischen) Unterbrecherkontakten aus (siehe die Klemmen 1 und 31). Bekanntlich werden diese Kontakte aber motordrehzahlabhängig in rhythmischen Abständen betätigt. Dabei stellen sich zweierlei Wirkungen ein:

a) Der Strom im Zündkreis ist gar kein glatter Gleichstrom (Bild 4-13). Die ganzen, auf dem

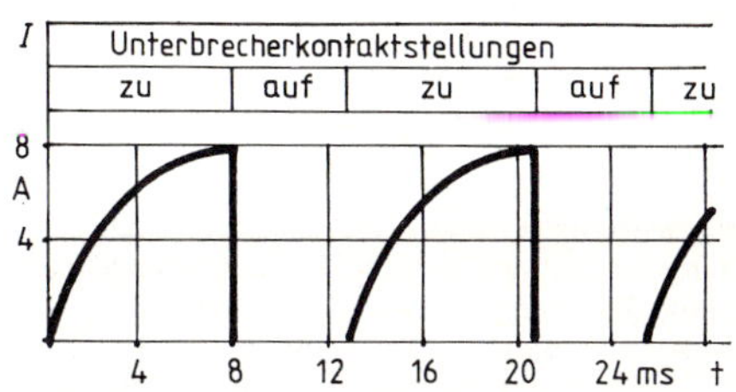

Bild 4-13 Wegen der rhythmischen Betätigungen der Unterbrecherkontakte kann der Strom im Zündkreis kein glatter Gleichstrom sein. Es handelt sich um nichtlineare Zusammenhänge. Siehe hierzu auch Bild 6-14. (Darstellung nach: *Robert-Bosch-GmbH*)

Ohmschen Gesetz fußenden Gln. (4.1) bis (4.8) durften laut Tabelle 1-6 hier also gar nicht angewendet werden!

b) Wegen induktiver Wirkungen treten hier zwischen den Kontakten bei deren Betätigung erhebliche Spannungen auf. Mangels bereitgestellter Theorie konnten sie in der vorigen Rechnung gar nicht erfaßt werden.

Tabelle 4-3 läßt einen gewissen Einblick in gemessene Verhältnisse zu.

2. Dem Prinzip mit dem Vorwiderstand begegnet man sinngemäß auch andernorts wieder:
   a) beim Vorglühen von Dieselmotoren (Bild 4-14) sowie
   b) bei elektronischen Zündsystemen mit Transistorzündspulen (TSZ) (Bilder 4-15 und 4-16) [7].

Tabelle 4-3 Spannungen in einer Ottomotor-Zündanlage; Vergleich zwischen gerechneten und gemessenen Werten. Die Kontaktspannung von 0,1 V dürfte auf Verunreinigung zurückzuführen sein

Zone	Spannungen in V bei diversen Drehzahlen					
	gerechnet		gemessen			
	Starten	$n \neq 0$	$n = 0$	Starten	Leerlauf	$n_{groß}$
R_V	0,0	7,73	6,5	0,0	4,3	3,9
R_Z	10,0	6,27	5,1	6,5	3,6	3,2
Kontakte	0,0	0,00	0,1	3,7	5,8	6,6
Summe	10,0	14,00	11,7	10,2	13,7	13,7

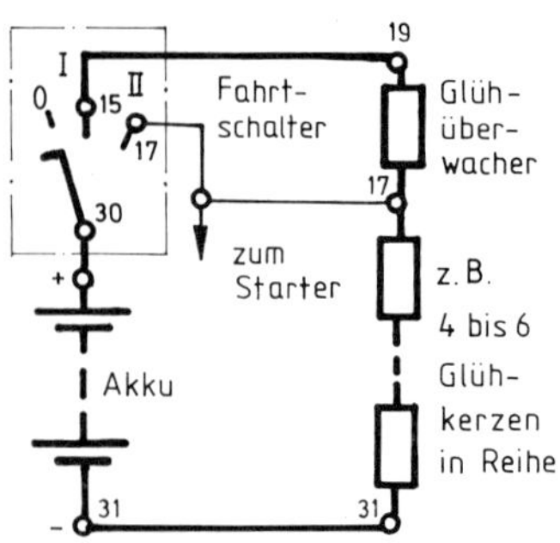

Bild 4-14 Schaltung für das Vorglühen eines Dieselmotors. Schalterstellung I: Vorglühen und Dauerbetrieb, Stellung II: Starten. Nach dem Start sorgt ein Relais für die Abschaltung der Glüheinrichtung. An Spannung bleibt nur die Betätigung des Kraftstoffventils.

Wenn der Glühüberwacher sichtbar aufleuchtet, ist die Dieselmotor-Vorglühung soweit fortgeschritten, daß man den Motor starten darf. Hierbei wird der Glühüberwacher kurzgeschlossen analog Bild 4-11, Startvorgang des Ottomotors.

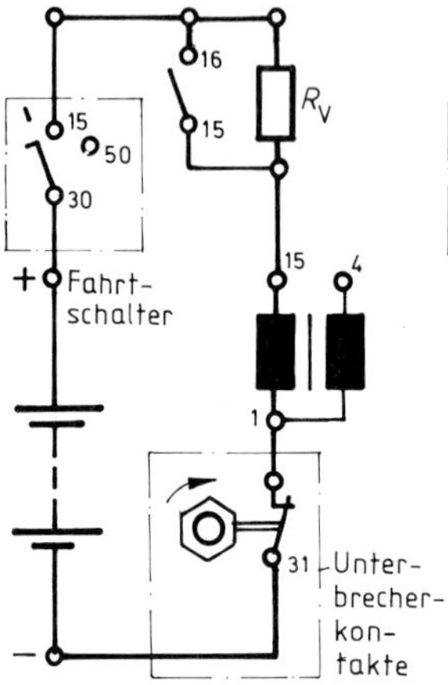

Bild 4-15
Mechanische Zündanlage mit Unterbrecherkontakten, also durch richtiggehende Unterbrechung des Zündkreises.

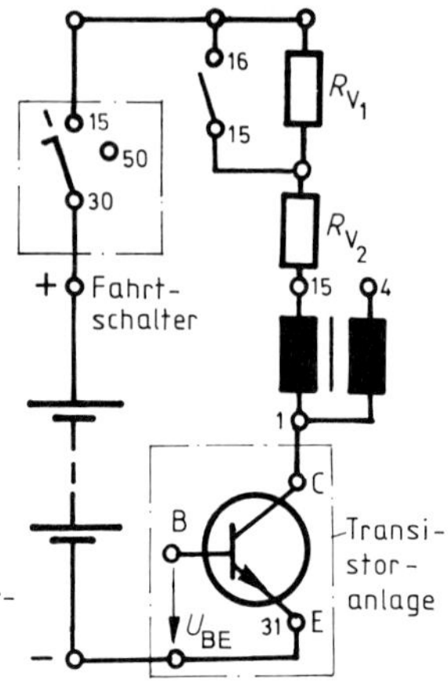

Bild 4-16
Moderne elektronische, also kontaktlose Transistorzündanlage. Die Unterbrechung erfolgt durch eine Maßnahme, bei der U_{BE} zu Null wird, siehe Bild 2-21.

3. Der Grund für den weitgehend schon vollzogenen Übergang von der beschriebenen mechanischen in die modernere elektronische TSZ ist die absolute *Verschleißfreiheit* der Anlage. (Allerdings können durchaus auch diese Anlagen *gestört* werden, z.B. durch Unterbrechungen im elektronischen Ansteuerungsteil des Schalttransistors, der Zone B-E.)

   In Bild 4-16 hat der Vorwiderstand R_{V_1} wieder die Aufgabe der Startanhebung, R_{V_1} und R_{V_2} *zusammen* dienen der Wärmeentlastung der Zündspule.

Beispiel 4.3: Strommessung (Labor)

Die folgende Meßaufgabe soll mit zwei verschiedenen Meßinstrumenten durchgeführt und die Ergebnisse miteinander verglichen werden. Einige Eigenschaften möglicherweise verwendeter Meßinstrumente sind in Tabelle 4-4 aufgeführt.

Tabelle 4-4 Meßinstrumente, Meßbereiche (Auszug) und dazugehörige Innenwiderstände in Ohm

Strommeßbereiche und Innenwiderstände (Auszug)			
Gossen UVA-E		BBC-Metrawatt Unigor 1p	
Meßbereich [1]	Innenwiderstand [2]	Meßbereich [3]	Innenwiderstand [4]
300 mA	$833\frac{1}{3}$ mΩ	1,2 A	$166\frac{2}{3}$ mΩ
100 mA	$2\frac{1}{2}$ Ω	300 mA	$\frac{1}{2}$ Ω
30 mA	$8\frac{1}{3}$ Ω	60 mA	$1\frac{2}{3}$ Ω
10 mA	25 Ω	12 mA	$8\frac{1}{3}$ Ω
3 mA	$83\frac{1}{3}$ Ω	3 mA	$33\frac{1}{3}$ Ω

Die Schaltung soll nach Bild 4-17 aufgebaut werden. Dann ergeben sich folgende

Aufgaben:

1. Welche Meßbereiche sind abhängig vom jeweiligen Lastwiderstand R_L sinnvoll?
2. Die Stromstärke soll gemessen werden (siehe Tabelle 4-5, Spalten 5 und 6).
3. Der klassenbedingte Anzeigefehler ist zu ermitteln (siehe Abschnitt 2.8.2.1).
4. Das Meßergebnis soll durch Rechnung nachkontrolliert werden.
5. Es ist auszuwerten, welches Gerät die günstigeren Eigenschaften hat.

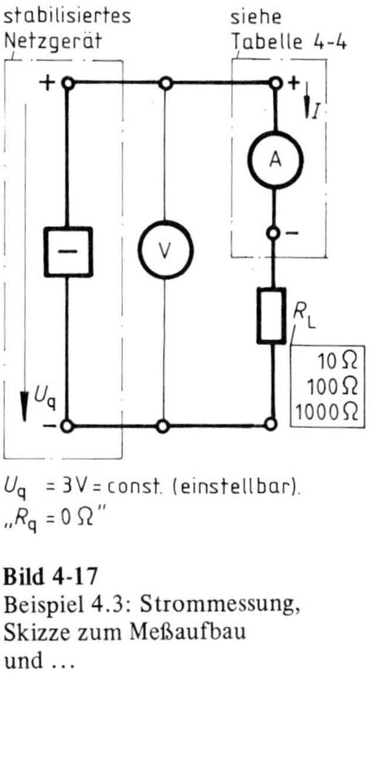

Bild 4-17
Beispiel 4.3: Strommessung, Skizze zum Meßaufbau und ...

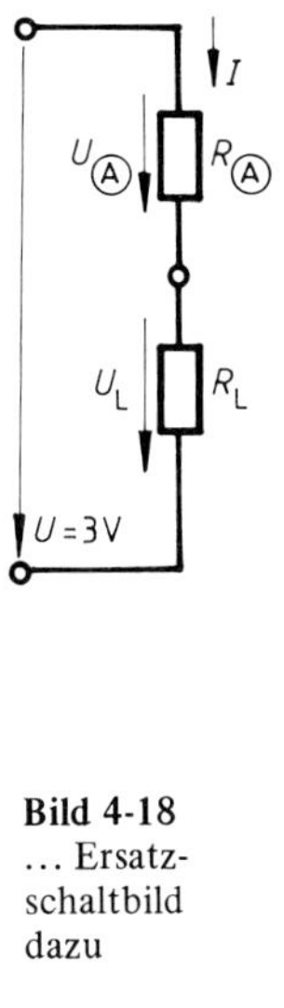

Bild 4-18
... Ersatzschaltbild dazu

Lösungen:

1. Zur Vorermittlung des sinnvollen Meßbereichs denkt man sich zunächst das Meßinstrument weg. Dann errechnet sich z.B. für $R_L = 10\ \Omega$

$$I = \frac{U}{R_L} = \frac{3\ \text{V}}{10\ \Omega} = 0{,}3\ \text{A} = 300\ \text{mA},$$

für $R_L = 100\ \Omega$ erhält man 30 mA usw. (siehe Tabelle 4-5, Spalten 3 und 4).
2. In die Spalten 5 und 6 sollen die gefundenen Meßwerte eingetragen werden.
3. Für den Meßpunkt 1 ergibt sich bei Genauigkeitsklasse 1

1 % vom Meßbereichsendwert 300 mA = 3 mA

usw. (siehe Spalte 7 in Tabelle 4-5).
4. Setzt man die Innenwiderstandsbeträge der verwendeten Meßinstrumente aus Tabelle 4-4 in den Ausdruck $R_{Ⓐ}$ aus Bild 4-18 ein, so erhält man für den Meßpunkt 1 (Gossen):

$$\underline{\underline{I}} = \frac{U}{R_L + R_{Ⓐ}} = \frac{3\ \text{V}}{10\ \Omega + 0{,}83\ \Omega} = \underline{\underline{0{,}277\ \text{A}}}.$$

Sinngemäß errechnen sich auch die anderen Ergebnisse für das Gossen- und auch für das Metrawatt-Instrument.
5. Ein Meßinstrument soll elektrisch so unauffällig wie möglich sein. Dazu kann ein Amperemeter gar nicht niederohmig genug sein. Schon Tabelle 4-4 zeigt beim Metrawatt-Instrument deutlich niedrigere Ohmbeträge als beim Gossen-Instrument. Dementsprechend dürften die Meßergebnisse mit diesem Gerät sich von der Vorauskalkulation aus Frage 1 (ganz ohne Gerät) am wenigsten unterscheiden. *Hier* also schneidet das Metrawatt-Gerät besser ab als das von Gossen.

Den Lastfall mit $R_L = 100\ \Omega$ kann es allerdings wegen des ungeeigneteren Meßbereichs nur mit einem höheren Anzeigefehler als das Gossen-Gerät verarbeiten.

Tabelle 4-5 Lösungen zum Thema: gewählter Meßbereich, Messung, Fehler und Nachrechnung

Meßpunkt [1]		R_L / Ω [2]	Strom in mA							
			Meßbereich		Messung		Fehler		Nachrechnung	
			Goss. [3]	Metra. [4]	Goss. [5]	Metra. [6]	Goss. [7]	Metra. [8]	Goss. [9]	Metra. [10]
1	4	10	[1] 300	[4] 300	[1]	[4]	[1] ±3,0	[4] ±3,0	[1] 276,92	[4] 295,08
2	5	100	[2] 30	[5] 60	[2]	[5]	[2] ±0,3	[5] ±0,6	[2] 27,69	[5] 29,5
3	6	1000	[3] 3	[6] 3	[3]	[6]	[3] ±0,03	[6] ±0,03	[3] 2,77	[6] 2,9

Beispiel 4.4: Spannungsmessung (Labor)

Vorbemerkung: Spannungsstabilisierte Netzgeräte verhalten sich so, als ob ihr Quellenwiderstand $R_q = 0$ wäre, d.h., entsprechend Bild 4-5, Fall $R_q = 0$ bleibt die einmal eingestellte Klemmenspannung *U lastunabhängig konstant*. Das ist für Laborzwecke sehr angenehm. Mit einem derartigen Gerät soll die Spannung U_q wie eine „echte" Quellenspannung eingestellt werden, ohne daß man befürchten muß, daß sie „davonläuft".

Andererseits soll aber eine realistische Quelle betrachtet werden können. Hierzu wird dem Netzgerät „künstlich" ein Quellenwiderstand $R = 10\ \Omega$ davorgeschaltet (Bild 4-19). So wird auch genügend deutlich die Antwort auf die

Frage: Kann man eine Quellenspannung messen?

Zu messen ist hierzu die Spannung am Last-Widerstand R_L und zwar in folgenden Schritten:

1. Die von den einzelnen Spannungsmessern, wie sie in Tabelle 4-6 vorgeschlagen sind, gelieferten Meßergebnisse sind abzulesen. Falls nur Skalenteile angezeigt werden, ist Gl. (2.3) zugrunde zu legen, so bei den Meßpunkten 9 und 10.

   In Spalte 6 sind kleingedruckt mögliche Meßergebnisbeispiele ausgegeben.
2. Der Strom, den die Voltmeter aufnehmen, ist zu berechnen und in Spalte 7 einzutragen. Ein Ergebnisbeispiel ist schon eingedruckt.
3. Welche Aussage läßt sich hinsichtlich der gesuchten Quellenspannung machen? Hat man sie nun gemessen oder nicht?
4. Welches der verwendeten Meßinstrumente eignet sich am besten?

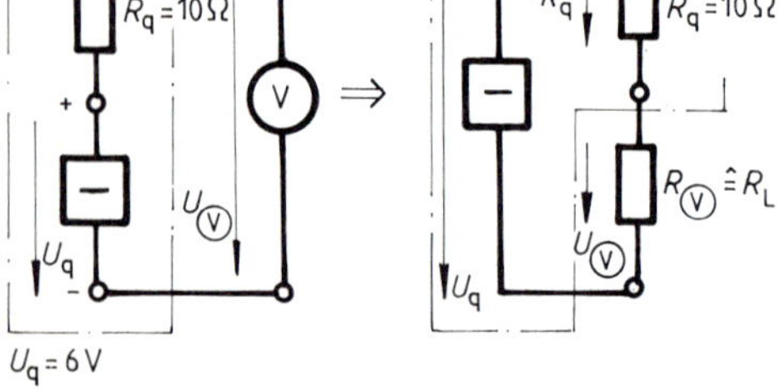

Bild 4-19 Schaltskizze und Ersatzschaltbild zur Messung der Quellenspannung U_q. Sie wird einem Netzgerät mit einstellbarer und stabilisierter Quellenspannung U_q = const. entnommen.

Tabelle 4-6 Meßprotokoll zur Spannungsmessung in Verbindung mit Bild 4-19

Meß-punkt ¹	Fabrikat ²	$R_{Ⓥ}$ / kΩ ³	U_q / V ⁴	Meß-bereich in Volt ⁵	Gemessene Klemmen-spannung U in Volt ⁶	Nach-rechnung ⁷
7	Gossen	250	6	10	6,0	23,999 μA
8	Metrawatt	40		12	6,0	
9	AEG, UV	6		6	5,99	
10	Siemens	0,1		6	5,46	

Lösungen:

1. Die Meßergebnisse werden in Tabelle 4-6 eingetragen. Sie dürften sich fast alle etwas mehr oder weniger voneinander unterscheiden.
2. Das in Spalte 7 eingetragene Ergebnis zum Meßpunkt (M.-P.) 7 ist folgendermaßen zustandegekommen; Gl. (4.2):

$$I_{Ⓥ} = \frac{6\ \text{V}}{10\ \Omega + 250000\ \Omega} = 0{,}0000239990\ \text{A}$$

$$\underline{\underline{I_{Ⓥ} = 23{,}999\ \mu\text{A}.}}$$

3. Die Quellenspannung U_q errechnet sich aus Gl. (4.9):

$$U_q = U_{R_q} + U = I \cdot R_q + U_{Ⓥ}$$

$$U_q = (23{,}999\ \mu\text{A} \cdot 10\ \Omega) + 6{,}00\ \text{V gemessen}$$

$$\underline{\underline{U_q = 6{,}00023999\ \text{V tatsächliche Quellenspannung.}}}$$

   Natürlich unterscheiden sich streng physikalisch die wirkliche und tatsächlich *gemessene* Quellenspannung von diesem rechnerischen Ergebnis. So genau kommt es aber nie darauf an. Ferner liegt hier die Abweichung schon weit innerhalb der Anzeigegenauigkeit des Instruments.

   Anders sieht es beim M.-P. 10 aus:

$$I_{Ⓥ} = 6\ \text{V}/(10\ \Omega + 100\ \Omega) = 0{,}0\overline{54}\ \text{A}$$

$$U_q = 0{,}0\overline{54}\ \text{A} \cdot 10\ \Omega + 5{,}46\ \text{V gemessen}$$

$$= 6{,}00\overline{54}\ \text{V} = \text{tatsächliche Quellenspannung.}$$

   Hier ist der Abstand zwischen Meßwert und wirklicher Quellenspannung erheblich. „So mißt man aber auch nicht!" D.h., ein Voltmeter mit einem so extrem niedrigen Innenwiderstand ist nur für wenige Meßaufgaben, z.B. im Zusammenhang mit niederohmigen elektrischen Maschinen, denkbar.
4. Ein Voltmeter kann gar nicht hochohmig genug sein, wie man gesehen hat. *Hier* ist daher das Gosseninstrument das bessere.

Zusammenfassung: So oder so erhält man *rein physikalisch bedingt* bei einer Messung nie die Quellenspannung. Für praktische technische Bedürfnisse genügt die Anzeige eines Voltmeters als Quellenspannung durchaus dann, wenn das Meßinstrument hochohmig ist. Andernfalls kann es z.B. durchaus auch passieren, daß die Quelle leer-„gemessen" wird, beispielsweise niederohmiges Voltmeter stundenlang an einer Pkw-Akkubatterie.

Beispiel 4.5: Potentiometer (Labor)

In Bild 4-20 stellt die Zone R_{AE} einen verstellbaren Widerstand dar: ein Potentiometer. Das eigentliche Meßziel ist die Spannung zwischen den Klemmen *S* und *D*, also U_{SD}, gemessen bei

- Leerlauf (mit hoch- und niederohmigem Meßinstrument) und
- Belastung mit dem Lastwiderstand $R_L = 150\ \Omega$.

Gesucht sind im einzelnen:

1. Die zulässigen, also die Nenn-Spannungen und -Ströme sowohl der vorgesehenen Potentiometer als auch des Belastungswiderstands (Tabellen 4-7 und 4-8).
2. Wie groß ist die Spannung U_{SD} bei offenem Schalter, also Leerlauf, und zwar bei Verwendung eines Meßinstruments mit
   a) hohem Innenwiderstand, z.B. Gossen,
   b) niederem Innenwiderstand, z.B. Siemens, wie bei Beispiel 4.4, $R_{(V)} = 500\ \Omega$.

   Die Ergebnisse sollen in die Spalten 6 und 7 der Tabelle 4-9 eingetragen werden: Meßpunkte 11 bis 20.
3. Bei geschlossenem Schalter *S*, also wirksamer Belastung durch die Last R_L, sind zu messen:
   a) die Meßpunkte 21 bis 25 für ein Potentiometer von $R_{AE} = 100\ \Omega$,
   b) die Meßpunkte 26 bis 30 für ein Potentiometer von $R_{AE} = 1000\ \Omega$.

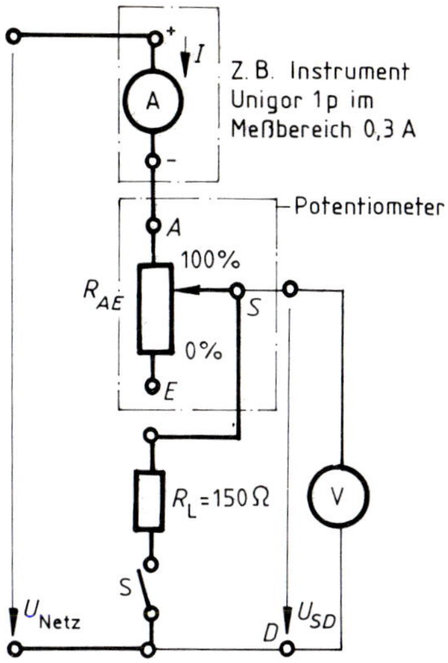

Bild 4-20 Schaltskizze und Daten zum Beispiel 4.5: Potentiometer. Die Spannung $U_{Netz} = 20\ V = const.$ wird aus einem Netzgerät bezogen.

Tabelle 4-10 Messungen zum Beispiel 4-5, Belastungsfall

Meß-punkt [1]	U_{Netz} V [2]	R_{AE} Ω [3]	R_L Ω [4]	Vorwiderstands-Stellung % [5]	Messungen U_{SD} V [6]	Messungen I mA [7]
21				100	21	
22				75	22	
23		100		50	23	
24				25	24	
25	20		150, S ist zu	0	25	
26				100	26	
27				75	27	
28		1000		50	28	
29				25	29	
30				0	30	

Tabelle 4-7

R_{AE} Ω [1]	P_N W [2]	U_N V [3]	I_N mA [4]
100	20		
1000	10		

Tabelle 4-8

R_L Ω [1]	P_N W [2]	U_N V [3]	I_N mA [4]
150	5		

Tabelle 4-9 Messungen zu Beispiel 4.5, Leerlauffall

Meß-punkt [1]		U_{Netz} V [2]	R_{AE} Ω [3]	R_L Ω [4]	Vorwiderstands-Stellung % [5]	Messungen für $R_{(V)}$ groß U_{SD} V [6]	Messungen für $R_{(V)}$ klein U_{SD} V [7]	Nachrechnung für $R_{(V)} = 500\ \Omega$ U_{SD} V [8]
11	16				100	11	16	16
12	17			∞,	75	12	17	17
13	18	20	100	S	50	13	18	18
14	19			ist	25	14	19	19
15	20			offen	0	15	20	20

4. Die Meßergebnisse der Meßpunkte 11 bis 30 sollen ins Diagramm 4-21 eingetragen werden.
5. Die Ergebnisse der Meßpunkte 16 bis 20 sollen nachgerechnet werden auf der Basis:

   $R_{(V)} = 500\ \Omega$ im Meßbereich 30 V des Siemens-Meßinstruments, siehe Spalte 8. Die Spalten 7 (Messung) und 8 (Rechnung) sollen miteinander verglichen werden.

Lösungen:

1. Den Zugriff zur Nennspannung bzw. dem Nennstrom erhält man über Gl. (1.28):

   $$U_N = \sqrt{P_N \cdot R} \quad \text{bzw.} \quad I_N = \sqrt{\frac{P_N}{R}}$$

   Daraus errechnen sich die Ergebnisse für die Spalten 3 und 4 in den Tabellen 4-7 und 4-8, siehe die Lösungen in den Tabellen 4-11 und 4-12.

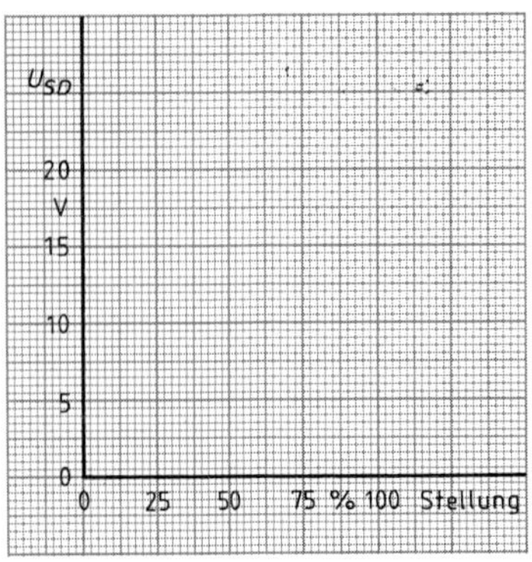

Bild 4-21 Diagrammfeld für die Meßpunkte 11 bis 30.

Tabelle 4-11 Ergebnisse zu Tabelle 4-7

R_{AE} / Ω	P_N / W	U_N / V	I_N / mA
100	20	44,72	447,2
1000	10	100,00	100,00

Tabelle 4-12 Ergebnisse zu Tabelle 4-8

R_L / Ω	P_N / W	U_N / V	I_N / mA
150	5	27,4	182,6

2. Mögliche Meßwerte sind z.B. in Tabelle 4-13 zusammengestellt. Abweichungen hiervon sind natürlich möglich, vor allem im Rahmen der Anzeigegenauigkeit (Klasse).

   Man erkennt besonders deutlich, daß das hochohmige Instrument unabhängig von der Potentiometerstellung anzeigt. Den Grund versteht man aus der Nachrechnung bei Punkt 5.

   Für die weiteren Messungen wird daher natürlich das hochohmige Instrument benutzt.

3. Meßergebnisse können so lauten, wie aus Tabelle 4-14 zu ersehen ist. Der mitgemessene Strom dient mehr zur Überwachung des Meßaufbaus. Man soll erkennen können, ob auch keine Komponente überlastet wird. Schwächstes Glied ist zwischen M.-P. 21 und 25 der Lastwiderstand R_L mit $I_N = 182{,}6$ mA, danach ist es R_{AE}.

Tabelle 4-13 Ergebnisse zu Tabelle 4-9, Leerlauffall

Meß-punkt [1]		Vorwider-stands-stellung % [5]	Messungen für $R_{(V)}$ groß U_{SD} / V [6]	Messungen für $R_{(V)}$ klein U_{SD} / V [7]	Nachrechnungen für $R_{(V)} = 500\ \Omega$ U_{SD} / V [8]
11	16	100	[11] 20	[16] 20	[16] 20,00
12	17	75	[12] 20	[17] 19	[17] 19,05
13	18	50	[13] 20	[18] 18,2	[18] 18,18
14	19	25	[14] 20	[19] 17,4	[19] 17,39
15	20	0	[15] 20	[20] 16,7	[20] $16\frac{2}{3}$

Tabelle 4-14 Ergebnisse zu Tabelle 4-10, Belastungsfall

Meß-punkt [1]	Vorwider-stands-stellung % [5]	Messungen U_{SD} / V	Messungen [6] I / mA
21	100	20,0	133
22	75	17,1	114
23	50	15,0	100
24	25	13,3	89
25	0	12,0	80
26	100	20,0	133
27	75	7,5	50
28	50	4,6	31
29	25	3,3	22
30	0	2,6	17

4. Bild 4-22 zeigt zum Vergleich den Verlauf der aufgenommenen Kurven. Man erkennt:
   a) Der Wert $U_{SD} = 0$ V wurde nie erreicht.
   b) Der Verlauf der Stellkurven bei Belastung ist nicht linear.

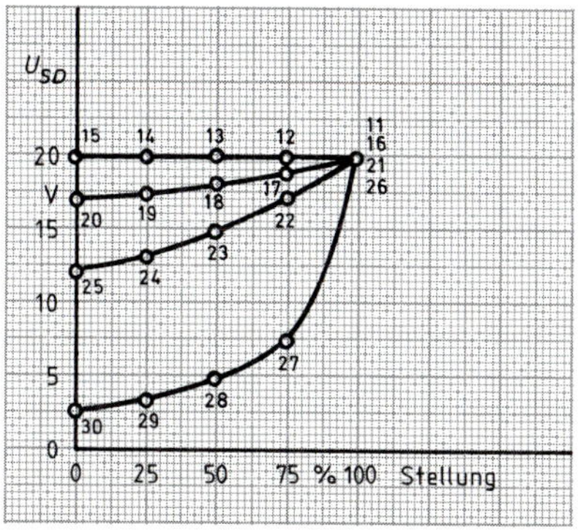

Bild 4-22 Lösungen zum Beispiel 4.5: Potentiometerstellkurven. Der Betrag 0 Volt wird in keinem Fall erreicht.

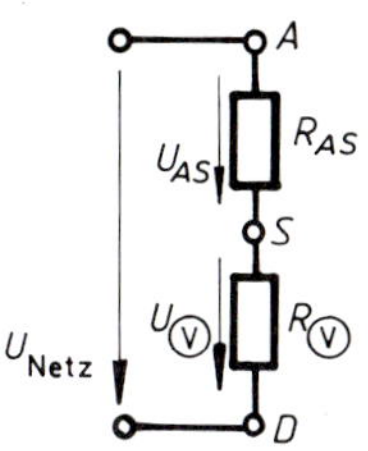

Bild 4-23
Ersatzschaltbild zur Kontrollrechnung für Meßpunkt 20, also noch offenem Schalter S.
Man kann ansetzen:

$$\frac{U_{\textcircled{V}}}{U_{Netz}} = \frac{U_{SD}}{U_{Netz}} = \frac{R_{\textcircled{V}}}{R_{Ers}}$$

5. Die Nachrechnung der Meßpunkte 11 bis 16 erfolgt anhand des Ersatzschaltbildes 4-23. Gl. (4.8) liefert den Ansatz:

$$U_{SD} = U_{Netz} \frac{R_{\textcircled{V}}}{R_{Ers}} = U_{\textcircled{V}}$$

Hierfür erhält man z. B. im Fall des Meßpunkts 20:

$$U_{SD} = U_{Netz} \frac{R_{\textcircled{V}}}{R_{AE} + R_{\textcircled{V}}}$$

$$\underline{\underline{U_{SD}}} = 20\ \text{V} \cdot \frac{500\ \Omega}{100\ \Omega + 500\ \Omega} = \underline{\underline{16\tfrac{2}{3}\ \text{V}.}}$$

Der Innenwiderstand des hier verwendeten Voltmeters ist extrem niedrig (entsprechend einem niedrigen Preis und Eignung für Meßaufgaben in der elektrischen Energietechnik).

Man kann leicht sehen, daß sich der Bruch in der vorigen Rechnung um so eher zu 1 kürzt und man dann die Ergebnisse der Meßpunkte 11 bis 15 erhält, je höher der Innenwiderstand des beteiligten Voltmeters wird.

Auswertung zum Beispiel 4.5:

1. Mit einem Potentiometer kann man aus einer konstanten Spannung (hier der Netzspannung $U = 20$ V) eine verstellbare Spannung erhalten, z. B. um eine Akkuspannung irgendwelchen Betriebsbedürfnissen anzupassen. Das kann zum Beispiel erwünscht sein, um die Helligkeit einer Lampe oder die Drehzahl eines Motors (falls sie darauf reagiert) so zu verstellen.
2. Mit einem als Vorwiderstand betriebenen Potentiometer kann man den Spannungswert 0 V nicht erreichen.
3. An einer Unterbrechungsstelle im Stromkreis, hier dem Schalter S, tritt die volle Netzspannung auf. Ist sie hoch genug, kann damit eine erhebliche Unfallgefahr verknüpft sein (siehe Abschnitt 4.2.5.1).

Tabelle 4-15 Meßdaten zu Beispiel 4-6

1	2	3	4	Zeigerinstrumente				Oszilloskop-Messung: Eingangsschalter-Stellung: =		
				Ⓐ 1: ∩		Ⓐ 2:		9	10	11
Meß-punkt	Schalter S am Lade-gerät	$U_{Netz}\sim$ / V	U_{Akku} / V	5 I / Skt.	6 I / A	7 I / Skt.	8 I / A	Oszilloskop Betriebs-art	l_{vb} / cm	$\frac{l_{vb}}{cm} \cdot \frac{a_{vb}}{V/cm} = \frac{\hat{u}}{V}$
31	offen	0	2,0	0	0	0	0	Kanal b	2,0	$2{,}0 \cdot 1 = 2{,}0$
32	geschlossen	ca. 15	2,5	12,2	0,61	20	1	chopp. a	4,5	$4{,}5 \cdot 1 = 4{,}5$
33			3,0	12,0	0,6	19,7	0,99		5,0	$5{,}0 \cdot 1 = 5{,}0$

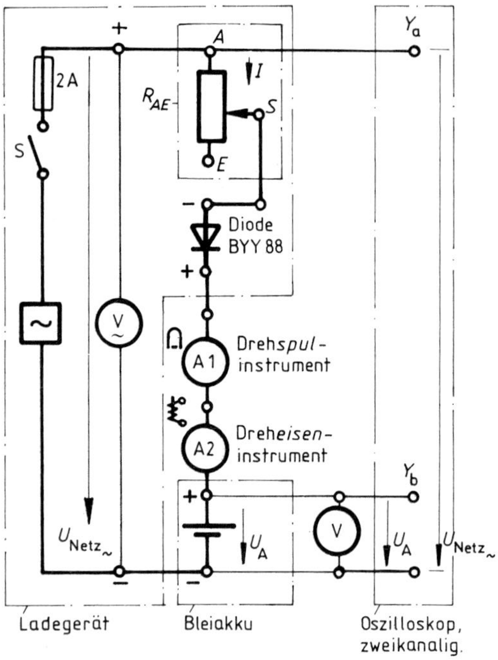

Bild 4-24 Schaltung und Daten zum Beispiel 4.6: 2-V-Akku-Ladevorgang. Wenn ein sogenanntes zweikanaliges Oszilloskop verwendet wird und die Ablenkdaten (Meßbereichsfaktoren) aus Bild 4-25 eingestellt werden, kann man gleichzeitig die Netz-Wechselspannung *und* die pulsierende Lade-Gleichspannung am Akku beobachten.

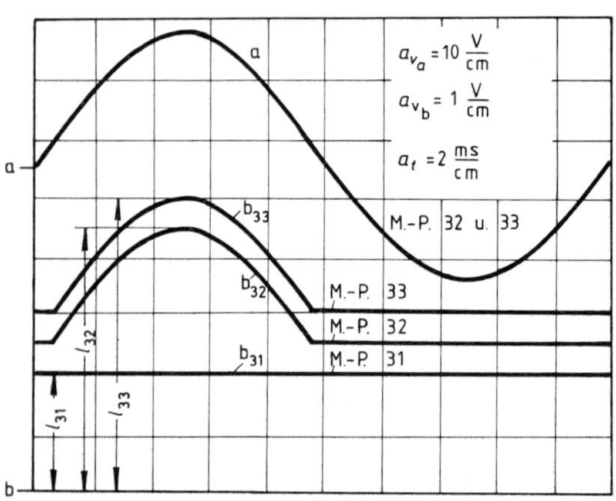

Bild 4-25 Oszillogramme zum Beispiel 4.6: 2-V-Akku-Ladevorgang. Die a-Kurve schreibt die Netz-Wechselspannung $U_{Netz\sim}$. Die b-Kurven lassen die Entwicklung der Akkuspannung erkennen.

Beispiel 4.6: 2-V-Akku-Ladevorgang (Labor)

Ziel dieses Beispiels ist der erste Umgang mit einem Oszilloskop, die Erfahrung unterschiedlicher Anzeigen bei zweierlei Meßinstrumenteprinzipien und die Erfahrung, wie sich die wachsende Aufladung eines Akkus im Meßergebnis äußert.

Verwendet wird ein Zweikanal-Oszilloskop, also ein solches, das zwei Vorgänge gleichzeitig abbilden kann. Als Meßinstrumente werden verwendet

1. ein sogenanntes Dreh*spul*-Instrument als Strommesser 1,
2. ein sogenanntes Dreh*eisen*-Instrument als Strommesser 2.

Das Netzgerät ist ein Dreh-Trenntransformator, einstellbar auf (genügend ungefährliche) 15 V oder weniger.

Die Diode muß für einen Nennstrom von mindestens $I_N = 1$ A bemessen sein.

Der Strom kann entweder über den Transformator verstellt werden (wenn es ein Drehtransformator ist) oder über den Vorwiderstand R_{AE} (siehe Beispiel 4.4), oder mit beidem.

Die Schaltung Bild 4-24 ist aufzubauen.

Anleitung zu den einzelnen Meßpunkten:

31: Bevor der Trafo-Schalter S geschlossen wird, sollen die beiden Strahlen des Oszilloskops in die Lagen a und b gebracht werden, die im Bild 4-25 links am Rand angegeben sind.

Der Akku hat die Spannung $U_{Akku} = 2$ V. Nach Gl. (2.4) ist bei einem Ablenkfaktor $a_{v_b} = 1$ V/cm (Bild 4-25) zu erwarten: $l_{v_b} = 2$ cm. Das heißt, Strahl b kann aus seiner Lage ganz unten am Schirmbildrand dann um $l_{v_b} = 2$ cm nach oben springen.

32: Die Spannung U_{Netz} des Dreh-Trenntransformators wird auf etwa 15 V eingestellt. Die Feineinstellung kann im Bedarfsfall mittels R_{AE} vorgenommen werden.

Man erkennt jetzt auf dem Bildschirm des Oszilloskops, daß das Niveau der b-Kurve deutlich über dem von M.-P. 31 liegt.

Gleichzeitig wölbt sich links der Ladestrom-Hügel aufwärts. Seine Entsprechung ist jetzt im Vergleich mit der a-Kurve zu suchen. Sie bildet die anliegende Wechselspannung des Transformators ab.

Die Diode läßt nur den positiven Teil des Wechselstroms durch. Daher fehlt bei der Kurve der Akkuspannung (b-Kanal) die untere Hälfte.

Nach kurzer Zeit sieht man im Akku Gasblasen aufsteigen. Deren Wasserstoffgasanteil ist natürlich etwas explosionsgefährlich.

33: Ohne weiteres Zutun ist nach kurzer Zeit zu beobachten, daß das b-Kurven-Niveau gegenüber demjenigen von M.-P. 32 noch etwas angestiegen ist (weiter oben liegt).

Anmerkungen:

1. Die abgebildete Wechselspannung liegt zwischen den Klemmen *A* des Potentiometers und dem Minuspol des Akkus (siehe auch Bild 4-24).
2. Die abgebildete Gleichspannung liegt zwischen den Klemmen + und – des Akkus.

Veranschaulichen Sie sich diesen Sachverhalt.

Auswertung:

1. Dieser Versuch zeigt besonders deutlich, daß nur ein Oszilloskop Zusammenhänge abbilden kann, bei denen der Vorgang „in Bewegung" ist. Das Voltmeter am Akku ändert zwar von Meßpunkt zu Meßpunkt seinen Ausschlag. Innerhalb der einzelnen Meßpunkte kann es aber begreiflicherweise den einzelnen Pulsen des Ladestroms nicht durch entsprechend schwingende Ausschläge folgen, wenigstens nicht bei $f_{\text{Netz}} = 50$ Hz.
2. Es fällt der erhebliche Unterschied in der Anzeige der beiden Strommesser auf. Wegen der Reihenschaltung werden ja beide unbedingt vom gleichen Strom durchflossen (siehe Abschnitt 4.2.2).
   a) Von der Wirkungsweise her ist festzustellen:
   Ein Dreh*spul*instrument bildet „von Natur aus" solche Vorgänge *richtig* ab, bei denen es im weitesten Sinne um eine Ladung geht, auch um *Auf*-Ladung. Somit ist das Drehspulinstrument der gegebene Meßpartner für das zu lösende Problem. Es zeigt an, daß innerhalb von $t = 1$ h bei im Meßpunkt 33 angezeigten $I = 0{,}6$ A aufgenommen würde:
   $$K = I \cdot t = 0{,}6 \text{ A} \cdot 1 \text{ h} = 0{,}6 \text{ Ah},$$
   falls I solange konstant bliebe.
   b) Stattdessen zeigt das Dreh*eisen*instrument „von Natur aus" solche Vorgänge *richtig* an, die sich um die Fragestellung nach der umgesetzen *Energie, Leistung und Belastung von Stromwegen* (!) ranken.
   So ergibt sich bei $U = 15$ V und $I = 1$ A (laut M.-P. 32) eine Leistung von $P = 15 \text{ V} \cdot 1 \text{ A} = 15$ W (nicht etwa von $P = 15 \text{ V} \cdot 0{,}61 \text{ A} = 9{,}15$ W). Bei Zugrundelegung der Anzeige eines Drehspulinstruments könnte man so auf unzulässig optimistische niedrige Leistungsbeträge kommen und so eine tatsächlich viel höhere Wärmebelastung übersehen.

Dreh*spul*- und Dreh*eisen*-Instrumente werden stets dann unterschiedliche Anzeigen liefern, wenn Gleichstrom pulsiert oder Wechselstrom nicht sinusförmig ist, siehe Meßpunkte 104 und 105.

4.3 Parallelschaltung

Im Netz der öffentlichen Energieversorgung sowie in jedem Fahrzeugbordnetz liegen alle Verbraucher parallel zueinander. Gemeint ist damit, daß die Enden der betreffenden Verbraucher je unmittelbar mit anderen Verbraucherenden zusammengeschaltet sind (Bild 4-26) im Gegensatz z.B. zu Bild 4-36, wo kein einziger Verbraucher zu einem anderen „echt" parallelgeschaltet ist.

4.3.1 Spannungen

In einer Parallelschaltung ist die Spannung U an allen Komponenten gleichgroß (Bild 4-26).

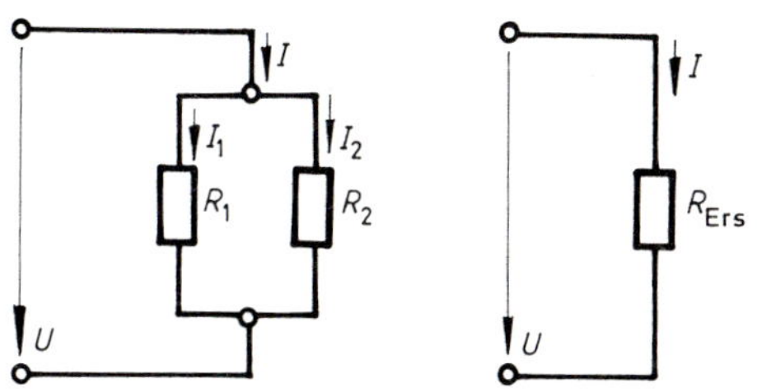

Bild 4-26 Parallelschaltung aus zwei Einzelwiderständen und ihr möglicher Ersatzwiderstand R_{Ers}.

4.3.2 Ströme

Analog dem Satz von der Erhaltung der Masse (hier der Ladungsträger), muß man zum Ergebnis kommen:

Was in ein System hineinströmt, muß auch wieder herausfließen. In Gleichungsform:

$$I = I_1 + I_2. \tag{4.13}$$

Oder allgemeiner und genügend vorzeichentolerant:

$$\Sigma I = 0. \tag{4.14}$$

1. Kirchhoffscher Satz.

Auf der Basis der Gl. (1.27) gilt für die einzelnen Zweige aus Bild 4-26 die Gl. (4-15); sie ergibt sich aus Bild 4-27:

$$I_1 = \frac{U}{R_1}; \quad I_2 = \frac{U}{R_2}; \quad I = \frac{U}{R_{\text{Ers}}}. \tag{4.15}$$

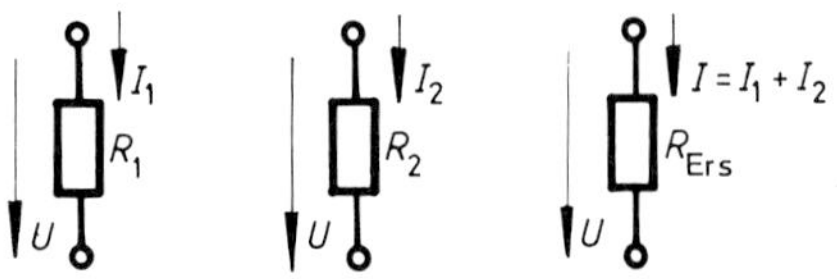

Bild 4-27 Die einzelnen Komponenten aus Bild 4-26 und die Situation am Ersatzwiderstand.

Dabei ist davon ausgegangen:

- Die Gesamtschaltung, bestehend aus den zwei (oder mehreren) Einzelverbrauchern läßt sich durch einen einzigen Verbraucherwiderstand R_{Ers} ersetzen,
- R_{Ers} verhält sich der angelegten Spannung U gegenüber genauso, wie die Einzelwiderstände R_1, R_2 ... gemeinsam,
- Im Sinne eines „schwarzen Kastens" steht dem vom Netz kommenden Strom I somit nur ein Widerstand: R_{Ers} entgegen.

4.3.3 Stromverhältnisse

Aus den Gln. (4.15) lassen sich die Beziehungen aufstellen:

$$\frac{I_1}{I_2} = \frac{\frac{U}{R_1}}{\frac{U}{R_2}} = \frac{R_2}{R_1},$$

ferner, sinngemäß genauso, Verhältnisse, wie

$I/I_1, I/I_2$ ....

Man erhält somit die folgenden Beziehungen für Stromverhältnisse bei 2 parallelen Verbrauchern:

$$\frac{I_1}{I_2} = \frac{R_2}{R_1}; \quad \frac{I_1}{I} = \frac{R_{Ers}}{R_1}; \quad \frac{I_2}{I} = \frac{R_{Ers}}{R_2}. \tag{4.16}$$

Es verhalten sich also zwei Ströme in zwei zueinander parallel liegenden Verbrauchern umgekehrt wie deren Widerstände usw.

4.3.4 Stromaufteilung

Aus den Gln. (4.13) und (4.16) lassen sich die Beziehungen aufstellen:

$$I = I_1 + I_2; \quad \frac{I_1}{I_2} = \frac{R_2}{R_1}; \quad I_2 = I_1 \cdot \frac{R_1}{R_2}$$

$$I = I_1 + I_1 \cdot \frac{R_1}{R_2} = I_1 \cdot \left(1 + \frac{R_1}{R_2}\right).$$

Bringt man den Klammerausdruck auf den Hauptnenner R_2 und löst nach I_1 auf, so erhält man Gl. (4.17) und sinngemäß genauso auch deren Schwestergleichung (4.18):

$$I_1 = I \cdot \frac{R_2}{R_1 + R_2} \tag{4.17}$$

$$I_2 = I \cdot \frac{R_1}{R_1 + R_2}. \tag{4.18}$$

4.3.5 Ersatzwiderstands-Berechnung

Aus den Gln. (1.27), (4.13) und (4.15) erhält man nacheinander:

$$\frac{1}{R_{Ers}} = \frac{I}{U} = \frac{I_1 + I_2}{U} = \frac{I_1}{U} + \frac{I_2}{U}$$

$$\frac{1}{R_{Ers}} = \frac{\frac{U}{R_1}}{U} + \frac{\frac{U}{R_2}}{U} = \frac{1}{R_1} + \frac{1}{R_2}.$$

Dieses Ergebnis läßt sich noch verallgemeinern:

$$\frac{1}{R_{Ers}} = \frac{1}{R_1} + \frac{1}{R_2} + \ldots + \frac{1}{R_n}. \tag{4.19}$$

Mitunter kann es zweckmäßiger sein, mit Leitwerten zu arbeiten statt mit Widerständen. Dann wird aus Gl. (4.19) der Ausdruck:

$$G_{Ers} = G_1 + G_2 + \ldots + G_n. \tag{4.20}$$

Dieser Ausdruck ist vor allem für viele Probleme der Nachrichtentechnik praktisch. Energietechnische Fragen rechnen sich im allgemeinen besser mit Widerständen.

Die etwas schwerfällige Gl. (4.19) kann für die einfachen Anwendungsfälle mit zwei bzw. höchstens drei parallelen Widerständen in die übersichtlichere Formen der Gln. (4.21) bzw. (4.22) gebracht werden:

2 parallele Widerstände:

$$R_{Ers} = \frac{R_1 \cdot R_2}{R_1 + R_2} \tag{4.21}$$

3 parallele Widerstände:

$$R_{Ers} = \frac{R_1 \cdot R_2 \cdot R_3}{R_1 \cdot R_2 + R_1 \cdot R_3 + R_2 \cdot R_3}. \tag{4.22}$$

4.3.6 Verallgemeinerung

Bei Bedarf lassen sich natürlich alle Beziehungen, die hier für zwei parallele Verbraucher aufgestellt wurden, auf drei und mehr Glieder erweitern.

Vergleicht man die Beziehungen für *Reihenschaltung* mit denen für *Parallelschaltung*, so erkennt man jeweils komplementäre Formelstrukturen und Aussagen. Insbesondere begegnet man folgenden Entsprechungen:

- Bei Reihenschaltung gibt es nur *einen Strom*, bei Parallelschaltung gibt es nur *eine Spannung.*
- Bei Reihenschaltung addieren sich die *Widerstände und Spannungen,* bei Parallelschaltung addieren sich die *Leitwerte und Ströme.*
- Bei Reihenschaltung verhalten sich die *Spannungen wie* die Widerstände, bei Parallelschaltung verhalten sich die *Ströme umgekehrt wie* die Widerstände.

Beispiel 4.7: Drei parallele Verbraucher

In Bild 4-28 sind drei Verbraucher zu sehen, die parallel zueinander am gleichen Netz liegen. Darunter sind Daten eingetragen, die bekannt seien.

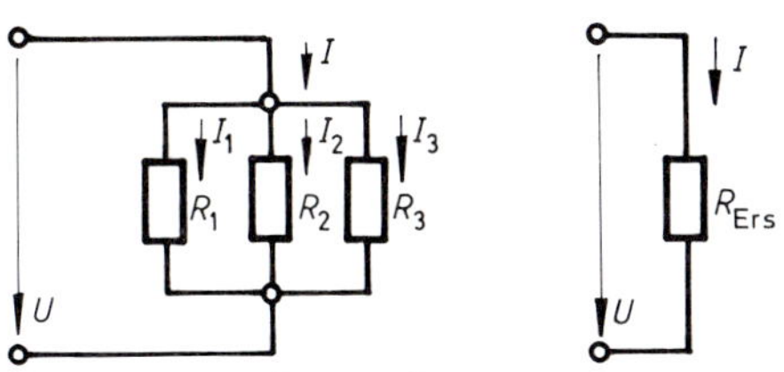

$R_1 = 40\,\Omega$, $R_2 = 10\,\Omega$, $R_3 = 8\,\Omega$; $I_2 = 2{,}4$ A.

Bild 4-28 Schaltskizze zu Beispiel 4.7: Drei parallele Verbraucher.

Gesucht sind:

1. die Klemmenspannung U des Netzes,
2. die Teilströme I_1 und I_3 sowie der Gesamtstrom I,
3. der Ersatzwiderstand R_{Ers},
4. die zulässige Netzspannung U, wenn verlangt ist, daß $P_{ges} \leq 100$ Watt bleiben soll.

Lösungen:

1. Laut Abschnitt 4.3.1 ist die Spannung an jeder Komponente einer Parallelschaltung gleich groß. Sie läßt sich aus Gl. (4.15) mittels gegebenem I_2 ermitteln:

$$\underline{\underline{U}} = I_2 \cdot R_2 = 2{,}4\text{ A} \cdot 10\,\Omega = \underline{\underline{24\text{ V}}}.$$

2. Dieselbe Gl. (4.15) liefert:

$$I_1 = \frac{U}{R_1} = \frac{24\text{ V}}{40\,\Omega} = 0{,}6\text{ A} \quad \text{und}$$

$$I_3 = \frac{U}{R_2} = \frac{24\text{ V}}{8\,\Omega} = 3{,}0\text{ A}.$$

Aus Gl. (4.13) erhält man sofort:

$$I = I_1 + I_2 + I_3$$

$$\underline{\underline{I}} = 0{,}6\text{ A} + 2{,}4\text{ A} + 3{,}0\text{ A} = \underline{\underline{6{,}0\text{ A}}}.$$

3. Am schnellsten arbeitet Gl. (4.22):

$$R_{Ers} = \frac{40\,\Omega \cdot 10\,\Omega \cdot 8\,\Omega}{40\,\Omega \cdot 10\,\Omega + 40\,\Omega \cdot 8\,\Omega + 10\,\Omega \cdot 8\,\Omega}$$

$$\underline{\underline{R_{Ers}}} = \frac{3200\,\Omega}{800\,\Omega} = \underline{\underline{4\,\Omega}}.$$

In Übereinstimmung mit Bild 4-28 ist übrigens:

$$I = \frac{U}{R_{Ers}} = \frac{24\text{ V}}{4\,\Omega} = 6\text{ A}.$$

Damit ist das Ergebnis aus 2. bestätigt und kontrolliert.

4. Aus Gl. (1.28) erhält man:

$$U = \sqrt{P \cdot R} = \sqrt{P_{ges} \cdot R_{Ers}} = \sqrt{100\text{ W} \cdot 4\,\Omega}$$

$$\underline{\underline{U = U_{max} = 20\text{ V}.}}$$

Auswertung: Sollte die Anlage tatsächlich nur mit 100 W oder weniger belastbar sein, so wäre sie bei den in der Aufgabenstellung genannten Stromstärken überhaupt schon überlastet gewesen, und zwar nach Gl. (1.28) im Verhältnis 24 V/20 V im Quadrat, also entsprechend Faktor $1{,}2^2 = 1{,}44$ um 44 %. Die Lösung zu Frage 1 hatte ja $U = 24$ V gelautet.

Beispiel 4.8: Zulässige Kabelbelastungen

Eine Gleichstromanlage soll über ein passendes Erdkabel Typ NYY mit einem Strom von $I = 100$ A versorgt werden. Hierfür wäre laut Tabelle 2-3 ein Querschnitt von $A = 2 \cdot 16\text{ mm}^2$ erforderlich.

Ein solches Kabel sei jedoch gerade nicht verfügbar. Es werde daher durch die Parallelschaltung zweier Kabel ersetzt, wie in Tabelle 4-16 zu sehen ist. Dort erkennt man auch, daß die Summe der zulässigen Teilbelastungen gerade genau den gesuchten Gesamtstrom ergibt:

$$32\text{ A} + 68\text{ A} = 100\text{ A}.$$

Vor dem Hintergrund dieser VDE-Autorität wird die Anlage erstellt und in Betrieb genommen. Dann wird allerdings festgestellt, daß nach etwa einer Stunde, kurz nacheinander, beide Kabelsicherungen ansprechen (durchbrennen).

Fragen:

1. Warum sprechen die Sicherungen an?
2. Womit kann Abhilfe geschaffen werden.

Lösungen:

1. Die der Tabelle 4-16 zugrundeliegenden Angaben nach VDE 0298 beziehen sich auf zulässige Belastungen von *Einzelkabeln.*

   Etwaige Strom-*Verzweigungen* sind damit begreiflicherweise nicht erfaßt. Es handelt sich also um ein Problem der Strom-*Aufteilung* (siehe Abschnitt 4.3.4) und gar nicht vordergründig um die Frage nach der zulässigen Querschnittsbelastung *allein.*

Tabelle 4-16 Die ausgewählten Kabel und ihre Daten nach VDE 0298

parallele Kabel-Nr.	gewählte Querschnitte $\frac{A}{\text{mm}^2}$	Material	zulässiger Strom $\frac{I}{\text{A}}$	Absicherung mit $\frac{I}{\text{A}}$
1	$2 \cdot 1{,}5$	Kupfer	32	25
2	$2 \cdot 6$		68	63

Es wird also ausgegangen von den Gleichungen (4.17), (4.18) und (1.23). Dabei wird angenommen, daß bei den beiden Kabeln die Länge und das Material übereinstimmten, also gilt: $l_1 = l_2$ und $\gamma_1 = \gamma_2$ ist. Somit erhält man nacheinander, zunächst für den Strom I_1 in Verbindung mit Bild 4-29, dann analog dazu auch für den Strom I_2:

$$I_1 = I \cdot \frac{R_2}{R_1 + R_2} = I \cdot \frac{\dfrac{l_2}{\gamma_2 \cdot A_2}}{\dfrac{l_1}{\gamma_1 \cdot A_1} + \dfrac{l_2}{\gamma_2 \cdot A_2}}.$$

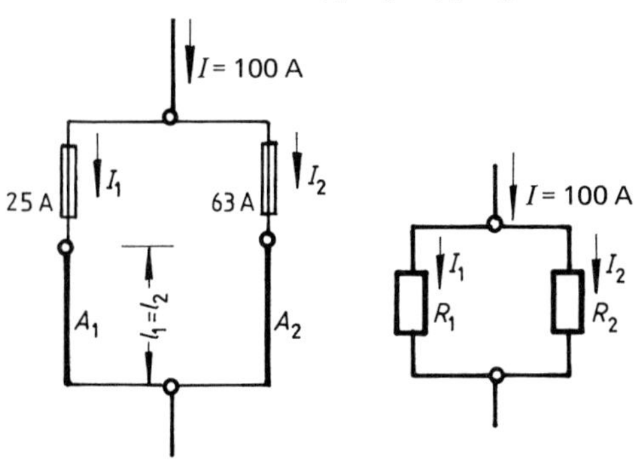

Bild 4-29 Schaltskizze für je eine Ader der beiden parallelgeschalteten Kabel mit ihren Sicherungen. Rechts das Ersatzschaltbild dazu, in dem der Widerstand der Sicherungen vernachlässigt ist.

Alle l- und γ-Werte kürzen sich heraus: Der Restausdruck wird mit $A_1 \cdot A_2$ erweitert.

$$I_1 = I \cdot \frac{\dfrac{1}{A_2}}{\dfrac{1}{A_1} + \dfrac{1}{A_2}} = I \cdot \frac{A_1}{A_1 + A_2} \tag{4.23}$$

Analog dazu erhält man für I_2:

$$I_2 = I \cdot \frac{A_2}{A_1 + A_2}. \tag{4.24}$$

In einer Parallelschaltung verhalten sich (logischerweise) also die Ströme wie die Querschnitte.

Setzt man hier die für I, A_1 und A_2 gegebenen Daten ein, so erhält man für I_1 und I_2 die Ergebnisse:

$$I_1 = 100\ \text{A} \cdot \frac{1{,}5\ \text{mm}^2}{7{,}5\ \text{mm}^2} = 20\ \text{A; zulässig: } 32\ \text{A.}$$

$$I_2 = 100\ \text{A} \cdot \frac{6\ \text{mm}^2}{7{,}5\ \text{mm}^2} = \underline{80\ \text{A}}\text{; zulässig: } \underline{68\ \text{A}}$$

$$I = I_2 + I_2 = 100\ \text{A}; \quad 100\ \text{A}$$

Man erkennt, daß das Kabel 1 unterbelastet ist, also keinen Schaden nimmt. Das Kabel 2 dagegen ist im Verhältnis von 80 A/68 A = 1,18, also 18 % überlastet. Es wird somit zu warm.

Geht man nun mit dem Strombetrag von $I_2 = 80$ A in die 63-A-Sicherungskennlinie von Bild 2-5, so kann man ablesen, daß diese Sicherung nach einer Zeit von etwas über einer Stunde anspricht.

Danach liegt der gesamte Strom von $I = 100$ A auf Kabel 1 und Sicherung 1. Sie ist für 25 A ausgelegt. Laut Bild 2-5 spricht sie bei 100 A nach schon etwa 3 s an, also tatsächlich kurz nach der 63er Sicherung, wie laut Aufgabenstellung.

2. Es braucht wohl nicht erwähnt zu werden, daß die „triviale" Lösung, nämlich die Wahl einer „stärkeren" Sicherung nicht nur keine zulässige Lösung, sondern eine kriminelle Maßnahme wäre.

   Richtig wäre *gewesen*:

   a) entweder doch das richtige Kabel auszuwählen, also $A = 2 \cdot 16\ \text{mm}^2$ oder wenigstens zu vermeiden, daß es ungleiche Stromaufteilungen gibt, also
   b) wenigstens zwei Kabel *gleichen Querschnitts* zu wählen, z.B. $2 \cdot 4\ \text{mm}^2$, die zusammen $2 \cdot 54$ A = 108 A übertragen dürften.

Beispiel 4.9: Stromverteilung am Meßinstrument

Das Amperemeter nach Bild 4.30 habe einen einzigen Meßbereich und zwar $M = 30$ A. Sein Meßwerkswiderstand beträgt $R_{Ⓐ} = 4\ \text{m}\Omega$.

Bei einer bestimmten Messung sei eine Stromstärke von maximal $I = 50$ A zu erwarten, die dem Meßinstrument natürlich gefährlich werden könnten. Sein Benutzer schließt es daher kurz, und zwar mit einem Stück Kupferleitung, wie in Bild 4-30 skizziert.

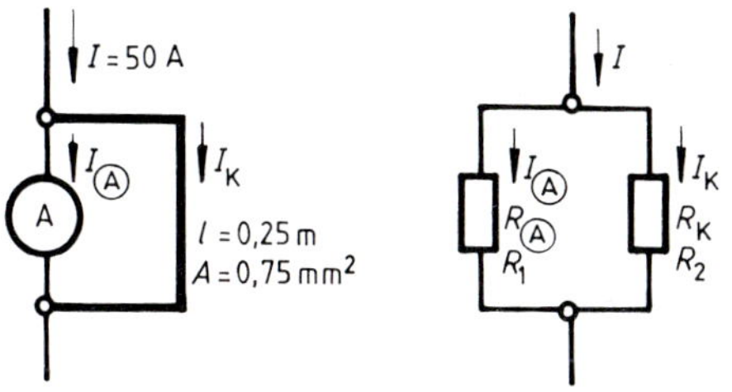

Bild 4-30 Stromverteilung am kurzgeschlossenen Amperemeter und Ersatzschaltbild dazu.

Frage: Welcher Ⓐ-Ausschlag stellt sich jetzt am Meßinstrument ein?

Lösung: Der Strom wird sich widerstandsanteilig auf die Parallelschaltung des Amperemeters und des Kurzschlusses verteilen. Die gesuchte Stromverteilung erhält man in Verbindung mit Gl. (1.23) schnell über die Gln. (4.23) und (4.24) sowie Tabelle 1-5.

$$R_K = \frac{l}{\gamma \cdot A} = \frac{0{,}25\ \text{m}}{56\ \text{S} \cdot \text{m} \cdot \text{mm}^{-2} \cdot 0{,}75\ \text{mm}^2}$$

$$\underline{\underline{R_K = 0{,}00595\ \Omega = 5{,}95\ \text{m}\Omega.}}$$

$$I_{Ⓐ} = I_1 = I \cdot \frac{R_2}{R_1 + R_2} = I \cdot \frac{R_K}{R_{Ⓐ} + R_K}$$

$$I_{Ⓐ} = 50\ \text{A} \cdot \frac{5{,}95\ \text{m}\Omega}{4\ \text{m}\Omega + 5{,}95\ \text{m}\Omega} = I_1 = I_{Ⓐ} = 29{,}9\ A$$

entsprechend erhält man

$$I_2 = I_K = 20{,}1\ \text{A}.$$

Eine Kontrolle ergibt wieder

$$I_1 + I_2 = 50{,}0\ \text{A}.$$

Auswertung:

1. Es fehlte nicht viel, und das Meßinstrument wäre trotz des hier schützenden Kurzschlusses noch überlastet worden (Bild 4-31). Offensichtlich ist eben Kurzschluß nicht gleich Kurzschluß, bzw. die Aussage, daß an einer Kurzschlußstelle die Klemmenspannung gleich Null ist, und somit ja auch kein Strom mehr fließen kann, stimmt nur dann, wenn auch wirklich das R der Kurzschlußstelle verschwindet, was natürlich nie ganz der Fall sein wird.

   Man müßte den kurzschließenden Drahtquerschnitt *hier* noch größer machen, um noch mehr Strom vom Meßinstrument wegzuleiten.

2. Durch den Kurzschlußdraht fließen etwa 20 A. Ein Blick in Tabelle 2-2, Gruppe 3 läßt erkennen, daß in diesem Draht nur 15 A zulässig sind. 20 A sind demgegenüber nicht gerade eine alarmierende Überlastung. Objektiv ist aber die Stromstärke zu groß. Von seiten der Erwärmung macht sich die Überlastung mit $(20{,}1/15)^2 = 1{,}8$, also mit 80 % Übererwärmung bemerkbar. Auf die Dauer kann das der Isolation gefährlich werden.

Bild 4-31 Trotz kurzgeschlossenem Instrument schlägt der Zeiger noch fast bis hinten hin aus.

Beispiel 4.10: Ströme in einem Spielzeugmotor-Läufer

Bild 4-32 zeigt den Läufer eines Spielzeugmotors in einer bestimmten Betriebsstellung. Jede der drei Wicklungen hat einen Widerstand von $R = 18\ \Omega$. Die anliegende Netzspannung betrage $U = 6$ V.

Gesucht: Wie groß sind die Einzelströme in den Wicklungen und der Gesamtstrom im Netz bei Stillstand des Motors in der gezeichneten Stellung?

Lösung: Bild 4-33 zeigt das Ersatzschaltbild zu Bild 4-32. Man erkennt, daß es sich um eine einfache Parallelschaltung handelt, deren einer Zweig aus einer Reihenschaltung besteht.

Aus Gl. (4.15) läßt sich sofort ablesen:

$$I_1 = \frac{U}{R_1} = \frac{6\ \text{V}}{18\ \Omega} = \frac{1}{3}\ \text{A}$$

$$I_2 = \frac{U}{R_2 + R_3} = \frac{6\ \text{V}}{36\ \Omega} = \frac{1}{6}\ \text{A}.$$

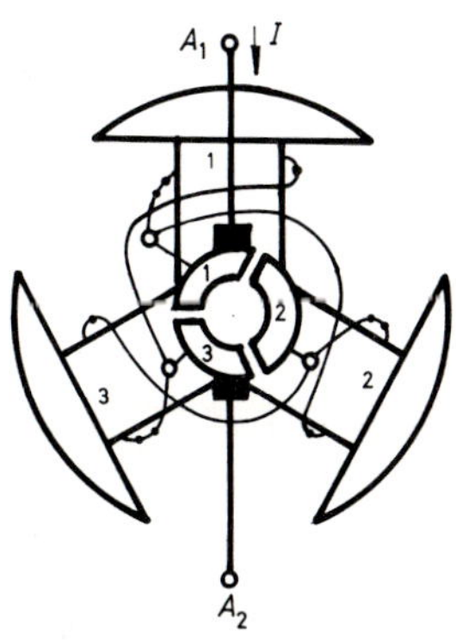

Bild 4-32
Schaltung zum Beispiel 4-10: Spielzeugmotor-Läufer und ...

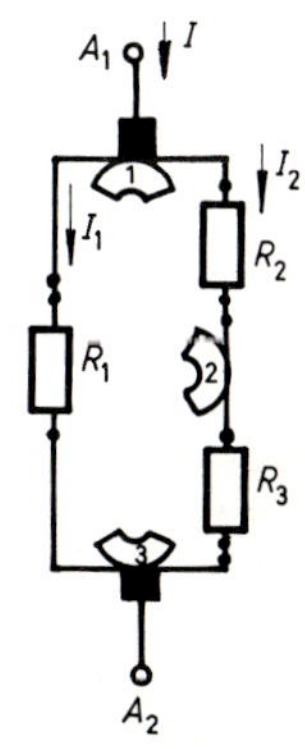

Bild 4-33
... Ersatzschaltbild dazu.

Aus Gl. (4.21) erhält man schließlich:

$$I = I_1 + I_2 = \frac{1}{3}\,\text{A} + \frac{1}{6}\,\text{A} = \frac{1}{2}\,\text{A}.$$

4.4 Gemischte Schaltungen

4.4.1 Gemischte Schaltungen mit einer Quelle

Häufig kommen Schaltungen vor, bei denen einzelne Komponenten teils in Reihe, teils parallel *kombiniert* auftreten. Zur Ermittlung der elektrisch interessanten Größen, wie Strom, Spannung, Widerstand usw., faßt man zunächst alle in reiner Reihenschaltung oder in reiner Parallelschaltung zueinander liegenden Komponenten zu neuen Ersatzwiderständen zusammen, wie z. B. schon bei Beispiel 4.10.

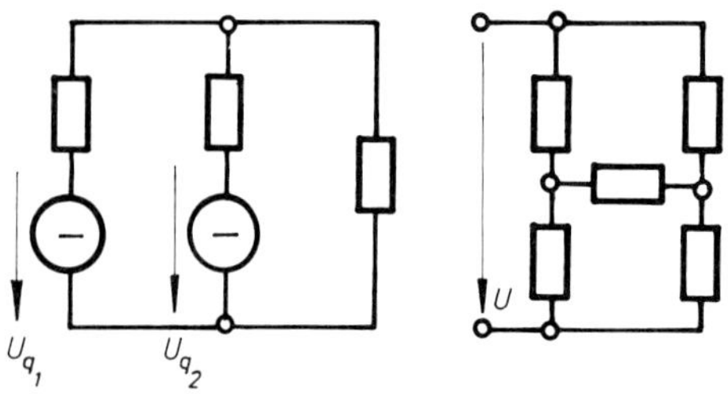

Bild 4-34 a) gemischte Schaltung mit zwei Quellen; b) Brückenschaltung. Beide Fälle enthalten weder eine einzige Reihen- noch eine einzige Parallelschaltung. Keine kann ohne weiteres auf einfachere Strukturen zurückgeführt werden.

Besonders hingewiesen werden muß auf Fälle, wie in Bild 4-34 in denen weder eine Reihen- noch eine Parallelschaltung vorliegt. Das linke Teilbild wird im Abschnitt 4.4.3 weiterbehandelt. Das rechte Teilbild kommt häufig in Verbindung mit Meß- und Gleichrichterschaltungen (als sogenannte Brücke) vor.

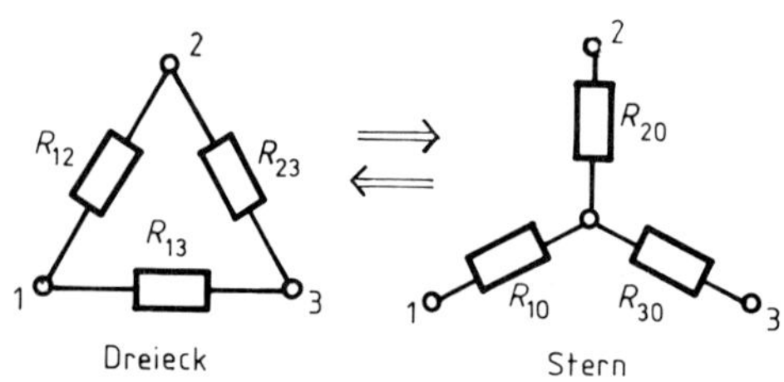

Bild 4-35 Orientierungsbilder zur Umwandlung einer Dreieck- in eine Sternschaltung und umgekehrt.

Falls in solchen Schaltungen Ströme usw. berechnet werden müssen, ist erst eine Umwandlung der Schaltung erforderlich, wie in den Bildern 4-35 und 4-36 gezeigt wird.

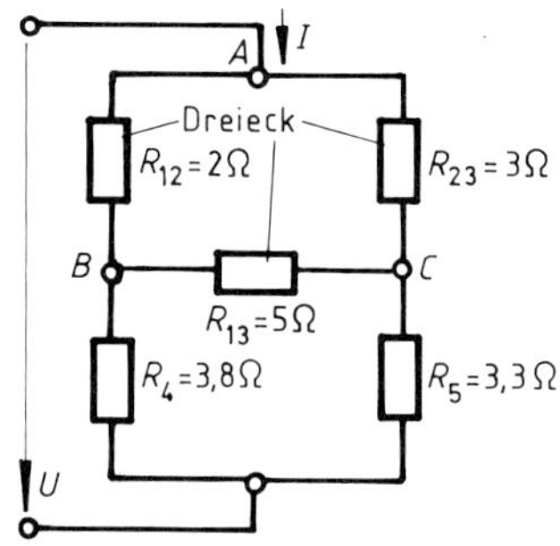

Bild 4-36 Schaltung und Daten zum Beispiel 4.11: Stern-Dreieck-Umwandlung.

Die nachstehenden Gln. (4.25) und (4.26), die nicht weiter hergeleitet werden, ermöglichen den Übergang von der einen Schaltungsform in die *äquivalente* andere Schaltung.

Dreieck in Stern	*Stern in Dreieck*
$R_{10} = \dfrac{R_{12} \cdot R_{13}}{\Sigma R_\Delta}$	$R_{12} = \dfrac{R_{10} \cdot R_{20}}{R_{30}} + R_{10} + R_{20}$
$R_{20} = \dfrac{R_{23} \cdot R_{12}}{\Sigma R_\Delta}$	$R_{13} = \dfrac{R_{10} \cdot R_{30}}{R_{20}} + R_{10} + R_{30}$
$R_{30} = \dfrac{R_{23} \cdot R_{13}}{\Sigma R_\Delta}$	$R_{23} = \dfrac{R_{20} \cdot R_{30}}{R_{10}} + R_{20} + R_{30}$
(4.25)	(4.26)

Beispiel 4.11: Stern-Dreieck-Umwandlung

Die Schaltung Bild 4-36 sei gegeben. Gesucht ist der Gesamtstrom I.

Lösung: Aus Bild 4-37 geht hervor, wie das Bild 4-36 Stück für Stück in eine einfache Reihenschaltung überführt wird. Hierbei wird der Schaltungsteil zwischen den Klemmen A, B und C als ein Dreieck aufgefaßt und im Sinne der Gl. (4.25) in einen *äquivalenten Stern* umgerechnet. Daraufhin können die Widerstände R_{10} und R_4 sowie die Widerstände R_{30} und R_5 jeweils zu einem einzigen Widerstand zusammengefaßt werden: R_{104} bzw. R_{305} und so weiter. Hierbei errechnet sich beispielsweise:

$$R_{20} = \frac{R_{23} \cdot R_{12}}{\Sigma R_\Delta} = \frac{3\,\Omega \cdot 2\,\Omega}{10\,\Omega} = 0{,}6\,\Omega$$

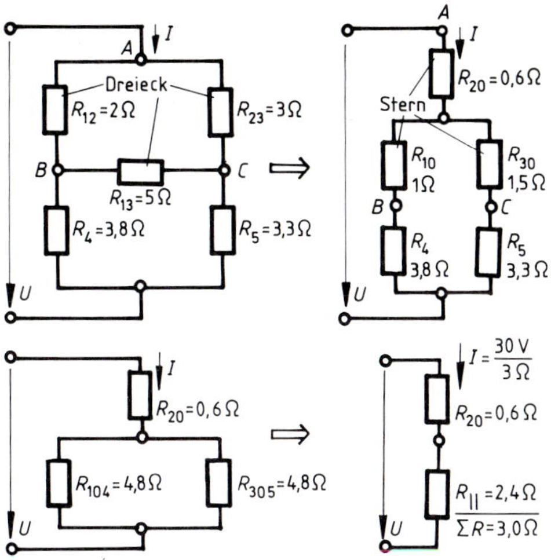

Bild 4-37 Entwicklung zu Beispiel 4.11: Dreieck-Stern-Umwandlung.

Für die Parallelschaltung ergibt sich

$$R_{\|} = \frac{R_{104} \cdot R_{305}}{R_{104} + R_{305}} = \frac{4{,}8\ \Omega \cdot 4{,}8\ \Omega}{4{,}8\ \Omega + 4{,}8\ \Omega}$$

$$R_{\|} = 2{,}4\ \Omega.$$

$$\Sigma R = 2{,}4\ \Omega + 0{,}6\ \Omega = 3{,}0\ \Omega.$$

$$\underline{\underline{I}} = \frac{U}{\Sigma R} = \frac{30\ \text{V}}{3\ \Omega} = \underline{\underline{10\ \text{A}}}.$$

Beispiel 4.12: Spannungsteiler (Labor)

Es werden die gleichen Potentiometer wie in Beispiel 4.5 benutzt. Hier werden jedoch die Klemmen E und D miteinander verbunden. Somit entsteht eine *gemischte Schaltung*: Parallel- und Reihenschaltungskomponenten (Bild 4-38).

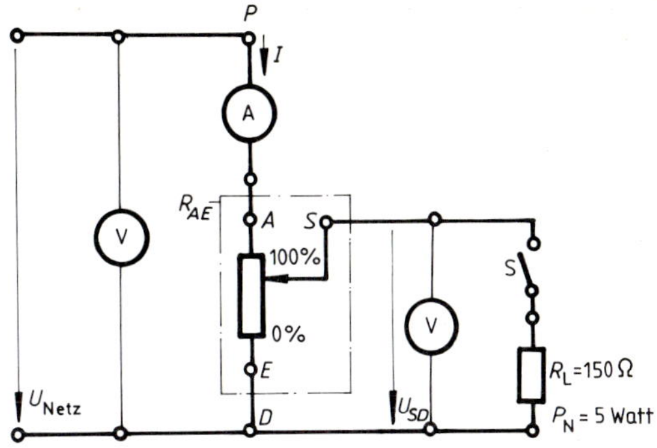

Bild 4-38 Schaltskizze und Daten zum Beispiel 4.12: Spannungsteiler im Leerlauf und bei Belastung.

Auch hier soll wieder der Strom I und die Spannung U_{SD} bei Leerlauf und bei Belastung aufgenommen werden. Die gemessenen Ergebnisse werden

1. ins Diagramm Bild 4-39 eingezeichnet, und
2. in den Spalten 11 und 12 der Tabelle 4-17 werden die nachgerechneten Ergebnisse eingetragen. Hierzu ist davon auszugehen, daß der Spannungsmesser für die Spannung U_{SD} einen Innenwiderstand von $R_{(V)}$ kΩ = 250 kΩ hat.

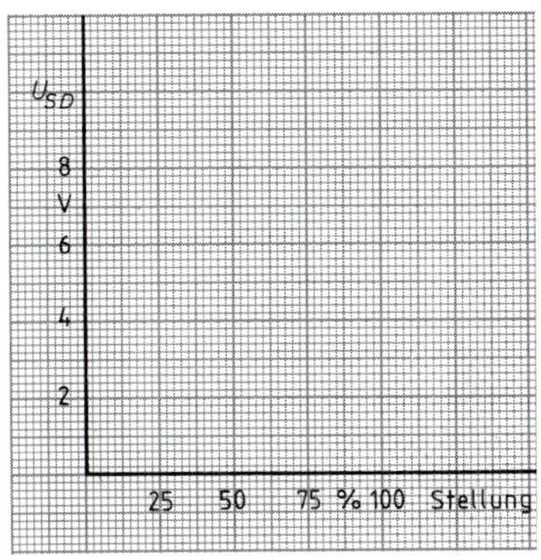

Bild 4-39 Diagrammfeld für die Meßpunkte 34 bis 53.

Tabelle 4-17

Meßpunkt (1)		U_{Netz} V (2)	R_{AE} Ω (3)		Schalterstellung S (4)	R_L Ω (5)	Spannungsteilerstellung % (6)	Messungen U_{SD} V (7)	Messungen U_{SD} V (8)	Messungen I mA (9)	Messungen I mA (10)	Nachrechnung für R_{AE} = 100 Ω: U_{SD} V (11)	Nachrechnung für R_{AE} = 100 Ω: I mA (12)
			34–43	44–53									
34	44	10	100	1000	offen	∞	100	34	44	34–38	44–48	34	34–38
35	45						75	35	45			35	
36	46						50	36	46			36	
37	47						25	37	47			37	
38	48						0	38	48			38	
39	49				geschlossen	150	100	39	49	39	49	39	39
40	50						75	40	50	40	50	40	40
41	51						50	41	51	41	51	41	41
42	52						25	42	52	42	52	42	42
43	53						0	43	53	43	53	43	43

Hinweise zur Berechnung der Meßpunkte 34–43:

1. In die Berechnung sowohl des Stroms I als auch der Spannung U_{SD} geht der Widerstand des Voltmeters für U_{SD} wegen Gl. (4.15) nicht ein; an jedem parallelen Zweig liegt die gleiche Spannung U, hier: U_{Netz}. Die Zweige beeinflussen sich nicht *gegenseitig*. Voraussetzung: U_{Netz} = const.
2. Das hochohmig verlangte Voltmeter für U_{SD} liegt parallel zur Strecke R_{SE}. Der Ersatzwiderstand dieser Parallelschaltung ist nach Gl. (4.22) ungünstigstenfalls:

$$R_{\parallel} = \frac{R_1 \cdot R_2}{R_1 + R_2} = \frac{R_{SM} \cdot R_{Ⓥ}}{R_{SM} + R_{Ⓥ}} = \frac{100\ \Omega \cdot 250000\ \Omega}{250100\ \Omega}$$

$$\underline{\underline{R_{\parallel} \approx 100\ \Omega}},$$

also praktisch, wie R_{SM} allein ohne das Voltmeter.

Man kann auch *hier* das Meßgerät für U_{SD} unberücksichtigt lassen, *wenn es wirklich hochohmig ist.*

Lösungen:

1. Ergebnisse zu den *Meß*punkten 34 bis 53:
   Sie sind Tabelle 4-18 und Bild 4-40 zu entnehmen.
2. Nachrechnung für R_{AE} = 100 Ω
   Die Nachrechnung wird anhand zweier Beispiele durchgeführt, und zwar der Meßpunkte 36 und 41.

2.1 Meßpunkt 36:

Ausgangspunkt ist das Ersatzschaltbild 4-41. Gl. (4.8) liefert sofort:

$$U_{SD} = U_{Netz} \cdot \frac{R_{SD}}{R_{Ers}} = U_{Netz} \frac{R_{SD}}{R_{Ⓐ} + R_{AS} + R_{SD}}$$

$$\underline{\underline{U_{SD}}} = 10\ \text{V} \cdot \frac{50\ \Omega}{0{,}5\ \Omega + 50\ \Omega + 50\ \Omega} = \underline{\underline{4{,}975\ \text{V}}}.$$

Der Strom I errechnet sich mit Gl. (4.2) zu:

$$I = \frac{U_{Netz}}{R_{Ers}} = \frac{U_{Netz}}{R_{Ⓐ} + R_{AS} + R_{SD}} = \frac{10\ \text{V}}{100{,}5\ \Omega}$$

$$\underline{\underline{I = 0{,}0995\ \text{A} = 99{,}5\ \text{mA}.}}$$

Hierbei erhält man in beiden Fällen den Wert für $R_{Ⓐ}$ aus Tabelle 4-19[1]). Vorher muß man allerdings noch grob überschlägig den Strom taxiert haben und erhält:

$$I = \frac{10\ \text{V}}{100\ \Omega} = 0{,}1\ \text{A} = 100\ \text{mA}.$$

Dafür kommt der Instrumenten-Meßbereich 300 mA infrage, somit also der Innenwiderstand von 0,5 Ω.

---

1) falls das dortige Gerät verwendet wurde.

Tabelle 4-18 Ergebnisse zu den Meßpunkten 34–53

Meßpunkt [1]		U_{SD} / V [7]	U_{SD} / V [8]	I / mA [9]	I / mA [10]
34	44	9,95	9,92	34–38	44–48
35	45	7,46	7,44		
36	46	4,98	4,96	99,5	9,9
37	47	2,49	2,48		
38	48	0,00	0,00		
39	49	9,91	9,96	165	76,4
40	50	6,62	3,32	132	26,5
41	51	4,26	1,87	114	16,2
42	52	2,20	1,10	103	11,7
43	53	0,00	0,00	100	9,9

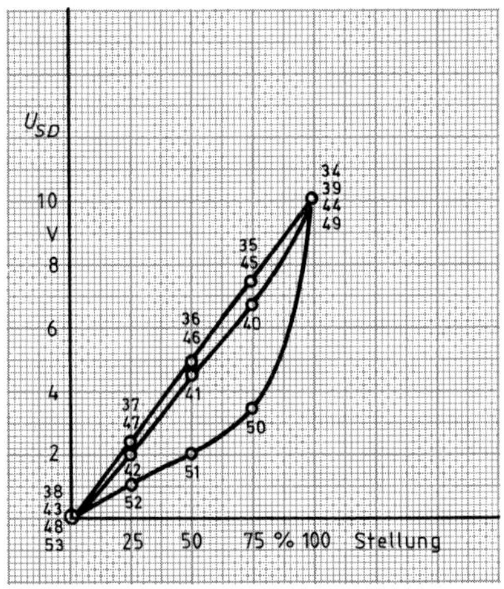

Bild 4-40 Diagramm zu den Meßpunkten 34 bis 53. Man sieht: Die Stellkurven sind um so linearer, je eher $R_{AE}: R_L \approx 1$ erfüllt ist.

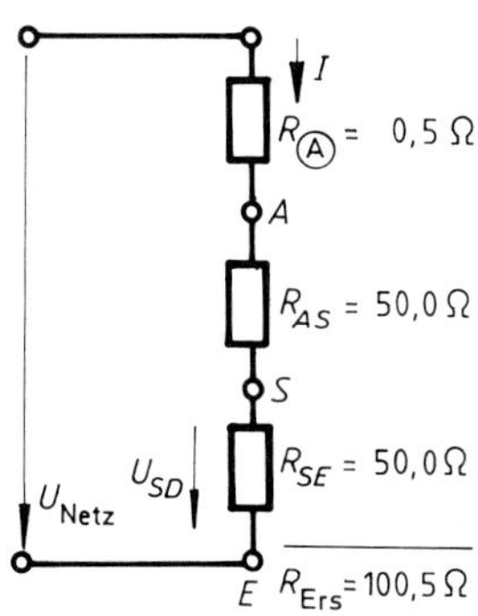

Beim Meßpunkt 36 zerlegt der Schleifkontakt S die Strecke R_{AE} in die beiden Abschnitte R_{AS} und R_{SE} zu je 50 Ω.

Bild 4-41 Ersatzschaltbild zum Meßpunkt 36. $R_{SE} = R_{SD}$

Tabelle 4-19 Innenwiderstände z.B. für das Gerät Metrawatt Unigor 1 p als Strommesser

Meßbereich mA	$R_{Ⓐ}$ Ω
300	$\frac{1}{2}$
60	$1\frac{2}{3}$
12	$8\frac{1}{3}$

2.2 Meßpunkt 41:

Für Bild 4-42 kann man sofort Gl. (4.8) ansetzen und erhält:

$$\underline{\underline{U_{SD}}} = U_{Netz} \frac{R_{\parallel}}{R_{Ers}} = 10\,V \cdot \frac{37{,}5\,\Omega}{88\,\Omega} = \underline{\underline{4{,}26\,V.}}$$

Den Strom erhält man aus Gl. (4.2) zu:

$$\underline{\underline{I}} = \frac{U_{Netz}}{R_{Ers}} = \frac{10\,V}{88\,\Omega} = \underline{\underline{113{,}64\,mA.}}$$

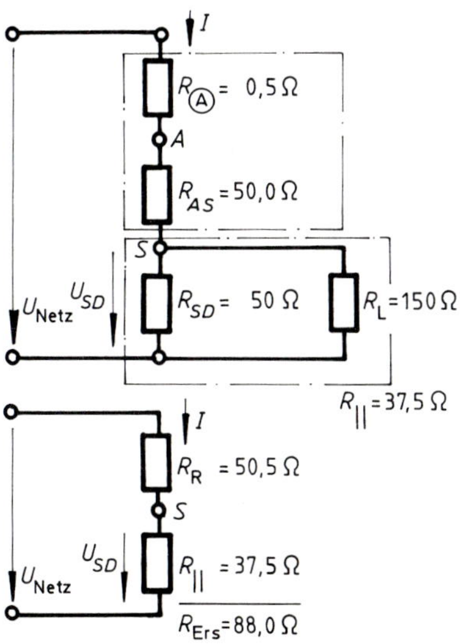

Bild 4-42 Ersatzschaltbilder zum Meßpunkt 41.

Auswertung:

Zwei der wesentlichsten Ergebnisse sagt Bild 4-40 aus, nämlich:

1. Mit einem Potentiometer in *Spannungsteilerschaltung* ist die Netzspannung zwischen 0 und 100 % verstellbar. Man erreicht also 0 V im Gegensatz zum Vorwiderstandsbetrieb.
2. Ähnlich wie dort wird die Verstellbarkeit der Spannung um so linearer, je eher erfüllt ist, daß die Beträge von Last- und Potentiometerwiderständen gleichgroß sind.

Beispiel 4.13: Umkehrspannungsteiler (Leonardspannungsteiler) (Labor)

Dieser Spannungsteiler hat über die Ausstattung desjenigen aus Bild 4-38 hinaus noch einen zusätzlichen *festen Mittelabgriff*: die Klemme *M*, (Bild 4-43).

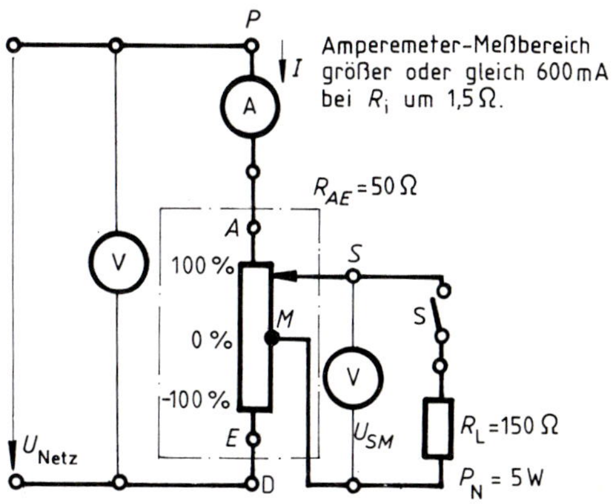

Bild 4-43 Schaltskizze und Daten zum Beispiel 4.13: Umkehrspannungsteiler

Verwendet wird ein Gerät mit z.B.

R_{AE} = 50 Ω, also zwei Abschnitten zu je

$$\frac{R_{AE}}{2} = 25\,\Omega.$$

Zu messen ist der Strom *I*. In Verbindung mit Tabelle 4-20 ist seine jeweilige Zulässigkeit zu überwachen. Von besonderem Interesse ist hier aber die Spannung U_{SM}.

Tabelle 4-20 Zulässigkeitsdaten zu R_{AE}

R_{AE} Ω	P_N W	U_N V	I_N mA
50	10		

Die Ergebnisse sollen wieder in ein Diagramm eingetragen werden: Bild 4-44.

Die Meßpunkte 60 und 62, also belasteter Spannungsteiler, sollen nachgerechnet werden (Tabelle 4-21).

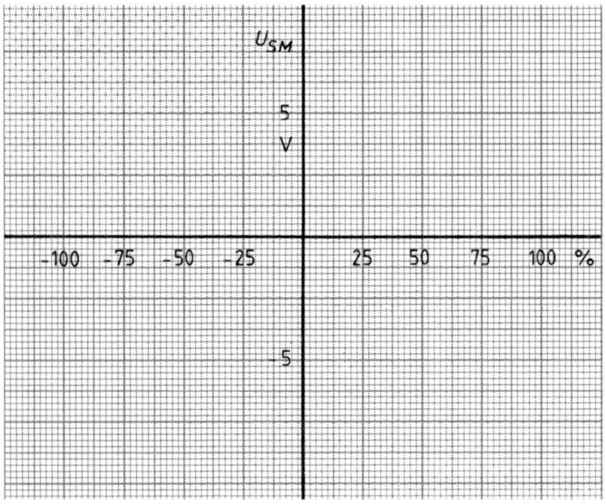

Bild 4-44 Diagrammfeld zu den Meßpunkten 54 bis 63.

Lösungsmuster für die Nachrechnung:

Für den Meßpunkt 62 beispielsweise gilt: Aus Gl. (4.8) kann man in Verbindung mit Bild 4-46 ablesen:

$$\frac{U_{MS}}{U_{Netz}} = \frac{R_{MS} \| R_L}{\Sigma R}. \tag{4.27}$$

Analog Beispiel 4.12 können auch hier wieder die Spannungsmesser außer Ansatz bleiben, wenn sie hochohmig sind.

Gl. (4.21) liefert für $R_{MS} \| R_L$:

$$R_{\|} = \frac{12{,}5\ \Omega \cdot 150\ \Omega}{12{,}5\ \Omega + 150\ \Omega} = 11{,}54\ \Omega.$$

Für ΣR erhält man:

$$\underline{\underline{\Sigma R}} = R_{Ⓐ} + R_{AM} + R_{\|} + R_{SE} = \underline{\underline{50{,}54\ \Omega}}.$$

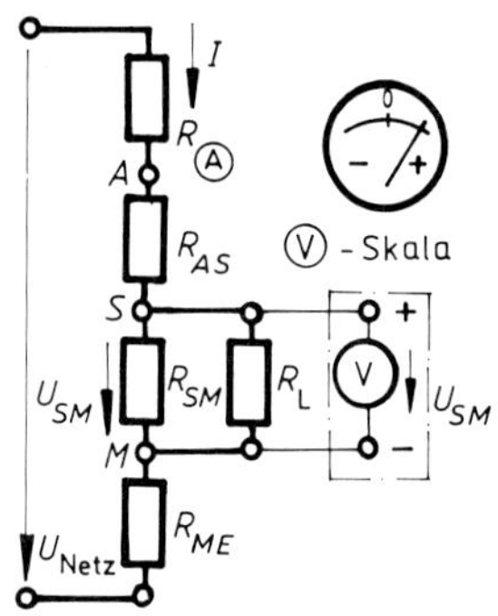

Bild 4-45
Situation + 50 %

Setzt man diese Teilergebnisse in Gl. (4.27) ein, so ergibt sich:

$$U_{MS} = -U_{SM} = -15\ \text{V} \cdot \frac{11{,}54\ \Omega}{50{,}54\ \Omega}$$

$$\underline{\underline{U_{SM} = -3{,}43\ \text{V}.}}$$

Steht die Klemme S unterhalb der Klemme M, so wird die Spannung $|U_{SM}| = |U_{MS}|$ negativ!

Auswertung: Mit diesem Spannungsteiler kann also nicht nur die Spannung in Grenzen zwischen Null und dem Maximum verstellt werden, sondern sie kann auch umgekehrt werden, ohne daß deswegen Klemmenanschlüsse vertauscht werden müssen.

Dieser Spannungsteiler findet vor allem in Verbindung mit solchen Gleichstrom-Generatoren Anwendung, deren Spannung verstellt und umgepolt werden soll (siehe Abschnitt 16.2.1.4): sogenannten Leonard-Generator-Sätzen.

Daß die Spannung U_{MS} gegenüber der Spannung U_{SM} negativ sein wird, erkennt man aus Bild 4-46 am einfachsten daran, daß der Meßstrom, der dort „von oben her" in den Spannungsmesser hineinfließt, dabei erst der Spannungsmesser-*Minusklemme* begegnen muß. Nach Abschnitt 2.8.2.4 muß dann das Voltmeter nach links ausschlagen.

Tabelle 4-21

1	2	3	4		5	6	Messungen 7	8	9	10	Nachrechnung für Last R_L 11	12
Meß-punkt	U_{Netz} / V	R_{AE} / Ω	Schalterstellung S		R_L / Ω	Spannungs-teiler-stellung / %	U_{SM} / V	U_{SM} / V	I / mA	I / mA	U_{SM} / V	I / mA
54 59	15	50	54–58 offen	59–63 ge-schlossen	150	100	54	59	54–58	59	59	59
55 60						50	55	60		60	60	60
56 61						0	56	61		61	61	61
57 62						– 50	57	62		62	62	62
58 63						– 100	58	63		63	63	63

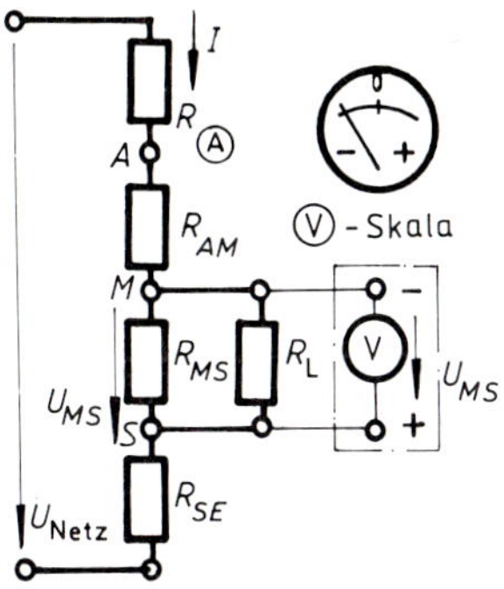

Bild 4-46
Situation – 50 %.
Vergleiche U_{MS} mit U_{SM} aus Bild 4-45!

Tabelle 4-22 Ergebnisse zu den Meßpunkten 54 bis 63

1 Meß- punkt		Messungen 7 U_{SM} / V	8 U_{SM} / V	9 I / mA	10 I / mA	Nachrechnung 11 U_{SM} / V	12 I / mA
54	59	54 + 7,5	59 + 7,5	54–58	59 320	59 + 7,50	59 313
55	60	55 + 3,8	60 + 3,3		60 300	60 + 3,43	60 297
56	61	56 0	61 0	290	61 290	61 0,00	61 291
57	62	57 – 3,8	62 – 3,3		62 300	62 – 3,43	62 297
58	63	58 – 7,5	63 – 7,5		63 320	63 – 7,50	63 313

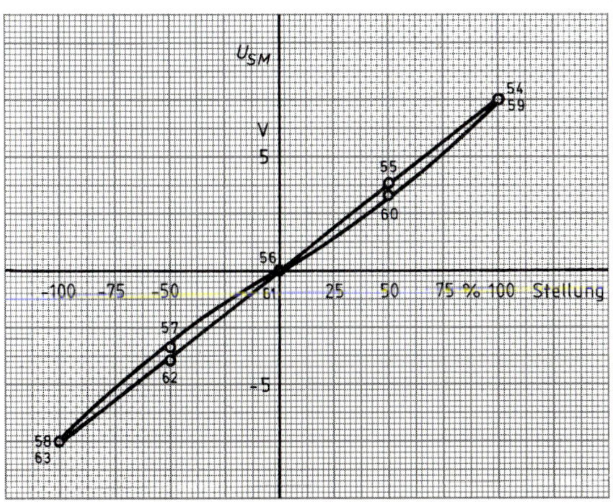

Bild 4-47 Diagramm zu den Meßpunkten 54 bis 63. Man kann unmittelbar in negative Spannung durchfahren.

Beispiel 4.14: Eingeschaltete Zündung bei stehendem Ottomotor; Batteriebelastung

Gegeben sei die Schaltung nach Bild 4-48 mit den dort eingetragenen Daten. Die Zweige links stellen Teile des Spannungsreglerkreises dar, der rechte Zweig den der Zündung.

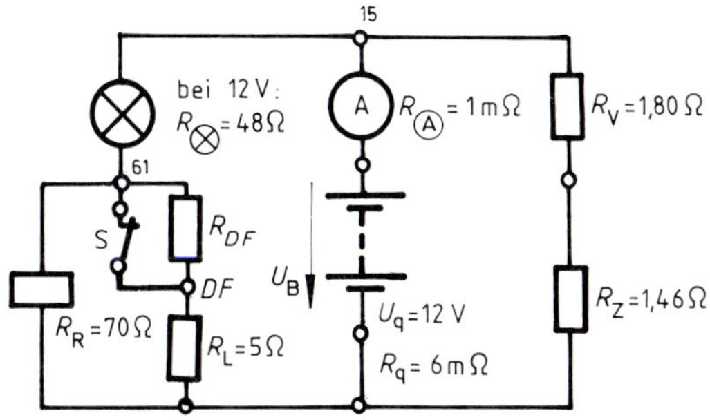

Bild 4-48 Schaltbild zu Beispiel 4.14 Batteriebelastung bei eingeschalteter Zündung

Fragen:

1. Welchen Betrag haben die Ströme in den einzelnen Zweigen?
2. Welche Spannung liegt dabei an der Entladeanzeigelampe?
   Hinweis: Die Lampe soll hier ausnahmsweise als ein lineares Bauelement behandelt werden.

Lösungen:

1. Die Bilder 4-49 bis 4-53 zeigen nacheinander die stufenweise Rückführung der gemischten Schaltung auf den letzten Ersatzwiderstand R_E, aus dem zunächst der Strom in der Batterie ermittelt werden kann. Aus ihm wird dann Zweig für Zweig jeder einzelne Teilstrom errechnet.

   Nicht übersehen werden darf auf dem Weg dahin, daß der Schalter S im Bild 4-48 den dortigen Widerstand R_{DF} kurzschließt. Der Widerstand R_{DF} braucht daher im weiteren Verlauf nicht mehr beachtet zu werden. (Ab höheren Motordrehzahlen geht der Schalter S auf; es stellen sich *dann* andere Verhältnisse ein. Hier nicht.)

   Der Teilwiderstand R_5 errechnet sich aus Gl. (4.21) zu:

$$R_5 = \frac{R_2 \cdot R_4}{R_2 + R_4} = \frac{3{,}26\ \Omega \cdot 52\frac{2}{3}\ \Omega}{3{,}26\ \Omega + 52\frac{2}{3}\ \Omega}$$

$$R_5 = 3{,}07\ \Omega.$$

   Aus Bild 4-53 kann nun unmittelbar I_1 errechnet werden zu:

$$\underline{\underline{I_1}} = \frac{U_q}{R_E} = \frac{12\ \text{V}}{3{,}077\ \Omega} = \underline{\underline{3{,}9\ \text{A}.}}$$

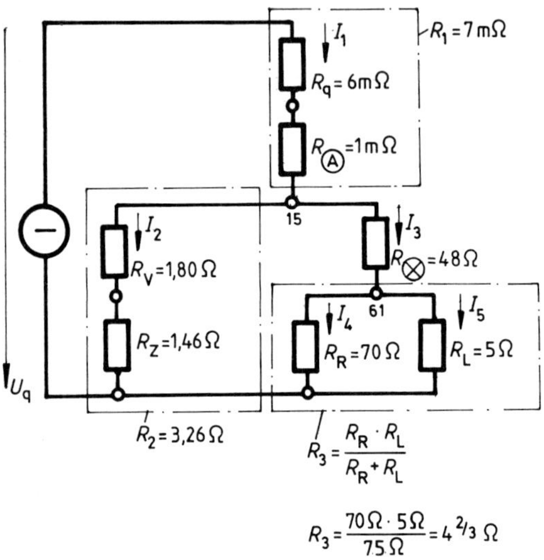

Bild 4-49 Das Bild 4-48 wird zunächst in die „Normalform" gebracht, wonach links nur die Quellenspannung U_q steht (siehe Bild 3-3). Dann werden möglichst viele Teile zu Reihen- und Parallelschaltungs-Ersatzwiderständen zusammengefaßt, hier: R_1, R_2 und R_3.

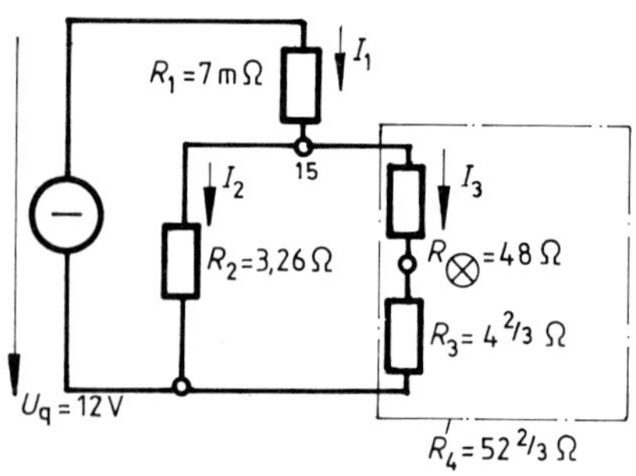

Bild 4-50 Hier sind schon einige der Teilwiderstände aus Bild 4-49 weiter zusammengefaßt.

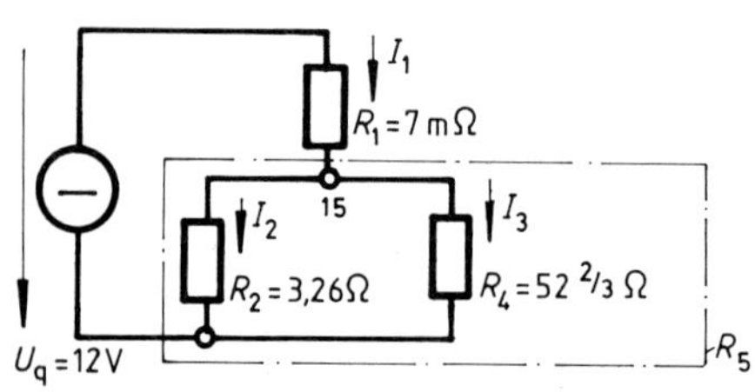

Bild 4-51 Weiterführung von Bild 4-50.

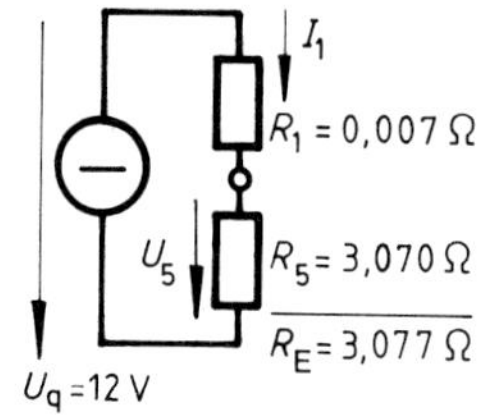

Bild 4-52
I_1 kann jetzt ...

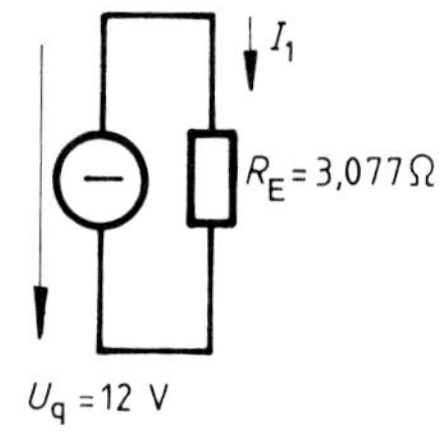

Bild 4-53
... endgültig berechnet werden.

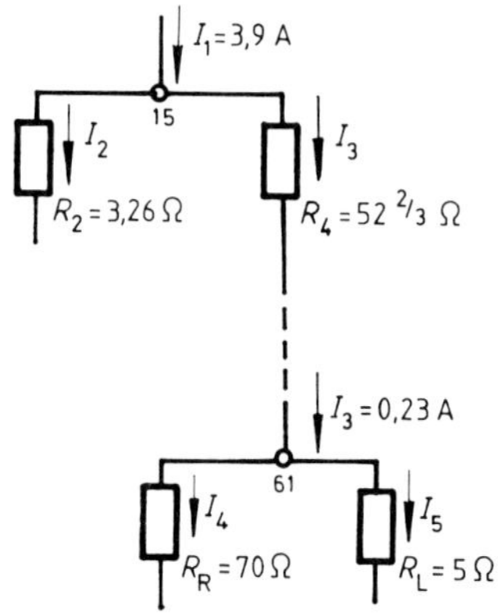

Bild 4-54 Aus I_3 lassen sich auch noch I_4 und I_5 ermitteln.

Hieraus läßt sich nun über die Gln. (4-17) und (4-18) sowohl I_2 als auch I_3 ermitteln (Bild 4-54) zu:

$$I_2 = \boxed{I \cdot \frac{R_2}{R_1 + R_2}} = I_1 \cdot \frac{R_4}{R_2 + R_4}$$

Formelgestalt hiesige Daten

$$I_2 = 3{,}9\text{ A} \cdot \frac{52\frac{2}{3}\ \Omega}{3{,}26\ \Omega + 52\frac{2}{3}\ \Omega} = 3{,}67\text{ A}$$

Entsprechend erhält man den Strom I_3:

$$I_3 = 3{,}9\text{ A} \cdot \frac{3{,}26\ \Omega}{3{,}26\ \Omega + 52\frac{2}{3}\ \Omega} = 0{,}23\text{ A}.$$

Statt über die Gln. (4.23) und (4.24) hätte man I_2 und I_3 auch aus den Bildern 4-52 und 4-54 mittels der Spannung U_5 bestimmen können. Diese liegt nämlich wegen der Parallelschaltung sowohl an R_2 als auch an R_4 und errechnet sich aus I_1 zu

$$U_5 = I_1 \cdot R_5 = 3{,}9\text{ A} \cdot 3{,}07\ \Omega = 11{,}973\text{ V}.$$

Dann ist:

$$I_2 = \frac{U_5}{R_2} = \frac{11{,}973\ \text{V}}{3{,}26\ \Omega} = 3{,}67\ \text{A und:}$$

$$I_3 = \frac{U_5}{R_4} = \frac{11{,}973\ \text{V}}{52\frac{2}{3}\ \Omega} = 0{,}23\ \text{A}.$$

So oder so muß sein:

$$I_1 = I_2 + I_3 = 3{,}67\ \text{A} + 0{,}23\ \text{A} = 3{,}90\ \text{A},$$

was auch erfüllt ist.

Die Ströme I_4 und I_5 errechnen sich sinngemäß genauso wie I_2 und I_3 zu

$$I_4 = I_3 \cdot \frac{R_L}{R_R + R_L} = 0{,}23\ \text{A} \cdot \frac{5\ \Omega}{70\ \Omega + 5\ \Omega}$$

$I_4 = 0{,}0153$ A, $I_5 = 0{,}2147$ A, mit:
$I_3 = I_4 + I_5$, was auch erfüllt ist.

2. Die Spannung an der Entladeanzeigelampe errechnet sich aus Bild 4-50 zu:

$$U_{\otimes} = I_3 \cdot R_{\otimes} = 0{,}23\ \text{A} \cdot 48\ \Omega = 11{,}04\ \text{V},$$

also fast die Höhe der Nennspannung. Damit ist nachträglich sichtbar, daß der Fehler im Umgang mit einem nichtlinearen Glied *hier* nicht so groß sein kann.

Grundsätzlich darf man jedoch auf Lampen das Ohmsche Gesetz nicht anwenden, siehe hierzu Beispiel 5.1.

4.4.2 Wheatstonesche Meßbrücke; *R*-Messung; Druckaufnehmer

In Bild 4-55 sei vorausgesetzt, daß die Widerstände R_1 und R_3 kurzschlußartig niedrig sind. Dann fließt der Strom im Zweig 5 von links nach rechts. Sollten stattdessen die Widerstände R_2 und R_4 sehr niederohmig sein, so fließt der Strom im Zweig 5 sicherlich von rechts nach links (Bild 4-56).

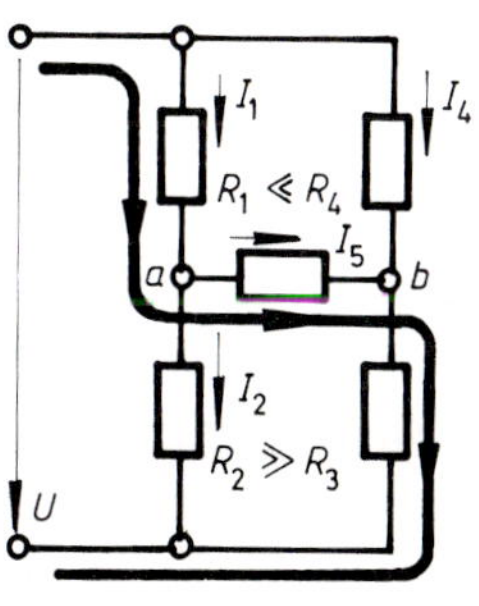

Bild 4-55
Wenn es die Situation gibt, daß I_5 von links nach rechts fließt, dann ...

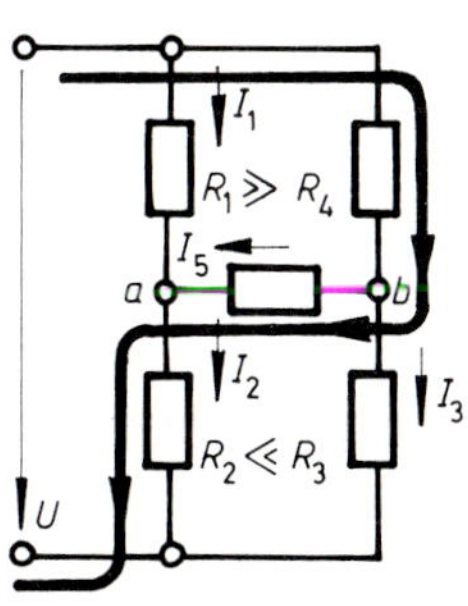

Bild 4-56
... muß es auch die Situation geben, daß I_5 von rechts nach links fließt.

Somit muß es auch Widerstandsverhältnisse geben, bei denen der Strom I_5 weder den einen noch den anderen Richtungssinn hat, also $I_5 = 0$ ist. Für diesen speziellen Fall kann man sich entsprechend den Bildern 4-57 und 4-58 sowohl einen Kurzschluß als auch eine Unterbrechung zwischen den Klemmen *a* und *b* denken; wenn $I_5 = 0$ ist, tut sich dann so oder so zwischen den Klemmen *a* und *b* nichts.

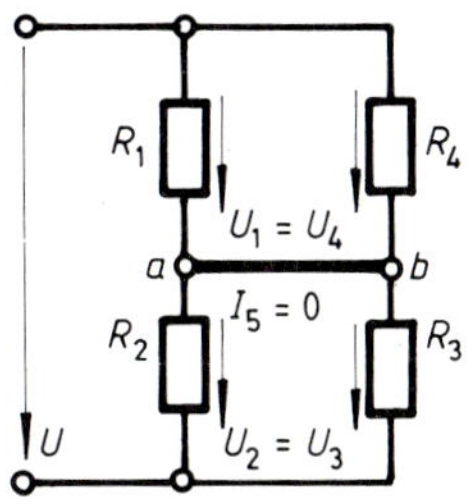

Bild 4-57
Falls $I_5 = 0$ ist, also weder nach links noch nach rechts etwas Strom wegfließen *kann*, dann ist es auch gleichgültig, wenn auch noch zwischen *a* und *b* ein Kurzschluß ...

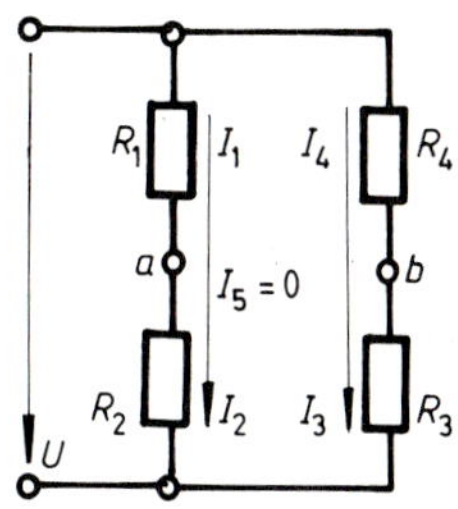

Bild 4-58
... oder eine Unterbrechung vorliegt. Für Kurzschluß erkennt man schnell, daß $U_1 = U_4$ und $U_2 = U_3$ gilt. Genauso sieht man bei einer Unterbrechung: $I_1 = I_2$ und $I_3 = I_4$.

Liegt jedoch eine Kurzschlußverbindung vor, sind also die Widerstände R_1 mit R_4 und R_2 mit R_3 parallelgeschaltet, so gilt nach Abschnitt 4.3.1 auf jeden Fall (Bild 4-57):

$$U_1 = U_4 \quad \text{und} \quad U_2 = U_3. \tag{4.28}$$

Im Fall einer Unterbrechung zwischen den Klemmen *a* und *b* (Bild 4-58) sind die beiden Zweige R_1 mit R_2 und R_3 mit R_4 je als Reihenschaltung aufzufassen. Nach Abschnitt 4.2.2 gilt dann:

$$I_1 = I_2 \quad \text{und} \quad I_3 = I_4. \tag{4.29}$$

Statt des Ergebnisses (4.28) kann man auch schreiben:

$$I_1 \cdot R_1 = I_4 \cdot R_4 \quad \text{und} \quad I_2 \cdot R_2 = I_3 \cdot R_3. \tag{4.30}$$

Die Teilaussagen (4.30) kann man zueinander ins Verhältnis und das Ergebnis (4.29) darin einsetzen und erhält nacheinander

$$\frac{I_1 \cdot R_1}{I_2 \cdot R_2} = \frac{I_4 \cdot R_4}{I_3 \cdot R_3}; \quad \frac{R_1}{R_2} = \frac{R_4}{R_3}. \tag{4.31}$$

Man kann noch die Strecke $R_1 + R_2$ als Potentiometer ausführen (Bild 4-59). Dabei wird natürlich das R_1- und das R_2-Material das gleiche, also $A_1 = A_2$ und $\gamma_1 = \gamma_2$ sein. In Verbindung mit Gl. (1.23) kann man somit das Ergebnis (4.31) folgendermaßen ersetzen:

$$\frac{R_1}{R_2} = \frac{\dfrac{l_1}{\gamma_1 \cdot A_1}}{\dfrac{l_2}{\gamma_2 \cdot A_2}} = \frac{l_1}{l_2} = a = \frac{R_4}{R_3}. \tag{4.32}$$

Entlang der Widerstandsbahn $R_1 + R_2$ ist eine Skala mit der Teilung $a = l_1/l_2$ angebracht. Sollte der Widerstand $R_4 = R_x$ unbekannt und R_3 dekadisch leicht wählbar sein, z.B. $R_3 = 1000\ \Omega$, so erhält man aus Gl. (4.32) eine sehr einfache und präzise Möglichkeit, einen Widerstand R_x zu messen. Hierzu wird er an der Stelle R_4 in die Schaltung Bild 4-59 eingesetzt. Dann wird der Schleifkontakt S solange verstellt, bis das μA-Meter $I_5 = 0$ anzeigt.

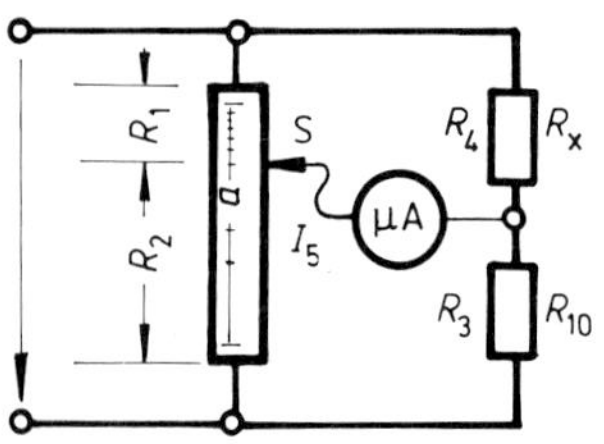

Bild 4-59 Über den Schleifkontakt S kann man auf der Potentiometerbahn der Widerstände R_1 und R_2 genau den Fall einstellen, daß das μA-Meter $I_5 = 0$ anzeigt. Dann ist die Brücke in dem Zustand, den man als abgeglichen bezeichnet. Es gilt hierfür Gl. (4.32). Falls die Potentiometerbahn eine Skala $a = l_1/l_2$ hat, kann man für $I_5 = 0$ sofort Gl. (4.33) ansetzen und damit den Betrag für R_x ablesen.

Man liest jetzt sehr einfach ab:

$$R_x = a \cdot R_3 \tag{4.33}$$

Widerstandsmessung mit der Wheatstoneschen Meßbrücke.

Bild 4-60 zeigt eine handelsübliche Brücke.

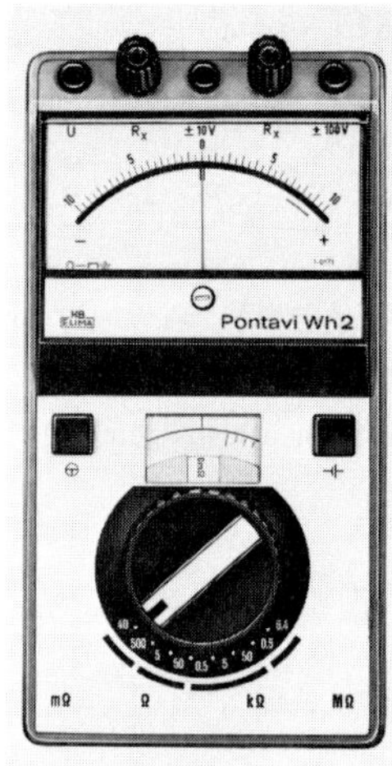

Bild 4-60 Schleifdrahtmeßbrücke nach Wheatstone (Werkbild: *Hartmann & Braun*)

Mitunter interessiert allerdings gar nicht die Größe eines Brückenwiderstands. Vielmehr hat dieser die Aufgabe, als Druckaufnehmer

- *entweder eine widerstandsanaloge Kraft oder*
- *eine Schwingung zu erfassen.*

In diesem Fall wird der Widerstand R_4 (und eventuell auch R_3) durch einen sogenannten Dehnmeßstreifen (DMS) ersetzt. Im Einklang mit Gl. (1.23) ändert sich nämlich ein DMS-Widerstand bei (krafteinwirkungsbedingter) Längenänderung. So werden z.B. Gehäusebeanspruchungen von Werkzeugmaschinen oder solche von Karosserie- oder Chassisteilen von Fahrzeugen einer Messung leicht zugänglich. Beispiele für DMS-Ausführungen zeigt Bild 4-61.

4.4.3 Gemischte Schaltungen mit *mehreren Quellen*

Damit sind Schaltungen gemeint, wie z.B. die in Bild 4-62 oder solche mit noch mehr Quellen entweder für eine gemeinsame Last oder auch über die ganze Schaltung verteilte Lasten.

Solche Schaltungen können mit keinem der bisherigen Verfahren ohne weiteres berechnet werden. Es werden im folgenden zwei geeignete Verfahren aufgezeigt:

1. ein umständliches Verfahren, bei dem man aber genau sieht, was man rechnet,
2. ein einfaches Verfahren, bei dem aber nicht mehr die volle physikalische Transparenz vorhanden ist.

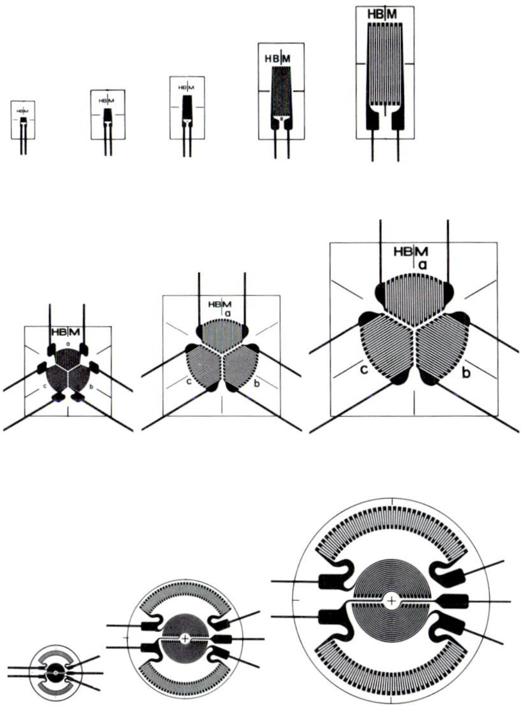

Bild 4-61 Einige von sehr vielen Ausführungsformen von Dehnmeßstreifen-(DMS)-Meßgittern.

Oben: 1 Meßgitter, Mitte: 3 Meßgitter, unten: 4 Meßgitter. (Werkbild: *Hottinger Baldwin Meßtechnik GmbH Darmstadt*)

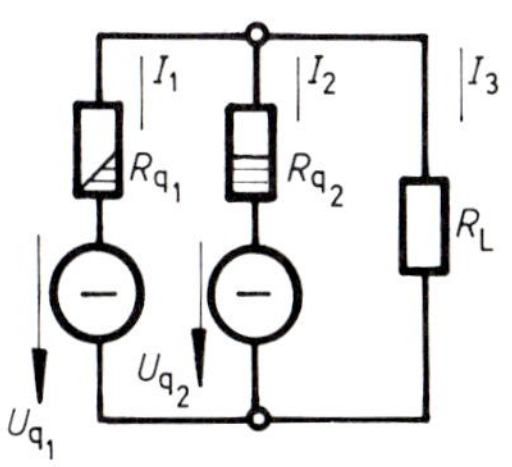

Bild 4-62
Skizze und Daten zum Beispiel 4.15: Akkuladevorgang.
Gegebene Daten:
$U_{q1} = 42$ V, $U_{q2} = 11$ V
$R_{q1} = 1\ \Omega$, $R_{q1} = \frac{1}{6}\ \Omega$
$R_L = \frac{1}{2}\ \Omega$.

4.4.3.1 Helmholtzscher Überlagerungssatz

In der Mechanik werden bedarfsweise Kräfte in mehrere Komponenten zerlegt oder aus ihnen zusammengesetzt betrachtet. So kann man auch hier davon ausgehen, daß in einer Anlage mit mehreren Quellen jede einzelne Quelle zur Strom, Spannungs- und Leistungsbildung ihren ganz bestimmten, eindeutigen Beitrag leistet.

Daher verfährt man hier so, daß zunächst *nur eine Quelle als aktiv betrachtet wird.* Die andere ist solange als spannungslos anzusehen, also ist ihr $U_q = 0$. Dieser Betriebsfall ist übrigens durchaus auch möglich.

Die dazugehörigen Ströme werden berechnet und notiert (Index 1). Dann geschieht das gleiche mit der anderen Quelle (oder mit den anderen Quellen). Auch hier wird notiert und der Index 2 (gegebenenfalls bis *n*) angefügt.

Zum Schluß werden die einzelnen Ströme nach *Betrag und Richtungssinn* addiert.

Beispiel 4.15: Akkuladevorgang

Gegeben sei eine Schaltung wie in Bild 4-62 mit den dort eingetragenen Daten, also den beiden Quellen 1 und 2, die auf die gemeinsame Last R_L arbeiten. Die Quelle 1 sei ein Generator (z.B. der Bordnetzgenerator eines Kraftfahrzeugs), Quelle 2 dessen Akkumulator.

Gesucht sind sämtliche Ströme und der Betriebszustand des Akkus.

Lösung: In Bild 4-63 wird nur die Quelle 1 als aktiv betrachtet. Laut Tabelle 3-1 ergeben sich für diesen Betriebsfall sämtliche Stromrichtungssinne, wie sie im Bild 4-63 eingetragen wurden. (Hat man diese Pfeile falsch eingezeichnet, so ist die ganze Ausgangsbasis und damit alles folgende auch falsch!)

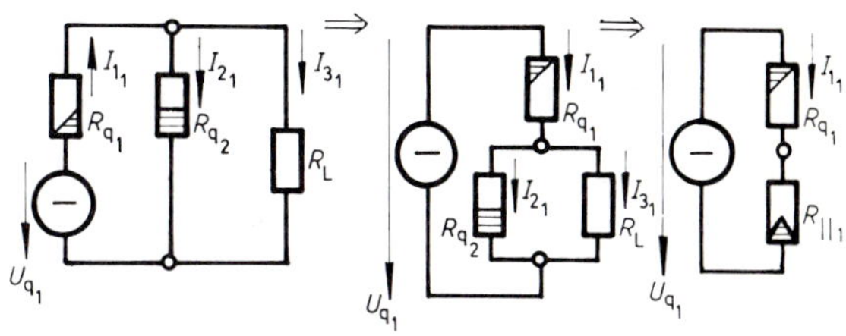

Bild 4-63 Orientierung zur Berechnung der Ströme Index 1: für den Fall, daß nur die Quelle 1 aktiv und $U_{q2} = 0$ ist.
$R\|_1 = 3/4\ \Omega$, $I_{1_1} = 37\frac{1}{3}$ A, $I_{2_1} = 28$ A, $I_{3_1} = 9\frac{1}{3}$ A.

Die Schaltung wird nun strommäßig fertig durchgerechnet. Die Ströme I_{1_1}, I_{2_1} und I_{3_1} findet man ganz analog dem Rechenweg für die Ströme I_1, I_2 und I_3 im Beispiel 4.14. Man erhält im einzelnen die Stromergebnisse:

$$I_{1_1} = 37\tfrac{1}{3}\ \text{A} \uparrow$$

$$I_{2_1} = 28\ \text{A} \downarrow$$

$$I_{3_1} = 9\tfrac{1}{3}\ \text{A} \downarrow$$

Diese Ergebnisse sind auch im Bild 4-63 eingezeichnet. Hierbei ist der richtige Pfeilsinn sehr wichtig!

Genauso wird bei Bild 4-64 verfahren. Hier ist nur die Quelle 2 aktiv:

$$I_{1_2} = 7\tfrac{1}{3}\ \text{A} \downarrow$$
$$I_{2_2} = 22\ \text{A} \uparrow$$
$$I_{3_2} = 14\tfrac{2}{3}\ \text{A} \downarrow$$

Auch diese Ergebnisse sind in Bild 4-64 eingetragen.

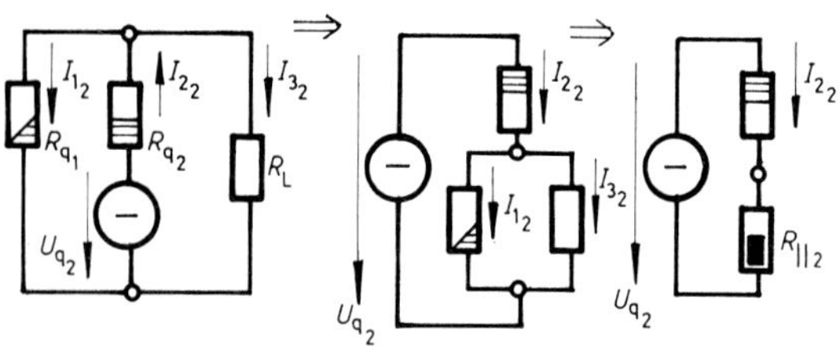

Bild 4-64 Orientierung zur Berechnung der Ströme Index 2: für den Fall, daß nur die Quelle 2 aktiv und $U_{q_1} = 0$ ist.
$R_{\|2} = \frac{1}{3}\ \Omega$, $I_{1_2} = 7\frac{1}{3}$ A, $I_{2_2} = 22$ A, $I_{3_2} = 14\frac{2}{3}$ A.

Aus Bild 4-65 gehen nun die tatsächlichen Ströme I_1, I_2 und I_3 durch die *Überlagerung der einzelnen Teilströme* hervor. Man erhält somit definitiv die in den Bildern 4-65 und 4-66 eingetragenen Endergebnisse.

Dabei ist gemäß Tabelle 3-1 zu erkennen, daß sich der Akku offensichtlich im Ladezustand befindet. Für den Akkuzweig (Quelle 2) liefert der Vergleich mit Tabelle 3-1 nämlich das Ergebnis: Speicher. Der Strom- und der Quellenspannungspfeil haben dort je den gleichen Richtungssinn.

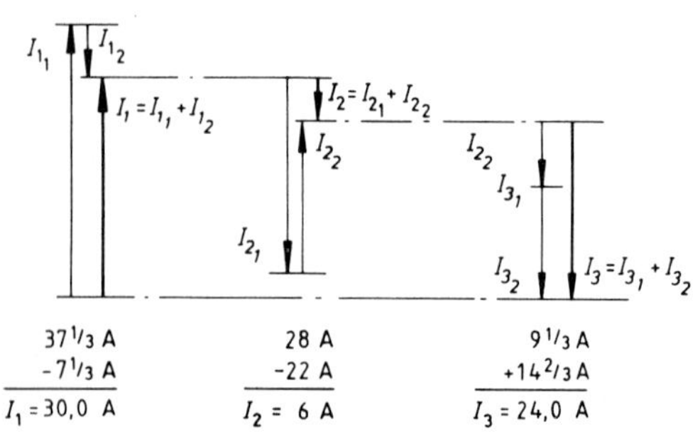

Bild 4-65 Die Ermittlung der Zweigströme I_1, I_2 und I_3 aus den einzelnen Teilergebnissen. Siehe auch Bild 4-66.

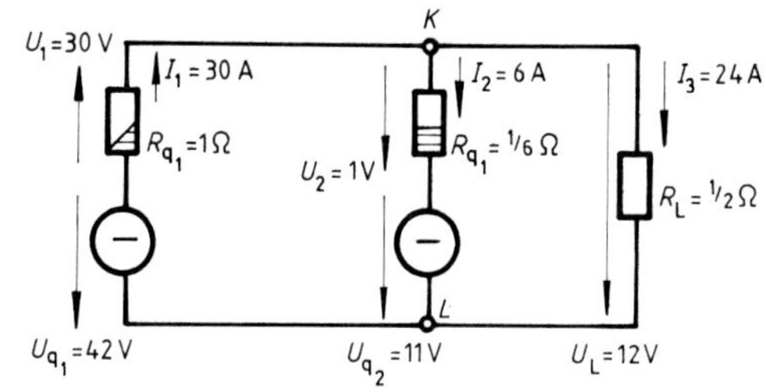

Bild 4-66 Lösungen zum Beispiel 4.15: Akkuladung

4.4.3.2 Maschenmethode

Die Helmholtz-Methode lieferte zwar schon während der Rechnung die volle physikalische Transparenz. Sie ist aber recht zeitaufwendig und besonders bei komplizierten Zahlen auch rechenfehleranfällig. Im folgenden wird das Beispiel 4.15 daher nocheinmal „von hinten her" aufgerollt und daraus eine andere, kürzere Methode entwickelt. Dies geschieht innerhalb der algebraischen Gesetze:

> Für n Unbekannte benötigt man n Gleichungen. Sie müssen voneinander *linear unabhängig* sein.

Im Bild 4-66 sind außer den I-Ergebnissen auch noch die Spannungen an den einzelnen Widerständen eingezeichnet. Deren Richtungssinn wurde der Tabelle 3-1 entnommen. Ihre Beträge errechnen sich aus Gl. (4.5).

Das Bild 4-66 wurde nun in Bild 4-67 umgezeichnet, das *elektrisch und algebraisch* genau dasselbe aussagt. Allerdings kann man aus Bild

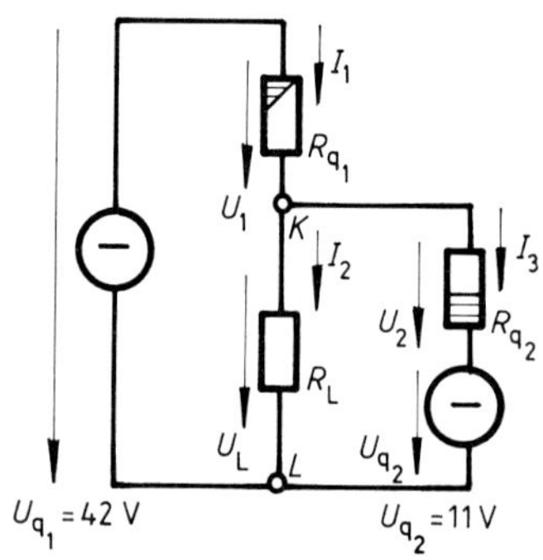

Bild 4-67 Es handelt sich um genau die gleiche Situation wie in Bild 4-66, jedoch so angeordnet, daß man sofort die Zusammenhänge ablesen kann, ...

4-67 ganz besonders übersichtlich den Zusammenhang zwischen den verschiedenen Spannungen und Strömen erkennen. Analog einem Kräfteplan in der Mechanik ist dieser Zusammenhang noch rechts im Bild 4-68 skizziert. Die dortige Strombilanz gilt sowohl für den Knotenpunkt K als auch L.

Es lassen sich nun aus den Bildern 4-67 und 4-68 sofort die folgenden Gleichungen ablesen und in ein Schema bringen wie:

1. $\Sigma I = 0$ 1. Kirchhoffscher Satz, (4.14)
2. $\Sigma U = 0$ 2. Kirchhoffscher Satz. (4.34)

Im einzelnen entsprechen diesem Schema:

$$I_1 = I_2 + I_3 \tag{4.35}$$
$$U_{q1} = U_1 + U_L \tag{4.36}$$
$$U_L = U_2 + U_{q2} \tag{4.37}$$
$$U_{q1} = U_1 + U_2 + U_{q2}. \tag{4.38}$$

Gl. (4.38) existiert, einen neuen Gesichtspunkt gegenüber den Gln. (4.36) und (4.37) bringt sie jedoch weder physikalisch noch mathematisch.

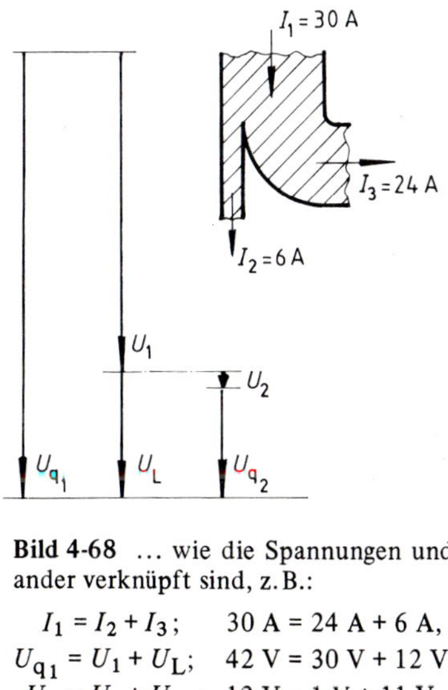

Bild 4-68 ... wie die Spannungen und Ströme miteinander verknüpft sind, z.B.:

$I_1 = I_2 + I_3$; 30 A = 24 A + 6 A, sowie:
$U_{q1} = U_1 + U_L$; 42 V = 30 V + 12 V und
$U_L = U_2 + U_{q2}$; 12 V = 1 V + 11 V. Auch:
$U_{q1} = U_1 + U_2 + U_{q2}$ = 30 V + 1 V + 11 V = 42 V.

Man sieht sofort, daß sie ja aus der Einsetzung der Gl. (4.37) in die Gl. (4.36) hervorgeht. Folglich bleibt Gl. (4.38) hier weg. Die Lösung ist mit den Gln. (4.35) bis (4.37) allein auch möglich. Jede enthält die Ströme, mindestens im Sinne einer Gleichung des Typs (4.5).

Damit künftig solche Gleichungen schnell und vorzeichenzuverlässig aus „unpräparierten" Schaltbildern abgelesen werden können und auch etwaige unbekannte Stromrichtungssinne dabei keine zusätzlichen Probleme aufwerfen, wurde das Verfahrens-Schema in Tabelle 4-23 aufgestellt.

Tabelle 4-23

A	Die *Richtungssinne der Ströme* werden beliebig angenommen. Sollten sie dabei falsch gewesen sein, so werden die Ergebnisse negativ.
B	In Verbindung mit Tabelle 3-1 wird an allen R-Gliedern der Spannungsrichtungssinn angetragen. Dabei müssen die Ströme aus A zugrundegelegt werden.
C	Ein beliebiger Umlaufssinn wird angesetzt. Pfeile, die ihm folgen, entsprechen positivem, andernfalls negativem Vorzeichen.
D	Auf der Basis von C werden innerhalb eines Umlaufs (Masche) die einzelnen Glieder aneinandergefügt und ihre Summe gleich Null gesetzt.
E	Es werden Gleichungen vom Typ (4.14) aufgestellt.

Es wird dazu der Begriff „Masche" eingeführt. Man versteht unter einer Masche z.B. die Zone, die von den Spannungen U_{q1}, U_1 und U_L eingeschlossen wird, oder eine solche zwischen den Spannungen U_{q2}, U_2 und U_L, oder zwischen U_{q1}, U_1, U_2 und U_{q2}.

Auf dieser Basis kann dasselbe Ergebnis erzielt werden, wie mit dem Helmholtzschen Überlagerungssatz, nur erheblich einfacher und schneller. Allerdings auf Kosten des physikalischen Durchblicks.

Zur Veranschaulichung dieses Verfahrens wird in Beispiel 4.16 die Aufgabenstellung des Beispiels 4.15 nochmals wiederholt.

Beispiel 4.16: Akkuladung; Berechnung mit der Maschenmethode

Gegeben seien die Daten und die Schaltung entsprechend Bild 4-69.

Gesucht sind alle Ströme hinsichtlich Betrag und Richtungssinn sowie die Spannungen an den einzelnen Widerstandsabschnitten.

Lösungen: Es wird nach dem Programm der Tabelle 4-23 verfahren.

A. Zunächst erhalten alle unbekannten Ströme einen willkürlich gewählten Pfeil (Richtungssinn) zuerkannt (Bild 4-70). (Es wird dabei absichtlich so getan, als sei auch der Richtungssinn von I_2 noch nicht bekannt!)

B. An allen R-Gliedern wird ebenfalls ein Pfeil eingetragen. Er erhält den *gleichen Richtungssinn wie der dazugehörige Strom aus* A (Bild 4-71). Diese Spannungen verstehen sich im Sinne der Gl. (4.5), also $U = I \cdot R$.

C. Für jede der denkbaren Maschen wird ein Umlaufsinn festgelegt, hier willkürlich linkssinnig, der Einfachheit zuliebe überall der gleiche. Er ist ab jetzt maßgeblich für die Vorzeichen zum Programmpunkt D (Bild 4-72).

D. Die möglichen Maschengleichungen lauten:

Masche I: $+ U_{q1} - U_L - U_1 = 0,$ (4.39)

Masche II: $+ U_{q2} - U_L - U_2 = 0,$ (4.40)

Masche III: $+ U_{q1} - U_{q2} + U_2 - U_1 = 0.$ (4.41)

Besonders zu beachten sind hier die *Vorzeichen* in ihrem Zusammenhang zwischen Umlaufsinn und Pfeilspitze!

E. Hier ist nur eine einzige Stromgleichung für den Knotenpunkt K oder L möglich:

$$I_1 + I_2 = I_3 \quad \text{oder} \quad I_1 + I_2 - I_3 = 0. \qquad (4.42)$$

Von den so aufgestellten vier Gleichungen sind nur 3 erforderlich und linear voneinander unabhängig. Gl. (4.41) ginge auch aus den Gl. (4.39) und (4.40) durch Subtraktion hervor, wovon man sich leicht überzeugen kann. Da sie gleichzeitig die unhandlichste ist, wird sie weggelassen. Sonst könnte auch jede der beiden anderen Spannungsgleichungen wegbleiben.

Die Gln. (4.39), (4.40) und (4.42) bilden jetzt das System, aus dem man die Unbekannten (Ströme) ausrechnen kann. Es ist zweckmäßig, die Widerstandsspannungsglieder gleich durch solche des Typs $U = I \cdot R$ zu ersetzen. Man erhält:

$$U_{q1} - R_{q1} \cdot I_1 - R_L \cdot I_3 = 0, \qquad (4.39)$$

$$U_{q2} - R_{q2} \cdot I_2 - R_L \cdot I_3 = 0, \qquad (4.40)$$

$$I_1 + I_2 - I_3 = 0. \qquad (4.42)$$

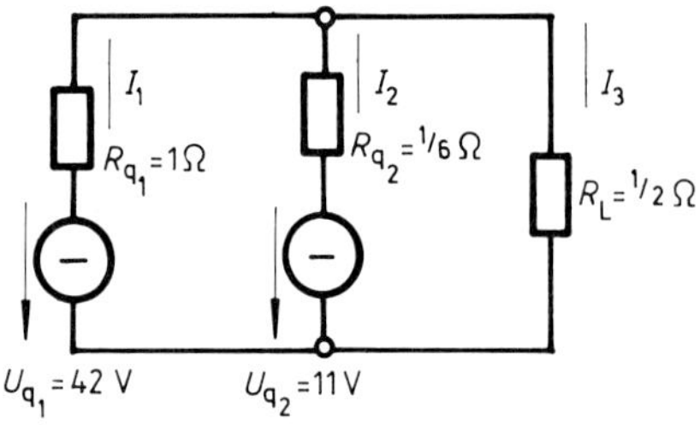

Bild 4-69 Daten und Skizze zum Beispiel 4.16: Akkuladung; Maschenmethode.

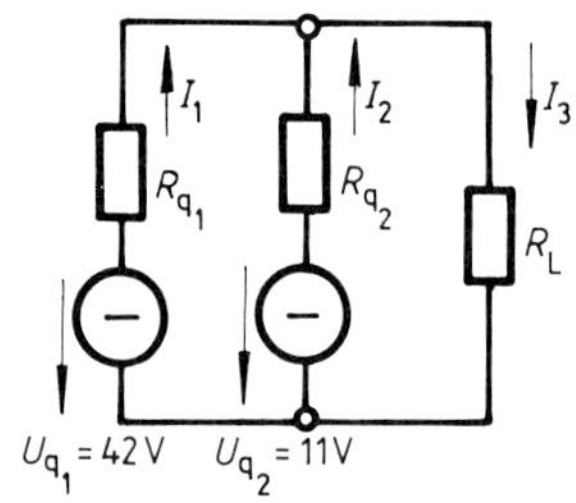

Bild 4-70 Beliebige I-Richtungssinne werden gewählt, jedoch vor dem Hintergrund von Tabelle 3-1.

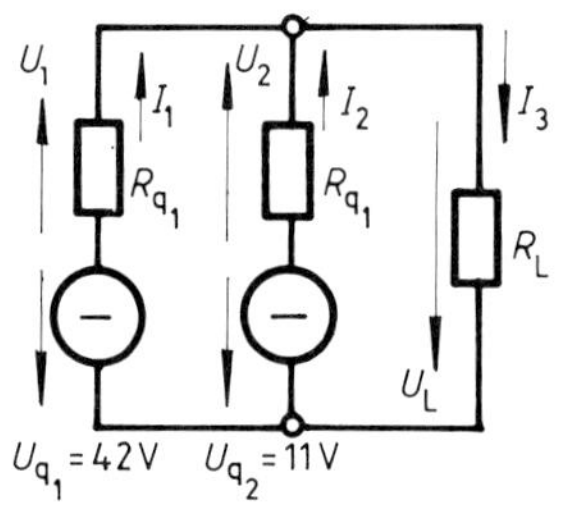

Bild 4-71 Die Spannungspfeile sind eingetragen: U_1, U_2 und U_3, analog den Stromrichtungssinnen.

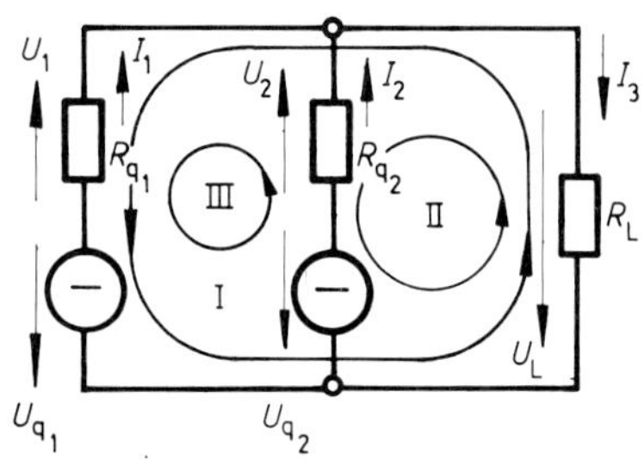

Bild 4-72 Drei Maschen: I, II und III mit eingetragenen Umlaufpfeilen, hier: linkssinnig.

Aus den Spannungsgleichungen kann man die Ströme I_1 und I_2 eliminieren:

$$I_1 = \frac{U_{q1} - R_L \cdot I_3}{R_{q1}} \tag{4.39a}$$

$$I_2 = \frac{U_{q2} - R_L \cdot I_3}{R_{q2}}. \tag{4.40a}$$

Diese beiden Ausdrücke kann man in Gl. (4.42) einsetzen und erhält:

$$\frac{U_{q1} - R_L \cdot I_3}{R_{q1}} + \frac{U_{q2} - R_L \cdot I_3}{R_{q2}} - I_3 = 0. \tag{4.42a}$$

Man kann schon ab hier Zahlenwerte einsetzen:

$$\frac{42\ \text{V} - \frac{1}{2}\ \Omega \cdot I_3}{1\ \Omega} + \frac{11\ \text{V} - \frac{1}{2}\ \Omega \cdot I_3}{\frac{1}{6}\ \Omega} - I_3 = 0.$$

Der Nenner verschwindet, wenn man mit dem Faktor $\frac{1}{6}\ \Omega$ alle Glieder multipliziert:

$$7\ \text{V} - \frac{1}{12}\ \Omega \cdot I_3 + 11\ \text{V} - \frac{6}{12}\ \Omega \cdot I_3 - \frac{2}{12}\ \Omega \cdot I_3 = 0$$

$$18\ \text{V} - \frac{9}{12}\ \Omega \cdot I_3 = 0;$$

$$I_3 = \frac{216\ \text{V}}{9\ \Omega} = 24.$$

Setzt man dieses erste Ergebnis noch in die Gln. (4.39a) und (4.40a) ein, so erhält man:

$$I_1 = \frac{42\ \text{V} - 0{,}5\ \Omega \cdot 24\ \text{A}}{1\ \Omega} = \frac{42\ \text{V} - 12\ \text{V}}{1\ \Omega} = 30\ \text{A}.$$

$$I_2 = \frac{11\ \text{V} - 0{,}5\ \Omega \cdot 24\ \text{A}}{1/6\ \Omega} = \frac{11\ \text{V} - 12\ \text{V}}{1/6\ \Omega}$$

$$I_2 = -\frac{1\ \text{V}}{1/6\ \Omega} = -6\ \text{A}. \qquad \text{Negatives Ergebnis!}$$

Zusammenstellung der Ergebnisse:

$$I_1 = 30\ \text{A}$$
$$I_2 = -6\ \text{A}$$
$$I_3 = 24\ \text{A}.$$

Das Minuszeichen bei I_2 ist die „Quittung" dafür, daß gegen besseres Wissen beim Programmpunkt A so getan worden war, als könne der Strom I_2 nach oben fließen. Andererseits wurde sichtbar, daß „nur" das Vorzeichen falsch wurde. Der Betrag stimmte mit dem aus dem Helmholtzverfahren genauso überein, wie alle anderen Ergebnisse.

Das negative Vorzeichen kann man nun entweder lassen, wie es ist, oder man kehrt es samt ursprünglich in Bild 4-70 so angesetztem Stromrichtungssinn um und hat ab da positive Verhältnisse vor sich, die natürlich übersichtlicher sind, wie im Bild 4-66.

Die noch gesuchten Spannungen an den Widerstandsgliedern erhält man schnell aus Ansätzen wie Gl. (4.5):

$$U_1 = I_1 \cdot R_{q1} = 30\ \text{A} \cdot 1\ \Omega = 30\ \text{V},$$

$$U_2 = I_2 \cdot R_{q2} = 6\ \text{A} \cdot \tfrac{1}{6}\ \Omega = 1\ \text{V},$$

$$U_L = I_3 \cdot R_L = 24\ \text{A} \cdot \tfrac{1}{2}\ \Omega = 12\ \text{V}.$$

Eine einfache Kontrolle ist die, ob z.B. Gl. (4.41) erfüllt ist.

5 Gleichstromkreise mit nichtlinearen Komponenten

Es wird angeknüpft an:

1. Bild 1-17; Bild 5-1 zeigt speziell den Kurvenverlauf für den Fall $R = 10\,\Omega$,
2. Tabelle 4-1 und Bild 4-5 (rechts); Bild 5-2 zeigt die Quellenkennlinie für die Daten: $U_q = 12$ V und $R_q = 2\,\Omega$.

Bild 5-3 stellt die Vereinigung der Bilder 5-1 und 5-2 dar, Bild 5-4 das Schaltbild dazu. Aus Bild 5-3 kann man sofort ablesen:

> Wird die Last $R_L = 10\,\Omega$ an der Quelle mit den Daten $U_q = 12$ V und $R_q = 2\,\Omega$ betrieben, so tritt ein Strom von $I = 1$ A auf und an R_L liegt eine Spannung von $U_B = 10$ V.

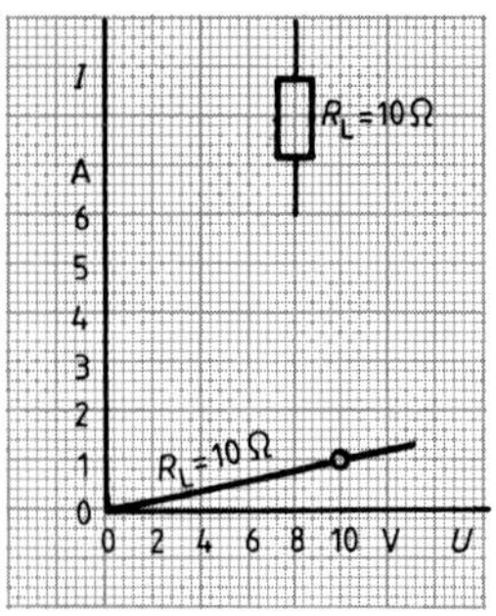

Bild 5-1
Widerstandsgerade (Lastkennlinie) für $R_L = 10\,\Omega$.

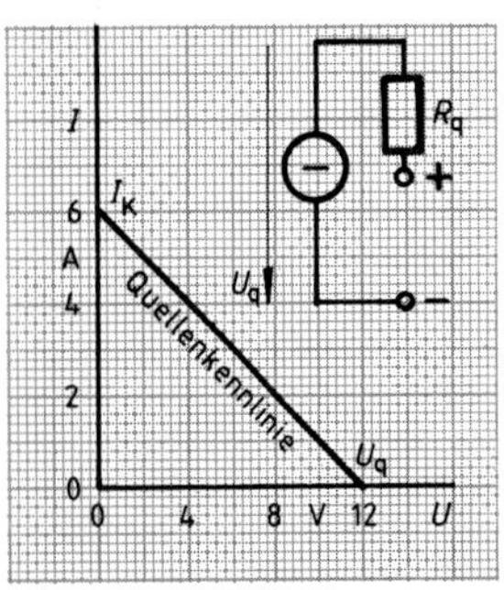

Bild 5-2
Quellenkennlinie für die Daten $U_q = 12$ V und $R_q = 2\,\Omega$ der Quelle.

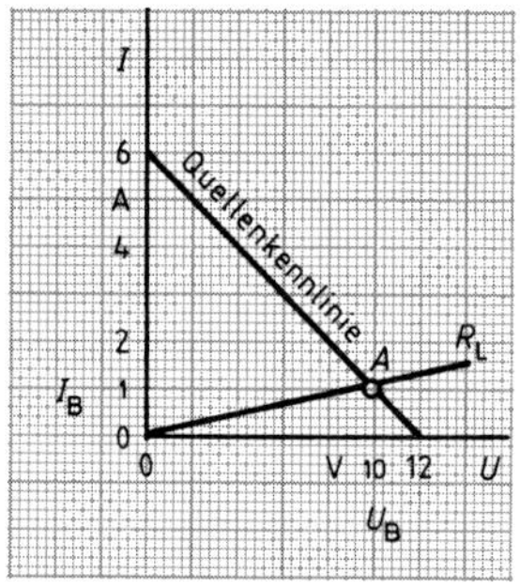

Bild 5-3
Im Schnittpunkt der Quellen- und der Lastkennlinie stellen sich die Betriebsdaten (Arbeitspunkt A) ein.

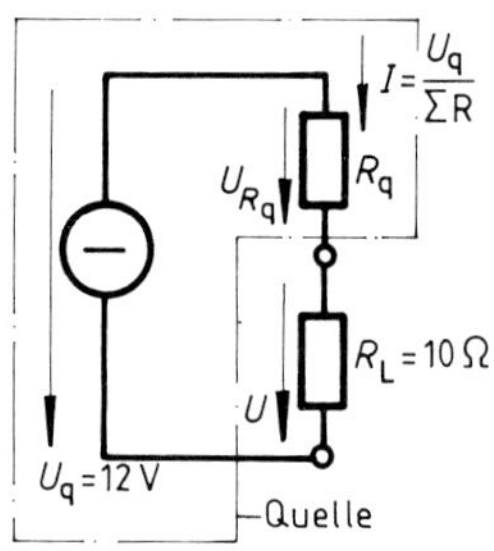

Bild 5-4
Schaltbild zur Situation aus Bild 5-3.
Man kann sowohl rechnen als auch ablesen:
$I = 1$ A; $U = 10$ V,
$U_{R_q} = 2$ V.

Das gleiche Ergebnis hätte man natürlich auch erhalten, wenn man mit den Gln. (4.2) und (4.5) gerechnet hätte:

$$I_B = \frac{U_q}{R_q + R_L} = \frac{12\text{ V}}{2\,\Omega + 10\,\Omega} = 1\text{ A}.$$

$$U_B = I \cdot R_L = 1\text{ A} \cdot 10\,\Omega = 10\text{ V}.$$

So geht es nicht nur schneller, sondern (mit Rücksicht auf meist problematische Zeichengenauigkeit) auch erheblich genauer. Falls man *rechnen kann*, also exakte Widerstandswerte und die Gültigkeit von Gl. (1.27) vorliegen.

Bei *nichtlinearen Komponenten* trifft das im allgemeinen nicht mehr zu. Man bedient sich dann des in Bild 5-3 gezeigten Verfahrens:

> Man bringt die Quellenkennlinie zum Schnitt mit der *I-U*-Kennlinie der *nichtlinearen Last* und liest die Koordinaten ab.

Die genannte *I-U*-Kennlinie erhält man meist aus den Datenblättern der Hersteller.

5.1 Reihenschaltungen nichtlinear

5.1.1 Linear-nichtlinear gemischte Schaltungen

Diese Kombination ist sozusagen der Normalfall. Er liegt schon beim Betrieb einer Lampe an einer Quelle mit dem (linearen) Quellenwiderstand R_q vor (Bild 5-5).

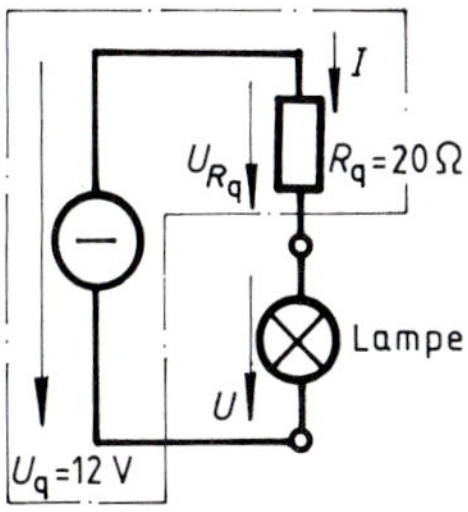

Bild 5-5
Schaltbild zum Betrieb einer Lampe an einer Quelle mit U_q und linearem Quellenwiderstand R_q. Die Kennlinie der Lampe zeigt Bild 5-6.

Ganz analog Bild 5-3 erhält man im Schnittpunkt der Quellen- und der Lastkennlinie der Lampe (falls man sie hat) die *I-U*-Koordinaten. Im gezeichneten Beispiel des Bildes 5-6 liest man die Betriebsdaten ab:

$$I_B = 0{,}4\ \text{A},\ U_B = 4\ \text{V}.$$

Man nennt sie den Arbeitspunkt. Berechnen könnte man sie nicht, es sei denn, es läge eine mathematische Gleichung für den *I-U*-Verlauf der Lampe vor (was nicht erwartet werden kann).

Sollten noch weitere lineare Widerstände R_{lin} im Kreis in Reihe zu den anderen Komponenten liegen, so bleibt das Verfahren grundsätzlich gleich. Punkt 2 der Quellenkennlinie errechnet sich dann nicht mehr aus Gl. (4.12), sondern aus

$$I_K = \frac{U_q}{R_q + R_{lin}}. \qquad (5.1)$$

Beispiel 5.1: Lampe mit Vorwiderstand

Gegeben sei die gleiche Glühlampenkennlinie wie in Bild 5-6, sowie die gleiche Quelle entsprechend Bild 5-5.

Gesucht sind die Arbeitspunkte, wenn

1. zusätzlich noch ein linearer Widerstand $R_{vor} = 10\ \Omega$ in Reihe dazukommt,
2. darüberhinaus noch die Quellenspannung auf den Wert $U_q = 15$ V heraufgesetzt wird.

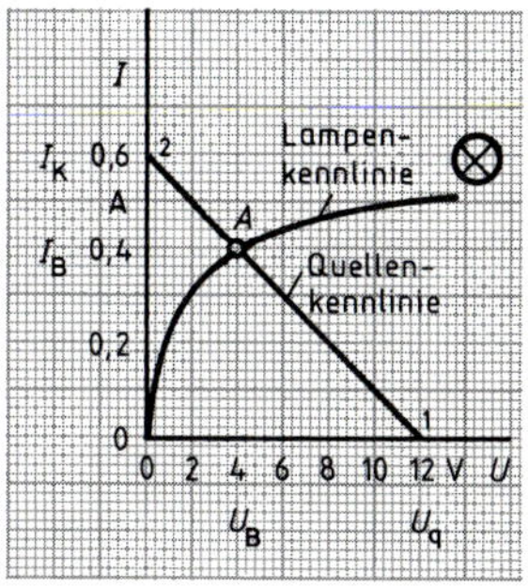

Bild 5-6
Den Arbeitspunkt *A* für die Betriebswerte I_B und U_B findet man im Schnittpunkt der Last- und der Quellenkennlinie. $I_B = 0{,}4$ A, $U_B = 4$ V.

Lösungen: In beiden Fällen findet man den Arbeitspunkt als Schnittpunkt der gegebenen Lastkennlinie mit den hier von Fall zu Fall speziell zu ermittelnden Quellenkennlinien. Man erhält sie aus den Gln. (4.10) und (5.1). Die Einzellösungen lauten:

1. $U_q = 12$ V (siehe Bild 5-5). Gl. (5.1) liefert hiermit:

$$I_K = \frac{U_q}{R_q + R_{vor}} = \frac{12\ \text{V}}{20\ \Omega + 10\ \Omega}$$

$$I_K = 0{,}4\ \text{A}.$$

Daraus erhält man den Kurvenpunkt 2 in Bild 5-7. Am Schnittpunkt beider Kurven liest man die Koordinaten des Arbeitspunkts A_1 ab:

A_1 (0,33 A; 2 V).

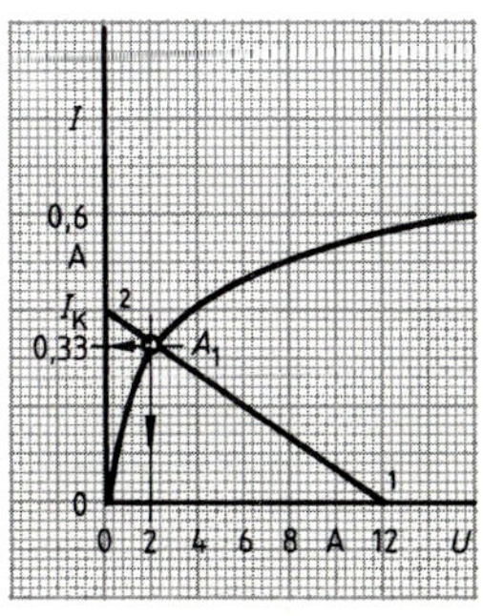

Bild 5-7
Arbeitspunkt A_1 mit den Betriebsdaten für zusätzlichen Vorwiderstand $R_{vor} = 10\ \Omega$.

2. Hier ist gegeben: $U_q = 15$ V: Punkt 1 in Bild 5-8. Somit erhält man für I_K:

$$I_K = \frac{15\text{ V}}{20\ \Omega + 10\ \Omega} = 0{,}5\text{ A:}$$

Punkt 2 im Bild 5-8. Am Schnittpunkt der beiden Kurven aus Bild 5-8 kann man den Arbeitspunkt A_2 mit den Koordinaten ablesen:

A_2 (0,38 A; 3,4 V).

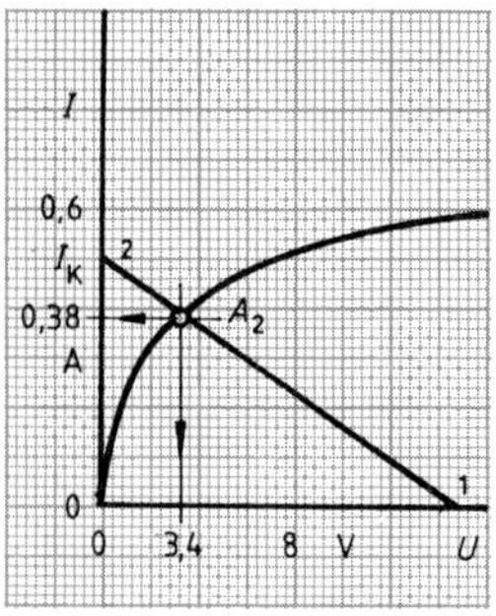

Bild 5-8
Die Quellenspannung U_q ist auf 15 V gesteigert worden. Hierzu die Betriebsdaten.

Beispiel 5.2: Heißleiter

Bild 5-9 zeigt den *I-U*-Zusammenhang für einen bestimmten Heißleiter (aus einem industriellen Datenblatt). Bild 5-10 stellt die Schaltung dar, in der er betrieben werde.

Gesucht sind die Arbeitspunkte für die Fälle:

1. Schaltung nach Bild 5-10 und normale Raumtemperatur,
2. genauso, jedoch sei die Temperatur für den Widerstand R_{vor} auf $\theta_W = 180$ °C angewachsen. Dabei ist $\tau = 235$ K (siehe Tabelle 1-5).

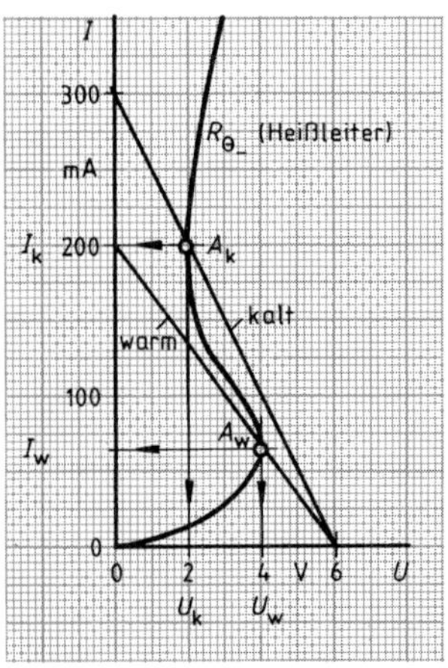

Bild 5-9 Heißleiter-(Last-)kennlinie mit Arbeitspunkten für kalten und warmen Vorwiderstand. Es gibt erhebliche dabei erhebliche Unterschiede sowohl beim Strom als auch bei der Spannung im Betrieb.

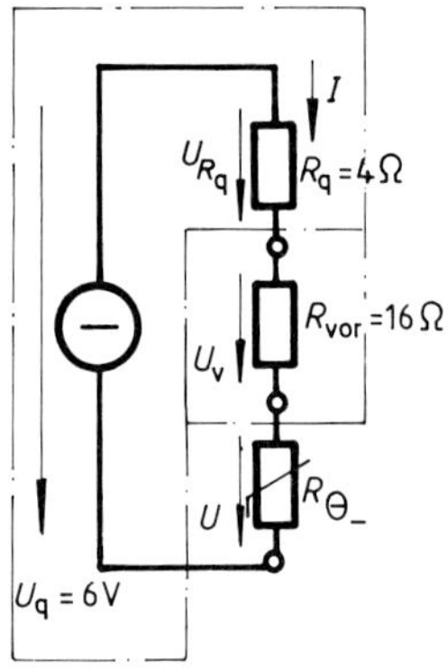

Bild 5-10
Schaltung mit einem Heißleiterwiderstand: $R_{\theta\_}$.
Der Kennlinien-Verlauf zwischen I und U für den Heißleiter ist aus Bild 5-9 zu ersehen.

Lösungen: Die Arbeitspunkte sind schon mit ins Bild 5-9 eingetragen. Dabei errechnete sich die Quellenkennlinie für den Punkt 2 wie im Beispiel 5.1.

Für den Fall 2 erhält man zunächst den Wert für den betriebswarmen Vorwiderstand R_{vor_W} aus Gl. (1.26) zu

$$R_W = R_k \cdot \frac{\tau + \theta_W}{\tau + \theta_k} = 16\ \Omega \cdot \frac{235\text{ K} + 180°}{235\text{ K} + 20°}$$

$$R_W = 26\ \Omega.$$

Somit erhält man für die I_K-Werte:

$$I_{K_k} = \frac{6\text{ V}}{4\ \Omega + 16\ \Omega} = 0{,}3\text{ A}$$

$$I_{K_W} = \frac{6\text{ V}}{4\ \Omega + 26\ \Omega} = 0{,}2\text{ A.}$$

Die Arbeitspunkte lauten somit:

A_{kalt} (200 mA; 2,0 V)
A_{warm} (65 mA; 4,0 V).

5.1.2 Rein nichtlineare Reihenschaltungen

Der *I-U*-Zusammenhang der beiden Kennlinien K_1 und K_2 aus Bild 5-11 ist nichtlinear. Die dazugehörigen Komponenten R_1 und R_2 sind in Reihe geschaltet, wie aus der Schaltskizze ersichtlich. Natürlich gelten auch hier alle Gleichungen von (4.1) bis (4.8) qualitativ genauso. Ihre Widerstandsbeträge kann man der Definition Gl. (1.17) bzw. (1.18) entnehmen.

In diesem Sinne kann man auch Aussagen über einen Ersatzwiderstand bzw. eine Ersatz*kennlinie* machen. Hierzu führen folgende Überlegungen:

- In einer Reihenschaltung gibt es laut Abschnitt 4.2.2 nur einen einzigen Strom, z.B. dem Strom des Betrags I_1 (siehe Eintragung 1 in Bild 5-11).
- An jeder einzelnen der beiden beteiligten Komponenten R_1 und R_2 tritt eine Teilspannung auf: U_{1_1} und U_{2_1} (siehe Eintragung 2 in Bild 5-11).
- Die Summe der Teilspannungen muß Gl. (4.4) erfüllen, es muß also sein:

$$U_{1_1} + U_{2_1} = U_1 \qquad \text{(Eintragung 3).}$$

Man erhält die ganze Ersatz*kennlinie*, wenn man diese Überlegungen noch auf ein paar weitere Stromwerte ausdehnt: I_2, I_3, …. Sie erfüllt dann die gleichen Bedingungen wie die beiden Einzelkomponenten in Reihenschaltung.

Dieses Verfahren kann ferner angewendet werden auf die Reihenschaltung von

- linear-nichtlinear gemischten Komponenten, z.B. unter Einbeziehung des linearen Quellenwiderstands,
- mehr als zwei Komponenten in Reihe.

Falls man den Quellenwiderstand in die Kennlinienbildung mit einbezogen hat, verwendet man bei der Ermittlung des Arbeitspunktes eine Quellenkennlinie des Typs $R_q = 0$ in Bild 4-5 rechts.

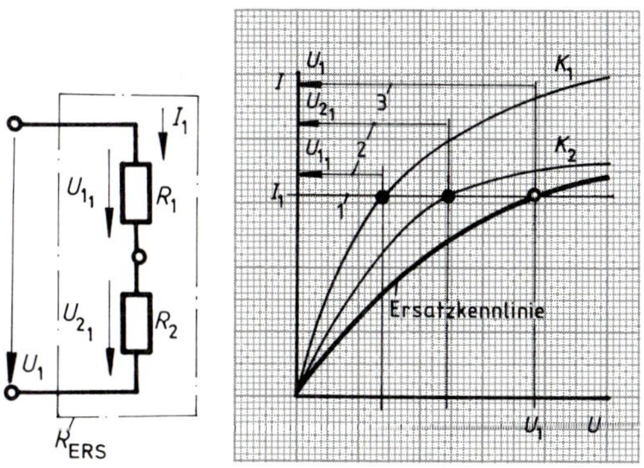

Bild 5-11 Ermittlung der Ersatzkennlinie bei der Reihenschaltung zweier nichtlinearer Komponenten, z.B. zweier Transistoren. Auch hier gilt Gl. (4.1)

$R_1 + R_2 = R_{\text{Ers}}$.

5.2 Parallelschaltungen nichtlinear

Das Verfahren für parallel geschaltete Komponenten und deren Ersatzkennlinie arbeitet sinngemäß genauso, wie dasjenige für Reihenschaltung.

Die Überlegungen lauten hier:

- Bei Parallelschaltung gibt es laut Abschnitt 4.3.1 nur eine einzige Spannung, z.B. die Spannung des Betrags U_1 (Eintragung 1 in Bild 5-12).
- Diese Spannung verursacht in jedem parallel liegenden Objekt einen Strom: I_{1_1} und I_{2_1} (Eintragung 2 in Bild 5-12).
- Die Summe der Teilströme ist nach Gl. (4.13) gleich dem Gesamtstrom I_1, es muß also sein:

$$I_{1_1} + I_{2_1} = I_1 \qquad \text{(Eintragung 3 in Bild 5-12).}$$

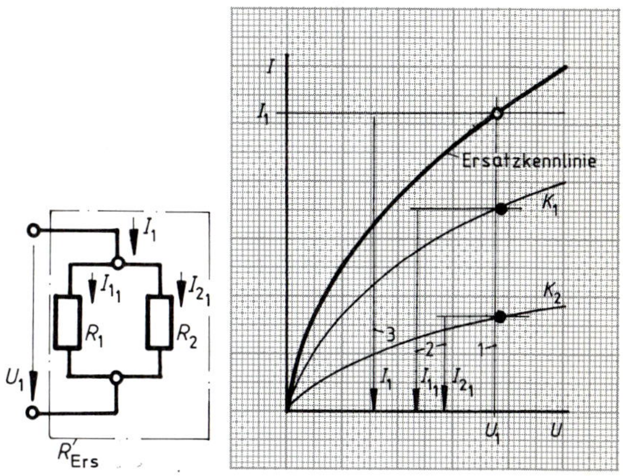

Bild 5-12 Ermittlung der Ersatzkennlinie bei der Parallelschaltung zweier nichtlinearer Komponenten, z.B. zweier Transistoren.

Die gesamte Ersatz*kennlinie* erhält man bei der konsequenten Anwendung dieser Überlegungen auf einige weitere Kurvenpunkte.

5.3 Gemischte Schaltungen nichtlinear

Mit den beiden vorigen graphischen Verfahren lassen sich auch gemischte Schaltungen bearbeiten und lösen, analog den Fällen für lineare Glieder. Korrekterweise hätte man z.B. das Beispiel 4.14 danach behandeln müssen, wo ja eine Lampe vorkam, die als ohmscher Widerstand aufgefaßt worden war.

Ein einfacheres Beispiel dazu ist das folgende Beispiel 5.3.

Beispiel 5.3: Spannungsstabilisierung (Labor)

Die gemischte Schaltung nach Bild 5-13 soll Komponenten an einem Netz erheblich schwankender Spannung U_q darstellen. Damit die 6-V-Lampe nicht gefährdet wird, nämlich durch den Anstieg der Spannung auf bis zu 15 V, wird eine Z-Diode (siehe Abschnitt 2.7.4) parallel zur Lampe geschaltet, und zwar im Sperrbetrieb.

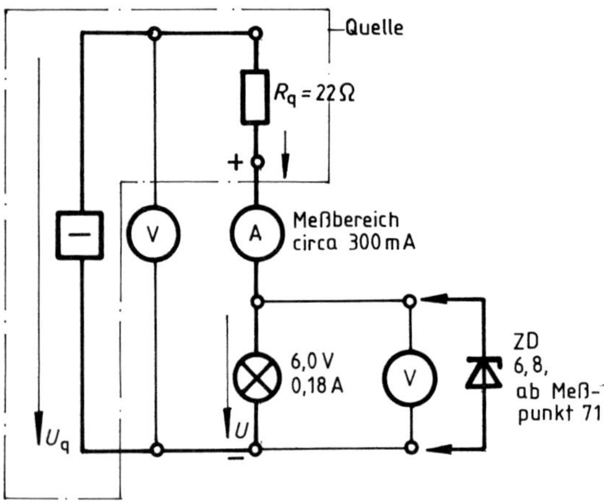

Bild 5-13 Schaltung zum Beispiel 5.3: Spannungsstabilisierung. Die Z-Diode darf nicht falsch gepolt dazugeschaltet werden!

Die Messungen an den Meßpunkten 71 bis 77 sollen erkennen lassen, daß durch die Diode die Spannung an der Lampe stabilisiert wird.

Bauen Sie hierzu die Schaltung des Bildes 5-13 auf, *zunächst ohne die Z-Diode.* Nehmen Sie sodann die Schaltung in Betrieb und messen Sie die Werte an den Meßunkten 64 bis 70 (Tabelle 5-1). Vorsicht! Ab Spannungen von $U = U_{\text{Lampe}} > 6$ V kann die Lampe durchbrennen. Die Ergebnisse lassen erkennen, daß bei wachsendem U_q die Spannung an der Lampe natürlich analog zu U_q weiter mit wächst.

Tabelle 5-1

Meßpunkt 1	U_q / V 2	U / V 3	I / mA 4
64	2,34	1	65
65	3,90	2	93
66	6,80	4	135
67	9,45	6	170
68	10,60	7	185
69	11,50	7,5	193
70	nur kurz!	8	Tendenz

Jetzt wird die Z-Diode zur Lampe parallelgeschaltet und die Meßpunkte 71 bis 77 aufgenommen (Tabelle 5-2). Dabei wird U_q bis gegen 16 V gesteigert. Man kann erkennen, daß durch die Wirkung der Z-Diode die Spannung an der Lampe nicht mehr (nennenswert) anwächst, auch wenn die Spannung U_q mehr als den doppelten Betrag erreicht.

Tabelle 5-2

Meßpunkt 1	U_q / V 2	U / V 3	I / mA 4
71	2,34	1	65
72	3,90	2	93
73	6,80	4	136
74	9,45	6	170
75	10,60	6,6	192
76	14,60	7,1	360
77	15,60	7,4	500

Bild 5-14 zeigt den Zusammenhang graphisch. Man kann sich anhand dieses Bildes nochmals das Auffinden von Reihen- bzw. Parallelschaltungs-Ersatzkennlinien klarmachen.

Eine von vielen technischen Anwendungen des vorigen Problems stellt die Stabilisierung der Kfz-Bordnetzspannung dar, z.B. für den Geber für die Tankinhaltsanzeige.

Die Bordnetzspannung schwankt zwischen 12 V bei abgestelltem und 14,5 V bei laufendem Motor. Sie sinkt auch bei Vollgas, wenn viele Verbraucher eingeschaltet sind (siehe Gl. (4.10)). Ohne Stabilisierung erschiene daher der Tank bei schneller Tagesfahrt voller als bei langsamer Nachtfahrt, da der übliche Spannungsregler im Kraftfahrzeug auch seine Regelgrenzen bzw. der Generator seine Belastbarkeitsgrenzen hat.

Beispiel 5.4: Transistorschaltung (Labor)

Anhand der Schaltung nach Bild 5-15 kann man in groben Zügen eine der diversen Betriebsweisen eines Transistors (in der sogenannten Emitterschaltung) verfolgen. Diese Schaltung kann aufgefaßt werden

1. als typisches elektronisches (analoges) Stellglied,
2. als kontaktloser Schalter.

Als Studienobjekt dient hier zunächst eine Lampe:

- Mit dem Schleifkontakt *S* des Spannungsteilers (Klemmen *A-E*) wird der Steuerstrom (Basisstrom) I_B verstellt.
- Je mehr I_B wächst, um so leitfähiger wird der Transistor im *C-E*-Bereich: die Lampe leuchtet um so heller, je größer I_B wird: Meßpunkte 78 bis 82 (Tabelle 5-3).

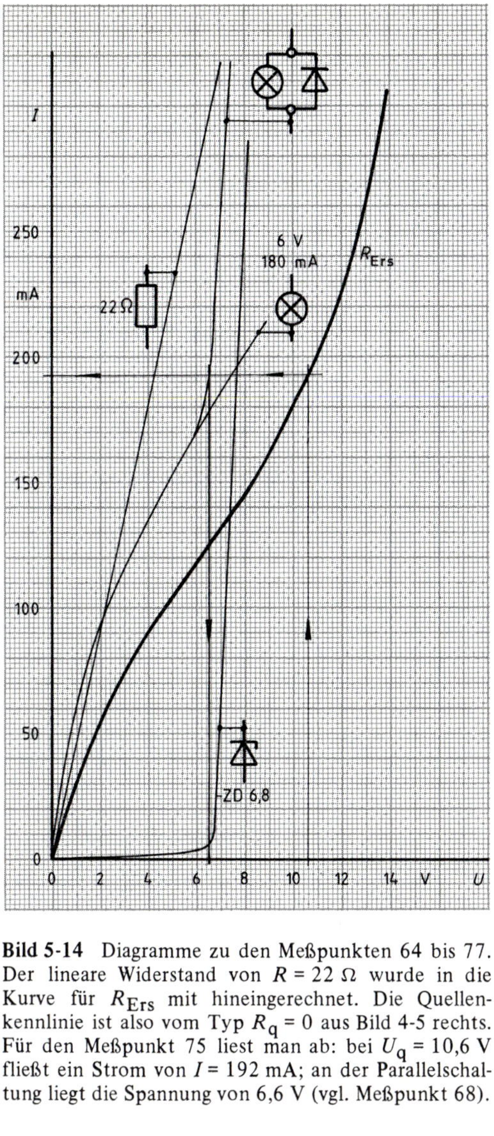

Bild 5-14 Diagramme zu den Meßpunkten 64 bis 77. Der lineare Widerstand von $R = 22\ \Omega$ wurde in die Kurve für R_{Ers} mit hineingerechnet. Die Quellenkennlinie ist also vom Typ $R_q = 0$ aus Bild 4-5 rechts. Für den Meßpunkt 75 liest man ab: bei $U_q = 10{,}6$ V fließt ein Strom von $I = 192$ mA; an der Parallelschaltung liegt die Spannung von 6,6 V (vgl. Meßpunkt 68).

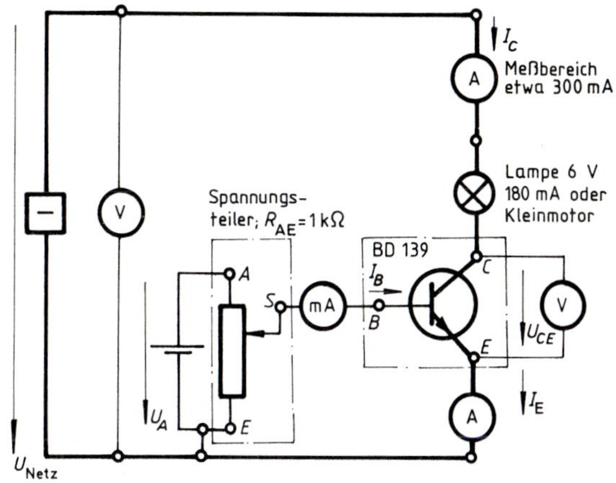

Bild 5-15 Schaltung zum Beispiel 5.4: Transistorschaltung.

Statt der Lampe kann auch ein kleiner Gleichstrommotor verwendet werden. Mit wachsendem Basisstrom I_B, also auch wachsendem Strom I_C, läuft der Motor schneller.

Ob mit Lampe oder Motor betrieben, in beiden Fällen kann die *C-E*-Strecke des Transistors praktisch stromlos gemacht werden, wenn $I_B = 0$ ist (Schleifkontakt *S* unten an Klemme *E* des Spannungsteilers). Das entspräche einem typischen kontaktlosen Schalter:

> Der Strom I_C kommt zum Stehen, ohne daß im I_C-Stromkreis ein Schalterkontakt geöffnet werden mußte.

Man hat hier vollends noch Gelegenheit, die Gültigkeit des 1. Kirchhoffschen Gesetzes (Gln. (4.13) und (4.14)) zu überprüfen. Es muß danach sein:

$$I_C + I_B = I_E.$$

Tabelle 5-3

Meß-punkt 1	U_{Netz}/V 2	U_{Akku}/V 3	I_B/mA 4	I_C/mA 5	U_{CE}/V 6	U_L/V 7	Last 8	I_C/I_B 9
78			1	65	6	1		65
79			2	135	3	4		67,5
80	7	2	3	175	0,7	6,3	Lampe	58,3
81			4	182	0,3	6,7		45,5
82			6	185	0,15	6,85		30,8

Beispiel 5.5: Elektronische Kühlersteuerung mit Heißleiter (Labor)

In Bild 5-16 liegt ein mit einem Heißleiter in Reihe geschalteter Motor vor. Wenn man die Netzspannung so wählt, daß zunächst ein kleiner Strom fließt, z.B. $I_{min} \approx 100$ mA, so läuft der Motor gerade noch nicht an. Allerdings hat man Gelegenheit, aus der Strommesseranzeige zu ersehen, wie der Strom infolge der Heißleiterwirkung (durch die Stromwärme) allmählich anwächst. Sobald eine gewisse Grenze erreicht ist, wird der Motor anlaufen.

Faßt man nun den Heißleiter mit einem kalten nassen Lappen an, so sieht man, wie der Motor langsamer wird und schließlich stehen bleibt. der Lappen kühlt nämlich den Heißleiter: Sein Widerstand wächst.

Man kann diesem Zusammenhang bei Kühlmechanismen mit automatischem Anlauf begegnen (z.B. am Kfz-Motor).

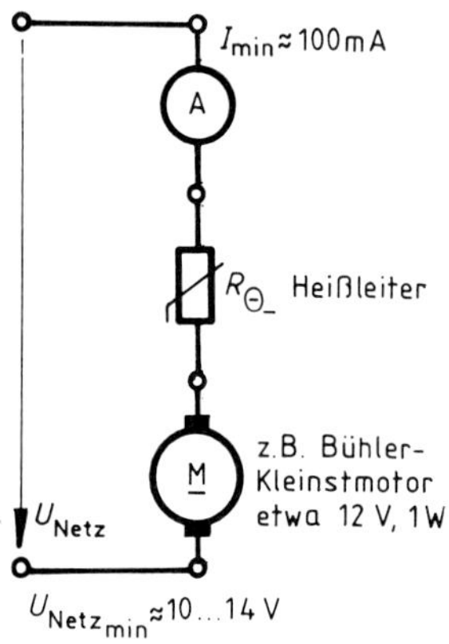

Bild 5-16 Schaltung zum Beispiel 5.5: Temperaturabhängige Steuerung eines (Lüfter)Motors durch einen Heißleiter. Die erforderliche Netzspannung hängt natürlich ganz von der Auswahl des Motörchens und des Heißleitertyps ab.

6 Felder

6.1 Allgemeines

Mit Feld meint man einen *Raumzustand.*

In einem Feld ist *Energie gespeichert.*

Felder haben eine bestimmte *Struktur.* Sie läßt sich durch Linien und einen Richtungssinn beschreiben. Diesen Linien kann man Eigenschaften zuschreiben:

1. Feldlinien wollen sich in sich zusammenziehen und voneinander abstoßen.
2. Feldlinien geben die Richtung an, in der *Kräfte* wirken.
3. Der Richtungssinn zeigt, wohin sich die Kräfte auswirken. Er ist festgelegt.

Im folgenden ist die Rede von *elektrischen* und *magnetischen* Feldern. Formelmäßig kann man sie mit weitestgehend übereinstimmender Struktur beschreiben. Das geht so weit, daß es eigentlich genügen würde, nur *eine* Feldart zu beschreiben. Bei der anderen ist alles ganz genauso – nur gerade umgekehrt. Damit kann z.B. gemeint sein: Angenommen, eine Größe innerhalb der *einen* Feldart werde mit der elektrischen *Spannung* beschrieben, so ist es bei der *anderen* Feldart der Strom und umgekehrt. Sinngemäßes gilt natürlich für die Einheiten.

Damit diese Zusammenhänge einprägsam und augenfällig sind, werden die beiden Feldarten im folgenden grundsätzlich *synoptisch* beschrieben, also gleichzeitig einander gegenübergestellt, solange das didaktisch sinnvoll ist.

Die genannten Übereinstimmungen sind festzustellen von seiten:

- der Größen*bezeichnungen* und der Einheiten,
- der Beziehungen zwischen den einzelnen Feldgrößen,
- der Beziehungen zwischen den Feldern selbst.

Deutliche Unterschiede fallen in Hinblick auf die Anwendungen auf. Im wesentlichen gilt die Zuordnung:

- elektrische Felder → Nachrichtentechnik und Elektronik,
- magnetische Felder → elektrische Energietechnik (Maschinen).

Von seiten der Anwendungen her wird das elektrische Feld nicht weiter verfolgt. Der Betrachtungsschwerpunkt liegt also auf den Grundlagen für die Wirkungsweise der Maschinen.

6.2 Grundgrößen und Richtungsnormen

6.2.1 Ausgangsgröße und Repräsentant des Feldes

elektrisches Feld	magnetisches Feld
Der Feldzustand geht von *elektrischen Ladungen* aus und endet wieder auf Ladungen. Der Repräsentant des elektrischen Feldes ist die elektrische Ladung Q. Die Einheit heißt 1 Coulomb = 1 C = 1 A · s. (1.1)	Magnetische Ladungen gibt es nicht. Das magnetische Feld hat daher eine stets in sich geschlossene Struktur. Der Repräsentant des magnetischen Feldes ist der magnetische Fluß Φ. Die Einheit heißt 1 Weber = 1 Wb = 1 V · s. (6.1)

6.2.2 Typische Feldbilder; Spulenfluß Ψ

<table>
<tr><th>elektrisches Feld</th><th>magnetisches Feld</th></tr>
<tr><td>

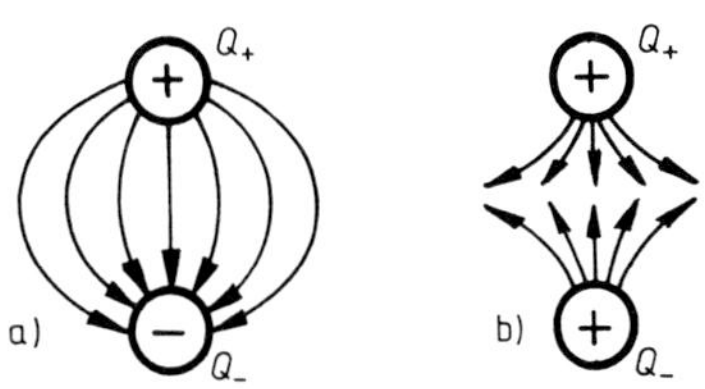

Bild 6-1 Elektrische Feldbilder; a) zwischen zwei ungleichen, b) zwischen zwei gleichen Ladungen, siehe hierzu auch Bild 1-5.

(Zum Spulenfluß gibt es keine elektrische Entsprechung.)

</td><td>

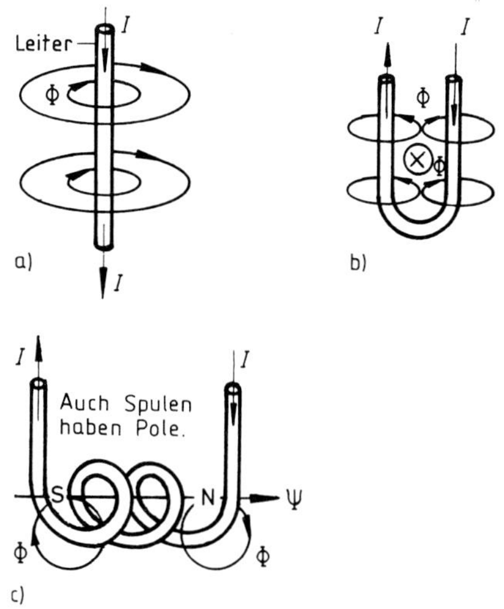

Bild 6-2 Elektromagnetisches Feld Φ um einen stromdurchflossenen Leiter, in einer Schleife und in einer Spule mit N = 3 Windungen, dazu ihre Pole.

a) Korkenzieherverknüpfung
b) Schleife
c) Spule mit N = 3 Windungen.
N Nordpol
S Südpol

Definition: Spulenfluß

$$\Psi = N \cdot \Phi \tag{6.2}$$

mit N Windungszahl.

</td></tr>
</table>

6.2.3 Polaritäten

<table>
<tr><th>elektrisches Feld</th><th>magnetisches Feld</th></tr>
<tr><td>

Man spricht von Plus- und Minus-*Klemme* oder auch Plus- und Minus-Pol. Damit werden an sich die entsprechenden *Ladungszonen* gemeint, wie auch schon in Bild 1-4.

Man vermeidet Verwechslungen bei elektrischen Maschinen, wenn man von Plus-, bzw. Minus-*Klemmen* spricht, und nicht von Plus- bzw. Minus-*Polen*. Ein Pol ist eine magnetische Zone.

</td><td>

Die Zone, aus der das magnetische Feld *austritt*, heißt *Nordpol*, die andere *Südpol* (siehe hierzu Bild 6-2, c).

Laut Definition ist ein Nordpol diejenige Zone, die die Südspitze einer Kompaßnadel anzieht und umgekehrt. (Bekanntlich ist ja auch der *geographische Nordpol* der Erde ein *magnetischer Südpol* und umgekehrt.)

</td></tr>
</table>

6.3 Felddichte

Die Felddichte ist eine wichtige Vergleichsgröße als Maß für die Materialauslastung.

An sich handelt es sich um einen Vektor. Hier interessiert jedoch nur der Betrag.

elektrisches Feld	magnetisches Feld
$D = \frac{Q}{A}$. (6.3) Feld- oder Verschiebungsdichte. Hierin bedeutet: Q elektrische Ladung, A Fläche quer zum Feld.	$B = \frac{\Phi}{A}$ (6.4) Feld- oder Flußdichte. Hierin bedeutet: Φ magnetischer Fluß, A Fläche quer zum Feld. Für die magnetische Felddichte ist eine besondere Einheit üblich. Sie heißt: $1\ \text{Tesla} = 1\ \text{T} = 1\ \text{V} \cdot \text{s} \cdot \text{m}^{-2}$. (6.5)

6.4 Feldstärke

Die Feldstärke ist eine Größe auf dem Weg zur Berechnung der Felddichte und anderer Größen. Sie ist ein Vektor. Auch hier interessiert allerdings nur ihr Betrag.

elektrisches Feld	magnetisches Feld
Allgemein gilt (Bild 6-3) $E = \frac{U}{l}$. (6.6) Die Einheit der elektrischen Feldstärke heißt: $1\ \text{V} \cdot \text{m}^{-1}$. Ein anschauliches Maß ist z.B. die Durchbruchsfeldstärke. Sie beträgt für Luft etwa $E = 20\ \text{kV} \cdot \text{cm}^{-1}$. Man vergleiche das Bild 6-3 mit Bild 1-5. 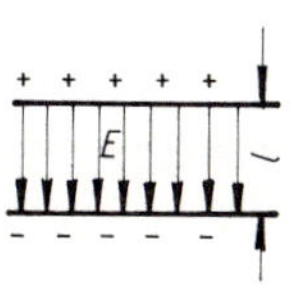 **Bild 6-3** Zur Erläuterung der elektrischen Feldstärke E.	Für eine Spule z.B. gilt (empirisch) (Bild 6-4) $H_{Sp} = \frac{\Theta}{l} = \frac{I \cdot N}{l}$. (6.7) Die Einheit der magnetischen Feldstärke heißt: $1\ \text{A} \cdot \text{m}^{-1}$. Der Ausdruck Θ heißt auch Durchflutung, gemessen in Ampere (-windungen). 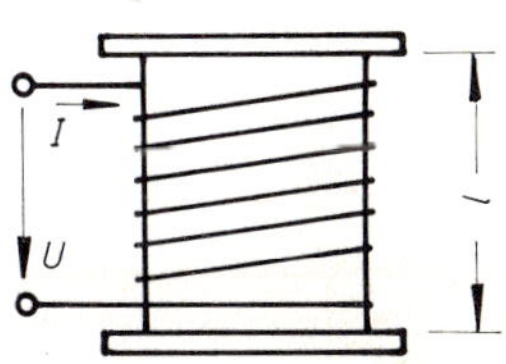 **Bild 6-4** Zur Erläuterung der magnetischen Feldstärke H einer Spule mit der Windungszahl N.

6.5 Feldkonstante

elektrisches Feld

$$\epsilon = \epsilon_0 \cdot \epsilon_r. \tag{6.8}$$

Elektrische Feldkonstante. Hierin bedeuten:

ϵ_0 absolute elektrische Feldkonstante
$\epsilon_0 = 8{,}859 \cdot 10^{-12}\ \mathrm{C \cdot V^{-1} \cdot m^{-1}}$
ϵ_r relative elektrische Feldkonstante

Tabelle 6-1 zeigt einige Zahlenwerte für gebräuchliche Materialien.

Tabelle 6-1

Material	Betrag
Luft	1,0
Glas	5 bis 12
Hölzer	1 bis 7
Harze	3 bis 8
Pertinax	4,8
Polystyrol	2,6
Wasser	80

magnetisches Feld

$$\mu = \mu_0 \cdot \mu_r. \tag{6.9}$$

Magnetische Feldkonstante. Hierin bedeuten:

μ_0 absolute magnetische Feldkonstante
$\mu_0 = 1{,}256 \cdot 10^{-6}\ \mathrm{Wb \cdot A^{-1} \cdot m^{-1}}$
μ_r relative magnetische Feldkonstante

Die Bilder 6-5 und 6-6 lassen erkennen, daß die Konstante μ_r eigentlich gar keine Konstante ist, wenigstens, wenn es um die ausgerechnet technisch bedeutsamsten Materialien Eisen, Cobalt, Nickel und deren Legierungen geht: ferromagnetische Materialien.

Für alle Nichteisenmetalle beträgt etwa $\mu_r \approx 1{,}0$.

Für ferromagnetische Materialien kann μ_r Beträge von bis zu 500000 annehmen.

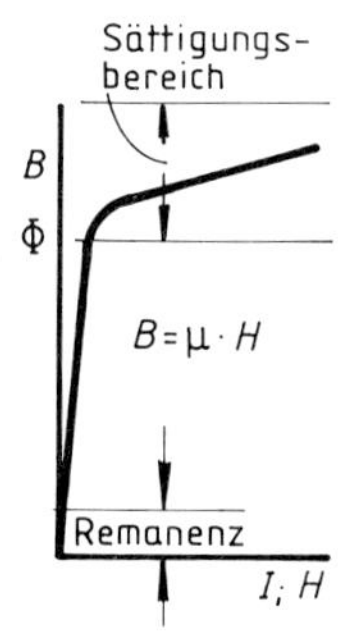

Bild 6-5
Hysteresekurve mit Remanenz- und Sättigungsbereich

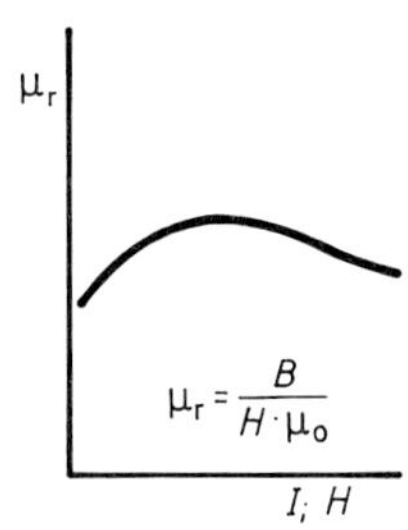

Bild 6-6
Die Materialkonstante μ_r ist bei Fe, Co und Ni keine Konstante.

6.6 Verknüpfungen

Die Feldkonstante verknüpft die Feld*stärke* mit der Feld*dichte*:

elektrisches Feld	magnetisches Feld
$D = \epsilon \cdot E$ (6.10)	$B = \mu \cdot H$ (6.11)
Maxwellsche Gleichungen	
$\mathrm{rot} H = \epsilon \cdot \frac{\partial E}{\partial t} + \gamma \cdot E$ (6.12)	$\mathrm{rot} E = -\mu \cdot \frac{\partial H}{\partial t}$ (6.13)
Die Lichtgeschwindigkeit c findet sich interessanterweise aus der Verknüpfung der beiden Feldkonstanten:	$c = \frac{1}{\sqrt{\epsilon_0 \cdot \mu_0}} = 2{,}998 \cdot 10^8\ \mathrm{m \cdot s^{-1}}$ (6.14)

Die vorgenannten Verknüpfungen sind zwar für das weitere *technische Verständnis* nicht besonders wichtig. Sie erlauben aber einen gewissen zusätzlichen Überblick über die physikalischen Zusammenhänge der beiden Feldarten.

Gl. (6.12) stellt speziell eine Variante von Gl. (1.27) dar.

Gl. (6.13) nimmt Gl. (6.26) vorweg: das Induktionsgesetz.

6.7 Ohmsches Gesetz

elektrisches Feld	magnetisches Feld
Von früher her ist bekannt:	Analog Gl. (1.27) und Gl. (1.23) kann geschrieben werden:
$I = \frac{U}{R_{el}}$, (1.27)	$\Phi = \frac{I \cdot N}{R_{magn}}$ (6.15)
$R_{el} = \frac{l}{\gamma \cdot A_{Cu}}$. (1.23)	$R_{magn} = \frac{l}{\mu \cdot A_{Fe}}$ (6.16)
	l mittlere Feldlinienlänge.

Analog dem elektrischen Widerstand gibt es also auch einen magnetischen Widerstand R_{magn}. Kein Zufall ist, daß für den Ausdruck magnetischer *Fluß* ein Synonym zur Vokabel elektrischer *Strom* gewählt worden war. Die formale Strukturübereinstimmung kann auch noch durch Bilder wie 6-7 und 6-8 zum Ausdruck gebracht werden: Verzweigungen von

elektrischem Strom

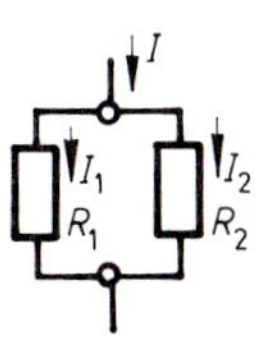

Bild 6-7
Der elektrische Strom I verzweigt sich in die Teilströme I_1 und I_2 nach Maßgabe der Widerstände R_1 und R_2.

magnetischem Fluß [8].

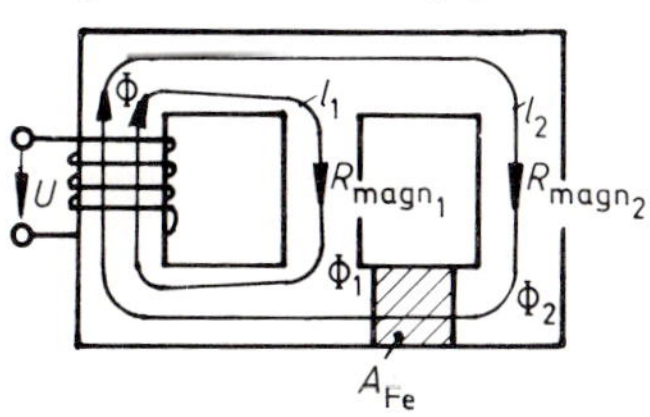

Bild 6-8 Der magnetische Fluß Φ verzweigt sich in die Teilflüsse Φ_1 und Φ_2 nach Maßgabe der magnetischen Widerstände R_{magn_1} und R_{magn_2}.

6.8 Kapazität und Induktivität

elektrisches Feld

Gl. (6.20) ließe sich zwar auch lückenlos herleiten. Sie wird hier aber der Einfachheit halber auf der Basis der bisher schon beobachteten Dualitäten *analog* Gln. (6.18) und (6.19) einfach definiert:

$$C = \frac{Q}{U}, \qquad (6.20)$$

$$C = \frac{\mathrm{d}q}{\mathrm{d}u}. \qquad (6.21)$$

Kapazität eines Kondensators, siehe Abschnitt 2.6.

Analog den Zusammenhängen von Gl. (6.21) kann auch hier gesetzt werden (Bild 6-9):

$$C = \epsilon_0 \cdot \epsilon_r \cdot \frac{A}{l}. \qquad (6.23)$$

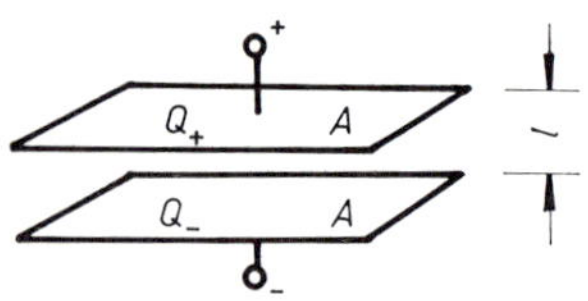

Bild 6-9 Daten zum Kondensator. In Gleichung (6.23) geht die Fläche A einmal ein.

Die Einheit der Kapazität heißt

$$1 \text{ Farad} = 1 \text{ F} = 1 \text{ C} \cdot \text{V}^{-1} = 1 \text{ A} \cdot \text{s} \cdot \text{V}^{-1}. \qquad (6.24)$$

magnetisches Feld

Für das Magnetfeld in einer Spule, den Spulenfluß Ψ, geht in Verbindung mit den Gln. (6.15) und (6.16) aus Gl. (6.2) hervor:

$$\Psi = N \cdot \Phi = N \cdot \frac{I \cdot N}{R_{\text{magn}}} = \underbrace{N^2 \cdot \mu_0 \cdot \mu_r \cdot \frac{A}{l}}_{L} \cdot I$$

$$\Psi = L \cdot I. \qquad (6.17)$$

Daraus wird definiert:

$$L = \frac{\Psi}{I}, \qquad (6.18)$$

$$L = \frac{\mathrm{d}\Psi}{\mathrm{d}i}. \qquad (6.19)$$

Induktivität einer Spule, siehe Abschnitt 2.5.

Aus der Herleitung von Gl. (6.17) ergab sich der geometrische Zusammenhang für die Größe L (Bild 6-10):

$$L = N^2 \cdot \mu_0 \cdot \mu_r \cdot \frac{A}{l}. \qquad (6.22)$$

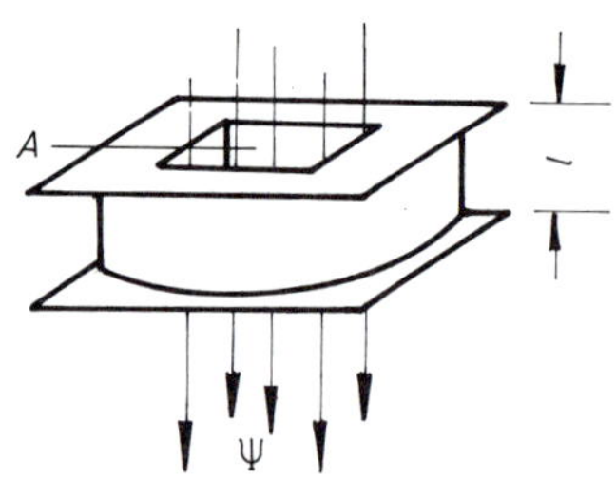

Bild 6-10 Daten zur Spule.

Die Einheit der Induktivität heißt

$$1 \text{ Henry} = 1 \text{ H} = 1 \text{ Wb} \cdot \text{A}^{-1} = 1 \text{ V} \cdot \text{s} \cdot \text{A}^{-1}. \qquad (6.25)$$

6.9 Ladestrom und Induktionsvorgang

elektrisches Feld	magnetisches Feld
Es wird von Gl. (1.8) ausgegangen, der Definition für den elektrischen Strom. $$i = \frac{dq}{dt}. \quad (1.7)$$ Definition für den elektrischen Strom allgemein. Aus Gl. (6.21) kann dq substituiert werden und man erhält: $$i = C \cdot \frac{du}{dt} \quad (6.27)$$ Ladestrom Liegt veränderliche Spannung an einem Kondensator, so fließt ein *Lade*strom.	Analog zu Gl. (1.8) erhält man durch passende Substitutionen (statt i und q *hier:* u und Ψ): $$u = \frac{d\Psi}{dt} = N \cdot \frac{d\Phi}{dt} \quad (6.26)$$ Induktionsgesetz, Michael Faraday, 1831. Aus Gl. (6.19) kann dΨ substituiert werden und man erhält: $$u = L \cdot \frac{di}{dt}, \quad (6.28)$$ Andere Form des Induktionsgesetzes. Fließt veränderlicher Strom durch eine Spule, so tritt in ihr eine *selbstinduktive* Spannung auf.

Gl. (6.26) ist die Grundlage der großtechnischen Energieversorgung.

Die Gln. (6.27) und (6.28) spielen in der Wechselstromtechnik eine große Rolle, da es sich dort um permanent sich ändernde Größen handelt.

Besonders die Aussage von Gl. (6.26) ist im weitesten Sinne wichtig:

- Überall, wo sich ein Magnetfeld ändert, sei es durch abrupte Schaltvorgänge, kurzschlußartige, atmosphärische oder kernenergetische Ausgleichsvorgänge, kann es auf induktivem Weg zu unter Umständen heftigen Spannungsstößen kommen, durch die Anlagenteile oder Personen gefährdet sind.
- Ganz besonders empfindlich sind elektronische Bauelemente und dementsprechend schutzbedürftig, z.B. durch völlige Kapselung mit Stahlblech, falls ein Schutz akut ist. Dazu zählen Beanspruchungen durch NEMP[1]).

6.10 Schaltungen von Kondensatoren

Ähnlich wie bei Widerständen kann man auch bei zwei oder mehr Kondensatoren einen Ersatzkondensator finden, der die gleichen Eigenschaften zeigt, wie die Gesamtwirkung der Einzelkondensatoren, je nachdem, ob sie in Reihe, parallel oder gemischt geschaltet sind.

6.10.1 Reihenschaltung von Kondensatoren

Es wird von Abschnitt 4.2 ausgegangen (Reihenschaltung von Widerständen) und Betrachtungen angestellt, die zu den dortigen analog sind.

Sicherlich kann während des Auf- oder Entladevorgangs auch hier nur *ein* Strom- oder Ladungsvorgang beobachtet werden, wobei also gilt (Bild 6-11):

$$Q_1 = Q_2 = Q_{ges} = Q. \quad (6.29)$$

---

1) nuclear electromagnetic pulse, z.B. als Folge von Kernwaffenauswirkungen aus großer Höhe [9].

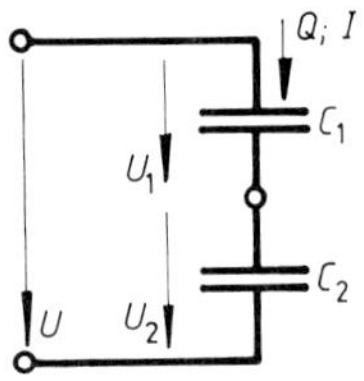

Bild 6-11
Zwei Kondensatoren in Reihe. Strom und Ladung sind überall gleichgroß.

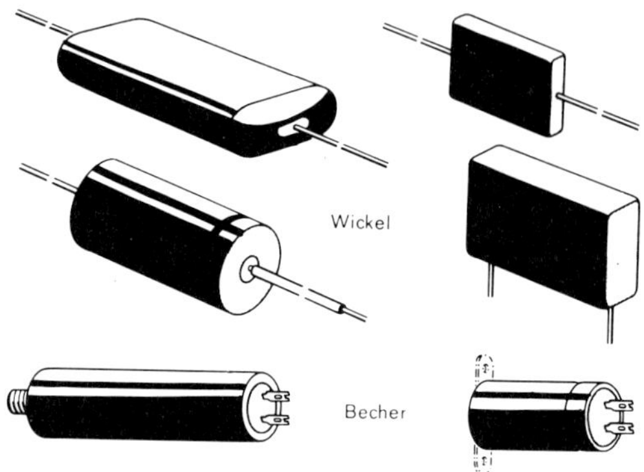

Bild 6-12 Einige Ausführungsformen von sogenannten Wickelkondensatoren. Sie bestehen aus metallbeschichteten aufgewickelten Folien (aus Christiani-Datenbank).

An jedem Einzelkondensator tritt entsprechend Gl. (6.20) eine Spannung auf:

$$U = \frac{Q}{C}.$$

Die Summe dieser Teilspannungen U_1 und U_2 ist analog Gl. (4.4):

$$U = U_{ges} = U_1 + U_2. \qquad (6.30)$$

Mit den Gln. (6.20) und (6.29) wird daraus:

$$\frac{Q_{ges}}{C_{Ers}} = \frac{Q_1}{C_1} + \frac{Q_2}{C_2}.$$

$$\frac{Q}{C_{Ers}} = \frac{Q}{C_1} + \frac{Q}{C_2}$$

$$\frac{1}{C_{Ers}} = \frac{1}{C_1} + \frac{1}{C_2}. \qquad (6.31)$$

Aus den Gln. (6.20) und (6.29) folgt auch:

$$Q = C \cdot U = Q_1 = Q_2 = C_1 \cdot U_1 = C_2 \cdot U_2$$

und daraus schließlich:

$$\frac{U_1}{U_2} = \frac{C_2}{C_1}. \qquad (6.32)$$

Daraus ist zu entnehmen:

> An zwei in Reihe geschalteten Kondensatoren verhalten sich die Teilspannungen *umgekehrt wie die Kondensatorkapazitäten.*

Es gibt Schaltungen mit sehr vielen Kondensatoren in Reihe. Mitunter wird dort die Spannung eines einzigen oder mehrerer Kondensatoren abgegriffen. Analog entsprechenden Widerstandsschaltungen spricht man dann auch hier von (kapazitiven) Spannungsteilerschaltungen.

6.10.2 Parallelschaltung von Kondensatoren

Aus Bild 6-13 erkennt man sofort, daß sich elektrisch nichts ändern kann, wenn man je zwei Kondensatorplatten miteinander verbindet. Wegen der Parallelschaltung liegt ohnehin an beiden Kondensatoren die gleiche Spannung.

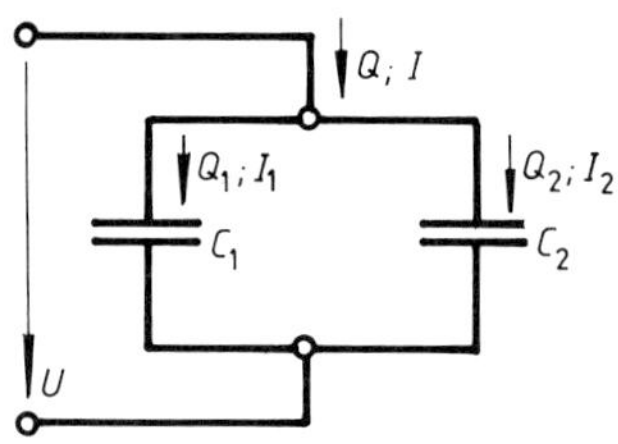

Bild 6-13 Zwei Kondensatoren in Parallelschaltung. Es addieren sich die Teilkapazitäten.

Man vergrößert so die Oberfläche A in Gl. (6.23) im Sinne von $A = A_1 + A_2$. Damit kommt man hinsichtlich eines Ersatzkondensators für zwei parallele Kondensatoren zum Ergebnis:

$$C_{Ers} = C_1 + C_2 \qquad (6.33)$$

Zusammenfassung:

Man konnte in den Gln. (6.30) bis (6.33) erkennen, daß die Formelstrukturen bei Kondensatorschaltungen die gleichen sind, wie bei Widerstandsschaltungen.

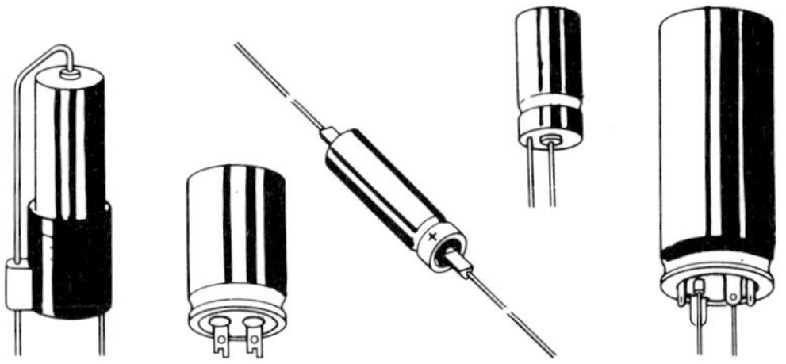

Bild 6-14 Einige Ausführungsformen von sogenannten Elektrolyt-Kondensatoren. Es gibt sie in gepolter Ausführung. Sie dürfen nur an Gleichspannung und auch dort nur bei richtiger Polung betrieben werden. In ungepolter Ausführung ist Betrieb auch an Wechselspannung zulässig (aus Christiani-Datenbank).

Von der Anwendung her gelten für die Reihenschaltung von *Kondensatoren* allerdings die Formelstrukturen für Parallelschaltung von *Widerständen* und umgekehrt.

Natürlich kann man auch gemischte Schaltungen von Kondensatoren so berechnen.

6.11 Schaltungen von Spulen

Die elektrischen Eigenschaften von Spulen sind nicht nur durch deren Widerstände, sondern auch ihre Induktivitäten geprägt. Diese hängen laut Gl. (6.17) mit den Spulen-Magnetfeldern zusammen. Mehrere Spulen können ein gemeinsames Feld haben. Meist sind die Felder von Spulen räumlich völlig getrennt, was im folgenden vorausgesetzt sei (andernfalls gelten andere Beziehungen).

Aus den vorigen Abschnitten ist zu erkennen, daß die Größen und Zusammenhänge bei den beiden Feldarten sinngemäß genauso gelten, allerdings jeweils gerade umgekehrt. So ist schon deshalb hier zu erwarten, daß alle Gleichungen von Schaltungen bei Spulen gerade die umgekehrte Struktur zeigen wie bei Kondensatoren. Das geht später auch aus den Gln. (7.17) und (7.18) hervor.

Es wird daher hier ohne Beweis und Herleitung für die Schaltung von Spulen nur das Ergebnis genannt.

6.11.1 Reihenschaltung von Spulen

Für die Ersatzinduktivität von Spulen gilt:

$$L_{\text{Ers}} = L_1 + L_2 . \qquad (6.34)$$

6.11.2 Parallelschaltung von Spulen

Für die Ersatzinduktivität von Spulen gilt:

$$\frac{1}{L_{\text{Ers}}} = \frac{1}{L_1} + \frac{1}{L_2} . \qquad (6.35)$$

Zusammenfassung:

Für die Formel*strukturen* der Schaltung von Induktivitäten gelten also die gleichen Fälle wie bei Widerständen.

6.12 Schaltvorgänge

Die Vorgänge werden hier ohne Herleitung rein qualitativ für die technisch wichtigsten Fälle: Ein- und Ausschalten von Kondensatoren bzw. Spulen aufgeführt.

Es handelt sich in jedem Fall um sogenannte e-Funktionen. Als bekannt wird dabei vorausgesetzt:

eine e-Funktion erreicht ihren (asymptotischen) Endwert nach Ablauf von etwa 5 Zeitkonstanten τ.

elektrisches Feld	magnetisches Feld

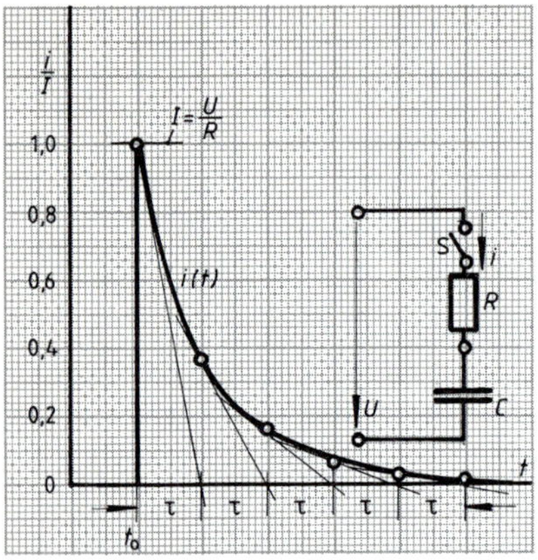

Bild 6-15 Einschaltvorgang bei einem Kondensator. Charakteristisch ist die aggressive Stromspitze im Einschaltaugenblick.

Aus Bild 6-15 erkennt man: Im Einschaltaugenblick verhält sich ein Kondensator wie ein Kurzschluß. An ihm liegt dabei zunächst die volle Spannung (analog der Unterbrechungsstelle im Beispiel 4.5). Es besteht beim Einschalten eines Kondensators die Gefahr des Verschweißens von Kontakten, sowie von Schäden an Meßinstrumenten. Stets sollte ein Vorwiderstand R dazugeschaltet sein: $I_{max} = U/R$.

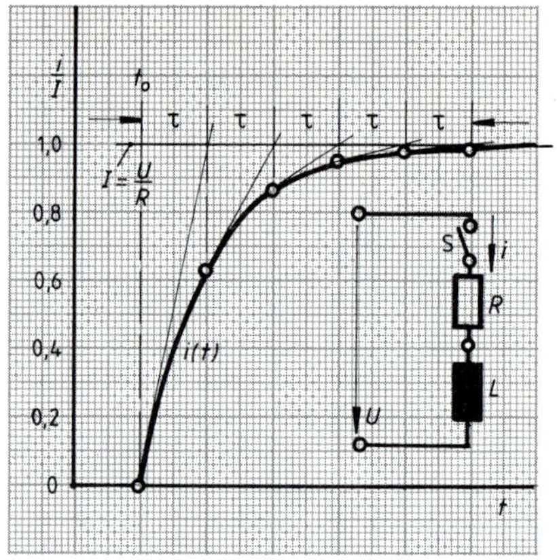

Bild 6-16 Einschaltvorgang bei einer Spule. Charakteristisch ist hier, daß der Strom sich erst allmählich entwickelt.

Aus Bild 6-16 geht hervor: Im Einschaltaugenblick verhält sich eine Spule wie eine Unterbrechung. An ihr liegt zunächst die ganze Spannung, bzw. sie wirkt der schnellen Entwicklung eines Stroms entgegen. Die Spule verhält sich also gerade umgekehrt wie der Kondensator.

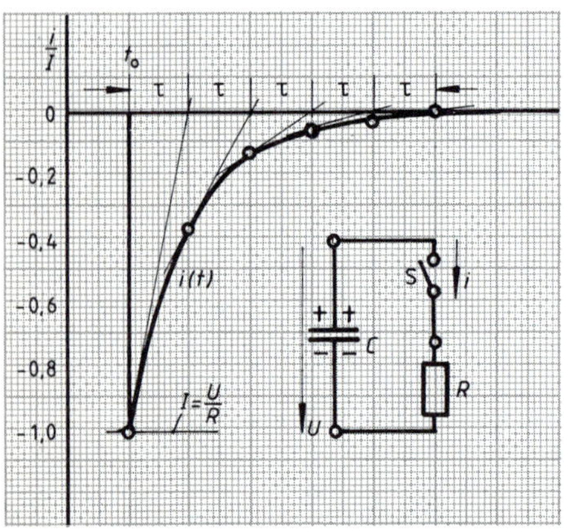

Bild 6-17 Ausschaltvorgang bei einem Kondensator. Beim Schließen von S verschwindet das elektrische Feld wieder.

Beim Entladen des Kondensators (Bild 6-17) hat der Stromstoß natürlich den entgegengesetzten Richtungssinn, wie beim Aufladen.

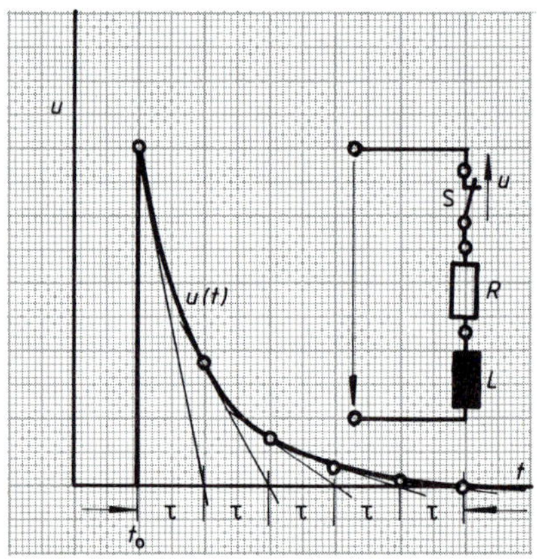

Bild 6-18 Ausschaltvorgang bei einer Spule. Dieser Vorgang ist besonders bekannt durch seine Anwendung bei der Kfz-Zündspule.

In Bild 6-18 fällt die große Spannungsspitze beim Öffnen eines Stromkreises mit Induktivität auf. Dieser Zusammenhang wird bekanntlich bei jedem Gaszündvorgang technisch genutzt.

6.13 Zeitkonstante

Auch hier wird ohne Herleitung mitgeteilt: Sowohl beim Einschalten als auch beim Ausschalten gilt für die zeitliche Entwicklung der Schaltvorgänge der Zusammenhang:

elektrisches Feld	magnetisches Feld
$\tau = R \cdot C.$ (6.36) Zeitkonstante	$\tau = \frac{L}{R}$ (6.37) Zeitkonstante
Siehe hierzu die Bilder 6-15 bis 6-18.	

Man erkennt, daß durch geeignete Bemessung der beteiligten Größen sowohl Kondensator- als auch Induktivitätskreise gut geeignet sind, um alle denkbaren Zeitverzögerungen zu realisieren, die in technischen Anlagen erwünscht sein können. Andererseits hat man es im Rahmen der Gln. (6.36) bzw. (6.37) in der Hand, unerwünschte Zeitverzögerungen verkleinernd zu beeinflussen.

Beispiel 6.1: Eisen im elektromagnetischen Feld (Labor)

Eine Spule mit der Windungszahl von z.B. $N = 1500$ steht unter einem Gleichstrom von $I = 1$ A, zunächst ohne Eisen! Es bilden sich dabei die magnetischen Pole, wie sie aus dem Bild 6-19 hervorgehen. Sie lassen sich mit einem Kompaß leicht nachprüfen: Der Spulensüdpol zieht den Kompaßnordpol an. Dabei ist bekanntlich der Kompaß-Nordpol derjenige, der nach (geographisch!) Norden zeigt.

Der Kompaß wird nun so weit von der Spule weg aufgestellt, daß die Nadel gerade noch leicht zuckt, wenn der Spulenstrom eingeschaltet wird. Die Nadel soll dann so stehen, wie im Bild 6-19. Die Spule stehe nun unter Strom. In diesem Zustand wird das Eisenstück wie skizziert, an die Spule gehalten. Dabei kann man beobachten:

1. Das Eisenstück verschwindet in der Spule.
2. Der Strombetrag bleibt, wie er war (bei leichtem Zucken des Amperemeters während der Einfahrt des Eisenstücks in die Spule.
3. *Die Nordspitze der Magnetnadel dreht sich stark zur Spule.*

Auswertung: Die Wirkung 3 zeigt, daß offenbar *mit Eisen* die Feld*dichte* (siehe Gln. (6.4), (6.9) und (6.11)) erheblich gewachsen ist. Erklärlich ist das unter anderm durch die Zusammenhänge von Bild 6-6.

Der Versuch zeigt hier besonders deutlich den physikalischen Unterschied zwischen Feld*stärke* und Feld*dichte*. Die Feldstärke der Spule (Gl. (6.7)) bleibt wegen des konstanten Stroms unverändert. Dagegen hat sich die Feld*dichte* erheblich verändert. Da die Felddichte durch die Anwesenheit von Eisen aber so erheblich zugenommen hat, ist verständlich, daß in der elektrischen Energietechnik ferromagnetische Materialien *die gegebenen Werkstoffe* sind, wenn es darum geht, auf kleinem Raum ein Maximum magnetischer Feldwirkungen zu erreichen. In allen elektrischen Maschinen findet man daher Eisenkerne.

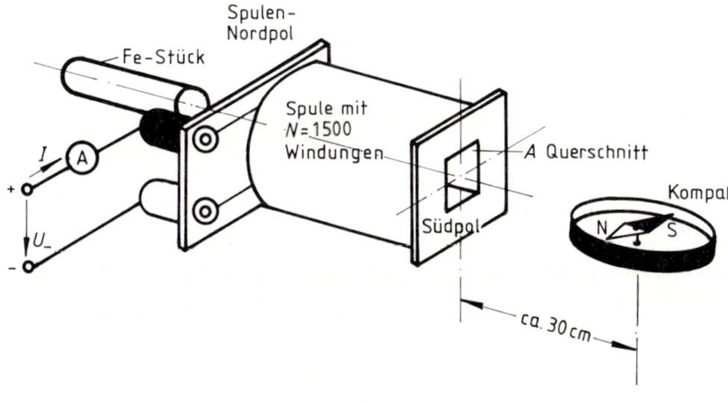

Bild 6-19
Aufbau zum Beispiel 6.1: Eisen im elektromagnetischen Feld.
Wird das Eisenstück losgelassen, wenn die Spule magnetisch erregt ist, so wird es in die Spule hineingezogen. Dabei dreht sich die Kompaßnadel-Nordspitze dem Eisen entgegen.

6.14 Induktionsvorgänge

Aus der Physik ist der Satz von der Erhaltung der Energie bekannt:

> In einem abgeschlossenen System kann Energie weder entstehen noch verloren gehen. (Julius Robert von Mayer, 1845) (6.38)

Aus dem Aspekt heraus, daß es sich bei einem Magnetfeld um dort gespeicherte Energie handelt, wurde speziell für die Verhältnisse der Elektrotechnik formuliert:

> Gegenüber betrieblichen *Veränderungen* verhält sich jedes abgeschlossene System so, daß die gerade angetroffene Energiesituation *erhalten* bleibt. (Lenzsches Gesetz, Heinrich Lenz, 1834) (6.39)

Werden Ströme ein- oder ausgeschaltet oder überhaupt betrieblich *geändert*, so müssen sich ihre Magnetfelder (und damit Energien) mit den Strömen zusammen *ändern*, womöglich aus einer Situation bis hin zu gegensinnigen, auf Null oder sonstwohin.

Tabelle 6-2

Nr.	Verfahren	Kurzform
1	Die Ausgangssituation wird skizziert: das Feld Φ_1, eventuell zusammen mit den Polen N_1 und S_1, und, falls gegeben, auch der Strom I_1 beziehungsweise i_1.	Φ_1
2	Die Änderung des Energieinhalts wird erfaßt, falls existent, ebenfalls skizziert, mindestens von der Tendenz her: ↑ bzw. ↓.	$\Delta\Phi_1$
3	Über die Korkenzieherverknüpfung (Bild 6-2) wird der induzierte Strom i_2 ermittelt; dabei ist $\Delta\Phi_2 = +\Delta\Phi_1$ bzw. $\Delta\Phi_2 = -\Delta\Phi_1$, je nachdem, wodurch die Ausgangssituation erhalten bleiben kann. Die Pole N_2 und S_2 sind feststellbar und liefern in Verbindung mit N_1 und S_1 die Kraftwirkungen.	$\Delta\Phi_2$; i_2; N_2; S_2

Werden ferner magnetisierte Bauelemente gegenüber ihrer Umgebung in eine *andere Lage gebracht, so ändern* sich damit auch ihre Magnetfelder gegenüber der Umgebung.

Diese Vorgänge werden an sich mit den Gln. (6.13), (6.26) und (6.28) eindeutig beschrieben. Damit sind sie *quantitativen* Aussagen zugänglich.

Für das *anschauliche Verständnis* sind diese Gleichungen jedoch nicht immer geeignet. Deshalb wird für die anschließenden Beispiele das Verfahren nach Tabelle 6-2 empfohlen. Es steht auf der Grundlage der Sätze (6.38) und (6.39).

Beispiel 6.2: Induktionsgrundversuch (Thomsonscher Ringversuch) (Labor)

Auf einem unmagnetischen Eisenbolzen steckt eine Spule. Darüber hängt lose ein *Nichteisen*metallring, z. B. ein Aluminiumring. Die Spule wird an eine Gleichspannungsquelle von $U = 30$ V angeschlossen, und zwar so, wie in Bild 6-20. Rechts soll also der Nordpol N_1 vorliegen.

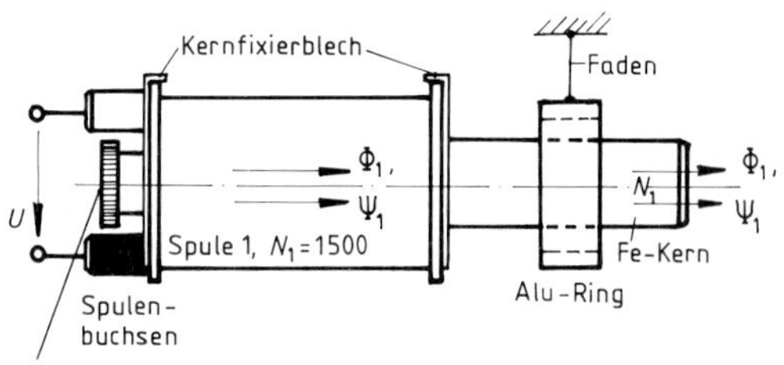

Bild 6-20 Aufbau zum Beispiel 6.2: Induktionsgrundversuch (Thomsonscher Ringversuch).

Fragen: Was geschieht mit dem Ring

1. beim Einschalten der Spule,
2. beim Ausschalten?

Lösungen: Ausgangspunkt ist Satz (6.39), das Lenzsche Gesetz. Es besagt hier:

Der Energieinhalt (das Magnetfeld Φ_1) des Aluminiumringes „will" seinen jeweiligen Zustand beibehalten.

1. Vor dem Einschalten war der Energieinhalt Null, also $\Phi_1 = 0$ (Tabelle 6-3, links oben).

   Sobald Strom fließt, entwickelt sich das Feld Φ_1. Der erste Zuwachs wird mit $\Delta\Phi_1$ in Tabelle 6-3 skizziert. Dieser Zuwachs stellt aber eine Störung des Lenzschen Gesetzes dar. Infolgedessen wird sich eine Wirkung einstellen müssen, die diese

Störung „bekämpft". Dazu ist ein Feld Φ_2 geeignet, wenn es Stück für Stück jeden Zuwachs von Φ_1 kompensiert, also $\Delta\Phi_2 = -\Delta\Phi_1$ wirksam wird (Tabelle 6-3 Mitte und rechts oben).

Der Träger dieses Feldes Φ_2 ist der Strom i_2. Mit dem Strom steht es über die Korkenzieherverknüpfung im Zusammenhang (Tabelle 6-3 rechts oben). Sichtbar ist dieser Strom zunächst nicht. Durch die Wirkung seines Magnetfeldes wird der Ring allerdings nach rechts weggedrückt, was ohne weiteres beim Einschalten der Spule sichtbar ist. Als Erklärung dafür sieht man in Tabelle 6-3 rechts am Ring, der Eintrittstelle von Φ_2 den dazugehörigen Südpol S_2. Er wird vom Nordpol N_1 am Eisenbolzen angezogen, also Kraftwirkung nach rechts.

Nachdem der Feld*aufbau* abgeklungen ist, (siehe hierzu Bild 6-16), also keine *Änderung* $d\Phi/dt$ mehr auftritt, hören weitere Induktions- und damit Feld- und Kräftewirkungen auf: Der Ring fällt wieder zurück.

Tabelle 6-3

Lösung zu 1. Einschalten		
Ausgangssituation [1]	Änderung des Energieinhalts [2]	Korkenzieherverknüpfung [3]
	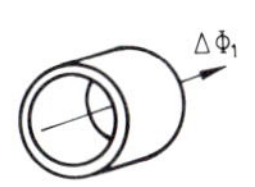	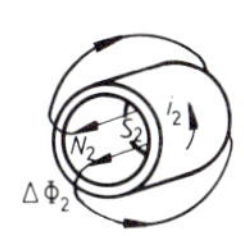
$\Phi_1 = 0$, da der Strom i_1 erst aufgebaut wird	$\Delta\Phi_1$ und Φ_1 werden sich so entwickeln.	$\Delta\Phi_2 = -\Delta\Phi_1$ hält aufrecht die Situation $\Phi_1 = 0$
S_2 und N_1 ziehen sich an, der Ring fliegt nach rechts.		
Lösung zu 2. Ausschalten		
Ausgangssituation [4]	Änderung des Energieinhalts [5]	Korkenzieherverknüpfung [6]
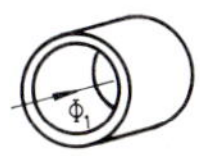	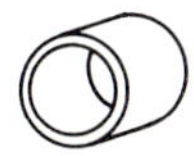	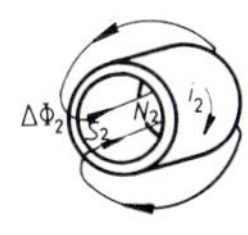
Φ_1 ist aufgebaut, wie skizziert ist, solange $I_1 = \text{const.}$	Φ_1 bricht zusammen bis zu $\Phi_1 = 0$.	i_2 fließt so, daß $\Delta\Phi_2 = +\Delta\Phi_1$, damit alles so bleibt, wie es war.
N_2 und N_1 stoßen sich ab, der Ring fliegt nach links.		

2. Vor dem Ausschalten ist *nun* die Ausgangssituation: Es existiert das Feld Φ_1 (Tabelle 6-3 unten links).

   Beim Ausschalten fällt das Feld Φ_1 zusammen, also $\Phi_1 = 0$ (Tabelle 6-3 Mitte unten).

   Um den früheren Zustand: nämlich das vorliegende Feld Φ_1 aufrechtzuerhalten, wird vom Ring her das Feld Φ_2 mobilisiert. Jedem verschwindenden Element $\Delta\Phi_1$ substituiert sich daher ein Ersatzelement $\Delta\Phi_2$, so daß also $\Delta\Phi_2 = \Delta\Phi_1$ ist. Man beachte, daß *hier* nicht wiederum $\Delta\Phi_2 = -\Delta\Phi_1$ sein kann. Es geht ja nicht um eine *Abwehr gegen ein unerwünschtes Feld,* sondern die ursprüngliche Situation hieß ja: Es ist schon ein Feld da. Wenn nichts zu seiner *Stützung* geschicht, geht es *verloren.*

   Aus Tabelle 6-3 gehen wieder die mit dem Feld Φ_2 verknüpften Korkenzieherzusammenhänge hervor und daraus schließlich:

   Hier fliegt der Ring nach links, da sich N_1 und N_2 abstoßen.

Zusammenfassung: Bei allen Maßnahmen benimmt sich der Ring so, daß er seinen ursprünglichen Energie-, also Magnetfeldinhalt beibehalten kann. Er läuft jeweils der Ausgangssituation nach, sofern man ihm die Möglichkeit dazu gibt (hier: durch die freie Aufhängung.

Beispiel 6.3: Variationen zum Ringversuch (Labor)

1. Gleicher Aufbau wie im Bild 6-20, die Spannung wird aber nicht schlagartig ein- bzw. ausgeschaltet, sondern sie wird kontinuierlich im Bereich $0 < U < 30$ V gesteigert und wieder gesenkt.

   Frage: Wie verhält sich der Ring dabei?

   Lösung: Die Wirkungen sind qualitativ genau die gleichen, wie beim Versuch 6.2, nur mit dem Unterschied: Die jeweilige Auslenkung dauert jetzt solange, wie die Spannung und damit der Strom und das Feld jeweils *geändert* werden (siehe Gln. (6.26) bzw. (6.28).

2. Die Maßnahme aus 1. wird insoweit automatisiert, daß die Spannungsverstellung nicht mehr von Hand erfolgen muß, sondern durch Anschluß an eine *Wechselspannung* die Änderungen nun dauernd von selbst erfolgen. Verwendet wird $U = 50$ V bei $f = 50$ Hz.

   Frage: Was geschieht mit dem Ring und dem Eisenkern?

   Lösungen: Der Ring versucht, sich ein für alle Mal den permanenten Feld*änderungen* dadurch zu entziehen, daß er sich aus dem Feld wegbewegt: Schräglage nach rechts.

Läßt man diesen Betriebsfall ein paar Minuten eingeschaltet, so kann man nach kurzer Zeit feststellen, daß sich sowohl der *massive Eisenbolzen* als auch der *Aluminiumring* erwärmt haben.

Erklärung: Induktionsströme i_2 fließen nicht nur im Aluminiumring. Vielmehr können sie sich auch in allen zum Ring konzentrisch orientierten Zonen, die vom Feld Φ_2 mit durchsetzt werden können, genauso bilden, wenn sich dieses Feld Φ_2 wie hier *ändert*. Dazu gehört hier auch das massive Eisen. Auf die Dauer wäre es auch im Rahmen des Versuchs 6.2 warm geworden.

Auswertung:

A. In der Umgebung von Wechselstrom werden massive Eisenteile durch dort induzierte sogenannte Wirbelströme erwärmt. Man verhindert dies, indem in solche Eisenzonen durch Auflösung in einzelne Teilbleche der Wirbelstromweg oft genug unterbrochen wird. Wollte man die Wirbelstromwärme ganz zum Verschwinden bringen, müßte man die Blechdicke unendlich dünn machen. Etwas Restwärme bleibt also immer zurück.

B. In der Umgebung von Wechselstrom sind *alle leitfähigen Objekte verdächtig auf Induktionswirkungen.* Bei niedrigem Niveau wirken sie sich im allgemeinen nicht weiter aus. Bei Hochspannungsanlagen jedoch und den entsprechend hohen Energieniveaus besteht die Gefahr, daß von einer Leitung auf eine isoliert daneben liegende Nachbarleitung oder sonstige Anlagenteile Spannungen bedenklich hoher Beträge induziert werden können (Bild 6-21)!

Es müssen daher bei Hochspannungsanlagen *alle Anlagenteile, an denen gearbeitet wird, geerdet und miteinander kurzgeschlossen werden!*

3. Der Ring wird durch einen geschlitzten Ring ersetzt (Bild 6-22). Er hat zwei Anschlüsse, die an ein hochohmiges Voltmeter geführt werden. Die bisherigen Versuche werden wiederholt. Die Fragestellung bleibt.

Ergebnisse:

a) Der Ring bewegt sich weder beim Ein- oder Ausschalten, noch bei Betrieb an Wechselspannung. Das ist auch nicht weiter verwunderlich. Das hochohmige Voltmeter sorgt dafür, daß kein nennenswerter Induktionsstrom i_2 fließen kann. Damit entfallen auch entsprechende Feld-, Pol- und Kraftwirkungen.

b) Beim Ein- und Ausschalten kann man bei Gleichspannungsbetrieb und genügend empfindlichen Meßbereichen jedoch einen Ausschlag am Meßinstrument deutlich beobachten. Damit ist die Behauptung aus Versuch 6.2, belegt, wo von dort nicht sichtbar gemachten Induktions*strömen* die Rede war.

c) Der genannte Zeigerausschlag bleibt dann natürlich solange bestehen, wie an der Spule Spannung anliegt, falls es sich dort um *Wechselspannung handelt.* Die im Ring, also in einer Windung induzierte Spannung, nennt man die Windungsspannung U_W.

Sie tritt nicht nur wieder in jeder zum Ring konzentrischen Eisenzone auf, sondern auch in jeder Spulenwindung! Das wurde schon in Gl. (6.28) ausgesagt: Spannung der Selbstinduktion. Man erkennt das auch im Beispiel 6.4.

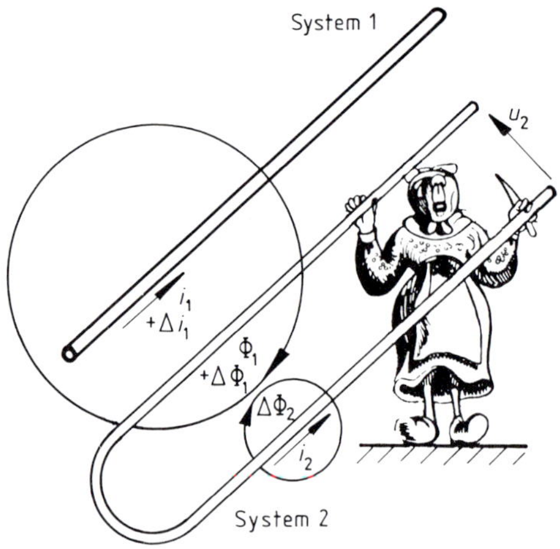

Bild 6-21 Eine fatale Induktionsauswirkung: Die von der Dame berührte Leiterzone stellt eine Schleife im Sinne von Tabelle 6-3 dar, wie dort beim Einschalten (hier skizziert als Feld-Zuwachs). Die Spannung u_2 kann um so höher und damit gefährlicher sein, je näher das System 2 am System 1 liegt: je „besser" die Kopplung zwischen den Systemen ist. Abhilfe: System 2 muß geerdet werden. Der skizzierte Fall tritt beim Arbeiten an zwar abgeschalteten, aber nicht geerdeten Leitungen in der Nähe von Leitungen unter Strom auf, z.B. bei Hochspannungsleiterseilen oder Bahnoberleitungen.

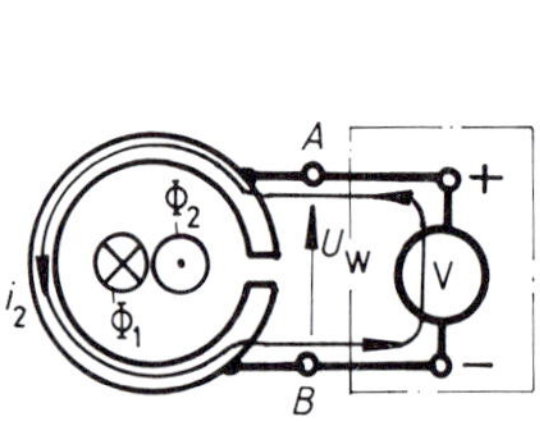

Bild 6-22 Verhältnisse bei Beispiel 6.3, 3.: U_W ist die Windungsspannung. Man vergleiche die Stromrichtung mit der aus Tabelle 6-3, Spalte 6. Wenn der geschlitzte Ring so an das Voltmeter angeschlossen wird, wie skizziert, muß es nach links ausschlagen, falls das Bolzenende ein Nordpol ist. Den Spannungspfeil findet man aus Tabelle 3-1, Zeile: Last R_L. Letzten Endes liegt die gleiche Situation vor, wie im Bild 6-19.

Tabelle 6-4

Meß-punkt (1)	Schaltung, Windungszahlen $U_1 = 50$ V, 50 Hz (2)	Spule N_1 liegt auf Schenkel (3)	Spule N_{2_1} (4) sitzt auf Schenkel	Spule N_{2_2} (5) sitzt auf Schenkel	$\frac{U_2}{V}$ (6)
83	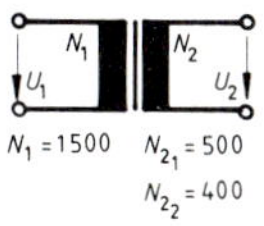	1	2	–	15,6
84		1	–	1	13,2
85		3	4	–	11,3
86		3	5	–	4,5
87		4	–	4	13,4

d) Der Ring wird nun durch eine Spule 2 ersetzt, die auf den in Bild 6-20 sichtbaren Eisenbolzen gesteckt wird. Falls die Spule z.B. $N_2 = 500$ Windungen hat, kann man an ihren Enden jetzt die etwa 500 fache Spannung gegenüber Versuch 3.3 messen.

Man kann sich leicht davon überzeugen, daß die Spannung erheblich sinkt, wenn die Spule 2 von Spule 1 etwas weggezogen wird. Man sagt dann: Die Kopplung wird schlechter.

Der hier vorliegenden Aufbau stimmt exakt mit dem bei Zündspulen von Kfz überein, mit dem Unterschied: Deren Eisenkern ist geblecht und die Spulen liegen *konzentrisch ineinander.*

4. Der Aufbau von Bild 6-20 wird durch den aus Bild 6-23 ersetzt. Man hat hier die Situation eines Transformators vor sich, wenn man die beiden Spulen so auf dem (geblechten) Eisenkernen betreibt, wie es aus Tabelle 6-4 ersichtlich ist.

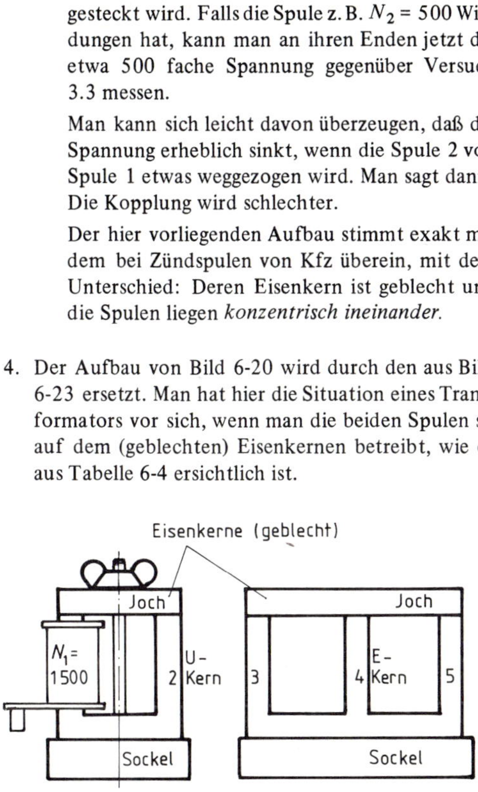

Bild 6-23 Aufbau zu Beispiel 6.3, 4.: Transformator.

Beispiel 6.4: Stromanstiegsverzögerung (Labor)

An die Schaltung von Bild 6-24 wird über den Schalter *S* die Gleichspannung $U = 6$ V gelegt.

Frage: Wie verhalten sich dabei die Lampen?

Ergebnis: Die Lampe 2, also die mit der Spule in Reihe geschaltete Lampe, leuchtet deutlich später auf als Lampe 1. Ferner leuchtet sie weniger hell als Lampe 1.

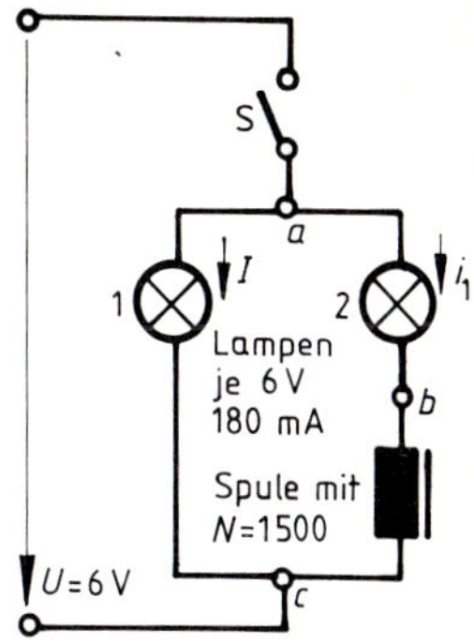

Bild 6-24
Aufbau zum Beispiel 6.4: Stromanstiegsverzögerungen Spulenkern wie in Bild 6-23 links zu benutzen.

Begründung: Jede einzelne Windung der Spule verhält sich so wie der Ring aus Versuch 6.2 beim Einschalten; Einzelheiten gehen aus Bild 6-25 hervor. Sie decken sich mit der Abfolge der Einzelbilder aus Tabelle 6-3 oben. Erinnert sei auch an die Aussage in Beispiel 6.3, Variation 3.c, wonach in jeder Spulenwindung bei jeder Strom*änderung* eine Spannung induziert wird.

Die Induktionswirkung hat *hier* einen Richtungssinn so, daß der anwachsen „wollende" Strom geschwächt wird. Damit wird das schon früher aufgeführte Bild 6-16 wohl besonders verständlich.

Der Versuch kann mit Spulen verschiedener Windungszahlen variiert werden, ferner mit oder ohne Eisenkern. Damit werden die Auswirkungen der Gln. (6.28) und (6.22) besonders deutlich.

Ferner kann man in Verbindung damit wieder die zeitlichen Abläufe nach Gl. (6.37) überprüfen.

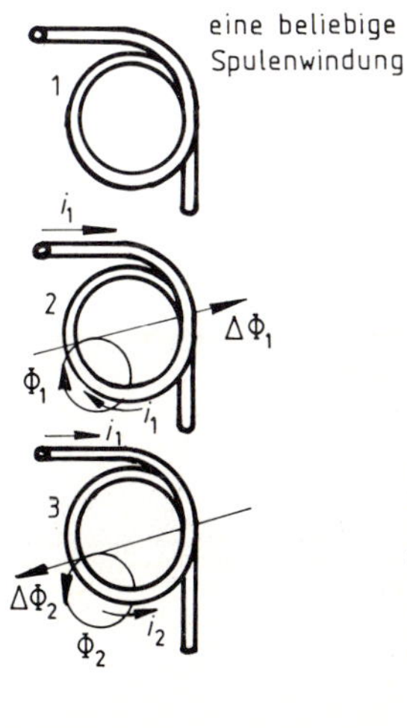

Bild 6-25
Induktionsgeschehen in jeder Windung der Spule aus Bild 6-22, betrachtet in Analogie zu Tabelle 6-3, Spalten 1 bis 3.

Auswertung: Alle Strom*änderungen* klingen um so langsamer ab, je mehr Induktivität L der betreffende Stromkreis enthält. Man kann so die Entwicklung des Stroms bei Inbetriebnahmen von Anlagen auch gezielt beeinflussen.

Beispiel 6.5: Elektronische Zündung (Labor)

Die gleiche Lampe, wie im vorigen Versuch wird mit einer Spule auf einem Eisenkern in Reihe geschaltet und wird an Gleichspannung gelegt, höchstens jedoch an etwa $U = 4$ V (Bild 6-26).

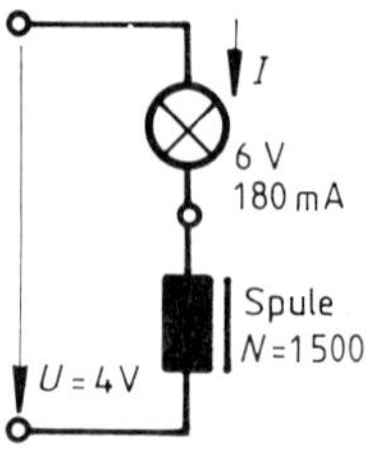

Bild 6-26
Aufbau zum Beispiel 6.5: Elektronische Zündung (Prinzip).

Die eigentliche Versuchsmaßnahme besteht hier darin, bei eingeschaltetem Aufbau das Eisenjoch vom Kern der Spule zu trennen. (Vorsicht! Es sitzt ziemlich fest anmagnetisiert; man kippt es am besten ab, wie im Bild 6-27 skizziert, damit man sich nicht verletzt. Man sollte auch nicht gerade zwischen die Spulenklemmen fassen!)

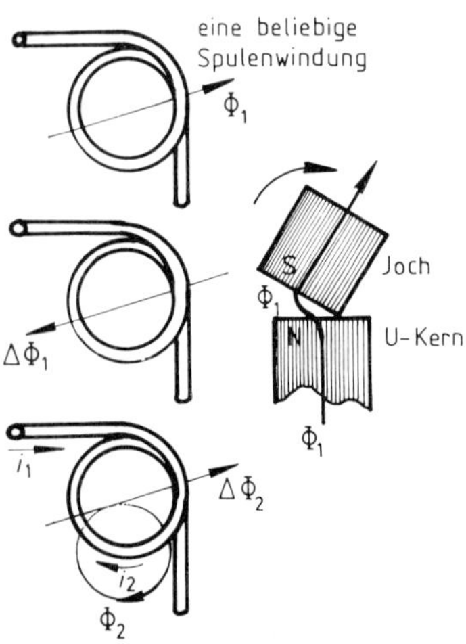

Bild 6-27 In jeder einzelnen Spulenwindung der Spule nach Bild 6-24 wird in dem Augenblick, wo das Joch abgedreht wird, eine Spannung nach Tabelle 6-3, Spalten 4 bis 6 induziert. i_1 und i_2 laufen hier gleichsinnig, verstärken sich also.

Ergebnis: Im Augenblick, in dem das Joch losbricht, blitzt die Lampe hell auf.

Begründung: Aus Beispiel 6.1 ist bekannt, daß ein Magnetfeld *mit Eisen* erheblich dichter und energiereicher ist als ohne Eisen.

Ohne Joch enthält die Spule daher nur noch einen Teil ihrer Energie. Der Rest setzt sich im Augenblick der Öffnung des magnetischen Kreises in elektrische Energie um. In Bild 6-27 sieht man die Zusammenhänge. Sie decken sich völlig mit denen aus Tabelle 6-3 unten.

Natürlich klappt der Versuch auch umgekehrt: wird das Joch wieder aufgesetzt, so bricht die Helligkeit der Lampe einen Augenblick lang ein.

Auswertung und Anwendung: Dieser Versuch ist besonders zum Verständnis der Arbeitsweise einer elektronischen Transistorzündanlage für ein Kraftfahrzeug geeignet, speziell mit Induktionsgeber (Bild 6-28). Dem Abkippen und Wiederauflegen des Jochs im Versuch entspricht hier das Öffnen und Schließen des magnetischen Kreises durch das Vorbeifahren des Impulsgeberrads an den Kernen mit der Induktionswicklung. In ihnen wird damit im Sinne der Gl. (6.26) das Magnetfeld abwechselnd geschwächt und verstärkt. Die Folge sind Induktionsvorgänge. Mit diesen so induzierten Spannungen werden Transistoren angesteuert, wie im Bild 4-16 zu sehen war.

Der besondere Reiz bei diesem *elektronischen* Prinzip liegt ja bekanntlich darin, daß der Strom im Niederspannungsteil der Zündspule so völlig kontaktlos und damit *verschleißfrei* geschaltet werden kann (siehe Bild 4-15). Da es im Zündverteiler dann keine Unterbrecherkontakte mehr gibt, kann es von daher keine Störungen mehr geben.

Beispiel 6.6: Motorische Drehfeldwirkungen (Labor)

Der kleine Motor aus Bild 6-29 trägt auf seinem Wellenende eine Magnetscheibe mit einem Polpaar: N und S, das Magnetfeld Φ_1 (Bild 6-30).

Sobald sich die Motorwelle dreht, dreht sich somit auch das Magnetfeld Φ_1. Man spricht dann von einem Drehfeld. Hier handelt es sich speziell um ein zweipoliges Drehfeld. (Es wird später gezeigt werden (Abschnitt 12.1.2), daß Drehfelder in geeigneten Maschinenwicklungen auch mit Hilfe eines Drehstromsystems und durch andere Mittel erzeugt werden können.)

Die Versuchsmaßnahme lautet:
In unmittelbare Nähe zur Magnetscheibe 1 wird die Scheibe 2 gestellt. Diese ist mit einer Welle gelagert und besteht aus nichtferromagnetischem Material, also z. B. aus Aluminium, Messing oder dgl. Sie steht so nah an der Scheibe 1, daß deren Drehfeld die Scheibe 2 durchsetzt.

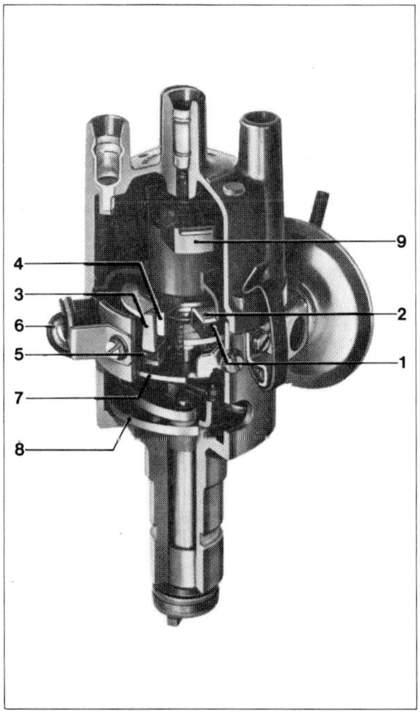

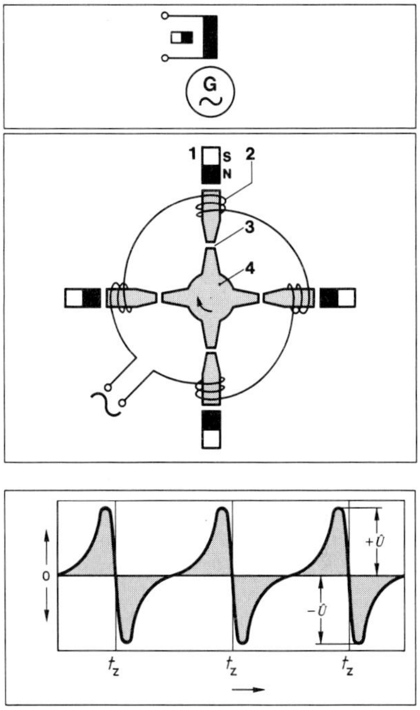

a) Gesamtanlage:
1 Induktionswicklung
2 Wicklungsträger
3 Statorzacken
4 Rotorzacken
5 Dauermagnet
6 zweiadrige Steuerleitung
7 Trägerplatte
8 Fliehkraftversteller
9 Verteilerläufer

b) Funktionsschema:
1 Dauermagnet
2 Induktionswicklung mit Kern
3 Veränderlicher Luftspalt
4 Impulsgeberrad

Bild 6-28 Ausführungsbeispiel einer vollelektronischen (kontaktlosen) Zündeinrichtung für einen Vierzylinder-Ottomotor von seiten des Zündverteileraufbaus. (Quelle: *Bosch, Technische Unterrichtung, Elektronische Batteriezündsysteme.*)

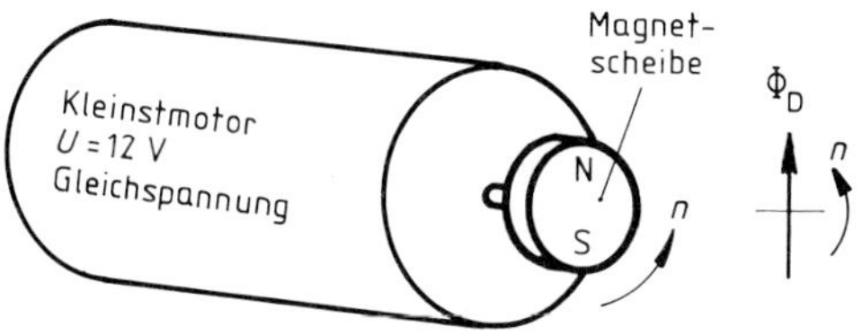

Bild 6-29 Motor mit einer Magnetscheibe auf dem Wellenende. Man erhält so das Drehfeld Φ_D.

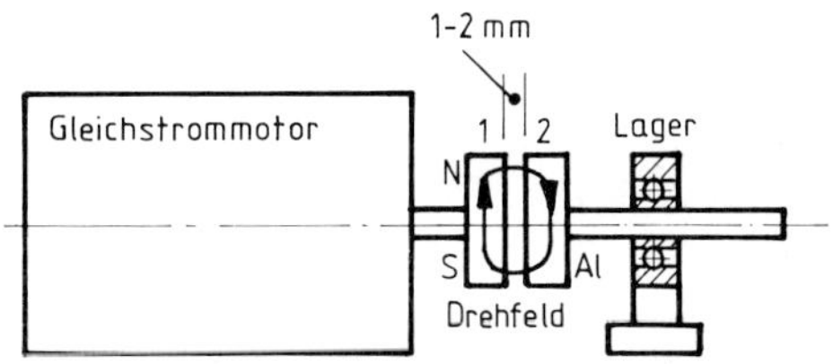

Bild 6-30 Das Magnetfeld (Drehfeld) der Magnetscheibe von Bild 6-29 durchsetzt eine benachbarte Aluminiumscheibe, wenn sie nahe genug daneben steht.

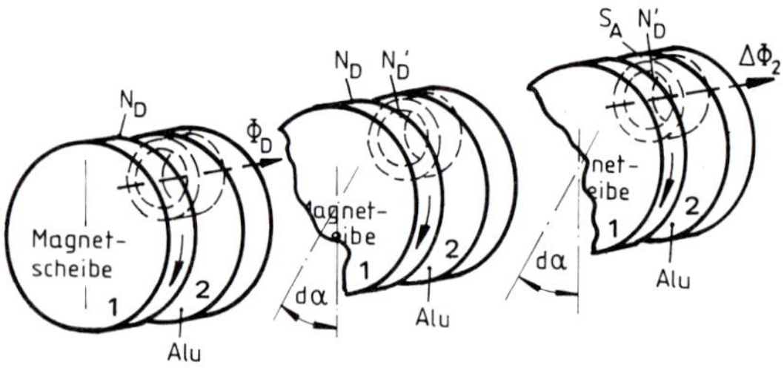

Bild 6-31 Von seiten der Magnetscheibe drehe sich z.B. der Drehfeld-Nordpol N_D um den Winkel dα. Von diesem Nordpol aus geht das Feld Φ_D. Es durchsetzt die gestrichelte Zone in der Aluscheibe. Nachdem es sich aus der Lage N_D in die Lage N_D' weiterbewegt hat, durchsetzt es die gestrichelte Alu-Zone nicht mehr. Im Sinne des Lenzschen Gesetzes bildet sich das dort jetzt fehlende Feld als $\Delta\Phi_2$ selbständig aus. Dabei bildet sich links an der Aluscheibe der Südpol S_A. Die beiden Pole ziehen sich an: der Pol S_A wird vom weiterlaufenden Pol N_D mitgezogen; die Aluscheibe läuft also mit.

Ergebnis: Die Scheibe 2 wird im gleichen Drehsinn mitgenommen, sobald sich Scheibe 1 dreht. Man kann dabei deutlich beobachten, daß sich die Scheibe keineswegs mechanisch berühren.

Begründung: Die Einfachste Erklärung ist: Die Scheibe läuft ihrem Energieinhalt nach, weil er ihr davonlaufen will (Lenzsches Gesetz (6.39)).

Eine ausführlichere Erklärung liefert Bild 6-31, und zwar vollinhaltlich auf der Basis der Tabelle 6-3 unten. Im Betrachtungsmittelpunkt steht dabei in Scheibe 2 die dort gestrichelt angedeutete Ringzone. Darin liegt das Drehfeld Φ_D im Sinne von Φ_1. Induktiv bildet sich dabei links am Ring der Südpol S_2. Der aus der Scheibe 1 austretende Pol N_1 zieht ihn mit sich fort. Siehe auch Bild 6-32.

Dabei ist eines klar herauszustellen: Zu einer Induktionswirkung in Scheibe 2 kann es nur dann kommen, wenn zwischen den beiden Scheiben 1 und 2 eine *Relativbewegung* vorliegt, wie der Ausdruck $\mathrm{d}\Phi/\mathrm{d}t$ im Induktionsgesetz Gl. (6.26) hier zu deuten ist.

Aus eigener Kraft wird die Scheibe 2 die Drehfelddrehzahl daher nie erreichen können. Es bleibt also stets eine Drehzahldifferenz, der sogenannte Schlupf (siehe Abschnitt 13.2.3).

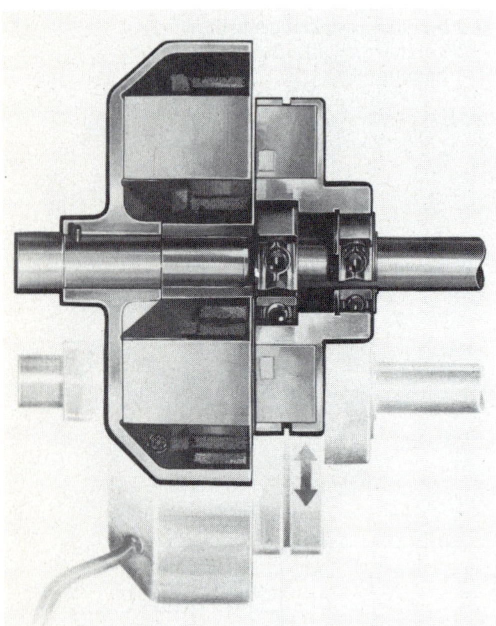

Bild 6-32 Ausführungsbeispiel eines Drehstrommotors nach dem Muster von Bild 6-31; links (großer Durchmesser): Drehfelderzeugung, rechts (kleiner Durchmesser) Läufer, analog Scheibe 2 im Bild 6-31. Diese Ausführung (als Läufer*scheibe*) ist allerdings recht selten. (Werkbild: *Fischbach GmbH*).

Wichtigste Anwendungen:

1. Asynchronmotor (Induktionsmotor) (siehe Kap. 13).

   Er ist *der elektrische Antrieb mit der weitesten Verbreitung*!

2. Schlupfkupplung (Bild 6-33). Die Gleichspannung an den Schleifringen liegt an einer Wicklung am Wellenende. Wenn die Gleichspannung verstellbar ist, kann die Dichte des Magnetfelds Φ_1 stufenlos verstellt werden. Damit kann die Kuppelkraft zwischen den Scheiben 1 und 2 stufenlos verstellt werden. So ist ein völlig sanftes Anfahren möglich.

3. Bild 6-34 zeigt ein Tachometer, wie es von sämtlichen Fahrzeugen her bekannt ist (analoge Anzeige). Die Spiralfeder läßt zwar zu, daß sich die Scheibe 2 von der Scheibe 1 mitnehmen läßt. Es kommt aber nur zu einer drehzahlanalogen Winkelauslenkung.

4. Wirbelstrombremse: Es liegt sinngemäß die gleiche Situation vor, wie in Bild 6-29. Die Scheibe 2 ist mit einer Meßeinrichtung zur Drehmomentmessung verknüpft. Über die bekannte Verknüpfung aus der Mechanik:

   $$P = 2 \cdot \pi \cdot n \cdot M \qquad (6.40)$$

   kann damit auch unschwer die Leistung gemessen werden.

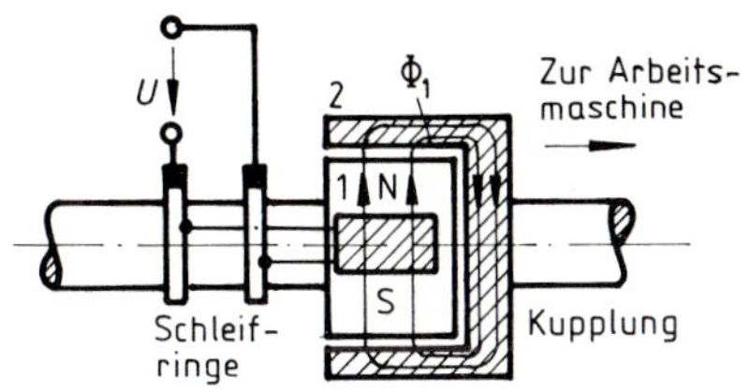

Bild 6-33 Prinzip der Schlupfkupplung. Sie heißt auch Induktions- oder Wirbelstromkupplung. Genau wie im Bild 6-31 übt die Magnetscheibe durch ihre Rotation und die davon ausgehende Induktionswirkung auf die Kupplungsscheibe ein Drehmoment aus.

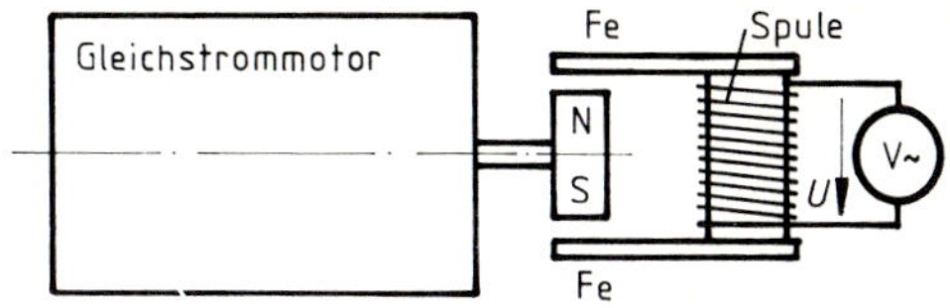

Bild 6-35 Das umlaufende Magnetfeld aus der Magnetscheibe N-S (also das Drehfeld) induziert hier in der Spulenwicklung eine drehzahlabhängige Wechselspannung. Grund: Das von N-S ausgehende (Dreh-)Feld durchsetzt, über den Eisenkern Fe geführt, rhythmisch wechselnd und analog Bild 6-33 die Spule. Wegen dieser *Wechsel* bildet sich dort natürlich eine *Wechsel*spannung.

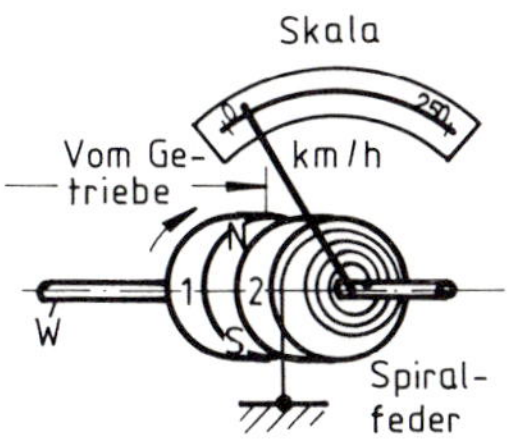

Bild 6-34 Prinzip der Tachometeranzeige. Eine Bowdenzugwelle *W* vom Getriebe läßt eine Magnetscheibe 1 rotieren (wie schon in den Bildern 6-29 bis 6-31). Dadurch wird auf die Aluminiumscheibe 2 ein Drehmoment ausgeübt. Sie trägt einen Zeiger. Die Spiralfeder hält sie davor zurück, mit der Magnetscheibe zusammen umzulaufen. Sie erfährt ein um so größeres Drehmoment – der Zeiger schlägt also um so weiter aus – je schneller die Magnetscheibe umläuft.

Auswertung: Man erkennt, daß dieser Versuch die Grundlage für eine ganze Anzahl sehr wichtiger Anwendungsfälle des Induktionsprinzips auf die großtechnische Praxis darstellt.

Beispiel 6.7: Generatorische Drehfeldwirkung (Labor)

Bild 6-35 zeigt den gleichen Motor wie in Bild 6-29. Es wird ihm jedoch hier keine Scheibe gegenübergestellt, sondern eine Spule mit einem Eisenkern. (Es ist die Erregerfeldspule eines Trixmotors, wie er im Beispiel 7.12 verwendet wird, Bild 7-52.)

Der Motor wird wieder auf Drehzahl gebracht. Die Spule wird an ein Wechselspannungsmeßinstrument angeschlossen. Man kann die Spannung qualitativ auch auf einem Oszilloskopschirmbild sichtbar machen.

Ergebnis: Sobald das Drehfeld der Magnetscheibe umläuft, tritt in der Spule eine *Wechselspannung* auf.

Durch Variation der Drehfelddrehzahl *n* und des Abstands der Spule von der Magnetscheibe (wobei mit wachsendem Abstand natürlich das in der Spule wirksame Feld schwächer wird) bestätigt sich Gl. (2.6) aus Abschnitt 2.10:

$$U_q = c \cdot n \cdot \Phi_D. \tag{2.6}$$

Hierbei ist c die Spulenkonstante. Diese Gleichung stellt an sich nichts anderes dar als das Induktionsgesetz, also Gl. (6.26). Die Proportionalität zur Drehzahl beinhaltet die Abhängigkeit von der üblichen Feld*änderung*.

Im übrigen kann der Versuch z.B. auf Beispiel 6.3, Variation 3.3 und 3.4 zurückgeführt werden. Dort wurde der Ring bzw. dann die ganze Spule von einem elektromagnetischen Wechselfeld durchpulst. Es ging dort von der Spule N_1 aus, hier von der rotierenden Magnetscheibe. In beiden Fällen entstand Wechselspannung. Bild 6-35 zeigte das rein physikalische Prinzip.

In Bild 6-36 ist die technisch übliche Gestaltung eines Generators zu sehen. Bild 6-37 zeigt die dabei auftretenden induktiven Details.

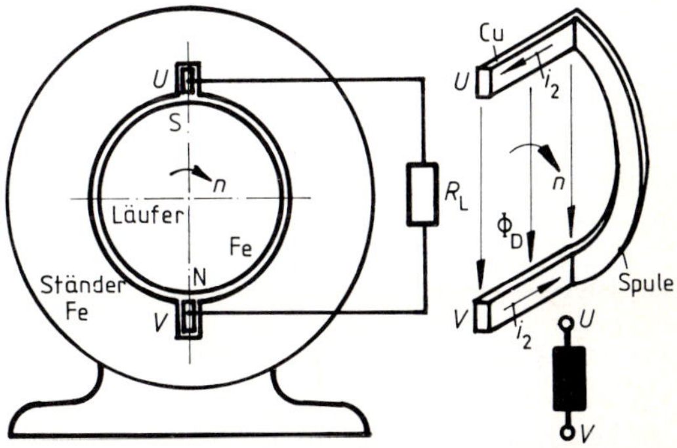

Bild 6-36 Prinzipieller Aufbau eines Generators, bestehend aus dem Ständer mit der Spulenwicklung (rechts im Bild) und dem Läufer, der entweder dauer- oder elektromagnetisch erregt ist.

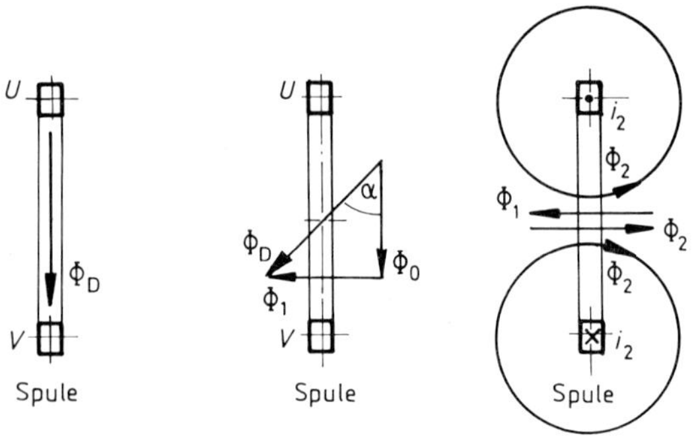

Bild 6-37 In der Spule aus Bild 6-35 tritt der Induktionsstrom i_2 auf. Ursache ist die Rotation des Drehfeldes Φ_D, dessen Komponente Φ_1 die Spule durchsetzt. Deren Gegenwirkung Φ_2 ist über die Korkenzieherverknüpfung mit dem Strom i_2 verkettet.

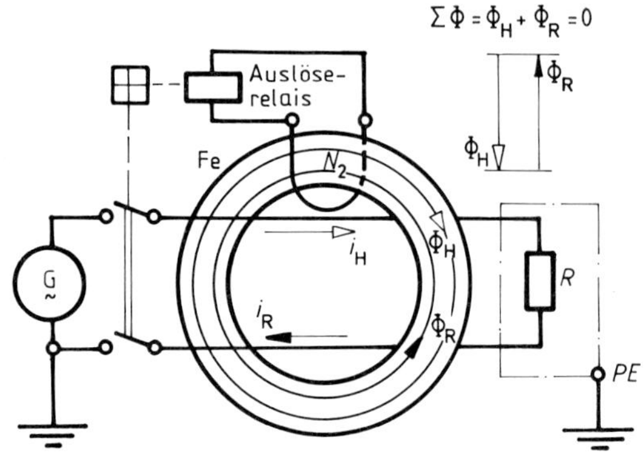

Bild 6-39 Fehlerstromschutzschalter-(FI)-Prinzip. Die Magnetisierungen des Fe-Kerns heben sich auf, wenn der Strom i_H entgegengesetzt gleichgroß ist, wie der Strom i_R, was im Normalfall selbstverständlich ist. Ist dagegen die Isolation des Systems schadhaft...

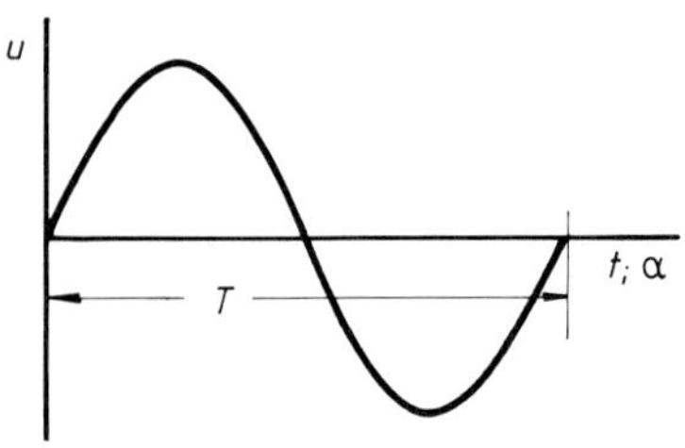

Bild 6-38 Wegen der rhythmischen Polwechsel kann durch ein Drehfeld unmittelbar stets nur eine Wechselspannung erzeugt werden, siehe „Drehstromlichtmaschine".

$T \hat{=}$ 1 Umlauf bei 2 Polen oder 1/2 Umlauf bei 4 Polen usw.

Im Bild 6-40 ist dagegen zwischen dem aktiven Teil des Verbrauchers und seinem Metallgehäuse ein Isolationsschaden eingezeichnet: ein Masse- oder Körperschluß. Ein Teil des Stroms fließt nun durch das Erdreich in die Quelle zurück, da Quelle und Verbrauchergehäuse (absichtlich) geerdet sind.

In diesem Fall bleibt der Eisenring nicht mehr feldfrei. Da es sich um Wechselstrom handelt, sind alle Felder Wechselfelder, also Felder, die sich ständig *ändern*. Die im Eisenring *jetzt* auftretende Magnetfelddifferenz

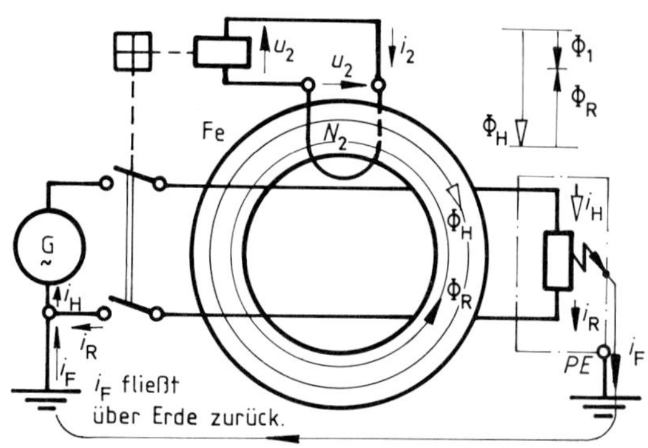

Bild 6-40 ... so verzweigt sich der Strom i_H an der Isolations-Schadensstelle in die Ströme i_R und den Fehlerstrom i_F. Infolgedessen ist i_R nicht mehr gleichgroß wie i_H, somit unterscheiden sich auch die Flüsse. Die Fluß*differenz* entspricht einem Fluß im Sinne von Φ_1 nach Tabelle 6-3. Seine *Änderungen* wegen des Wechselstroms induzieren in der Wicklung N_2 eine Spannung. Je nach der Größe dieser Differenz, also des Schadens, löst das Auslöserelais aus. Beispiele zeigt Bild 6-41.

Bild 6.38 gilt nicht einfach pauschal für alle Generatoren. Ohne besondere Zusatzausstattung liefert zwar jeder rotierende Generator unmittelbar zunächst eine Wechselspannung, aber keineswegs unbedingt eine sinusförmige. Davon kann man sich z.B. am Bild 6-35 schnell überzeugen, wenn man die Spulenenden an ein Oszilloskop anschließt. Das Ergebnis ist auch bei einem üblichen Fahrrad-Generator („Dynamo") nicht anders. Auch die Spannung des öffentlichen Wechselstromnetzes ist nicht *exakt* sinusförmig.

Beispiel 6.8: Fehlerstrom-Schutzschalter

Der Wechselstrom des Verbrauchers R fließt auf dem Hin- und Rückweg je durch den im Bild 6-39 skizzierten Eisenring. Der Ring wird dabei rechts- und linkssinnig magnetisiert. Beide Magnetfelder heben sich im „gesunden" Fall gegenseitig auf. Der Eisenring ist dann feldfrei: $\Sigma\Phi = 0$.

$\Delta\Phi_1$ hat daher Gelegenheit, in der Wicklung N_2 induzierend zu wirken. Es wird eine Frage des *Betrags* der dabei induzierten Spannung u_2 sein, wann das Auslöserelais anzieht und damit die „kranke" Anlage allpolig abschaltet.

Der hiermit vorgestellte Fehlerstrom-Schutzschalter gilt als das derzeit sicherste Berührungsschutz-System. Es wird für Auslöseströme ab $I_F = 30$ A gebaut und schaltet innerhalb von etwa 10 ms ab.

Es schützt nicht gegen Überstrom und kann nur in Wechselstromanlagen betrieben werden! Erfaßt werden können auch Fehlerströme durch pulsierende Gleichspannung.

Eine Weiterführung ist der Personenschutzautomat, siehe Abschnitt 2.3.3. Er stellt eine Kombination aus Fehlerstrom- und Überstrom-Schutzschalter dar. Ferner spricht er schon bei Fehlerströmen ab etwa 10 mA an.

In die Kategorie der Fehlerstrom-Schutzschalter gehört auch der Steckmat. Er kann im Gegensatz zum Fehlerstromschutzschalter und zum Personenschutzschalter ohne Totalumbau der gesamten Anlage jederzeit im Sinne einer „Verlängerungsschnur" zwischen das jeweilige Wechselstromnetz und das vor Berührung im Fehlerfall zu schützende Gerät geschaltet werden (Bild 6-41b).

Abschließende Bemerkung zum Induktionsvorgang: Die vor allem in der früheren Literatur übliche Handhabung von Induktionsvorgängen auf der Basis der sogenannten „Rechten-Hand-Regel (RHR) und dem Schneiden von Feldlinien wurde hier bewußt nicht erwähnt. Gründe dafür sind unter anderem:

1. Der Satz von der Erhaltung der Energie ist ohnehin bekannt.
2. Man braucht sich keine komplizierten (Finger-) Zuordnungen zu merken.
3. Das Verfahren mit der RHR klappt nur für einen einzigen Induktionsfall, der aber in der modernen Elektrotechnik keine Rolle mehr spielt: den Gleichstromgenerator; in fast allen anderen Fällen liefert die RHR falsche Ergebnisse.
4. Fehler auf der Basis der RHR rühren häufig schon aus der Fehleinschätzung her, es würde überall da, wo Feldlinien *geschnitten* werden, zuverlässig auch eine Spannung induziert. Das trifft aber keineswegs immer zu. Vielmehr wird nur dann auch wirklich eine Spannung induziert, wenn sich beim Schneiden von Feldlinien der Energieinhalt (das Magnetfeld) des betrachteten Systems im Rahmen der Gl. (6.26) auch wirklich *ändert*. Das ist keineswegs selbstverständlich. Details würden hier zu weit führen. Vor dem Gebrauch der RHR wird jedoch gewarnt, sofern sie sich überhaupt anwenden *läßt*.
5. Das hier beschriebene Verfahren eignet sich für fast alle Fälle der Technik.

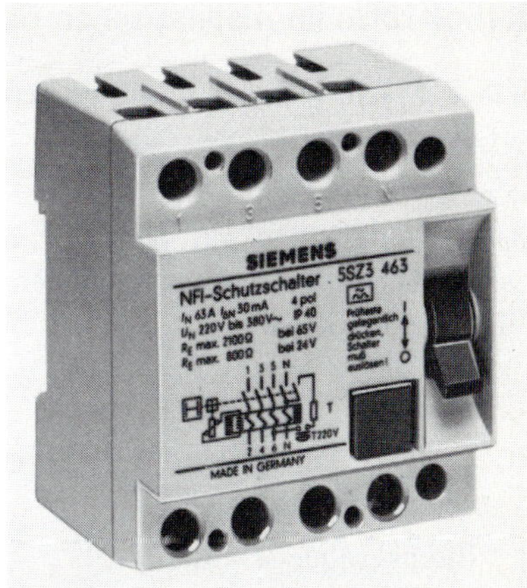

a)

b)

Bild 6-41 a) Fehlerstrom-Schutzschalter (Werkbild: *Siemens AG*)

b) Steckmat. Er stellt sozusagen einen Fehlerstromschutzschalter für die nachträgliche Ausrüstung mit einem Personenschutz dar, wo die Umrüstung auf das FI-System Schwierigkeiten macht. Der Steckmat wird dann im Bedarfsfall betrieben, vor allem in Verbindung mit Naßzonen (Bad, Rasenmäher usw.).

6.15 Kräfte im magnetischen Feld

6.15.1 Kräfte zwischen magnetischen Polen mit Eisenkern

Sehr angenähert und für einen verhältnismäßig kleinen Luftspalt δ gilt für die Kraftwirkung zwischen den beiden magnetischen Polen in Bild 6-42 die Gleichung:

$$F = \frac{A \cdot B^2}{2 \cdot \mu_0}. \qquad (6.41)$$

Hierin bedeutet:

A Eisenkernquerschnitt,
B Felddichte,
μ_0 absolute magnetische Feldkonstante,
$\mu_0 = 1{,}256 \cdot 10^{-6}\ \mathrm{V \cdot s \cdot A^{-1} \cdot m^{-1}}$.

Beispiel 6.9: Polkräfte
Die Daten im Bild 6-42 lauten:

$A = 400\ \mathrm{mm}^2$ = jede Polfläche

$\delta \approx 4$ mm, also so klein, daß Gl. (6.41) gilt).

$B = 2{,}0\ \mathrm{T} = 2\ \frac{\mathrm{Wb}}{\mathrm{m}^2} = 2\ \frac{\mathrm{V \cdot s}}{\mathrm{m}^2}$

(siehe Gl. (6.5)

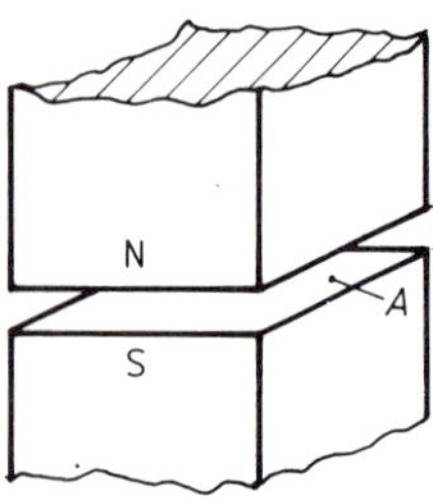

Bild 6-42
Zwischen den beiden Polen N und S tritt die Kraft F nach Gl. (6.33) auf. Der Luftspalt tritt darin nicht in Erscheinung.

Mit Gl. (6.41) erhält man dann:

$$F = \frac{400\ \mathrm{mm}^2 \cdot (2\ \mathrm{V \cdot s \cdot m^{-2}})^2}{2 \cdot 1{,}256 \cdot 10^{-6}\ \mathrm{V \cdot s \cdot A^{-1} \cdot m^{-1}}}$$

$$F = 637 \cdot 10^{6-6}\ \underbrace{\mathrm{V \cdot A \cdot s}}_{\mathrm{Nm}} \cdot \mathrm{m}^{-4+1+2} = 637\ \mathrm{N \cdot m \cdot m^{-1}}$$

$$\underline{\underline{F = 637\ \mathrm{N}.}}$$

Wegen der etwas mühseligen Einheitenkürzerei werden statt Gl. (6-41) mitunter auch Zahlenwertgleichungen angeboten, mit deren Einheiten man aber auch recht vorsichtig umgehen muß. Pädagogisch sind sie abzulehnen.

Der obige Fall liegt z.B. zwischen den Polen eines Schaltschützes vor.

6.15.2 Stromkräfte im Magnetfeld

Die aus Abschnitt 2.10 bekannte Lorentzkraft wirkt sich auf einen stromdurchflossenen Leiter in einem Magnetfeld der Dichte B nach Gl. (6.40) aus, siehe auch Bild 6-43.

$$F_L = B \cdot I \cdot l \qquad (6.42)$$

Hierin bedeuten B, I und l die gleichen Größen wie in Bild 6-43. Mit der Kraft F_L wird also der Leiter L aus dem Magnetfeld herausgedrückt.

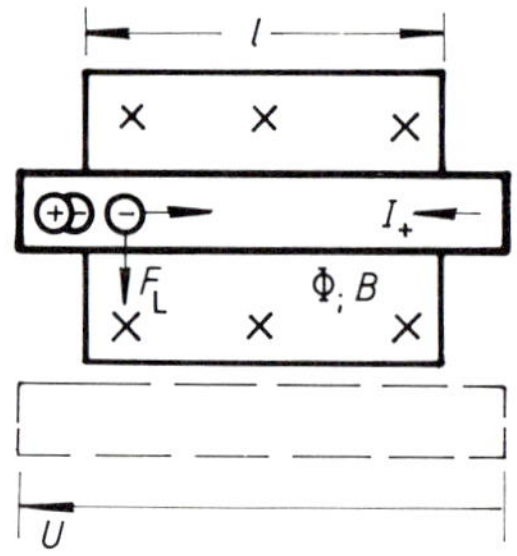

Bild 6-43
Auf den Leiter, der über die Länge l im Magnetfeld Φ der Dichte B liegt, wirkt hier die Lorentzkraft F_L, genau wie mit anderem Ergebnis schon in Bild 2-40. Die Lorentzkraft schiebt hier den Leiter nach unten.

Beispiel 6.10: Kraft auf einen Leiter
Die Daten im Bild 6-40 lauten:

$B = 1{,}5$ T, $I = 100$ A und $l = 1$ m.

Dann erhält man aus Gl. (6.42) für die Lorentzkraft F auf den Leiter:

$F = 1{,}5\ \mathrm{T} \cdot 100\ \mathrm{A} \cdot 1\ \mathrm{m}$

$F = 1{,}5 \cdot 100 \cdot 1\ \mathrm{V \cdot s \cdot m^{-2} \cdot A \cdot m}$

$F = 150\ \mathrm{V \cdot A \cdot s \cdot m^{-1}} = 150\ \mathrm{N \cdot m \cdot m^{-1}}$

$\underline{\underline{F = 150\ \mathrm{N}.}}$

Das kann z.B. die Umfangskraft auf einen Leiter in einem Elektromotor sein.

6.15.3 Magnetische Kräfte zwischen zwei Strömen

Auf zwei Strombahnen im Abstand a voneinander (Bild 6-44) wirkt eine Kraft, die man aus der mehr oder weniger empirisch angesetzten Beziehung errechnen kann:

$$F_D = I_1 \cdot I_2 \cdot \frac{\mu_0 \cdot l}{2\pi \cdot a}. \qquad (6.43)$$

Hierin ist l die Länge der beiden Leiter, solange sie nebeneinander herlaufen.

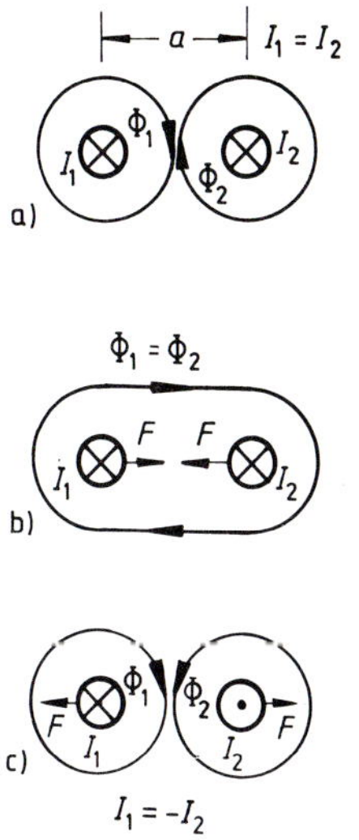

a) Zwischen den Leitern hebt sich das Magnetfeld auf.

b) Es bildet sich eine einzige geschlossene Struktur, die die beiden Leiter mit der Kraft F zusammendrückt.

c) Feldlinien wollen sich in sich zusammenziehen und voneinander abstoßen, siehe Abschnitt 6.1, 1.

Bild 6-44 Die Strombahnen gleichsinniger Ströme werden zusammengedrückt, die Bahnen gegensinniger Ströme werden auseinandergerissen. Die dabei entwickelten Kräfte können katastrophale Schäden anrichten, wenn sie von Kurzschlußströmen ausgehen.

Bild 6-45 Wickelkopf eines 125 MVA-Turbogenerators mit Verformungen durch dynamische Stromkräfte. Die Befestigungen sind z.T. gerissen. (Quelle: „Der Maschinenschaden", Fachzeitschrift für Risikotechnologie)

Es können dabei beachtliche Kräfte auftreten, vor allem im Gefolge von Kurzschlüssen und den damit verbundenen Ausgleichsvorgängen. Letztere können das Niveau aus Gl. (6.41) noch um den Faktor 2,5 anheben, so daß gilt:

$$F_0 = 2{,}5 \cdot F_D . \qquad (6.44)$$

Hierin bedeutet F_0 Kraft im Kurzschlußentstehungsaugenblick. F_D Kraft entsprechend Gl. (6.43), also die Dauerbeanspruchung.

Aus Abschnitt 6.1.1 und Bild 6-44 geht hervor, daß sich Feldlinien voneinander abstoßen wollen. Ein Kurzschlußlichtbogen kann als nachgiebiges „Material" angesehen werden. Insofern ist zu erwarten, daß ein solcher Lichtbogen, der ja auch ein Magnetfeld um sich herum verbreitet, von seinen eigenen Feldlinien mit der Kraft F nach Gl. (6.43) von seiner Entstehungsstelle aus durch die ganze Anlage gedrückt wird. Er erreicht dabei etwa Schallgeschwindigkeit. Ein Beispiel für mögliche Auswirkungen zeigt Bild 6-45 nach einem Kurzschluß in einer Maschinenwicklung. Bei solcherart gefährdeten Anlagen müssen die Leiter daher nicht nur entsprechend ihrer thermischen Belastung bemessen werden (siehe Tabellen 2-2 und 2-3), sondern auch auf ihre dynamischen Kräftebeanspruchungen hin dimensioniert sein. Das ist eine Frage der Leiter-*Abstützungen*, von der rein mechanischen Seite her.

Beispiel 6.11: Kurzschlußkräfte auf zwei Leiter

Zwei Leiter entsprechend Bild 6-44 seien jeweils im Abstand von $l = 800\ \text{mm} = 0{,}8\ \text{m}$ durch Porzellanisolatoren an der Wand fixiert. Ihr Abstand voneinander betrage $a = 400$ mm. Es sei mit einem Kurzschlußstrom von $I_1 = I_2 = 100$ kA zu rechnen. Mit welchen Kräftebeanspruchungen ist zu rechnen?

Lösung: Das Ergebnis für die größtmögliche Kräftebeanspruchung liefert Gl. (6.44) in Verbindung mit Gl. (6.43):

$$F = 100\,\text{kA} \cdot 100\,\text{kA} \cdot \frac{1{,}256 \cdot 10^{-6}\,\text{V} \cdot \text{s} \cdot \text{A}^{-1} \cdot \text{m} \cdot 0{,}8\,\text{m}}{2 \cdot \pi \cdot 0{,}4\,\text{m}} \cdot 2{,}5$$

$$\underline{\underline{F = 10\ \text{kN}.}}$$

7 Wechselstromkreise

7.1 Allgemeines

Die für Gleichstrom betrachteten Zusammenhänge zwischen Strom, Spannung und Widerstand gelten für alle Schaltungen bei Wechselstrom grundsätzlich genauso.

Bei Wechselstrom hat man es jedoch ständig mit *zeitlich veränderlichen Betriebsgrößen* zu tun. Man konnte schon aus den Gln. (6.27) und (6.28) erkennen, daß man deshalb bei Wechselstrom für die Abhängigkeiten zwischen Strom und Spannung nicht nur den Ohmschen Widerstand einer Anlage berücksichtigen muß, sondern darüber hinaus auch ab jetzt noch *die Kapazität C und die Induktivität L.*

7.2 Darstellungsarten, Formalien und Vereinbarungen

7.2.1 Liniendiagramm und mathematische Beschreibung

Die meisten technischen Wechselstromvorgänge folgen zwar keiner mathematisch exakten, „sauberen" Sinusform, der Einfachheit zuliebe wird aber im folgenden bis auf weiteres stets von sinusförmigen Kurven ausgegangen, wie im Bild 7-1 für einen Wechselstrom.

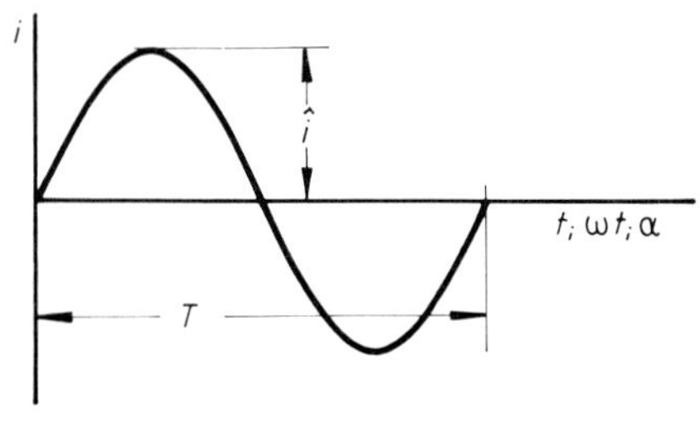

Bild 7-1 Liniendiagramm eines Wechselstroms. Die Abszisse kann als Zeit t oder als Winkel $\alpha = \omega \cdot t$ skaliert sein.

Man erkennt, daß für die Bezeichnung der Abszisse sowohl die Zeit t, als auch α und ωt üblich sind. Man kann den Kurvenverlauf mit dem Ausdruck:

$$i = \hat{i} \cdot \sin \alpha = \hat{i} \cdot \sin \omega t. \tag{7.1}$$

beschreiben. Hierin bedeuten:

$\hat{i}$ die Amplitude des Wechselstroms (gesprochen: i Dach), $\alpha = \omega t$ den Winkel, der aus der Definition des mechanischen Begriffs für die Winkelgeschwindigkeit üblich ist (analog der Bahngeschwindigkeit $v = s/t$):

$$\omega = \frac{\alpha}{t} = 2 \cdot \pi \cdot f, \tag{7.2}$$

Kreisfrequenz oder Winkelgeschwindigkeit, mit f als Frequenz (siehe Abschnitt 1.3.5). Der Winkel α steht mit demjenigen aus Bild 6-37 im Zusammenhang.

Im Bild 7-2 liegen mehrere Ströme gleichzeitig vor. Falls erforderlich, kann man sie mathematisch folgendermaßen beschreiben:

$$i_1 = \hat{i}_1 \cdot \sin \omega t, \tag{7.3}$$

$$i_2 = \hat{i}_2 \cdot \sin (\omega t + \varphi_2), \tag{7.4}$$

$$i_3 = \hat{i}_3 \cdot \sin (\omega t - \varphi_3). \tag{7.5}$$

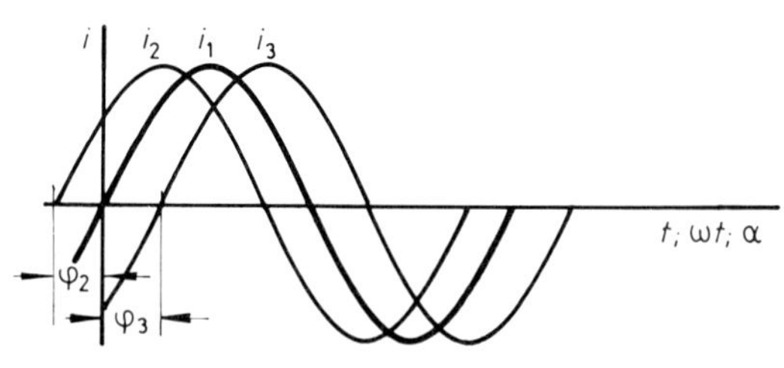

Bild 7-2 Liniendiagramm dreier Wechselströme. Sie haben unterschiedliche Phasenlagen gegeneinander und gegenüber dem Zeitpunkt $t = 0$. Speziell ist hier $\varphi_1 = 0$.

Darstellungsarten wie in den Bildern 7-1 und 7-2 nennt man Liniendiagramme. Deren einzelne Ordinatenpunkte heißen zeitliche Momentanwerte. Sie werden klein geschrieben.

7.2.2 Zeigerdiagramm

Liniendiagramme sind nicht einfach zu zeichnen, besonders, wenn mehrere Kurven im gleichen Diagramm vorkommen und sie womöglich noch rechnerisch ausgewertet werden sollen.

Man kann ein Liniendiagramm mathematisch durch ein dazu äquivalentes sogenanntes Zeigerdiagramm ersetzen. Dies kann auf der Basis einer Zuordnung wie im Bild 7-3 geschehen. Dort erkennt man, daß die zeitlichen Momentanwerte an den Stellen 1, 2, …, 7 des Liniendiagramms durch Projektion (von links aus) in die Pfeile 1, 2, …, 7 innerhalb des Kreisbogens übergehen.

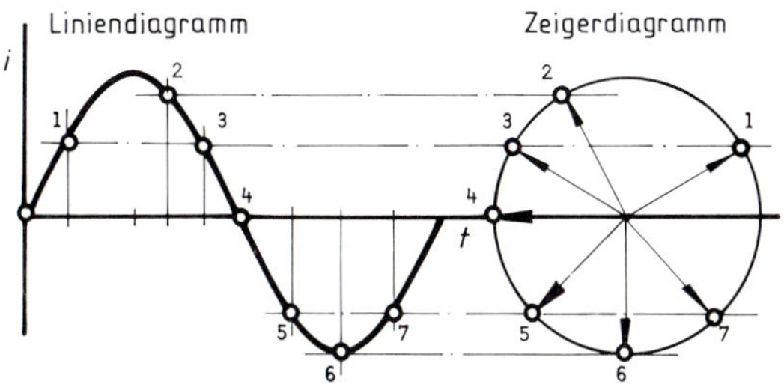

Bild 7-3 Verknüpfung zwischen einem Linien- und einem Zeigerdiagramm. Jeder Pfeil stellt ein Zeigerdiagramm dar. Die Pfeile unterscheiden sich durch ihre gegenseitige Lage. Jede Lage gehört zu einem ganz bestimmten Zeitpunkt.

Diese Pfeile nennt man Zeiger, die gesamte Anordnung Zeigerdiagramme.

Man kann also im Prinzip jedem zeitlichen Momentanwert einen Zeiger zuordnen, falls das erforderlich sein sollte. Jeder hat eine eigene, umkehrbar eindeutige Lage.

Meist interessiert gar nicht die Lage, sondern nur der Zeiger als solcher, allenfalls die *gegenseitige Lage zweier oder mehrerer Zeiger,* z.B. in den Bildern 7-2 und 7-4. Man kann daher zwei Fälle unterscheiden:

- Es handelt sich um einen einzigen Vorgang – dann ist die Zeiger*lage* gleichgültig,
- es handelt sich um zwei oder mehrere Vorgänge – dann ist die *gegenseitige Winkellage* zueinander sehr wichtig, z.B. Bild 7-4.

Oft werden Zeiger besonders gekennzeichnet, z.B. durch Unterstreichung des Formelzeichens. Hier wird darauf verzichtet, da keine Verwechslungen zu erwarten sind.

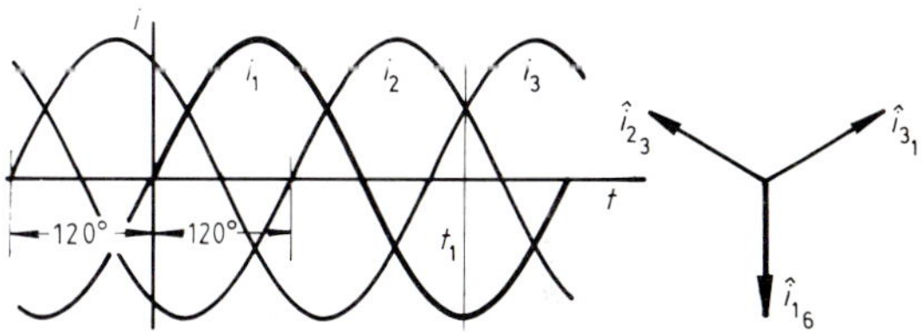

Bild 7-4 Zur Zeit t_1 liegt i_1 vor entsprechend im Bild 7-3 wie Pfeil (Punkt) 6, i_2 wie Pfeil 3 und i_3 wie Pfeil 1.

7.2.3 Phasenlage

Im folgenden spielt immer wieder die Frage eine wichtige Rolle, welcher Vorgang gegenüber welchem anderen Vorgang vor- oder nacheilend *zeitlich phasenverschoben* ist. Bild 7-5 liefert hierzu schnell hinsichtlich der *Zeigerlagen* die Orientierung. Von einem beliebigen Bezugszeiger ausgehend kann man sehen:

- An einen Bezugszeiger wird ein dazu nacheilender Zeiger rechtssinnig angetragen,
- ein dazu voreilender linkssinnig.

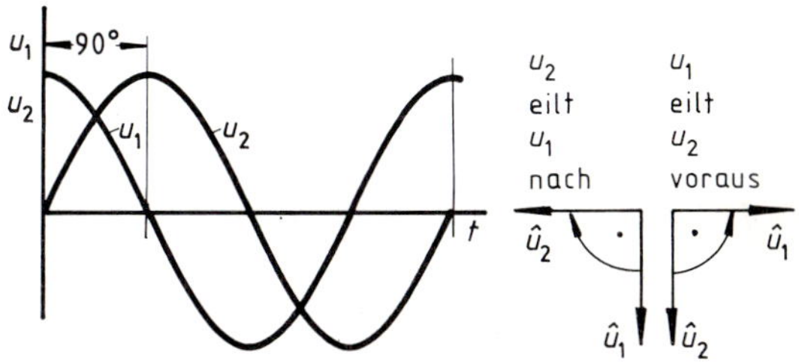

Bild 7-5 Alle Bilder sagen aus: Die Spannung u_1 eilt der Spannung u_2 voraus, bzw. u_2 hinter u_1 her.
Im Zeigerdiagramm werden nacheilende Winkel rechtssinnig, voreilende linkssinnig angetragen.

7.2.4 Rechnen mit Zeigern

Wie vorteilhaft ein Liniendiagramm durch ein Zeigerdiagramm ersetzt werden kann, zeigt sich, wenn Wechselstromausdrücke (Kurven) addiert oder subtrahiert werden sollen, wie Beispiel 7.1 zeigt.

Beispiel 7.1: Resultierende Strangspannung

Der Ständer des Generators aus Bild 6-36, habe jetzt vier Nuten für je zwei Spulen, wie man aus Bild 7-6 erkennen kann. Die Spulen seien zu einem Spulenstrang in Reihe geschaltet. Da in jeder Teilspule eine Spannung induziert wird: u_1 und u_2, addieren sich so die Teilspannungen zu einer Gesamtspannung $u = u_1 + u_2$.

Gesucht ist diese resultierende Spannung u. Die Teilspannungen u_1 bzw. u_2 gehen aus Bild 7-7 hervor.

Lösung: Im unteren Teil von Bild 7-7 wird sowohl das Linien- als auch das Zeigerdiagrammverfahren vorgeführt.

Die dick gezeichnete Kurve stellt die Linien-Resultierende dar. Sie wurde gefunden, indem für eine Anzahl von Abszissenpunkten die Ordinatensumme $u = u_1 + u_2$ gebildet und die Kurvenpunkte durch eine zusammenhängende Linie miteinander verbunden worden waren.

Rechts daneben ist zu sehen, wie man die *Zeiger-Resultierende* findet. Man erhält sie, indem man die Einzelzeiger u_1 und u_2 geometrisch addiert, wie bei Kräften in der Mechanik.

Unter der Zeigerlänge wurde hier die Amplitude der betreffenden Vorgänge verstanden.

Der Vergleich des jeweils erforderlichen Arbeitsaufwands, des Platzbedarfs usw. spricht eindeutig für das Zeigerdiagramm.

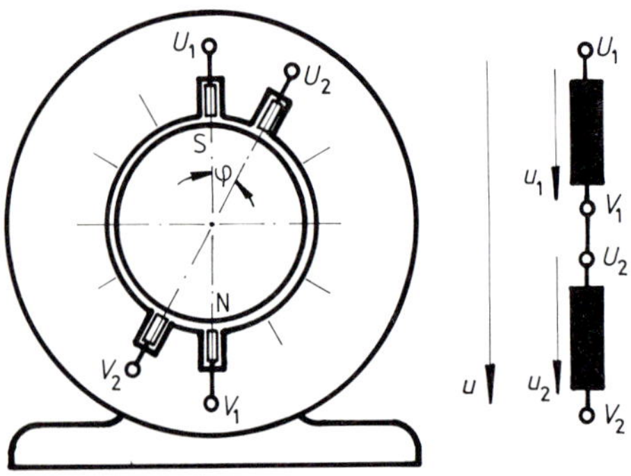

Bild 7-6 Skizze zu Beispiel 7.1: Resultierende Strangspannung.

Beispiel 7.2: Gegenreihenschaltung

Welche Spannung erhält man, wenn die beiden Spulen aus dem Beispiel 7.1 *gegen*einander geschaltet werden, also $u = u_1 - u_2$ gesucht ist (Bild 7-8).

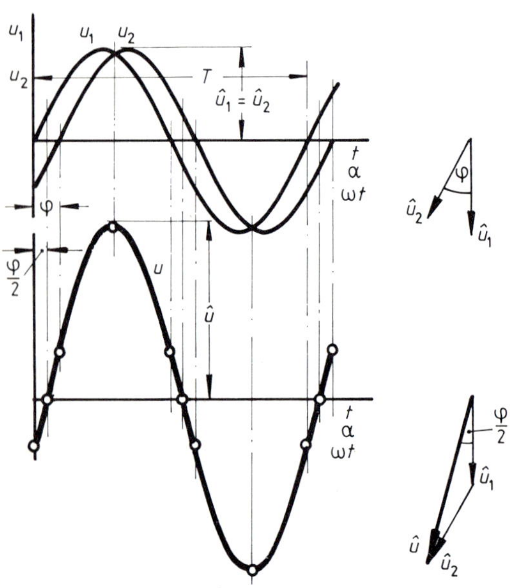

Bild 7-7 Lösung zum Beispiel 7.1: Resultierende Strangspannung.

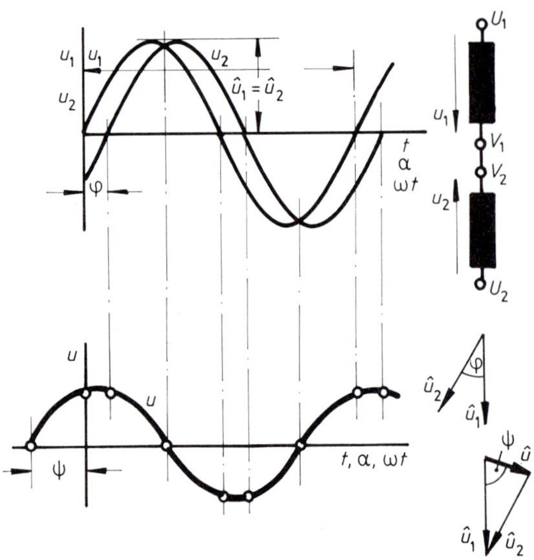

Bild 7-8 Lösung zum Beispiel 7.2: Gegenreihenschaltung zweier um den Winkel φ verschobener Wechselspannungen. Die Differenz der beiden je gleichgroßen Spannungen ist natürlich keineswegs Null.

Lösung: Ins Bild 7-8 sind die Lösungen gleich mit eingezeichnet, die Linien- und die Zeigerdiagramm-Alternative.

Man erkennt wieder den Vorteil des Zeigerverfahrens. Übrigens sieht man auch deutlich, daß nicht etwa die Differenz der Spannungen den resultierenden Wert Null ergibt.

7.2.5 Zählpfeile

Bei Wechselstromanlagen wechselt im Gegensatz zu Gleichstromanlagen nach jeder halben Periode der Richtungssinn aller Pfeile. Man braucht daher eigentlich im Ersatzschaltbild stets zwei Darstellungen, eine für positive und eine für negative Zustände, wie es im Bild 7-9 skizziert ist.

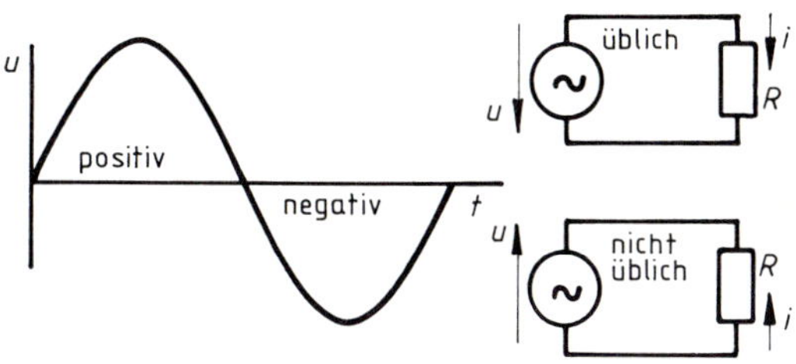

Bild 7-9 In Verbindung mit Wechselstromkreisen wird stets nur *ein* Schaltbild gezeichnet, und zwar dasjenige für positive Wirkungsrichtungen.

Da ein solches Verfahren auf die Dauer unpraktikabel wäre, wird vereinbart:

- Stets wird nur *ein* Bild gezeichnet, und zwar mit Pfeilen für positive Betriebsdaten. Sie heißen *Zählpfeile.*
- Liegen im speziell betrachteten Fall negative Betriebsdaten vor, so sind die Pfeile stillschweigend umzukehren.

7.3 Wechselstromleistung; Effektivwert

7.3.1 Allgemeines

Die früheren Gln. (1.11) bzw. (1.13) entspringen einer allgemeinen physikalischen Definition. Infolgedessen gelten sie auch für Wechselstrom:

$$p = u \cdot i, \quad (1.11) \qquad w = p \cdot t. \quad (1.13)$$

Setzt man in Gl. (1.11) für i den Ausdruck (7.1) und für u einen sinngemäßen Ausdruck ein, so erhält man:

$$p = \hat{u} \cdot \sin \omega t \cdot \hat{\imath} \cdot \sin \omega t = \hat{u} \cdot \hat{\imath} \cdot \sin^2 \omega t$$

oder:

$$p = \frac{\hat{u} \cdot \hat{\imath}}{2} \cdot [1 - \cos 2\omega t]. \qquad (7.6)$$

Dieser Ausdruck ist im Bild 7-10 dargestellt. Daraus ergibt sich, daß die Leistung bei Wechselstrom *pulsiert*, und zwar mit der Frequenz

$$f_p = 2 \cdot f_u = 100 \text{ Hz}. \qquad (7.7)$$

Wie sich solcherart pulsierende Leistung auf Verbraucher auswirkt, wird später behandelt (Abschnitt 8.6.2).

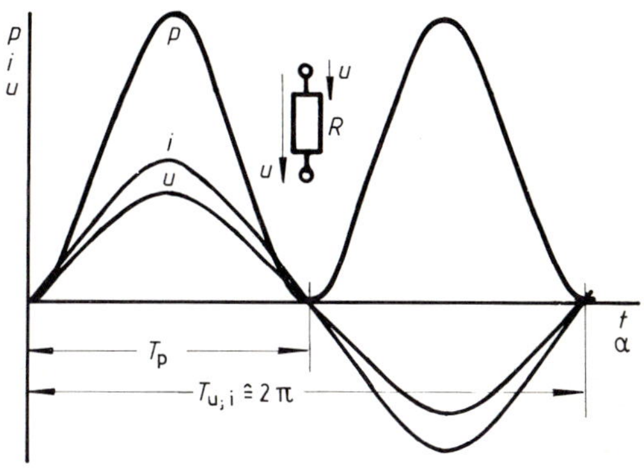

Bild 7-10 Wechselstromleistung bei sinusförmiger Spannung und sinusförmigem Strom in Verbindung mit einem ohmschen Widerstand. Die Leistung schwingt mit 100 Hz, wenn die Frequenz der Spannung und des Stromes 50 Hz beträgt.

Vorerst erheben sich die Fragen:

1. Wie wird die pulsierende Energie $w = p \cdot t$ zwischen Verbraucher und Elektrizitätsversorgungsunternehmen (EVU) gemessen? Siehe hierzu Abschnitt 7.3.2.
2. Wie kann man die Leistung bei Wechselstrom mit der von Gleichstrom vergleichen? Siehe hierzu Abschnitt 7.3.3.

7.3.2 Wechselstromenergie; mittlere Leistung

In Bild 7-11 ist ein Leistungs-Puls skizziert, also einer der beiden Pulse aus Bild 7-10. Für die dazugehörige Arbeit gilt nach Gl. (1.13): $w = p \cdot t$.

Man kann so die Energie berechnen, wenn man die Fläche unter der Kurve $p(t)$ integriert.

Die so ermittelte Fläche kann man zu einem äquivalenten Quadrat rektifizieren, wie das in Bild 7-11 auch schon vorgezeichnet ist. Man

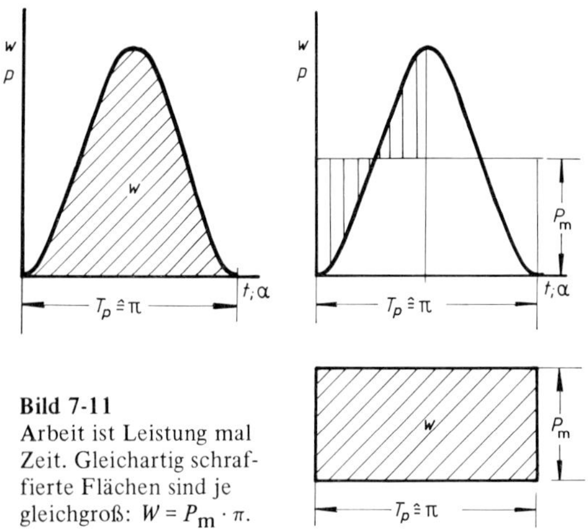

Bild 7-11
Arbeit ist Leistung mal Zeit. Gleichartig schraffierte Flächen sind je gleichgroß: $W = P_m \cdot \pi$.

kann dann so tun, als hätte die Leistung den konstanten Mittelwert P_m anstatt ständig zu pulsieren. Diesen Mittelwert findet man über folgende Berechnung:

$$P_m = \frac{w}{\pi} = \frac{1}{\pi} \cdot \int_0^{\pi} p \cdot d(\omega t).$$

Mit Gl. (7.6) erhält man ferner:

$$P_m = \frac{1}{\pi} \cdot \int_0^{\pi} \left[\frac{\hat{u} \cdot \hat{\imath}}{2} \cdot \{1 - \cos 2\,\omega t\}\right] \cdot d(\omega t)$$

$$\boxed{P_m = \frac{\hat{u} \cdot \hat{\imath} \cdot \pi}{2 \cdot \pi} = \frac{\hat{u} \cdot \hat{\imath}}{2}.} \tag{7.8}$$

Diese mittlere Leistung ermöglicht eine ganz einfache Erfassung und damit Verrechnung der Energie zwischen Verbraucher und EVU.

7.3.3 Effektivwert der Wechselstromgrößen

Ersetzt man in Gl. (7.8) den Nenner durch das Produkt der Wurzeln aus 2, so erhält man zunächst den Ausdruck:

$$P_m = \frac{\hat{u} \cdot \hat{\imath}}{2} = \frac{\hat{u}}{\sqrt{2}} \cdot \frac{\hat{\imath}}{\sqrt{2}} = U_{eff} \cdot I_{eff} = U \cdot I$$

$$P_m = U \cdot I. \tag{7.9}$$

Man sieht somit, daß man die mittlere Leistung, die eine Wechselspannungsanlage aufnimmt, mit genau dem gleichen Ausdruck berechnen kann, wie das in Form von Gl. (1.10) bei Gleichspannung möglich war.

Man bedient sich dazu der sogenannten Effektivwerte $U = U_{Eff}$ und $I = I_{Eff}$, wobei man der Einfachheit halber den Index nie zu schreiben pflegt. Es ist also dabei:

$$\boxed{U_{Eff} = U = \frac{\hat{u}}{\sqrt{2}}; \; I_{Eff} = I = \frac{\hat{\imath}}{\sqrt{2}}.} \tag{7.10}$$

Die Angaben auf Leistungsschildern elektrischer Maschinen und Anlagen verstehen sich ausnahmslos als *E*ffektivwerte. Bekanntestes Beispiel ist die Netzspannung $U = 220$ V.

Beispiel 7.3: Unsere Netzspannung

Eine Wechselspannung mit der Amplitude $\hat{u} = 311$ V hat nach Gl. (7.10) einen Effektivwert von

$$U_{Eff} = U = \frac{311\ \text{V}}{\sqrt{2}} = 220\ \text{V}.$$

Diese Spannung leistet die gleiche Wirkung (den gleichen *Effekt!*) wie eine Gleichspannung des Betrags $U_{-} = 220$ V (Bild 7-12).

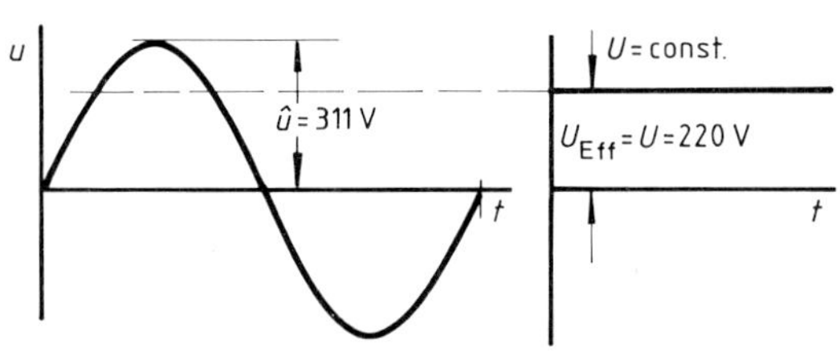

Bild 7-12 Der Effektivwert $U_{eff} = U$ einer Wechselspannung liefert die gleiche Wirkung (den gleichen *Effekt*) wie eine gleichgroße Gleichspannung.

Querschnitte elektrischer Stromwege sind bei Wechselstromanlagen stets für den *Effektivwert* des Wechselstroms zu bemessen. Für die richtige Isolation einer Anlage ist natürlich der Maximalwert, also die Amplitude der Spannung die richtige Ausgangsbasis.

Es sei noch einmal darauf hingewiesen, daß Gl. (7.10) nur für wirklich sinusförmige Ausdrücke gilt. Andernfalls heißt der Verknüpfungsfaktor nicht Wurzel aus 2.

Meßgeräte pflegen nach dem Effektivwert geeicht zu sein. Bei abweichender Kurvenform zeigen sie falsch an. Das war schon aus den Meßpunkten 31 bis 33 zu ersehen und wird vollends aus den späteren Meßpunkten 103 bis 105 hervorgehen. Je mehr eine Anlage über elektronische Bauelemente gesteuert wird, um so mehr wird die Zuverlässigkeit der richtigen Instrumente in Frage gestellt. Gegebenenfalls bedarf es einer meßtechnischen Fachberatung.

Ab jetzt werden Wechselstromzeiger nur noch als Effektivwerte angegeben. An sich ist es eine reine Maßstabsfrage. Es werden aber jedenfalls große Buchstaben verwendet und Zeiger damit gemeint, auch wenn sie nicht unterstrichen sind.

7.4 Wechselstromverbraucher einzeln

7.4.1 Rein ohmscher Verbraucher; Wirkwiderstand

In Bild 7-13 ist der Zusammenhang zwischen *u, i* und *R* (bzw. ab jetzt: *U, I* und *R*!) dargestellt. Natürlich gilt Gl. (1.27), wie wenn es sich um Gleichspannung handeln würde:

$$R = \frac{U}{I} = \text{const.,} \qquad (1.27)$$

auch bei Wechselstrom.

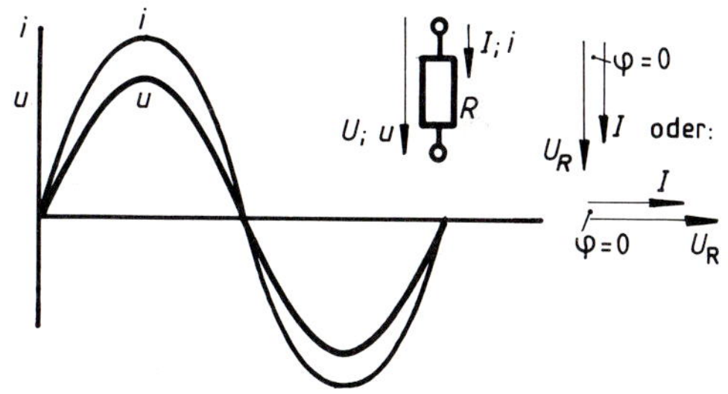

Bild 7-13 Die Situation bei einem rein ohmschen Widerstand an Wechselspannung. Der Winkel zwischen *U* und *I* ist Null. Links Liniendiagramme, rechts Zeigerdiagramme unterschiedlicher Lagen.

Es sind zwei mögliche Zeigerbilder eingezeichnet von unendlich vielen denkbaren.

Man sagt und sieht hier: *U* und *I* sind konphas, d.h., es gibt keine Phasenverschiebung zwischen *U* und *I*.

Der betrachtete Fall trifft am ehesten für Glühlampen und sonstige Wärmeverbraucher ohne nennenswerten *C*- und *L*-Anteil zu.

Wie die Zeigerdiagramme gezeichnet werden, ist im Prinzip wieder gleichgültig. Es wurden zwei mögliche Lagen (rechts im Bild 7-13) angegeben. Jede andere ist auch möglich, solange wirklich zum Ausdruck kommt: Der Winkel zwischen *U* und *I* Ist Null.

Ein ohmscher oder Wirkwiderstand wird mitunter auch als Resistanz bezeichnet.

7.4.2 Blindwiderstände; Reaktanzen

Es erscheint hier besonders zweckmäßig, die Darstellung der folgenden Zusammenhänge von seiten der elektrischen und magnetischen Feldalternativen her wieder synoptisch gleichzeitig zu verfolgen, wie das früher schon im Kap. 6, Felder, praktiziert wurde. Auffällig ist nämlich auch hier die Dualität der Zusammenhänge.

<table>
<tr><td>elektrisches Feld</td><td>magnetisches Feld</td></tr>
<tr><td>
An einen Kondensator C (Bild 7-14) wird die Wechselspannung des Effektivwerts U gelegt. Dann gilt der Ausdruck (7.1) sinngemäß:

$$u = \hat{u} \cdot \sin \omega t. \qquad (7.10)$$

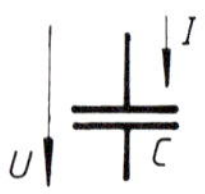

Bild 7-14

Setzt man Gl. (7.10) in Gl. (6.27) ein, so erhält man:

$$i = C \cdot \frac{du}{dt} = C \cdot \frac{d(\hat{u} \cdot \sin \omega t)}{dt},$$

$$i = C \cdot \omega \cdot \hat{u} \cdot \cos \omega t = \hat{i} \cdot \cos \omega t. \qquad (7.11)$$
</td><td>
In der Spule L (Bild 7-15) (also mit oder ohne Eisenkern) fließt der Strom des Effektivwerts I. Dann gilt der Ausdruck (7.1):

$$i = \hat{i} \cdot \sin \omega t. \qquad (7.1)$$

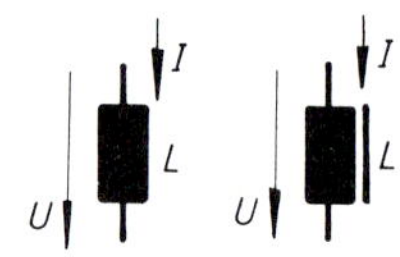

Bild 7-15

Setzt man Gl. (7.1) in Gl. (6.28) ein, so erhält man:

$$u = L \cdot \frac{di}{dt} = L \cdot \frac{d(\hat{i} \cdot \sin \omega t)}{dt},$$

$$u = L \cdot \omega \cdot \hat{i} \cdot \cos \omega t = \hat{u} \cdot \cos \omega t. \qquad (7.12)$$
</td></tr>
<tr><td colspan="2">Damit hat man eine Beziehung zwischen u und i hergestellt. Dabei ist die Amplitude:</td></tr>
<tr><td>

$$\hat{i} = C \cdot \omega \cdot \hat{u}. \qquad (7.13)$$
</td><td>

$$\hat{u} = L \cdot \omega \cdot \hat{i}. \qquad (7.14)$$
</td></tr>
<tr><td colspan="2">Diese Amplitudenausdrücke kann man in die Effektivwertgestalt, Gl. (7.10), überführen und jeweils nach dem Strom auflösen. Man erhält dann eine Struktur analog dem Ohmschen Gesetz (Gl. (1.27)):</td></tr>
<tr><td>

$$\frac{\hat{i}}{\sqrt{2}} = C \cdot \omega \cdot \frac{\hat{u}}{\sqrt{2}}$$

$$I = C \cdot \omega \cdot U$$

$$I = \frac{U}{\frac{1}{\omega C}} = \frac{U}{X_C}, \qquad (7.15)$$

Kondensatorstrom.
</td><td>

$$\frac{\hat{u}}{\sqrt{2}} = L \cdot \omega \cdot \frac{\hat{i}}{\sqrt{2}}$$

$$U = L \cdot \omega \cdot I$$

$$I = \frac{U}{\omega L} = \frac{U}{X_L}, \qquad (7.16)$$

Spulenstrom.
</td></tr>
<tr><td colspan="2">Man begegnet einer neuen Größe: X_C bzw. X_L
Sie hat Widerstandseigenschaften und errechnet sich über Gl. (7.2) zu:</td></tr>
<tr><td>

$$X_C = \frac{1}{\omega C} = \frac{1}{2 \cdot \pi \cdot f \cdot C}, \qquad (7.17)$$

Kapazitiver Blindwiderstand.
</td><td>

$$X_L = \omega \cdot L = 2\pi \cdot f \cdot L, \qquad (7.18)$$

Induktiver Blindwiderstand.
</td></tr>
</table>

Die Bezeichnung Blindwiderstand (Reaktanz) soll sichtbar machen: Es wird keine Joulesche Wärme umgesetzt. Die Widerstände bleiben kalt, wenn sie unter Strom stehen. Es treten keine Verluste auf, (wenn man von etwas R-Anteil absieht).

Darüber hinaus sind diese Widerstände noch insofern bemerkenswert, daß in Verbindung mit ihnen u und i nicht mehr in Phase bleiben. Das war schon aus den Gln. (7.11) bzw. (7.12) sichtbar. Ausgangspunkt war eine Sinusfunktion, das Ergebnis eine Cosinusfunktion, also eine Phasenverschiebung von 90° zwischen Strom und Spannung:

siehe Bild 7-16

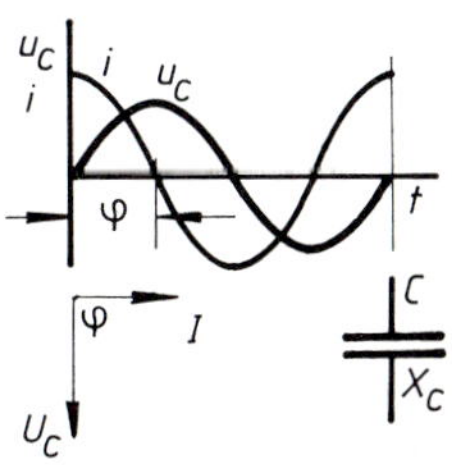

Bild 7-16

Zu beachten ist, daß ein Kondensator für eine hochfrequente Wechselspannung praktisch einen Kurzschluß darstellt.

bzw. Bild 7-17.

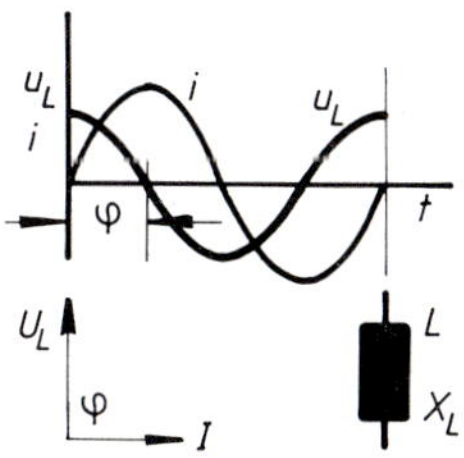

Bild 7-17

Zu beachten ist, daß eine Induktivität für eine hochfrequente Wechselspannung praktisch eine Unterbrechung darstellt.

7.5 Wechselstromverbraucher in Reihe

In keiner elektrischen Wechselstromanlage kann man damit rechnen, daß die einzelnen Komponenten als *reine Wirk-* oder als *reine Blindwiderstände* (*Reaktanzen*) vorkommen, sondern im allgemeinen stets zwar eine Wirkkomponente (unter Umständen allerdings vernachlässigbar) und stets eine Blindkomponente, kapazitiv oder induktiv, je nach Herkommen, haben.

Im folgenden werden zunächst sämtliche Komponenten in Reihenschaltung betrachtet, (wie sie z.B. bei einer bestimmten Leuchtstofflampenschaltung und vor allem in der Nachrichtentechnik häufig anzutreffen ist).

Ausgangspunkt ist Bild 7-18. Dort sind abschnittsweise auch die dazugehörigen Zeigerbilder eingetragen. Auch steht dabei, wo diese Zeigerlagen zum ersten Mal eingeführt wurden.

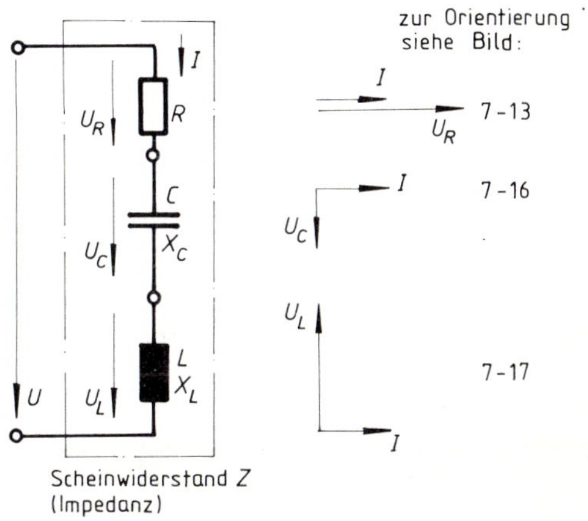

Bild 7-18 Reihenschaltung eines R-, C- und L-Glieds mit den dazugehörigen Zeigerbildern hinsichtlich der Phasenlage zwischen dem gemeinsamem Strom i und den jeweiligen Teilspannungen an den einzelnen typischen Abschnitten.

Das ganze Aggregat heißt Scheinwiderstand Z.

Aus Abschnitt 4.2.2 ist bekannt, daß es in einer Reihenschaltung nur einen einzigen Strom gibt. Abschnitt 7.4.2 hatte erkennen lassen, daß auch die *C*- und *L*-Glieder *Widerstände* darstellen.

Infolgedessen wird sich die Spannung U im Bild 7-18 analog Gl. (4.4) auf die einzelnen Abschnitte der Schaltung aufteilen, so daß gilt:

$$U = U_R + U_C + U_L. \qquad (7.19)$$

Dementsprechend werden in Bild 7-19 die aus Bild 7-18 ersichtlichen *Einzelzeiger* streng nach Gl. (7.19) zu einem *Zeiger-Gesamtdiagramm* zusammengefügt. Dabei ergibt sich ein Zeigerpolygon. Im rechten Bildteil wird es zu einem Spannungs*dreieck* vereinfacht mit den Seiten U_R, U_X und $U = U_{\text{Netz}}$. Dabei ist noch $U_X = |U_L| - |U_C|$.

Zwischen der angelegten Netzspannung U und dem Strom I bildet sich der Phasenverschiebungswinkel φ, wie man aus Bild 7-19 erkennt.

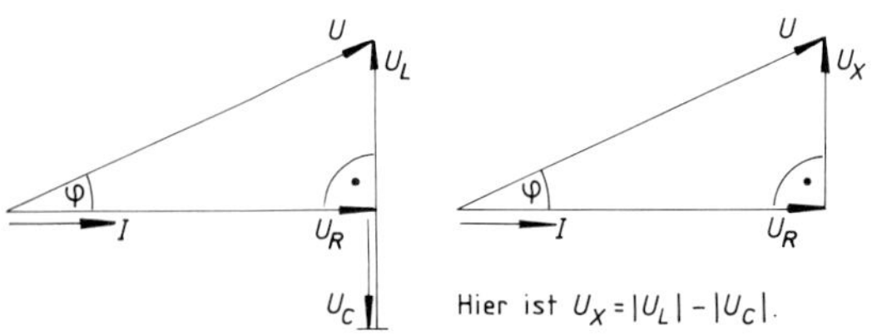

Bild 7-19 Spannungsdiagramme zum Schaltbild 7-18. Es stellt eine Art Bilanz dar und ist bei Gleichspannung vergleichbar z.B. mit dem Bild 4-9, wo es aber begreiflicherweise keine Phasenverschiebungen gab.

Aus der Planimetrie ist bekannt, daß ein zum Ausgangsdreieck ähnliches Dreieck entsteht, wenn man alle Dreiecksseiten durch die gleiche Zahl (hier: I) dividiert. Man kommt so aus Bild 7-19 zu Bild 7-20 und erhält das *Widerstandspolygon* bzw. *-dreieck*. Dabei begegnet uns neu die Größe $Z = U/I$, der Scheinwiderstand (Impedanz). (Sie kennen diesen Begriff z.B. von Lautsprecher- und Kopfhörer-Kenndaten.)

Aus Bild 7-20 kann man mit Hilfe des Pythagoras für Z ablesen:

$$Z = \sqrt{R^2 + X^2} = \sqrt{R^2 + (X_L - X_C)^2}.$$

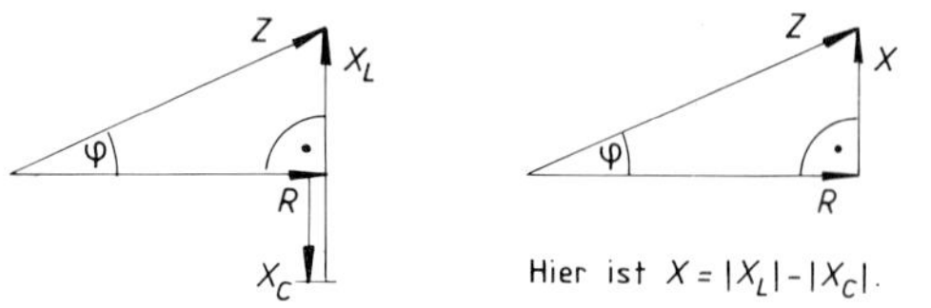

Bild 7-20 Der Strom I ist in einer Reihenschaltung überall gleichgroß. Teilt man die Polygonseiten aus Bild 7-19 durch den überall gleichgroßen Strom I, so erhält man die hierzu ähnlichen Dreiecke. Sie stellen die Widerstände R, X_C, X_L und Z dar.

U ist die angelegte Netzspannung. In Verbindung mit den Gln. (1.27), (7.17) u. (7.18) und Bild 7-19 kann man unmittelbar ablesen:

$U_R/I = R \quad U_C/I = X_C \quad U_L/I = X_L \quad U/I = Z.$

Mit den Gln. (7.17) und (7.18) wird daraus noch:

$$Z = \sqrt{R^2 + \left(2 \cdot \pi \cdot f \cdot L - \frac{1}{2 \cdot \pi \cdot f \cdot C}\right)^2}. \qquad (7.20)$$

Für die Hypotenuse im Bild 7-20 gilt ferner:

$$Z = \frac{U}{I}. \qquad (7.21)$$

Setzt man die Gln. (7.20) und (7.21) gleich und löst das Ergebnis nach I auf, so erhält man die allgemeine Form für das Ohmsche Gesetz für Wechselstrom bei Reihenschaltung:

$$I = \frac{U}{\sqrt{R^2 + \left[2 \cdot \pi \cdot f \cdot L - \frac{1}{2 \cdot \pi \cdot f \cdot C}\right]^2}} \qquad (7.22)$$

$$I = \frac{U}{\sqrt{R^2 + (X_L - X_C)^2}}.$$

Ohne Kondensator im Stromkreis entfällt einfach der Ausdruck X_C unter der Wurzel.

Eine besondere Rolle spielt noch der Phasenverschiebungswinkel φ zwischen Strom und Netzspannung U_{Netz}. Aus Bild 7-19 bzw. 7-20 kann man sofort ablesen:

$$\tan \varphi = \frac{U_X}{U_R} = \frac{X}{R},$$

damit wird

$$\varphi = \arctan \frac{U_X}{U_R} = \arctan \frac{X}{R}. \qquad (7.23)$$

Beispiel 7.4: Leuchtstofflampe (sogenanntes kapazitives Gerät)

Gegeben ist die Schaltung laut Bild 7-21, die Schaltung einer Leuchtstofflampe, die „eine Hälfte" der sogenannten Duoschaltung solcher Lampen.

Zum Betrieb von Leuchtstofflampen ist bekanntlich stets ein sogenanntes Vorschaltgerät erforderlich. Seine Aufgabe ist es, auf induktivem Weg die Lampe zunächst zu zünden und nach erfolgter Zündung den Strom zu begrenzen. Das Vorschaltgerät besteht aus einer Spule mit der Induktivität L_V und natürlich etwas ohmschem Widerstand R_V (Bild 7-21).

Der weitere Sinn der Schaltung wird in Verbindung mit Beispiel 7.12 näher erläutert.

Gesucht:

1. die Blindwiderstände X_C und X_L,
2. ein sinnvolles Ersatzschaltbild,
3. der Betrag des Stroms I,
4. die Spannungen an den einzelnen Abschnitten,
5. das Spannungspolygon analog Bild 7-19,
6. der Phasenverschiebungswinkel zwischen U_{Netz} und dem Strom I,
7. die Leistung der Lampe allein.

Lösungen:

1. Aus Gl. (7.17) bzw. (7.18) erhält man:

$$X_C = \frac{1}{2\cdot\pi\cdot f\cdot C} = \frac{1}{2\cdot\pi\cdot 50\,\text{s}^{-1}\cdot 5{,}7\cdot 10^{-6}\,\text{A}\cdot\text{s}\cdot\text{V}^{-1}},$$

$$\underline{\underline{X_C = 558{,}4\ \Omega.}}$$

Das ist der Blindwiderstand des Kondensators von $C = 5{,}7\ \mu\text{F}$.

$$X_L = 2\cdot\pi\cdot f\cdot L = 2\cdot\pi\cdot 50\ \text{s}^{-1}\cdot 863\ \text{mV}\cdot\text{s}\cdot\text{A}^{-1},$$

$$\underline{\underline{X_L = 271{,}1\ \Omega.}}$$

Das ist der Blindwiderstand der Spule mit $L = 863$ mH.

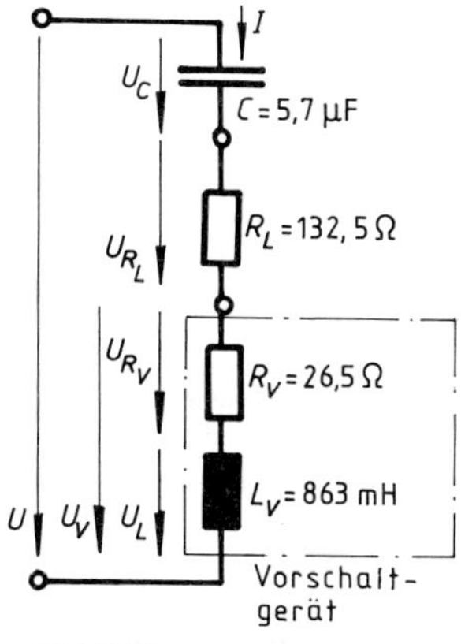

Bild 7-21
Leuchtstofflampenschaltung mit Reihenkondensator und Vorschaltgerät (R_V und L_V).

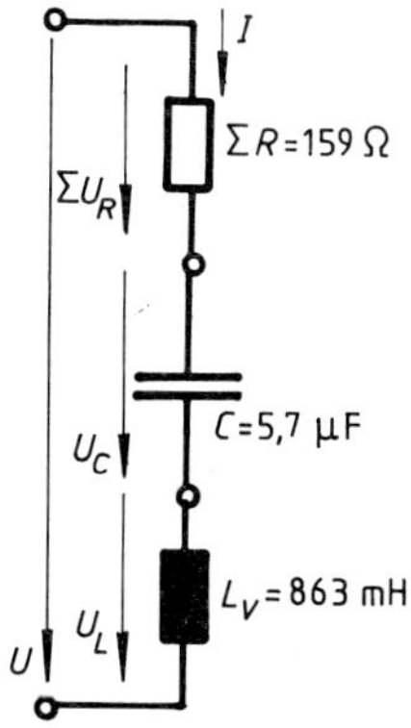

Bild 7-22
Zusammenfassung der Widerstände aus Bild 7-21 zu ΣR.

2. Bild 7-22 ist analog Bild 7-18 aufgebaut. Hier sind die Ohmschen Komponenten zu einem einzigen (Wirk-)Widerstand $R = R_L + R_V$ zusammengefaßt mit $R = 159\ \Omega$.
3. Ausgangspunkt für Gl. (7.22) ist hier das Ersatzschaltbild 7-22. Man erhält somit I zu:

$$\underline{\underline{I}} = \frac{220\ \text{V}}{\sqrt{159^2\ \Omega^2 + (271{,}1 - 558{,}4)^2\ \Omega^2}} = \underline{\underline{0{,}67\ \text{A}.}}$$

4. Die Teilspannungen errechnen sich analog Gl. (4.5) usw.:

$$\begin{aligned}
U_{R_L} &= I\cdot R_L = 0{,}67\ \text{A}\cdot 132{,}5\ \Omega = 88{,}775\ \text{V},\\
U_{R_V} &= I\cdot R_V = 0{,}67\ \text{A}\cdot 26{,}5\ \Omega = \underline{17{,}755\ \text{V}}\\
\Sigma U_R &= U_{R_L} + U_{R_V} \qquad\qquad 106{,}53\ \text{V}'\\
U_C &= I\cdot X_C = 0{,}67\ \text{A}\cdot 558{,}4\ \Omega = 374{,}128\ \text{V}\\
U_L &= I\cdot X_L = 0{,}67\ \text{A}\cdot 271{,}1\ \Omega = \underline{186{,}637\ \text{V}}\\
\Sigma U_X &= |U_C| - |U_L| \qquad = \qquad 187{,}49\ \text{V}
\end{aligned}$$

Zu beachten ist hier, daß der Einzelbetrag einer einzigen Teilspannung durchaus größer sein kann als die insgesamt angelegte Netzspannung! Dieser Fall wäre bei Gleichspannungsanlagen nicht möglich. Ein solches Ergebnis wäre dort der sichere Hinweis auf einen Rechenfehler.

Im obigen Fall muß der Kondensator auch wirklich für die Spannung $U_C = 374{,}128\ \text{V} \approx 400\ \text{V}$ bemessen sein[1]. Wegen Gl. (7.10) muß er sogar die Amplitudenspannung $374\ \text{V}\cdot\sqrt{2} = 529\ \text{V}$ aushalten können.

Die Spannung, durch die das Personal dieser Anlage gefährdet ist, ist natürlich die gleiche: 529 V!

5. Die einzelnen Komponenten von Bild 7-23 zeigen mögliche Konfigurationen. Gemeinsam ist ihnen, daß die Ohmschen und die Blindanteile einzeln zusammengefügt werden. Nur die Ohmschen Teile können hier algebraisch addiert werden. Bei den Blindkomponenten muß auch der Richtungssinn richtig verarbeitet werden, und zwar analog zu Bild 7-19.
6. Aus Bild 7-23 geht der Ansatz für φ hervor. Man kann ablesen (siehe auch Gl. (7.23)):

$$\varphi = \arctan\frac{U_X}{U_R} = \arctan\frac{|U_C| - |U_L|}{U_{R_L} + U_{R_V}},$$

$$\varphi = \arctan\frac{374{,}128\ \text{V} - 186{,}637\ \text{V}}{88{,}775\ \text{V} + 17{,}755\ \text{V}},$$

$$\varphi = \arctan\frac{187{,}491\ \text{V}}{106{,}530\ \text{V}} = \arctan 1{,}76,$$

$$\underline{\underline{\varphi = 60{,}4^\circ.}}$$

[1] Man findet die zulässige Spannung auf dem Kondensatorgehäuse aufgedruckt. Ein gepolter Elektrolytkondensator darf nicht verwendet werden.

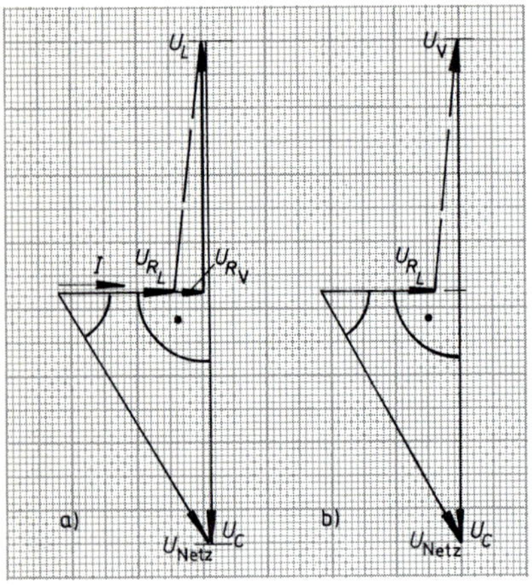

Bild 7-23 a) Spannungspolygon mit den für Beispiel 7.4, Leuchtstofflampe (kapaz.) *berechneten* Spannungen und Phasenverschiebungswinkel φ. b) Polygon der einer Nachmessung mit Instrumenten zugänglichen Spannungen. Es ergibt sich dabei ohne weiteres U_C als eine erheblich größere Spannung als die angelegte Netzspannung! Die Spannung U_V ist die Spannung am Vorschaltgerät.

7. $\underline{\underline{P_L = U_{R_L} \cdot I = 88{,}775 \text{ V} \cdot 0{,}67 \text{ A} = 59{,}5 \text{ W}.}}$

Anmerkung: Die verwendeten Daten entstammen einer 65-W-Lampen-Anlage.

Hinweis: Leuchtstofflampen sind keine Neonlampen.

Beispiel 7.5: Leuchtstofflampe in Grundschaltung (sogenanntes induktives Gerät)

Es liegen die gleichen Daten vor, wie im Beispiel 7.4, jedoch ohne den Kondensator.

Es werden die gleichen Größen gesucht, soweit sinnvoll.

Lösungen:

1. X_C ist Null, da kein Kondensator vorhanden ist.

   In Gl. (6.23) ist sozusagen die Größe $l = 0$, damit ist $C = \infty$ und somit $X_C = 0$.

   $X_L = 271{,}1\ \Omega$, wie vorher auch.

2. Bild 7-24 rechts zeigt das hierzu gehörende Ersatzschaltbild. Diese Bildstruktur liegt den meisten Wechselstromkreisen zugrunde, die im folgenden hier behandelt werden!

3. In Gl. (7.22) bleibt wegen $X_C = 0$ dieser Ausdruck unter der Wurzel einfach weg:

$$I = \frac{U}{\sqrt{R^2 + X_L^2}} = \frac{220 \text{ V}}{\sqrt{159^2\ \Omega^2 + 271{,}1^2\ \Omega^2}}$$

$\underline{\underline{I = 0{,}7 \text{ A}.}}$

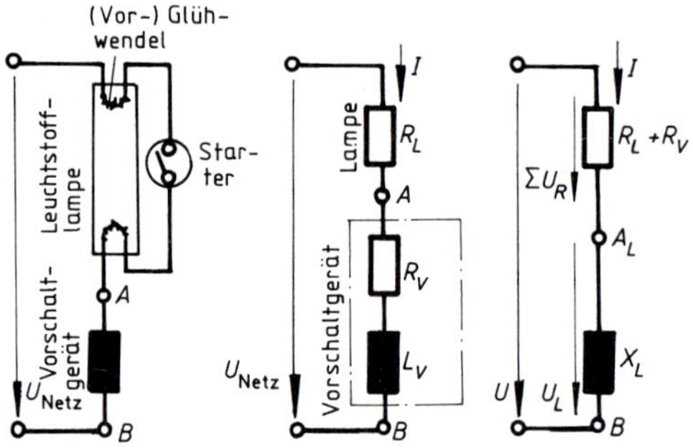

Bild 7-24 Schaltskizze und Ersatzschaltbilder zum Beispiel 7.5: (induktive) Leuchtstofflampe. Bei der Inbetriebnahme fließt zunächst erst ein ganz kleiner Strom über die beiden Vorglühwendeln, den Starter und das Vorschaltgerät. Nach kurzer Zeit öffnet das Bimetall des Starters dessen Kontakte. Je nach dem, in welchem Magnetisierungsaugenblick des Vorschaltgeräts das gewesen ist, ergibt sich dabei eine mehr oder weniger große Induktionsspannung zwischen den Punkten A und B, daß sie mit der Netzspannung zusammen zum Zünden der Leuchtstofflampe ausreicht. Reicht sie nicht zum Zünden der Leuchtstofflampe aus, wird der Vorgang wiederholt.

Das ist praktisch der gleiche Wert, wie im Beispiel 7.4, also *mit* Kondensator.

4. $\Sigma U_R = I \cdot R = 0{,}7 \text{ A} \cdot 159\ \Omega = 111{,}3 \text{ V},$

   $U_L = I \cdot X_L = 0{,}7 \text{ A} \cdot 271\ \Omega = 189{,}7 \text{ V}.$

5. Bild 7-25 zeigt das Spannungspolygon. Hier ist es zu einem Spannungs*dreieck* geschrumpft.

   Dieses Zeigerdiagramm wird bei den meisten folgenden Wechselstromproblemen strukturmäßig genauso aussehen. Die üblichen Wechselstromverbraucher bestehen ja auch fast nur aus R- und X_L-Komponenten.

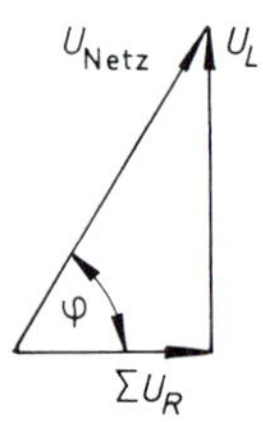

Bild 7-25
Spannungspolygon (hier: nur ein Spannungsdreieck) zum Beispiel 7.5 (induktive) Leuchtstofflampe.

6. $\varphi = \arctan \frac{X_L}{R} = \arctan \frac{271{,}1\ \Omega}{159{,}0\ \Omega} = \arctan 1{,}705,$

   $\varphi = 59{,}6°$

   Nebenbei sei festgehalten, daß hier „zufällig" fast der gleiche Winkel herauskommt, wie *mit Kondensator.*

   Man vergleiche hierzu auch die Bilder 7-23 und 7-25. Auf die „Gleichheit" der Winkel wird noch zurückgekommen (siehe Beispiel 7.12).

7. $P_L = I^2 \cdot R_L = 0{,}7^2\ \text{A}^2 \cdot 132{,}5\ \Omega = \underline{\underline{64{,}9\ \text{Watt.}}}$

Die Lampe arbeitet hier also praktisch im Nennbetrieb (P_N = 65 Watt).

Anmerkung: Die vorliegende Schaltung ist die übliche Betriebsschaltung für Leuchtstofflampen. Das Thema wird im Abschnitt 7.10 jedoch nochmals aufgegriffen.

Beispiel 7.6: Kurzschluß am Vorschaltgerät

Zwischen den Klemmen *A* und *B* im Bild 7-24 ereigne sich ein Kurzschluß.

Frage: Wie wirkt sich der Kurzschluß auf die Anlage aus?

Lösung: Zunächst kann sofort ausgesagt werden, daß in Gl. (7.22) auch noch die Größe X_L entfällt. Gl. (7.22) scheint zum Ohmschen Gesetz zu schrumpfen: $I = U/R$; Es scheint allerdings nur so zu sein.

Eine Leuchtstofflampe als Gasentladungslampe gehorcht nämlich nicht dem Ohmschen Gesetz. An sich waren schon die Berechnungen der Beispiele 7.4 und 7.5 insofern am Rande der Legalität.

Die Kennlinie einer Leuchtstofflampe zeigt prinzipiell Bild 7-26. Sie verläuft ähnlich wie die Heißleiterkennlinie in Bild 5-9.

Beim Normalbetrieb mit Vorschaltgerät entspricht dieses praktisch dem Quellenwiderstand analog Beispiel 5.2. In Bild 7-26 wurde der Verlauf der Quellenkennlinie prinzipiell eingezeichnet, solange alles in Ordnung ist.

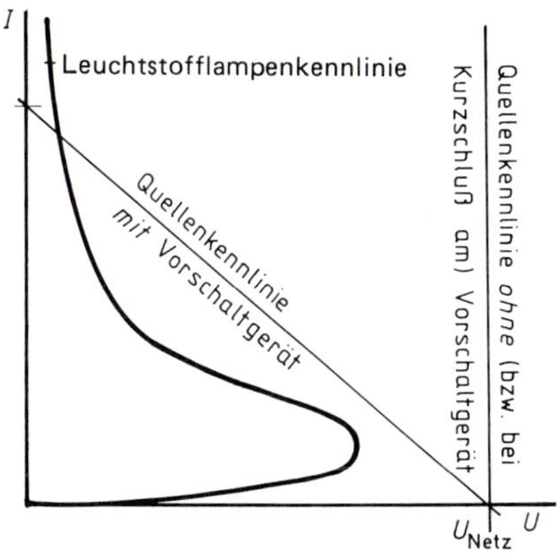

Bild 7-26 Im Fall eines Kurzschlusses zwischen den Klemmen eines Vorschaltgeräts gibt es keinen Schnittpunkt mehr zwischen der zuständigen Quellenkennlinie (ganz rechts) und der Lastkennlinie. Der Leitungsschutz spricht sofort an. Andernfalls ist die Röhre gegen Explosion gefährdet.

Bei einem Kurzschluß am Vorschaltgerät entfällt dessen Widerstandswirkung praktisch völlig: Die Kennlinie wird erheblich steiler, der Arbeitspunkt rückt jenseits der Bildfläche. Der Strom wächst schlagartig an.

Praktische Auswirkung: Der 16-A-Automat, mit dem eine solche Lampe abgesichert ist, spricht bei einem Vorschaltgerätekurzschluß unverzögert (also kurzschlußartig) an! Grundsätzlich besteht die Gefahr einer Lampenexplosion bei diesem Betriebsfall.

Beispiel 7.7: Kondensator an Gleich- und Wechselspannung (Labor)

1 Gleichspannungsbetrieb (Tabelle 7-1)

1.1 Einschalten; Meßpunkt 88

Wenn man die Schaltung nach Bild 7-27 in Betrieb nimmt, kann man bei geeignetem Strahldurchlauf strukturmäßig den Vorgang von Bild 6-15 vorüberhuschen sehen: den Einschaltstromstoß bei einem Kondensator. Nach dem dortigen Bildtext gilt hier im Einschaltaugenblick:

$$I_0 = \frac{U}{R} = \frac{10\ \text{V}}{10\ \Omega} = 1\ \text{A} = 1000\ \text{mA}.$$

Man darf sich durch den minimalen Ausschlag des Amperemeters nicht täuschen lassen. Er simuliert einen Bruchteil dieses Stroms. Nach Gl. (6.36) ist der Vorgang innerhalb der Zeit von $t \approx 5 \cdot \tau$ mit $\tau = R \cdot C = 10\ \Omega \cdot 100\ \mu\text{F} = 1$ ms abgeklungen.

Tabelle 7-1

Meßpunkt (1)	$\frac{U}{\text{V}}$ (2)	Situation (3)	Meßbereich Ⓐ (4)	$\frac{I}{\text{mA}}$ (5)	$\frac{a_{v_a}}{\text{mV/cm}}$ (6)	$\frac{a_t}{\text{ms/cm}}$ (7)	$\frac{l}{\text{cm}}$ (8)
88	10	Einschalten	12 mA	2	200	50	4
89		Dauerbetrieb	beliebig	0	–	–	–

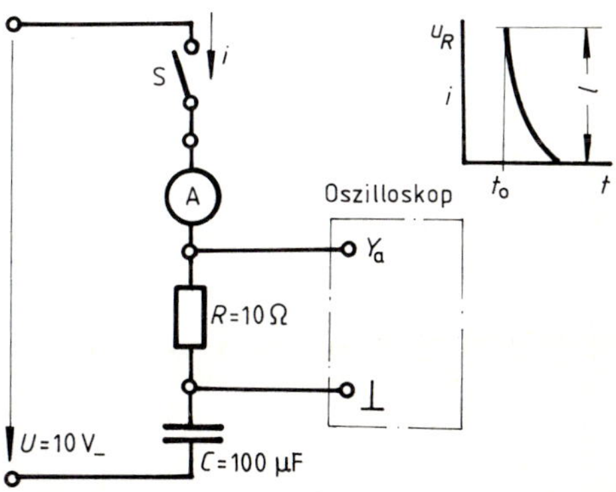

Bild 7-27 Schaltung zum Beispiel 7.7 bei Gleichspannungsbetrieb.

Ohne den Vorwiderstand *R* ist beim Einschalten des Kondensators das Amperemeter hier erheblich gefährdet, siehe Bild 6-15.

1.2 Dauerbetrieb: Meßpunkt 89

Sobald der Einschaltstromstoß abgeklungen ist, fließt kein Strom mehr. Ergebnis:

Ein Kondensator blockt Gleichstrom ab.

Die Anwendung haben Sie vor sich am Oszilloskop: Am Eingang kann der Schalter auf die Stellungen 0 (Aus), ~ (Wechselspannungs-) und = (Gleichspannungssignal) gestellt werden. In der Stellung ~ (*nur* Wechselspannung) liegt zwischen dem Meßaufbau und dem Eingang zur Oszilloskopröhre ein Kondensator, der etwa überlagerte Gleichspannung abblockt und so nur Wechselspannung durchläßt.

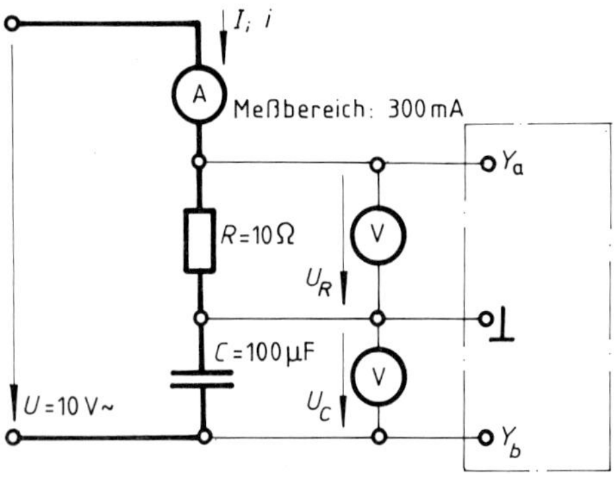

Bild 7-28 Schaltung zum Beispiel 7.7 bei Wechselspannungsbetrieb.

2 Wechselspannungsbetrieb: Meßpunkt 90 (Tabelle 7-2)

Sie stellen auf z.B. 300 mA *Wechselstrom*-Meßbereich und auf Wechselspannungsquelle um.

Vorsicht! Der Kondensator darf jetzt auf keinen Fall ein Elektrolytkondensator sein, es sei denn, ein sogenannter polloser Typ. Andernfalls geht der Kondensator an Wechselspannung kaputt!

Für den zu erwartenden Strom kann man jetzt mit Gl. (7.22) mit $L = 0$ und $X_L = 0$ vorkalkulieren:

$$I = \frac{10\,\text{V}}{\sqrt{10^2\,\Omega^2 + \left(\frac{1}{2\cdot\pi\cdot 50\,\text{s}^{-1}\cdot 100\cdot 10^{-6}\,\text{A}\cdot\text{s}\cdot\text{V}^{-1}}\right)^2}},$$

$$\underline{\underline{I = 0{,}2997\,\text{A}.}}$$

Tabelle 7-2

Meß-punkt [1]	$\frac{U}{V}$ [2]	$\frac{U_R}{V}$ [3]	$\frac{U_C}{V}$ [4]	$\frac{a_{v_a}}{V/cm}$ [5]	$\frac{a_{v_b}}{V/cm}$ [6]	$\frac{l_a}{cm}$ [7]	$\frac{l_b}{cm}$ [8]	$\frac{I}{mA}$ [9]
90	10	3	9,5	2	−5	2,2	2,7	300

Meßpunkt 90 bestätigt dieses Rechenergebnis. Bild 7-29 zeigt, wie sich die Spannung am Widerstand und am Kondensator auf dem Bildschirm abbilden. Da an einem Ohmschen Widerstand laut Bild 7-13 Strom und Spannung keine Phasenverschiebung haben, kann man Bild 7-29 auch als die Abbildung von Strom und Spannung in Verbindung mit einem Kondensator auffassen.

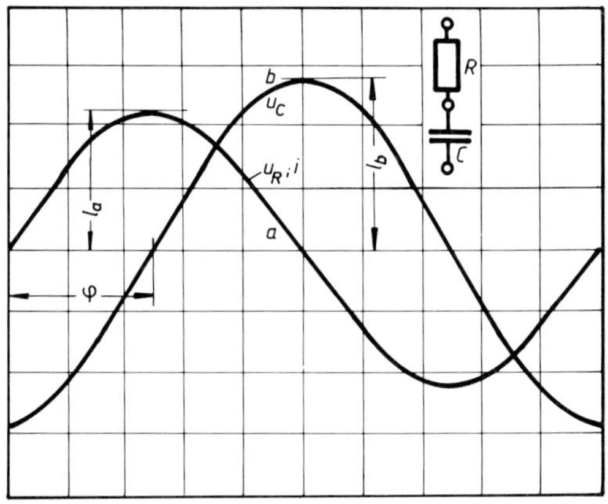

Bild 7-29 Oszillogramm zum Meßpunkt 90; die Spannung u_C am Kondensator ist gegenüber dem Strom i um 90° phasenverschoben.

Kurvenzug *a* stellt den Strom *i* dar, Kurvenzug *b* die Kondensatorspannung.

Man erkennt hier zum ersten Mal *praktisch* die Aussage von Bild 7-16: die Phasenverschiebung zwischen Strom und Spannung bei einem Kondensator.

Anmerkung: Das negative Vorzeichen am Meßbereichsfaktor a_{v_b} in Tabelle 7-2 bedeutet: Wird der Knopf der vertikalen Strahlverschiebung am *b*-Eingang nicht gezogen (in die Minusstellung gebracht), so steht die *b*-Kurve „auf dem Kopf". In gezogener Stellung stimmen die Bilder 7-16 und 7-29 eben unmittelbar überein.

Vergleichen Sie auch das Meßergebnis aus der Amplitudenauswertung am Oszilloskop mit der Anzeige der Zeigermeßinstrumente: Sie unterscheiden sich im Verhältnis von $\sqrt{2}:1$, und zwar in Erfüllung der Gl. (7.10).

Beispiel 7.8: Spule mit Eisenkern (Drosselspule) an Gleich- und Wechselspannung (Labor)

1 Gleichspannungsbetrieb

Zunächst wird der Widerstand der Spule aus der Schaltung Bild 7-30 festgestellt. Ein mögliches Meßergebnis ist kleingedruckt bei Meßpunkt 91 eingetragen (Tabellen 7.3 und 7.4).

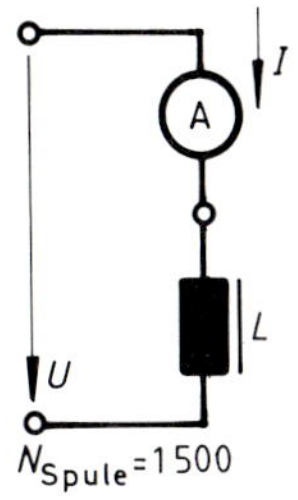

Bild 7-30
Spule an Gleichspannung mit oder ohne Eisenkern.

Tabelle 7-3

Meß-punkt	R_{Spule} / Ω
91	12,5

Tabelle 7-4

Meß-punkt	U / V	I / mA
92	10	800

Legen Sie dann Gleichspannung von U = 10 V an die Spule, registrieren Sie das Strommeßergebnis und vergleichen Sie es mit einer Kontrollrechnung (über den gemessenen Widerstand).

2 Wechselspannungsbetrieb

Die Schaltung nach Bild 7-31 soll durchgemessen werden entsprechend den Meßpunkten 93 bis 95 (Tabelle 7-5).

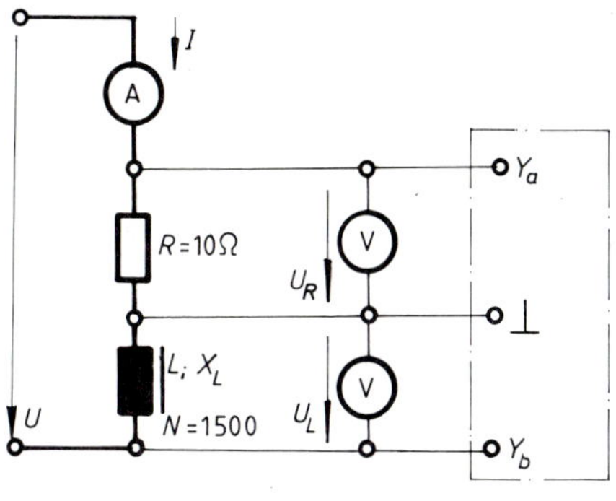

Bild 7-31 Spule bei Wechselstrombetrieb. Der Kern ist derselbe wie im Bild 6-23 links.

Tabelle 7-5

1 Meß-punkt	2 U / V	3 U_R / mV	4 U_L / V	5 a_{v_a} / mV/cm	6 a_{v_b} / V/cm	7 l_a / cm	8 l_b / cm	9 I / mA
93	10	6	10	50	– 5	1,7	2,8	6
94	15	9	15	50	– 10	2,0	2,0	8
95	20	14	20	50	– 10	2,8	2,5	9,6

Dabei fällt auf:

a) bei doppelter Spannung (Meßpunkt 95 gegenüber Meßpunkt 93) verdoppelt sich keineswegs der Strom. Der Zusammenhang ist also nicht linear. Er ist somit auch über Gl. (7.22) nicht mehr einfach analog berechenbar, wo Linearität stillschweigend vorausgesetzt war.

   Grund dafür ist die Komponente L in Gl. (7.22) im Zusammenhang mit Bild 6-6: der Faktor μ_r ist stromabhängig, also nicht konstant. (Bei Kondensatoren ist der U-I-Zusammenhang linear.)

b) Die Meßergebnisse für U_L lassen erkennen, daß fast die ganze angelegte Spannung an der Spule ankommt: die Spannung U_R beträgt nur wenige Millivolt!

   Bei Drosselspulen, also Spulen mit Eisenkern kann man somit die Ohmschen Komponenten (unter Umständen) vernachlässigen, was noch eine wichtige Rolle spielen wird, siehe z.B. Abschnitt 7.12.

c) Den Liniendiagramm-Zusammenhang, wie ihn das Oszilloskop abbildet, zeigt Bild 7-32. Im Gegensatz zu Bild 7-29 (der Analogie beim Kondensator) liegt hier wegen der immerhin vorhandenen Ohmschen Komponente der Spulenwicklung keine reine 90°-Phasenverschiebung zwischen u und i vor.

d) Die Kurvenbilder 7-29 und 7-32 sind ansonsten wieder streng dual zueinander wie alle bisherigen C-L-Gegenüberstellungen.

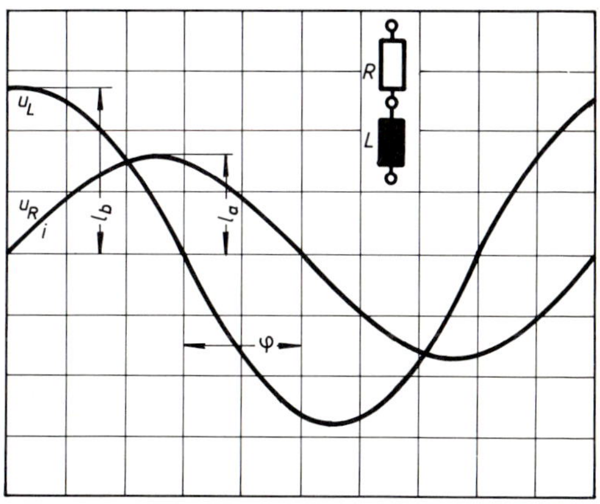

Bild 7-32 Oszillogramm zum Meßpunkt 93. Die Spannung ist gegenüber dem Strom wiederum verschoben, genau wie beim Meßpunkt 90, aber erstens nach der anderen Seite, zweitens nicht um exakte 90°, da von der Spule her nochmals eine Ohmsche Komponente dazukommt.

e) Vergleichbar sind die Ströme je bei $U = 10$ V. Stellt man die Ergebnisse bei Gleich- und Wechselspannung einander gegenüber, so ergibt sich aus den Meßpunkten 92 bzw. 93 hier (Tabelle 7-5):

$$\frac{I_-}{I_\sim} = \frac{800\ \text{mA}}{6\ \text{mA}} = 133\tfrac{1}{3},$$

also die Größenordnung zweier Zehnerpotenzen.

Die wichtigste Konsequenz daraus heißt:

> Wird ein für Wechselstrombetrieb bemessenes Gerät (z.B. versehentlich) an Gleichspannung betrieben, so wird der Strom um womöglich einige Zehnerpotenzen zu groß. Damit ist das Gerät selbst, sowie möglicherweise auch die Peripherie dazu (Meßinstrumente usw.) ganz erheblich gefährdet!

So ist der Hinweis zu verstehen, der sich auf manchen Elektrogeräten findet:

Nur für Wechselstrom!

Wird er nicht beachtet, so funktioniert das Gerät an Gleichspannung entweder nicht (obwohl das Gerät an sich trotzdem funktionieren könnte) oder es wird zerstört.

Mitunter bezieht sich der Hinweis allerdings auch mehr auf Kontaktprobleme, z.B. bei Bimetall-Reglern, die bei Betrieb an Gleichspannung überlastet wären. Die Kontakte müßten für Gleichstrom anders dimensioniert sein, da er ja nicht ständig durch Null läuft, wie Wechselstrom und dabei „automatisch" unterbrochen wird.

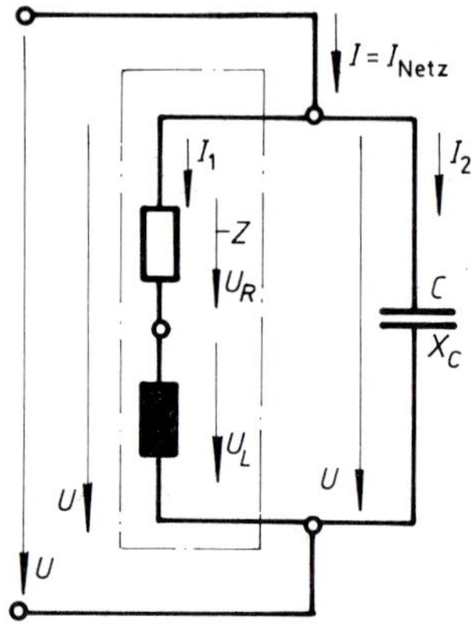

Bild 7-33 Zwei parallele Wechselstromzweige: Der aus R- und X_L-Glied bestehende Reihen-Scheinwiderstand Z liegt parallel zu C.

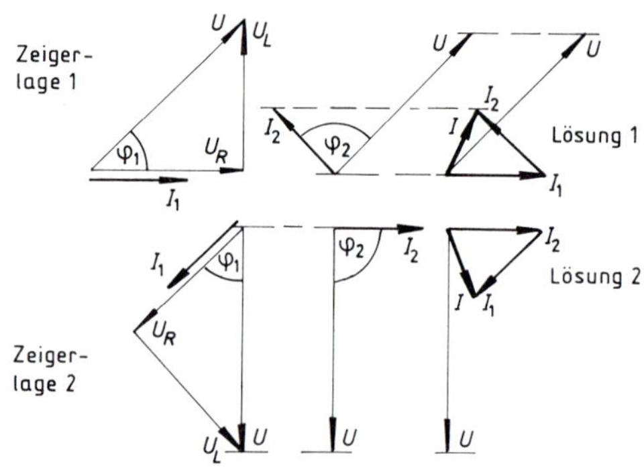

Bild 7-34 Zwei von beliebig vielen möglichen Lösungen liefern aus den beiden Teilströmen I_1 und I_2 in beiden Fällen den gleichen Netzstrom I.

7.6 Wechselstromverbraucher in Parallelschaltung

An sich treten bei Verbrauchern an Wechselspannung keine anderen Gesichtspunkte auf als bei Gleichspannung mit dem einzigen Unterschied:

- die Phasenverschiebungen sind zu beachten.

Sie gehen vor allem in die Addition von Strömen ein: siehe Gleichung (4.14), 1. Kirchhoffsches Gesetz.

Man erkennt die Auswirkungen aus den Bildern 7-33 und 7-34. Es geht um das Problem, wie man aus den beiden Strömen I_1 und I_2, die man einzeln aus den Gln. (7.15), (7.17) und (7.22) errechnen kann, den Netzstrom I findet. Es können nicht mehr einfach die algebraischen Beträge der Teilströme addiert werden, sondern der Gesamtstrom ist graphisch zu ermitteln, wie bei Kräften in der Mechanik. Man muß sich eben vor Augen führen, daß es sich hier um Zeiger (eine Art Vektoren also) handelt.

Wie man aus Bild 7-34 erkennt, kann es dabei ohne weiteres vorkommen, daß die Summe zweier oder mehrerer Ströme *kleiner ist als ein einziger der beteiligten Ströme*. Solches ist ja auch schon aus Bild 7-23 von den Wechsel*spannungen* her bekannt.

Diese Tatsache spielt auch noch in Verbindung mit dem Thema Blindleistungskompensation: in Abschnitt 7.10 eine wichtige Rolle.

7.7 Wechselstromverbraucher in gemischter Schaltung

Die Phasenverschiebungen aus Abschnitt 7.4.2 können sich in Verbindung mit *gemischten Schaltungen* so auswirken, daß man mindestens recht unübersichtliche mathematische Ausdrücke erhält, die den offenen physikalischen Durchblick vermissen lassen. Indessen zeigt die Tabelle 7-6 recht überzeugende Analogien zwischen

- Wirk- und Blindwiderstands-Zeigern einerseits
- und den Gepflogenheiten und Darstellungsweisen der komplexen Rechnung in der Mathematik andererseits.

Tabelle 7-6

Aufgabenstellung	*R*-Glied	*C*-Glied	*L*-Glied
Zeigerlagen aus Bild 7-20 für *R*-, *C*- und *L*-Glieder	R	X_C	X_L
Gaußsche Darstellung komplexer Zahlen in der Ebene	positiv reelle Zahl	negativ imaginäre Zahl	positiv imaginäre Zahl
Künftiges Verfahren bei komplexer Behandlung von *R*, *C* und *L*	R	$-\mathrm{j} \cdot X_C$	$+\mathrm{j} \cdot X_L$

Das wirkt sich folgendermaßen aus:

- Innerhalb eines *Berechnungsverfahrens* (und natürlich nur solange) betrachtet man alle Wechselstromglieder als komplexe Zahlen, setzt also die bisherigen Gleichungen konsequent komplex an.
- So wird alles durchgerechnet. Am Ende werden die Beträge der komplexen Ergebnisse übernommen. Die graphische Auswertung liefert aber „nebenbei" eindeutig die meist ebenfalls erwünschten Phasenlagen, -verschiebungen usw., über die des weiteren sehr leicht die Richtigkeit der Ergebnisse kontrolliert werden kann.

Aus dem folgenden Beispiel geht hervor, wie mit dieser Methode gearbeitet wird.

Beispiel 7.9: Gemischte Wechselstrom-Schaltung bei komplexer Lösungsmethode

Gegeben sind die Daten und die Schaltung nach Bild 7-35 mit $U = 220$ V = const.

Gesucht sind die Ströme in den einzelnen Zweigen, also I_R, I_C und $I = I_{\text{Netz}}$.

Lösung: Die gegebenen Daten werden nach dem Schema der Tabelle 7-6 komplex geschrieben, wie es in Bild 7-36 übertragen wurde. Die Ohmsche Komponente ist ja reell und erhält daher keinen j-Zusatz.

Dann wird die Schaltung ganz analog entsprechenden Gleichstromproblemen durchgerechnet, etwa wie das frühere Beispiel in Verbindung mit Bild 4-51, also:

$$I = \frac{U}{Z}$$

mit

$$Z = Z_{\text{Ers}} = \mathrm{j} \cdot X_L + Z_{RC}.$$

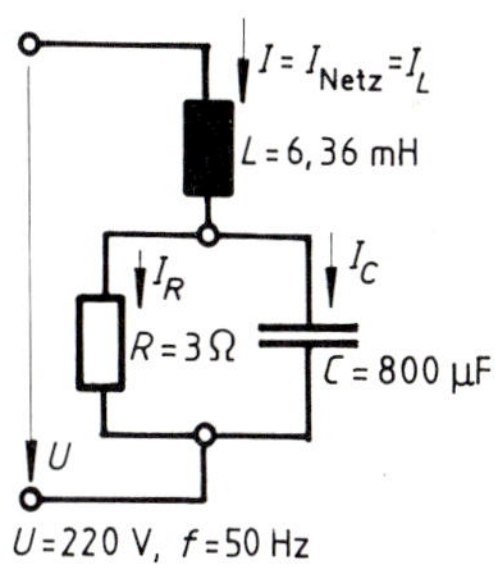

Bild 7-35
Schaltung und gegebene Daten zu Beispiel 7.9: Gemischte Wechselstromschaltung.

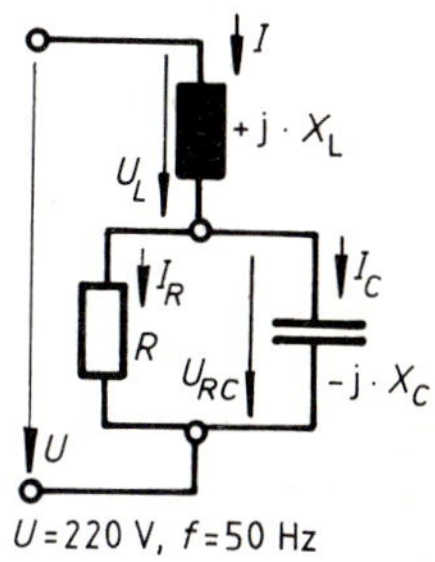

Bild 7-36
Die Blindwiderstände sind komplex transformiert.

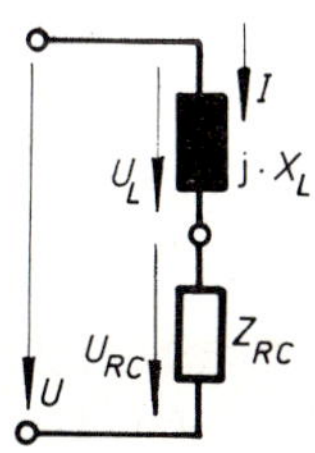

Bild 7-37
Zwischenstufe auf dem Weg ...

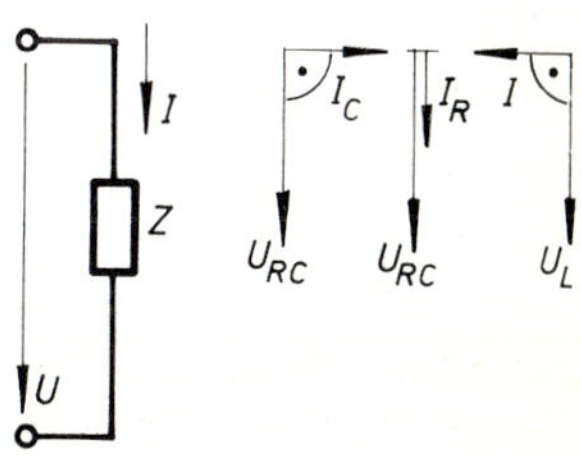

Bild 7-38
... zur Berechnung des Stroms *I* und aller anderen Größen.

Hierbei ist Z jeweils ein Ausdruck mit Ohmschen und Blindkomponenten, wie z.B. im folgenden sichtbar wird:

$$Z_{RC} = \boxed{\frac{R_1 \cdot R_2}{R_1 + R_2}} = \frac{R \cdot (-\mathrm{j} \cdot X_C)}{R + (-\mathrm{j} \cdot X_C)}.$$

Hierin ist

$$X_C = \frac{1}{2 \cdot \pi \cdot f \cdot C},$$

also:

$$X_C = \frac{1}{2 \cdot \pi \cdot 50\,\mathrm{s}^{-1} \cdot 800 \cdot 10^{-6}\,\mathrm{A \cdot s \cdot V^{-1}}}$$

$$\underline{\underline{X_C = 4\,\Omega.}}$$

Somit erhält man für Z_{RC}:

$$Z_{RC} = \frac{3\,\Omega \cdot (-\mathrm{j} \cdot 4\,\Omega)}{3\,\Omega + (-\mathrm{j} \cdot 4\,\Omega)} = \frac{-\mathrm{j} \cdot 12\,\Omega}{3 - \mathrm{j} \cdot 4\,\Omega}.$$

Bekanntlich kann man einen komplexen Ausdruck, wie Z_{RC}, von seinem komplexen Nenner befreien, indem man ihn *konjugiert komplex* erweitert, also mit umgekehrtem Vorzeichen vor dem *Imaginärteil*:

$$Z_{RC} = \frac{-\mathrm{j} \cdot 12\,\Omega}{3 - \mathrm{j} \cdot 4\,\Omega} \cdot \frac{3 + \mathrm{j} \cdot 4\,\Omega}{3 + \mathrm{j} \cdot 4\,\Omega} = \frac{48\,\Omega - \mathrm{j} \cdot 36\,\Omega}{25}$$

$$\underline{\underline{Z_{RC} = (1{,}92 - \mathrm{j} \cdot 1{,}44)\,\Omega.}}$$

Sobald X_L bekannt ist, kann I errechnet werden. Es ist:

$$X_L = 2 \cdot \pi \cdot f \cdot L = 2 \cdot \pi \cdot 50\,\mathrm{s}^{-1} \cdot 6{,}36 \cdot 10^{-3}\,\mathrm{V \cdot s \cdot A^{-1}}$$

$$\underline{\underline{X_L = 2\,\Omega.}}$$

Daraus erhält man:

$$Z = \mathrm{j} \cdot X_L + Z_{RC} = \mathrm{j} \cdot 2\,\Omega + (1{,}92 - \mathrm{j} \cdot 1{,}44)\,\Omega$$

$$\underline{\underline{Z = (1{,}92 + \mathrm{j} \cdot 0{,}56)\,\Omega.}}$$

Jetzt kann man $I = I_{\mathrm{Netz}}$ berechnen:

$$I = \frac{U}{Z} = \frac{220\,\mathrm{V}}{(1{,}92 + \mathrm{j} \cdot 0{,}56)\,\Omega}.$$

Durch konjugiert komplexe Erweiterung erhält man daraus den nennerfreien Ausdruck:

$$\underline{\underline{I = (105{,}7 - \mathrm{j} \cdot 30{,}9)\,\mathrm{A},}}$$

den man so wie er ist, also im komplexen Zustand ins Diagramm 7-39 einträgt. Dort findet sich auf der reellen Achse auch schon $U = U_{\mathrm{Netz}} = 220$ V. Man sieht nun, welche Phasenverschiebung sich zwischen U_{Netz} und I_{Netz} eingestellt hat.

Jetzt können schließlich noch die restlichen gesuchten Größen berechnet werden:

$$U_{RC} = I \cdot Z_{RC} = (105{,}7 - \mathrm{j} \cdot 30{,}9)\,\mathrm{A} \cdot (1{,}92 - \mathrm{j} \cdot 1{,}44)\,\Omega$$

$$\underline{\underline{U_{RC} = (158{,}2 - \mathrm{j} \cdot 211{,}6)\,\mathrm{V}.}}$$

$$U_L = U - U_{RC} = 220\,\mathrm{V} - 158{,}2\,\mathrm{V} - (-\mathrm{j} \cdot 211{,}6\,\mathrm{V})$$

$$\underline{\underline{U_L = (61{,}8 + \mathrm{j} \cdot 211{,}6)\,\mathrm{V}.}}$$

Die beiden Spannungen U_L und U_{RC} werden ebenfalls ins Diagramm 7-39 eingetragen.

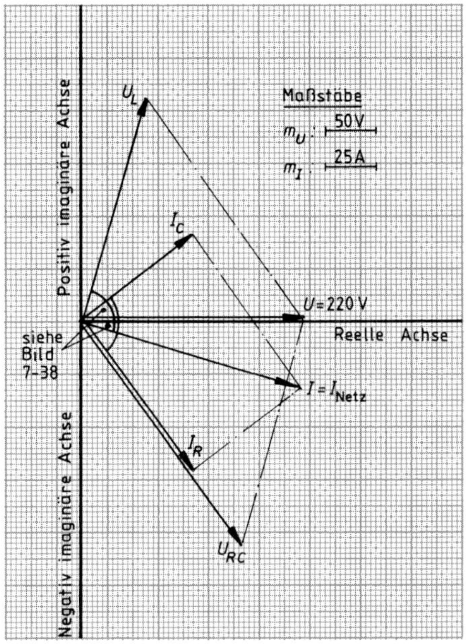

Bild 7-39 Entsprechend dem im Diagramm angegebenen Maßstab können den Zeiger*längen* entsprechend die *Beträge* der einzelnen Ströme abgegriffen werden.

Die beiden Teilströme I_R und I_C werden von U_{RC} verursacht. Sie können über den Ansatz:

$$I_R = \frac{U_{RC}}{R} = \frac{(158{,}2 - \mathrm{j} \cdot 211{,}6\,\mathrm{V})}{3\,\Omega}$$

$$\underline{\underline{I_R = (52{,}8 - \mathrm{j} \cdot 70{,}5)\,\mathrm{A}.}}$$

$$I_C = \frac{U_{RC}}{-\mathrm{j} \cdot X_C} = \frac{(158{,}2 - \mathrm{j} \cdot 211{,}6)\,\mathrm{V}}{-\mathrm{j} \cdot 4\,\Omega}$$

$$\underline{\underline{I_C = (52{,}9 + \mathrm{j} \cdot 39{,}6)\,\mathrm{A}.}}$$

ermittelt werden. Die Ströme I_R und I_C werden wieder ins Diagramm 7-39 eingetragen. Dabei kann der besondere Vorteil der komplexen Rechenmethode wieder voll „ausgekostet" werden: Man erhält nicht nur die Ströme sofort in der richtigen und aussagekräftigen

Phasenlage, sondern aus ihrer Lage läßt sich auch im Sinne einer Ergebnis-*Kontrolle* die Richtigkeit der Rechnung beurteilen. Das wäre mit elementaren, nichtkomplexen Methoden so anschaulich nicht möglich.

Erfüllt findet man nämlich hinsichtlich der Phasenlagen zwischen Strom und Spannung bei

I_R und U_{RC} das Bild 7-13 (φ = 0°),
I_C und U_{RC} das Bild 7-16 (φ = 90°),
I und U_L das Bild 7-17 (φ = 90°).

Zum Schluß werden noch die absoluten Beträge der einzelnen Größen bestimmt; sie lassen sich entweder nach dem Pythagoras berechnen oder aus dem Diagramm 7-39 einfach maßstäblich abgreifen. So oder so erhält man:

I = 110 A U = 220 V (schon gegeben),
I_R = 90 A U_L = 220,4 V,
I_C = 67 A U_{RC} = 263,9 V.

Spätestens ab jetzt wird die komplexe Herkunft der Rechenergebnisse „vergessen“ und nur noch die absoluten Beträge gesehen. So würden sich die errechneten Größen auch bei der Nachmessung mit Meßinstrumenten ergeben.

Man kann abschließend noch im Sinne einer „vernünftigen“ physikalischen Auswertung der komplexen Rechenergebnisse den einzelnen Komponenten der Ströme bzw. Spannungen folgende Eigenschaften zuschreiben, von denen im folgenden auch mehrfach Gebrauch gemacht wird:

- *reelle Komponenten heißen Wirkkomponenten,*
- *imaginäre Komponenten heißen Blindkomponenten.*

Diese Einteilung spielt bei allen Leistungsbetrachtungen eine Rolle, auch bei der Leistungsbilanz elektrischer Maschinen, so z.B. beim sogenannten Kreisdiagramm der Asynchronmaschinen in Bild 13-30.

7.8 Wirk-, Blind- und Scheinleistung; graphische Darstellung

Bild 7-40 zeigt verschiedene Situationen, die in Verbindung mit Wechselstromleistungen auftreten können. Ausgangspunkt sind dabei die Bilder 7-10 und 7-16 mit 7-17, sowie die Gl. (1.10), die Definition für die (elektrische) Leistung.

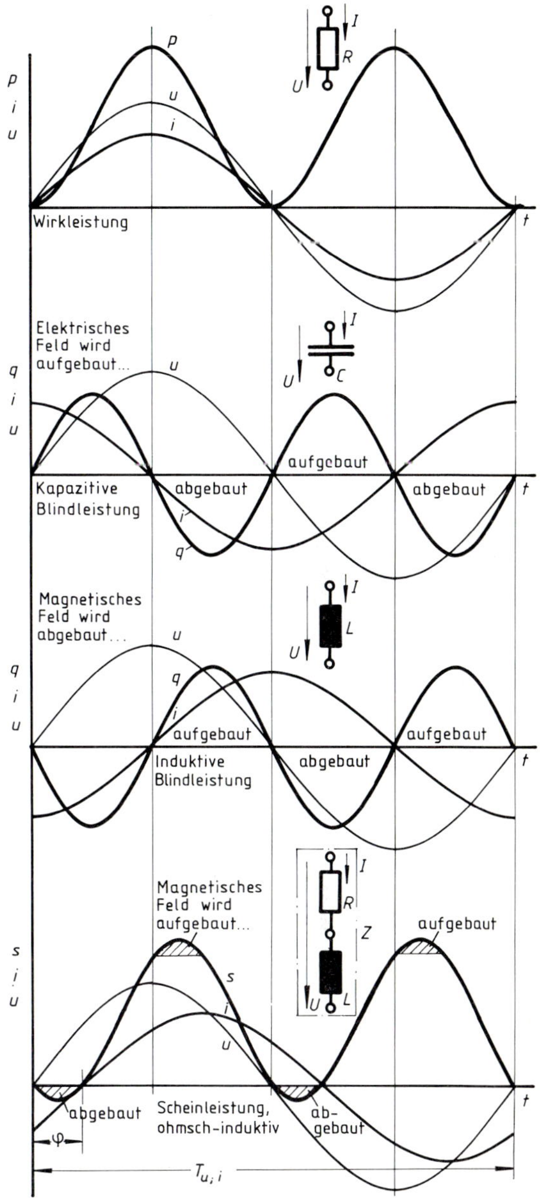

Bild 7-40 Wirkleistung p, Blindleistung q und Scheinleistung s. Alle Leistungskurven stimmen miteinander überein (haben gleiche Amplitude und gleiche Frequenz), wenn bei gleicher Spannung U alle Ohmbeträge der jeweiligen Verbraucher (R, C, L bzw. Z) gleichgroß sind.

Analog den Blind*widerständen* spricht man hier auch von *Blindleistung Q*, bzw. *q*. Um Blindleistung handelt es sich stets in solchen Fällen, in denen periodisch entweder *elektrische* oder *magnetische Felder* auf- und abgebaut werden, also sich *ändern*. Dabei ist stets von Kurven und deren Phasenverschiebung die Rede (Bild 7-40).

In Verbindung mit elektronisch gesteuerten Anlagen treten auch Kurven auf, wie sie z.B. Bild 17-6 zeigt. Auch dort gibt es zwischen u und i Phasenverschiebungen. Allerdings kann man sie nicht mehr eindeutig irgendwelchen Feldänderungen zuordnen. Man spricht dann nicht von Blindleistung, sondern von *Nichtwirkleistung*.

Im Fall gemischter Leistung, z.B. Ohmsch-induktiv gemischter Last, spricht man von der *Scheinleistung S* bzw. *s*.

Nur Wirkleistung erhält künftig das Formelzeichen *P* bzw. *p*.

Bei Bild 7-40 erkennt man allein aus der Anschauung:

> Der Mittelwert der Leistung bei Blindwiderständen (Kondensatoren bzw. Spulen) ist gleich Null.

Offensichtlich pendeln ja die Leistungskurven rhythmisch und symmetrisch zwischen je gleichgroßen positiven und negativen Maximalwerten hin und her. Verlustlos geht das natürlich auch nicht. Blindleistung ist insofern eine elektrische Leistung wie jede andere auch, als sie von einem elektrischen Strom transportiert wird. Muß er sich mit Ohmschen (Wirk-)Widerstandskomponenten auf den *Stromwegen*, in den Spulen oder Kondensatoren auseinandersetzen, so treten dabei genau die gleichen Verluste $P_V = I^2 \cdot R$ wie sonst auch auf, siehe Gl. (1.28).

Blindleistung pendelt also rhythmisch (wenn auch nicht verlustlos) zwischen Quelle und Verbraucher hin und her.

Dabei gelten die Entsprechungen:

positive = aufgenommene } Leistung.
negative = abgegebene }

Besonders typische induktive Blindleistungsverbraucher sind alle Drehfeldmaschinen, ferner die Vorschaltgeräte der Leuchtstofflampen.

7.9 Wirk-, Blind- und Scheinleistung; rechnerische Behandlung

In Bild 7-41 ist links noch einmal das Spannungspolygon wie in Bild 7-19 wiedergegeben. Man hatte dort das Widerstandsdreieck nach Bild 7-20 erhalten, indem alle Polygonseiten durch den gemeinsamen Strom *I dividiert* worden waren.

Werden die Polygonseiten stattdessen mit dem allen Seiten gemeinsamen Strom *I multipliziert*, so stellen die Polygonseiten Leistungen dar, es ergibt sich also ein Leistungsdreieck.

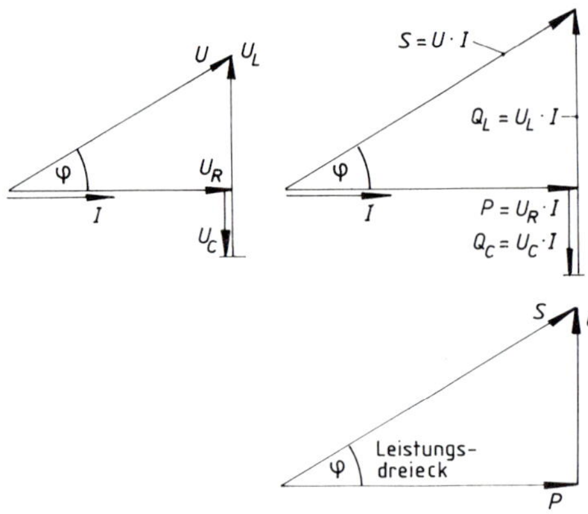

Bild 7-41 Aus dem Spannungspolygon von Bild 7-19 erhält man das dazu *ähnliche* Leistungspolygon bzw. -dreieck mit den Seiten *S*, *P* und *Q*.

Ausgehend vom Zusammenhang $S = U \cdot I$ aus Bild 7-41 ergeben sich trigonometrisch noch die Beziehungen in Tabelle 7-7:

Für den Ausdruck $\cos\varphi$ ist die Bezeichnung Leistungsfaktor und das Formelzeichen λ üblich. Er darf nicht mit dem Wirkungsgrad η verwechselt werden. Folgende Definitionen sind gültig:

$$\lambda = \cos\varphi = \frac{P}{S} = \frac{P_1}{U \cdot I} \tag{7.27}$$

$$\eta = \frac{P_2}{P_1} = \frac{P_N}{P_1} \tag{7.28}$$

Tabelle 7-7 Leistungsbeziehungen

Leistungsname	*U-I*-Verknüpfung	Einheit	Gleichungsnummer
Schein-	$S = U \cdot I$	1 VA	(7.24)
Wirk-	$P = U \cdot I \cdot \cos\varphi$	1 Watt	(7.25)
Blind-	$Q = U \cdot I \cdot \sin\varphi$	1 var	(7.26)

Hierin sind

$P = P_1$ elektrisch aufgenommene Wirkleistung,
$P_2 = P_N$ abgegebene Wirkleistung, z.B. am Motorwellenende als Nennleistung.

Was auf dem „Leistungs"-Schild eines Motors angegeben wird, ist stets seine Nennleistung. Bei Transformatoren und Wechselstromgeneratoren ist stets die *Scheinleistung* angegeben.

Bild 7-42 zeigt den Leistungsfluß in einer Wechselstromanlage. Er unterscheidet sich von dem Leistungsfluß in einer Gleichstromanlage durch die Anteile Q und S, die dort fehlen. Man erkennt, daß eine Wechselstromanlage stärker (und damit teurer) dimensioniert werden muß, als eine ihr sonst entsprechende Gleichstromanlage.

Das kann man auch daraus erkennen, daß man in den Gln. (7.25) und (7.28) den Strom in der abgegebenen Leistung einer Anlage ausdrückt und dabei den Querschnitt erhält, mit dem eine Wechselstromanlage anzuschließen ist:

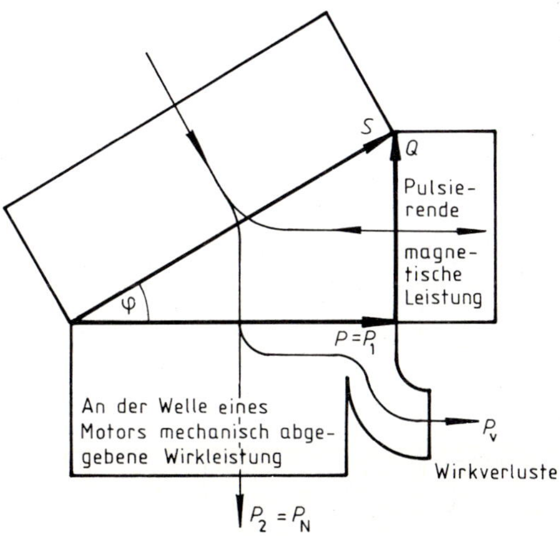

Bild 7-42 Leistungsfluß bei einem Wechselstrommotor: Wirk-, Blind- und Scheinleistung.

$$I_\sim = \frac{P_1}{U \cdot \cos\varphi} = \frac{\frac{P_N}{\eta}}{U \cdot \cos\varphi},$$

$$I_{\sim N} = \frac{P_N}{U_N \cdot \cos\varphi_N \cdot \eta_N} \qquad (7.29)$$

Soweit es dort überhaupt einen Sinn hätte, davon zu reden, wäre bei Gleichstromanlagen der Leistungsfaktor $\cos\varphi$ stets gleich 1. Damit wird bei gleicher Leistung der Strom in einer Gleichstromanlage stets kleiner als in einer Wechselstromanlage.

Beispiel 7.10: Vergleich zwischen einer Wechsel- und einer Gleichstromanlage

Ein Elektromotor soll an seiner Welle die mechanische (Nenn-)Leistung von $P_N = 75$ kW abgeben.

Die Netzspannung betrage $U_{Netz} = 220$ V.

Es ist wie stets von zwei Verlustzonen auszugehen:

die Anlage selbst (Motor): $\eta_M = 0{,}9$,
die Übertragung zur Anlage: $\eta_Ü = 0{,}93$.

Zur Diskussion stehen die Lösungen:

1. Gleichstromnetz
2. Wechselstromnetz; der Motor habe einen Leistungsfaktor von $\lambda = 0{,}86$.

Gesucht: Wie unterscheiden sich die beiden Anlagen

1. von seiten des Investitionsaufwands,
2. von seiten der Verluste bei der Leistungsübertragung

je bei Kabel ähnlich Typ NYY, Verlegung in Luft?

Lösungen:

1. Die Investitionsfrage bezieht sich auf die erforderlichen Querschnitte. Man erhält sie über Gl. (7.29), wobei bei Gleichspannung $\cos\varphi = \lambda = 1{,}0$ ist, da hier P und S identisch sind, in Bild 7-41 also $\varphi = 0$ wäre.

a) $$I_- = \frac{P_N}{U_{Netz} \cdot \cos\varphi \cdot \eta_M}$$

$$I_- = \frac{75\,000 \text{ V} \cdot \text{A}}{220 \text{ V} \cdot 1{,}0 \cdot 0{,}9}$$

$$I_- = 379 \text{ A}.$$

Tabelle 2-3 liefert hierfür das Ergebnis:

$A_- = 185 \text{ mm}^2$, (zweiadrig).

b) $I_{\sim} = \dfrac{75\,000\ \text{V} \cdot \text{A}}{220\ \text{V} \cdot 0{,}86 \cdot 0{,}9}$

$I_{\sim} = 440\ \text{A}$

und mit Tabelle 2-3:

$\underline{\underline{A_{\sim} = 240\ \text{mm}^2}}$, (zweiadrig).

Vergleicht man die Ergebnisse, so erhält man:

$$\frac{A_{-}}{A_{\sim}} = \frac{185\ \text{mm}^2}{240\ \text{mm}^2} = 0{,}77,$$

das bedeutet also, *in diesem speziellen Fall* kostet eine Gleichstrominstallation nur 77 % von der bei Wechselstrom, in beiden Fällen gleiche Leiterzahl (2) vorausgesetzt.

Man beachte hierzu allerdings später die Ergebnisse von Beispiel 8.6 und Tabelle 8-6.

2. Bild 7-43 zeigt den Vergleich zwischen der Wechsel- und der Gleichstromanlage. In Erweiterung des Bildes 7-42 sind noch die Verluste bei der Leistungsübertragung auf den Stromwegen eingezeichnet: $P_{v\text{Ü}}$.
Man erkennt, daß (natürlich) innerhalb der Wirkleistungsebene völlig äquivalente Verhältnisse vorliegen: In beiden Fällen treten dort Verluste auf von $P_{v\text{M}} = 8{,}33$ kW.

Dagegen sind die Verluste innerhalb der Übertragungsebene bei einer Wechselstromanlage um $\Delta P_{\text{v}} = 1{,}01$ kW größer! Das geht aus folgender Berechnung hervor:

$$P_1 = \frac{P_{\text{N}}}{\eta_{\text{M}}} = \frac{75\ \text{kW}}{0{,}9} = 83{,}33\ \text{kW}$$

$$S_{\text{M}} = \frac{P_1}{\cos\varphi} = \frac{83{,}33\ \text{kW}}{0{,}86} = 96{,}90\ \text{kVA}$$

$$S_{\text{q}} = \frac{S_{\text{M}}}{\eta_{\text{Ü}}} = \frac{96{,}90\ \text{kVA}}{0{,}93} = 104{,}19\ \text{kVA}$$

$$P_{\text{q}} = \frac{P_1}{\eta_{\text{Ü}}} = \frac{83{,}33\ \text{kW}}{0{,}93} = 89{,}61\ \text{kW}$$

$$S_{\text{q}} - S_{\text{M}} = P_{\text{vÜ}_{\sim}} = 7{,}29\ \text{kW}$$

$$P_{\text{q}} - P_1 = P_{\text{vÜ}_{-}} = 6{,}28\ \text{kW}$$

Übertragungs-verluste-Differenz: $\underline{\underline{\Delta P_{\text{v}} = 1{,}01\ \text{kW}}}$

$$P_1 = 83{,}33\ \text{kW}$$

$$-P_{\text{N}} = 75{,}00\ \text{kW}$$

Motorverluste: $\underline{\underline{P_{\text{vM}} = 8{,}33\ \text{kW.}}}$

Auswertung: Eine Wechselstromanlage ist von seiten der Investition *und* der Betriebskosten teurer als eine Gleichstromanlage – solange man den Leistungsfaktor $\lambda = \cos\varphi$ so hinnimmt, wie er zunächst dargestellt worden war.

Bei näherer Betrachtung kann man ihn in Richtung auf $\lambda \to 1{,}0$ verändern und damit die Kostenverhältnisse zwischen Gleich- und Wechselstromanlagen mindestens egalisieren, wie der folgende Abschnitt zeigt.

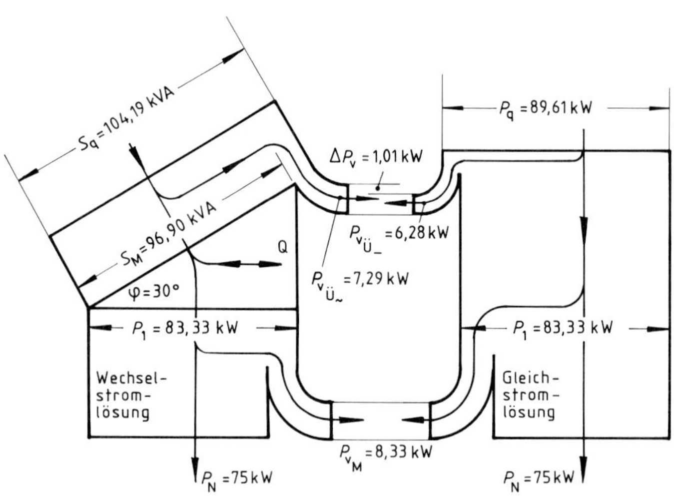

Bild 7-43
Übersicht zu den beiden Lösungen: Wechsel- bzw. Gleichstrom-Ausführung eines Elektromotors. Man erkennt, daß wegen der größeren zu *übertragenden* Leistung im Wechselstromfall größere Verluste auf den Zuleitungen entstehen: hier speziell die Differenz von $\Delta P_{\text{v}} = 1{,}01$ kW. Dieser Betrag wird relativ noch größer. wenn der Leistungsfaktor λ noch kleiner wird als hier, also φ noch größer wäre.

7.10 Blindleistungskompensation

Bild 7-44 zeigt links eine Wechselstromanlage mit R- und X_L-Komponenten, z.B. eine Leuchtstofflampe mit Vorschaltgerät (oder einen Wechselstrommotor), in der Mitte einen Kondensator des Blindwiderstands X_C, sowie die Kombination aus den beiden Einzelzweigen.

Jeweils darunter sind die Zeigerdiagramme für die Lagen von U und I zueinander vermerkt, wobei jeweils $U = U_{\text{Netz}} = \text{const.}$ ist.

Schließlich ist noch zu erkennen, wie der Strom der Leuchtstofflampe in seine beiden Komponenten zerlegt wurde, eine Blindkomponente I_{L_b} und eine Wirkkomponente I_{L_w}.

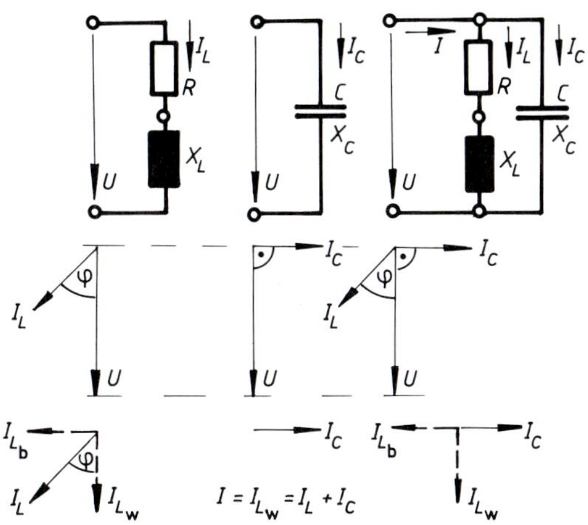

Bild 7-44 Bei der Parallelschaltung einer Leuchtstofflampe mit dem passenden Kondensator ist die Stromsumme $I_L + I_C$ kleiner als die Einzelströme: Blindstrom- bzw. Blindleistungskompensation.

Das Netz muß daher den Strom

$$I_{\text{Netz}} = I_L + I_C \tag{7.30}$$

liefern. Durch geeignete Bemessung des Kondensators C kann man erreichen, daß sein Strom und die Blindkomponente I_{L_b} der Leuchtstofflampe aus dem Netzstrom verschwinden. Das erkennt man, wenn man vom Zeigerdiagramm rechts unten im Bild 7-44 ausgeht. Man sieht dort, daß für die Beträge von I_{L_b} bzw. I_C skizziert ist:

$$I_{L_\text{b}} = I_C. \tag{7.31}$$

Erweitert man Gl. (7.31) mit U, so erhält man:

$$U \cdot I_{L_\text{b}} = U \cdot I_C. \tag{7.32}$$

Im Diagramm 7-44 links unten erkennt man den Zusammenhang:

$$I_{L_\text{b}} = I \cdot \sin \varphi. \tag{7.33}$$

Somit steht in Gl. (7.32) links die Blindleistung Q der Leuchtstofflampe, wie man aus dem Vergleich mit Gl. (7.26) sofort erkennt.

Rechts in Gl. (7.32) dagegen steht die vom Kondensator aufgenommene Leistung Q_C. Es gilt also mit Gl. (7.15) noch:

$$Q_C = U \cdot I_{L_\text{b}} = U \cdot I_C - U \cdot \frac{U}{\dfrac{1}{2 \cdot \pi \cdot f \cdot C}} \tag{7.34}$$

Löst man aus Gl. (7.34) C heraus, so erhält man die Kondensatorkapazität C, mit der die Blindleistung der Leuchtstofflampe aus dem Netzstrom zum Verschwinden gebracht werden kann, wenn $Q_L = Q_C$ ist:

$$C = \frac{Q_C}{2 \cdot \pi \cdot f \cdot U^2}. \tag{7.35}$$

Der Netzstrom I_{Netz} ist mit der *Wirkkomponente* des Lampenstroms identisch geworden. Der große Vorteil dabei ist: Der Netzstrom ist jetzt erheblich kleiner als ohne Kondensator. Man kommt daher mit einem kleineren Leitungsquerschnitt für die Wechselstromanlage aus.

Die frühere Aussage, daß eine Wechselstromanlage teurer ist als eine Gleichstromanlage gilt dann nicht mehr! In der Praxis werden daher soweit es irgend geht alle Wechselstromanlagen blindleistungskompensiert betrieben.

Teilweise wird diese Maßnahme sogar von den EVUs vorgeschrieben, da so der Querschnitt der Netzleitungen kleiner gehalten werden bzw. der vorhandene Querschnitt besser ausgenutzt werden kann.

Beispiel 7.11: Blindleistungskompensierter Motor

Der Motor aus Beispiel 7.10 soll jetzt bei sonst gleichen Daten wie vorher ein blindleistungskompensierter Wechselstrommotor sein, also:

$$U = 220\ \text{V},\ f = 50\ \text{Hz},\ \cos\varphi = 0{,}86,\ \eta = 0{,}9,$$

$$P_N = 75\ \text{kW}.$$

Gesucht: Die Bestelldaten für den Kondensator, der den Leistungsfaktor $\lambda = \cos\varphi = 1{,}0$ erreichen läßt.

Lösung: Gl. (7.35) liefert den Ansatz:

$$C = \frac{Q_C}{2 \cdot \pi \cdot f \cdot U^2}.$$

Entsprechend Bild 7-45 läßt sich aus den gegebenen Daten die zu kompensierende Blindleistung $Q = Q_C$ über den trigonometrischen Ansatz

$$\tan\varphi = \frac{Q}{P_1} \quad \text{mit} \quad P_1 = \frac{P_2}{\eta} = \frac{P_N}{\eta} \tag{7.28}$$

ermitteln.

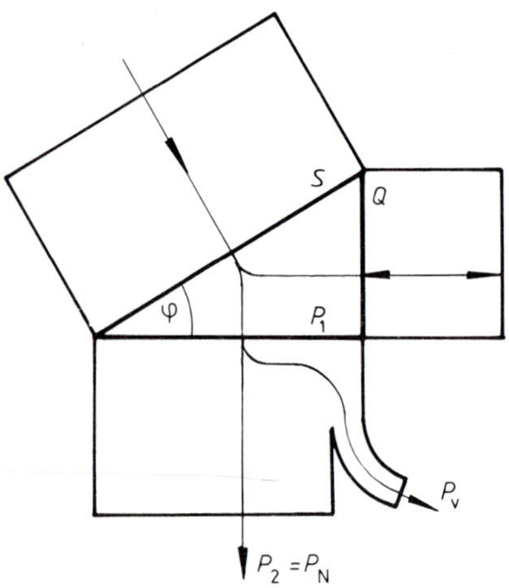

Bild 7-45 Leistungsfluß zum Beispiel 7.10 Blindleistungskompensierter Motor.

Man erhält:

$$Q_C = \frac{P_N \cdot \tan\varphi}{\eta}$$

mit $\tan\varphi = 0{,}593$ aus $\cos\varphi = 0{,}86$.

Setzt man diese Ergebnisse in Gl. (7.35) ein, so ergibt sich:

$$C = \frac{P_N \cdot \tan\varphi}{\eta \cdot 2 \cdot \pi \cdot f \cdot U^2} = \frac{75\,000\ \text{VA} \cdot 0{,}593}{0{,}9 \cdot 2 \cdot \pi \cdot 50\ \text{s}^{-1} \cdot 220^2\ \text{V}^2}$$

$$C = 3{,}25 \cdot 10^{-3}\ \frac{\text{A} \cdot \text{s}}{\text{V}} = 3{,}25\ \text{mF} = \underline{\underline{3250\ \mu\text{F}}}.$$

Der Kondensator wird wie in Bild 7-44 dem Motor parallelgeschaltet. Er muß somit die Motorbetriebsspannung aushalten können. Die Bestelldaten lauten also:

$$C = 3250\ \mu\text{F},\quad U = 220\ \text{V},\quad Q = 49{,}4\ \text{kvar}.$$

Die Angabe der Kapazität erübrigt sich an sich, wenn C und U genannt sind, da ja Q über Gl. (7.35) mit C festliegt.

Nicht alle Kapazitätswerte sind listenmäßig verfügbar. Unter Umständen muß daher ein gewünschter Kapazitätswert entweder aus verschiedenen Einzelkapazitäten durch Parallelschaltung zusammengesetzt werden, oder man verzichtet auf Totalkompensation $\cos\varphi = 1$.

Auswertung: Da durch die Blindleistungskompensation die Wechselstromverhältnisse auf (blindleistungsfreie) Gleichstromverhältnisse zurückgeführt wurden, entfallen jetzt auch die noch im Beispiel 7.10 zu beklagenden *Übertragungsverluste* von dort noch $\Delta P_v = 1{,}01$ kW.

Man erkennt daraus:

> Blindleistungskompensation spart nicht nur Investitionskosten sondern auch Energie!

Beispiel 7.12: Duoschaltung zweier Leuchtstofflampen

Aus den Beispielen 7.4 und 7.5 hatten sich jeweils erhebliche Phasenverschiebungen zwischen U und I ergeben. Dem entsprechen stattliche Blindleistungsanteile bei Leuchtstofflampen-Anlagen. Sie gehören zu den Anlagen deren Blindleistungskompensation am notwendigsten ist.

Die Lampe aus Beispiel 7.5 soll blindleistungskompensiert werden. Welche Möglichkeiten bieten sich an?

Lösungen:

1. Weg: Ansatz über Gl. (7.35) analog Beispiel 7.11. Die hierzu erforderlichen Daten bezieht man aus den Lösungen von Beispiel 7.5:

$$I = 0{,}7\ \text{A},\quad \varphi = 59{,}6°,$$

sowie aus Gl. (7.26):

$$Q = U \cdot I \cdot \sin\varphi.$$

Damit erhält man aus Gl. (7.35):

$$C = \frac{220\ \text{V} \cdot 0{,}7\ \text{A} \cdot \sin 59{,}6°}{2 \cdot \pi \cdot 50\ \text{s}^{-1} \cdot 220^2\ \text{V}^2}$$

$$\underline{\underline{C = 8{,}74\ \mu\text{F}.}}$$

Dieser Kondensator muß die Spannung $U = 220$ V aushalten können, wie aus Bild 7-44 ersichtlich ist.

2. Weg: In Beispiel 7.4 hatten wir für die U-I-Zeigerlage eine Situation erhalten, die in Bild 7-46 nochmals wiederholt ist. Daneben ist diejenige aus Beispiel 7.5 gezeichnet.

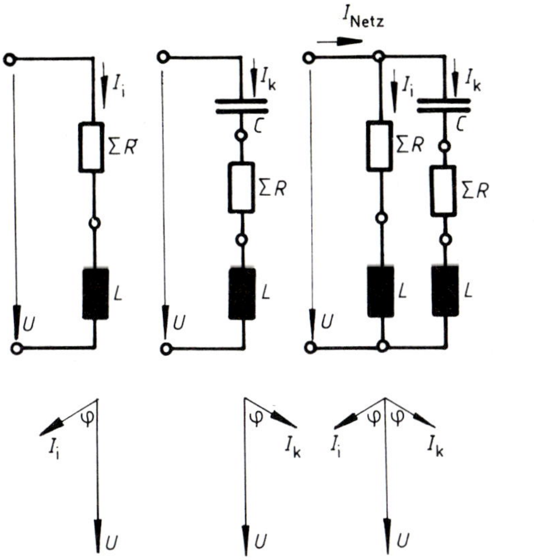

Bild 7-46 Man schalte ein (normales) induktives Leuchtstofflampensystem *und ein kapazitives Leuchtstofflampensystem gleichzeitig* parallel in den gleichen Netzzweig. Für jedes System ist entsprechend großer Phasenverschiebung ein großer Blindstromanteil charakteristisch. Allerdings ist der eine vor-, der andere gerade entgegengesetzt gleichgroß nacheilend, siehe auch die Bilder 7-23 und 7-25, speziell auch die jeweiligen Phasenverschiebungswinkel. Addiert man die Teilströme I_i (induktiv) und I_k (kapazitiv), ...

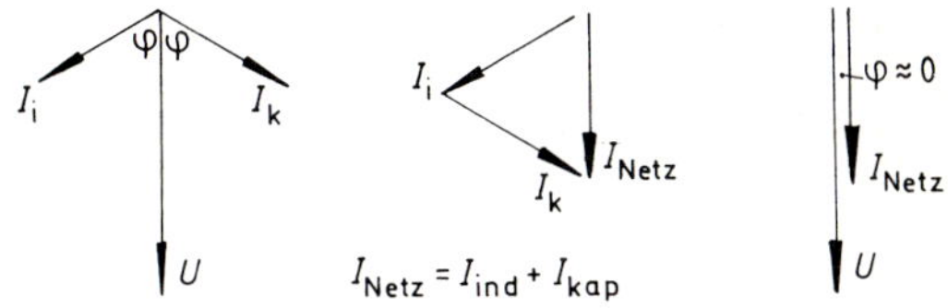

Bild 7-47 ... so sieht man, daß *im Netzstrom I_{Netz} die Blindstromkomponente verschwindet.* Letzten Endes wird auch hier mit einem Kondensator kompensiert, aber je zwei Lampen mit *nur einem Kondensator.* Die kapazitive Schaltung wird daher nie allein, sondern stets in Verbindung mit einer (normalen) induktiven Anlage betrieben, also stets entweder paarweise oder gar nicht.

Ganz rechts sind beide Schaltungen gleichzeitig und an derselben Netzspannung liegend zu sehen. Darunter sind die jeweiligen *U-I*-Zeiger wiedergegeben.

Man erkennt aus Bild 7-47, wie sich die Ströme addieren: Die Blindstromkomponenten kompensieren sich gegenseitig ungefähr zu Null, ohne daß entsprechend dem 1. Weg noch ein Kondensator parallel geschaltet werden müßte.

Das Verfahren des Parallelbetriebs je eines so genannten kapazitiven und eines induktiven Leuchtstofflampengeräts wird in der Praxis als Duoschaltung verwendet. Je zwei Geräte kompensieren sich dabei gegenseitig. Man braucht dann nur die halbe Anzahl von Kondensatoren. Wie aus Beispiel 7.4 noch erinnerlich ist, liegen an diesem einen Kondensator allerdings ca. 400 V, für die der Kondensator *bemessen sein muß*!

Bei etwaigen Anlagenerweiterungen müssen stets wieder zwei Lampen gleichzeitig installiert werden.

Anmerkung: Normalerweise werden in der Praxis einzelne induktiv geschaltete Geräte verwendet und je einzeln kompensiert. Darüberhinaus gibt es noch die Tandemschaltung und diverse andere Möglichkeiten, die ihre spezifischen Vor- und Nachteile haben.

Ein besonderer Vorteil der Duoschaltung ist u.a. der, daß der stroboskopische Effekt gemildert wird. Im Abschnitt 8.3.2.1 Drehstrom wird darauf nochmals zurückgekommen.

7.11 Spannungsabfall auf elektrischen Stromwegen

Das Bild 7-48 zeigt das Ersatzschaltbild einer Wechselstromanlage, bestehend aus

- einer Last Z_L (Impedanz oder Scheinwiderstand) sowie
- dem Kabel (oder der Leitung) mit seinen Wechselstromwiderständen R_K und X_K, in denen beide Pfade (Hin- und Rückweg) zusammengefaßt seien.

Am Kabel tritt ein Spannungsabfall ΔU auf. Aus dem Ersatzschaltbild und den Zeigerdiagrammen sieht man, daß er sich *angenähert* zusammensetzt aus

$$\Delta U_\sim \approx U_R + U_X, \tag{7.36}$$

wobei gilt:

$$U_R = \Delta U_R \cdot \cos\varphi \tag{7.37}$$

$$U_X = \Delta U_X \cdot \sin\varphi. \tag{7.38}$$

Setzt man die Ergebnisse (7.37) und (7.38) in Gl. (7.36) ein, so erhält man:

$$\Delta U_\sim \approx \Delta U_R \cdot \cos\varphi + \Delta U_X \cdot \sin\varphi. \tag{7.39}$$

Mitunter ist der *X*-Anteil (Blindwiderstand) der Stromwege so klein, daß man ihn vernachlässigen kann. Dann wird aus Gl. (7.39):

$$\Delta U_\sim \approx \Delta U_R \cdot \cos\varphi = I \cdot R_K \cdot \cos\varphi. \tag{7.40}$$

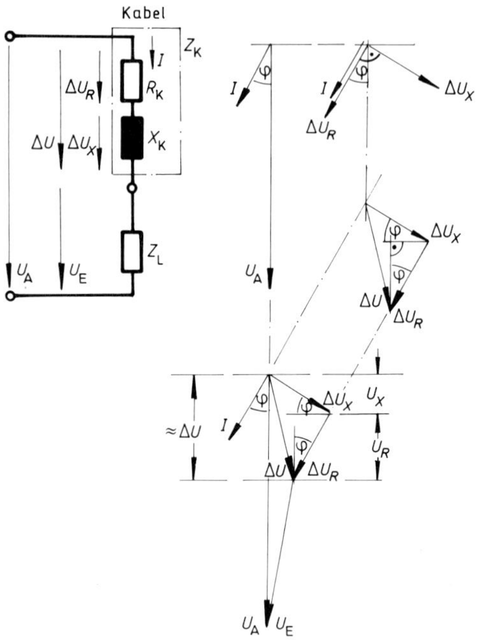

Bild 7-48 Man kann aus dem obigen Ersatzschaltbild und den dazugehörigen Zeigerbildern die Zusammenhänge ablesen, die zu Gl. (7.41) führen. Dabei wurde hinsichtlich ΔU eine kleine Vernachlässigung gemacht.

U_A Spannung am Kabelanfang
U_E Spannung am Kabelende

Unter Berücksichtigung des Hin- und Rückwegs für den Strom (2 × die geometrische Objektentfernung l) erhält man aus Gl. (1.23):

$$\Delta U_{\sim} \approx 2 \cdot I \cdot \frac{l}{\gamma \cdot A} \cdot \cos\varphi. \qquad (7.41)$$

Wechselspannungsabfall auf Stromwegen.

Wie man aus Bild 7-48 erkennt, ist mit dem Winkel φ der Winkel zwischen dem Strom I und der Spannung am Anfang der Leitung gemeint.

Bei Gleichstrom ist natürlich $\cos\varphi = 1{,}0$, da dort $\varphi = 0$ ist, das Thema Phasenverschiebung existiert dort gar nicht. Dann wird aus Gl. (7.41) für Gleichstrom:

$$\Delta U_{-} = 2 \cdot I \cdot \frac{l}{\gamma \cdot A} \qquad (7.42)$$

Gleichspannungsabfall auf Stromwegen.

7.12 Drosselspulen

7.12.1 Erklärung

Eine Spule nennt man eine *Drossel*spule, wenn sie einen Eisenkern hat *und* an Wechselspannung betrieben wird.

Sobald als Kernmaterial Eisen benutzt wird, gewinnen folgende Wirkungen starke Bedeutung:

1. Der I-U-Zusammenhang ist nicht mehr linear (vgl. Meßpunkte 93 bis 95).
2. Ab einer bestimmten Stromstärke ist der I-Φ-Zusammenhang nicht mehr linear (siehe Bild 6-5).
3. Der I-U-Zusammenhang ist der Berechnung nur schwer zugänglich.
4. Der Drosselspulen-Wirkwiderstand R kann womöglich vernachlässigt werden (siehe Meßpunkte 93 bis 95).
5. Die Kurvenform des Wechselstroms ist nicht mehr sinusförmig, sobald der I-Φ-Zusammenhang laut Bild 6-5 nicht mehr linear ist. Das kann sich auswirken in Kurvenformen wie in Bild 7-49 oder bei den Meßpunkten 104 und 105. Man spricht von überlagerten Oberschwingungen (-wellen), also Schwingungen höherer als der (Nenn-) Netzfrequenz.

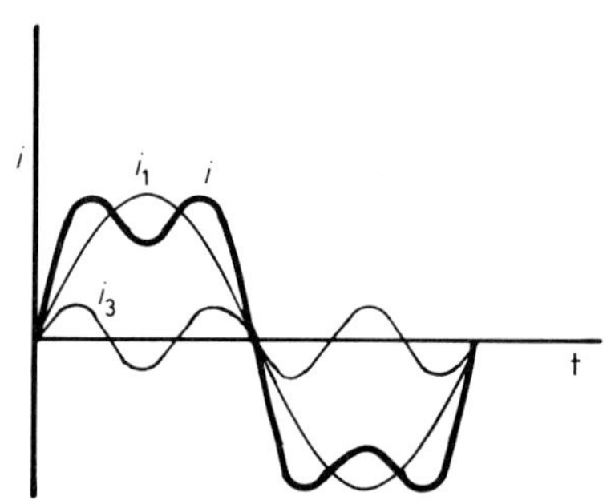

Bild 7-49 Man nennt eine Kurve der Gestalt i_1 die sogenannte Grundschwingung, i_3 die dritte Oberschwingung (Oberwelle) usw. Während einer Periodendauer einer Grundschwingung ereignen sich drei Periodendauern der dritten Oberschwingung. Beide Schwingungen (Ströme) überlagern sich zu einem nichtsinusförmigen Gesamtstrom i.

6. Nach den Gln. (7.18) und (7.39) bedeuten höhere Frequenzen auch höhere Spannungsabfälle auf allen Stromwegen. Das kann zu allen möglichen Störungen führen, z.B. besonders zu
   - Anlaufschwierigkeiten bei Motoren,
   - Start- und sonstigen Betriebsschwierigkeiten von Leuchtstoff- und anderen Gasentladungslampen sowie zu Problemen in Computeranlagen, bei NC-Steuerungen von Werkzeugmaschinen und anderen Fällen.

7.12.2 Transformatoren-Hauptgleichung

Es wird an die Meßpunkte 93 bis 95 angeknüpft, wonach der Wirkwiderstand von Drosselspulen (möglicherweise) vernachlässigt werden kann. Dann kann auch die Spannung U_R im Bild 7-50 wegbleiben. Die Netzspannung U liegt sozusagen allein an X_L, der Drossel-Reaktanz; dann ist auch:

$$U \approx U_L .$$

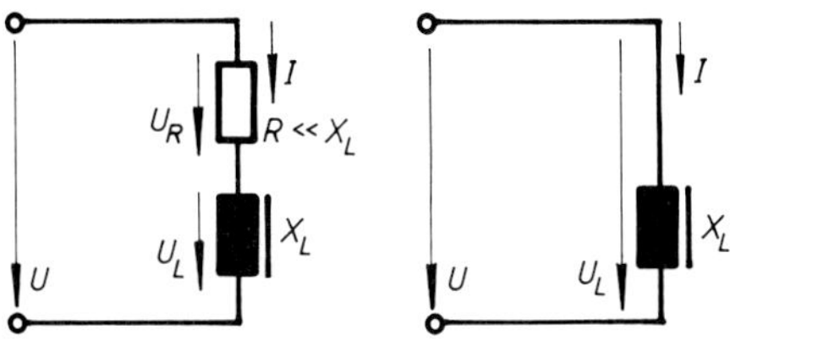

Bild 7-50 Ersatzschaltbild einer Spule mit Eisenkern an Wechselspannung. Die Komponente R der Spule kann vernachlässigt werden.

Das ist praktisch die Situation, die durch Gl. (6.28) beschrieben wird (siehe auch Abschnitt 7.4.2):

$$u = u_L = N \frac{\mathrm{d}\Phi}{\mathrm{d}t} . \tag{7.43}$$

Der magnetische Fluß Φ ist dabei ein Wechselfluß und kann sinngemäß wie in Gl. (7.1) durch den Ausdruck

$$\Phi = \hat{\Phi} \cdot \sin \omega t \tag{7.44}$$

beschrieben werden. Setzt man Gl. (7.44) in Gl. (7.43) ein, so erhält man:

$$u \approx u_L = N \cdot \frac{\mathrm{d}(\hat{\Phi} \cdot \sin \omega t)}{\mathrm{d}t}$$

$$u_L = N \cdot \hat{\Phi} \cdot \omega \cdot \cos \omega t . \tag{7.45}$$

In Gl. (7.45) stellen die Faktoren vor $\cos \omega t$ offensichtlich die Amplitude der Spannung $u_L \approx u$ dar:

$$\hat{u} = N \cdot \hat{\Phi} \cdot \omega . \tag{7.46}$$

Man kann sie nach Gl. (7.10) (Effektivwertverknüpfung mit der Amplitude) gleichsetzen mit:

$$\hat{u} = N \cdot \hat{\Phi} \cdot \omega = U \cdot \sqrt{2} . \tag{7.47}$$

Daraus erhält man über die Gln. (6.4) und (7.2) noch die Ergebnisse:

$$U = \frac{\omega}{\sqrt{2}} \cdot N \cdot \hat{\Phi} = \frac{2 \cdot \pi}{\sqrt{2}} \cdot f \cdot N \cdot \hat{\Phi}$$

$$U = 4{,}44 \cdot f \cdot N \cdot \hat{\Phi} \tag{7.48}$$

oder

$$U = 4{,}44 \cdot f \cdot N \cdot \hat{B} \cdot A . \tag{7.49}$$

Die beiden Ausdrücke (7.48) bzw. (7.49) heißen Transformatorenhauptgleichung. Es bedeuten:

N Spulenwindungszahl
A Spulenquerschnitt
$\hat{B}$ Amplitude der Felddichte
f Frequenz.

Die Transformatorenhauptgleichung verknüpft Elektrik (U und f) mit Magnetismus (Φ bzw. B) und Mechanik (N und A). Sie spielt dementsprechend bei allen *Wechselstrom*-Maschinen eine große Rolle, keineswegs nur bei Transformatoren.

Das Bemerkenswerte der Aussage der Gln. (7.48) und (7.49) ist die unmittelbare Verknüpfung des Magnetfelds mit der Wechselspannung an einer Drosselspule (oder durchaus auch: einer Maschinenwicklung).

Im Gegensatz dazu gilt bei Gleichspannung die Gl. (6.16). Man sah dort, daß in die Entwicklung des Feldes und seiner Dichte das Material entscheidend einging: R_{magn}, vor allem μ_r, also die Frage entscheidend war:

- ist im magnetischen Kreis ferromagnetisches Material enthalten oder nicht?

Im Gegensatz dazu spielt das Material bei Drosselspulen erst eine zweitrangige Rolle. Man erkennt das aus Tabelle 7-8 und dem Beispiel 7.13.

Tabelle 7-8 Strom- und Magnetfeld-Zusammenhänge bei Gleich- und Wechselspannung

Spannungsart	Ergebnisse bei wachsendem Luftspalt			
	Das Magnetfeld	Grund	Der Strom	Grund
=	wird geschwächt.	Gl. (6.16)	bleibt konstant.	Gl. (1.27)
~	bleibt konstant.	Gln. (7.48) und 7.49)	wächst rapide.	Gln. (7.22), (6.28), Bild 6-6

Beispiel 7.13: Drosselspule mit Luftspalt (Labor)

Zunächst liegt eine Spule mit einer Windungszahl von z.B. $N = 1500$ an einer Wechselspannung von $U = 25$ V, siehe Meßpunkt 96. Der Strom wird registriert, wobei die Spule noch keinerlei Eisen als Kernmaterial enthält!

Beim Meßpunkt 97 steckt nur der U-Kern des Aufbaus aus Bild 7-51 in der Spule. Man erkennt im Vergleich zu Meßpunkt 96, daß der Strom jetzt erheblich zurückgegangen ist.

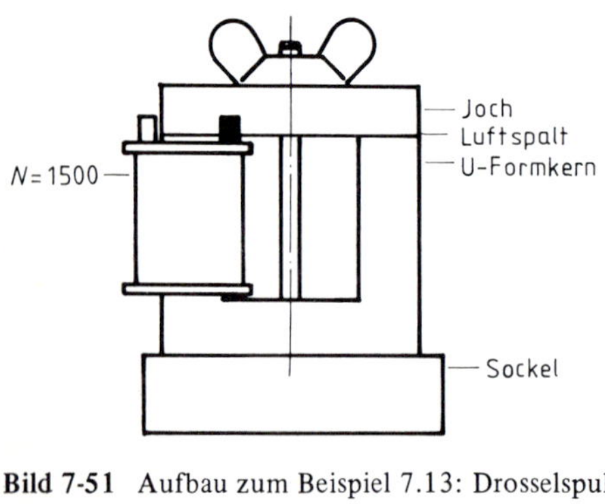

Bild 7-51 Aufbau zum Beispiel 7.13: Drosselspule mit Luftspalt.

Tabelle 7-9

Meß-punkt (1)	Spulen-kern (2)	$U_1\sim$ / V (3)	$I\sim$ / Skt. (4)	Meßbe-reich (5)	$I\sim$ / mA (6)
96	Luft	25	28	1,5 A	1400
97	nur U-Eisen		27	0,3 A	270
98	mit Joch und Papier dazwischen		12	60 mA	24
99	komplett Eisen		6		12

Im Meßpunkt 98 ist das Joch auf den U-Kern aufgelegt, allerdings mit einer Papierzwischenlage.

Im Meßpunkt 99 ist der Eisenkern ohne weitere Zusätze geschlossen.

Auswertung: Laut Trafohauptgleichung „fühlt sich der Fluß Φ in erster Linie der Spannung verantwortlich". Macht man ihm Schwierigkeiten, so mobilisiert er als Träger einen Strom erheblichen Ausmaßes, um den Mangel an geeignetem ferromagnetischem Material zu kompensieren.

Man hüte sich daher, einen unter *Wechsel*strom stehenden Stromkreis von seiten seines Eisenkreises her zu verändern. Das kann von einer dramatischen Stromänderung begleitet sein. Im vorliegenden Fall geht es um Beträge im Verhältnis von:

$$\frac{I_{96}}{I_{99}} = \frac{\text{ca. } 1400 \text{ mA}}{\text{ca. } 12 \text{ mA}} = 116\tfrac{2}{3},$$

also um eine Veränderung um 2 Zehnerpotenzen! Würden also die Meßpunkte 96 bis 99 umgekehrt wiederholt, ohne daß die Strommesser-Meßbereiche wieder jeweils umgestellt würden, so wäre vermutlich schon das Meßinstrument zu Schaden gekommen.

Dieser Versuch ist u.a. die Grundlage für die Beurteilung des Einflusses eines mehr oder weniger großen Luftspalts bei der Asynchronmaschine in Kapitel 13.

Beispiel 7.14: Verstellbarer wattloser Widerstand (Labor)

Schon im Abschnitt 7.4.2 wurde darauf hingewiesen, daß in (reinen) Blindwiderständen, die es so ideal allerdings nie ganz gibt, *keine Joulesche Wärme umgesetzt wird.*

Bei diesem Beispiel wird der gleiche Eisenkern verwendet, wie im Beispiel 7.13, die Spule soll jedoch $N = 500$ Windungen haben. Hiermit wird die Schaltung nach Bild 7-52 aufgebaut. Das Joch des Eisenkerns ist zunächst abgenommen. Der Meßbereich des Strommessers ist passend eingestellt (siehe Meßpunkt 100).

Die Netzwechselspannung von etwa $U_\sim = 15$ V wird zugeschaltet. Der Motor beginnt sich zu drehen.

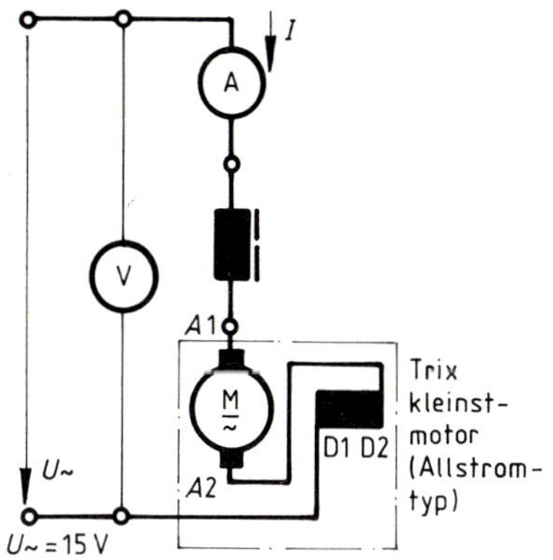

Bild 7-52 Verstellbarer wattloser Widerstand (Spule mit $N = 500$ Windungen auf einem Eisenkern mit verstellbarem Luftspalt). a) Schaltung, b) Ansicht des verwendeten Motors. (Werkbild: *Trix Mangold GmbH*, Nürnberg)

Tabelle 7-10

Meß-punkt	Jochlage	Strom	Drehzahl
100	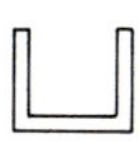	ca. 500 mA	Der Motor dreht sich schnell.
101	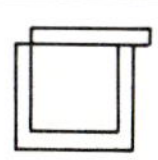	ca. 400 mA	Der Motor dreht sich langsam.
102	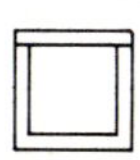	ca. 50 mA	$n = 0$ oder mindestens sehr klein

Im Sinne der Meßpunkte 101 und 102 wird nun das Eisenjoch auf einen Schenkel aufgelegt und allmählich auf den anderen Schenkel hinübergeschoben. Dabei erkennt man im Strommesserausschlag analog den Beobachtungen der Meßpunkte 96 bis 99 einen Rückgang der Stromstärke. Ferner sinkt natürlich die Motordrehzahl, da sie bei *diesem* Motor von der anliegenden Spannung abhängig ist.

Wird der Versuch lange genug gefahren, stellt man natürlich eine (unvermeidliche) Erwärmung der Drosselspule (und übrigens auch des Eisenkerns) fest.

Die Alternative jedoch, die Motorspannung und damit seine Drehzahl mit einem *rein Ohmschen* Vorwiderstand zu verstellen, würde bedeuten, daß die *ganze am Motor nicht erwünschte Spannung am Ohmschen Vorwiderstand* abfallen und dort in Wärme umgesetzt werden, also *verloren gehen* müßte! (Als Schaltung hierfür käme z.B. die von Bild 4-20 infrage.)

Solche *wattlosen* Widerstände sind in der Technik durchaus üblich und sinnvoll.

Beispiel 7.15: Nichtsinusförmiger Strom bei einer Drossel im Stromkreis (Labor)

Wie schon bei den Meßpunkten 93 bis 95 wird hier wieder ein Widerstand zur Abbildung der qualitativen Stromkurve herangezogen (Bild 7-53).

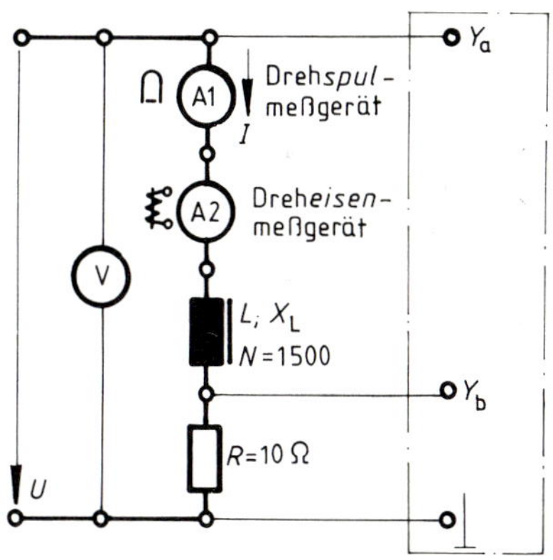

Bild 7-53 Schaltung zur Oszilloskopie eines Stroms. Stellvertretend für die Stromkurve wird auch hier, wie schon in Bild 7-29 und 7-32 eine spannungsanaloge Kurve der Spannung an einem ohmschen Widerstand untersucht.

Schon bei den Meßpunkten 32 und 33 war darauf hingewiesen worden, daß Dreh*spul*- und Dreh*eisen*instrumente unterschiedlich anzeigen können. Dort handelte es sich um Pulse. Hier geht es um *nichtsinusförmigen Strom.* Deshalb stehen wieder zwei Strommesser gleichzeitig zur Diskussion.

Besondere Vorsicht gilt dem Meßpunkt 105: Die Betätigungsspannung ist mit 110 V lebensgefährlich hoch! Während der Messung darf kein Anlagenteil berührt werden, der unter Spannung stehen könnte. Beim Meßpunkt 104 treten ebenfalls respektable 60 V auf.

Wenn alle Daten so eingestellt werden, wie in Tabelle 7-11 vermerkt ist, dürften sich die dort wiedergegebenen Kurven für Strom und Spannung qualitativ ergeben.

Auswertung: Mit wachsendem Betrag verläßt der *Strom* mehr und mehr die Sinusform: er magert ab. Diese Erscheinung geht auf Sättigungswirkungen zurück (siehe Abschnitt 7.12.1, Punkt 2).

Der dortige Punkt 6 ordnet einer verbeulten Stromkurve höhere Spannungsabfälle zu. Eine Verformung der Stromkurve ist also keineswegs gleichgültig. Sie kann auch auf die Spannungskurvenform zurückwirken, wie später noch gezeigt wird: Beispiel 14-4.

Im Amplitudenbereich pflegt die Spannung des öffentlichen Netzes ohnehin („im Sinne einer auch hier feststellbaren Umweltverschmutzung") nicht exakt sinuskurventreu zu verlaufen.

Die Frage, welche der Strommesseranzeigen die richtige ist, hängt wieder vom Ziel der Messung ab. Da hier wohl eindeutig die Frage nach der umgesetzten *Energie* (und nicht nach irgendwelchen Aufladungen wie bei den Meßpunkten 32 und 33) im Vordergrund steht, ist die richtige, d.h. sinnvolle Anzeige die des Dreh*eisen*instruments.

Man erkennt also, daß schon bei ganz einfachen Verbraucherverhältnissen unter Umständen unterschiedliche Strommesseranzeigen vorliegen können, je nach dem, auf welcher Basis gemessen wurde.

Der Fall einer Eisendrossel liegt prinzipiell vor bei jedem Transformator, Wechselstrommotor, Wechselstromschütz, Leuchtstofflampen-Vorschaltgeräten und vielen anderen technischen Geräten.

Tabelle 7-11

Meß-punkt	U_{Netz} / V	*u*- und *i*-Diagramme und die Ablenk-Daten	Ⓐ 1: I / mA	Ⓐ 2: I / mA
103	10	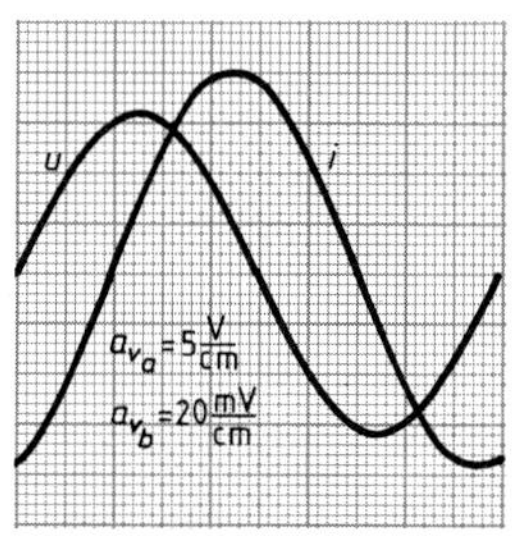	0,5	nicht ablesbar
104	60	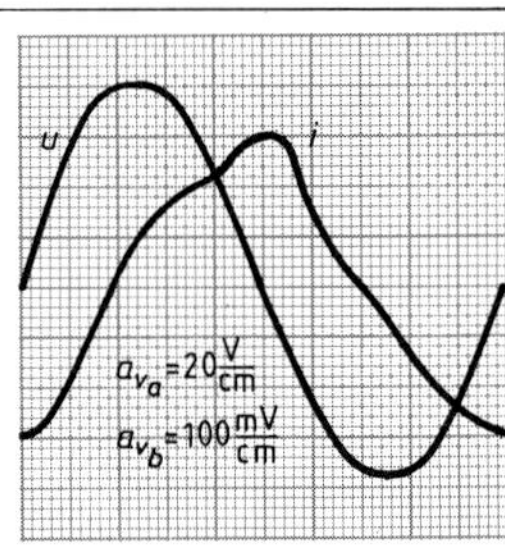	21,5	23
105	110 Vorsicht !	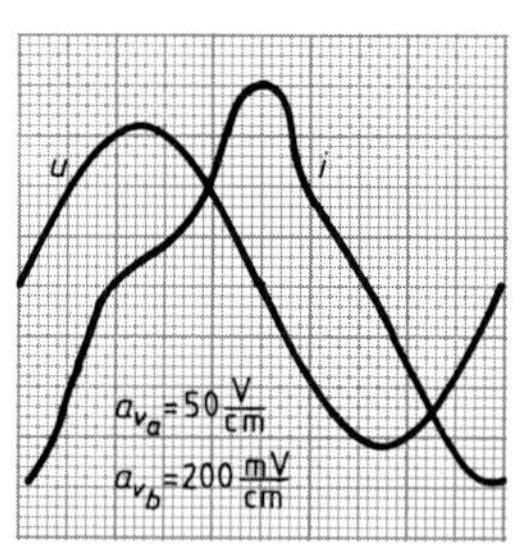	45,5	50

7.13 Einschaltvorgänge bei Drosselspulen

Der magnetische Fluß Φ ist eine *Eigenschaft* des Stromes (siehe Abschnitt 1.4.3). Zwischen Φ und i tritt daher keine Phasenverschiebung φ auf (Bild 7-54). Dagegen kann man, wie schon im Bild 7-17 zu sehen war, davon ausgehen, daß zwischen u und i eine Phasenverschiebung von ca. 90° auftritt (Bild 7-55).

Ferner wird an die Energieeigenschaft des Flusses erinnert: Energie kann sich nicht sprunghaft ändern. Das sagte auch Bild 6-16 aus.

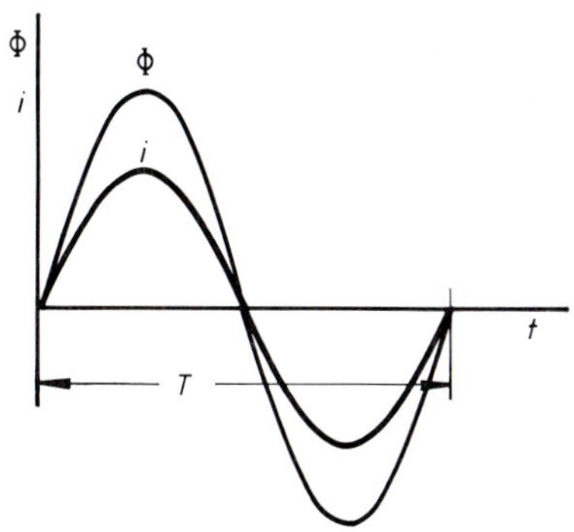

Bild 7-54 Elektrischer Strom und magnetischer Fluß, z.B. bei einer Drosselspule (nicht im Sättigungsbereich, wie es im Meßpunkt 105 zu sehen war).

7.13.1 Einschalten im Spannungsmaximum $\hat{u}$

Aus Bild 7-55 ist zu ersehen, daß sich der Fluß und mit ihm der Strom aus Null heraus kontinuierlich aufbauen kann, wenn bei $u = \hat{u}$ eingeschaltet wird. Dabei treten keinerlei Probleme auf. Dieser Fall ist im übrigen von der Frage der Schließgeschwindigkeit der Schalterkontakte her der wahrscheinlichere: Im allgemeinen schlägt die Spannung schon über, wenn sich die Kontakte weit genug angenähert haben und gerade das Spannungsmaximum „vorbeikommt". Das ereignet sich ja 100 mal in der Sekunde.

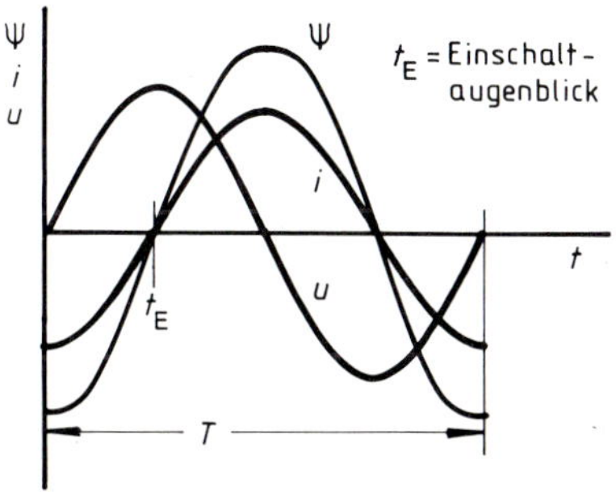

Bild 7-55 Spannung, Strom und Spulenfluß beim Einschalten einer Drosselspule im Spannungsmaximum: $u = \hat{u}$.

7.13.2 Einschalten im Spannungsnulldurchgang; Rusheffekt

Falls ausgerechnet dann eingeschaltet wird, wenn $u = 0$ ist oder in zeitlicher Nähe davon, so ist gerade Φ bzw. Ψ *maximal*, wie aus Bild 7-56 zu erkennen ist. Das Feld, bzw. der ganze Spulenfluß müßte dann aus Null heraus innerhalb $t = 0$ auf einen endlichen Wert, hier das Maximum springen, was nach dem Energieerhaltungssatz nicht möglich ist (siehe Bild 6-16).

Aus diesem Grund startet die Flußentwicklung durchaus bei $\Psi = 0$. Da die Kurvenform des Flusses aber an die Sinusform gebunden ist, entwickelt sich daraus ein Verlauf, wie er in Bild 7-56 als Ψ_0 skizziert ist. Innerhalb einiger Periodendauern T schwingt sich der so zunächst angehobene Fluß allmählich wieder in seine normale Lage, wie im Bild 7-55.

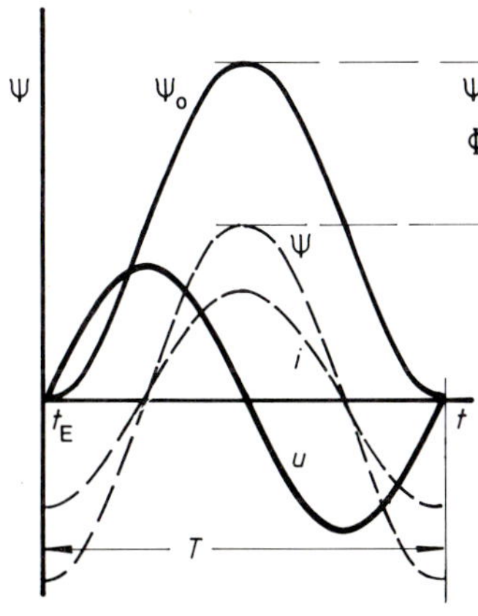

Bild 7-56
Spannung, Strom und Fluß für den Einschaltaugenblick: $u = 0$, Spannungsnulldurchgang.

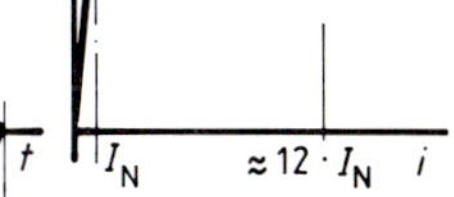

Bild 7-57
Verknüpfung zwischen Φ und I. Im vorliegenden Fall kann etwa der 12-fache Nennstrom auftreten.

Bild 7-57 zeigt die Verknüpfung zwischen Ψ und i. Sie ist schon von Bild 6-5 her bekannt. Die normale Aussteuerung elektrischer Geräte, deren Wicklungen sich wie Drosselspulen verhalten, liegt mindestens so, wie es als I_N in Bild 7-57 eingezeichnet ist. Hierzu gehören alle Transformatoren, ferner alle Wechsel- und Drehstrom-Motoren, sowie einige andere Geräte.

Aus der Verknüpfung der Bilder 7-56 und 7-57 kann man erkennen, daß bei *angehobenem Fluß* Ψ ein erheblich höherer Strom auftreten kann: der sogenannte Rusheffekt.

Für den in den Bildern 7-56 und 7-57 dargestellten Fall ist mit dem etwa 12-fachen Nennstrom *im Einschaltaugenblick* zu rechnen. Hierbei können Überstromschutzorgane ansprechen, so als ob auf einen Kurzschluß geschaltet würde. Dagegen hilft höhere Absicherung oder elektronischer Schutz. Geeignet sind aber auch durchaus Vorwiderstände, z.B. (wattlose) induktive, die nach dem Einschalten überbrückt werden. Allerdings ist das oft schwer praktikabel und von der Handhabung her eventuell nicht ungefährlich.

8 Dreiphasenwechselstrom (Drehstrom)

8.1 Entstehung; Allgemeines

Der Ständer des Generators nach Bild 8-1 erhält jetzt drei Spulen in sechs Nuten statt bisher eine Spule in zwei Nuten, wie in Bild 6-36. Infolgedessen wird natürlich in jeder Spule gleichzeitig eine Spannung induziert, aber nicht in allen Spulen gleichzeitig derselbe Momentanwert (Bild 8-2). Vielmehr treten die Verläufe der einzelnen Spannungen zeitlich um 120° gegeneinander versetzt auf. Dieser Winkel entspricht der räumlichen Winkelanordnung von je 120° wie im Bild 8-1.

Das Ergebnis dieser Spannungserzeugung nennt man Dreiphasenwechselstrom oder ein Drehstromsystem. Die Spulen können auch aus einzelnen Teilspulen bestehen, die auf verschiedene Nuten verteilt sind, wie das für einen solchen Wicklungsstrang z.B. in Bild 7-6 zu sehen war.

In Bild 8-3 besteht ein Wicklungsstrang aus 10 Spulen in Reihenschaltung. Sie liegen in $2 \cdot 10 = 20$ Nuten verteilt. Die ganze Maschine hat somit bei drei Phasensträngen $3 \cdot 20 = 60$ Nuten.

Es gibt auch Systeme mit anderen Phasenzahlen als drei, z.B. vier, fünf, sechs, zwölf und vierundzwanzig. Sechs bis 24 Phasen werden vor allem für Gleichrichteranlagen verwendet, fünf Phasen für Schrittmotoren.

Für normale Drehstromanlagen sind drei Phasen die übliche Ausstattung. Man begegnet ihnen typischerweise vor allem bei großen Anlagen, z.B. in Verbindung mit Generatoren, Transformatoren, Motoren, Öfen, und gewerblichen Beleuchtungsanlagen. Typisch ist dabei die *Symmetrie* der Anlage. Mit symmetrisch ist dabei gemeint, daß alle Phasen gleich und gleich*artig* belastet werden, wie vor allem bei Drehstrommotoren.

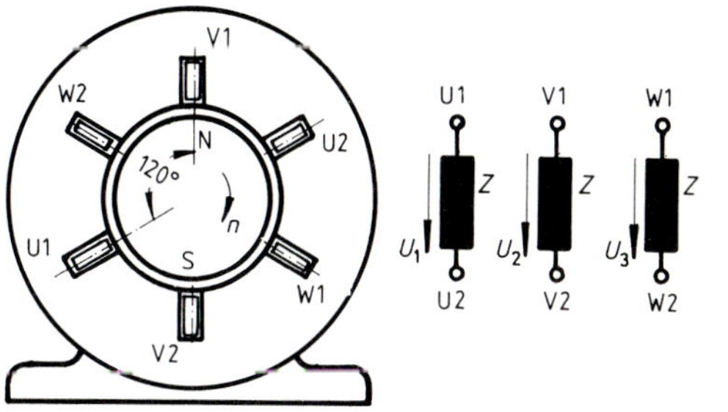

Bild 8-1 Drehstromgenerator mit den drei Wicklungen (Spulensträngen), des Scheinwiderstands Z und den Klemmenbezeichnungen. Früher hießen die Anfänge U, V und W, die Enden X, Y und Z.

Klemmenbezeichnungen; oben: Anfänge, unten: Enden.

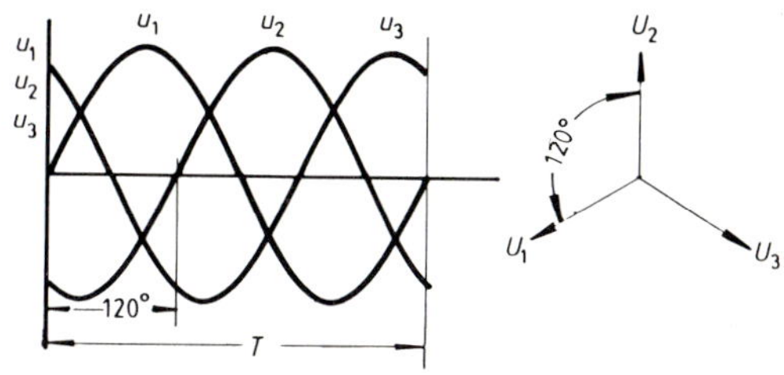

Bild 8-2 Linien- und Zeigerdiagramme zu den drei Phasenspannungen aus Bild 8-1: Dreiphasen- oder Drehstromsystem.

Bild 8-3 Ständer eines Drehstromgenerators. Man erkennt rechts im Bild die sechs Anschlußklemmen, analog den drei Strängen aus Bild 8-1 (Werkbild *BBC*.)

Durch die unzählig vielen einphasigen Haushaltsverbraucher wie Steckdosenanschlüsse und Zimmerbeleuchtungen kann sich im öffentlichen Netz durchaus auch eine *unsymmetrische* Belastung ergeben.

Was sich bei Drehstrom wirklich dreht, ist nicht der Strom (!), sondern das in der Wicklung von Drehstrommaschinen entstehende Magnetfeld: das *Drehfeld* (siehe Abschnitt 12.1.).

8.2 Schaltungen allgemein

Bei Drehstromanlagen unterscheidet man die vielfältigsten Schaltungen. Im Prinzip hat man schon in Bild 8-1 eine „Schaltung" vor sich: die sogenannte offene Schaltung. Für typische Drehstromanlagen sind jedoch besonders die im folgenden näher abgehandelten Schaltungen charakteristisch:

Sternschaltung: Bilder 8-4 und 8-5,
Dreieckschaltung: Bilder 8-10 und 8-11.

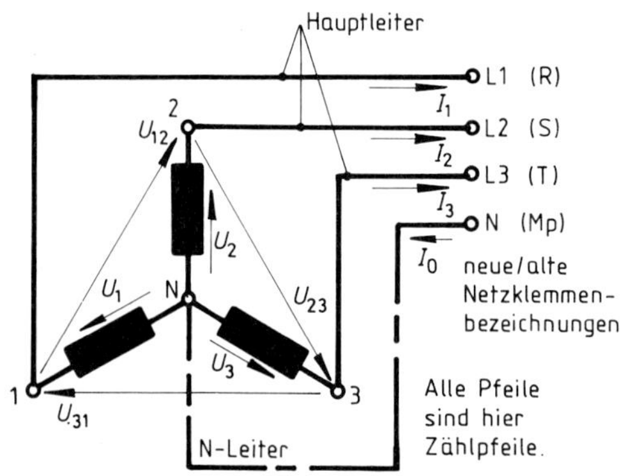

Bild 8-4 Sternschaltung und die dazu gehörenden beiden Spannungssysteme.

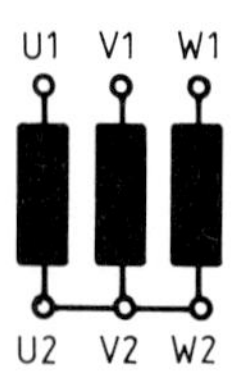

Bild 8-5 Sternschaltbild, falls man wenig Platz verfügbar hat.

8.3 Sternschaltung (Y-Schaltung)

Bild 8-4 zeigt das übliche Übersichtsbild zur Charakterisierung, Bild 8-5 ist eine besonders zeichnerisch platzsparende Variante.

8.3.1 Spannungen

Aus Bild 8-4 ist ersichtlich, daß bei der Y-Schaltung zwei Spannungssysteme auftreten. Sie sind im Bild 8-6 getrennt dargestellt. Aus Tabelle 8-1 ersieht man ihre Bezeichnungen.

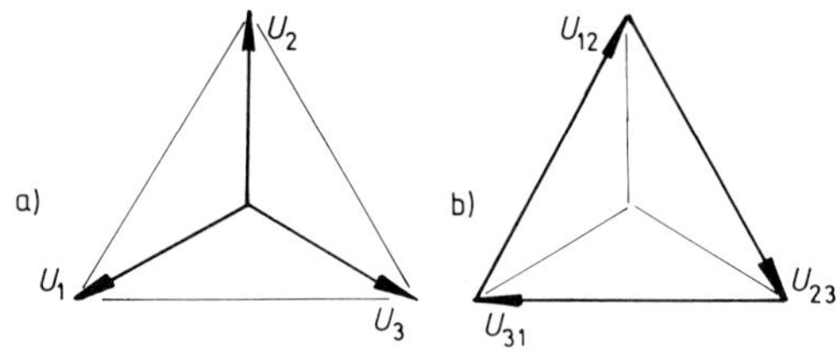

Bild 8-6 a) Sternspannungen, b) Dreieckspannungen.

Tabelle 8-1

U_1, U_2, U_3	Sternspannungen: U_Y (auch: Strang- oder Phasenspannungen)
U_{12}, U_{23}, U_{31}	Dreieckspannungen: U_Δ (auch: Leiter- oder verkettete Spannungen)

Man kann die Zone zwischen beispielsweise den Klemmen L1, L2 und N in Bild 8-4 als eine Masche auffassen, sie umlaufen und dabei eine Gleichung des Typs (4.34) ansetzen: den 2. Kirchhoffschen Lehrsatz:

$$U_1 + U_{12} - U_2 = 0.$$

Über Bild 8-7 kommt man zum Zwischenergebnis:

$$\frac{U_\Delta}{2} = \frac{U_{12}}{2} = U_2 \cdot \sin 60^\circ = U_2 \frac{\sqrt{3}}{2} = U_Y \frac{\sqrt{3}}{2}.$$

Hieraus kann man schließlich verallgemeinern:

$$U_\Delta = \sqrt{3} \cdot U_Y. \tag{8.1}$$

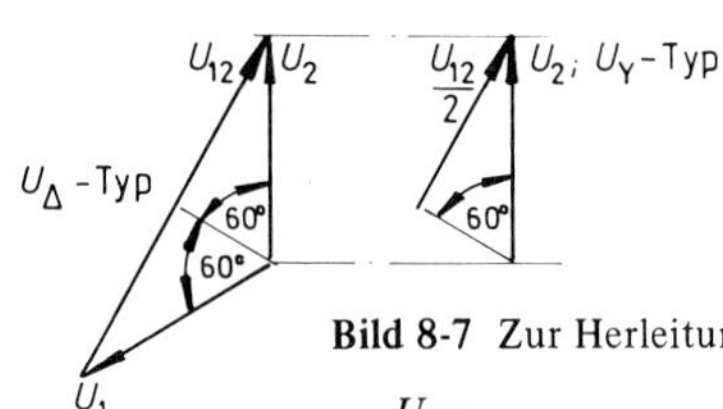

Bild 8-7 Zur Herleitung der Gl. (8.1)

$$\frac{U_{12}}{2} = U_2 \cdot \sin 60^\circ$$

$$\frac{U_{12}}{2} = U_2 \cdot \frac{\sqrt{3}}{2}$$

$$U_{12} = U_2 \cdot \sqrt{3}$$

Tabelle 8-2 zeigt bekannte Beispiele für solcherart verknüpfte Spannungen. Das Netz mit den Spannungen der ersten Zeile ist veraltet. Das Netz der dritten Zeile wird nur bei großen industriellen Niederspannungs-Neuanlagen verwendet.

Tabelle 8-2
Beispiele für Spannungen bei Drehstrom

$\frac{U_\Delta}{\text{V}}$	$\frac{U_\text{Y}}{\text{V}}$
220	127
380	220
660	380

8.3.2 Ströme

8.3.2.1 Ströme bei symmetrischer Belastung

Symmetrische Belastung einer Drehstromanlage tritt vor allem bei Drehstrom-Motoren auf. Ihre drei Wicklungsstränge haben dann jeweils gleiche Widerstände. Ferner ist aber auch das Verhältnis ihrer R/X_L-Beträge und damit ihr Phasen (verschiebungs)-Winkel gleich (Bild 8-8). Daraus folgt als Aussage von Bild 8-9:

In einer symmetrischen Drehstromanlage sind die Ströme in den drei Hauptleitern L1, L2 und L3 gleich groß. Ihre geometrische Summe ist infolgedessen Null.

Der N-Leiter bleibt bei *symmetrischer Belastung* daher überhaupt stromlos. An symmetrische Verbraucher wird er deshalb auch gar nicht erst hingeführt (siehe hierzu z.B. Bild 8-24, links unten den Drehstrommotor).

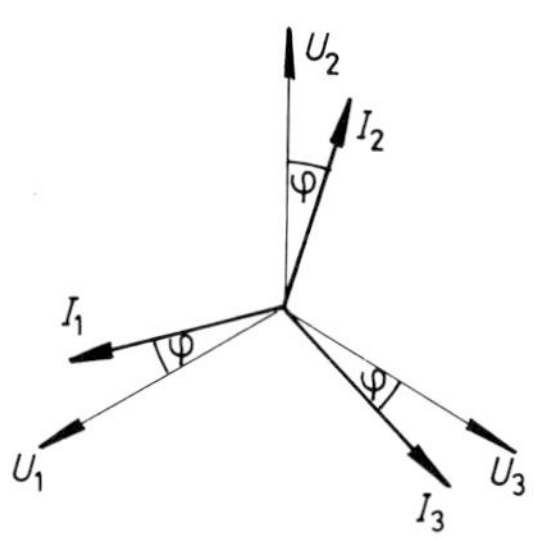

Bild 8-8
Die eigentliche Bestimmung eines Drehstromsystems ist völlige Symmetrie in seiner Belastung. Dann ist ...

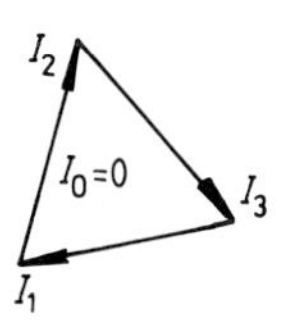

Bild 8-9
... der Strom I_0 im N-Leiter Null.

Besonders bei gewerblichen, also größeren Anlagen werden auch Beleuchtungen dreiphasig installiert, d.h., von z.B. 30 Leuchtstofflampen werden je zehn zwischen L1 und N, weitere zehn zwischen L2 und N usw. angeschlossen.

Der Sinn dieser Maßnahme ist es einerseits, die Last auf das Netz zu symmetrieren, andererseits aber auch den stroboskopischen Effekt auszugleichen, der von Beleuchtungsanlagen bei Wechselstrombetrieb ausgehen kann. Motorwellen der Drehzahl $n = 3000\ \text{min}^{-1}$, mit 50 Hz „angeflimmert", könnten scheinbar stillstehend erscheinen. Das gleicht sich aber bei *dreiphasiger* Beleuchtung aus (so wie auch schon durch die Duoschaltung in Beispiel 7.12).

8.3.2.2 Ströme bei unsymmetrischer Belastung

Steckdosen für Haushaltsgeräte und Beleuchtungsanlagen liegen in neu installierten Netzen stets je zwischen einem Hauptleiter und dem N-Leiter. Der N-Leiter ist dabei stets belastet. Der Strom kann hier jeden Betrag annehmen.

8.4 Dreieckschaltung (Δ-Schaltung)

Bild 8-10 zeigt die übliche Darstellung. Die Darstellung in Bild 8-11 ist wieder platzsparender als die in Bild 8-10.

8.4.1 Spannungen

Einen Mittelpunkt (N), wie bei der Sternschaltung, gibt es hier ja nicht. Infolgedessen ist auch nur *ein Spannungssystem* zu erwarten:

U_{12}, U_{23} und U_{31} (siehe Bild 8-10).

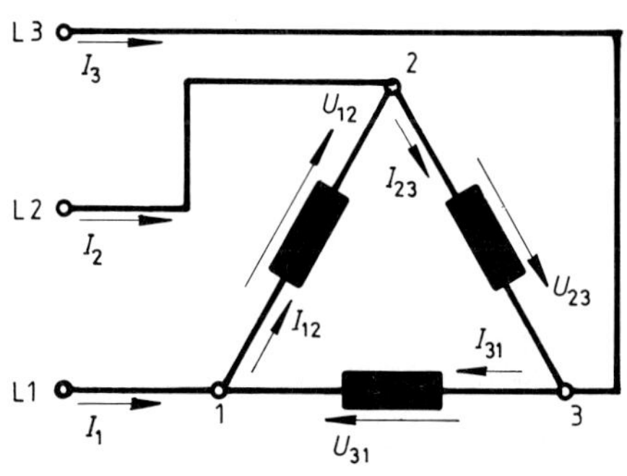

Bild 8-10 Dreieckschaltung und die dazugehörenden Ströme und Spannungen.

An sich hat es daher keinen Sinn, diese einzige Spannung durch Index noch näher zu bezeichnen. Aus praktischen, formalen Gründen wird hier trotzdem dieses Spannungssystem auch mit dem Index Δ bezeichnet, also U_Δ geschrieben.

8.4.2 Ströme

Vorweghinweis: Es sei daran erinnert, daß auch hier alle Pfeile Zählpfeile sind, wie stets bei Wechselstrom.

Aus Bild 8-10, z.B. am Knotenpunkt 1, ist schon zu sehen, daß es sich bei Dreieckschaltung um zwar nur ein Spannungssystem, *aber um zwei Stromsysteme* handelt (Tabelle 8-3).

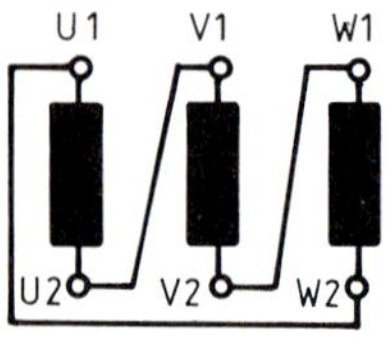

Bild 8-11 Dreieckschaltbild, falls man wenig Platz verfügbar hat.

Tabelle 8-3

I_1, I_2, I_3	Netzströme
I_{12}, I_{23}, I_{31}	Strangströme

Setzt man am Knotenpunkt 2 eine Gleichung des Typs (4.14) an, so erhält man:

$$I_2 + I_{12} = I_{23}.$$

Über Bild 8-12, in dem die Spannungen und die in den Strängen unmittelbar davon ausgehenden Strangströme eingezeichnet sind, kommt man zum Bild 8-13 und der trigonometrischen Beziehung:

$$\frac{I_{\text{Netz}}}{2} = \frac{I_2}{2} = I_{23} \cdot \sin 60^\circ = I_{23} \cdot \frac{\sqrt{3}}{2}.$$

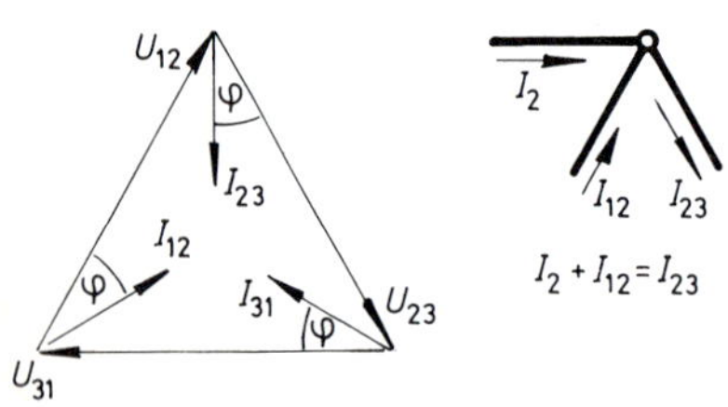

Bild 8-12 Die Spannungen bei Δ-Schaltung und die dazugehörenden *Strang*ströme.

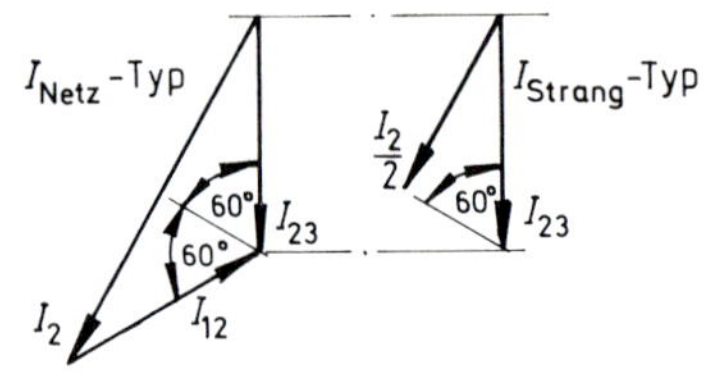

Bild 8-13 Zeigerbild zur Herleitung der Gl. (8.2), Netz- und Strangströme.
Die Bild- und damit die Verknüpfungsstruktur der Größen ist exakt die gleiche wie diejenige von Bild 8-7.
Der Strom I_{23} ist ein Strangstrom .

Dies läßt sich aus Symmetriegründen noch verallgemeinern (ganz analog Gl. (8.1)):

$$I_{\text{Netz}} = \sqrt{3} \cdot I_{\text{Strang}}. \qquad (8.2)$$

Bei Stromangaben auf Leistungsschildern von Drehstromanlagen sind *stets die Netzströme* gemeint.

8.5 Netzstromvergleich zwischen Y- und Δ-Schaltung

Schaltet man das gleiche Aggregat der Zusammensetzung Z (als Wirkung von R und X) einmal in Y und einmal in Δ, so erhält man für das Verhältnis der Netzströme das Ergebnis entsprechend den Ansätzen, die sich aus Bild 8-14 ablesen lassen:

$$\frac{I_{\text{Netz}Y}}{I_{\text{Netz}\Delta}} = \frac{\dfrac{U_\Delta}{\sqrt{3} \cdot Z}}{\sqrt{3} \cdot \dfrac{U_\Delta}{Z}} = \frac{1}{\sqrt{3} \cdot \sqrt{3}} = \frac{1}{3},$$

$$I_{\text{Netz}Y} = \frac{1}{3} \cdot I_{\text{Netz}\Delta}. \qquad (8.3)$$

Auswertung: Es spricht (von wenigen Gesichtspunkten fallweise abgesehen) nichts dagegen, alle Drehstromanlagen in Y, *oder alle Drehstromanlagen in* Δ *zu bauen.* Sollte aber eine Anlage für Y-Schaltung bemessen sein, so nimmt sie den dreifachen Strom (und damit die dreifache Leistung) auf, wenn sie z.B. versehentlich, in Δ geschaltet wird. Sie könnte dadurch erheblich beschädigt werden.

Bild 8-14 Zur Herleitung von Gleichung (8.3).
Bei Y-Schaltung gibt es keinen Unterschied zwischen Netz- und Strangstrom. Also ist:

$$I_Y = I_{Strang_Y} = I_{Netz_Y} = \frac{U_Y}{Z}$$

Ferner ist aber nach Gl. (8.1):

$$I_{Netz_Y} = \frac{U_\Delta}{\sqrt{3}} : Z.$$

Bei Δ-Schaltung gilt nach Gl. (8.2):

$$I_{Netz_\Delta} \sqrt{3} \cdot I_{Str.}.$$

Dabei ist I_{Strang}:

$$I_{Strang} = \frac{U_\Delta}{Z}.$$

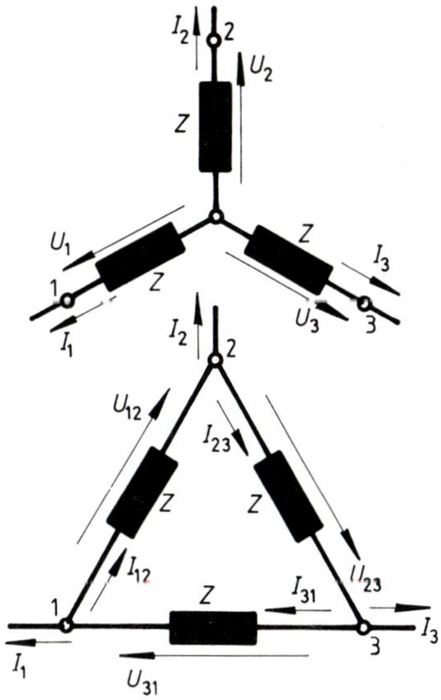

Das Thema Y- *und* Δ-Schaltung, auch: Y-Δ-*Umschaltung*, spielt später bei elektrischen Maschinen (Abschnitt 13.3.2.2) eine entscheidende Rolle.

8.6 Drehstrom-Leistung

8.6.1 Quantitative Betrachtung

Beiden Schaltungen ist nach Gl. (1.10) bzw. (7.24) gemeinsam:

$$S_Z = S_{Strang} = U \cdot I$$

$$S_{ges} = 3 \cdot S_Z = 3 \cdot S_{Strang}$$

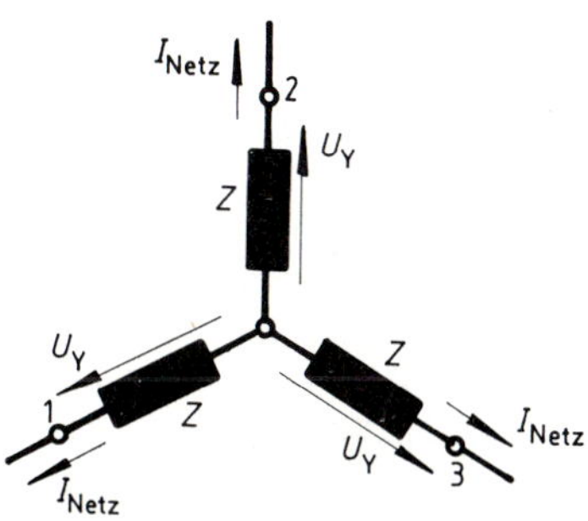

Bild 8-15 Zur Herleitung

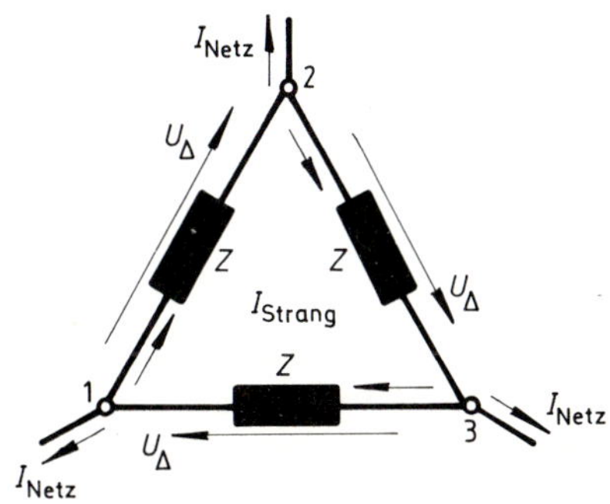

Bild 8-16 ... Gl. (8.4).

Typisch für Y-Schaltung:ist:

$$I = I_{Strang} = I_{Netz}$$

$$U_\Delta = \sqrt{3} \cdot U_Y \qquad (8.1)$$

Typisch für Δ-Schaltung ist:

$$I_{Netz} = \sqrt{3} \cdot I_{Strang} \qquad (8.2)$$

Es gibt nur ein Spannungssystem.

Die Leistung für einen Strang beträgt:

$$S_{Z_Y} = U_Y \cdot I_{Netz} = \frac{U_\Delta}{\sqrt{3}} \cdot I_{Netz}$$

Die Leistung für einen Strang beträgt:

$$S_{Z_\Delta} = U_\Delta \cdot I_{Strang} = U_\Delta \cdot \frac{I_{Netz}}{\sqrt{3}}$$

Mit $S_{ges} = 3 \cdot S_Z$ erhält man:

$$S_{ges} = 3 \cdot \frac{U_\Delta}{\sqrt{3}} \cdot I_{Netz\,Y} = \sqrt{3} \cdot U_\Delta \cdot I_{Netz\,Y}$$

$$S_{ges} = 3 \cdot U_\Delta \cdot \frac{I_{Netz\,\Delta}}{\sqrt{3}} = \sqrt{3} \cdot U_\Delta \cdot I_{Netz\,\Delta}$$

Wenn man vom Index bei I_{Netz} absieht, ist die Formel*struktur* bei beiden Schaltungen gleich. Gerade hinsichtlich der Netzströme hatte aber Gl. (8.3) einen Unterschied mit dem Faktor 3 ergeben! Ansonsten kann man zusammenfassen:

$$S = \sqrt{3} \cdot U_\Delta \cdot I_{Netz} \qquad (8.4)$$

$$P = \sqrt{3} \cdot U_\Delta \cdot I_{Netz} \cdot \cos\varphi \qquad (8.5)$$

$$Q = \sqrt{3} \cdot U_\Delta \cdot I_{Netz} \cdot \sin\varphi \qquad (8.6)$$

Es handelt sich dabei durchweg um aufgenommene Leistungen, also z.B. $P = P_1$.

$$I_{Netz_N} = \frac{P_N}{\sqrt{3} \cdot U_{\Delta_N} \cdot \cos\varphi_N \cdot \eta_N} \qquad (8.7)$$

Gl. (8.7) ist analog Gl. (7.29) gebildet.

8.6.2 Qualitative Betrachtung

Gl. (8.7) und Bild 8-18 lassen recht einleuchtend erkennen, warum sich Drehstrom als großtechnische Energieversorgungs-Grundlage durchgesetzt hat (siehe hierzu auch Tab. 8-6). Zunächst ist zum *verlustlosen Transport* großer Leistungen Wechselstrom besser geeignet als Gleichstrom. Wechselstrom läßt sich beliebig transformieren, d.h., beim Transport über weite Strecken wird die höchstmögliche Spannung bevorzugt. Dann ist nämlich sichergestellt, daß eine gegebene Leistung

$$S = U \cdot I$$

bei hohem U ein niedriges I ergibt. Das ist wichtig, weil mit kleinem I auch alle Spannungsabfälle und Leistungsverluste niedrig sind, da

$$\Delta U = I \cdot R_{Leitg.} \quad \text{und} \quad P_V = I^2 \cdot R_{Leitg.}$$

gilt. Der Übergang auf reine Wechselspannung läßt aber aus Bild 7-10 eine pulsierende Leistung erwarten, somit in Motoren ein pulsierendes Drehmoment, was dort zu pulsierenden und damit Lärm verursachenden Umfangskräften führt.

Aus Bild 8-18 ist zu erkennen, daß bei einem Drehstromsystem drei solche Schwingungen gleichzeitig auftreten. Diese drei Schwingungen addieren sich aber in jedem Augenblick zur Gesamtleistung

$$p = 1{,}5 \cdot \hat{p} = \text{const.} \qquad (8.8)$$

Das Ergebnis ist somit ein absolut glattes „Leistungsband".

Man kann somit zusammenfassen:

- Aus Gl. (8.7) ist in Verbindung mit Gl. (1.28) zu sehen, daß wegen der bei Drehstromsystemen höheren Spannung und der $\sqrt{3}$ der kleinere Strom und damit kleinere Spannungs- und Leistungsverluste auftreten.
- Aus Bild 8-18 ist zu erwarten, daß Drehstrommotoren einen geräuscharmen Betrieb haben.

In der Tat werden einphasige Motoren vor allem deswegen auch nicht für größere Leistungen als 2 ... 3 kW gebaut.

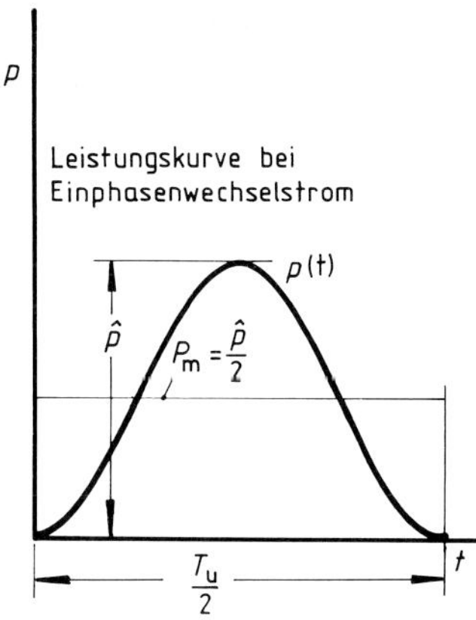

Bild 8-17
Vergleicht man die Leistungskurve bei Einphasenwechselstrom mit der ...

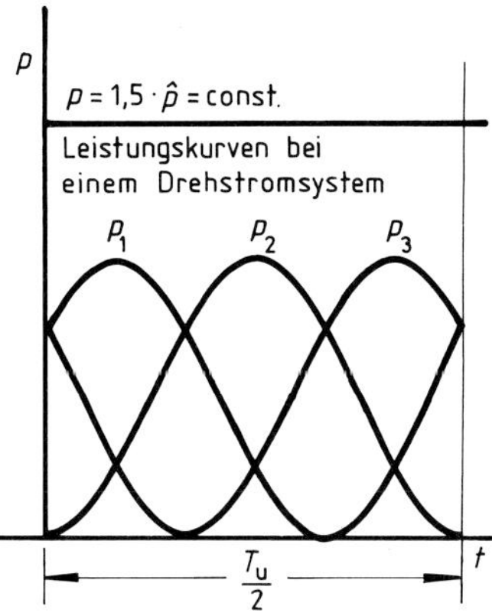

Bild 8-18
... Leistung bei Drehstrom, so fällt auf, daß dabei der Mittelwert der Drehstromleistung übereinstimmt mit der ...

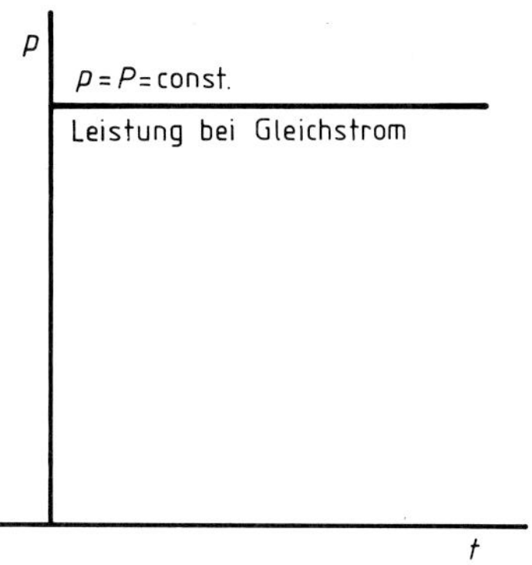

Bild 8-19
... Leistung bei Gleichstrom: eine konstante Größe ohne jede Schwingung und damit ohne jede derartige Beanspruchung für die Umgebung.

8.7 Zulässige Schaltungen

Es wurde schon darauf hingewiesen, daß im Prinzip jede Anlage für jede Schaltung *gebaut* bzw. *dimensioniert* werden kann.

Eine fertige Anlage darf aber keineswegs in jeder Schaltung *betrieben werden*. Das ging aus Gl. (8.3) hervor. Die jeweilige Zulässigkeit ist stets aus dem Leistungsschild zu ersehen.

Wie gegebenenfalls darüber hinaus eine Schaltung zulässig variiert werden kann oder darf, zeigt das Beispiel 8.1.

Beispiel 8.1: Welche Schaltung ist zulässig?

Gegeben seien drei Ausschnitte aus Leistungsschildern, Fälle A bis C (Bild 8-20) und die drei Netze entsprechend Tabelle 8-4.

Gesucht: An welchen der drei in Tabelle 8-4 genannten Netzen dürfen die Anlagen von Bild 8-20 zulässig betrieben werden?

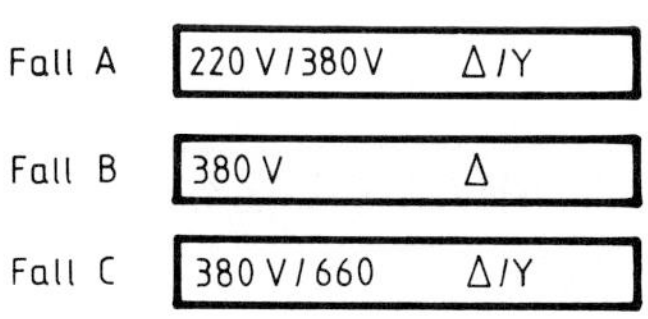

Bild 8-20 Daten zum Beispiel 8.1: Welche Schaltung ist zulässig?

Tabelle 8-4

1.	3 × 220 V/127 V, 50 Hz,
2.	3 × 380 V/220 V, 50 Hz,
3.	3 × 660 V/380 V, 50 Hz.

Vorbemerkung: Zulässig heißt natürlich: Kein Wicklungsteil darf wegen zu hoher Spannung zu viel Strom aufnehmen. Zu beachten ist später allerdings auch die Problematik des Beispiels 13.9.

Lösung: Am besten orientiert man sich an einer Figur wie Bild 8-21. Dort ist eingezeichnet, wo die größere der jeweils beiden Spannungen, also U_Δ *ankommt.* Man erkennt, daß am Strang einer Anlage, also da, wo es wirklich darauf ankommt,

bei Y-Schaltung nur die Sternspannung U_Y,
bei Δ-Schaltung aber die Dreiecksspannung U_Δ

auftritt.

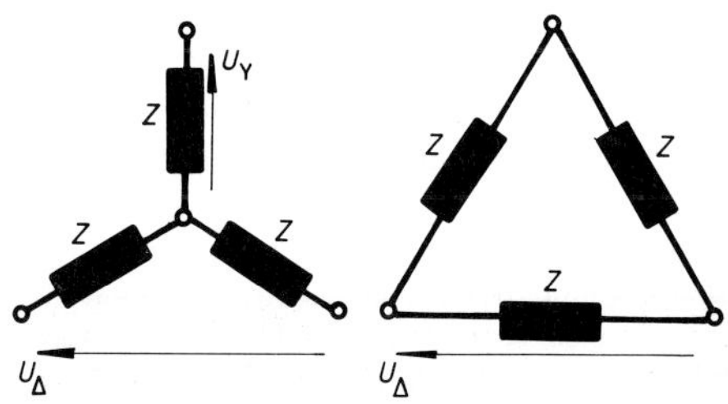

Bild 8-21 An jedem Wicklungsstrang Z tritt bei Y-Schaltung die Y-Spannung und bei Δ-Schaltung die Δ-Spannung auf.

Sollte sie dort zulässig sein, dann ist auch dieses Netz zulässig. So bedeutet im Fall A die Leistungsschildaussage 220 V/380 V Δ/Y:

> bei Δ-Schaltung darf die maximale Spannung an einem Wicklungsstrang 220 V betragen.

Der Rest ist dann klar, siehe Tabelle 8-5.

Hinweis: Die Fälle B und C sind identisch. Fall B ist die ältere Schreibweise für Fall C.

Tabelle 8-5

Fall	Zulässige Schaltungen am Netz mit		
	U_Δ = 220 V	U_Δ = 380 V	U_Δ = 660 V
A	Stern und Dreieck	Stern	weder noch
B und C	Stern und Dreieck	Stern und Dreieck	Stern

8.8 Spannungsabfall bei Drehstrom

Bild 8-22 zeigt den vollständigen Stromkreis eines Drehstromsystems unter der stillschweigenden und üblichen Voraussetzung symmetrischer Verhältnisse, die ja gerade für *Drehstromsysteme* üblich sind.

Am leichtesten überschaubar bleibt das Problem des Spannungsabfalls zwischen Quelle und Last, wenn man ihn nur für *einen* der drei Stromwege betrachtet und formuliert. Aus Symmetriegründen gilt dann für die beiden anderen Stromwege der gleiche Ausdruck. Analog Gl. (7.41) ergibt sich somit bei Drehstrom (nur ein Weg):

$$\Delta U_Y = I \cdot \frac{l}{\gamma \cdot A} \cdot \cos\varphi. \qquad (8.9)$$

Für jeden anderen Stromweg gilt Gl. (8.9) natürlich symmetrisch genauso. Das entsprechende Dreiecks-ΔU ist analog Gl. (8.1) um das $\sqrt{3}$-fache größer:

$$\boxed{\Delta U_\Delta = \sqrt{3} \cdot I \cdot \frac{l}{\gamma \cdot A} \cdot \cos\varphi} \qquad (8.10)$$

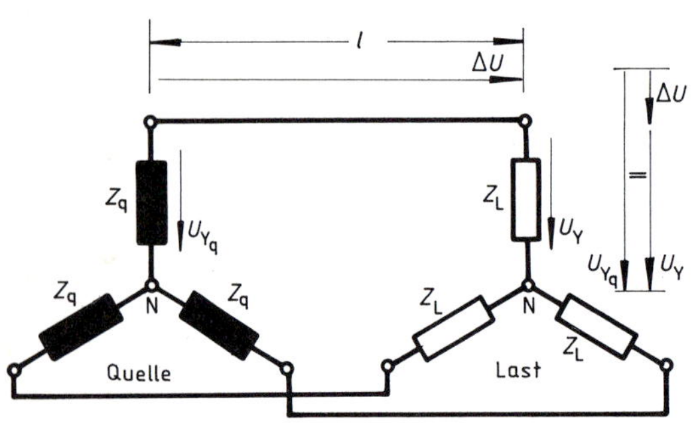

Bild 8-22 Man kann unmittelbar ablesen: $U_{Y_q} = \Delta U + U_Y$.
Zwischen den N-Punkten tritt dabei keine Spannung auf. (Grund: Symmetrie der Anlage, die dabei stillschweigend vorausgesetzt ist, wie immer bei Drehstrom. Für die Nachprüfung des Spannungsdiagramms rechts im Bild kann man sich die beiden N-Punkte auch verbunden *denken*. Sie *bleiben* unverbunden, weil ja doch kein Strom im N-Leiter fließt, wenn symmetrische Last vorliegt.)

Beispiel 8.2: Spannungsabfall beim Einschalten eines Drehstrommotors

Die elektrische Anlage in Verbindung mit einem 11-kW-Motor habe die folgenden Daten

Nenn-Netzstrom	I_{Netz_N} = 22 A,
Anlaufstrom	I_A = 146 A,
Leistungsfaktor λ beim Anlauf:	$\cos\varphi$ = 0,5,
Kabelmaterial:	Cu, Verlegung in Erde,
Entfernung von der Quelle:	l = 30 m,
Netzspannung	$U_{\Delta\mathrm{Netz}}$ = 380 V.

Gesucht: Welche Spannung tritt beim Einschalten des Motors zwischen seinen Klemmen auf?

Lösung: Die gesuchte Spannung erscheint im Bild 8-23 rechts unten als die Spannung U_Δ = 335 V. Sie errechnet sich im einzelnen wie folgt:

Ausgehend vom Nenn-Netzstrom wird aus Tabelle 2-3 ein (dreiadriges) Kabel ausgesucht. Man erhält hierfür den zulässigen Querschnitt A = 1,5 mm². An ihm tritt nach Gl. (8.10) der Spannungsabfall ΔU_Δ auf, der in Bild 8-23 unten rechts besonders gekennzeichnet ist. Er errechnet sich zu:

$$\Delta U_\Delta = \sqrt{3} \cdot I \cdot \frac{l}{\gamma \cdot A} \cdot \cos\varphi,$$

$$\Delta U_\Delta = \sqrt{3} \cdot 146\ \mathrm{A} \cdot \frac{30\ \mathrm{m} \cdot 0{,}5}{56\ \mathrm{S \cdot m \cdot mm^{-2}} \cdot 1{,}5\ \mathrm{mm^2}},$$

$$\Delta U_\Delta = 45\ \mathrm{V}.$$

Diese Spannung fehlt am Motor. Übrig bleibt an ihm somit die Klemmenspannung

$$U_\Delta = U_{\Delta\mathrm{Netz}} - \Delta U_\Delta = 380\ \mathrm{V} - 45\ \mathrm{V},$$

$$U_\Delta = 335\ \mathrm{V} = 0{,}88 \cdot U_{\Delta\mathrm{Netz}}.$$

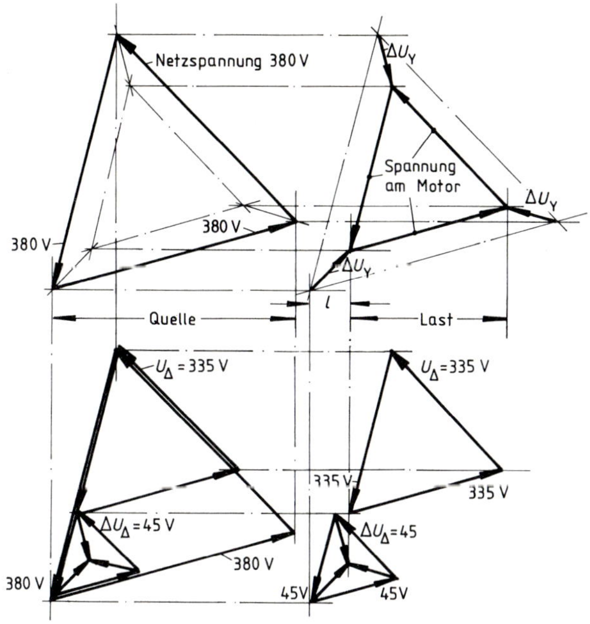

Bild 8-23
Die horizontalen Maßangaben zeigen die Quellen-, Last- und Stromweg-Zonen. Längs der Stromwege tritt der Spannungsabfall ΔU_Y auf. An den Motorklemmen fehlt jedoch der Spannungsabfall ΔU_Δ.

Man erkennt leicht, daß die Schaltung sowohl der Quelle als auch der Last hier gleichgültig ist, da ja ohnehin nur an den jeweiligen Dreieck-*Seiten* entlanggerechnet wird und nicht im Dreieck-*Innern*, also seiner Schaltung.

Auswertung: Im Abschnitt 13.2.1 wird gezeigt, daß die Anlauf*sicherheit* eines Drehstrommotors von der Betriebsspannung *quadratisch* abhängig ist. Aus dem obigen Ergebnisfaktor 0,88 ergibt sich durch Quadrieren $0{,}88^2 = 0{,}77$, was bedeutet, daß das Anfahrmoment des Motors etwa 77 % desjenigen bei Nennspannung von 380 V beträgt. Bei Inbetriebnahme muß daher möglicherweise damit gerechnet werden, daß der Motor hängenbleibt, obwohl das Anschlußkabel *thermisch* richtig ausgewählt worden war.

In diesem Fall fließt der hohe Anlaufstrom von 146 A, der sonst in kürzester Zeit abklingt, solange, bis der Motor abgeschaltet wird. Dabei kann das Anschlußkabel erheblichst überlastet werden, bis die Sicherungen den Motor und das Kabel „erlösen".

Eventuell muß deswegen überhaupt ein größerer als der thermisch erforderliche Querschnitt gewählt werden, damit der Motor und das Kabel nicht Opfer des Spannungsabfalls werden.

8.9 Die wichtigsten Schutzmaßnahmen nach DIN 57100/VDE 0100

8.9.1 Nullung

Das Schutzprinzip dieser wohl am weitesten verbreiteten Schutzmaßnahme lautet:

> Im Falle eines Masseschlusses (Isolationsschadens) soll der Schutzleiter *PE* zu einem Kurzschluß zwischen dem Anlagengehäuse und Erde führen.

Dadurch wird mindestens die Schadensstelle spannungslos und damit für Personen ungefährlich. Eventuell entsteht durch den Kurzschluß darüberhinaus aber auch ein so großer Strom, daß das Schutzorgan der betreffenden Wechselstrom-Phase (L1, L2 oder L3) anspricht.

Man unterscheidet zwischen sogenannter klassischer und moderner Nullung (Bild 8-25). Dort ist, wie auch in den Bildern 8-24 und 8-26, zu sehen, daß der Schutzleiter aus dem Nulleiter gebildet wird. Der Schutzleiter ist der eigentliche Repräsentant des Schutzsystems. Der Unterschied zwischen klassischer und moderner Nullung besteht darin:

- *klassische* Nullung: der Schutzleiter wird in *jeder einzelnen Steckdose* vom Nulleiter abgezweigt und an die Schutzkontakte geführt,
- *moderne* Nullung: der Schutzleiter wird schon im Hauptsicherungskasten gebildet und zentral durch die ganze Anlage geführt (am Zähler vorbei) (Bild 8-24).

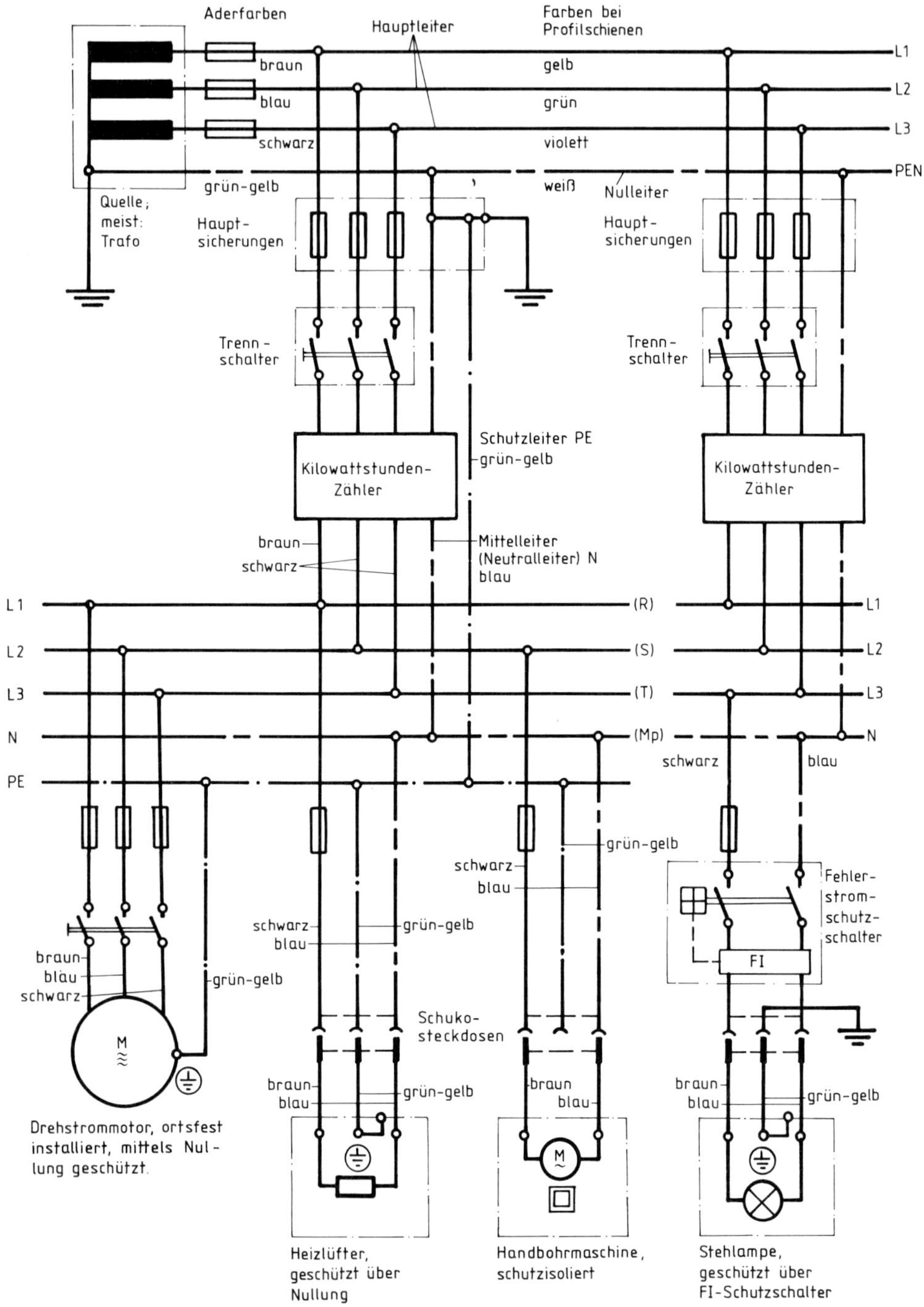

Bild 8-24 Die wichtigsten Schutzmaßnahmen: Nullung, Schutzisolierung, FI-Schutzschalter.

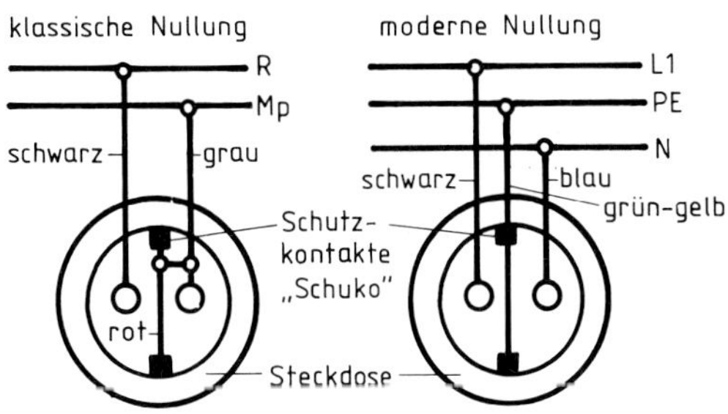

Bild 8-25 Bei der „klassischen Nullung" (links) wurde die Nullung erst in der Steckdose selbst vorgenommen durch den Anschluß des (damals) roten Schutzleiters. Bei Unterbrechung des Mp-Leiters versagte die ganze Schutzwirkung.

Bei der „modernen" Nullung hat der Schutzleiter (grün-gelb) ab den Hauptsicherungen einen durchgehenden eigenen Leiter. Im Fehlerfall muß der Schutzleiter den gleichen Strom dauernd führen können wie der Haupt- bzw. Mittelleiter.

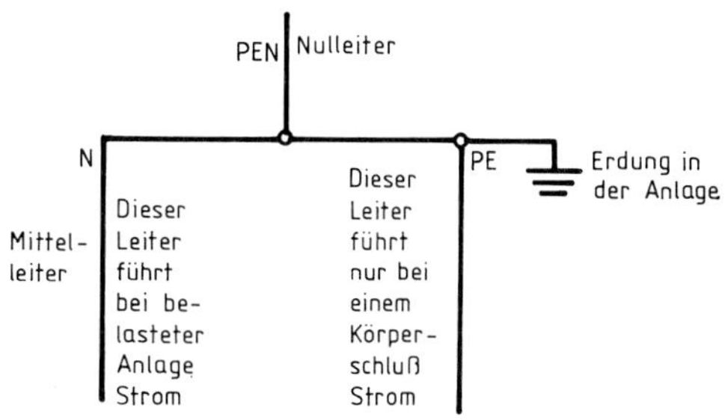

Bild 8-26 Null-, Mittel- und Schutzleiter. Keiner dieser Leiter darf gesichert sein! Im Fehlerfall haben sie „Notausgangs"-Funktionen, die durch eine Sicherung blockiert wäre.

Bild 8-26 zeigt die Unterschiede zwischen den verschiedenen Leiterbezeichnungen:

- Der Nulleiter führt betriebsmäßig den gleichen Strom wie der Mittelleiter.
- Der Schutzleiter führt nur im *Fehlerfalle* Strom (er geht ja auch am Zähler vorbei!). Er muß den vollen möglichen Fehlerstrom aushalten können (siehe Bild 8-27).

Weder der Null- noch der Mittel- oder der Schutzleiter dürfen gesichert sein! Andernfalls könnte ihre „Notausgangsfunktion" zur Erde blockiert werden.

8.9.2 Schutzisolierung

Das Schutzprinzip dieser Maßnahme lautet:

> Das Gehäuse der zu schützenden Anlage besteht aus isolierendem Material. Spannung kann so auf dem Gehäuse gar nicht erst auftreten.

Es bedarf hier also keines Schutzleiters. Damit nicht etwa durch ihn Spannung verschleppt werden kann (siehe Beispiele 8.4 und 8.5), ist er bei der Schutzmaßnahme Schutzisolierung vorsorglich verboten.

8.9.3 Fehlerstromschutzschalter

Das Schutzprinzip dieser Schutzmaßnahme lautet.

> Im Falle eines Masseschlusses (Isolationsschadens) fließt über die *Betriebsstromwege* nicht mehr der gleiche Strom hin wie zurück. Die Differenz löst durch Induktion einen Schalter aus (siehe Beispiel 6.8).

Für Zwecke des Personen- und Tierschutzes kommt hierbei natürlich nur die 30-mA-Variante infrage. Die anderen Ausführungen mit Auslösestromniveaus von 300 mA und darüber sind nur als Gebäudeschutz (z.B. als Brandschutz) geeignet, da ja ab 50 mA spätestens Lebensgefahr besteht.

8.9.4 Vergleich der Schutzmaßnahmen; Vor- und Nachteile

Es steht außer Frage, daß der Fehlerstromschutzschalter (FI-Schutzschalter) das sicherste derzeit bekannte Schutzsystem darstellt. In manchen Bundesländern der Bundesrepublik wird bei Neuanlagen überhaupt nur noch diese Schutzmaßnahme *zugelassen.*

Als Nachteil muß festgestellt werden, daß das Gerät systembedingt mechanisch etwas empfindlich reagiert, z.B. gegen heftige Erschütterungen oder laute Knallgeräusche, wie bei Gewitter*donner* und Schallmauerbeanspruchungen. Dadurch werden aber keine Personen gefährdet.

Die Fehlerstrom-Schutzschaltung darf nicht ohne weiteres mit der Schutzmaßnahme Nullung *gleichzeitig in derselben Anlage* betrieben werden, weil dadurch Fehlauslösungen verursacht werden können.

Ein großer Nachteil der Nullung ist ihr Versagen und vor allem die Personalgefährdung bei Unterbrechung des Nulleiters. Da die Gefährdung in Anlagen mit klassischer Nullung (bis 1966 üblich) noch akuter war, dürfen solche Anlagen so nicht mehr erweitert werden, sondern nur noch mit moderner Nullung. (Im Zweifelsfall geben die örtlichen EVUs Auskunft.)

Ein erheblicher Nachteil der Schutzmaßnahme Schutzisolierung tritt z.B. in Verbindung mit so „geschützten" Handbohrmaschinen zutage. Wird vom Bohrer eine unter Spannung stehende Leitung in der Wand angebohrt, so liegt diese Spannung am Dreibackenfutter und kann an die bohrende Person gelangen, wenn sie die Hand nahe genug am Bohrfutter hat.

Vor dieser Gefahr kann nur ein FI-Schutzschalter zuverlässig schützen oder die daraus hergeleiteten Weiterentwicklungen:

der Steckmat (siehe Bild 6-41) und
der Personenschutzschalter (siehe Bild 2-7).

In Fragen zulässiger Schutzmaßnahmen sind im Zweifelsfall stets nur die neuesten Ausgaben der VDE-Bestimmungen, hier DIN 57100/ VDE 0100 verbindlich und maßgeblich.

Beispiel 8.3: Körperschluß in einem Heizlüfter bei Nullung

Ein Heizlüfter habe die Daten:

$$U_N = 220\text{ V},\quad f = 50\text{ Hz},\quad P_N = 2\text{ kW},$$

er bestehe nur aus einem Ohmschen Glied R und habe einen Körperschluß auf 1/3 Höhe an der Stelle 1 in Bild 8-27, also eine leitende Verbindung zwischen der Heizwicklung und dem Gehäuse.

Das Gehäuse des Gerätes werde von einer Person berührt. Ihr Widerstand beträgt $R_P = 2000\ \Omega$. Es liegt die Schutzmaßnahme Nullung vor. Welche Wirkungen stellen sich dabei ein?

Lösung: Rechts in Bild 8-27 sieht man das Ersatzschaltbild für die betreffende Situation. Die dort eingetragenen Widerstandswerte resultieren aus Gl. (1.28):

$$R_H = \frac{U_N^2}{P_N} = \frac{220^2\text{ V}^2}{2000\text{ VA}} = 24{,}2\ \Omega \approx 24\ \Omega.$$

Dieser Betrag teilt sich an der Körperschlußstelle in die beiden Abschnitte $\frac{1}{3}\cdot 24\ \Omega = 8\ \Omega$ und $\frac{2}{3}\cdot 24\ \Omega = 16\ \Omega$ auf (Bild 8-27 rechts).

Die Aufgabe des Schutzleiters PE ist es ja, die Strecke kurzzuschließen, zwischen der im Fehlerfall eine Person an Spannung kommen könnte. Das ist die Strecke 5–6 (Finger-Füße).

Genau dazu liegt die Strecke PE: Zone 3–4 parallel. Daraus ergibt sich zweierlei:

1. Der Person passiert nichts. Wegen $R_{34} \approx 0\ \Omega$ ist auch der Ersatzwiderstand der ganzen Zone unterhalb des 8-Ω-Widerstands $\approx 0\ \Omega$. Wegen Gl. (4.5) ist damit dort auch jede Spannung gleich Null: $U = I \cdot R = I \cdot 0 = 0$. Die Person ist also nicht gefährdet.
2. Der restliche Widerstand der ganzen Anlage beträgt ja nur noch 8 Ω. Infolgedessen tritt ein Strom von

   $I = 220\text{ V}/8\ \Omega = 27{,}5\text{ A}$ auf.

   Er fließt aber wohlgemerkt nicht über die Person, sondern natürlich über den PE-Schutzleiter!

   Nach Bild 2-5 ist z.B. zu erwarten, daß die zuständige und maximal zulässige 16-A-Sicherung erst nach 1 h ansprechen würde. Mittlerweile ist allerdings die an Spannung verbliebene 8-Ω-Strecke des Heizlüfters längst durchgebrannt. Es treten dort jetzt nämlich mit Gl. (1.28) auf:

   $P = U^2/R = 220^2\text{ V}^2/8\ \Omega = 6{,}05\text{ kW}$,

   während dort

   $P_N/3 = 2\text{ kW}/3 = 0{,}67\text{ kW}$

   zulässig wären. Das Teilstück ist also $6{,}05/0{,}67 \approx 9$ mal überlastet und verbrennt schnell.

   Das ist zwar nicht ganz ideal. Der Person kann jedoch *direkt elektrisch* nichts passieren.

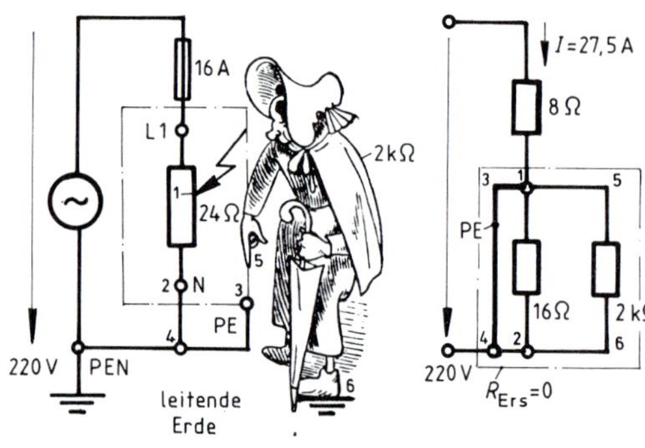

Bild 8-27 Ein 2 kW-Heizlüfter hat an der Stelle 1 einen Körperschluß und wird von einer Person des Widerstands $R_P = 2\text{ k}\Omega$ berührt. Aus dem Ersatzschaltbild (rechts) geht hervor, daß der Schutzleiter PE zwischen dem Gehäuse und Erde einen Kurzschluß und damit auf dieser gefährdeten Strecke Spannungslosigkeit herbeiführt. Gründe: Gln. (4.5) und (4.22).

Beispiel 8.4: Bruch des Nulleiters

Es liege der gleiche Heizlüfter wie beim Beispiel 8.3 vor, jedoch mit dem entscheidenden Unterschied:

Der Heizlüfter ist völlig intakt.

Allerdings habe der Nulleiter einen Bruch (Bild 8-28). Welche Wirkungen stellen sich ein?

Lösung: Wie das Ersatzschaltbild zeigt, fließt hier ein tödlich wirkender Strom $I_\dagger$ von:

$$I_\dagger = \frac{U}{R_H + R_P} = \frac{220\ \text{V}}{24{,}2\ \Omega + 2000\ \Omega}$$

$$I_\dagger = 109\ \text{mA}.$$

Er fließt voll durch die Person, da er *hier* keine Alternative, z.B. über das Erdreich oder dgl. zu fließen, hat. Diese Situation liegt bei Installationen mit *klassischer Nullung* vor.

Bei der Schaltung in Bild 8-24 kann das schon nicht mehr passieren, wenn der Hauptsicherungskasten geerdet ist. Im Zeitalter kunststoffisolierter Gehäuse kann man sich darauf aber nicht verlassen. Dazu kommt, daß je nach örtlichen Vorschriften der Hauptsicherungskasten womöglich gar nicht geerdet werden *darf.*

Durch den angenommenen Fehler, Bruch eines Nullleiters sind schon mehrfach erhebliche Schäden und Unfälle aufgetreten, z.B. auch in Viehbeständen [10]. Die besondere Tragik bei dieser Unfallsituation liegt darin, daß das Gerät selbst durchaus keinen Mangel hat. Defekt ist das Schutzsystem. Die Sicherung *kann nicht* helfen. Der Fehlerstrom ist zwar tödlich (ab ca. 50 mA), aber zu schwach, um die Sicherung auszulösen.

Man erkennt auch, wie wichtig eine zuverlässige Erdung innerhalb der Anlage ist. Sie sollte in der Nähe des Verzweigungspunktes nach Bild 8-26 liegen und mit einer *metallischen Wasserleitung* gestützt werden.

Gegen einen Schaden durch Nulleiterbruch schützt ein Fehlerstromschutzschalter zuverlässig.

Beispiel 8.5: Unfall bei ausgeschaltetem Gerät

Es liege das gleiche Problem vor wie im Beispiel 8.4, jedoch mit dem Unterschied:

Das berührte Gerät ist nicht nur völlig intakt, es ist auch noch nicht einmal in Betrieb. Schutzmaßnahme: klassische Nullung.

Allerdings sei ein anderes Gerät der gleichen Anlage in Betrieb, bei dem wiederum Nulleiterbruch vor der Anlage besteht. Welche Wirkungen stellen sich hier ein?

Lösung: Aus Bild 8-29 erkennt man, daß *jede Person* sofort voll im Stromkreis liegt, die in *dieser Anlage* ein Gerät berührt; es braucht noch nicht einmal *eingeschaltet* zu sein!

Hier liegt der heimtückischste Fall vor, bei dem gerade die Schutzmaßnahme den Unfall verursacht. Dies kann bei der modernen Nullung wiederum nicht passieren, wenn für gute Erdung Sorge getragen wird. Ausgeschlossen ist dieser Fall auch bei Verwendung eines Fehlerstromschutzschalters.

Bild 8-28 Die Anlage als solche ist intakt, *defekt ist jedoch die Installation, speziell der Nulleiter.* Aus dem Ersatzschaltbild (rechts) ist ersichtlich, daß dabei der ganze fatale Strom voll durch die Person fließt.

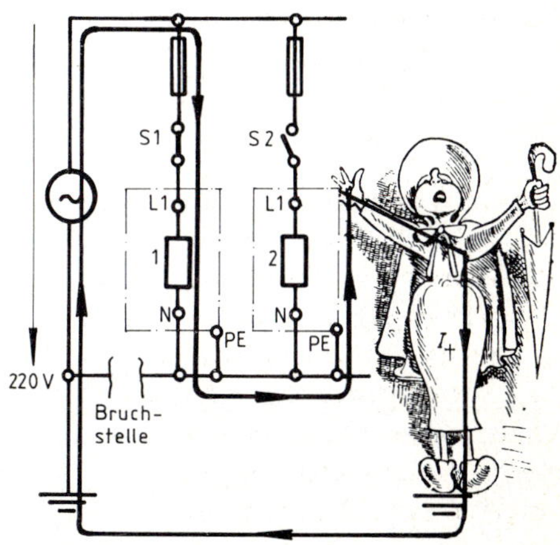

Bild 8-29 Hier ist die Anlage nicht nur intakt, sondern sie ist noch nichteinmal eingeschaltet. Sie wird indessen von der Person berührt. Sofern es sich um ein genulltes, metallisches Gehäuse handelt, sieht man hier auch ohne Ersatzschaltbild sofort, daß die Anlagenbetreiberin voll im Stromkreis liegt. Es fließt der gleiche, vermutlich tödliche Strom, wie in Bild 8-28.

8.10 Blindleistungskompensation bei Drehstromanlagen

Bei symmetrischen Drehstromanlagen tritt jede der Wechselstromleistungen:

Wirk-, Blind- und Scheinleistung

zu je einem Drittel in jedem der drei Wicklungsstränge auf. Für die Kompensation der Anlage sind daher auch drei Kondensatoren erforderlich. Jeder Kondensator ist also für 1/3 der zu kompensierenden Blindleistung zu bemessen. Aus Gl. (7.35) war zu sehen, daß deren Kapazität um so kleiner wird und damit auch ihre Kosten um so niedriger erwartet werden dürfen, je höher die Betriebsspannung ist.

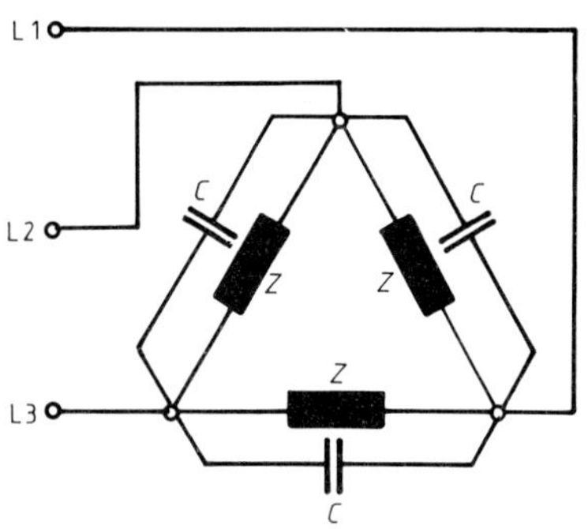

Bild 8-30 Blindleistungskompensation einer symmetrischen Drehstromanlage. Jeder der drei Kondensatoren ist für ein drittel der gesamten, zu kompensierenden Blindleistung zu bemessen.

Bild 8-31 Blindleistungskompensationsanlage in Bausteinform. Nennleistung: 300 kvar bei 400 V/50 Hz, schaltbar in 6 Stufen à 50 kVar, Schaltverhältnis 1 : 1 : 1 : ... : 1 (Werkbild: *ERO-Starkstrom Kondensatoren GmbH*, Landshut/Bayern)

In Bild 8-30 liegt wegen der Dreieckschaltung an jedem der Kondensatoren die Dreieckspannung U_Δ, also die größere der beiden möglichen Spannungen eines Drehstromsystems. Aus diesem Grund wird meist die Dreieckschaltung der beteiligten Kondensatoren in Drehstromanlagen verwendet.

Bild 8-31 zeigt eine größere Blindleistungskompensationsanlage.

Beispiel 8.6: Kompensation eines Drehstrommotors

Der Motor aus Beispiel 7.11 habe die gleichen Daten wie dort, sei jetzt aber für Drehstrom ausgelegt. Auf seinem Leistungsschild stehe also:

$$380\ \text{V}\Delta,\quad 75\ \text{kW},\quad \cos\varphi_N = 0{,}86,\quad f = 50\ \text{Hz}.$$

Ferner sei: $\eta_N = 0{,}9$.

Das Netz habe die Daten: $3 \times 380\ \text{V}/220\ \text{V}$.

Gesucht:

1. Der erforderliche Querschnitt für den Motoranschluß *ohne Blindleistungskompensation*, Planungsgrundlage: Kabel Typ NYY, Luftverlegung,
2. Querschnitt bei Kompensation auf $\cos\varphi = 1{,}0$,
3. die Kondensatorbestelldaten, also
   a) die Kondensator-Blindleistung,
   b) die Nennspannung,
   c) die Kondensatorkapazität.

Lösungen:

1. Gl. (8.7) liefert sofort:

$$I_{\text{Netz}} = \frac{P_N}{\sqrt{3}\cdot U_\Delta \cdot \cos\varphi_N \cdot \eta_N}$$

$$I_{\text{Netz}} = \frac{75\,000\ \text{V}\cdot\text{A}}{\sqrt{3}\cdot 380\ \text{V}\cdot 0{,}86\cdot 0{,}9}$$

$$\underline{\underline{I_{\text{Netz}} = 147{,}22\ \text{A}.}}$$

Damit erhält man aus Tabelle 2-3 für Kabel Typ NYY bei 4 Adern (3 Hauptleiter und 1 Schutzleiter) je Ader:

$$A_{\text{Cu}} = 50\ \text{mm}^2,$$

also komplett die Daten:

$$\underline{\underline{A_{\text{Cu}} = 4 \times 50\ \text{mm}^2.}}$$

2. Entsprechend erhält man für $\cos\varphi = 1$:

$$I_{\text{Netz}} = 126{,}61\ \text{A} \quad\text{und}\quad A_{\text{Cu}} = 35\ \text{mm}^2,$$

also:

$$\underline{\underline{A_{\text{Cu}} = 4 \times 35\ \text{mm}^2.}}$$

3. a) Aus Bild 8-32 kann abgelesen werden:

$$Q = P_1 \cdot \tan\varphi = \frac{P_N}{\eta} \cdot \tan\varphi.$$

Aus gegebenem $\cos\varphi = 0{,}86$ erhält man:

$\varphi = 30{,}68°$ und damit $\tan\varphi = 0{,}593$.

Somit ergibt sich für Q_{ges}:

$$\underline{\underline{Q_{ges}}} = \frac{75\,000\ \text{VA}}{0{,}9} \cdot 0{,}593 = \underline{\underline{49{,}4\ \text{kvar.}}}$$

b) Die Kondensatoren sind für die Nennspannung von $U_N = 380$ V zu bemessen.

c) Aus Gl. (7.35) erhält man für jeden einzelnen der drei erforderlichen Kondensatoren mit

$$Q = \frac{Q_{ges}}{3} = Q_{Phase}$$

$$C = \frac{49\,400\ \text{var}}{2 \cdot \pi \cdot 50\ \text{s}^{-1} \cdot 380^2\ \text{V}^2} \cdot \frac{1}{3}$$

$$\underline{\underline{C = 363\ \mu\text{F.}}}$$

Jeder der drei Kondensatoren aus Bild 8-30 muß also eine Kapazität von 363 μF haben.

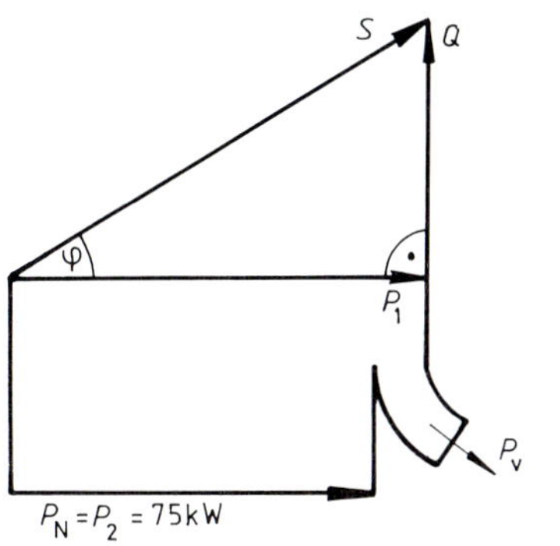

Bild 8-32 Leistungsbilanz zum Beispiel 8.6: Kompensation eines Drehstrommotors.

Auswertung von Beispiel 8.6: In Tabelle 8-6 sind die Ergebnisse der Beispiele 7.10, 7.11 und 8.6 zusammengestellt, also Ein- und Dreiphasen-Lösungen, sowohl unkompensiert als auch kompensiert. Man kann dabei erkennen, daß der erforderliche Motoranschlußquerschnitt um so günstiger (billiger) wird, wenn

1. Drehstrom und nicht Einphasenwechselstrom zugrundegelegt wird,
2. die Blindleistung kompensiert wird.

Dazu ist noch nachzutragen: Entsprechend Abschnitt 8.6.2 sind Einphasenmotoren mit einer Nennleistung vor 75 kW nicht üblich. Dieser Wert würde nur der Gegenüberstellung zum Drehstrom wegen überhaupt durchgerechnet. Vielmehr erkennt man, daß trotz der

Tabelle 8-6 Kabelquerschnitte bei unterschiedlichen Netzen, jeweils bei Verlegung in Luft

Netzart	kompensiert	Strom	Querschnitt mit Schutzleiter	Gesamt-Querschnitt
Einphasenwechselstrom 220 V	nein	440 A	3 × 300 mm²	900 mm²
	ja	379 A	3 × 240 mm²	720 mm²
Drehstrom 3 × 220 V/127 V	nein	254 A	4 × 120 mm²	480 mm²
	ja	219 A	4 × 95 mm²	380 mm²
Drehstrom 3 × 380 V/220 V	nein	147 A	4 × 50 mm²	200 mm²
	ja	127 A	4 × 35 mm²	140 mm²
Drehstrom 3 × 660 V/380 V	nein	85 A	4 × 25 mm²	100 mm²
	ja	73 A	4 × 16 mm²	64 mm²

größeren Leiterzahl absolut gesehen die Drehstromausführung im Verhältnis 140 mm²/720 mm² ≈ 0,19, also um 81 % günstiger ist, jeweils Kompensation vorausgesetzt.

Falls das Netz mit der höheren Spannung von 660 V verwendet wird, ergibt 64/720 ≈ 0,089, also 91,1 % weniger Material![1] Allerdings sind die dreiphasigen Schutz- und Schalteinrichtungen etwas teurer als die einphasigen Alternativen. Insgesamt erkennt man jedoch, daß in Drehstromausführung alles erheblich billiger wird, als in einphasiger und auch in Gleichstromausführung, wobei die Aussage nach Beispiel 7.10, Teil 1 jetzt korrigiert wird. Da außerdem die Drehstrommotoren erheblich billiger sind als Gleichstrommotoren, ist vollends klar, warum sich die heutige Technik völlig von Gleichstrom wegentwickelt hat.

Beispiel 8.7: Unter- bzw. Überkompensation

Die Kapazität im Beispiel 8.6 hatte den Wert $C = 363\ \mu$F. Aus einer Industrieliste gehe hervor, daß dieser Betrag so nicht angeboten wird. Die nächstmöglichen Daten lauten entweder

$$C_1 = 330\ \mu\text{F} \quad \text{oder} \quad C_2 = 470\ \mu\text{F}.$$

Frage: Welcher der beiden Kondensatoren C_1 bzw. C_2 eignet sich für die vorliegende Anlage besser?

Vorbemerkung: Die Verwendung einer anderen Kapazität bedeutet andere Blindleistung (vgl. hierzu Gl. (7.35)). Damit ändert sich im Rahmen der Bilder 8-33 und 8-34 die Scheinleistung, der Strom und eventuell auch der erforderliche zulässige Anschlußquerschnitt für den betreffenden Motor.

Bislang wurde stillschweigend die gesamte Blindleistung $Q = Q_{Motor}$ kompensiert. Ab jetzt ist zwischen

$$Q_{Motor} = 3 \cdot Q_{Phase}, \quad Q_C \quad \text{und} \quad Q_{Rest}.$$

[1] Wegen der gefährlichen Spannungshöhe kommt diese Spannung allerdings nicht für Haushaltsinstallationen infrage.

zu unterscheiden (siehe hierzu die Bilder 8-33 und 8-34). Davon ist aus Beispiel 8.6 die Blindleistung Q_{Motor} bekannt.

Q_C kann ermittelt werden, da nach Gl. (7.35) $Q \sim C$, also erfolgt proportionale Umrechnung.

Q_{Rest} ist die Differenz aus Q_{Motor} und Q_C.

$P_1 = P_N/\eta = 75\ \text{kW}/0{,}9 = 83\frac{1}{3}\ \text{kW}$ bleibt von diesen Überlegungen unberührt.

In beiden Fällen wird vom Ansatz

$$\frac{Q'_{C_1}}{Q_{\text{Motor}}} = \frac{C_1}{C}.$$

ausgegangen.

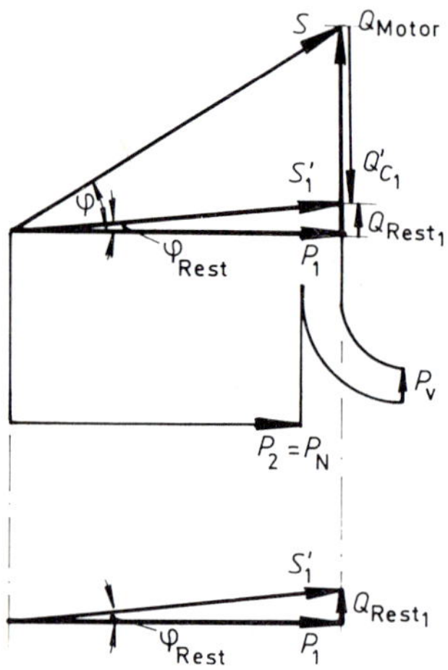

Bild 8-33 Orientierungsskizze zu Beispiel 8.7, Fall 1: Unterkompensation.

Lösungen:

1. Fall (Bild 8-33):

$$Q'_{C_1} = Q_{\text{Motor}} \cdot \frac{C_1}{C} = 49{,}4\ \text{kvar} \cdot \frac{330\ \mu\text{F}}{363\ \mu\text{F}} = $$
$$= 44{,}9\ \text{kvar}.$$

Dann errechnet sich daraus

$$Q_{\text{Rest}} = Q_{\text{Motor}} - Q'_{C_1}:$$

$$\begin{array}{lr} Q_{\text{Motor}} & = 49{,}4\ \text{kvar} \\ -Q'_{C_1} & = 44{,}9\ \text{kvar} \\ \hline Q_{\text{Rest}_1} & = 4{,}5\ \text{kvar} \end{array}$$

Über den Pythagoräischen Lehrsatz erhält man:

$$S'_1 = \sqrt{Q^2_{\text{Rest}_1} + P_1^2} = \sqrt{4{,}5^2 + (83\tfrac{1}{3})^2}\ \text{kVA}$$

$$S'_1 = 83{,}45\ \text{kVA}.$$

Über Gl. (8.4) erhält man daraus I'_1:

$$I'_1 = \frac{83\,450\ \text{VA}}{\sqrt{3} \cdot 380\ \text{V}} = 126{,}7\ \text{A}.$$

Dieser Strom ist im Querschnitt $A = 35\ \text{mm}^2$ noch zulässig. Somit darf der Kondensator $C_1 = 330\ \mu\text{F}$ gewählt werden.

2. Fall (Bild 8-34):

Der Rechenweg im Fall 2 ist sinngemäß der gleiche. Der größere Kondensator führt zu Überkompensation:

$$Q'_{C_2} = 63{,}96\ \text{kvar}.$$
$$Q_{\text{Rest}_2} = -14{,}6\ \text{kvar}.$$

(Das Vorzeichen kann außer acht gelassen werden.)

$$S'_2 = 84{,}60\ \text{kVA}.$$
$$I'_2 = 128{,}5\ \text{A}.$$

also ebenfalls noch in $35\ \text{mm}^2$ zulässig. D.h., rein von der Zulässigkeitsfrage her wären beide Kondensatoren denkbar. Natürlich ist der größere teurer und daher nicht sinnvoll.

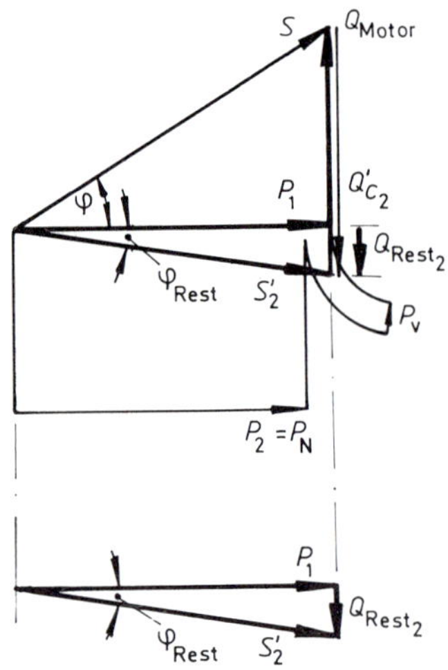

Bild 8-34 Orientierungsskizze zu Beispiel 8.7, Fall 2: Überkompensation.

Anmerkung: Sollte einmal der Abstand zwischen Rechenergebnis und listenmäßig verfügbarem Kondensator größer sein, als mit zulässigem Querschnitt vertretbar, so kann man sich mit der Parallelschaltung kleinerer Kondensatoren helfen (siehe Gl. (6.33)).

9 Transformator (Trafo, Umspanner)

9.1 Aufgabe, Aufbau und Bauformen

Die Aufgabe eines Transformators ist im allgemeinen die, ein Wechselspannungsnetz bestimmten Bedürfnissen anzupassen, z.B. von der Spannungshöhe her. Dazu kommt aber noch eine ganze Reihe anderer möglicher Aufgaben, wie sie in Tabelle 9-1 zusammengestellt sind.

Meist trägt ein geblechter Eisenkern mindestens zwei Spulen, wie schon beim Beispiel 6.3. Man spricht von der Eingangs- oder Primärspule sowie von der Ausgangs- oder Sekundärspule.

Es sind unterschiedlichste Kernkonstruktionen im Gebrauch, je nach dem Ziel, das mit dem Transformator verfolgt wird (Bild 9-1). Wichtige Unterschiede finden sich auch bei den Wicklungs*schaltungen* und -anordnungen. Dabei sind grundsätzlich die beiden Ausführungen nach Bild 9-2, die Vollwicklungs- und die Sparschaltung möglich.

9.2 Wirkungsweise

Es wird an Beispiel 6.3 angeknüpft. Die Wirkungsgrundlage war dort das Induktionsgesetz, Gl. (6.26). Danach tritt in jeder einzelnen Windung einer Spule mit der Eingangswindungszahl N_1 die Windungsspannung U_W mit dem Zusammenhang:

$$U_W = \frac{U_1}{N_1} \tag{9.1}$$

auf, wenn diese Spule nach den Rhythmen einer an ihr liegenden Wechselspannung U_1 von dem Wechselfluß $\Psi = N \cdot \Phi$ durchpulst wird.

Für die Spannung an der Wicklung N_1 gilt somit:

$$U_1 = U_W \cdot N_1 . \tag{9.2}$$

Hat der genannte Spulenfluß Gelegenheit, auch noch eine zweite (oder n.) Spule mit der Windungszahl N_2 (bzw. N_n) zu durchpulsen, so gilt für die dort induzierte Spannung analog:

$$U_2 = U_W \cdot N_2 \tag{9.3}$$

bzw.

$$U_n = U_W \cdot N_n . \tag{9.4}$$

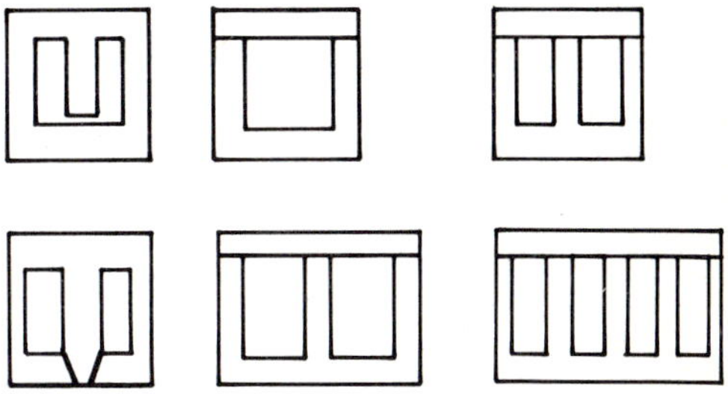

Bild 9-1 Verschiedene Kernformen von Transformatoren.

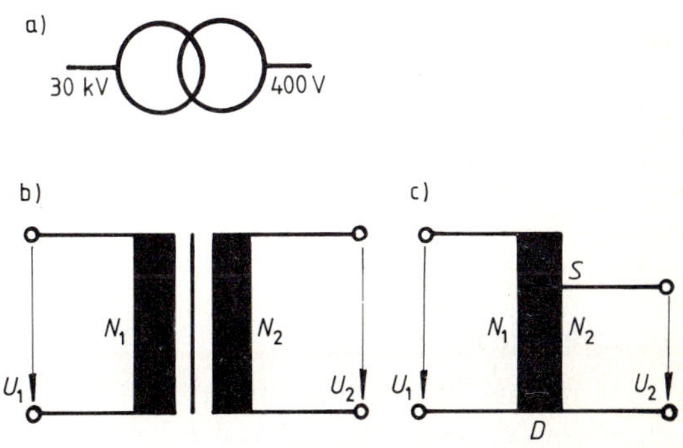

Bild 9-2 a) Kurzschaltzeichen für einen Transformator mit Angabe der Übersetzung, b) Schaltbild für einen Zweiwicklungstrafo, c) Einwicklungstrafo (Spartrafo).

Es ergeben sich rein prinzipiell zwei Möglichkeiten, einen Trafo zu gestalten, die in Bild 9-2 dargestellt sind. Der sogenannte Spartrafo ist dabei von der Investition her auch tatsächlich billiger als der Zweiwicklungstrafo. Eine Ausführung als Spartrafo ist indessen verboten, sobald das Verhältnis der Spannungen $U_1 : U_2 > 1{,}25$ ist.

Der Grund ist im Abschnitt 4.2.5.1 und dem Ergebnis der Meßpunkte 11 bis 15 in Verbindung mit Bild 4-20 zu finden. Vergleicht man es mit der Spartrafoschaltung, so erkennt man, daß bei einer Unterbrechung in der Zone *S-D* die volle mögliche (Hoch-)Spannung U_1 an der Unterbrechungsstelle auftritt, während man nur auf das Niveau U_2 gefaßt ist. Hierin liegt eine große Unfallgefahr und begründet das Verbot von Spartrafos als Laborgeräte.

9.3 Übersetzung

Setzt man die Gln. (9.2) und (9.3) zueinander ins Verhältnis, so erhält man für *den unbelasteten Trafo, also im Leerlauf* die Übersetzung (das Übersetzungsverhältnis):

$$ü = \frac{U_1}{U_2} = \frac{N_1}{N_2}. \tag{9.5}$$

Für die Ausgangsspannung U_2 erhält man somit bei Leerlauf

$$U_{2_0} = U_1 \cdot \frac{N_2}{N_1}. \tag{9.6}$$

Man kann hieraus ersehen, daß sich (mindestens rein rechnerisch) sowohl nach oben als auch nach unten im Prinzip jede gewünschte Spannung durch Transformation erreichen läßt. Nach oben hin gibt es eine deutliche Grenze von Seiten der Isolationsprobleme.

9.4 Belastung

Vernachlässigt man die in einem Trafo auftretenden Verluste, so lautet die Leistungsbilanz der umgesetzten Scheinleistung:

$$S_1 = U_1 \cdot I_1 = S_2 = U_2 \cdot I_2. \tag{9.7}$$

In Verbindung mit Gl. (9.5) erhält man hieraus für das Verhältnis der Ströme:

$$\frac{I_1}{I_2} = \frac{N_2}{N_1} = \frac{1}{ü}. \tag{9.8}$$

Für diese Ströme müssen die Wicklungsquerschnitte bemessen sein. Zur höheren Spannungsseite gehört also der kleinere Strom und damit der kleinere Wicklungsquerschnitt.

I_1 ist klein bei Leerlauf: I_{1_0}, damit ist der Betriebsfall gemeint, daß an den Ausgangsklemmen überhaupt kein Verbraucher angeschlossen ist. Hier ist $I_1 = I_{1_0}$ nur wenige Prozent vom Nennstrom I_{1N} (siehe Bild 9-3).

Bei Belastung der Ausgangsklemmen wächst I_1 etwa analog mit I_2 bis hin zum Kurzschlußbetriebsfall. Siehe auch Bild 9-4.

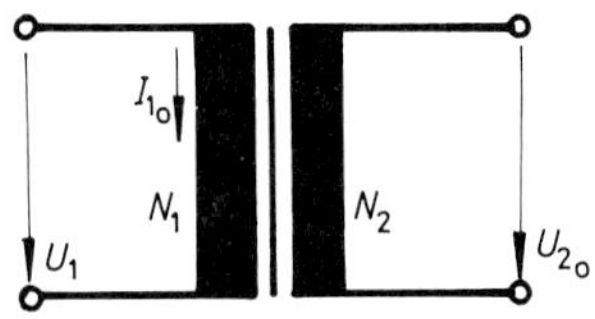

Bild 9-3
Transformator im Leerlauf. Die Ausgangsseite ist offen, $I_2 = 0$.

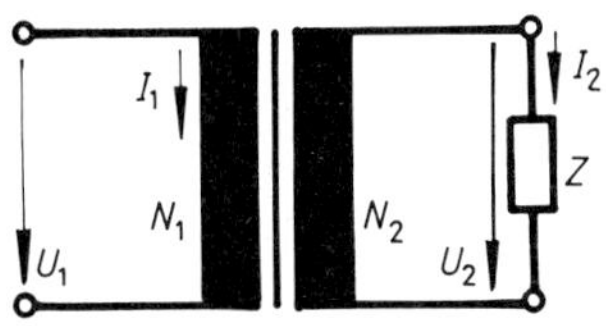

Bild 9-4
Belasteter Transformator.

9.5 Kenndaten

Eine wichtige Vergleichs- und Betriebsgröße für Trafos ist die Kurzschlußspannung u_K, siehe hierzu auch Bild 9-6. Sie wird in Prozent angegeben, auch auf dem Leistungsschild, mindestens bei größeren Trafos. Man erhält daraus wichtige Aussagen, und zwar hinsichtlich der Größe möglicher Kurzschlußstrombeträge, sowie zur Frage des möglichen betrieblichen Spannungsabfalls bei Belastung.

Mit der Kurzschlußspannung ist derjenige Prozentsatz der Nenn-Eingangsspannung U_{1N} gemeint, bei dem ein- und ausgangsseitig je der Nennstrom fließt, wenn der Trafo kurzgeschlossen ist.

Beispiel 9.1: Kurzschlußspannung

Ein Transformator habe laut Leistungsschild eine Kurzschlußspannung von $u_{K_N} = 10\,\%$. Sein Übersetzungsverhältnis laute $ü = 1000\ \text{V}/400\ \text{V}$.

Bei welcher Spannung U_1 fließt schon der Nennstrom, wenn der Trafo kurzgeschlossen ist?

Lösung:

$$U_{1N} = 1000\ \text{V}.$$

Bei $u_K = 10\,\%$ von U_{1N}, also bei $U_1 = 100$ V fließt bei ausgangsseitig kurzgeschlossenem Trafo schon der Nennstrom. Das bedeutet natürlich des weiteren: bei voll anliegender Nennspannung U_{1N} fließt somit der zehnfache Nennstrom, falls der Trafo kurzgeschlossen ist.

Typ TS 5444 A	Nr.	Baujahr 1982	VDE 0532/ 71
Nennleistung 250 kVA		Art LT	Frequenz 50 Hz
	St V	V	Betrieb DB
	St 1 20 800 V	V	Schaltgr. Dyn 5
Nennspg.	St 2 20 000 V	400 V	Reihe 20 N/0,6
	St 3 19 200 V	V	Kühlungsart ONAN
	St V	V	Ges. Gew. 0,96 t
Nennstrom 7,22 A		361 A	Gew.d.Füllung 0,23 t
Nennkurzschl.-Spg. 4 %		Isolier-Flüssigkeit Mineralöl	
Dauerkurzschl.-Strom 0,18kA		Kurzschl.-Dauer max. 2 s	

Bild 9-5 Beispiel für das Leistungsschild eines Transformators (Werkbild: *Trafo-Union*, Stuttgart)

9.6 Kurzschluß

Aus Beispiel 9.1 konnte man erkennen, daß entsprechend der Definition des Begriffs Kurzschlußspannung sich der Kurzschlußstrom folgendermaßen errechnet:

$$I_K = \frac{I_{1N}}{u_K} \tag{9.9}$$

Dauerkurzschlußstrom.

Unmittelbar nach dem Auftreten eines Kurzschlusses sind durch Ausgleichsvorgänge, je nach dem Ausgangswert des Stroms, Ströme noch höheren Betrags möglich, der sogenannte Stoßkurzschlußstrom I_{K_S}:

$$I_{K_S} \approx 2 \cdot I_K \tag{9.10}$$

Stoßkurzschlußstrom.

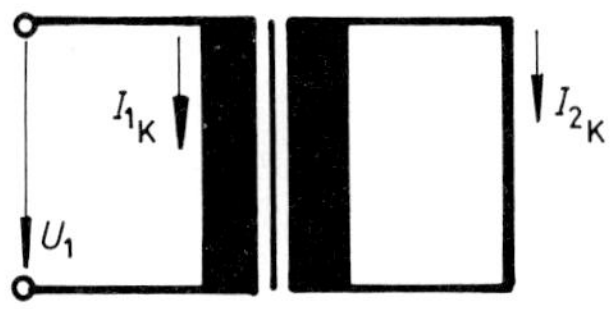

Bild 9-6 Kurzgeschlossener Transformator. Hierfür gilt

$$I_{1K} = \frac{I_{1N}}{u_K}; \quad i_{2K} = \frac{I_{2N}}{u_K}.$$

vergleiche hierzu auch Bild 9-5.

Übliche Beträge für die Kurzschlußspannung u_K liegen in dem Bereich:

$$3\,\% \leqslant u_K \leqslant 20\,\%.$$

Kleinere Werte als 3 % sind nicht zulässig, da wegen Gl. (9.9) dabei ja schon ein Kurzschlußstrom vom 33-fachen des Nennstroms auftritt.

9.7 Spannungsabfall bei Belastung

In grober Annäherung kann man sich einen Trafo insofern wie jede andere Quelle auch vorstellen, daß sie einen Quellen(schein)-widerstand hat, an dem es bei Belastung einen belastungsabhängigen inneren Spannungsabfall gibt (Bild 9-7). Dieser Spannungsabfall hängt unmittelbar mit dem Begriff der Kurzschlußspannung zusammen: Einer Kurzschlußspannung von z.B. 10 % entspricht bei Belastung mit Nennstrom auch ein Spannungsabfall von 10 %.

Dabei spielt allerdings die Lastcharakteristik eine erhebliche Rolle, also die Frage, mit welchem Leistungsfaktor $\lambda = \cos\varphi$ die Belastung des Transformators verknüpft ist.

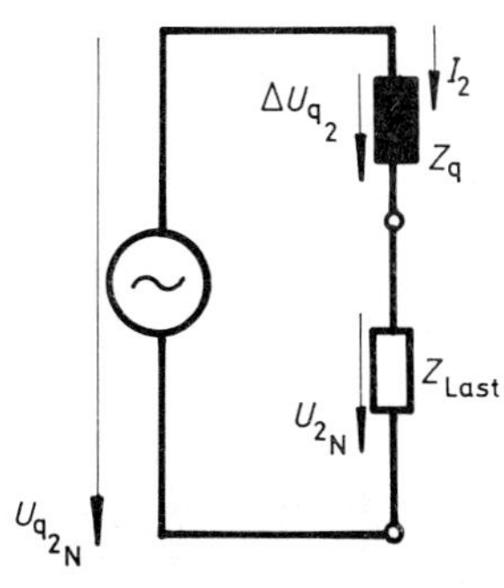

Bild 9-7
Ein Transformator kann wie eine normale Quelle behandelt werden.

Tabelle 9-1 Übersicht über typische Einsatzgebiete spezieller Transformatoren. Auswahl aus energietechnischer Sicht.

Bezeichnung		Erklärung, Merkmale, Einsatzgebiet	Beispielsskizze
Maschinen-transformator	1	Jedem Kraftwerksgenerator (Maschinensatz) ist ein ganz bestimmter Transformator zugeordnet, der mit ihm fest „verdrahtet" ist und die Aufgabe hat, die bislang auf Werte unter 30 kV möglich gewesenen Generatorspannungen auf wirtschaftlich hohe Übertragungsspannungen hinaufzutransformieren. Künftig kann dieser Transformator bei den Generatoren entfallen, die gleich für eine hohe Spannung gebaut werden. Gedacht ist an Spannungen über 100 kV.	
Netz(kuppel)-transformator	2	Zwei oder mehrere Netze unterschiedlicher Spannungen werden miteinander in Verbindung gebracht, damit zwischen ihnen Energie ausgetauscht werden kann. Falls mehr als zwei Netze gekuppelt werden sollen, hat der Transformator so viele Wicklungen, wie Netze gekuppelt werden sollen, meist höchstens drei.	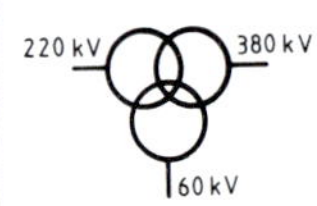
Regeltrans-formator	3	Über Anzapfungen kann die Ausgangsspannung verstellt oder sogar geregelt werden, und zwar *unter Last*. Die Wicklungsanzapfungen werden auf die Oberspannungsseite gelegt, da dort der kleinere Strom auftritt und somit die Umschaltprobleme kleiner sind. Der Stufenschalter sitzt auf einer Trafostirnseite, siehe Bild 9-8.	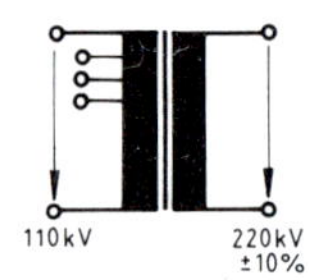
Verteilungs-transformator	4	Aus dem Hochspannungsnetz soll die Leistung auf ein niedrigeres Spannungsniveau heruntertransformiert und den einzelnen Ortsnetzteilen bzw. Industrieanlagen zugeführt werden.	
Gleichrichter-transformator	5	Der gleichzurichtende Strom wird um so glatter, je vielphasiger das Ausgangsnetz ist. Man geht vom üblichen dreiphasigen Netz aus auf die Transformator-Eingangsseite. Die Ausgangsseite hat mehrere geschaltete Stränge. Man erhält so 6-, 12- und 24-phasige Ausgangsnetze.	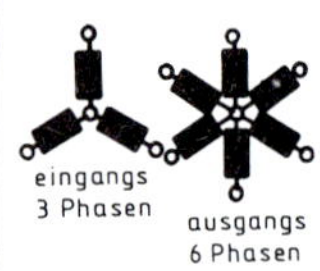
Schweiß-transformator	6	Der Nennbetriebsfall ist der Kurzschluß. Der Transformator muß dafür bemessen sein. Außerdem müssen verschiedene Ströme einstellbar sein.	
Ofen-transformator	7	Der Betrieb bringt ungewöhnlich hohe Ströme in der Nähe des Kurzschlusses als Normalbetriebsfall auf der Ausgangsseite mit sich. Die Strombeträge müssen verstellbar sein.	
Anlaß-transformator	8	Das Ziel ist die mehr oder weniger geringfügige Herabsetzung der Betriebsspannung. Man möchte damit den Anlaufstrom größerer Drehstrommotoren verringern. Sie laufen dazu womöglich etwas entlastet an. Nach vollzogenem Hochlauf wird auf volle Spannung umgeschaltet. Für diese Transformatoren ist die Sparschaltung besonders sinnvoll.	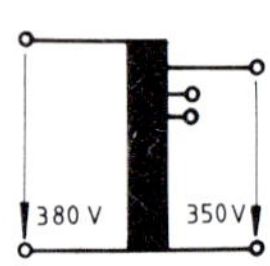
Lokomotiv-transformator	9	Der Aufgabenstellung können zugrunde liegen: 1. Die eingangsseitige Fahrdrahtspannung von 15 kV bei $16\frac{2}{3}$ Hz soll ausgangsseitig auf Spannungen zwischen wenigen und etwa 1000 V verstellbar sein, um ruckfrei anfahren zu können. 2. Der Betrieb an einem anderen Netz soll auch möglich sein, z.B. 25 kV, 50 Hz (Frankreich)	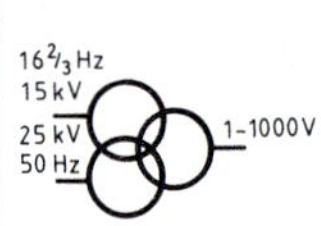

Tabelle 9-1 (Fortsetzung)

Bezeichnung	Erklärung, Merkmale, Einsatzgebiet	Beispielsskizze
Trenn-transformator 10	Das Übersetzungsverhältnis ist $ü = 1 : 1$. Das Ziel ist die Trennung eines Netzes vom Netz der öffentlichen Energieversorgung (galvanische Trennung), damit erd- und potentialfreie Verhältnisse auf der Ausgangsseite erhalten werden, auch als Schutzmaßnahme gegen Berührungsspannung nach Erde.	
Spielzeug-transformator 11	Wichtigste Bedingung: absolute Kurzschlußfestigkeit bei extremen Bedingungen. Teilweise ausgangsseitig mit dahintergeschalteter Gleichrichterstufe.	
Drehtrenn-transformator 12	Wie Trenntransformator konstruiert, jedoch auf der Ausgangsseite mit spannungsteilerartig einstellbarer Spannung, also kontinuierlich verstellbaren Abgriffen. Trenntransformatoren sind für Laborbetriebe vorgeschrieben.	
Spannungs-wandler 13	Auch in Hochspannungsanlagen muß die Spannung meß- und überwachbar sein, ohne daß das Personal durch die Meßmaßnahme gefährdet wird. Auch Schutzeinrichtungen benötigen eine zur Betriebs-Hochspannung analoge niedrigere Spannung. Leistung braucht dabei nicht nennenswert übertragen zu werden. Als Last, die hier als Bürde bezeichnet wird, kommen auf diese speziellen Transformatoren (Spannungswandler) die Meßwerkswiderstände von Spannungsmessern und Spannungspfaden von Leistungsmessern sowie von Schutzeinrichtungen zu. Transformiert wird die Spannung.	
Stromwandler 14	Auch für die *Strommessung* gilt sinngemäß hinsichtlich Gefahrenfreiheit dasselbe wie beim Spannungswandler. Jedoch liegt der Stromwandler analog einem Amperemeter *im Lastkreis.* Transformiert wird also der Strom (nicht die Spannung). Auch hier spricht man von der Last als der Bürde und meint damit die Meßwerkswiderstände der Strommesser, der Strompfade von Leistungsmessern sowie der Schutz- und Überwachungseinrichtungen. Während ein Spannungswandler als „echter" Transformator ausgangsseitig nicht kurzgeschlossen werden darf, *darf ein Stromwandler ausgangsseitig unter Strom nie geöffnet werden*! Andernfalls kann er sich unzulässig (und gefährlich) überhitzen, seine Übersetzungseigenschaften verlieren und dadurch unbrauchbar werden, eventuell sogar explodieren. Der Kurzschluß ist der Nennbetrieb. Sicherungen und der Ausbau von Instrumenten usw. unter Strom sind unzulässig!	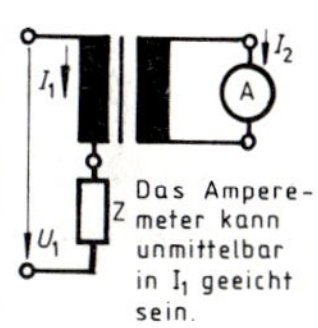
Summen-stromwandler 15	Ein besonderer Stromwandler ist der Summenstromwandler, siehe auch Beispiel 6.8. Er vergleicht die *Summe der Ströme.* Ergibt sich dabei, daß die Stromdifferenz zwischen Hin- und Rückstrom von Null verschieden ist, wie bei einem Isolationsfehler, sorgt ein Induktionsvorgang für das allpolige Abschalten der ganzen Anlage. Begreiflicherweise arbeitet dieses Schutzprinzip nur in Verbindung mit *Wechselstromanlagen.*	siehe Bild 6-37.

Ohne auf Einzelheiten hier einzugehen, sei darauf hingewiesen, daß je nach Lastart bei nicht nur kein Spannungs*abfall* aufzutreten braucht, sondern sogar ein Spannungs*anstieg* erwartet werden kann, und zwar bei kapazitiver Last (ähnlich wie im Beispiel 14.1).

9.8 Spezielle Aufgabenstellungen von Trafos

Tabelle 9-1 zeigt eine Anzahl typischer Anwendungsfälle von Transformatoren. Es geht daraus hervor, daß es sich um ein außerordentlich weit verbreitetes und vielseitiges „Bauelement" handelt. Auf den speziellen Anwendungsfall zugeschnitten gehören zu all diesen Aufgabegebieten im allgemeinen auch typische Bauformen.

Die Detailprobleme in Verbindung mit Transformatoren sind häufig sehr spezifisch elektrisch und hier kaum auch nur peripher angeschnitten. Aber auch für fachfremde, z.B. Maschineningenieure stellt der Transformatorenbau ein außerordentlich reizvolles Betätigungsfeld dar.

Typische Aufgabenstellungen bietet z.B. das Problem der Kühlung und der transportgerechten Konstruktion, besonders bei Großtransformatoren. Dazu kommen ferner noch viele Aufgaben, die sich vor allem in Verbindung mit immer wieder neuen Materialien noch besserer

Bild 9-8 Ausführungsbeispiel des Aktivteils (also aus dem Ölkessel herausgehobene Konstruktion) eines großen Regeltransformators. Man erkennt die drei Gruppen von (horizontal verlaufenden) Anzapfungen der drei Drehstromwicklungen. Sie führen an den Regelschalter rechts im Bild (Werkbild: *Trafo-Union*, Stuttgart).

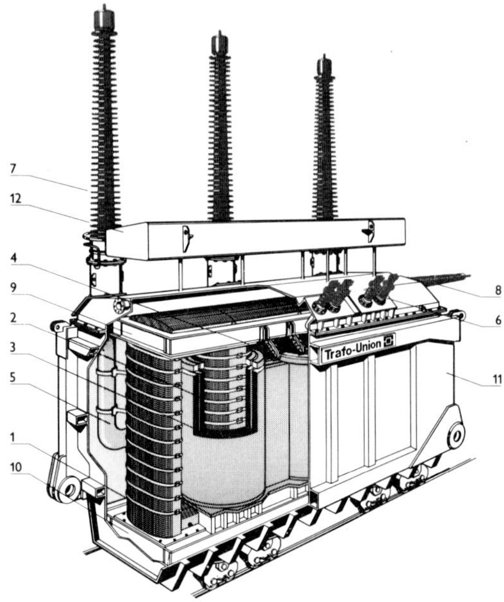

Bild 9-9 Prinzipdarstellung der Konstruktion eines sehr großen Zweiwicklungs-Drehstrom-Maschinen-Transformators der Leistung $S = 687$ MVA bei einem Übersetzungsverhältnis von 425/21 kV, $u_K = 16$ %. (Werkbild: *Trafo-Union*, Stuttgart).

Schaltgruppe: YNd5
Kurzschlußspannung: ca. 16 %
Gesamtgewicht: 458 t
Abmessungen: Länge 11,30 m, Breite 3,75 m, Höhe 10,20 m
Getrennte Kühlanlage

OS Oberspannung
US Unterspannung

1 Fünfschenkelkern
2 US-Wicklung
3 OS-Wicklung
4 US-Leitungsführung
5 OS-Leitungsführung
6 US-Durchführung
7 OS-Durchführung
8 OS-Sternpunkt-Durchführung
9 Oberer Preßrahmen
10 Unterer Preßrahmen
11 Kessel (Brückenmittelstück)
12 Ausdehnungsgefäß

Magnetisierungseigenschaften und damit noch günstigeren Verlusten und Geräuscheinflüssen stellen. Kaum zwei große Transformatoren sind gleich.

Transformatoren für große Kraftwerke gehören zu den größten bekannten „Maschinen" der Erde. Siehe hierzu die Bilder 9-8 und 9-9.

In Verbindung mit neuen Isolierstoffen erübrigen sich möglicherweise allerdings gerade die großen Maschinentransformatoren allmählich (siehe Tabelle 9-1), wenn es möglich sein sollte, die Kraftwerksgeneratoren unmittelbar für die Hochspannungsnetzspannung zu bemessen. Hierzu sind konstruktive Ansätze in Sicht.

10 Stromrichter

10.1 Erklärung

Stromrichter ist der Oberbegriff für die diversen Anlagen, wie sie in Bild 10-1 dargestellt sind. Die dort verwendeten Bauelemente nennt man auch Stromrichter-Ventile. Es handelt sich dabei entweder um Dioden oder im Fall von steuerbaren Ventilen um Thyristoren.

Die nachfolgend dargestellten Anlagen gehören zu dem sonst auch als Leistungselektronik bezeichneten Gebiet der Elektrotechnik.

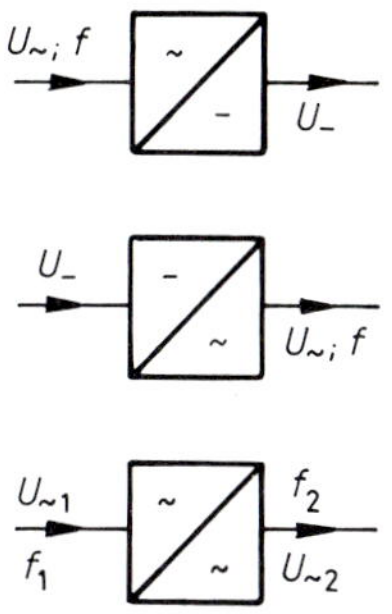

Gleichrichter: Wechselspannung wird in Gleichspannung umgeformt.

Wechselrichter: Gleichspannung wird in Wechselspannung umgeformt.

Umrichter: Wechselspannung einer gegebenen Frequenz wird in Wechselspannung einer anderen Frequenz umgeformt.

Bild 10-1 Symbole einiger wichtiger Stromrichterbeispiele.

10.2 Gleichrichter (Tabelle 10-1)

Das einfachste Prinzip der Gleichrichtung wurde schon im Meßpunkt 32 kennengelernt. Für viele Bedürfnisse der Technik ist die dortige Gleichspannung jedoch nicht glatt genug (Bild 10-2). Man kann die pulsierende Gleichspannung, wie sie aus der Unterdrückung des negativen Wechselspannungsteils erzielt wird, als die Überlagerung einer (wenn auch unsymmetrischen, nichtsinusförmigen) Wechselspannung

Tabelle 10-1 Gebräuchliche Gleichspannungsanlagen

Großtechnische Gleichspannungsverbraucher	Gleichstromantriebe Generatorenerregung Batterieladeanlagen (z. B. für Fahrzeuge und Schalterbetätigungen in Schaltanlagen) Schweiß- und Elektrolyseanlagen

mit einer reinen, konstanten Gleichspannung U_{di_0}, der sogenannten ideellen Leerlauf-Gleichspannung auffassen.

Den Betrag dieses Mittelwerts kann man aus Tabelle 10-2 aus der Zeile „Einweggleichrichtung“ entnehmen. Es ist der sogenannte arithmetische Mittelwert. Er wird auch Gleichrichtwert oder elektrolytischer Mittelwert genannt. Schon früher wurde darauf hingewiesen, daß er

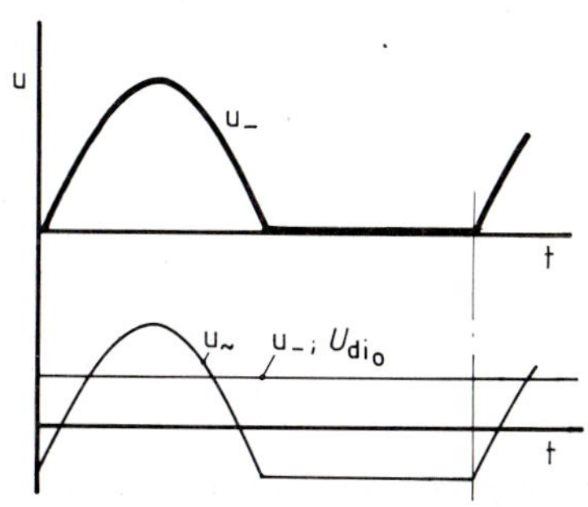

Bild 10-2 Oben: Ergebnis der Gleichrichtung einer Wechselspannung mit einer einzigen Diode (Einweggleichrichtung). Unten: Der dabei tatsächlich erhaltenen Gleichspannung ist eine nichtsinusförmige Wechselspannung $u\sim$ überlagert.

für die Zusammenhänge bei Elektrizitäts*mengen* und (Auf)*Ladungen* maßgeblich ist. Er entspricht der Anzeige eines Dreh*spulinstruments.*

Im Gegensatz dazu erfolgt die natürliche Anzeige eines Stroms durch ein Dreh*eiseninstrument* auf der Basis des Effektivswerts. Man meint damit den quadratischen Mittelwert entsprechend der Beziehung:

$$I = \sqrt{\frac{1}{T} \cdot \int_0^T i^2 \cdot \mathrm{d}t}. \qquad (10.1)$$

Die mangelnde Glätte der Gleichspannung aus Bild10-2 kann z.B. durch Parallelschalten eines passenden Kondensators zur Last R_L bereinigt werden, wie es Bild 10-3 erkennen läßt.

Außer der Frage nach der Konstanz der gleichgerichteten Spannung stellt sich auch noch die nach den Anlagenkosten, z.B. von seiten der eventuell erforderlichen Transformatoren her, mit denen die Netzwechselspannung vermutlich zunächst auf einen passenden Betrag umzuspannen ist. Dabei ergibt sich, daß die aus Tabelle 10-2 zu ersehende Drehstrom-Brückenschaltung nicht nur eine gute Konstanz sondern auch den kostengünstigsten Transformator aufzuweisen hat. Sie wird daher gern gewählt.

Tabelle 10-2

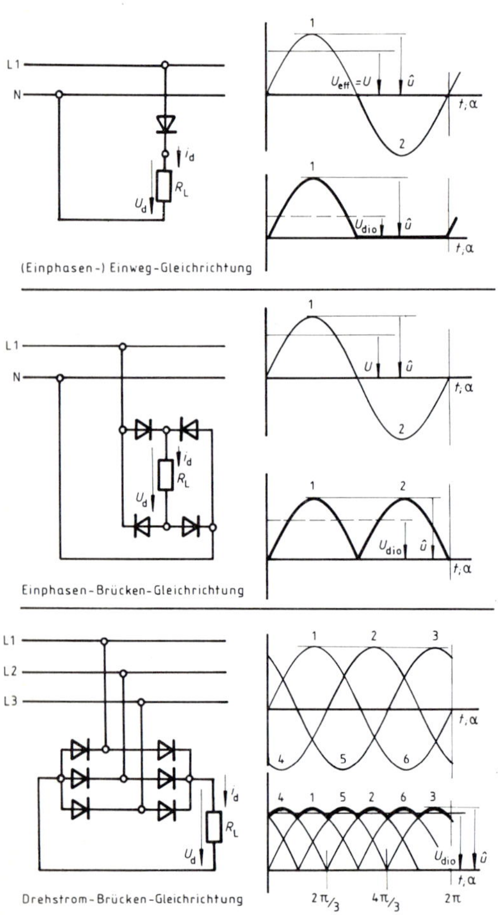

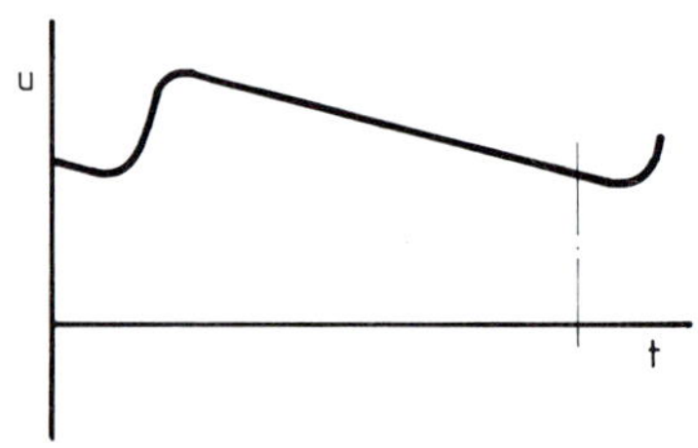

Bild 10-3 In diese Form geht die Kurve der pulsierenden Gleichspannung aus Bild 10-2 über durch Parallelschalten eines geeigneten Kondensators parallel zur Last R_L: eines Glättungskondensators.

10.3 Wechselrichter

Der Wunsch nach einem Wechselrichter entspringt z.B. dem Bedürfnis, eine Wechsel- oder gar Drehstromanalage zu betreiben, wenn als Quelle eine Gleichspannungsanlage zur Verfügung steht, z.B. aus einem Kfz-Bordnetz eine Schlagbohrmaschine für 220 $V_\sim$ zu betreiben.

Bild 10-4 zeigt das Prinzip, wie aus Gleichspannung Wechselspannung entsteht. Man darf dabei zwar davon ausgehen, daß die so erhaltene Wechselspannung nicht exakt sinusförmig ist. Sie läßt sich so jedoch einigermaßen leicht herstellen, und ist vor allem

sowohl in der Amplitude als auch in der Frequenz stufenlos verstellbar.

Das Ausgangs-„Produkt" ist laut Bild 10-4 eine pulsweise positiv und negativ verstellbare Gleich-

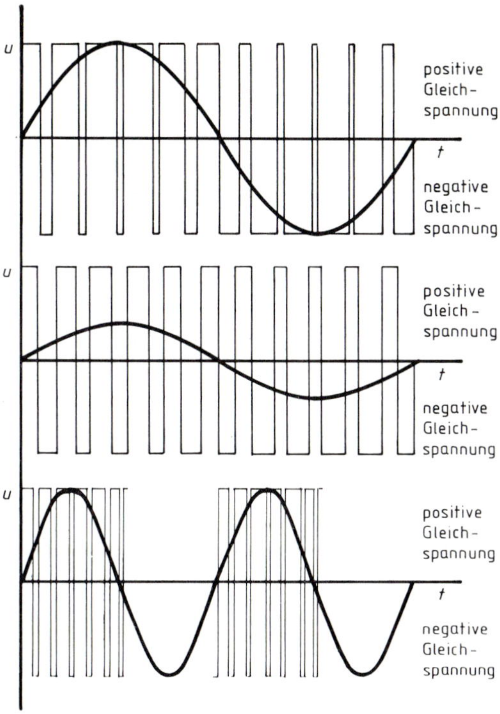

Bild 10-4 Beim sogenannten Unterschwingungsverfahren wird aus Gleichspannung unmittelbar Wechselspannung erzeugt. Hierbei wird die Gleichspannung in mehr oder weniger breite Blöcke zerhackt. Ferner wird je nach Bedarf mal positive mal negative Gleichspannung wirksam gemacht. Die dicke schwarze Kurve ergibt sich sozusagen als Mittelwert der jeweiligen positiven bzw. negativen Gleichspannungsblöcke. Durch Variation der Block*breite* verändert man die Amplitude. Durch Variation der *Zeiten*, innerhalb derer eine Wechselstromperiodendauer abgeschlossen ist, verändert man die Frequenz.

spannung. Das oberste der drei Teilbilder zeigt, wie durch geeignete, in der *Polarität und der Pulsdauer passend getaktete Gleichspannungszyklen* eine vom *Mittelwert* her als Wechselspannung anzusprechende Spannung *u* erzielt wird.

Im mittleren der drei Teilbilder wurde zwar der Pulstakt*rhythmus* beibehalten, man erkennt jedoch Änderungen sowohl bei den positiven als auch bei den negativen Pulsen. Die ersten positiven Pulse sind kürzer, die ersten negativen länger als im oberen Teilbild. Das Ergebnis ist eine Wechselspannung der *gleichen Periodendauer wie vorher,* aber niedrigerer Amplitude.

Im untersten Bilddrittel wird schließlich zwar wieder der gleiche Puls*rhythmus* gefahren wie vorher, „die Musik spielt jetzt aber schneller". Das Ergebnis ist eine kürzere Periodendauer der erhaltenen Wechselspannung, also eine *höhere Frequenz als vorher.*

Auf diese Weise ist tatsächlich sowohl die Amplitude als auch die Frequenz (im Prinzip beliebig und stufenlos) verstellbar. Das gezeigte Prinzip kann gleichzeitig z.B. in drei Systemen simultan angewendet werden, bei Bedarf mit zeitlicher Phasenverschiebung der einzelnen Systeme gegeneinander. Auf diese Weise erhält man aus einer gegebenen Gleichspannung nicht nur ein Wechselspannungs-, sondern auch ein drei- oder womöglich gar mehrphasiges Wechselspannungssystem.

Eine wichtige Anwendung dieses Prinzips ist z.B. die Übertragung größter Energien auf große Entfernungen (Bild 10-5), der sogenannten Hochspannungs-Gleichstrom-Übertragung, kurz HGÜ.

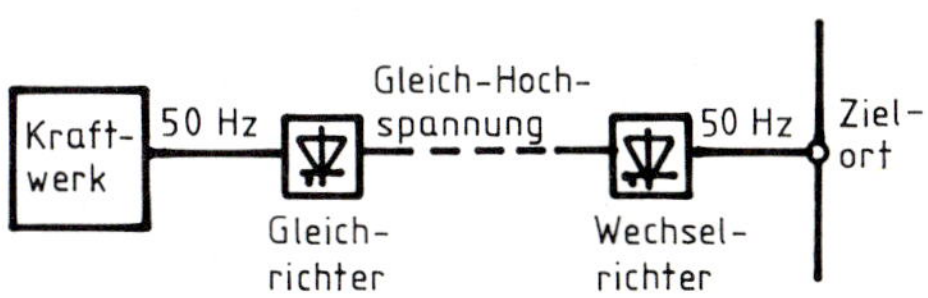

Bild 10-5 Zwischen dem Kraftwerk und dem Zielort liegen womöglich 1000 km Entfernung; Hochspannungsgleichstromübertragung ist dabei besonders wirtschaftlich.

Mittlerweile wurden mehrere solcher Anlagen gebaut, bei denen die Wechselspannung der Kraftwerksgeneratoren zunächst mittels Gleichrichteranlagen in sehr hohe Gleichspannung umgeformt wurde. Am Ende der Übertragungsleitung (bis zu 1000 km Entfernung) wird die Gleichspannung wieder wechselgerichtet (für Wechselstrom- und für Drehstrom-Anlagen). Die Übertragungskosten sind auf diese Weise bei bestimmten geographischen Verhältnissen günstiger als beim klassischen Drehstrom-Leistungstransport.

Beispiele sind u.a. die Anlagen Cabora Bassa in Afrika, Nelson River in Nordamerika und Itaipú in Südamerika. Bei der südamerikanischen Anlage ging es im übrigen auch noch um die Verknüpfung der beiden Netzfrequenzen von 50 Hz (Paraguay) mit den 60 Hz des gesamten restlichen amerikanischen Kontinents.

10.4 Umrichter

10.4.1 Direktumrichter

Bei diesen Verfahren wird durch geeignete Ansteuerung der beteiligten Ventile aus dem Angebot der öffentlichen Energieversorgung oder spezieller Transformatoren-Ausgangsspannung die gewünschte Wechselspannung der Zielfrequenz heraus-„geschnitten" (Bild 10-6).

Solche Lösungen sind für ganz bestimmte technische Anlagen bestimmt, für die sie auch entwickelt wurden.

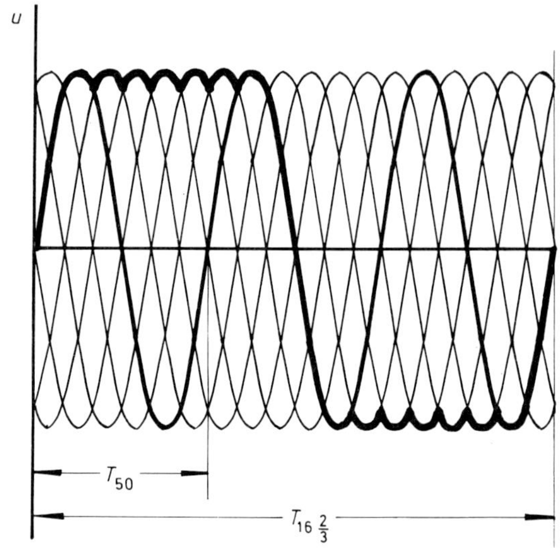

Bild 10-6 Geht man von einer Drehstrom-Brücken-Gleichrichtung aus (Tabelle 10-2 unten) und sorgt dafür, daß je 9 Takte lang positive und je 9 Takte lang negative Spannung wirksam ist, so erhält man eine zwar nicht sinusförmige, jedoch eine Wechselspannung niedrigerer Frequenz, speziell: $16\frac{2}{3}$ Hz, wenn die Frequenz der Quelle 50 Hz betrug.

10.4.2 Zwischenkreisumrichter

Die ausführlichere Bezeichnung dieses Prinzips lautet: Umrichter mit *Gleichstromzwischenkreis* (siehe Bild 10-4). Man kann sich dieses Umrichterprinzip ganz analog Bild 10-5 vorstellen, nur mit dem Unterschied, daß der Wechselrichter unmittelbar hinter dem Gleichrichter liegt. Mit dieser modernen Technik werden anspruchsvollste Frequenzverstell- und Regelbedürfnisse realisiert, so z.B. auch bei der Speisung der Drehstromlokomotivantriebe der Deutschen Bundesbahn (E 120 und DE 2500).

11 Elektrische Maschinen allgemein

11.1 Übersicht über die einzelnen Maschinenarten

Bild 11.1 zeigt die charakteristischen Merkmale der wichtigsten umlaufenden Maschinen. Vibrationsmaschinen und Schrittmotoren werden nicht behandelt.

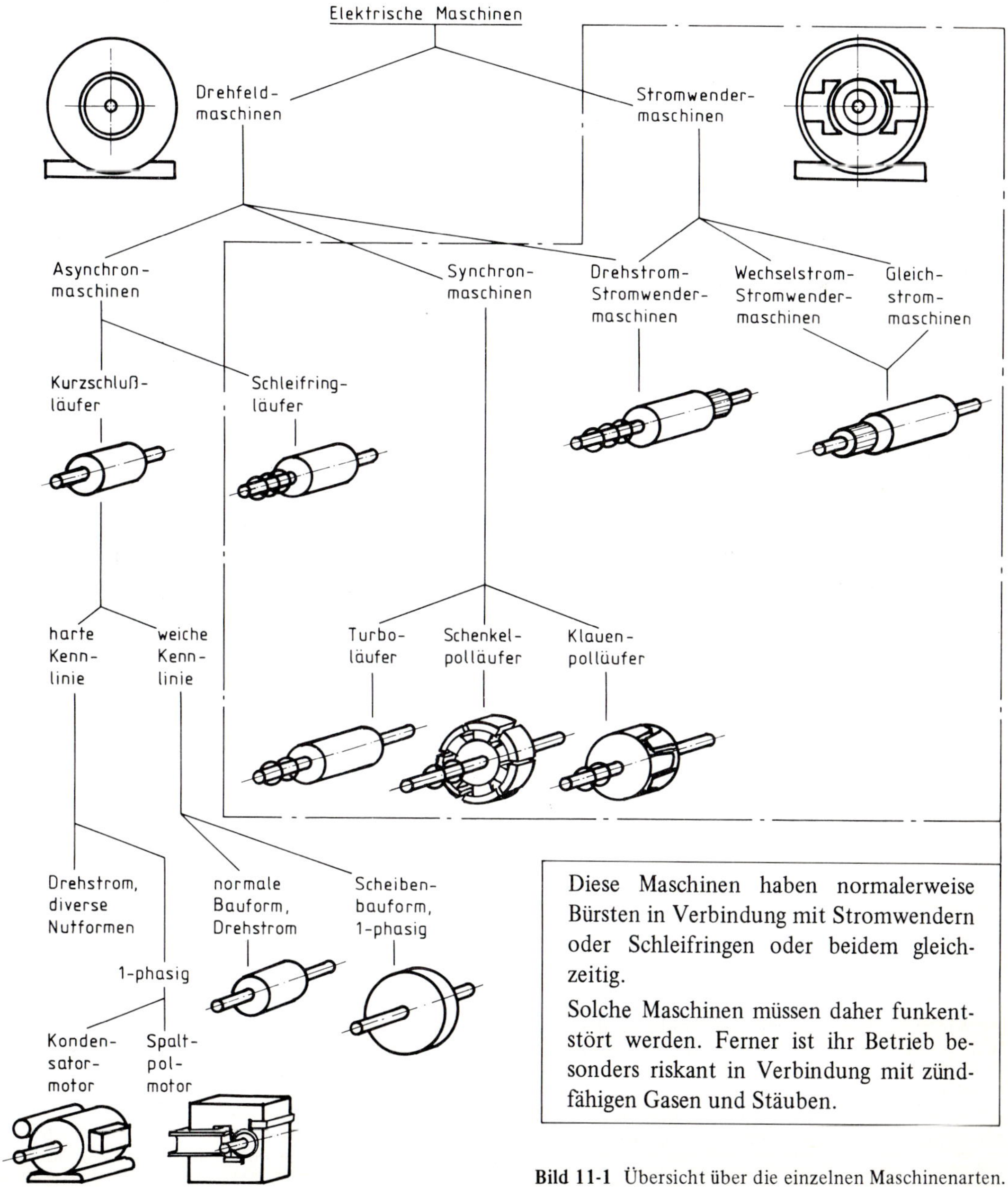

Bild 11-1 Übersicht über die einzelnen Maschinenarten.

11.2 Mechanische Gemeinsamkeiten bei elektrischen Maschinen

11.2.1 Baugruppen an Maschinen

Bei elektrischen Maschinen kann man die folgenden Baugruppen unterscheiden (Bild 11-2):

- das Gehäuse mit den Lagerschilden (Einzahl: *der* Lagerschild) und den Lagern, dem Klemmenkasten und gegebenenfalls der Bremseinrichtung sowie Bürstenapparaturen usw.,
- den Ständer (Stator): feststehender elektrisch aktiver Teil,
- den Läufer (Rotor): umlaufender elektrisch aktiver Teil mit dem Lüfter und der Welle mit ihrem Wellenkeil, sowie gegebenenfalls Schleifringen, Stromwender (auch Kommutator oder Kollektor genannt).

Im allgemeinen liegt der Ständer außen und der Läufer innen. Es können diverse Gründe dafür sprechen, daß diese beiden Gruppen vertauscht werden oder gar der Läufer zwischen zwei Ständern umläuft und dgl.

Mitunter fehlt das Gehäuse oder die Welle, der Lüfter oder anderes, falls die elektrische Maschine mit der benachbarten Maschine zu einem Gesamtaggregat integriert werden soll.

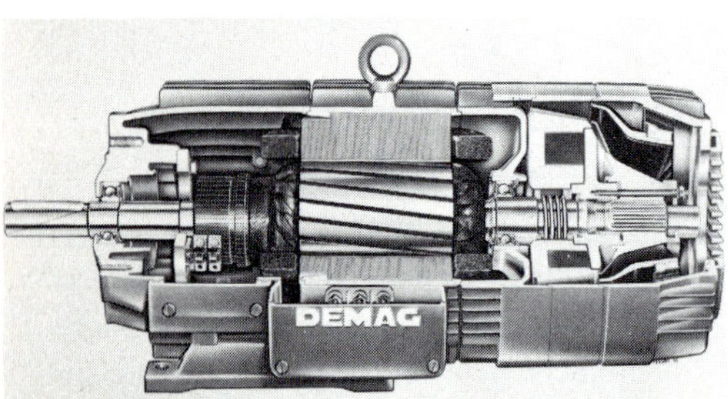

Bild 11-2 Beispiel einer elektrischen Maschine. Man erkennt von außen nach innen das Gehäuse mit den Lagerschilden, den Ständer mit seiner Wicklung, den Läufer mit einem Stromwender, dem Wellenende und Wellenkeil links außen, sowie rechts den Lüfter und die Bremseinrichtung, im Vordergrund den Klemmenanschlußkasten. (Werkbild: *Mannesmann-Demag*, Hamburg)

Man spricht vom Antrieb und der Arbeitsmaschine (Bild 11-3).

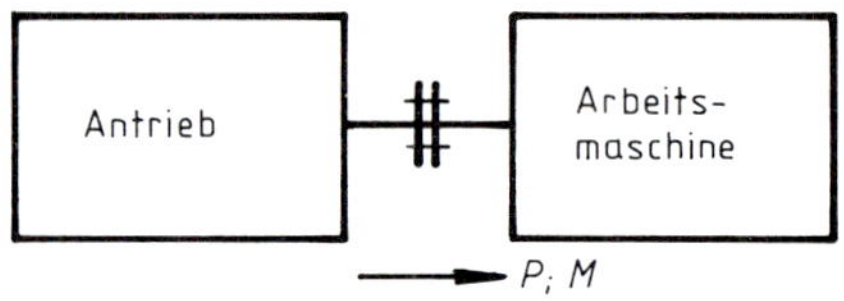

Bild 11-3 Leistungsfluß und Terminologie: Der Motor ist der Antrieb, was angetrieben *wird* ist die Arbeitsmaschine.

11.2.2 Bauformen (DIN 42950)

Bild 11-4 zeigt einige besonders häufig anzutreffende nach DIN und IEC genormten Gehäuse-Bauformen. Speziell die Bauform B 3 stellt die Grundlage für die Preislisten der Hersteller dar. Andere Bauformen sind möglicherweise etwas teurer.

11.2.3 Schutzarten

Tabelle 11-1 gibt einen groben Überblick über übliche Gehäuseausführungen hinsichtlich der Vorsorge gegen das Eindringen von Fremdkörpern und Wasser. Dieses Thema ist mit

den beiden Buchstaben

- IP international protection (= interationaler Schutz) sowie
- zwei Ziffern, z.B. 54

gekennzeichnet.

Beispiel 11.1 Schutzart IP 44

Bei einem mit der Schutzart IP 44 ausgestatteten Motor sagt nach Tabelle 11-1 die

1. Ziffer aus, daß er gegen das Eindringen von Gegenständen, z.B. Schraubendrehern und Drähten usw. mit ϕ 1 mm, und die
2. Ziffer, daß er gegen Wasser, das aus allen Richtungen gegen den Motor spritzt, geschützt ist.

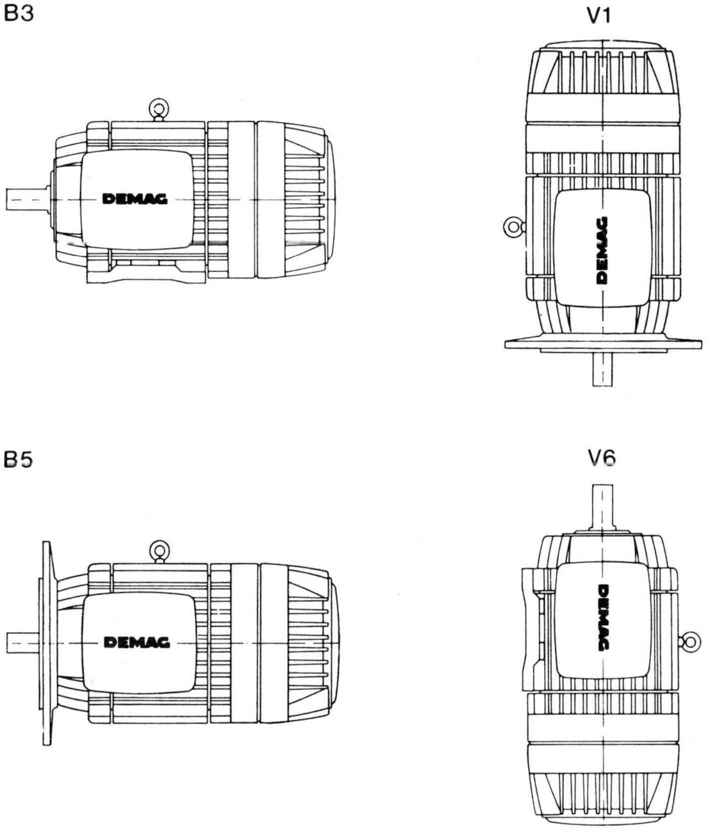

Bild 11-4
Einige besonders häufige von vielen Bauformen elektrischer Maschinen (Werkbild: *Mannesmann-Demag,* Hamburg).

Tabelle 11-1 Schutzarten für elektrische Maschinen (dem DIN-Blatt 40 050 gegenüber stark vereinfacht.)

Schutzarten für elektrische Maschinen				
1. Ziffer	mechanischer Schutz gegen: Berührung mit	mechanischer Schutz gegen: Eindringen von Fremdkörpern	2. Ziffer	Wasserschutz
0	(kein Schutz)		0	kein Schutz
1	der ganzen Hand	große Fremdkörper > 50 mm	1	Tropfwasser senkrecht
2	einem Finger	mittelgroßer Fremdkörper > 12 mm	2	Tropfwasser 15° schräg
4	Werkzeugen und Drähten	feste Fremdkörper > 1 mm	3	Sprühwasser
			4	Spritzwasser
			5	Strahlwasser
5	–	Staubablagerung	6	Überflutung
			7	Eintauchen
			8	Untertauchen

11.2.4 Lager

Listenmäßig werden Motoren mit Wälzlagern ausgeführt. Die Lagerung sollte jedoch mit Gleitlagern erfolgen, wenn erreicht werden soll:

größere Wartungsfreiheit,

größere Lebensdauer (bei Wälzlagern etwa 40000 Betriebsstunden),

geringere Geräuschentwicklung,

keine Lagerschäden durch

Erschütterungen aus der Maschinenumgebung

Transport auf (unverschweißten) Schienen.

Zu den letzten Punkten ist noch zu sagen: Längere Transporte auf unverschweißten Bahnschienen können dazu führen, daß sich Wälzkörper in ihre Unterlage einarbeiten, so daß das Lager dadurch unbrauchbar wird.

Dasselbe ist z.B. beim Betrieb auf Schiffen in der Nähe von Maschinen mit rhythmisch schwingenden größeren Massen möglich.

Es gibt aber auch Ausführungen mit Transportsicherungseinrichtungen für Wälzlager.

11.2.5 Wellenenden

Im allgemeinen hat eine elektrische Maschine stets *ein* Wellenende (Bild 11-5). Über den Drehsinn einer Maschine verständigt man sich mit dem Blick auf dieses Wellenende (Bild 11-6). Dort dreht sich die Maschine also rechts herum, wenn sie sich im Pfeilsinn dreht.

Bild 11-5 Drehstrommotor in Bauform B 3 mit *einem einzigen* Wellenende. Die Motorseite mit dem Wellenende heißt A-Seite. Die andere Seite kann die Bezeichnungen B, G, E, L oder N haben, je nach Maschinenart.

Bild 11-6 Damit es keine Mißverständnisse mit dem Drehsinn einer Maschine gibt, wird er stets von der A-Seite her beurteilt, also vom Wellenende aus. Bei dem eingezeichneten Drehsinn würde die Maschine also *rechts herum* laufen. (Werkbild: *Antriebstechnik G. Bauknecht GmbH,* 7063 Welzheim)

Mit Bezug auf das Wellenende spricht man von folgenden Maschinenseiten:

1. AS Antriebsseite (Abtriebsseite) im Gegensatz zur gegenüberliegenden Seite, für die die folgenden Bezeichnungen anzutreffen sind:
2. BS Bürstenseite (auch wenn die Maschine gar keine Bürsten hat)
   ES Erregerseite (falls z.B. mit einem zweiten Wellenende eine Erregermaschine gekuppelt ist, wie bei der Synchronmaschine),
   GS Gegenseite (die wohl sinnvollste Bezeichnung),
   LS Lüfterseite,
   NS Nichtantriebsseite, Nebenseite u.a.

Es gibt auch Maschinen ohne herausgeführte Wellenenden, und zwar bei Phasenschiebern (siehe Bild 14-24).

Normalerweise darf natürlich jede Maschine sowohl rechts- als auch linksherum laufen, es sei denn:

- ihr Lüfter ist unsymmetrisch (z.B. wegen Geräuschminimierung) und fördert dann nicht in beiden Betriebsweisen gleichviel Kühlluft, oder
- wenn sie z.B. mit einer Heißwasserpumpe integriert ist und diese dann nur im einen Drehsinn richtig arbeiten kann.

In solchen Fällen ist der vorgeschriebene Drehsinn auf der Maschine vermerkt.

11.2.6 Kühlung

Der einwandfreie Betrieb einer elektrischen Maschine ist nur gewährleistet, wenn die betriebsbedingte Wärme zuverlässig abgeführt werden kann. Dem Thema Kühlung ist daher schon bei der Planung, erst recht im Betrieb große Aufmerksamkeit zu widmen.

Normalerweise kühlt sich eine Maschine durch ihren Lüfter selbst, wenn er schnell genug und laufen kann, die Maschine also nicht bei niedrigsten Drehzahlen betrieben wird.

Andernfalls muß die Maschine entweder erheblich stärker (also für größere Querschnitte) dimensioniert werden, wodurch sie natürlich teurer wird, oder sie muß, falls möglich, zusätzlich mit von außen zugeführten Kühlmedien gekühlt werden. Das trifft vor allem zu, wenn die Maschine in einem explosionsgefährdeten Bereich steht.

11.2.6.1 Oberflächengekühlte Maschinen

Für eine Maschinenausführung nach Bild 11-7 sind die achsenparallelen Kühlrippen kennzeichnend. Der Lüfter saugt auf der Gegenseite (GS) Luft an und bläst sie sofort unter der Haube wieder über die Kühlrippen hinweg aus. Die Maschine wird so ausschließlich außen gekühlt.

Diese Ausführung ist daher die gegebene Lösung für den Betrieb in verunreinigter Atmosphäre. In die Maschine selbst kann keine Verunreinigung eindringen.

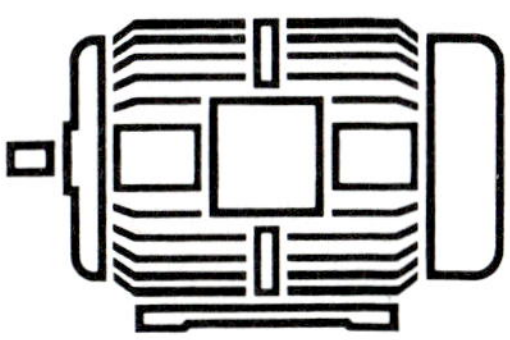

Bild 11-7
Oberflächengekühlte Maschine, z.B. der Schutzart IP 54 (Werkbild: *BBC*).

11.2.6.2 Innengekühlte Maschinen

Das Kennzeichen dieser Kühlart ist das rippenlose glatte Maschinengehäuse und die Luftein- und -austrittsgitter. Die Kühlluft wird ebenfalls auf der GS angesaugt, sie wird durch die ganze Maschine geblasen und tritt auf der AS wieder aus (Bild 11-8).

Innengekühlte Maschinen sind, soweit sie überhaupt angeboten werden, zwar etwas billiger als oberflächengekühlte, aber bei verunreinigter Atmosphäre können die Wartungskosten der Maschine teurer werden als der Mehrpreis für Oberflächenkühlung.

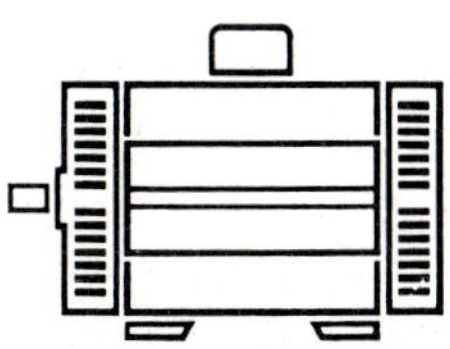

Bild 11-8
Innengekühlter Motor, z.B. der Schutzart IP 23 (Werkbild: *BBC*).

11.2.6.3 Maschinen mit Konvektionskühlung

Bei der Gehäuseausführung nach Bild 11-9 können sich nicht so leicht heiße Schlackenteile und dgl. auf der Maschine ansammeln, wie das z.B. bei Rollgangsantrieben vor und hinter Warmwalzwerken erwartet werden muß. Da gleichzeitig eine Innenkühlung nicht infrage kommt, hat die Maschine dann gar keinen Lüfter, sie muß ihre ganze Wärme also durch Konvektion allein abführen können und ist infolgedessen natürlich teurer als vergleichbare anders gekühlte Maschinen.

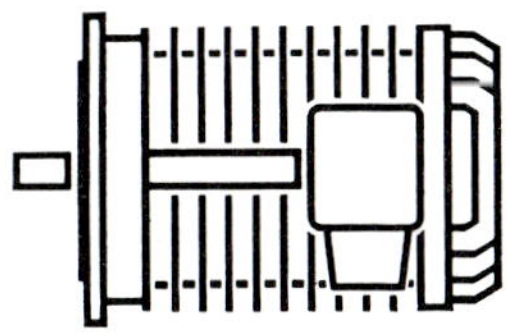

Bild 11-9
Rollgangsmotor (Millmotor) (Werkbild: *BBC*).

11.2.6.4 Maschinen mit Fremdkühlung

Auch bei niedriger Drehzahl muß eine Maschine voll gekühlt werden können. Hierzu benötigt sie dann einen zusätzlichen Lüfter (oder eine gesamte Kühleinrichtung). Bild 11-10 zeigt eine Maschine mit aufgesetztem Lüfter. Er kühlt die Maschine drehzahlunabhängig.

Das Gehäuse kann auch als Doppelmantel ausgebildet sein und Kühlkanäle für Wasser enthalten. Die Maschine wird dann im Wärmetauscherprinzip gekühlt. Das Kühlmedium kann bei ganz großen Maschinen auch Wasserstoffgas, Öl und schließlich sogar (entionisiertes) Wasser sein, das die Wicklungen direkt durchströmt (siehe Bild 14-3).

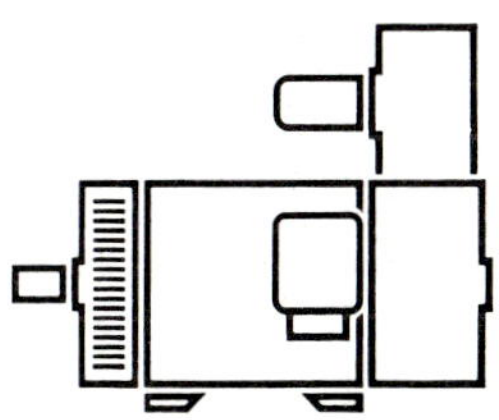

Bild 11-10
Fremdgekühlte Maschine. Für die drehzahlunabhängige Kühlung sorgt hier ein auf die Maschine aufgesetzter (Fremd-)Lüfter. (Werkbild: *BBC*).

Erste Prototypen sind in Betrieb, bei denen weitestgehend von supraleitfähiger Kühlung Gebrauch gemacht wurde (siehe auch Tabelle 14-2).

Generell gilt, daß das aktive Material um so intensiver belastet und somit ausgenutzt werden kann, je wirkungsvoller man es kühlen kann. Das ist weitestgehend ein konstruktives Problem.

Gleichzeitig lassen sich viele Geräuschprobleme mit dem geeigneten Kühlmedium lösen. Sowohl das Kühl- als auch das Geräuschproblem stellt daher dem Maschinenbauer reizvolle Aufgaben.

11.2.7 Material der aktiven Teile

11.2.7.1 Ständer- und Läufereisen

Es ist bekannt aus Beispiel:

6.1, daß durch die Anwesenheit von Eisen die Dichte eines Magnetfeldes erheblich konzentriert wird,

6.3, daß Spulenkerne durch Wirbelströme (womöglich unzulässig) erwärmt werden, wenn der Spulenstrom ein Wechselstrom ist.

Solche Eisenzonen, in denen betrieblich nur ein konstantes Feld auftritt, können massiv ausgeführt werden, wenn nicht fertigungstechnische Gründe für eine Auflösung in Teilbleche sprechen (Bild 11-11).

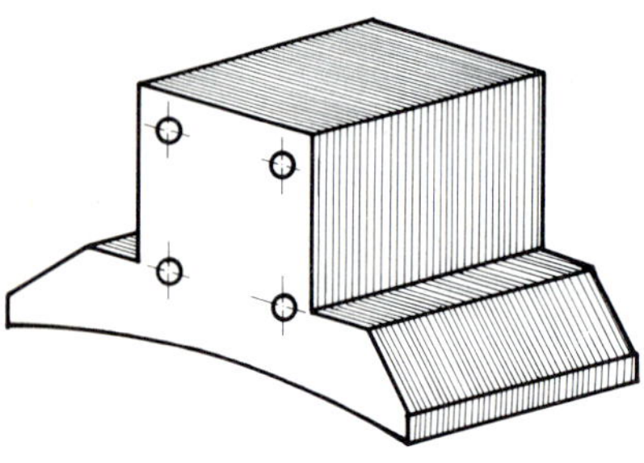

Bild 11-11 Dieses Bauelement ist wiederzufinden als Hauptpol einer Gleichstrommaschine, siehe z.B. Bild 15-1. Da sich dort das Magnetfeld nicht ändert, müßte das Material nicht geblecht sein. Die Alternativen, wie Gießen, Schmieden oder Fräsen sind jedoch teurer als das Schichten aus einzelnen, gestanzten Teilblechen.

Zonen, die von einem Wechselfeld oder von einem womöglich schnell und stark schwankenden Gleichfeld durchsetzt werden, müssen der sonst unvermeidlichen Wirbelstromerwärmung wegen geblecht werden. Die Bleche bestehen aus einer Siliziumlegierung. Eine Besonderheit sind die sogenannten kaltgewalzten Bleche; in Walzrichtung verlaufen ihre magnetischen Eigenschaften erheblich günstiger als quer dazu.

11.2.7.2 Wicklungen

Das „klassische" Leitermaterial für die Wicklungen elektrischer Maschinen ist bekanntlich Kupfer. Bei guter Leitfähigkeit hat es auch günstige Verarbeitungseigenschaften.

In Verbindung mit Vorgängen auf dem Weltmarkt weisen die Kupferpreise zeitweise große Schwankungen auf, im Zweifelsfall nach oben. Deswegen unterliegen alle Bestellungen den sogenannten DEL-Notizen, in denen diese Zusammenhänge erfaßt werden. In Zeiten hoher Kupferpreise und großer Kupferknappheit wird daher häufig auf Aluminium ausgewichen, auch wenn es nicht so gut verarbeitet werden kann. Es lassen sich aber nicht einfach alle Maschinen, die für Kupferwicklungen ausgelegt sind, auf Aluminium umstellen. Es ändern sich die Leiterquerschnitte. Sie passen dann im allgemeinen nicht mehr in die gleichen Wickelnuten wie die Kupferwicklung.

Das Isoliermaterial besteht bei dünnen Drähten meist aus Lack. Darüber hinaus bilden vor allem Papier und Textilien in Verbindung mit Glimmer und Harzen die Grundlage von Spulenisolierungen.

Die Wicklungen werden nach dem Aufbringen der Isolation mit speziellen Isolierharzen getränkt und in Trockenöfen ausgebacken. Die aus den Nuten herausstehenden sogenannten Wickelköpfe werden unter Umständen noch vollends vergossen und stellen dann auch mechanisch sehr stabile Systeme dar.

Wie man aus Bild 11-12 erkennt, ist mit der Herstellung einer Wicklung sehr viel Handarbeit verbunden. Der Handwerksberuf dazu heißt Ankerwickler. Maschinenarbeit ist teilweise möglich.

Die derzeit verfügbaren Isolierstoffe ermöglichen Betriebsspannungen bis zu etwa 100000 V für rotierende Maschinen, für Transformatoren einige Millionen-Volt.

Bild 11-12 Ständer einer elektrischen Maschine beim Einlegen der Ständer-Wicklung. Werkbild: *Heinrich Baumüller*, Nürnberg.

Die Wärmebeständigkeit der Isolierstoffe ist der entscheidende Faktor für die zulässigen Betriebstemperaturen einer elektrischen Maschine. Die Höhe der zulässigen Betriebstemperatur geht aus der Angabe der sogenannten *Isolierstoffklasse* hervor (Tabelle 11-2). Sie ist aus dem Leistungsschild der Maschine ersichtlich (siehe Abschnitt 11.4.1).

Die übliche Ausführung bei listenmäßigen Motoren ist die nach Klasse B. Im voll betriebswaren Zustand ist von den 130 °C im heißesten Punkt der Wicklung nur eine angenehm handwarme Temperatur an der Gehäuse-*Oberfläche* zu verspüren. Dabei ist von einer Umgebungstemperatur von 40 °C ausgegangen.

Tabelle 11-2 Temperaturbeständigkeitsklassen für elektrische Maschinen und Transformatoren. Die eingerahmten Klassen sind die in der Praxis üblichen.

Isolierstoffklasse	zugeordnete Grenztemperatur in °C
Y	90
A	105
E	120
B	130
F	155
H	180
C	über 180

11.2.8 Normmotoren

Mit Normmotoren sind listenmäßige Motoren gemeint. Ihnen liegt eine Anzahl von IEC- und DIN-Normen sowie VDE-Bestimmungen mit der Absicht zugrunde, die nach diesen Spezifikationen erstellten Motoren mechanisch und elektrisch untereinander *austauschbar* zu machen. Genormt sind unter anderem:

- die Achshöhe h (auch Baugröße genannt),
- die Leistung,
- die Anbaumaße und die Zuordnung der Leistungen,
- die Befestigungsflansche,
- die Anschlußbezeichnungen (Klemmen),
- die Lage des Klemmenkastens,
- die Schutzarten und Bauformen.

Die Hersteller listen die Motoren entweder nach der Nennleistung auf oder nach der Achshöhe h (Baugröße) (Bild 11-13 und Tabelle 11-3). Die Achshöhen liegen zwischen 56 mm bei 60 W und 560 mm bei 500 kW. Dabei spielt auch die Drehzahl eine Rolle.

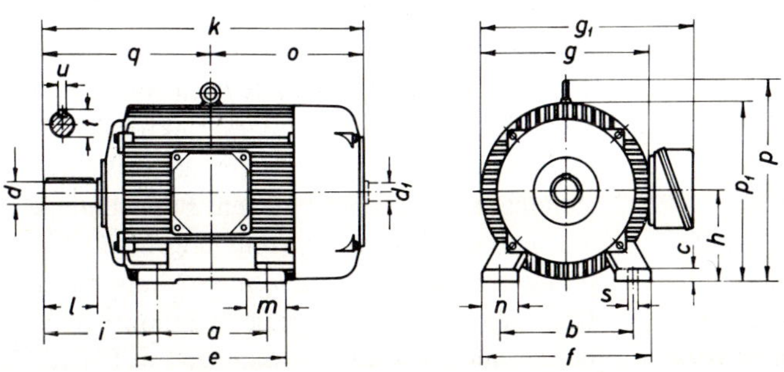

Bild 11-13
Bei Normmotoren sind die eingetragenen Maße genormt. Speziell das Maß h bedeutet die Achshöhe bzw. die sogenannte Baugröße einer elektrischen Maschine. Werkbild: *Perske*, Mannheim.

Tabelle 11-3 Ausschnitt aus einer Herstellerliste für Normmotoren (Schorch)

1500 min⁻¹ (4polig)															**1500 rpm (4 pole)**
Baugröße Frame size	Nennleistung Rated output kW	PS	**Typenbezeichnung** für Bestellung bitte ergänzen **Product code** please complete for order	**Stelle/Position** 11	12	Momentenkennl. s. S. 24-25 Torque characteristic page 24-25	Gew. B 3 Weight B 3 kg	Massen-Trägheitsmoment Mass moment of inertia kgm^2	Nenndrehzahl Rated speed min^{-1} rpm	Wirkungsgrad Efficiency η %	Leist.-faktor Power factor $\cos\varphi$	Nennstrom bei 380 V Rated current at 380 V A	I_A/I_N bei direkter Einschaltung with d.o.l.	M_A/M_N	M_K/M_N
63	**0,12**	0,16	**KA1 067N-BB 0**	–	–	(8)	3,5	0,0003	1315	56	0,75	0,44	3,0	1,9	1,9
63	**0,18**	0,25	**KA1 063N-BB 0**	–	–	(8)	4,1	0,0004	1320	60	0,75	0,61	3,0	1,9	2,0
71	**0,25**	0,34	**KA1 077N-BB 0**	–	–	(8)	4,8	0,0006	1325	62	0,78	0,79	3,2	1,7	1,7
71	**0,37**	0,50	**KA1 071N-BB 0**	–	–	(8)	6,0	0,0008	1375	66	0,76	1,12	3,7	2,0	2,0
80	**0,55**	0,75	**KA1 087N-BB 0**	–	–	(10)	8,0	0,0015	1400	71	0,80	1,47	4,7	2,3	2,4
80	**0,75**	1	**KA1 080N-BB 0**	–	–	(10)	9,4	0,0018	1400	74	0,80	1,95	5,0	2,5	2,6
90S	**1,1**	1,5	**KA1 092S-BB 0**	–	–	(11)	12,3	0,0028	1410	75	0,81	2,8	5,0	2,1	2,5
90L	**1,5**	2	**KA1 098L-BB 0**	–	–	(10)	15,6	0,0035	1405	75	0,82	3,7	4,9	2,2	2,6
100L	**2,2**	3	**KA1 107L-BB 0**	–	–	(10)	22	0,0048	1415	79	0,82	5,2	6,0	2,2	2,6
100L	**3**	4	**KA1 100L-BB 0**	–	–	(10)	24	0,0058	1415	81	0,83	6,8	6,2	2,7	3,0
112M	**4**	5,5	**KA1 112M-BB 0**	–	–	(11)	29	0,011	1435	83	0,80	9,2	7,0	2,9	3,0
132S	**5,5**	7,5	**KA1 132S-BB 0**	–	–	(10)	50	0,0230	1450	84	0,85	11,7	7,0	2,2	2,8
132M	**7,5**	10	**KA1 132M-BB 0**	–	–	(10)	66	0,0280	1450	86	0,85	15,6	7,6	2,4	3,3
160M	**11**	15	**KA3 160M-BB 0**	–	–	(14)	100	0,047	1445	89	0,84	22,5	6,5	2,8	2,8

Gegen Mehrpreis werden Normmotoren auch mit Zusatzausstattungen angeboten, z.B.:

anderen Bauformen als B 3,
zweites Wellenende (z.B. für Tachometer),
Aufstellung im Freien,
Sonderanstrich (z.B. dekontaminierbar),
erhöhte Rundlaufgenauigkeit,
Motorschutzeinrichtungen,
Aufstellungshöhe über 1000 m NN,
und vieles andere.

Die Motorenlisten der führenden Hersteller sind sehr informativ gestaltet und liefern nützliche Detailinformationen, auch physikalisch-technischer Art.

11.2.9 Explosionsgeschützte Maschinen

Tabelle 11-2 ließ erkennen, daß selbst bei Maschinen der niedrigsten üblichen Isolierstoffklasse E schon Temperaturen von 120 °C auftreten können und rein von der Isolationsbemessung her zulässig sind. Aus Tabelle 11-4 dagegen ist ersichtlich, daß es Substanzen gibt, deren Zündtemperaturen schon unter 120 °C liegen.

Außer allein durch Temperatur können solche Substanzen: Gase und Stäube natürlich erst recht durch elektrische Funken gezündet werden, wie sie zwischen Bürsten und Schleifringen oder Stromwendern unvermeidlich sind, oder mechanische Funken, die z.B. durch einen am Gehäuse streifenden Lüfter verursacht werden können.

Tabelle 11-5 führt die wichtigsten Ausführungsarten des Explosionsschutzes elektrischer Maschinen auf, und zwar die (derzeit durch Umstellung vorgesehenen) neuen Bezeichnungen. Man erkennt daraus in Verbindung mit Bild 11-1 (siehe dort die Maschinen im strichpunktierten Rahmen): Für den Anspruch „Erhöhte Sicherheit“ eignen sich keine Maschinen mit Bürsten.

Tabelle 11-4 Temperaturklassen

Kennziffer der Explosionsgruppe	Kurzzeichen der Temperaturklassen					
	T 1	T 2	T 3	T 4	T 5	T 6
I	Methan					
II A	Aceton Äthan Äthyl-acetat Ammoniak Benzol Essig-säure Kohlen-oxid Methanol Propan Toluol	Äthyl-alkohol i-Amyl-acetat n-Butan n-Butyl-alkohol	Benzin Diesel- und Flugzeug-kraftstoff Heizöl Schwefel-wasser-stoff n-Hexan	Acetal-dehyd Äthyl-äther		
II B	Stadtgas	Äthylen Äthylen-oxid				
II C	Wasser-stoff					
III		Acetylen			Schwefel-kohlen-stoff	Äthyl-nitrat
Grenz-temperatur	450 °C	300 °C	200 °C	135 °C	100 °C	85 °C

Die wichtigsten Gesichtspunkte der Maschinen für die einzelnen Zündschutzarten lassen sich wie folgt kurz beschreiben:

Erhöhte Sicherheit (*EEx e*)

Diese Schutzart eignet sich für alle elektrischen Betriebsmittel, die mangels „geeigneter" Kontakte usw. selbst nicht zündend wirken, z.B. Transformatoren, Motoren ohne Schleifringe, ohne Stromwender usw.

Gegen unzulässige Erwärmung, wie bei Kurzschluß und Überlastung, sind geeignete Schutzschalter erforderlich.

Druckfeste Kapselung (*EEx d*)

Falls zündfähige Substanzen ins Betriebsmittel eingedrungen und dort zur Entzündung gekommen sein sollten, muß das Betriebsmittel den Explosionsdruck ohne Berstschaden aushalten. Die Wellendurchführung am Lagerschild muß so lang sein, daß sich das dort auspuffende gezündete Gas tief genug abgekühlt hat, ehe es die Maschine verläßt. Die Atmosphäre draußen darf nicht durch die Explosion in der Maschine gezündet werden können.

Tabelle 11-5 Die wichtigsten Zündschutzarten und die dafür ausführbaren Maschinenarten

Zündschutzart	Kurzzeichen	Ausführbare Maschinen
erhöhte Sicherheit	e	nur Asynchron-Maschinen mit Käfigläufer
druckfeste Kapselung	d	alle Maschinen
Überdruck-Kapselung	p	

Überdruckkapselung (EEx p; früher: f)

Die als Zündquelle wirkenden Teile eines elektrischen Betriebsmittels oder dieses selbst sind in Gehäuse eingeschlossen und werden derart mit Frischluft oder Inertgas unter Überdruck umspült, daß die explosiblen Gemische aus der Umgebung nicht an die Zündquelle gelangen können.

Bild 11-14 zeigt einen gegen Schlagwetter-Explosion geschützten Motor.

Charakteristisch für explosionsgeschützte Maschinen sind stets die von Rundlöchern umgebenen Dreikantschrauben, wie man sie in Bild 11-14 außen am Lagerschild erkennt.

Sowohl der Betreiber als auch der Hersteller explosionsgeschützter Betriebsmittel unterliegt ebenso zahlreichen wie anspruchsvollen Verordnungen von seiten der DIN-Blätter, VDE-Bestimmungen, als auch diverser Behörden, vor allem der PTB (Physikalisch-Technische Bundesanstalt in Braunschweig und Berlin) von der alle Ex-Betriebsmittel geprüft und genehmigt worden sein müssen.

Bild 11-14 Beispiel eines explosionsgeschützten Motors, speziell: Drehstrom-Hochspannungsmotor, Zündschutzart *d* „druckfeste Kapselung", oberflächengekühlt, Schutzart IP 44. Man beachte die Dreikantkopf-Schrauben in ihrem Schutzkragen (Werkbild: *Loher GmbH*, 8399 Ruhstorf a.d. Rott).

11.3 Gemeinsamkeiten bei Motorkennlinien

11.3.1 Betriebsdrehzahl

In den späteren Kapiteln werden für die *einzelnen* Maschinenarten die jeweiligen Drehmoment-Drehzahl-Kennlinien mitgeteilt. In wesentlichen Bereichen sind sie trotz individueller Unterschiede absolut aussagegleich. Man kann daher verallgemeinern, was Bild 11-15 aussagt.

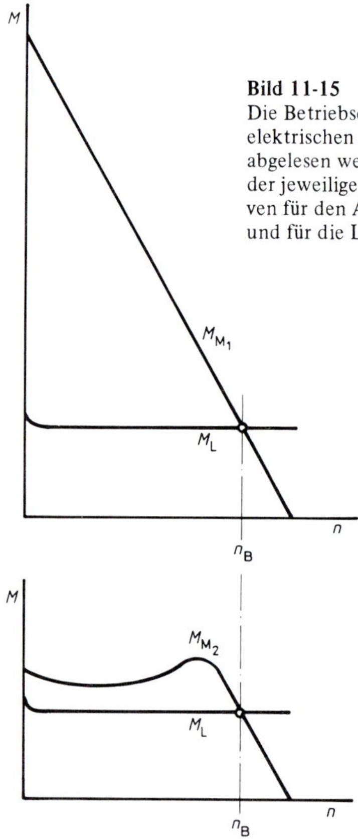

Bild 11-15
Die Betriebsdrehzahl eines elektrischen Antriebs kann abgelesen werden im Schnitt der jeweiligen Betriebskurven für den Antrieb: M_M und für die Last: M_L

Der Kennlinienverlauf eines Motors werde durch die Kurve M_{M_1} bzw. M_{M_2} beschrieben, derjenige der Arbeitsmaschine (Last, hier z.B. eines Hubwerks) durch die in beiden Fällen gleiche Kennlinie M_L. In den beiden gezeichneten Fällen wird die Last solange beschleunigt, wie der Antrieb noch einen Drehmomentenüberschuß gegenüber der Last hat. Im Sinne eines mechanischen Gleichgewichts stellt sich diejenige *Betriebs*drehzahl n_B ein, ab der beide Momente gleichgroß sind, also gilt:

$$M_M = M_L. \tag{11.1}$$

Sollte die Last über den Punkt n_B noch hinaus beschleunigt werden können, so müßte der Motor über n_B hinaus noch einen Drehmomenten-Überschuß haben, was *hier* nicht der Fall ist.

11.3.2 Drehzahlstabilität

Je nach Fragestellung kann es zweckmäßig sein, die Kennlinien aus Bild 11-15 bei vertauschten Achsenkoordinaten aufzuzeichnen. Das ist für das Thema:

> Wie verstellt sich eine vorliegende Betriebsdrehzahl *kennlinienabhängig* bei schwankender Belastung?

zweckmäßig. Bild 11-16 zeigt hierzu die Lösung für die Fälle einer starren, einer harten und einer weichen Kennlinie. Man erkennt, daß sich die Drehzahl lastabhängig

- bei starrer Kennlinie überhaupt nicht verändert (Synchronmaschine): $\Delta n = 0$,
- bei harter Kennlinie wenig verändert: Δn ist klein,
- bei weicher Kennlinie stark verändert: Δn ist groß.

11.3.3 Drehzahlcharakteristiken

Bei aller Verschiedenheit der *individuellen* Drehzahlverstellmethoden der *einzelnen* elektrischen Maschinen präsentieren sich von Seiten der Kennlinien her stets zwei gleiche Grund*charakteristiken* (Bild 11-17). Man kann sie mit dem Verhalten:

a) geführte Drehzahlverstellung,
b) nachgebende Drehzahlverstellung (Schlupfverstellung)

beschreiben. Zum besseren Vergleich der beiden Ergebnisse sei herausgestellt, daß bei a) wie bei b) gilt:

- *gleiche Ausgangskennlinienlage* des Antriebsmotors: M_{M_1} und M_{M_2} laufen gleich,
- *gleiches Lastmoment* M_L in beiden Fällen,
- *gleiche* eingestellte Betriebsdrehzahl n_{B_2}; man wollte also nicht die hohe Betriebsdrehzahl n_{B_1}, sondern die niedrigere Drehzahl n_{B_2}.

Der Unterschied besteht zwischen a) und b) lediglich darin: Die Härte der *n-M*-Charakteristik wurde

- im Fall a) belassen (die ganze Kennlinie wurde abgesenkt),
- im Fall b) erweicht.

Beide Methoden führen zum gleichen Ergebnis, beide werden praktiziert. Von der Frage der Zweckmäßigkeit her ist jedoch zu sagen: Ver-

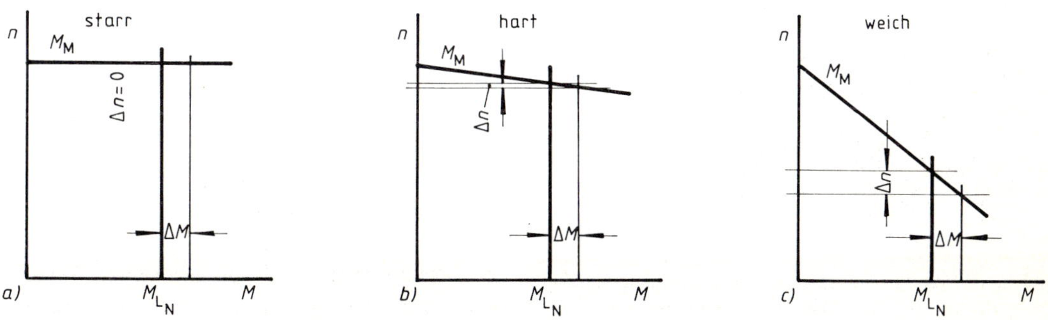

Bild 11-16 Im Belastungsfall a) ist die Drehzahl lastunabhängig völlig starr. In den beiden anderen Fällen werde die gleiche Lastschwankung ΔM zugrunde gelegt. In den Fällen b) und c) wird die Drehzahl lastabhängig mehr oder weniger schwanken.

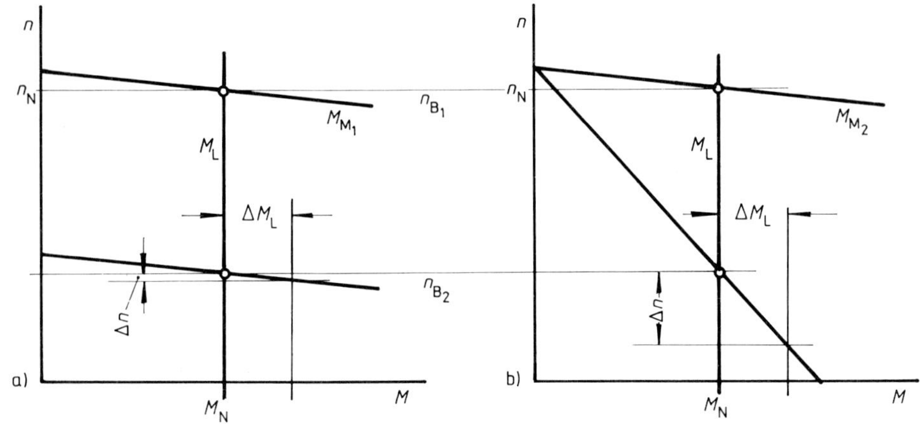

Bild 11-17 Schon im Bild 11-16 wurde sichtbar, daß die Drehzahl bei Lastschwankungen um so stärker schwankt, je steiler die Antriebskennlinie ist. Man erkennt hier noch zusätzlich, daß die Drehzahl wiederum um so stärker schwankt, je steiler eine Antriebskennlinie *durch ein Drehzahlverstellverfahren wird.*

gleicht man die beiden möglichen Fälle wieder mit Blick auf Bild 11-16, so erkennt man wieder im Fall einer angenommenen Lastschwankung ΔM_L:

- im Fall a) bleibt die Drehzahl stets *geführt* (man behält sie „im Griff"),
- im Fall b) wird die Drehzahl von der Last reichlich „abgewürgt"; es fehlt nicht viel und der Antrieb steht überhaupt auf $n_B = 0$.

11.4 Elektrische Gemeinsamkeiten

11.4.1 Leistungsschild (DIN 42961)

Jede elektrische Maschine ist mit einem Leistungsschild versehen (Bild 11-18). Es hat vor allem die Aufgabe, die Maschine hinsichtlich Stromart kenntlich zu machen und zu gewährleisten, daß sie nicht unzulässig beansprucht wird.

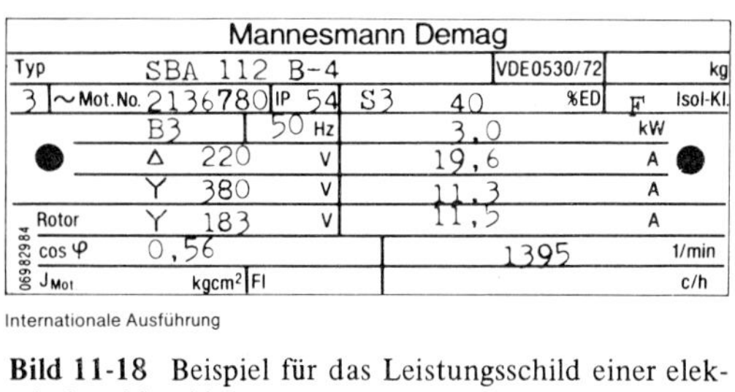

Internationale Ausführung

Bild 11-18 Beispiel für das Leistungsschild einer elektrischen Maschine.

Alle Daten auf dem Leistungsschild sind Nenndaten (siehe Abschnitt 1.8). So fließt bei einem Motor der Nennstrom, wenn die Nennspannung anliegt, die Nenndrehzahl, Nennleistung und Nennfrequenz wirksam sind. Nie ist das Nenndrehmoment angegeben, was nicht recht zu begreifen ist. Man muß es sich stets nach der bekannten Beziehung aus der Mechanik errechnen:

$$P = M \cdot \omega = M \cdot 2 \cdot \pi \cdot n, \qquad (11.2)$$

mit ω Winkelgeschwindigkeit. Damit erhält man also für die Nenndaten:

$$M_N = \frac{P_N}{2 \cdot \pi \cdot n_N}. \qquad (11.3)$$

Auch in den Herstellerlisten fehlt stets die absolute Momentenangabe.

11.4.2 Genormte Spannungen

In der Bundesrepublik haben die öffentlichen Versorgungsnetze auf der Niederspannungsseite die Spannungen nach Tabelle 11-6. Die dort eingeklammerten Spannungen gehören zu Netzen, die so nicht mehr erweitert werden sollen. Speziell 500 V sind im Bergbau üblich. Das 660-V-Netz erscheint nur in gewerblich-industriellen Anlagen. Es stellt einen Kompro-

Tabelle 11-6 Die Spannungen des öffentlichen Drehstrom-Niederspannungsnetzes. In Klammern: veraltete Netzspannungen aus Netzen, die nicht mehr erweitert werden.

(3 × 220/127 V)	3 × 380/220 V
(3 × 500 V)	3 × 660/380 V

miß zwischen 380 V mit den dort reichlich hohen Strömen, wenn es um große Leistungen geht, und Hochspannungsnetzen dar. An sich sollte ein Motor ab etwa 110 kW Leistung an Hochspannung angeschlossen werden, da sonst große Querschnitte die Anlage, sowohl von der Investition als auch von den Verlusten her ($I^2 \cdot R$) unwirtschaftlich machen, siehe auch Gl. (8.7)).

Öffentliche Gleichspannungsnetze gibt es nicht mehr. Die üblichen Spannungen für Gleichstrommotoren betragen 220 V, 440 V und 750 V. Für die Versorgung von Bahnen sind auch Spannungen von 1200 V üblich.

11.4.3 Leistungsbilanz

In Bild 7-43 waren die Leistungsverhältnisse bei Wechsel- und Gleichstromanlagen verglichen worden. Die Betrachtung endete an der elektrischen Anlage (Welle des Motors).

Mitunter ist es nötig, noch die Arbeitsmaschine in die Leistungsbilanz mit einzubeziehen. Bild 11-19 zeigt die Zusammenhänge, die prinzipiell von Gl. (7.28) beschrieben werden (Definition des Wirkungsgrads):

$$\eta = \frac{P_2}{P_1} = \frac{P_{ab}}{P_{auf}} . \qquad (7.28)$$

Für den Gesamtwirkungsgrad einer Anlage, also z.B. Motor und davon angetriebene Arbeitsmaschine, gilt mit Bild 11-19:

$$\eta = \frac{P_3}{P_1} . \qquad (11.4)$$

Hierbei gilt für die einzelnen Teilwirkungsgrade:

$$\eta_{Mot} = \frac{P_2}{P_1} \quad \text{bzw.:} \quad P_1 = \frac{P_2}{\eta_{Mot}} , \qquad (11.5)$$

$$\eta_{Arb} = \frac{P_3}{P_2} \quad \text{bzw.:} \quad P_3 = P_2 \cdot \eta_{Arb} . \qquad (11.6)$$

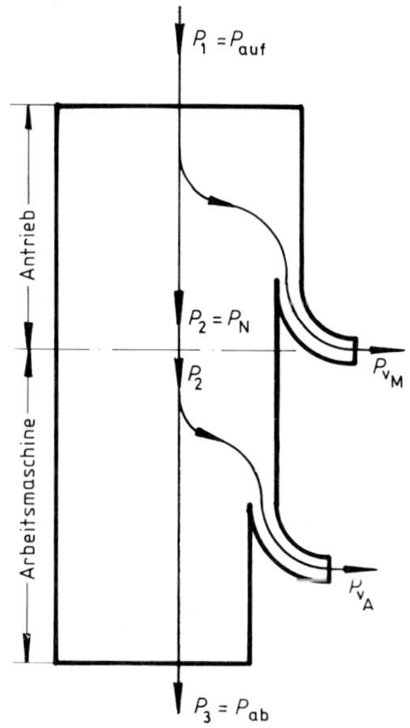

Bild 11-19 Leistungsflußdiagramm zur Ermittlung des Gesamtwirkungsgrads einer Anlage.

P_1 aufgenommene elektrische Leistung des Antriebs,

P_2 vom Antrieb an seiner Welle mechanisch abgegebene Leistung; bei richtiger Dimensionierung = Nennleistung, wenn Dauerbetrieb vorliegt,

P_3 im mechanischen System nutzbare Leistung,

P_{v_M} Motorverlustleistung (Motorwärme),

P_{v_A} Verluste in der Arbeitsmaschine.

Setzt man die Gln. (11.5) und (11.6) wieder in Gl. (11.4) ein, so erhält man:

$$\eta_{ges} = \frac{P_3}{P_1} = \frac{P_2 \cdot \eta_{Arb}}{\frac{P_2}{\eta_{Mot}}}$$

$$\eta_{ges} = \eta_{Mot} \cdot \eta_{Arb} . \qquad (11.7)$$

Gl. (11.7) ist wichtig, wenn nicht einfach die Aufnahmeleistung der Arbeitsmaschine gegeben ist, für die ein Antrieb festgelegt werden soll, sondern nur die Daten vorliegen, die „ganz hinten" gelten.

Hinsichtlich der Abgabeleistung ist man mitunter auf reichlich unsichere Schätzungen angewiesen, vor allem im Bereich des chemischen Apparatebaus. Ansonsten gibt es für viele Routinefälle Tabellenwerke, aus denen man schnell Daten ersehen kann.

Wichtig zu wissen ist, daß der Wirkungsgrad einer elektrischen Maschine keine Konstante ist, sondern last- (und drehzahl-) abhängig ist, wie man z.B. aus Bild 11-20 für einen Drehstrommotor ersieht. Ferner ist unbedingt der Wirkungsgrad großer Maschinen größer als der von kleinen. Er kann dabei zwischen 20 % bei kleinen Maschinen und 99 % bei großen Maschinen schwanken.

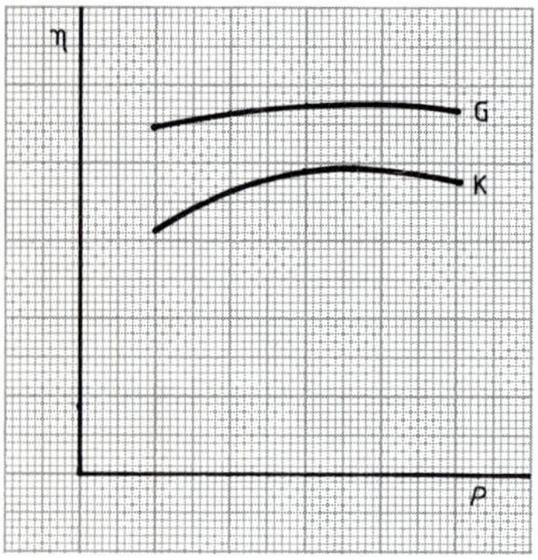

Bild 11-20 Der Wirkungsgrad einer elektrischen Maschine ist lastabhängig. Grundsätzlich ist der Wirkungsgrad einer großen Maschine (G) höher als derjenige einer kleinen (K).

11.4.4 Leistungsverluste

In allen elektrischen Anlagen sind Leistungsverluste unvermeidlich. Sie kosten Geld und sind von diversen Betriebsgrößen, teilweise auch von der Belastung abhängig.

Bei Nennbetrieb der Anlage treten die Nennverluste auf und damit die Nenn-Erwärmung. Über diesen Betrieb hinaus ist die Maschine schon gefährdet. Insofern ist die Kenntnis und Überwachung der Verluste einer Anlage äußerst wichtig. Hier liegt *der Einstieg* für die Zulässigkeitsbeurteilung des Betriebs elektrischer Maschinen!

Es gibt drei Ebenen, auf denen Verluste auftreten können (Bild 11-21):

1. Mechanische Reibung,
2. Ständer- und Läufer-Eisen,
3. Ständer- und Läufer-Wicklungen.

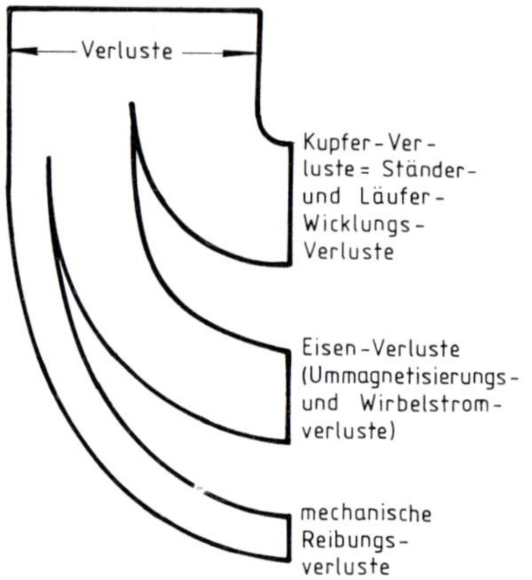

Bild 11-21 Übersicht über die Verlustquellen in elektrischen Maschinen.

11.4.4.1 Reibungsverluste

Diese Verlustquelle entfällt selbstredend beim Stillstand der Maschine. Bei laufender Maschine sind Verlustquellen die Lager- und Lüfterreibung, ferner solche in etwa vorhandenen Bürstenzonen.

Der Anteil der Reibungsverluste ist relativ klein und *lastunabhängig*, d.h., er kann auch im Leerlauf schon auftreten.

11.4.4.2 Eisenverluste

Sie können bereits im Stillstand einer elektrischen Maschine auftreten und dabei möglicherweise schon unzulässig hoch sein. Die Bilder 11-22 und 11-23 zeigen Situationen für Ummagnetisierungsverluste und Wirbelstromverluste.

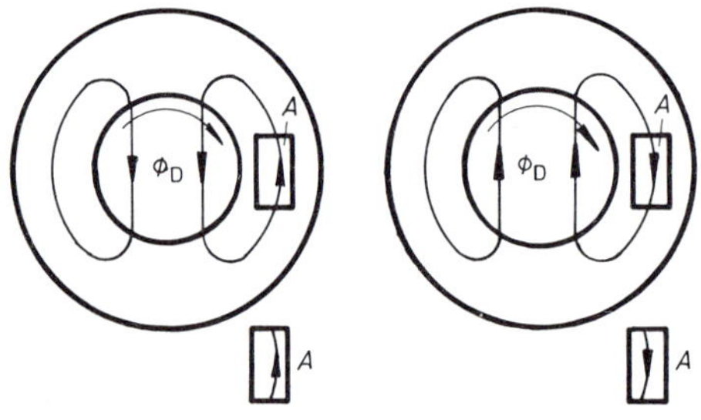

Bild 11-22 Nach einer halben Umdrehung des Drehfeldes Φ_D wurde in der Zone *A* das gesamte Magnetfeld ummagnetisiert. Durch die Reibung der beteiligten Fe-Moleküle aneinander entsteht dabei (Verlust-) Wärme.

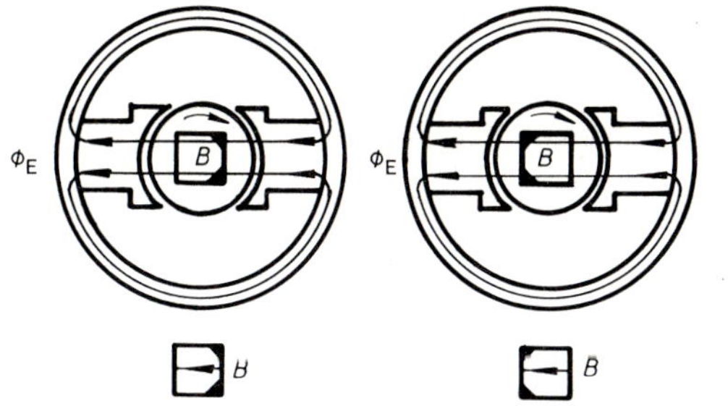

Bild 11-23 Innerhalb einer halben Umdrehung des Läufers im Erregerfeld Φ_E kehrt sich das Feld im Läufer um. Auch hierbei reiben sich die beteiligten Moleküle aneinander und erwärmen sich.

Ummagnetisierung

In der Zone A wird beispielsweise alles Eisen regelmäßig und rhythmisch ummagnetisiert. Dabei wird unvermeidlicherweise Energie aufgenommen. Es gilt für die dazugehörige Verlustleistung P_H:

$$P_H = c_H \cdot f \cdot \hat{B}^2. \tag{11.8}$$

Hierin bedeutet:

c_H Hysterese- (oder Ummagnetisierungs-)konstante,

f Vorgangsfrequenz (z.B. Drehzahl),

B Felddichte (siehe Abschnitt 6.3).

Wirbelstromverluste

Sie lassen sich durch den Zusammenhang

$$P_W = c_W \cdot f^2 \cdot \hat{B}^2 \tag{11.9}$$

beschreiben. Man erkennt in den Gln. (11.8) und (11.9) den Zusammenhang mit B^2. Diese Größe, die Felddichte, hängt über Gl. (7.48) mit der anliegenden Netzspannung U zusammen. Das bedeutet wegen $U \sim B$ und dem quadratischen Einfluß von B in den Gln. (11.8) und (11.9), daß schon bei verhältnismäßig geringfügigem Spannungsanstieg damit zu rechnen ist, daß die Maschine *vom Eisen her zu warm wird*, und zwar interessanterweise schon im Leerlauf, also ohne Belastung!

Unter Eisenverlusten versteht man also die Summe der Ummagnetisierungs- und der Wirbelstromverluste, somit:

$$P_{Fe} = P_H + P_W. \tag{11.10}$$

Das Auflösen des magnetischen Kreises einer elektrischen Maschine in einzelne, elektrisch voneinander isolierte Teilbleche stellt eine Maßnahme gegen Wirbelströme dar.

11.4.4.3 Kupferverluste

Mit Kupferverlusten werden Leistungsverluste vom Typ der Gl. (1.28) gemeint, also

$$P = I^2 \cdot R, \tag{1.28}$$

mit R als jeglicher stromdurchflossener Wicklungswiderstand.

Bei kleinen Maschinen können schon relativ große Ströme im Leerlauf auftreten. Ansonsten sind Kupferverluste typische Lastverluste. Trotzdem können sie schon bei Maschinenstillstand (indirekt) gemessen werden. Da dem Stillstand (abgewürgte Maschine) sonst maximale, also kurzschlußartig große Ströme zuzuordnen sind, nennt man wegen der Meßmethode die Kupferverluste auch die Kurzschlußverluste (im Gegensatz dazu die Eisenverluste Leerlaufverluste, was aber nicht ganz korrekt ist).

11.4.4.4 Beurteilung der Verluste

Große Wärme und damit große Verluste bedeuten nicht nur einen schlechten Wirkungsgrad. Vielmehr stellen die Verluste gleichzeitig auch einen Beurteilungsmaßstab für die Maschinen-„Hygiene" dar. Sollte eine elektrische Maschine „Fieber" haben, also zu warm geworden sein, so kann dem natürlich eine Überlastung zugrunde liegen. Man wird die Überlastung dann beseitigen und die Maschine, falls das betrieblich möglich sein sollte, durch Weiterbetrieb im Leerlauf zu kühlen versuchen. Sollte Überlastung ausgeschlossen und trotzdem die Maschine zu warm geworden sein, so dürfte sie einen *Schaden* haben. Sie darf dann auf keinen Fall weiter betrieben werden, weil sich sonst ein kleiner Schaden zu einem Totalschaden ausweiten kann.

11.4.5 Drehmomentbildung

Für fast sämtliche elektrischen Maschinen gilt:

- Ein Drehmoment wird durch die Wirkung zweier Magnetfelder aufeinander gebildet.

Dabei ergeben sich vor allem die folgenden drei Musterfälle (Bilder 11-24 bis 11-26).

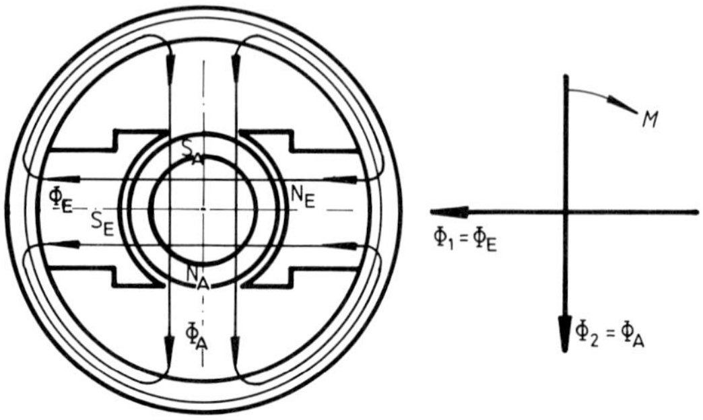

Bild 11-24 Die beiden Magnetfelder Φ_1 und Φ_2 wollen sich mit dem Moment M ineinanderdrehen, da sich entgegengesetzte Pole anziehen: Stromwendermaschinenfall.

11.4.5.1 Stromwendermaschinenfall

Das Feld $\Phi_1 = \Phi_E$, Erregerfeld aus Bild 11-24 steht fest im Raum. Es kann aus einem Dauer- oder aus einem Elektromagnet resultieren: dem Erregersystem.

Das Feld $\Phi_2 = \Phi_A$, Ankerfeld, resultiert aus einem Strom I_A im sogenannten Anker (Läufer) der betreffenden Maschine, meist einer Stromwendermaschine.

Das Feld Φ_2 dreht sich mit dem Drehmoment M in die Lage des Feldes Φ_1.

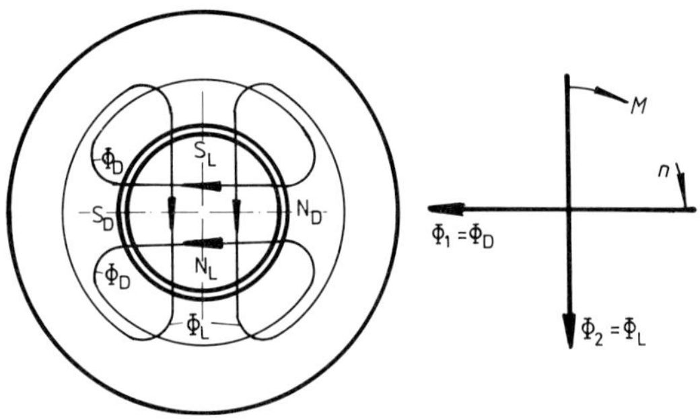

Bild 11-25 Das Drehfeld Φ_D läuft schon mit der Drehzahl n um. Induktiv entsteht dadurch das Feld Φ_L. Die beiden Felder wollen sich mit dem Moment M ineinander drehen, da sich entgegengesetzte Pole anziehen: Asynchronmaschinenfall.

11.4.5.2 Asynchronmaschinenfall

Das Feld $\Phi_1 = \Phi_D$, Drehfeld, *dreht sich über die gesamte Maschine hinweg* (über den Ständer und den Läufer). Aus dieser Relativbewegung gegenüber dem Läufer werden dort Ströme $i_2 = i_{\text{Läufer}}$ induziert, denen ein Feld $\Phi_2 = \Phi_{\text{Läufer}}$ zuzuordnen ist. Auch hier dreht sich das Feld Φ_2 mit dem Drehmoment M in die Lage des Feldes Φ_1.

Von der Verbreitung dieses Maschinenprinzips her ist dieser Fall der wichtigste. Die dazugehörige Maschine, die Drehstrommaschine, beherrscht den Markt zu etwa 80 %.

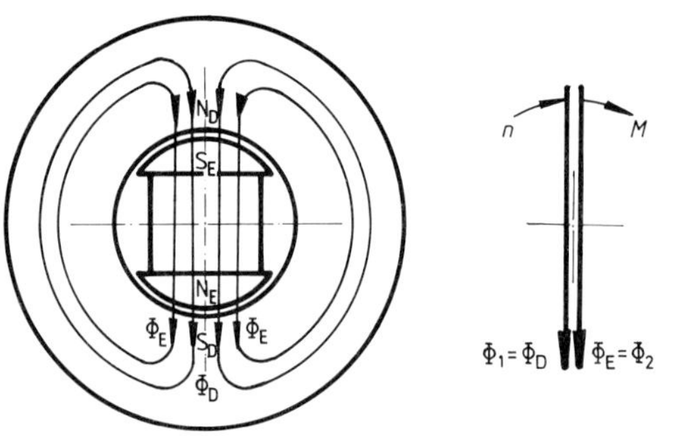

Bild 11-26 Auch hier läuft schon das Drehfeld Φ_D um. Durch ein eigenes Feld Φ_E wird der Läufer magnetisiert. Die beiden Felder verankern sich ineinander. Das Drehfeld zieht den Läufer mit: Synchronmaschinenfall.

11.4.5.3 Synchronmaschinenfall

Auch hier liegt zunächst das Drehfeld $\Phi_1 = \Phi_D$ vor. Das Feld $\Phi_2 = \Phi_{\text{Läufer}}$ sei durch fremde Hilfe auf die gleiche Drehzahl wie Φ_1 gebracht worden. Nun sind die beiden Felder miteinander verankert und ziehen sich mit dem Drehmoment M mit.

Allen vorgenannten Fällen ist gemeinsam:

$$M = c \cdot \Phi_1 \cdot I_2. \quad (11.11)$$

Hierin bedeutet:

c Maschinenkonstante,
Φ_1 Erregerfeld bzw. Drehfeld
I_2 Strom, der ein zweites Feld, Φ_2 verursacht.

11.4.6 Quadrantenbegriffe

Den Gln. (1.9) und (11.2) entsprechend kann man für die Leistung z.B. bei Gleichstrom aussagen:

$$P = U \cdot I = 2 \cdot \pi \cdot n \cdot M.$$

Wird auch nur eine dieser Größen *U, I, n* oder *M* umgekehrt, so kehrt sich auch die Energierichtung der Anlage um, die Leistung wird negativ. Aus einem Motor wird ein Generator bzw. eine Bremse.

Bild 11-27 zeigt die vier sogenannten Betriebsquadranten, innerhalb derer eine elektrische Maschine möglicherweise betrieben werden kann. Man erkennt:

- wenn *n* und *M* gleiches Vorzeichen haben, liegt Treiben vor (Motorbetrieb),
- wenn *n* und *M* kein gleiches Vorzeichen haben, dann liegt bremsender generatorischer Zustand vor.

Der einfachste Fall ist natürlich der 1-Quadrantbetrieb, er liegt z.B. bei einem Schleifbock vor, der lediglich die Betriebsarten (rechts herum) Ein oder Aus kennt.

Soll auch noch elektrisch gebremst werden können, so hätte man einen Zweiquadrantbetrieb. (Bremsung wäre allerdings auch rein mechanisch z.B. durch eine Trommelbremse möglich.)

Beim Gewindeschneiden (mit Abbremsen) und anschließender Werkzeugrückführung, also Drehrichtungsumkehr (und Abbremsen) liegt Vierquadrantbetrieb vor.

Nur der in Bild 11-27 schraffierte Bereich ist betrieblich dauernd zulässig. Bei jedem außerhalb des schraffierten Bereichs liegenden Betriebspunkt, z.B. dem Punkt U_1, würde für die abgegebene Leistung entsprechend Gl. (11.2) gelten:

$$P_U = 2 \cdot \pi \cdot n_U \cdot M_U > P_N = P_{zul} = 2 \cdot \pi \cdot n_N \cdot M_N.$$

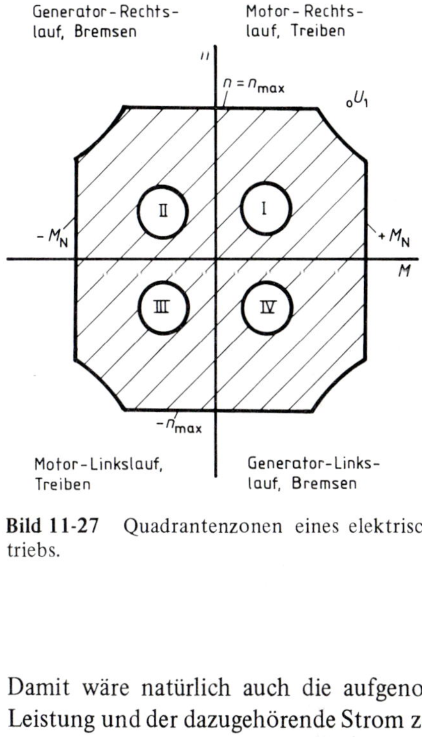

Bild 11-27 Quadrantenzonen eines elektrischen Antriebs.

Damit wäre natürlich auch die aufgenommene Leistung und der dazugehörende Strom zu hoch, somit entsprechend Abschnitt 11.4.4.3 auch die Kupferverluste und damit die zulässige Erwärmung.

Die krummlinigen Quadranten-Begrenzungsflächen stellen also den geometrischen Ort für alle Koordinatenpunkte (*M; n*) dar, für die die betrieblich auftretende Leistung und damit der Strom noch zulässig ist.

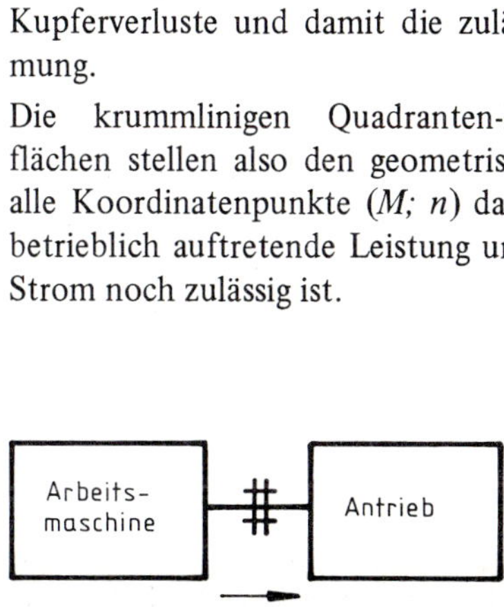

Bild 11-28 „Antrieb verkehrt“: Die Arbeitsmaschine treibt den Motor an; z.B. ein zu stark belastetes Hubwerk zieht den Motor gegen dessen Drehwillen durch: Betrieb im 4. Quadranten nach Bild 11-27.

11.4.7 Generatorbetrieb

Jede elektrische Maschine geht in Generatorbetrieb über, wenn man sie schneller antreibt, als sie im Motorbetrieb „freiwillig" laufen würde (Bild 11-29). Dabei kehrt sich gegenüber dem Motor- und Bremsbetrieb die Strom- und damit die Energierichtung um, wie aus Bild 11-29 am Beispiel einer fremderregten Gleichstrommaschine zu sehen ist.

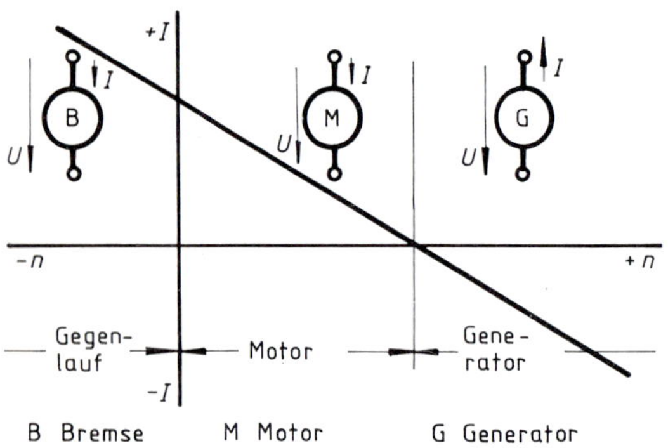

Bild 11-29 Die Entwicklung des Maschinenstroms, abhängig von der Drehzahl und dem Drehrichtungs-Sinn, Verlauf bei einer Gleichstrommaschine.

11.4.8 Pendelmaschine (Drehmomentwaage)

In Bild 11.30 ist eine elektrische Maschine dargestellt, deren Läufer *und Ständer* drehbar gelagert sind. Die Ständerbeweglichkeit beträgt allerdings nur ein paar Winkelgrade.

Es sei z.B. die Betriebssituation gegeben, wie sie hinsichtlich der eingezeichneten magnetischen Polarität zu sehen ist. Der Maschinenläufer drehe sich rechtsherum. Aus den üblichen Kräften zweier magnetischer Pole aufeinander, z.B. N_1 auf S_2, ist zu erwarten, daß der rechts herum rotierende Läufer den Ständer *im gleichen Drehsinn mitzieht.* Da der Ständer drehbar gelagert ist, wird er der Kraftwirkung auch tatsächlich folgen und nach rechts mit weglaufen, soweit es seine vorgegebene Beweglichkeit zuläßt.

Man erkennt allerdings links an der Maschine einen Waagebalken mit Gewichtsstücken. Mit deren Hilfe ist es möglich, den weggelaufenen Maschinenständer wieder in die Ausgangslage (die Skalenmitte) zurückzuholen. Dann muß gelten:

$$M = F \cdot a, \tag{11.12}$$

mit

M Drehmoment, das auf die Läuferwelle wirkt,
F Gewichtskraft am Waagebalken,
a Hebelarm, z.B. a = 0,5 m = const.

Man erkennt, daß es so sehr leicht möglich ist, das von einer Maschine, z.B. einem Brennkraftmotor, abgegebene Drehmoment M, sehr einfach und genau zu ermitteln. In diesem Fall wird die elektrische Maschine im Generatorbetrieb gefahren. Es gibt jedoch auch Fälle, wo sie im Motorbetrieb gefahren wird, um Drehmomente zu bestimmen, z.B. das Reibungsverlust-Moment einer Anlage.

Eine derartige Anlage nennt man eine Pendelmaschine oder Drehmomentwaage. Es gibt Ausführungen als Asynchron- und als Gleichstrom-Maschine.

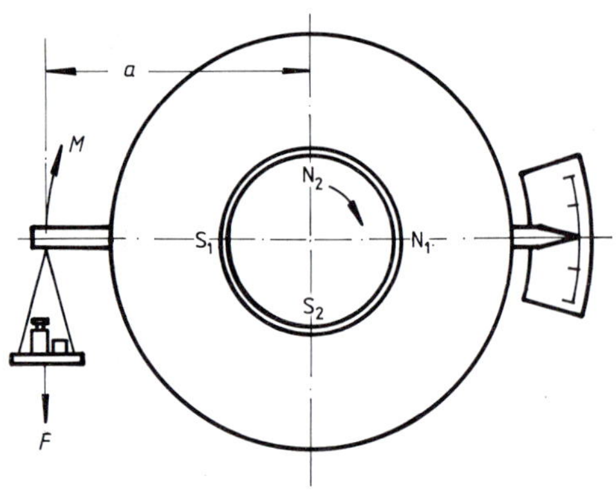

Bild 11-30 Pendelmaschine mit Lagerung des Ständers und des Läufers. Sie sei als Generator in Betrieb, indem ihr Läufer z.B. mit einem Brennkraftmotor gekuppelt ist (siehe Bild 11-32). Es stellen sich dabei die eingezeichneten Pole und hierdurch das Drehmoment M ein, das den Ständer im Drehsinn des Brennkraftmotors (und im Einklang mit dem Lenzschen Gesetz) mitzieht. Das Drehmoment läßt sich mit der Gewichtskraft F am Hebelarm a ins Gleichgewicht zurückwiegen.

Mittels Gl. (11.2) ist schließlich noch die Leistung meßbar, die eine Maschine liefert: $P = 2 \cdot \pi \cdot n \cdot M$, wenn zusammen mit der Drehmomentbestimmung auch die Drehzahl mit gemessen wird (Bild 11-31).

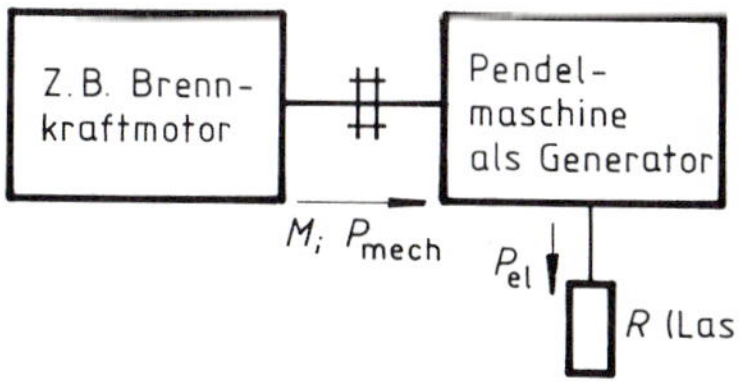

Bild 11-31 Leistungsfluß bei der Drehmomentmessung über eine Pendelmaschine als Generator.

Bild 11-32 Beispiel eines schweren Schadens durch die Auswirkungen eines Kurzschlusses. Noch das Eisen um die Wicklung herum ist geschmolzen: Kompensationswicklung im Hauptpol einer Stromwendermaschine (Quelle: *„Der Maschinenschaden"* – Fachzeitschrift für Risikotechnologie).

11.5 Gemeinsamkeiten bei Fehlbedienung

Gefährdet ist jede elektrische Maschine durch:

1. Zu hohen Strom in den Wicklungen; Grund: zu große Erwärmung auf der Basis der Gleichung (1.28):

   $P_{Cu} = I^2 \cdot R$

   (Bild 11-32).

2. Zu hohe Spannung, *schon ab Leerlauf*. Gründe:

   a) im Extremfall wird das Isolationsniveau überschritten (selten);

   b) schon bei Überschreitung der Nennspannung tritt bei Wechselspannung Gl. (7.49) in Aktion:

   $$\underset{\uparrow}{U} = 4{,}44 \cdot f \cdot N \cdot A \cdot \underset{\uparrow}{\hat{B}}; \qquad (7.49)$$

   Mit wachsender Größe $\hat{B}$ werden die Eisenverluste entsprechend den Einflüssen aus den Gln. (11.8) und (11.9) ungünstig aktiviert.

   Im Extremfall kommt es in den Blechpaketen von Dreh- und Wechselfeldmaschinen zu Eisenbrand (Bild 11-33, Mitte).

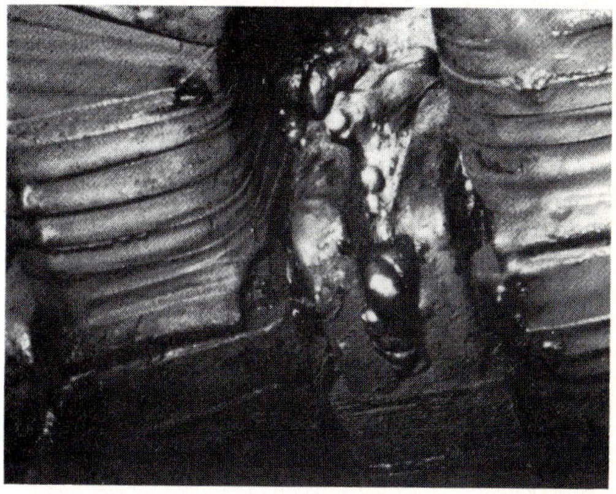

Bild 11-33 Beispiel für die Auswirkungen eines Schadens durch Eisenbrand an einem 350-MVA-Turbogenerator (Quelle: *„Der Maschinenschaden"* – Fachzeitschrift für Risikotechnologie).

3. Zu niedrige Frequenz bei Dreh- und Wechselfeldmaschinen. Hier tritt außer über Gl. (7.22) (allgemein zu hoher Strom) auch wieder mit Gl. (7.49) das gleiche Problem wie bei 2b) auf:

   $$U = 4{,}44 \cdot \underset{\downarrow}{f} \cdot N \cdot A \cdot \underset{\uparrow}{\hat{B}}. \qquad (7.49)$$

4. Zu hohe Drehzahl; man meint damit Drehzahlen von etwa $n > 1{,}2 \cdot n_N$.

Überdrehzahlen können bei Stromwendermaschinen durch Fehlbedienung schon im Motorbetrieb auftreten (bei anderen Maschinen nicht).

Bei Generatorbetrieb können Überdrehzahlen durch schlagartigen Lastabwurf vorkommen. Besonders dramatische Überdrehzahlen sind bei wasserturbinenangetriebenen Generatoren möglich. Sie können je nach den örtlichen Gegebenheiten in der Größenordnung der bis zu etwa 3,5-fachen Nenndrehzahl liegen (Bild 11-34).

5. Feuchtigkeit in der Wicklung. Besonders bei Maschinen älterer Fertigung besteht die Gefahr, daß bei längeren, z.B. monatelangen Stillstandszeiten, womöglich im Freien, in die Wicklung Feuchtigkeit eindringt und ihr Isolationsniveau herabsetzt.

   Wenn es versäumt wird, vor der Inbetriebnahme solcher Maschinen den Isolationswert zu messen (z.B. mit einem Kurbelinduktor), so besteht die Gefahr, daß die Isolation kurz nach dem Einschalten irgendwo durchschlägt und die Maschine womöglich Totalschaden erleidet.

6. Blockierte oder nicht mehr voll wirksame Kühlung.

Bild 11-34 Situation nach einem Überdrehzahlschaden an einer Peltonturbine mit Generator. Durch einen mangelhaften Drehzahlregler war sie auf Überdrehzahl gekommen. Der Generator ist dabei auseinandergeflogen (Quelle: *„Der Maschinenschaden“* – Fachzeitschrift für Risikotechnologie).

12 Gemeinsamkeiten bei Drehfeldmaschinen

12.1 Drehfelder

12.1.1 Erklärung

Ein Drehfeld war schon in Bild 6-29 zu erkennen, also ein Feld, das sich um eine Achse dreht. Es hatte zwei Pole: Dauermagnete.

Eine weitere Lösung, ein in der Stärke über Schleifringe verstellbares Drehfeld zeigte Bild 6-33.

Die übliche Methode der Erzeugung eines Drehfelds zeigen die folgenden Abschnitte auf der Basis von Drehstrom.

12.1.2 Dreiphasiges Drehfeld

12.1.2.1 Drehphasig zweipoliges Drehfeld

Aus Bild 12-1 ersieht man, wie ein Drehstromsystem an einem Maschinenständer angeschlossen ist. Eine solche, sechsnutige Ausführung gibt es in der Praxis zwar nicht. Das Bild ist aber zur ersten Einführung übersichtlicher als die praxisübliche Ausführung mit mindestens 12 Nuten.

Die im Bild 12-1 eingezeichneten Strompfeile sind als *Zählpfeile* aufzufassen. Das heißt: Wenn die einzelnen Ströme situationsweise bedingt gerade positiv sind, so fließen sie auch tatsächlich so wie eingezeichnet, andernfalls umgekehrt.

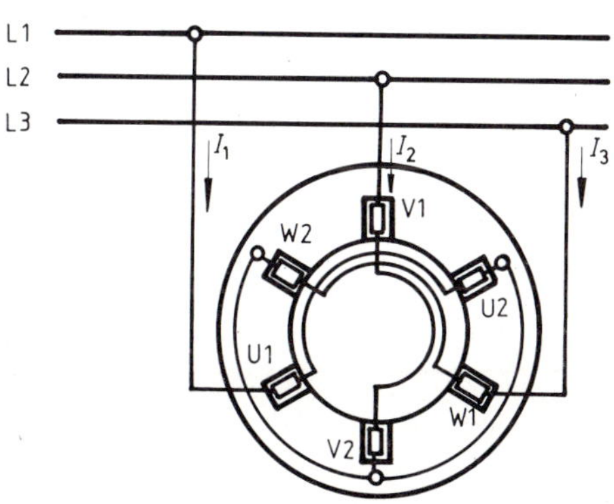

Bild 12-1 In diesem Ständer entsteht ein Drehfeld Φ_D.

Von den in Bild 12-2 eingezeichneten drei Drehströmen werden die vier Teilsituationen t_1, t_2, t_3 und t_4 näher betrachtet. Ihre Stromverteilung auf die einzelnen Nuten zeigt Bild 12-3. Dort ist auch das zu diesen Strömen gehörende *resultierende Feld* eingezeichnet. Man erkennt,

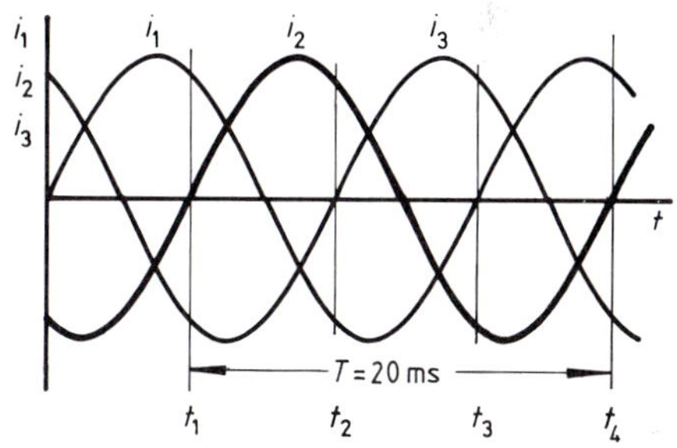

Bild 12-2 Die vier Beispiels-Situationen t_1 bis t_4, innerhalb derer die Entwicklung des Magnetfelds im Bild 12-3 untersucht wird.

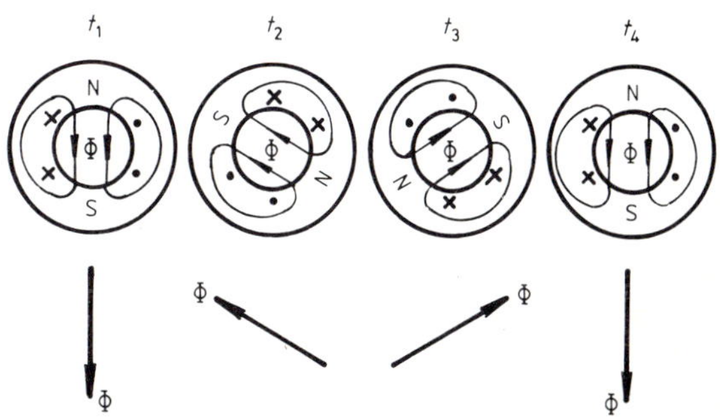

Bild 12-3 In den einzelnen Situationsbildern t_1 bis t_4 sind die Ströme aus Bild 12-2 in die jeweiligen sechs Nuten eingezeichnet (sofern sie nicht gerade Null sind). Gleichzeitig ist das jeweilige Magnetfeld Φ in seiner *räumlichen Lage* miteingezeichnet. Es ist leicht zu erkennen, daß sich dieses Feld innerhalb der Zeit $t = T$, also innerhalb einer Periodendauer gerade exakt ein Mal vollständig gedreht hat. Es hat zwei Pole.

daß es in jeder Situation anders liegt, sich also von Mal zu Mal weitergedreht hat und daß somit tatsächlich ein Drehfeld entsteht. Zu sehen ist ferner, daß das Feld zwei Pole hat, *einen* Nord- und *einen* Südpol.

Der Zeitabstand zwischen t_1 und t_4 beträgt genau eine Periodendauer:

$$t = 20\ \text{ms} = \frac{1}{50}\ \text{s} = \frac{1}{3000}\ \text{min}.$$

In dieser Zeit hat sich das Feld genau einmal um 360° gedreht. Damit ist klar, daß sich das Drehfeld in einer ganzen Minute 3000 mal dreht, also für ein zweipoliges Drehfeld gilt:

$$n_D = 3000\ \text{min}^{-1}.$$

12.1.2.2 Dreiphasig vierpoliges Drehfeld; Drehfeldgleichung

Der Maschinenständer von Bild 12-4 hat gegenüber der Gestalt aus Bild 12-1 folgende Unterschiede:

1. die doppelte Nutenzahl,
2. die Anschlüsse ans Netz liegen nur noch um 60° auseinander, nicht 120° wie bei der zweipoligen Ausführung,
3. eine Spule ist schon nach 90° zu Ende, nicht erst nach 180° wie in Bild 12-1,
4. jeder Wicklungsstrang hat *zwei* über den Umfang verteilte Spulen, nicht nur eine.

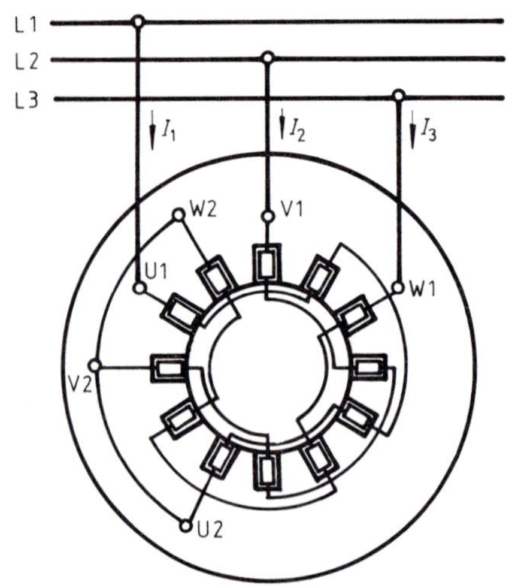

Bild 12-4 Ständer mit Nutenzahl und Wicklung für ein 4-poliges Drehfeld.

Die Bilderfolge 12-4 bis 12-6 zeigt wiederum die Entstehung des Drehfeldes, hier bei einer *vierpoligen Maschine.* Der Zeitabstand zwischen t_1 und t_3 beträgt auch hier eine Periodendauer $t = 20$ ms. Man kann sich leicht davon überzeugen, daß sich in dieser Zeit *bei dieser Wicklung* ein Pol nicht mehr um 360° dreht, sondern nur um 180°, also halb so schnell wie bei der zweipoligen Maschine. Außerdem sind es auch keine zwei, sondern eben $P = 4$ Pole oder $p = 2$ Polpaare.

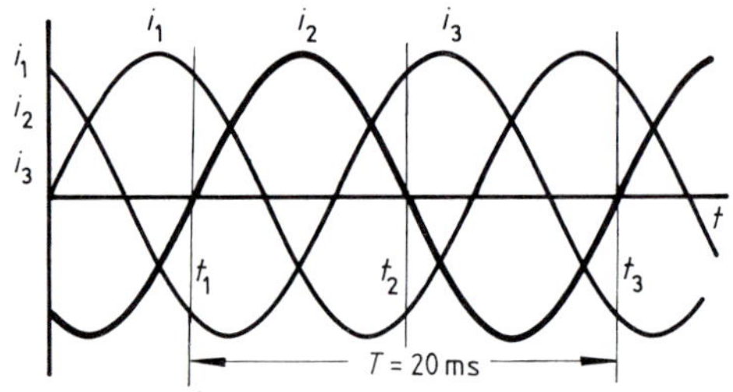

Bild 12-5 Die drei Beispiels-Situationen t_1 bis t_3, innerhalb derer die Entwicklung des Magnetfelds im Bild 12-6 untersucht ist.

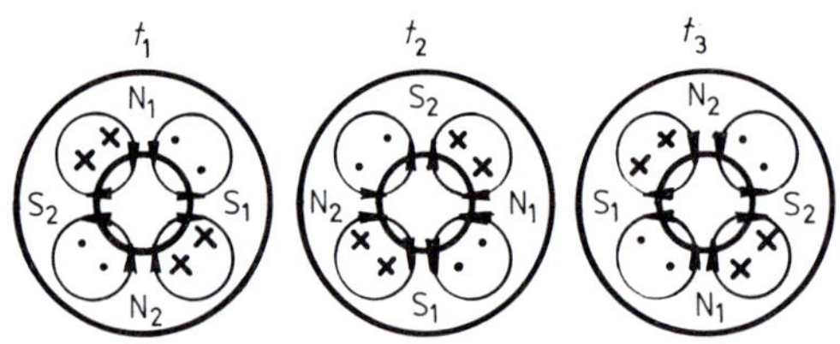

Bild 12-6 Analog Bild 12-3 sind hier wieder die Ströme und die dazugehörigen Felder eingezeichnet. Wenn man dabei insbesondere die Lage der vier Pole verfolgt, z.B. N_1, so erkennt man, daß sie innerhalb von einer Periodendauer T den halben Ständerumfang durchlaufen, also eine halbe Umdrehung erfahren.

Tabelle 12-1 Drehfelddrehzahlen bei verschiedenen Polzahlen bzw. Pol*paar*zahlen

Polzahl P	2	4	6	...
Pol*paar*zahl p	1	2	3	...
Drehfelddrehzahl n_D in min^{-1}	3000	1500	1000	...

Man kommt somit zu einer Gesetzmäßigkeit, wie sie in Tabelle 12-1 aufgestellt ist und einer Gleichung über den Zusammenhang zwischen der Drehfeld-Drehzahl und der Pol*paar*zahl p:

$$n_{\mathrm{D}} = \frac{f}{p} \qquad \text{Drehfeldgleichung.} \quad (12.1)$$

Hierin bedeutet: f Netzfrequenz, p Pol*paar*zahl.

12.1.3 Beziehungen zwischen Dreh- und Wechselfeldern

In Tabelle 12-2 sind Wechsel- und Drehfelder einander gegenübergestellt. Ein Wechselfeld ist die Situation, die in einem Motor auftritt, der nicht an Dreiphasen-Wechselstrom, sondern nur an einer Steckdose für Einphasenwechselstrom betrieben werden kann. Aus Bild 12-7 geht hervor, daß man sich ein Wechselfeld als die Überlagerung zweier *gegenläufiger* Drehfelder der halben Wechselfeldamplitude vorstellen kann.

Im Stillstand eines Wechselfeldmotors besteht zwischen dem rechts- und dem linksläufigen Drehfeld Gleichgewicht. Wird ein solcher Motor jedoch in irgendeinem Drehsinn, z.B. durch Anwurf von Hand, auf eine kleine Drehzahl gebracht, so überwiegt das Drehfeld dieses Drehsinnes über dasjenige des Gegendrehsinnes und der Motor wird (nach den Gesichtspunkten von Beispiel 13.15) vollends hochlaufen: Anwurfmotor.

Anwurfmotoren sind seit langem durch Kondensator- (Abschnitt 13.1.1.3) und Spaltpolmotoren (Abschnitt 13.1.1.4) ersetzt.

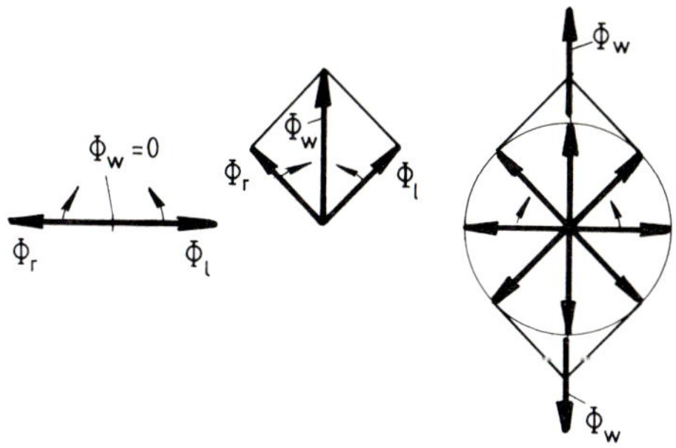

Bild 12-7 Die Summe eines links- und eines rechtssinnigen Drehfeldes ergibt zusammen ein Wechselfeld veränderlichen Betrags. So kann man umgekehrt auch davon ausgehen, daß man ein gegebenes Wechselfeld zerlegen kann in zwei *einander entgegenlaufende Drehfelder je des halben Wechselfeld-Amplitudenbetrags.*

12.2 Ständerwicklungen von Drehfeldmaschinen

12.2.1 Zweipoliges Drehfeld in sechs Nuten

Sechsnutige Maschinen gibt es zwar nicht. Der besseren Übersicht zuliebe wird jedoch zuerst gezeigt, wie eine Wicklung speziell bei Sternschaltung in sechs Nuten aussähe. Es wird eine Zeitsituation angenommen, bei der das Drehfeld die Lage hat, wie sie in Bild 12-8 wiedergegeben ist:

- drei Stränge (drei Phasen),
- zwei Pole, sechs Nuten.

Aus Bild 12-8 ist zu ersehen, daß ein Pol jeweils zwischen solchen Nuten (Spulenseiten) zu suchen ist, zwischen denen gegensinnige Strom-

Tabelle 12-2
Beziehungen zwischen Dreh- und Wechselfeldern.

Feldart	Lage im Raum	Größe Betrag	Feldskizze, Diagramm
Wechselfeld	bleibt fest	ändert sich periodisch	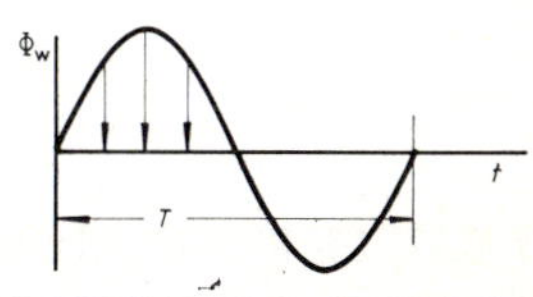
Drehfeld	ändert sich periodisch	bleibt konstant	

richtungssinne vorliegen. Das trifft *hier* zu für die Nuten

1 und 6: hier liegt ein Nordpol dazwischen,
3 und 4: hier liegt ein Südpol dazwischen.

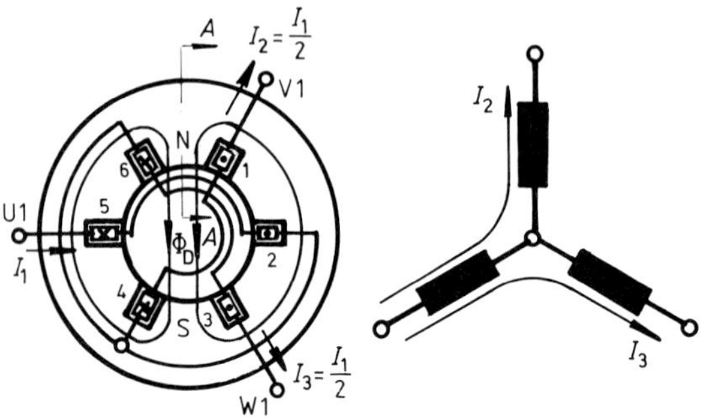

Bild 12-8 2-polige Wicklung und Stromverteilung in den drei Wicklungssträngen. Der Schnitt *A-A* ist im Bild 12-10 abgebildet. Es liegt die Situation t_1 aus Bild 12-9 vor.

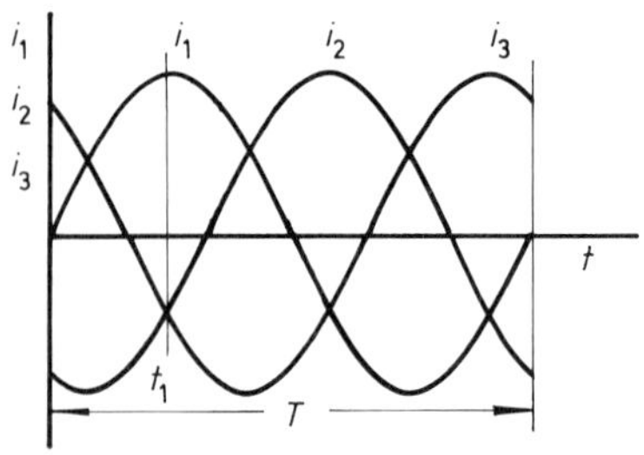

Bild 12-9 Das Liniendiagramm zur Stromverteilung aus Bild 12-8.

In jeder anderen Situation werden die Pole woanders liegen, aber stets einander gegenüber.

Nach diesen Gesichtspunkten läßt sich das Wickelschema zeichnen, einschließlich Netzanschlüssen und der Sternverbindung.

Bild 12-10 ist als die Abwicklung des aufgeschnittenen Maschinenständers in die Ebene zu verstehen, gesehen speziell aus der Maschinenmitte, entsprechend dem Schnitt A-A durch Bild 12-7. Im Bild 12-10 sind vor allem die drei Spulen zu erkennen, wie sie in den Nuten liegen:

1. Spule in Nut 1 und 4, Jede Spule
2. Spule in Nut 2 und 5, kann mehrere
3. Spule in Nut 3 und 6. Windungen haben.

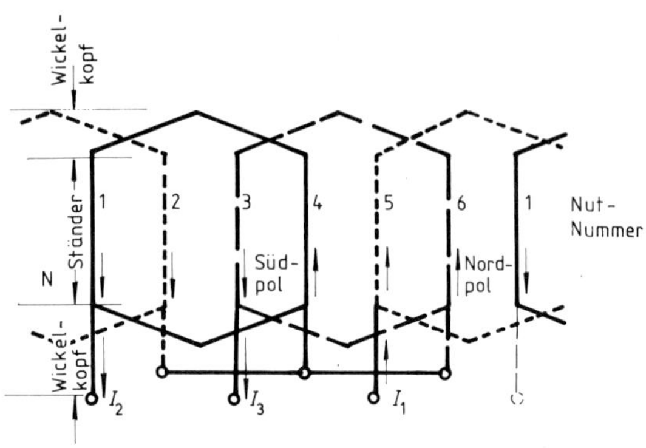

Bild 12-10 Wickelschema für $Z = 6$ Nuten, $m = 3$ Phasen und $p = 1$ Polpaar ($P = 2$ Pole).

Die gezeichnete Stromverteilung gilt nur für die Situation t_1 aus Bild 12-9. Bei einer anderen Situation liegen natürlich auch die Pole wo anders.

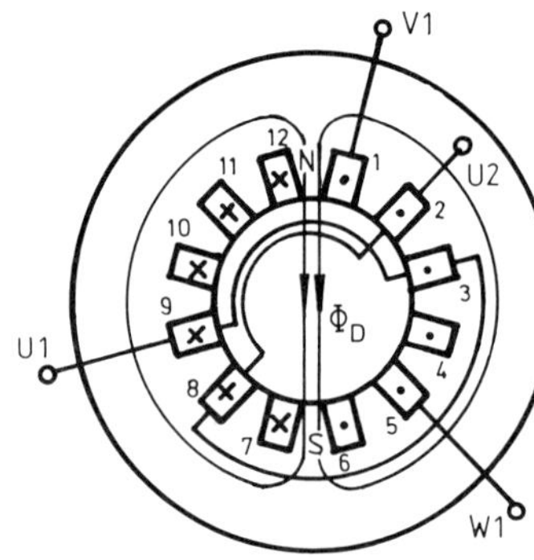

Bild 12-11 2-polige Wicklung und Nutenströme in den drei Wicklungssträngen eines 12-nutigen Ständers. Es liegt die gleiche Situation wie in Bild 12-9 vor, (Nur der Strang U1-U2 ist durchgezeichnet.)

Üblich sind mindestens zwölf Nuten. Der Ständerumfang ist so besser ausgenutzt und ein gleichmäßigerer Lauf zu erwarten. Diese Ausführung zeigt der Abschnitt 12.2.2.

12.2.2 Zweipoliges Drehfeld in zwölf Nuten

Ausgangspunkt sei die gleiche Situation wie in Bild 12-9. Dazu gehört das Bild 12-12. Jeder Strang besteht jetzt aus $q = 2$ Nuten pro Pol und Phase, also q = 12 Nuten/2 Pole/3 Phasen = 2 Nuten/Pol/Phase.

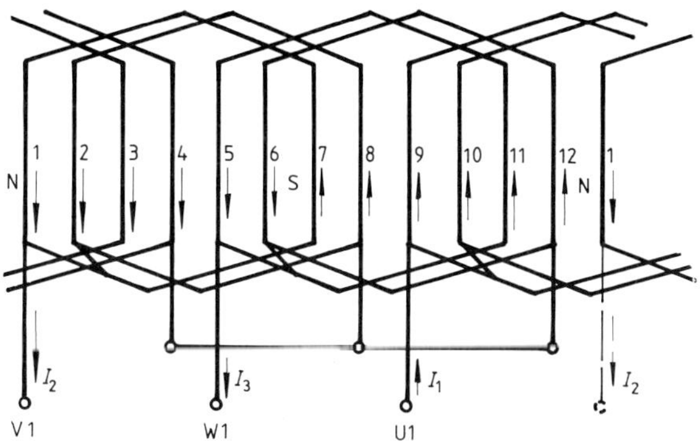

Bild 12-12 Wickelschema für die mindestübliche Nutenzahl eines 2-poligen Drehfeldmaschinen-Ständers. Falls man nur wissen will, wie die Wicklung aussieht *und sicher ist, daß die Wicklung auch widerspruchsfrei funktioniert,* kann man die eingezeichneten Stromrichtungspfeile und Pole natürlich auch weglassen.

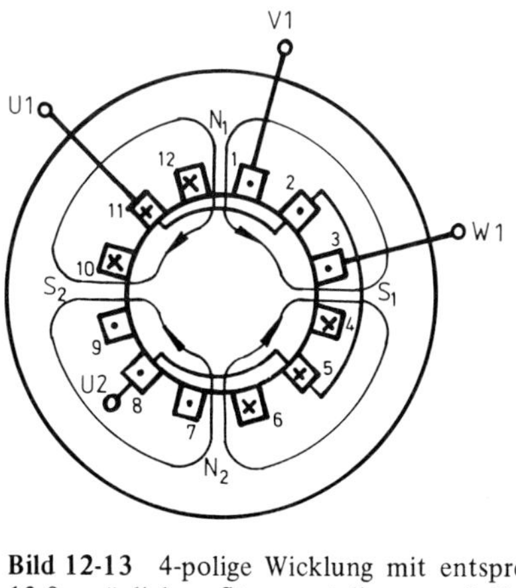

Bild 12-13 4-polige Wicklung mit entsprechend Bild 12-9 möglicher Stromverteilung und Feldsituation. Nur der Strang U1-U2 ist eingezeichnet. Die anderen Stränge verlaufen analog.

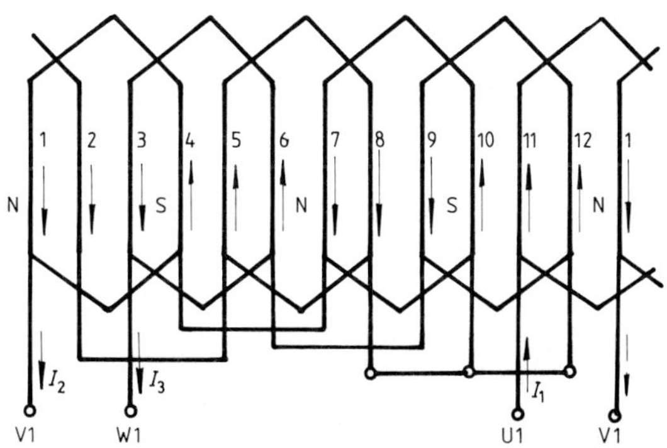

Bild 12-14 Wickelschema für $Z = 12$ Nuten, $m = 3$ Phasen und $p = 2$ Polpaare ($P = 4$ Pole) zum Ständer aus Bild 12-13.

Zu einem Wicklungsstrang gehören z.B. die Spulenseiten in den Nuten 1 und 7 sowie 2 und 8. Sie bilden den Strang zwischen den Klemmen V1 und V2 (Bild 12-12). Die Pole liegen wieder zwischen solchen Nutenseiten, zwischen denen gerade die Strompfeile unterschiedlichen Richtungssinn haben, also zwischen Nut 6 und 7, sowie zwischen 12 und 1.

12.2.3 Vierpoliges Drehfeld in zwölf Nuten

Die Bilder 12-13 und 12-14 zeigen das zu einem vierpoligen Drehfeld gehörige Wickelschema. Man erkennt auch hier, daß Pole überall da liegen, wo sich an zwei Nuten unterschiedlicher Stromrichtungssinn begegnet. Die Spulen für eine vierpolige Wicklung sehen natürlich anders aus als für eine zweipolige Wicklung.

Die Bilder für die Wickelschemata sind nur als Beispiele aufzufassen. Sowohl für zwei- als auch für vierpolige Wicklungen sind auch andere Lösungen möglich, vor allem bei größerer Nutenzahl. Details hierzu sind der Spezialliteratur zu entnehmen [11].

12.3 Umsteuern von Drehfeldmaschinen

Bei allen *dreiphasigen* Drehfeldmaschinen kann man den Drehrichtungssinn durch Vertauschen zweier Netzanschlüsse umkehren.

12.4 Wanderfeld

Denkt man sich eine Drehfeldmaschine, z.B. in der Ausführungsform von Bild 12-8, aufgeschnitten, auseinandergebogen und in die Ebene abgewickelt, so erhält man den sogenannten Linearmotor. Bild 12-15 zeigt ein Ausführungsbeispiel, zwei sogenannte Induktorkämme. Zwischen zwei solchen Kämmen pflegt der dann schienenförmige „Läufer“ zu liegen (siehe Bild 13-23). Was dabei wirklich „läuft“, kann durchaus auch der Ständer sein.

Bild 12-15 Induktorkämme eines Linearmotors (Werkbild: *Mannesmann-Demag*, Hamburg).

Bild 12-16 Anwendungsbeispiel für einen Linearmotor nach Bild 12-15: Magnetbahn. Die Bahnschiene ist hier der Ständer.

13 Asynchronmaschine (Induktionsmaschine)

13.1 Konstruktive Abgrenzung

13.1.1 Ständer

13.1.1.1 Drehstromausführung

Der Ständer einer Asynchronmaschine mit Drehstromwicklung unterscheidet sich nicht prinzipiell von dem einer Drehstromsynchronmaschine. Er ist geblecht. Normalerweise ist der Ständer der äußere, feststehende Teil und derjenige, in den die Energie-Einspeisung erfolgt (Bild 13-1). Alle Größen, die sich auf den Ständer beziehen, erhalten den Index 1.

Bild 13-1 Blick auf die Ständerwicklung einer typischen Drehfeldmaschine (sogenannte verteilte Wicklung), hier speziell: Ständer eines Asynchron-Hochspannungsmotors mit Mikafolium-Isolierung beim Einlegen neuisolierter Spulenseiten (Quelle: *„Der Maschinenschaden“* – Fachzeitschrift für Risikotechnologie).

13.1.1.2 Konische Ständerausführung (Bremsmotor)

Bei normalen Ausführungen als Drehstrom-Motor bildet sich das Drehfeld in Ebenen, wie sie z.B. schon in Bild 12-3 zu sehen waren. Entsprechend der Aussage 1 in Abschnitt 6.1 kann man dabei davon ausgehen, daß sich die einzelnen Feldlinien in sich zusammenziehen und gleichzeitig voneinander abstoßen. Dabei können sie auf ihre Umgebung Kräfte ausüben.

Dieser Sachverhalt wird in einer konischen Ständerbauform zum selbsttätigen (Ab-)Lüften einer Bremse ausgenützt (Firma DEMAG). Bild 13-2 zeigt oben den strom- und damit drehfeldlosen Maschinenständer quer zur Zeichenebene des Bildes 12-3. Die Spiralfeder links am

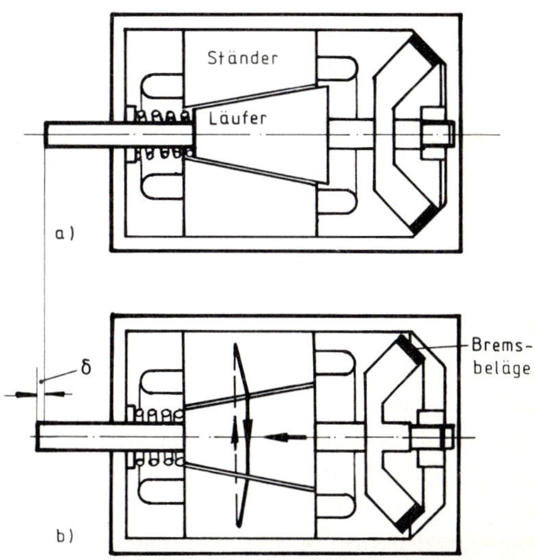

Bild 13-2 Bremsmotor der Firma Mannesmann-Demag. a) Stromloser, festgebremster Zustand. b) Betriebszustand. Durch die Feldkräfte wird der Läufer entgegen dem Spiralfederdruck nach links geschoben. Dabei heben die Bremsbeläge von ihrer Unterlage (rechts im Bild) ab.

Wellenende drückt den Läufer nach rechts. Dabei bremst sich der Läufer mit seinem Bremsbelag innen am Gehäuse fest.

Sobald der Ständer an Spannung gelegt wird und sich dabei das Drehfeld mit seinen vorgenannten Zugkräften bildet, wirkt auf den Läufer eine Kraft, die ihn nach links, also vom Bremsbelag wegdrückt, entgegen der Kraft der Spiralfeder. Die Welle braucht dazu einen kleinen Hubweg-Freiraum nach links.

Die Fertigung dieses Maschinenprinzips ist recht aufwendig: Sowohl im Ständer als auch im Läufer sind keine zwei aufeinanderfolgenden Bleche gleichgroß. Das so erreichbare Bremsprinzip, zu dessen sicherem Funktionieren *keine fremde Betriebsenergie erforderlich ist,* hat indessen auf jeden Fall seine Vorteile.

Alle anderen Anbieter von Drehstrom-Asynchronmaschinen, außer Firma Mannesmann DEMAG, bauen die Maschinen rein zylindrisch.

13.1.1.3 Einphasenausführung (Kondensatormotor)

Für Leistungen bis etwa 2 kW wird die Maschine in größten Stückzahlen auch für Betrieb an Einphasen-Wechselsspannung gebaut, und zwar als Antrieb für Kühlschränke, Waschmaschinen usw.

Die für die Erzeugung des Drehfelds erforderliche Phasenverschiebung erhält man meist durch Verwendung einer zusätzlichen Hilfsphase mit einem Kondensator in Reihe, der für diese Maschinenart charakteristisch ist (Bilder 13-3 und 13-6). Die Bilder 13-3 bis 13-5 zeigen, wie das Drehfeld zustande kommt. Die Wicklung ist sehr grob vereinfacht. Realistische Ausführungen sehen z.B. 24 Nuten vor, von denen 16 für den Haupt- und 8 für den Hilfsstrang bewickelt werden.

Nach erfolgtem Hochlauf wird der Kondensator im allgemeinen abgeschaltet, z.B. selbsttätig mittels Fliehkraftschalter, Zeitrelais oder dgl. Der Kondensator ersetzt also das Anwerfen beim Anwurfmotor (siehe Abschnitt 12.1.3).

Für die Umsteuerung kommt die in Bild 13-3 eingezeichnete Schaltung infrage: durch die alternative Betätigung des Schalters S1 bzw. S2 wird der Stromrichtungssinn in der Hilfsphase und damit der Anlaufdrehrichtungssinn umgekehrt.

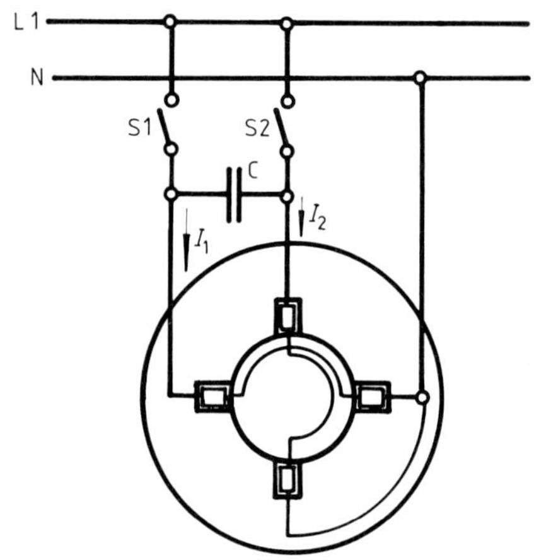

Bild 13-3 Prinzip eines Ständeraufbaus mit dem ein Drehfeld durch Anschluß ans Einphasenwechselstromnetz erreicht werden soll.

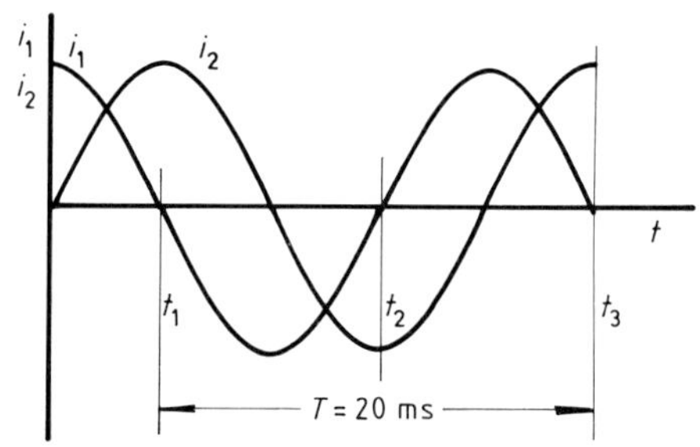

Bild 13-4 Analog Bild 7-16 ist eine Phasenverschiebung zu erwarten, wenn mit einem Kondensator gearbeitet wird, wie er in Bild 13-3 zu sehen ist. Die Liniendiagramme gelten für die Situation geschlossenen Schalters S2.

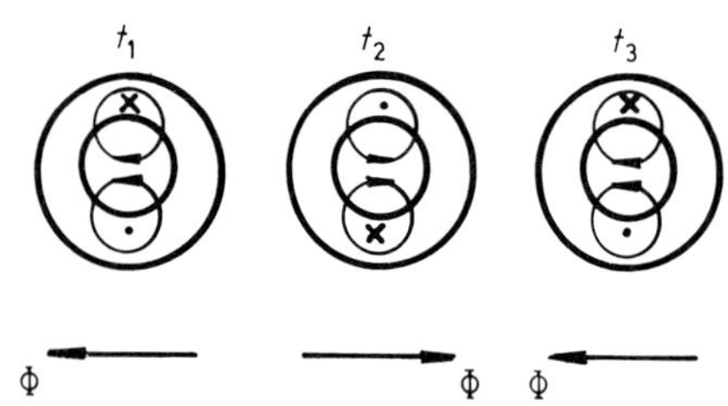

Bild 13-5 Aus den Situationsbildern t_1 bis t_3 zum Bild 13-4 ersieht man, daß ein Drehfeld auch am Einphasenwechselstromnetz erzeugt werden kann. Das war auch nach Abschnitt 12.1.3 schon zu erwarten.

Bild 13-6 Einphasen-Wechselstrom-Asynchronmotor mit Anlaufkondensator (oben) (Werkbild: *Antriebstechnik G. Bauknecht GmbH,* Welzheim).

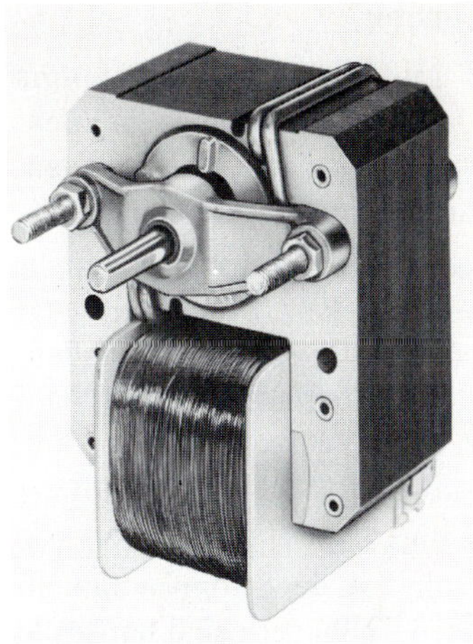

Bild 13-7 Spaltpolmotor, zweipolig. Rechts oben erkennt man zwei Kurzschlußwindungen, an der Läuferachse diametral gespiegelt zwei weitere (Werkbild: *Antriebstechnik G. Bauknecht GmbH,* Welzheim).

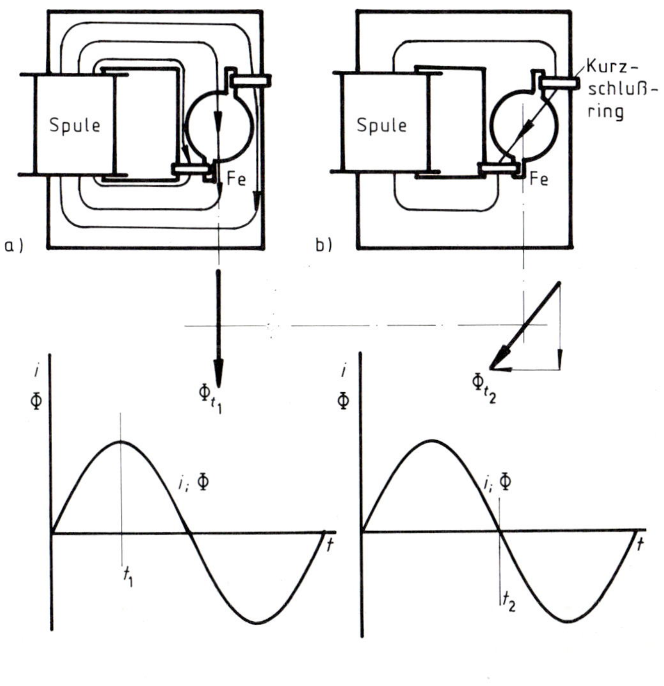

Bild 13-8
Wirkungsprinzip eines Spaltpolmotor-Drehfelds. Das einphasige Wechselfeld nimmt wegen der periodisch-rhythmischen Verlagerung bei jedem Nulldurchgang abwechselnd eine vertikale und eine mehr oder weniger ausgeprägte horizontal gekippte Lage ein. Während der negativen Stromhalbwellen sind die Felder umgekehrt. Das kommt zusammen der Wirkung eines Drehfelds gleich.

13.1.1.4 Spaltpolmotor

Der prinzipielle Aufbau des Spaltpolmotors geht aus Bild 13-7 hervor. Man erkennt ein Eisenblechpaket mit einer einzigen Wechselstromspule. Der Aufbau ist also denkbar einfach.

Von einer einzigen Wechselstromspule kann nur ein Wechsel-, aber noch kein Drehfeld erzeugt werden. Hierfür sorgen zwei Kurzschlußwindungen, die von den Polspalten aus Teile des Ständereisens umschließen.

Bild 13-8 zeigt zwei Situationen, davon gehört die Situation a) zum Fall maximalen Stroms, die Situation b) zum Fall des Strom-Nulldurchgangs. In den beiden Teilbildern sind ferner die Feldsituationen mit eingezeichnet. In a) verteilt sich das Feld über den ganzen verfügbaren Eisenquerschnitt. In b) ist erkennbar, daß bei Erreichen des Stromnulldurchgangs das Feld noch nicht ganz verschwunden ist. Vielmehr „hält" es sich noch in den von den Kurzschlußringen umschlossenen Zonen. Eine Erklärung hierfür ist das Lenzsche Gesetz (Satz (6.39)).

Es stellen sich somit im wesentlichen die beiden Feldsituationen ein:

- vertikales Feld, solange der Strom größer als Null ist und
- eine deutliche Querkomponente zur Zeit des Strom-*Nulldurchgangs*.

Diese Darstellung soll nur das Prinzip zeigen. Es gibt auch Ausführungen mit vier Kurzschlußringen. Sie tragen zu einem kontinuierlicheren Lauf des Motors bei.

Gebaut werden Spaltpolmotoren in größten Stückzahlen zwei-, vier- und sechs-polig bis zu Leistungen von etwa 200 W. Verwendet werden sie als Antriebe für Büromaschinen, kleine Lüfter, Phono- und Haushaltsgeräte und diverse andere Zwecke.

Der Drehsinn dieser Maschinen ist nicht umkehrbar!

13.1.2 Luftspalt

Es gibt keinen Vorgang im Läufer einer normalen Asynchronmaschine, der nicht vom *Ständerdrehfeld* her ausgelöst würde. Dieses muß also ohne besondere Schwierigkeiten im Läufer *wirksam werden* können. Es ist daher verständlich, daß der Luftspalt zwischen Ständer und Läufer *als Charakteristikum der Asynchronmaschine* minimal klein ist. Meist beträgt er weniger als 0,5 mm. Je größer er ist, um so größer wird der Strom, selbst schon im Leerlauf (siehe Meßpunkt 96).

Bild 13-9 Läufer einer Drehstrom-Asynchronmaschine mit Schleifringläufer. Man erkennt links auf der Welle die drei Schleifringe (Werkbild: *Schorch GmbH*, Mönchengladbach).

13.1.3 Läufer

Man unterscheidet Schleifring- und Kurzschlußläufer. Beide sind geblecht. Alle Größen, die sich auf den Läufer beziehen, erhalten den Index 2.

13.1.3.1 Schleifringläufer

Es kommt im wesentlichen eine einzige Ausführungsform infrage, sehr im Gegensatz zum Kurzschlußläufer mit seinen vielfältigen Varianten.

Der Leistungsbereich liegt zwischen etwa 0,3 kW und 40 000 kW. Der Preis liegt etwa 50 ... 150 % über dem von Kurzschlußläufern.

Bild 13-10 zeigt die Wicklung mit ihren elektrischen Anschlüssen an die Schleifringe, sowie die Bürsten mit ihren Anschlüssen an verstellbare Vorwiderstände. Die Vorwiderstände haben etwa das Volumen des ganzen Motors (Bild 13-11). Die Bürsten und die Schleifringe stellen Verschleißstellen dar. Es gibt daher Ausführungen, bei denen nach dem Anlauf des Motors, z.B. durch Fliehkraftschalter, die Schleifringe kurzgeschlossen werden. Danach können die Bürsten über eine sogenannte Bürstenabhebevorrichtung (meist mit BAV abgekürzt) abgehoben und somit die Bürsten und die Schleifringe bis zum nächsten Anlauf geschont werden.

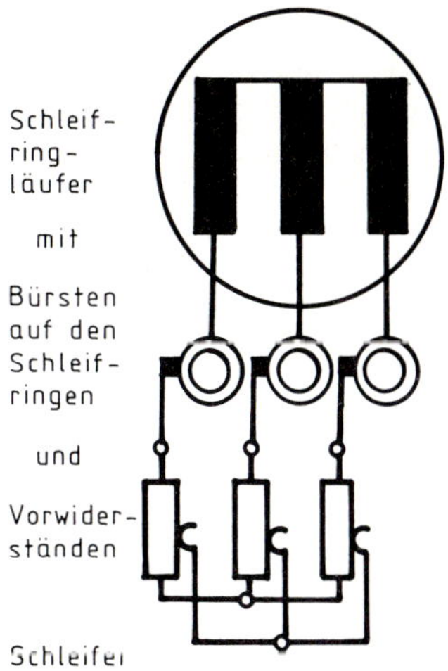

Bild 13-10 Schleifringläuferprinzip. Mitunter ist auch eine Bürsten-Abhebe- und Wicklungs-Kurzschließe-Vorrichtung anzutreffen.

Bild 13-12 Läufer einer Asynchronmaschine mit Käfigläufer (Kurzschlußläufer): 1,4 MW Drehstrom-Lokomotiv-Fahrmotor. Die in den Läufernuten liegenden Stäbe sind nicht isoliert. Stirnseitig sind sie durch je einen Kurzschlußring miteinander verbunden. Die Läuferbleche sind gegeneinander isoliert. Die „Wicklung" für sich allein gleicht einer Kleintier-Lauftrommel. Daher heißt dieser Motor auf englisch squirrel-cage-motor und auf französisch moteur à cage d'écureuil, also beidemale: Eichhörnchenkäfigmotor.

Bild 13-11 Anlaßwiderstand für einen größeren Schleifringläufer-Asynchronmotor, bei abgenommener äußerer Blechverkleidung (Werkbild: *Spohn + Burkhardt*, Blaubeuren).

13.1.3.2 Kurzschluß- oder Käfigläufer

Gebaut werden Maschinen mit Leistungen ab einigen Watt bis zu etwa 100 000 kW.

Bild 13-12 zeigt ein Ausführungsbeispiel für einen Kurzschlußläufer. Im Gegensatz zum Schleifringläufer mit seinen über die Vorwiderstände einstellbaren Läuferströmen gibt es hier nur eine einzige Betriebsart: den Kurzschluß des Läufers. Der Läufer stellt von seiten der Stromwege einen Käfig dar. Er wird entweder im Druckgußverfahren mit Aluminium in die Nuten des Läuferblechpakets hineingespritzt, samt Lüfterflügeln und Wuchtbolzen, oder die Käfigstäbe werden in die Nuten eingeschoben und beidseitig mit einem Kurzschlußring verlötet.

Beim Kurzschlußläufer gibt es zahlreiche Varianten. Man kann sie hinsichtlich folgender Merkmale einteilen:

Nutung

Die Nuten können unterschiedliche Profile haben (Bild 13-13). Dabei hat ein Läufer allerdings entweder die eine Nutform ausschließlich, oder eine andere und nicht mehrere Nutformen gleichzeitig.

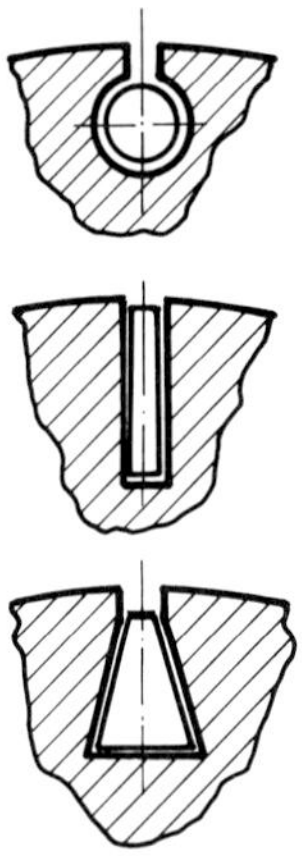

Bild 13-13
Verschiedene Läufernutenformen von Asynchronmaschinen.

In allen vorgenannten Fällen besteht der Wunsch, mit unterschiedlichen Nuten oder mehreren Käfigen ganz bestimmte Drehmoment- oder Strom-Charakteristiken oder beides gleichzeitig zu erreichen.

Läufermaterial

Das Wicklungsmaterial kann einen speziellen Aufbau haben: sogenannter Widerstandsläufer (Bild 13-16). Mit dieser Lösung ist ein Kennlinienverlauf verknüpft, wie er als „weiche" Kennlinie im Bild 11-16 beschrieben wird.

Ein Läufer hat normalerweise *einen einzigen* Käfig. Es gibt jedoch auch Ausführungen mit *zwei konzentrischen* Käfigen (Bild 13-14) oder gar deren drei.

Die Nuten können ferner entweder achsenparallel verlaufen (Bild 13-12) oder stattdessen gegen die Läuferachse geschrägt sein, wie z.B. im Bild 13-15. Ziemlich analog einem schräg verzahnten Getriebe darf man von einem schräg genuteten Maschinenläufer eine größere Laufruhe erwarten, da sich das Moment kontinuierlicher bildet.

Bild 13-16 Beispiel für einen Kurzschlußläufer in der Ausführung als Schlupfmotor, siehe hierzu auch Abschnitt 13.4.3, Beispiel 13.8. Charakteristisch ist der unsymmetrische Läuferaufbau. Er resultiert aus der vermehrten Unterbringung von Widerstandsmaterial in der Läuferwicklung (rechts) (Werkbild: *Felten & Guilleaume*, Nordenham).

Bild 13-14
Beispiel für eine Läuferausführung mit einer Doppelkäfigwicklung. Alle runden und alle eckigen Nuten sind mit je eigenen Kurzschlußringen zusammengeschlossen.

Läuferlage

Normalerweise liegt der Läufer natürlich innen. Es kann aber konstruktive und sonstige Gründe geben, ihn außen haben zu wollen (Bild 13-17).

Bild 13-15 Asynchronmaschine mit Kurzschlußläufer. Man erkennt im einzelnen als besondere Charakteristika: schräger Nutenverlauf; die „Wicklung" besteht aus Aluminium. Man sieht das daran, daß offensichtlich das Material in den Nuten und die stirnseitigen Kurzschlußringe mittels Spritzgußverfahren durch die gleiche Druckknopfbetätigung hergestellt wurden. Gleichzeitig wurden an die Kurzschlußringe die Läufer-Lüfterflügel und Wuchtbolzen angespritzt.

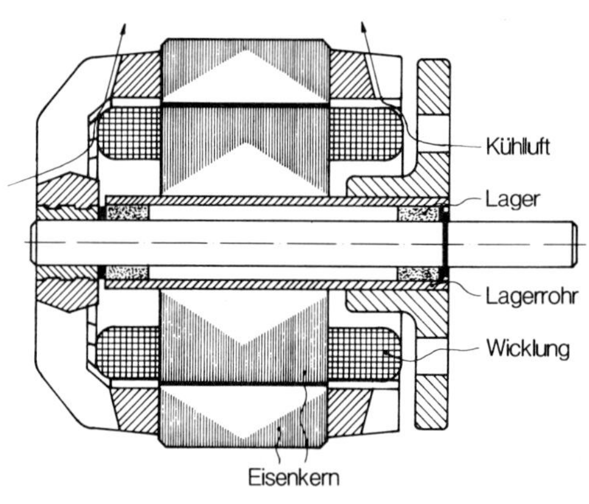

Bild 13-17 Beispiel für einen Außenläufer-Asynchronmotor (Werkbild: *Papst*, St. Georgen).

Wie schon gesagt, kann der Luftspalt an sich gar nicht eng genug sein. Falls eine Maschine jedoch betriebsbedingt in enger Nachbarschaft zu nassen Medien arbeitet, z.B. ein Heizungsumwälzpumpenantrieb, so empfiehlt sich zwecks Abdichtung der empfindlichen Ständerwicklung mit ihrer hohen Betriebsspannung ein Dichtrohr im Luftspalt, das Spaltrohr. Hierdurch wird der Luftspalt natürlich größer als normal ausfallen müssen. Bild 13-18 zeigt einen sogenannten Naßläufer.

Läuferkomplettierung

Mitunter kann der Läufer erst vom Kunden komplettiert werden, z.B. integriert mit einem Kühlschrankkompressor (Bild 13-19) oder einer Werkzeugmaschinenbaugruppe (Bild 13-20).

Proportionen

Es gibt superschlanke Motoren (Bild 13-21) für den Antrieb einer Kreissäge und dergleichen Arbeitsmaschinen vor allem für hochtourigen Betrieb! Als entgegengesetztes Extrem gibt es auch einen scheibenförmig gestalteten Antrieb (analog dem seinerzeitigen Bild 6-32), siehe Bild 13-22. Erinnert sei auch an Bild 13-2.

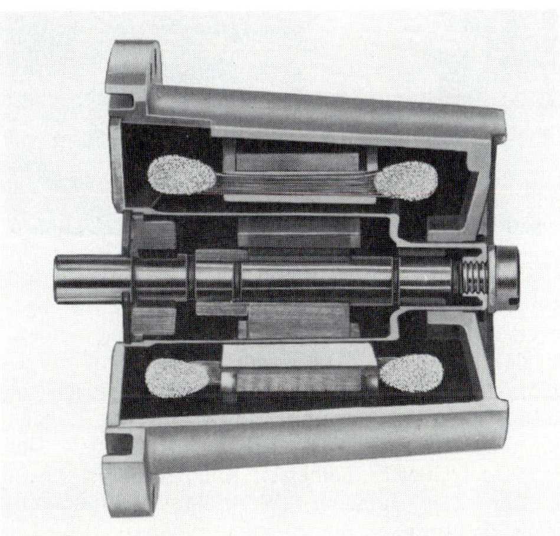

Bild 13-18 Spaltrohrmotor als Pumpenantrieb. Mit Spaltrohr ist hier gemeint, daß im *Luft-Spalt* zwischen dem Ständer und dem Läufer ein Rohr liegt. Es trennt diese beiden Zonen gegen die gepumpte Flüssigkeit (Werkbild: *Antriebstechnik G. Bauknecht GmbH,* Welzheim).

Bild 13-19 Kühlschrank-Antriebsmotor. Wie man sieht, hat der Motor keine eigene Welle. Der Motorläufer wird mit dem des Kühlschrank-Kompressors zusammengefügt und mit ihm zusammen auch gelagert (Werkbild: *Antriebstechnik G. Bauknecht GmbH,* Welzheim).

Bild 13-20 Beispiel für einen Einbaumotor; links Ständer (ohne Gehäuse), rechts Läufer (ohne Welle). Die beiden Teile sind für die spätere Integration mit der betreffenden Arbeitsmaschine gedacht, die der Kunde selbst vornimmt (Werkbild: *Perske*, Mannheim).

Bild 13-21 Beispiel für einen besonders schlank gebauten Asynchronmotor, z.B. als Antrieb für eine Kreissäge oder für eine Zerspanungsanlage. Der Motor ist selbst Werkzeugträger. Durch die schlanke Bauform ergeben sich so Einbauvorteile (Werkbild: *Perske,* Mannheim).

Bild 13-22 Dieser Scheibenläufer hat die entgegengesetzten Proportionen wie der Motor aus Bild 13-21, siehe auch Bild 6-32 (Werkbild: *Fischbach GmbH*, Neunkirchen).

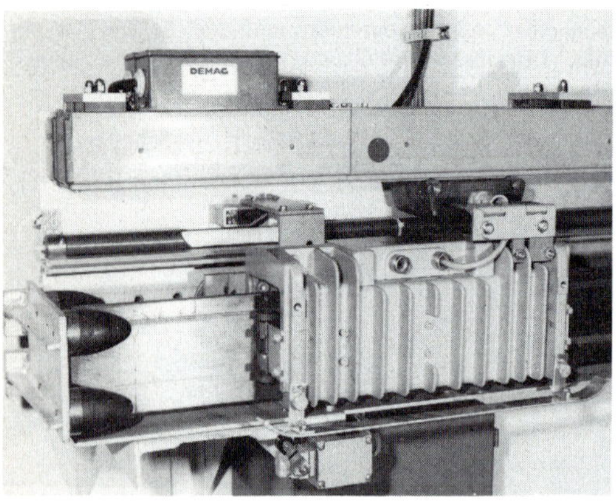

Bild 13-23 Ausführungsbeispiel eines Linear-Asynchronmotors. Es handelt sich dabei sozusagen um einen Außenläufer analog Bild 13-17, nur mit dem Unterschied, daß die Wicklung im fahrenden Teil sitzt (unter den Rippen). (Werkbild: *Mannesmann-Demag*, Hamburg).

Drehfeld oder Wanderfeld

Alle normalen Motoren sind umlaufende, rotierende Motoren. Denkt man sich einen solchen Motor aufgeschnitten, wie im Bild 12-8, allerdings einschließlich Läufer, auseinandergebogen und in die Ebene gelegt, so erhält man den sogenannten *Linearmotor* entsprechend den Bildern 13-23 und 12-15. Das Drehfeld wird dabei zum Wanderfeld, es läuft also in der Ebene statt zu rotieren.

Bild 13-24 Versuchsfahrzeug einer linearmotorbetriebenen Schnellbahnfahrstrecke. (Werkbild: *Brown Boveri & Cie AG*, Mannheim).

Bild 13-25 Bei genügend Zug am anderen Ende soll das auf der Trommel aufgewickelte Kabel zwar abgewickelt werden können. Es soll aber unter Zug bleiben. Der Zug wird von dem abgebildeten Motor aufgebracht, der dabei den Stillstand als Dauerbetrieb hat und bei Gegenlauf (weiteres Abspulen des Kabels) nicht überlastet sein darf: Drehmagnet-Betrieb. Der Motor muß hierfür bemessen sein, sonst ist er in kürzester Zeit ruiniert. (Werkbild: *Mannesmann-Demag*, Hamburg).

Man entwickelt den Linearmotor z.B. als Antrieb für eine Magnetschwebebahn, wie sie in Bild 13-24 zu sehen ist.

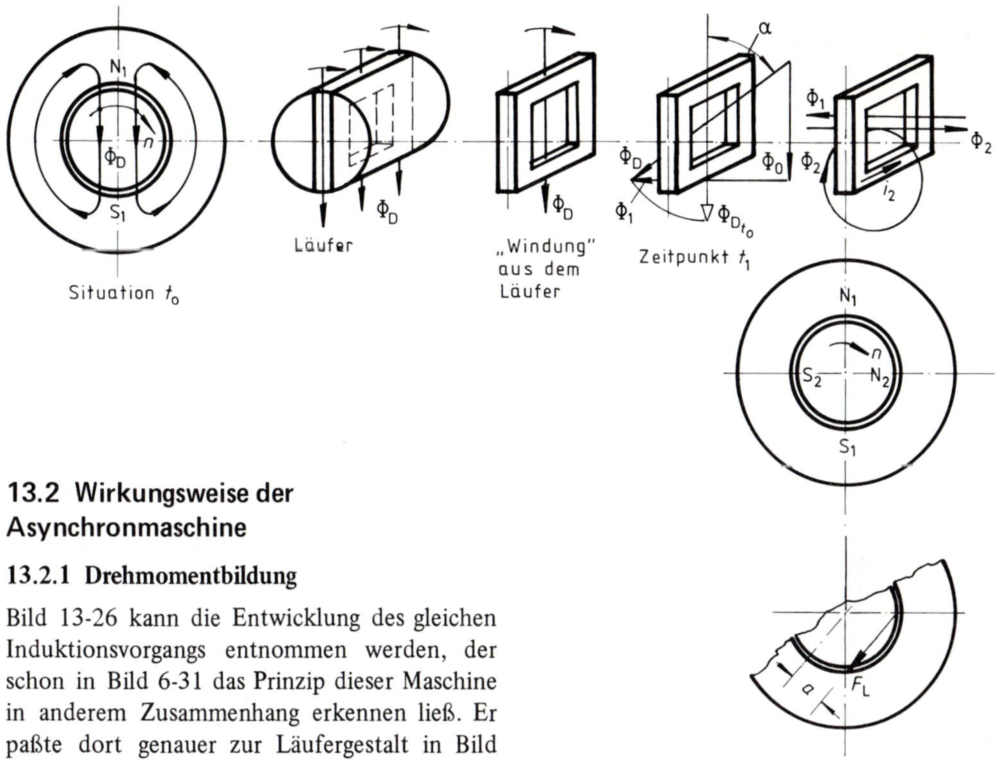

13.2 Wirkungsweise der Asynchronmaschine

13.2.1 Drehmomentbildung

Bild 13-26 kann die Entwicklung des gleichen Induktionsvorgangs entnommen werden, der schon in Bild 6-31 das Prinzip dieser Maschine in anderem Zusammenhang erkennen ließ. Er paßte dort genauer zur Läufergestalt in Bild 13-22. Folgt man dem Bild 13-26 von links nach rechts, so kann man die folgenden Zusammenhänge erkennen:

Zum Zeitpunkt t_0 stehe das Drehfeld Φ_D in der skizzierten, auch bezüglich des Läufers, senkrechten Ausgangslage. Aus dem Drehfeld wurde eine Scheibe und daraus wiederum eine geschlossene Schleife herausgeschnitten.

Auf der Grundlage der Induktionsvorgänge entsprechend Tabelle 6-3 ist ab dem Zeitpunkt $t_1 > t_0$ eingetragen, wie es zur Induktion des Stroms i_2 kommt, der das Feld Φ_2 trägt mit dessen Polbildung N_2 und S_2.

Die Wirkung der Pole des Läufers (Index 2) auf die des Ständerdrehfelds (Index 1) führt dazu, daß der Läufer dem Ständerdrehfeld mit der Kraft F_L am Hebelarm a nachläuft. Zum Beispiel zieht sich der Läufernordpol N_2 zum Ständerdrehfeld-Südpol S_1 hin. Gleichzeitig wird N_2 von N_1 abgestoßen usw. Das dabei auftretende Drehmoment M muß Gl. (11.11) erfüllen, wobei gilt:

$$M = c \cdot \Phi_1 \cdot I_2 = c \cdot \Phi_D \cdot I_2 . \qquad (13.1)$$

Bild 13-26
Entwicklung der drehmomentbildenden Induktionsvorgänge im Läufer einer Asynchronmaschine (Induktionsmaschine).

Hier ist speziell der Strom I_2 von der über die Ständerspannung U_1 in den Läufer induktiv übertragenen Spannung U_2 und dem Läuferscheinwiderstand Z_2 abhängig, also:

$$I_2 = \frac{U_2}{Z_2} = \frac{U_2(U_1)}{Z_2} . \qquad (13.2)$$

Ferner muß mit Gl. (7.48) erwartet werden:

$$U = U_1 = 4{,}44 \cdot f \cdot N \cdot \hat{\Phi} = 4{,}44 \cdot f \cdot N_1 \cdot \hat{\Phi}_D . \qquad (13.3)$$

Offensichtlich gilt also:

$$\hat{\Phi}_D \sim U_1 . \qquad (13.4)$$

Da somit wegen der Gln. (13.2) und (13.4) sowohl Φ_D als auch I_2 und U_1 proportional abhängig sind, gilt für das Drehmoment M der wichtige Zusammenhang:

$$M \sim U_1^2. \qquad (13.5)$$

Übrigens darf man nicht davon ausgehen, daß die in Bild 13-26 eingezeichneten Ständer- und Läuferpole stets die dortige Lage zueinander haben und beibehalten. Die Pole verschieben sich vielmehr last- und damit drehzahlabhängig etwas in Richtung auf die Ständerpole. Damit verändert sich auch der Hebelarm und folglich auch das Moment vom Betrag her.

Ferner verankern sich die Läuferpole nicht etwa in einer gegenüber dem Ständer fixierten Lage. Vielmehr gleiten (schlüpfen) die Pole über den Läufer hinweg. Das sieht man sofort ein, wenn man den Extremfall der entweder gerade anlaufenden oder der abgewürgten Maschine betrachtet. Dort läuft ja das Drehfeld auf jeden Fall schon auf vollen Touren, ohne daß es der Läufer auch tun müßte. Stets versucht der Läufer, dem Ständerdrehfeld hinterherzueilen.

13.2.2 Drehzahlbereiche

Das Drehmoment auf den Läufer kam durch Induktionsvorgänge im Läufer zustande. Sie sind solange wirksam, wie der Vorgang $d\Phi_1/dt$ wirksam ist, also eine Relativbewegung zwischen dem Ständerdrehfeld und dem Läufer vorliegt. Aus diesem Grund kann der Läufer aus eigener Kraft das Ständerdrehfeld nie einholen. Dann wäre die Relativbewegung nämlich Null und damit die ganze Kausalkette unterbrochen: $U_2 - I_2 - \Phi_2$ – Läuferpolbildung – Kraft- und Drehmomentwirkung auf den Läufer.

Da also der Läufer *nicht synchron* zum Ständerdrehfeld umlaufen kann, heißt die Maschine Asynchronmaschine. Der Induktionswirkungsgrundlage wegen heißt sie manchmal auch Induktionsmaschine, aber selten.

Die Drehzahldifferenz zwischen der Drehfelddrehzahl und der jeweiligen Betriebsdrehzahl nennt man die Schlupfdrehzahl n_{Sch}. Für sie gilt also

$$n_{Sch} = n_D - n_B. \qquad (13.6)$$

Aus Tabelle 13-1 gehen weitere Drehzahlbezeichnungen hervor.

Tabelle 13-1 Formelzeichen und dazugehörige Betriebsbezeichnungen der einzelnen möglichen Drehzahlen und Drehzahlbereiche einer Asynchronmaschine

Drehzahl bzw. Drehzahlbereich	Bezeichnung
$0 \leqslant n_B < n_D = n_S = n_1$	untersynchron
$n_B > n_D = n_S = n_1$	übersynchron
$n_B = n_D = n_S = n_1$	synchron
$n_{sch} = n_D - n_B$	Schlupfdrehzahl

Beispiel 13.1: Spannungsschwankungen

Eine Asynchronmaschine liege an einem Netz, dessen Spannung im Bereich von ± 10 % der Maschinen-Nennspannung schwankt.

Frage: In welchen Grenzen muß dann mit Drehmomentschwankungen bei der Asynchronmaschine gerechnet werden?

Lösung: Mit Gl. (13.5) erhält man:

$$M \sim U_1^2,$$

somit gilt:

$$M_N \sim U_{N_1}^2.$$

Dann ist auch weiterhin:

$$M_1 \sim U_{1_1}^2 = (0{,}9 \cdot U_N)^2 = 0{,}81 \cdot U_N^2$$

und

$$M_2 \sim U_{1_2}^2 = (1{,}1 \cdot U_N)^2 = 1{,}21 \cdot U_N^2.$$

Auswertung: Das Drehmoment der Asynchronmaschine schwankt im Bereich zwischen 81 % und 121 %, wenn die Netzspannung im Bereich von ± 10 % schwankt. Es kann daher sein, daß in „weichen" Netzen der Anlauf von Asynchronmaschinen infrage gestellt ist.

13.2.3 Schlupf

Eine ganze Anzahl von Zusammenhängen und Größen kann mit dem Schlupfbegriff erheblich vereinfacht dargestellt und damit übersichtlicher gemacht werden. Ihm liegt die Definition zugrunde:

$$s = \frac{n_D - n_B}{n_D} = \frac{n_{Sch}}{n_D}. \qquad (13.7)$$

Bild 13-27 zeigt den Zusammenhang zwischen der Drehzahl n und dem Schlupf. Er wird durch Beispiel 13.2 veranschaulicht. Das dortige Ergebnis $s_3 = 0{,}2$ oder 20 % kann so gedeutet werden:

- Die Betriebsdrehzahl n_B beträgt *hier* 80 % der Drehfelddrehzahl;

bzw.

- der Läufer *schlüpft* um 20 % gegenüber der Drehfelddrehzahl (hinterher).

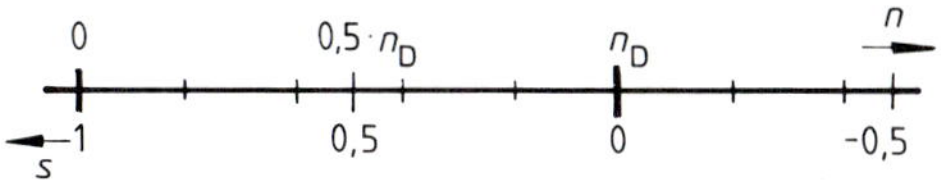

Bild 13-27 Drehzahl- und Schlupf-Skalen.

Beide Ausdruckweisen entspringen unterschiedlichen Standpunkten. Sie sagen natürlich im Endergebnis dasselbe aus. Im Einzelfall kann die Betrachtung vom Schlupf her sehr nützliche Vorteile bringen.

Gl. (13.7) kann übrigens noch in die Form der Gl. (13.8) überführt werden, wenn man sie nach n_B auflöst:

$$n_B = n_D \cdot (1 - s). \qquad (13.8)$$

Beispiel 13.2: Schlupfdaten

Gegeben seien die Betriebsdrehzahlen:

$$n_{B_1} = 0, \quad n_{B_2} = n_D, \quad n_{B_3} = 0{,}8 \cdot n_D.$$

Frage: Wie lauten dazu die Schlupfwerte?

Lösungen: Man erhält die Schlupfwerte, wenn man die gegebenen Betriebsdrehzahlen in Gl. (13.7) einsetzt:

$$s_1 = \frac{n_D - 0}{n_D} = \frac{n_D}{n_D} = 1{,}0,$$

$$s_2 = \frac{n_D - n_D}{n_D} = \frac{0}{n_D} = 0,$$

$$s_3 = \frac{n_D - 0{,}8 \cdot n_D}{n_D} = \frac{0{,}2 \cdot n_D}{n_D} = 0{,}2.$$

Siehe hierzu auch Bild 13-27.

13.2.4 Leistungsbilanz der Asynchronmaschine

Bild 13-28 zeigt einen Überblick, wie die in den Ständer eingespeiste Wirkleistung P_1 in der Maschine weiterhin umgesetzt wird.

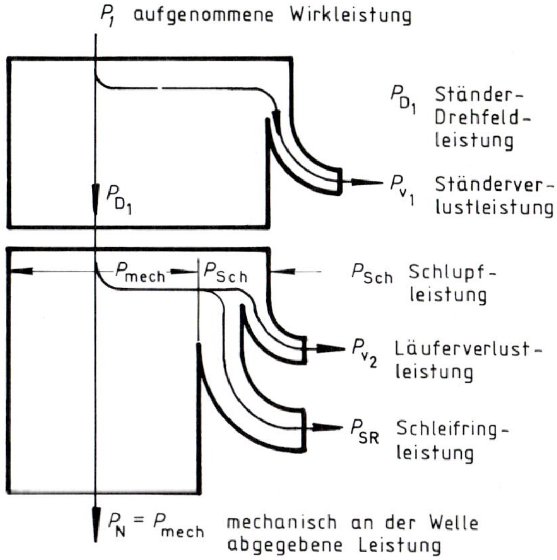

Bild 13-28 Wirkleistungsbilanz einer Asynchronmaschine mit Schleifringläufer.

Der Index 1 gehört wieder zum Ständer, Index 2 zum Läufer, P_V-Werte bedeuten Verluste.

Die Leistung P_{SR}, die Schleifringleistung, ist natürlich nur bei Asynchronmaschinen mit Schleifringläufern auch zugänglich und abgreifbar. Für einen beliebigen Betriebsfall mit der Last M gilt nach Gl. (11.2):

$$P_{D_1} = 2 \cdot \pi \cdot n_D \cdot M. \qquad (13.9)$$

Nach dem Satz von der Erhaltung der Energie (6.38) muß auch die Schlupfleistung P_{Sch} nicht nur irgendwo bleiben, sondern man muß ihr analog Gl. (11.2) einen entsprechenden Ausdruck zuordnen können. Er lautet:

$$P_{Sch} = 2 \cdot \pi \cdot n_{Sch} \cdot M. \qquad (13.10)$$

Setzt man die Gln. (13.9) und (13.10) zueinander ins Verhältnis, so erhält man unter Verwendung von Gl. (13.7):

$$\frac{P_{Sch}}{P_{D_1}} = \frac{2 \cdot \pi \cdot n_{Sch} \cdot M}{2 \cdot \pi \cdot n_D \cdot M} = \frac{n_{Sch}}{n_D} = s. \qquad (13.11)$$

Aus Gl. (13.11) erhält man vollends:

$$P_{Sch} = s \cdot P_{D_1}. \qquad (13.12)$$

Aus Bild 13-28 kann unmittelbar abgelesen werden:

$$P_{\text{mech}} = P_{\text{D}_1} - P_{\text{Sch}} = P_{\text{D}_1} - s \cdot P_{\text{D}_1}$$
$$P_{\text{mech}} = P_{\text{D}_1} \cdot (1 - s). \qquad (13.13)$$

Im Ausdruck P_{mech} stecken auch Reibungsverluste des Läufers. Vernachlässigt man sie, so kann man setzen:

$$P_{\text{mech}} = P_{\text{Welle}} = P_{\text{Nenn}} = P_{\text{N}}. \qquad (13.14)$$

Vor allem aus den Gln. (13.12) und (13.13) ersieht man, daß der Schlupfbegriff s auch geeignet ist, die Bilanz aufzuschlüsseln, wie die Luftspaltleistung P_{D_1} in die mechanisch und elektrisch wirksamen Komponenten zerfällt. Dieser Zusammenhang wird im folgenden noch aus einer anderen Betrachtungsebene einsichtig.

13.2.5 Kreisdiagramm der Asynchronmaschine

Es wird an Bild 7-44 angeknüpft. In Bild 13-29 ist in a) dann der linke Bildteil wiederholt und um 180° verdreht gezeichnet (b). So kann auf den in der Literatur üblichen Zusammenhang übergeleitet werden, wie der Strom einer Asynchronmaschine in einem Achsenkreuz dargestellt wird, in dem die Ordinate seine Wirk-, die Abszisse seine Blindkomponenten wiedergibt. Diese Darstellung heißt auch mitunter Heyland-, Ossannakreis oder einfach Stromdiagramm (Bild 13-30).

Es wird von folgenden leicht meßbaren Daten ausgegangen:

1. Leerlaufstrom I_0,
2. Anlaufstrom I_A (auch Kurzschlußstrom I_K genannt),
3. irgendein Betriebsstrom I_B, z.B. der Nennstrom I_N.

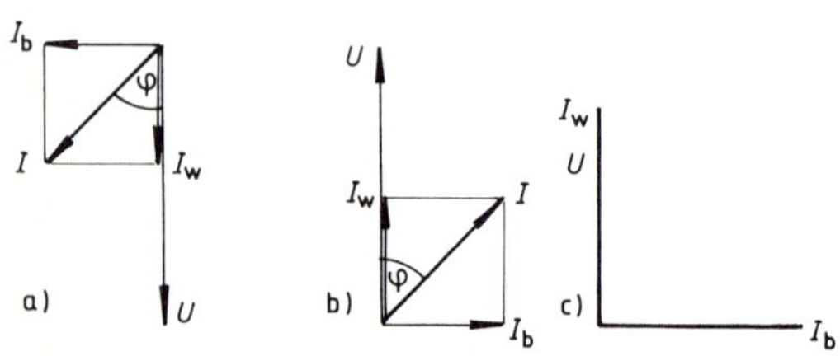

Bild 13-29 Zuordnung der Wirk- und Blindkomponenten eines Stroms I zu einem Koordinaten-Achsenkreuz. a) sinngemäße Wiederholung eines Ausschnitts aus Bild 7-44, b) der gleiche Ausschnitt, jedoch um 180° gedreht. c) Achsenkreuz für U-, I_W- und I_b-Darstellung.

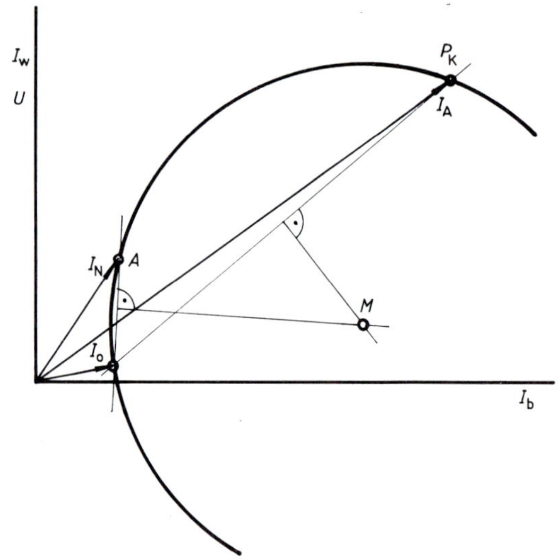

Bild 13-30 Konstruktion des Diagrammkreises aus den Strömen: Leerlaufstrom I_0, Nennstrom I_N und Anlauf- oder Kurzschluß-Strom I_A.

Der Mittelpunkt M kann gefunden werden, indem man die Strecken zwischen den Pfeilspitzen I_0 und I_N, sowie zwischen I_0 und I_A halbiert und im Halbierungspunkt das Lot errichtet. Im Schnittpunkt der beiden Lote hat man (etwa) den Mittelpunkt des Kreises, auf dem die drei obigen Ströme gefunden werden können, *sowie auch alle anderen Ströme der Maschine.* Zur Begründung dieses Sachverhalts wird auf die Spezialliteratur verwiesen [12].

Gegenüber der Praxis ist im Diagramm, vor allem in der Form des Bildes 13-31, einiges idealisiert. Übereinstimmungen gehören eher in den Bereich von Asynchronmaschinen mit Schleifringläufern. Ferner gibt es nicht unerhebliche Unterschiede in einigen wesentlichen Details, je nachdem, in welchem Leistungsbereich eine Maschine liegt.

Der Sinn des Diagramms besteht im wesentlichen darin, einen schnellen Überblick über einige Zusammenhänge zu liefern, die mit Worten allein nur sehr umfangreich und unanschaulich beschrieben werden könnten. Eine Schlüsselrolle spielt im Bild 13-31 die sogenannte Schlupflinie. Sie verknüpft *sämtliche Peripherie-*

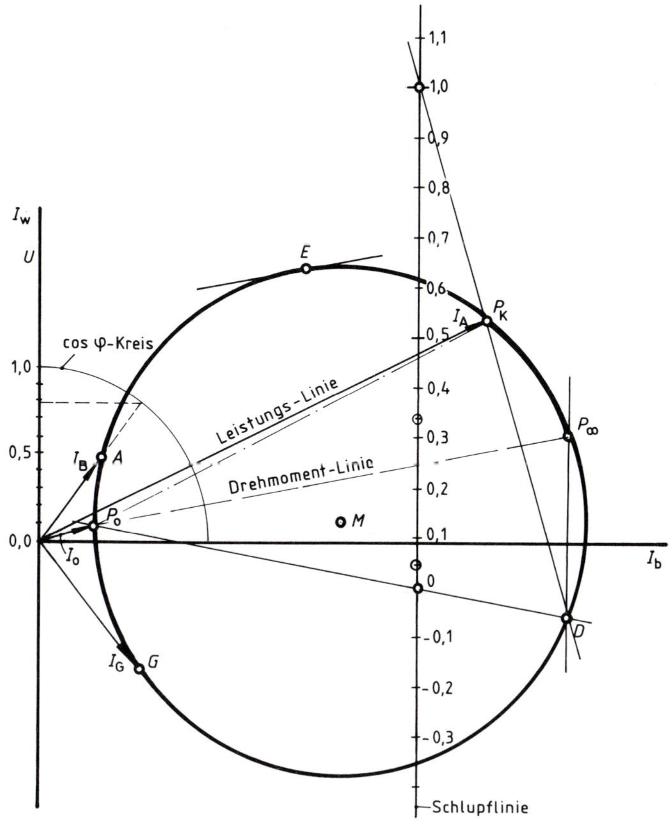

Bild 13-31
Kreisdiagramm einer Asynchronmaschine. Es gestattet, die Beträge von Strömen abzulesen, abhängig von der Drehzahl und dem jeweiligen Betrieb, und zwar stets ausgehend vom Koordinaten-Ursprung aus, siehe die Einträge I_B, I_0, I_A, I_G. Es gelten folgende Bereichsabgrenzungen: Motorbereich zwischen den Peripheriepunkten P_0 und P_K. Brems-Bereich (Gegenlauf-Bereich) zwischen P_K und P_∞. Generatorbereich zwischen P_0 und P_∞ (untenherum).

punkte des Kreises mit Schlupf- und damit Drehzahlbeträgen. Es ist daher graphisch möglich, die wichtige Fragestellung zu beantworten:

Bei welcher Drehzahl fließt welcher Strom?

Dazu gehören auch Aussagen hinsichtlich der Zulässigkeit solcher Ströme, ihres Blind- und Wirk-Anteils, sowie Vergleiche zwischen einzelnen Stromwerten. Darüberhinaus können aber auch Aussagen über die Drehmomente und die Leistung der Maschine gemacht werden. Ferner erkennt man den Zusammenhang zwischen Motor-, Brems- und Generatorbereich. Hierzu dienen auch die Fragestellungen des Beispiels 13.3.

Beispiel 13.3: Kreisdiagrammauswertung

Der im Bild 13-31 eingetragene Betriebsstrom I_B sei schon der Nennstrom I_N, also der gerade noch zulässige Strom.

Fragen:

1. Wie groß ist das Verhältnis des
   a) Leerlaufstroms I_0 zum Nennstrom,
   b) Anzugsstroms I_A zum Nennstrom?
2. Welche cos φ-Beträge bzw. welche Wirk- und Blindstromkomponenten haben die Ströme bei Leerlauf, bei Nennbetrieb und beim Anlauf?
3. Wie groß ist das Verhältnis des
   a) Anzugsmoments M_A zum Nennmoment,
   b) Maximal- (oder Kipp-)Moments zum Nennmoment?
4. Welche Drehzahlen gehören bei einer 4-poligen Maschine zu den Betriebsdaten:
   a) Nennbetrieb,
   b) Leerlauf,
   c) Kippmoment?
5. Ist das in Bild 13-31 eingetragene Generatorstrombeispiel (I_G) noch zulässig?

Lösungen:

1. Man liest aus Bild 13-32 die Beträge der zu vergleichenden Ströme als die *Längen der eingetragenen Strompfeile* ab. Daraus ergeben sich die Lösungen:

   a) $I_0/I_N = 0{,}57$

   b) $I_A/I_N = 4{,}86$.

   Aus a) ist zu entnehmen, daß der Leerlaufstrom in der Größenordnung des Nennstroms liegt. Bei kleinen Maschinen können das auch 80 % und mehr sein! Die Asynchronmaschine kann aufgefaßt werden, als eine Drosselspule mit Luftspalt siehe Meßpunkte 96 bis 99.

   Aus b) ergibt sich ein großer Einschaltstrom. Er kann Werte vom bis zum 7- und mehrfachen des Nennstroms betragen, siehe hierzu z.B. Tabelle 11-3, Spalte I_A/I_N, bzw. deren Ausschnitt in Tabelle 13-2.

Tabelle 13-2 Beispiele für Anlaufströme bei verschiedenen Nennleistungen von Normmotoren

P_N / kW	I_A / I_N
0,12	3
0,55	4,7
1,1	5,0
5,5	7,0
11	6,5
55	6,7
110	6,7
450	7,0

2. Der Leistungsfaktor $\lambda = \cos\varphi = P_1/S$ ist laut Gl. (7.27) definiert. Man kann die einzelnen Wirk-, Blind- und Scheinstrom-Beträge unmittelbar aus Bild 13-31 herauslesen. Sie sind auch in Bild 13-32 eingezeichnet. Daraus könnte man die $\cos\varphi$-Beträge bilden.

   Einfacher geht das allerdings über den in Bild 13-31 schon eingezeichneten $\cos\varphi$-Einheitskreis. Man braucht die gesuchten Ströme nur bis zu dieser Einheitskreisperipherie zu verlängern (oder ihren Schnittpunkt dort abzulesen) und nach links an den $\cos\varphi$-Maßstab zu projizieren. Dabei ergibt sich:

   $\cos\varphi_0 = 0{,}23,$

   $\cos\varphi_N = 0{,}78,$

   $\cos\varphi_A = 0{,}42.$

   Man erkennt, daß bei Leerlauf fast nur Blindstrom fließt. In Verbindung mit Bild 7-43 bedeutet das eine ärgerliche Belastung des Netzes mit Blindstrom und den dabei auftretenden Verlusten.

3. Die in Bild 13-31 u.a. eingetragene Drehmomentlinie gestattet, das jeweilige Drehmoment der einzelnen Betriebspunkte abzulesen. Das geht aus Bild

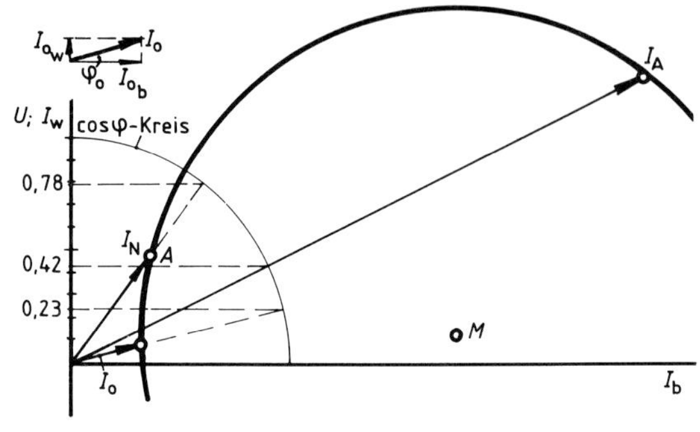

Bild 13-32 Kreisdiagramm zum Beispiel 13.3, Teile 1 und 2, also Strom- und $\cos\varphi$-Fragen.

13-33 noch deutlicher hervor. Dort sind die Lösungen für das Nennmoment M_N, das Anfahrmoment M_A und das Maximal- oder Kippmoment M_K abzulesen.

Aus dem Vergleich mit Tabelle 11-3, die auszugsweise in Tabelle 13-3 wiederholt und erweitert ist, erkennt man, daß die Ergebnisse im Rahmen der üblichen technischen Realitäten liegen: Aus Bild 13-33 war zu ersehen:

$M_A/M_N = 2{,}0$

$M_K/M_N = 3{,}3.$

Bei Maschinen anderer Leistung und Drehzahl, ferner bei Spezialmaschinen können diese Daten erheblich anders aussehen.

Tabelle 13-3 Beispiele für Anlauf- und Kippmomente bei verschiedenen Leistungen von Normmotoren.

P_N / kW	M_A / M_N	M_K / M_N
0,12	1,9	1,9
0,55	2,3	2,4
1,1	2,1	2,5
5,5	2,2	2,8
11	2,8	2,8
55	2,8	2,8
110	2,8	2,7
450	2,1	2,7

4. Die Drehzahlen ermittelt man über den Schlupf. Er wird an der Schlupflinie abgelesen und nach Gl. (13.8) „übersetzt". Zur Ablesung an der Schlupflinie bedarf es einer Geraden. Deren einer

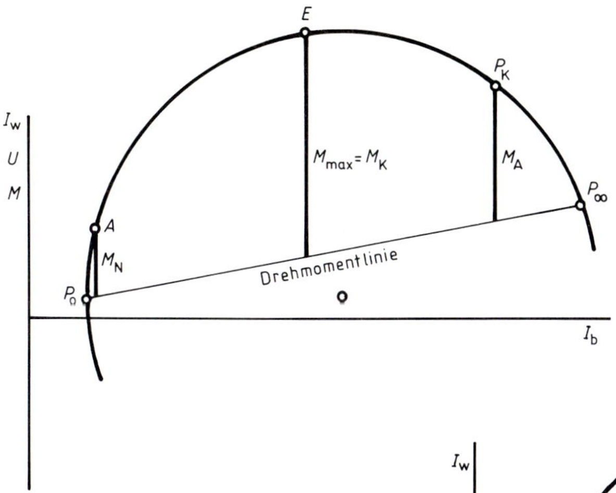

Bild 13-33 Kreisdiagramm zum Beispiel 13.3, Teil 3, Momente

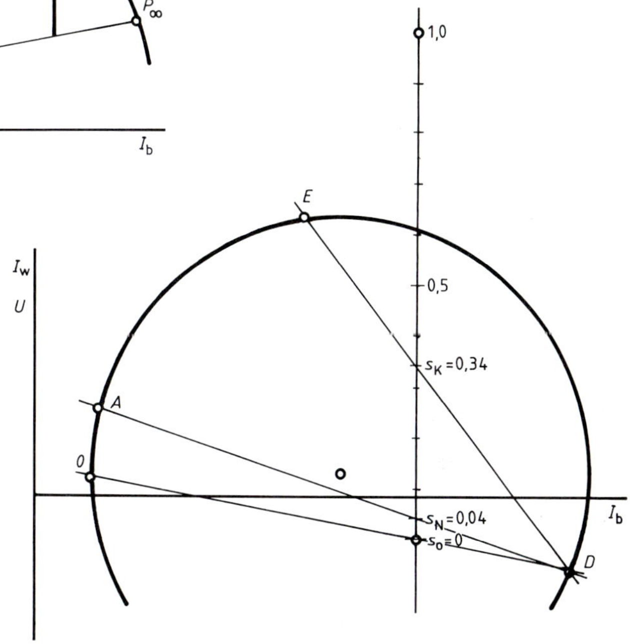

Bild 13-34
Kreisdiagramm zu Beispiel 13.3, Teil 4. Die gesuchten Drehzahlen werden auf dem Umweg über den jeweiligen Schlupf ermittelt. Der Schlupf seinerseits wird über die Schlupflinie am zuständigen Betriebspunkt abgelesen. So spannt sich z.B. eine Gerade zwischen dem (Pol-) Punkt D zum Betriebspunkt E, wo das Kippmoment auftritt und schneidet die Schlußflinie bei $s_K = 0{,}34$.

Punkt ist stets der (Pol-)Punkt D. Der zweite Punkt ist der jeweilige Betriebspunkt auf der Kreisperipherie. Bild 13-34 zeigt die drei gesuchten Fälle:

$$s = 0{,}04, \quad s_0 \approx 0, \quad s_K = 0{,}34$$

Mit Gl. (13.8) erhält man für die drei Schlupfergebnisse die Drehzahlen; aus Tabelle 12-1 folgt die Drehfelddrehzahl für eine vierpolige Maschine ($p = 2$):

$$n_B = n_D \cdot (1 - s) = 1500 \text{ min}^{-1} \cdot (1 - s).$$

Das sind die Ergebnisse:

$$n_{B_N} = n_N = 1500 \cdot (1 - 0{,}04) \text{ min}^{-1} = 1440 \text{ min}^{-1},$$

$$n_0 \approx 1499{,}5 \text{ min}^{-1},$$

$$n_K = 990 \text{ min}^{-1}.$$

Aus der Tabelle 11-3 ist in der Spalte Nenndrehzahl die prinzipielle Übereinstimmung mit dem Ergebnis $n_N = 1440 \text{ min}^{-1}$ zu entnehmen. Die Nenndrehzahl von Asynchronmaschinen liegt um so höher, je größer deren Leistung ist, sie liegt jedoch stets unterhalb der Drehfelddrehzahl.

Die Leerlaufdrehzahl ist praktisch gleich der Drehfelddrehzahl. Begreiflicherweise liegt sie etwas unterhalb n_D.

5. Aus Bild 13-31 ist zu ersehen, daß der Generatorstrom I_G im Verhältnis von etwa $33/20 = 1{,}65$, also um 65 % zu groß ist, um zulässig zu sein. Der Nennstrom I_N ist der Zulässigkeitsmaßstab.

13.2.6 Betriebskennlinien der Asynchronmaschine

Aus dem Kreisdiagramm in Bild 13-31 konnte man erkennen, daß über die Schlupflinie jedem Punkt des Kreises eine Drehzahl zugeordnet werden kann, was zur Verknüpfung von Strömen und Momenten mit Drehzahlen führt.

Bild 13-35 faßt aus einer anderen, für die Praxis zweckmäßigeren Betrachtungsebene die Ergebnisse des Kreisdiagramms zu einem weiteren Diagramm zusammen:

Ströme und Momente über der *Drehzahl*.

Die Daten des Bildes 13-35 könnten also aus dem Kreisdiagramm heraus gemessen sein. Viel üblicher ist es indessen, die Daten anhand der gegebenen Maschine zu ermitteln. Bild 13-35

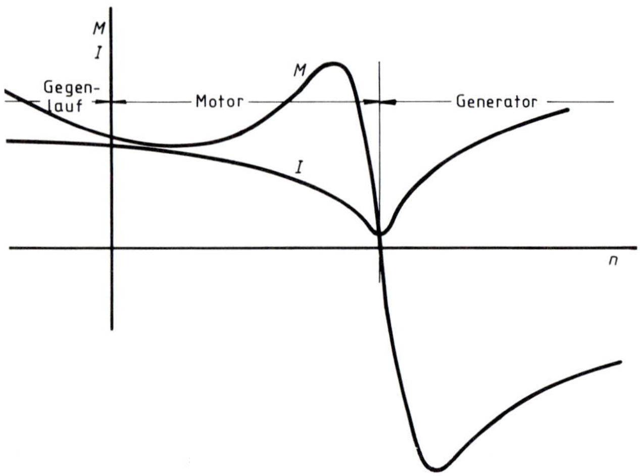

Bild 13-35
Drehmoment- und Strom-Verlauf einer Asynchronmaschine über der Drehzahl. Der Strom I wird für keine Drehzahl Null. Vergleiche hierzu Bild 16-12.

zeigt eine hierzu mögliche Charakteristik. Es gibt deren jedoch auch andere. Im wesentlichen interessiert bei der Asynchronmaschine der Motorbereich allein. In Bild 13-36 ist daher der Motorbereich besonders herausgezeichnet und die dort besonders wichtigen Kenndaten eingetragen.

Insbesondere bedeuten dabei:

- I_A Anlaufstrom, Strom bei Motorstillstand (auch Kurzschlußstrom genannt),
- I_N Nennstrom,
- I_0 Leerlaufstrom,
- n_N Nenndrehzahl,
- n_0 Leerlaufdrehzahl,
- n_D Drehfelddrehzahl,
- M_K Kippmoment, maximal erreichbares Moment,
- M_A Anlaufmoment,
- M_S Sattelmoment,
- M_N Nennmoment.

Mitunter sind in den Herstellerlisten die *M-n*-Charakteristiken der angebotenen Motoren angegeben (siehe z.B. Tabelle 11-3, Spalte: Momentenkennlinien). Aufgeführt werden dann nicht die unmittelbaren *M-n*-Linien, sondern *Streubänder*, wie in Bild 13-37. Sie geben in Verbindung mit Gl. (13.5) den spannungsabhängigen Toleranzbereich an.

In dieser Charakteristik findet man strichpunktiert eingezeichnet das Lastmomenten-

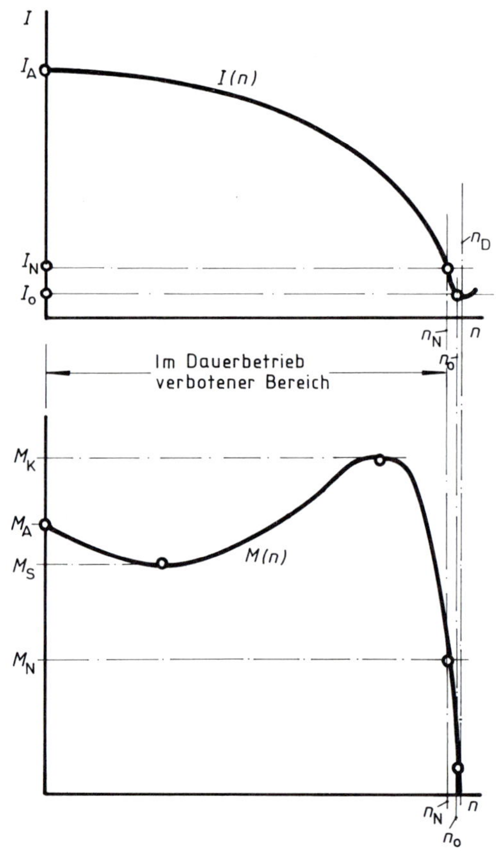

Bild 13-36 Aus Bild 13-35 ist der Bereich für den Motorbetrieb vergrößert herausgezeichnet. Man erkennt, daß die Drehzahlen: Nenn-, Leerlauf- und Drehfelddrehzahl dichtbeieinander liegen. Mit dem Strom I ist hier stets der Netzstrom gemeint.

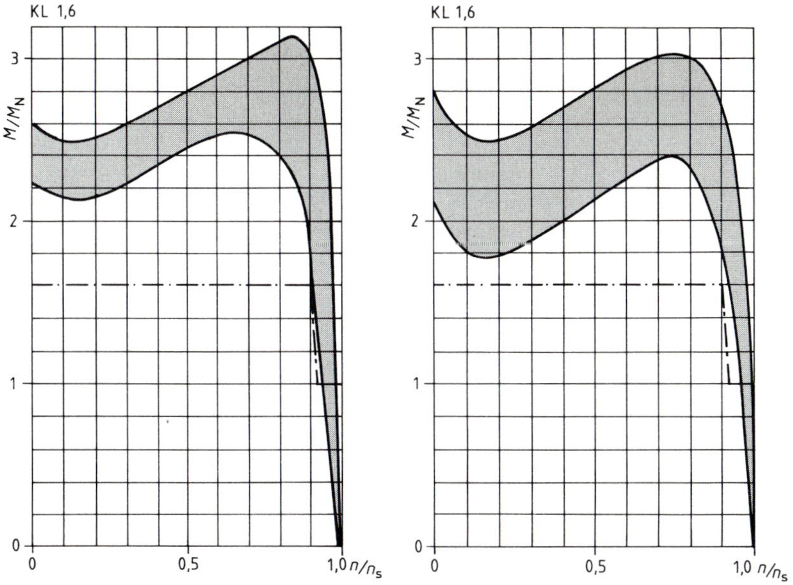

Bild 13-37
Beispiele für die sogenannten Momentenklassen von Asynchronmaschinen. Die darüberstehenden Nummern erscheinen auch in Spalte 4 der Tabelle 11-3 und lassen die Momenten-*Charakteristik* der Maschine erkennen. Quelle: Schorch, Mönchengladbach, Motorenliste Käfigläufer IP 54. Vergleiche hierzu auch Abschnitt 19.5.

niveau, das nicht überschritten werden darf. Andernfalls kann man mit dem Sattelmoment in Schwierigkeiten kommen, wie das Beispiel 13.4 zeigt.

Beispiel 13.4: Grenzmoment

Gegeben sei die in Bild 13-38 wiedergegebene Momenten- und Strom-Kennlinie eines 11-kW-Asynchronmotors. Er werde mit dem Lastmoment M_L (z.B. Moment eines Hubwerks inclusive Losreißmoment bei $n = 0$) belastet.

Fragen:

1. Welche Drehzahl und welcher Strom stellen sich bei Nennspannung ein?
2. Die Netzspannung sei auf 90 % der Nennspannung gesunken. Welche Drehzahl kann so noch erreicht werden und welcher Strom stellt sich dabei ein?

Lösungen:

1. Der Lösungsweg ist der aus Bild 11-15: Motor- und Lastkennlinie werden zum Schnitt gebracht. Am Schnittpunkt können die M- und n-Koordinaten abgelesen werden; gesucht ist hier die Drehzahl: man liest ab $n_B = 720\ \text{min}^{-1}$ (Bild 13-38). Der hierzu gehörige Strom ist $I_B = 25$ A, zu sehen aus dem I-n-Diagramm. Er liegt im Bereich des Nennstroms. (Vergleiche hierzu Bild 13-36 oben).
2. Mit der Spannung ändert sich das Moment quadratisch nach Gl. (13.5). Das bedeutet bei $0{,}9 \cdot U_N$ eine Änderung entsprechend $0{,}9^2 = 0{,}81$, somit eine Momentenänderung um den Faktor 0,81, also auf 81 %, somit liegen alle *Momenten*diagrammpunkte auf dem Niveau 81 %.

Der Strom ändert sich natürlich linear mit der Spannung. Alle *Strom*diagrammpunkte liegen daher auf dem Niveau 90 % (Bild 13-39).

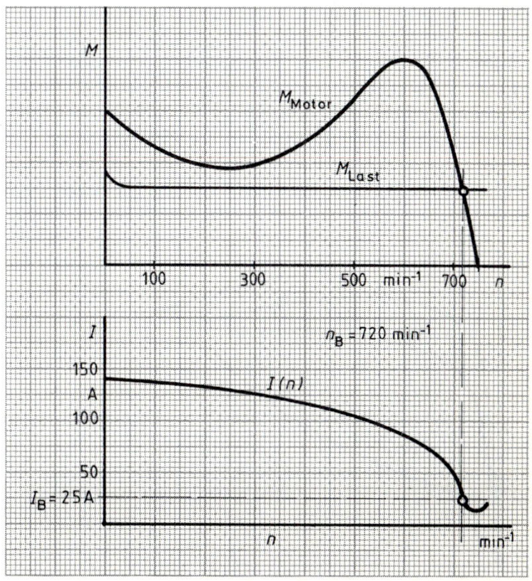

Bild 13-38 Lösung zum Beispiel 13.4: Grenzmoment, Frage 1, Drehzahl und Strom.

Das Lastmoment M_L bleibt davon unberührt. Man erkennt jetzt, daß es die abgesunkene Motormomenten-Kennlinie schon bei etwa $n_B = 180 \text{ min}^{-1}$ schneidet. Dazu gehört (auf der 90 %-Kurve natürlich abgelesen) der Strom $I_B = 125$ A.

Auswertung: Aus Bild 13-39 sieht man, daß der Betrieb bei 90 % *hier jedenfalls unzulässig ist* und zwar deshalb, weil nicht nur der „Schönheitsfehler" auftritt, daß die Maschine langsamer läuft, als man möchte, sondern der Strom wird zu hoch:

$I_B = 125 \text{ A} = 5 \cdot I_N$.

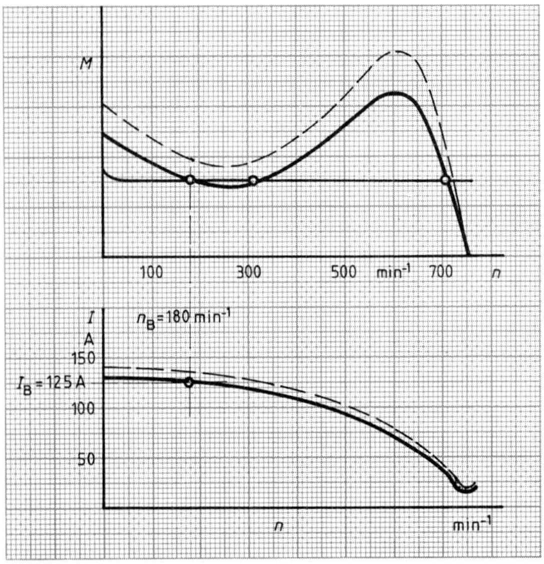

Bild 13-39 Lösung zum Beispiel 13.4: Grenzmoment, Frage 2, Drehzahl und Strom abhängig vom Netz-Spannungsabfall. Der Betrieb ist unzulässig, da er im verbotenen Bereich liegt (siehe Bild 13-36).

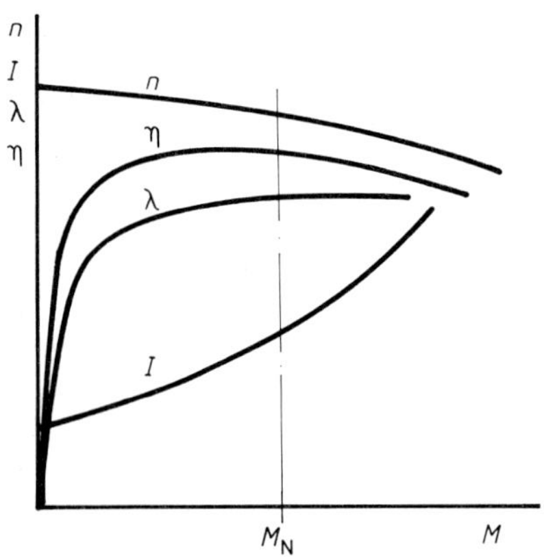

Bild 13-40 Betriebskurven der Asynchronmaschine.

Im Prinzip kann man mit der Last beim Anlauf bis an das Sattelmoment herangehen, ohne in Schwierigkeiten zu kommen – wenn man es genau kennt. Durch Fertigungstoleranzen bedingt kann es aber auch sein, daß es von Maschine zu Maschine etwas schwankt. Man sollte daher einen gewissen „Respektabstand" dazu einhalten, wenn es keine Überraschungen geben soll.

Mitunter liefert auch das Diagramm 13-40 einen nützlichen Überblick über die Betriebsgrößen einer Asynchronmaschine. Man erkennt aus diesem Diagramm besonders:

- der Leistungsfaktor $\lambda = \cos\varphi \neq$ const., siehe auch Bild 13-32,
- der Wirkungsgrad ist lastabhängig und hat bei einer bestimmten Belastung ein Optimum,
- der Strom (gemeint ist hier, wie bisher immer, der Ständerstrom) ist bei Leerlauf ($M = 0$) nicht ebenfalls Null, was allerdings auch schon aus früheren Diagrammen hervorging,
- die Drehzahl hat einen „harten" Verlauf, gemessen am Bild 11-16, siehe auch Bild 13-36 und andere.

13.2.7 Besonderheiten beim Schleifringläufer

13.2.7.1 Transformatorbetrieb

Eine stillstehende Schleifringläufer-Asynchronmaschine stellt einen Transformator dar. An ihren Läuferklemmen kann die Läuferstillstandsspannung abgegriffen werden, die auch auf dem Leistungsschild verzeichnet ist. Sie hat natürlich die gleiche Frequenz wie die des speisenden Netzes am Ständer (Bild 13-41).

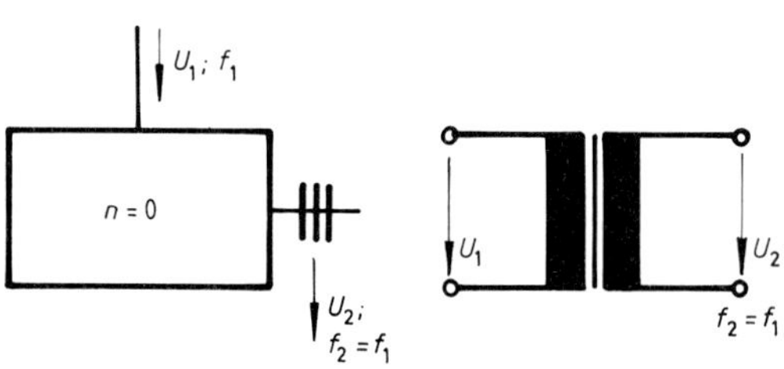

Bild 13-41 Im Stillstand verhält sich eine Schleifringläufer-Asynchronmaschine genauso wie ein Trafo.

13.2.7.2 Periodenumformer (Frequenzwandler)

Die Polzahl der Läuferwicklung ist stets die gleiche wie die der Ständerwicklung, also gilt

$$p = p_1 = p_2 \,. \tag{13.15}$$

Geht man von den Gln. (12.1), (13.5), (13.6), (13.7) und (13.15) aus, so erhält man nacheinander für die Schlupfdrehzahl n_{Sch} aus Abschnitt 13.2.2 eine zu ihr gehörende Läuferfrequenz f_2 aufgrund folgender Herleitung,

$$n_{\text{Sch}} = \frac{f_2}{p_2} = \frac{f_2}{p} = n_{\text{D}} - n_{\text{B}} = \frac{f_1}{p} - n_{\text{B}} \,. \tag{13.16}$$

Löst man diesen Ausdruck nach f_2 auf, so gilt

$$f_2 = -p \cdot n_{\text{B}} + f_1 = s \cdot f_1 \,. \tag{13.17}$$

Hierin bedeutet:

f_2 Frequenz der Vorgänge im Läufer,
f_1 Frequenz der in den Ständer einspeisenden Netzspannung.
n_{B} eine Betriebsdrehzahl, auf die die Schleifringläufermaschine auch durch Kupplung mit einer weiteren Maschine gebracht werden kann.
p Polpaarzahl,
s Schlupf.

So wie Gl. (13.17) geschrieben wurde, ersieht man sofort die Analogie zur Gleichung einer Geraden: $y = -m \cdot x + b$. Bild 13-43 zeigt den Verlauf der Geraden. p ist ihr Steigungsmaß, f_1 der Ordinaten-Abschnitt.

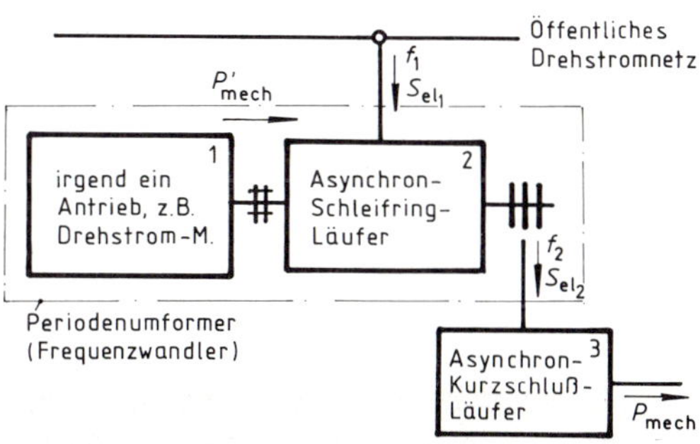

Bild 13-42 Ein Periodenumformer ist ein Maschinenaggregat, mit dessen Hilfe aus der Frequenz des öffentlichen Netzes eine andere Frequenz gewonnen werden kann.

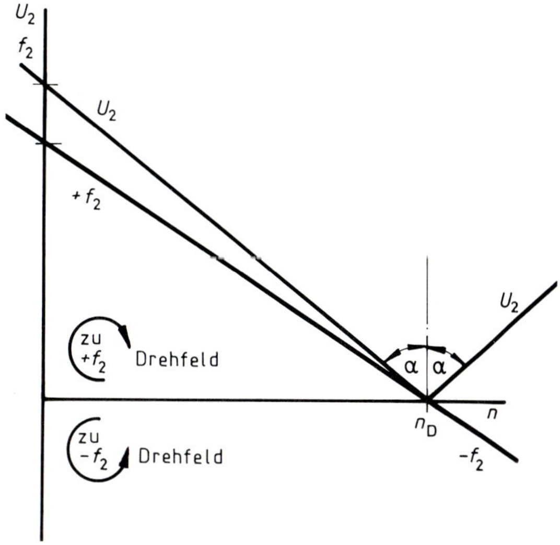

Bild 13-43 Läuferspannung U_2 und Läuferfrequenz f_2, aufgetragen über der Drehzahl. Negative Frequenz besagt dabei insbesondere: das Drehfeld, das dabei entsteht, hat umgekehrten Drehsinn. Die Maschine 3 aus Bild 13-42 dreht sich also anders herum als bei positiver Frequenz. Da bei der (Wechsel-) Spannung U_2 nur der Betrag interessieren kann, wurde sie nicht auch negativ aufgezeichnet.

Als Antrieb der Schleifring-Läufermaschine in Bild 13-42 wird natürlich meist ein Asynchronmotor mit Käfigläufer verwendet, der im allgemeinen im gleichen Gehäuse mit der Schleifringläufer-Maschine untergebracht ist: ein Umformersatz (Bild 13-44).

Bild 13-44 Frequenzwandler, bestehend aus zwei Asynchronmaschinen im gleichen, gemeinsamen Gehäuse. Dabei ist links ein Kurzschlußläufer-Antriebsmotor, rechts (ab dem breiteren Klemmenkasten) ein Schleifringläufer. Die Zone rechts neben dessen Klemmenkasten stellt die abnehmbare Schleifringabdeckung dar. (Werkbild: *Perske*, Mannheim).

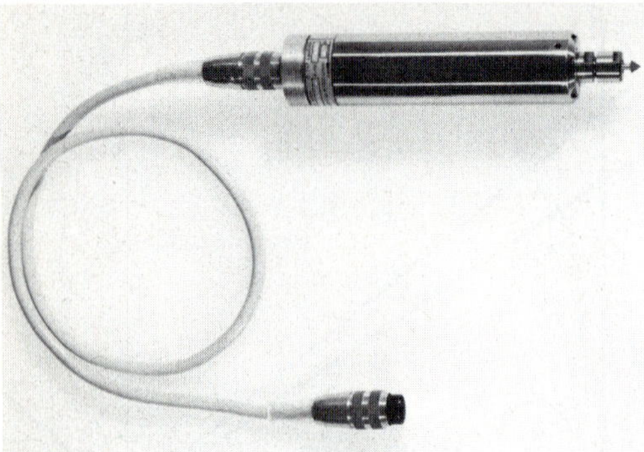

Bild 13-45 Zweipoliger Drehstrommotor für die Schnellfrequenz $f = 1000$ Hz (30 V) gespeist. Nach Gl. (12.1) führt das zu einer Drehfelddrehzahl von $n_D = 60\,000 \text{ min}^{-1}$. Dieser hohen Drehzahl entsprechend erklärt sich unschwer auch die schlanke Bauform des Motors. (Werkbild: *KaVo Elektrotechnisches Werk GmbH*, Leutkirch im Allgäu.)

Hauptanwendungsgebiet solcher Umformer ist die Erzeugung von sogenannten Schnellfrequenzen für spezielle Werkzeuge, z.B. Schrauber, Bohrer, Gewindeschneider, Schleifer, Knabber, Stichsäge u.a. (Bild 13-45). Diese Werkzeugmaschinen stehen vor allem an Montagebändern in Konkurrenz mit Druckluftmaschinen. Letztere sind besonders leicht und in der Drehzahl verstellbar.

Die Leistungsausbeute von Asynchronmaschinen wächst bei gleicher Masse mit der Drehzahl und diese mit der Frequenz des speisenden Netzes, wie die Gln. (11.2) und (12.1) schnell erkennen lassen.

$$\uparrow P = 2 \cdot \pi \cdot \uparrow n \cdot M = 2 \cdot \pi \cdot \frac{\uparrow f}{p} \cdot M. \qquad (13.18)$$

Die dabei verwendeten Frequenzen und die dazu gehörigen Betriebsspannungen zeigt Tabelle 13-4. Für Neuanlagen kommt nur die höhere Frequenz $f = 300$ Hz infrage, da mit ihr größere Leistungen realisiert werden können als mit den früher verwendeten Frequenzen. Das ist vor allem bei Schruppschleifern und Tellerschleifern usw. wesentlich.

Beispiel 13.5 zeigt einige Daten zum Thema Schnellfrequenz (unzutreffenderweise oft auch als Hochfrequenz bezeichnet).

Tabelle 13-4 Schnellfrequenzen und zugeordnete Betriebsspannungen (nach Angaben von Fa. Fein, Stuttgart). 150 Hz wird für Neuanlagen nicht mehr ausgeführt.

	übliche Spannungen	sonstige Spannungen
$\frac{f}{\text{Hz}}$	$\frac{U}{\text{V}}$	$\frac{U}{\text{V}}$
(150)	200	42, 72
200	265	42, 72, 110, 125, 135, 160, 220
300	200	42, 72

Beispiel 13.5: Periodenumformer für 300 Hz

Der Periodenumformer aus Bild 13-46 soll eine Frequenz $f_2 = 300$ Hz liefern. Der Antriebsmotor (1) des Umformersatzes ist 2-polig und läuft am öffentlichen Netz.

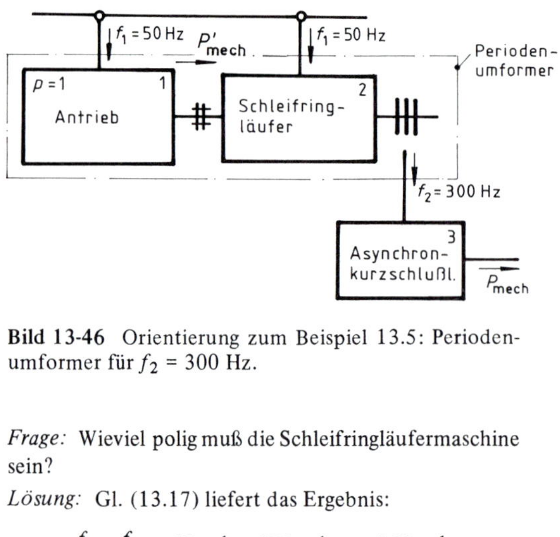

Bild 13-46 Orientierung zum Beispiel 13.5: Periodenumformer für $f_2 = 300$ Hz.

Frage: Wieviel polig muß die Schleifringläufermaschine sein?

Lösung: Gl. (13.17) liefert das Ergebnis:

$$p_{1;2} = \frac{f_1 - f_2}{\pm n_B} = \frac{50 \text{ s}^{-1} - 300 \text{ s}^{-1}}{\pm 3000 \text{ min}^{-1}} = \frac{-250 \text{ s}^{-1}}{\pm 50 \text{ s}^{-1}}$$

$$p_{1;2} = \mp 5.$$

Auswertung: Eine Pol(paar)zahl kann natürlich nur positiv sein. Das Ergebnis $p = -5$ ist also hier Unsinn. Somit muß die Schleifringläufer-Maschine also $p = 5$ Polpaare oder $P = 10$ Pole haben.

Man erkennt allerdings, daß das positive p-Ergebnis dann auftritt, wenn die Antriebsdrehzahl n_B des Umformersatzes negativ eingesetzt wird, d.h., wenn die Schleifringläufermaschine (2) vom Käfigläuferantriebsmotor (1) „gegen den Strich", also gegen ihren eigenen Drehwillen angetrieben wird!

Maschine (1) läuft natürlich gar nicht mit der Drehfelddrehzahl $n_D = 3000\ \text{min}^{-1}$, sondern mit etwa $n_B = 2960\ \text{min}^{-1}$.

Infolgedessen wird nach Gl. (13.17) auch zu erwarten sein:

$$f_2 = -5 \cdot (-2960\ \text{min}^{-1}) + 50\ \text{Hz},$$

$$f_2 = -5 \cdot \frac{-2960\ \text{min}^{-1}}{\frac{60\ \text{s}}{\text{min}}} + 50\ \text{Hz},$$

$$f_2 = +246\tfrac{2}{3}\ \text{Hz} + 50\ \text{Hz} = \underline{\underline{296\tfrac{2}{3}\ \text{Hz}}}.$$

Die mit dieser Frequenz f_2 angetriebene, möglicherweise 2-polige Werkzeugmaschine (3) aus Bild 13-46 läuft dann mit einer Drehfelddrehzahl nach Gl. (12.1) von

$$n_D = \frac{f}{p} = \frac{296\tfrac{2}{3}\ \text{Hz}}{1} \cdot 60\ \frac{\text{s}}{\text{min}}$$

$$n_D = 17\,800\ \text{min}^{-1}\ \text{statt mit}\ 18\,000\ \text{min}^{-1}.$$

Dieser Unterschied ist jedoch nicht erheblich, selbst wenn dazu nochmals etwa 5 % Schlupf kommen sollte, also die endgültige Betriebsdrehzahl

$$n_B = 17\,800 \cdot 0{,}95\ \text{min}^{-1} = 16\,910\ \text{min}^{-1}.$$

sein wird. Über ein Getriebe in der Maschine (3) wird diese normalerweise unbrauchbar hohe Drehzahl auf übliche Drehzahlen untersetzt.

Der Sinn einer Frequenzwandlung ist auch im allgemeinen gar nicht, eine sehr hohe Drehzahl, sondern eine *leichtere* Maschine zu erhalten, siehe Gleichung (13.18).

13.2.7.3 Elektrische Welle (Ferndreherwelle)

Mit dieser Betriebsweise meint man den ständer- und läuferseitigen Parallelbetrieb zweier Asynchron-Schleifringläufer-Maschinen. Das Ziel ist dabei ein möglichst reiner Gleichlauf. Diese Lösung, also Gleichlauf ohne *mechanische Kupplung der beiden Systeme*, wird in allen Fällen vorgezogen, in denen eine mechanische Wellenverbindung zu schwierig, zu kostspielig oder vom Service her zu problematisch wäre.

Man begegnet dieser Lösung beispielsweise in Verbindung mit Hallenlaufkränen extremer Spannweite, bei Stauwehranlagen und dergleichen Einsatzgebieten. Es gibt im Detail einige unterschiedliche Lösungen, teils mit, teils ohne Läufervorwiderstände. Eine Lösung zeigt Bild 13-47. Für die Übereinstimmung zwischen den Drehzahlen sorgen Induktionsvorgänge in den Schleifring-*Läufern.*

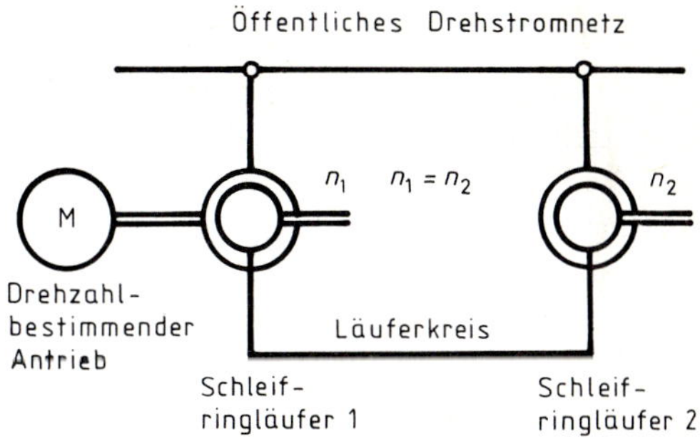

Bild 13-47 Eine von mehreren möglichen und üblichen Schaltungen zweier Schleifringläufer als elektrische Welle. Die Maschinen liegen ständer- und läuferseitig jeweils parallel zueinander. Sie müssen dabei natürlich im gleichen Drehsinn geschaltet sein. Die Induktionsvorgänge in den Läufern sorgen dafür, daß beide Läufer gleichschnell laufen, wenn einer von beiden anders belastet sein sollte als der andere.

13.2.7.4 Läufereinspeisung

Es kann Gründe geben, die dafür sprechen, bei einer Asynchronmaschine mit Schleifringläufer nicht in den Ständer einzuspeisen, wie normal, sondern in den Läufer, also über die Schleifringe.

Der Ständer ist dann entweder kurzgeschlossen oder die sonst vor den Läuferschleifringen liegenden verstellbaren Widerstände befinden sich analog Bild 13-10 vor dem Ständer, dann natürlich ohne Schleifringe, weil ja dort nichts mehr rotiert.

Bei Einspeisung in den Läufer dreht sich eine Asynchronmaschine übrigens gegen das Drehfeld, wovon man sich an Hand Bild 13-26 leicht überzeugen kann.

Das wichtigste Anwendungsbeispiel für Läufereinspeisung ist die *läufergespeiste Drehstromnebenschlußmaschine* (siehe Kap. 18).

13.3 Anlauf der Asynchronmaschine

13.3.1 Auswirkungen

Das Einschalten einer Asynchronmaschine als Motor führt zu drei Problemen.

13.3.1.1 Problem aus der Sicht des Motors

Einem Asynchronmotor kann man an sich keinen größeren Gefallen tun, als ihn direkt an die volle Netzspannung zu legen, für die er laut Leistungsschild und Schaltung gebaut ist, solange sich die Einschaltstromstöße dabei in Grenzen halten (siehe Bild 13-48 und Gleichung (6.43)). Er verhält sich dem Netz gegenüber im Einschaltaugenblick wie das Ersatzschaltbild nach Bild 7-50. Das bedeutet, daß es, was die Höhe des Anlaufstroms anbelangt, gleichgültig ist, ob die Maschine leer oder belastet hochläuft.

Bild 13-48 Beschädigte Ständerwicklung eines 2600 kW-Kurzschlußläufermotors. Schadensursache: Einschaltstromstöße. Einzelne Spulen haben sich gelockert, verschoben und dadurch Isolationsschäden erlitten. (Quelle: *„Der Maschinenschaden"* – Fachzeitschrift für Risikotechnologie.)

Ein Anlauf unter Last wirkt sich natürlich dahin aus, daß es länger dauert, bis der hohe Anlaufstrom nach Bild 13-36 auf kleine Werte abgeklungen ist (siehe hierzu Bild 13-77).

Die Maschine entwickelt bei direktem Einschalten ein so hohes Anfahrmoment, daß der Anlauf schnell beendet ist, z.B. innerhalb weniger als 1 ... 2 s, es sei denn, sie muß gegen ausgesprochen schwere Lastbedingungen anlaufen. Dazu gehören

Anlauf bei Walzwerken, Zerkleinerungsanlagen, Sägegatter (im Stamm), Kompressoren und dgl. Lasten.

Problematisch für die Wicklungserwärmung werden ferner *häufiges* Anlaufen, Anlauf aus voller Gegendrehrichtung (Reversierbetrieb) und elektrisch abgebremster Auslauf. Hier empfiehlt sich die sorgfältige Planung und Auswahl in Zusammenarbeit mit den Herstellern des Antriebs und der Arbeitsmaschine. Andernfalls kann die Maschine schnell von Seiten der Wicklungen her thermisch überlastet werden und verbrennen (siehe Abschnitt 11.5.1).

13.3.1.2 Problem aus der Sicht der Arbeitsmaschine

Im allgemeinen ist ein „Kavalierstart" gar nicht erwünscht, weil sonst Schäden auftreten können wie Wellenbruch, Fundamentschäden oder Platzen von Leitungen hinter Pumpen und Kompressoren, Fadenbruch bei Textilmaschinen u. dgl. In allen von seiten der Last her derart kritischen Fällen empfiehlt sich eine Herabsetzung des Anlauftemperaments durch Vermeiden des direkten Einschaltens, das dem Motor eigentlich gerade recht wäre. Ferner wird man hier Motoren mit „sanfterem" Anlaufmoment auswählen.

13.3.1.3 Problem aus der Sicht des Netzes

Die Vereinigung Deutscher Elektrizitätswerke e.V. (VDEW) sieht vor der ersten Inbetriebnahme eines Asynchronmotors ein Anmeldeverfahren vor: Technische Anschlußbedingungen für den Anschluß an das Niederspannungsnetz (TAB, derzeit Stand 1980), dort Abschnitt 2. Kritisch wird die Zustimmung in schwächeren Netzen ab Einschaltströmen von 60 A und darüber, also bei Motornennleistungen ab 7,5 kW.

Man muß davon ausgehen, daß der einzuschaltende Motor nicht allein im Netz liegt, sondern schon Verbraucher unterschiedlichster Bedürfnisse im gleichen Netz betrieben werden: Beleuchtungsanlagen, Antriebe, Datenverarbeitung- (EDV-), Signalanlagen und anderes.

Aus Bild 13-49 ist zu ersehen, daß bei Inbetriebnahme eines größeren Motors durch den dazugehörenden zusätzlichen Strom weitergehende Spannungsabfälle ΔU im gesamten Netz auftreten können. Sie können sich auswirken als Flackern des Lichts, was noch hingenommen werden könnte, in EDV-Anlagen ohne Spannungskonstanthaltung aber im Extremfall durch das irreversible „Versinken" von bestehenden Programmen, womöglich eigener (!), ferner durch Störungen im Rundfunk- und Fernsehempfang sowie in Signalanlagen.[1])

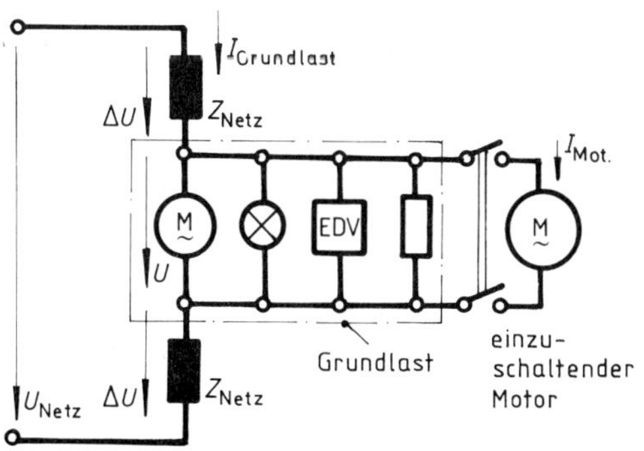

Bild 13-49 Situation im Netz bei der Inbetriebnahme eines Motors. Durch den großen Einschaltstromstoß können große Spannungsabfälle ΔU auftreten. Der Einfachheit zuliebe ist alles einphasig dargestellt.

Es empfiehlt sich daher nicht nur, sondern es ist laut TAB Vorschrift, mit den örtlichen EVU (Elektrizitätsversorgungsunternehmen) Kontakt aufzunehmen, ehe durch die unzulässige Inbetriebnahme einer Asynchronmaschine in der Umgebung Probleme (und womöglich Regreßforderungen) auftreten. Das EVU wird gegebenenfalls auch die Anlaufhilfen festlegen, mit denen die genannten Schwierigkeiten umgangen werden können. Im äußersten Fall heißt das: Bei größeren Schaltleistungen kommt man womöglich um eine eigene Trafostation nicht herum, ist dann aber in seinen eigenen Schaltmaßnahmen auch frei.

[1]) Deutliche Auswirkungen starker Einschaltströme machen sich längst auch in der privaten Sphäre bemerkbar. Der kompostierfreudige Freizeitgärtner kann beim Einschalten seines Hochleistungs-Häckslers seinem computerbegeisterten Nachbarn dessen kostbare Wochenendausbeute an Computerprogramm „im Urwald versinken" lassen, genauso der Betreiber größerer Hobby-Schweiß-, Schleif- und anderer Geräte.

13.3.2 Anlaufhilfen

13.3.2.1 Spannungsherabsetzung am Ständer

Die nächstliegende Methode, den Anlaufstrom herabzusetzen, ist es, die Spannung am Ständer zu senken. Das ist mittels Transformatoren und Vorwiderständen durchführbar, wie in Bild 13-50 zu sehen, oder durch elektronische Verstellung der Netzspannung (z.B. die sogenannte Anschnittsteuerung wie im Bild 17-6).

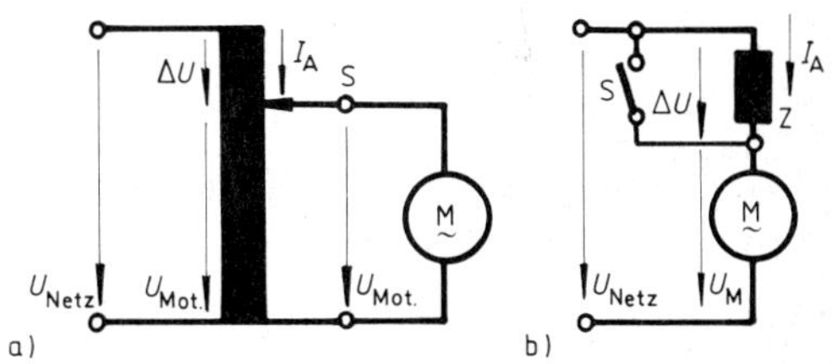

Bild 13-50 Anlaufhilfen zur Herabsetzung des Anlaufstroms I_A. a) Anlaßtrafo (in Sparschaltung); Verstellung des Schleifkontakts S verstellt die Motorspannung U_{Mot}. b) Zum Anlauf ist der Schalter S offen; der Spannungsabfall an der Drossel Z setzt die Motorspannung ebenfalls herab.

Wegen Gl. (13.5) und in Fällen entsprechend Bild 13-39 ist diese Methode riskant, da die Maschine sonst nur auf eine niedrige Betriebsdrehzahl hochläuft oder womöglich überhaupt nicht anläuft, je nach Lastcharakteristik. Einen zulässigen Fall zeigt Bild 13-51, einen unzulässigen Bild 13-52, dort läuft die Maschine überhaupt nicht an.

Bei allem genannten Risiko stellt diese Methode eventuell am ehesten noch eine Verlegenheitslösung dar, z.B. beim Betrieb an einer Notstromversorgung mit schon vorliegender Grundlast oder ähnlichen Fällen. Stets muß aber die Maschine wenigstens auf eine gewisse Drehzahl hochlaufen können, ab der man die Vorwiderstände allmählich zurücksetzt oder beim Trafo die Spannung heraufsetzt.

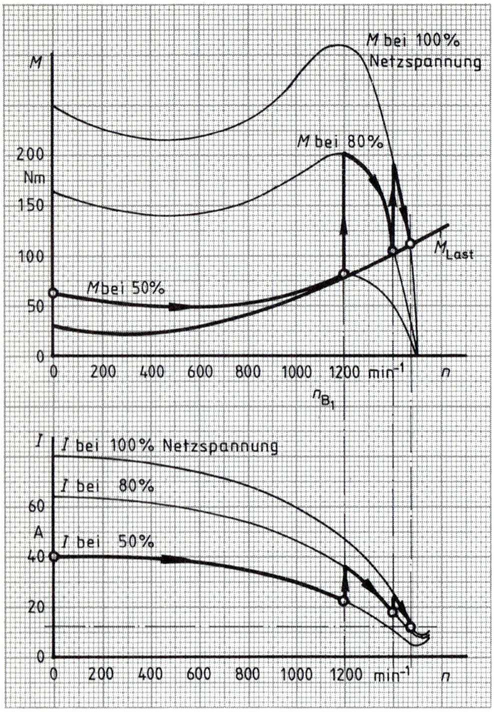

Bild 13-51 Ein Antrieb wird zum Anlauf an nur 50 % Netzspannung gelegt und kann dabei zunächst nur auf $n_{B_1} = 1200\ \text{min}^{-1}$ bei $I_{B_1} = 22$ A hochlaufen. In der nächsten Stufe gibt man 80 % Spannung auf den Motor: $n_{B_2} = 1400\ \text{min}^{-1}$ bei $I_{B_2} = 17$ A. An voller Netzspannung läuft der Antrieb schließlich auf $n_{B_3} = 1480\ \text{min}^{-1}$ hoch bei (vermutlich) $I_N = 12$ A. Die vorübergehend zu hohen Betriebsströme können in Kauf genommen werden, wenn sie nur kurzzeitig dauern und der Anlauf nicht zu häufig auftritt.

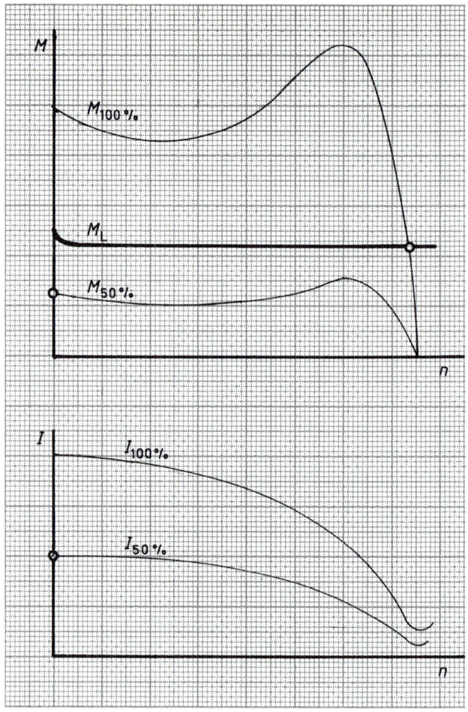

Bild 13-52 Bei der hier vorliegenden Lastcharakteristik M_L besteht keine Aussicht, daß sie auch nur auf geringste Drehzahl beschleunigt werden könnte, wenn die Netzspannung auf 50 % herabgesetzt wird.

Weniger, um das Netz vor dramatischen Anlaufströmen zu entlasten, sondern um vor allem bei Textilmaschinen und anderen empfindlichen Arbeitsmaschinen das Drehmoment herabzusetzen, verwendet man während der Anlaufphase auch die sogenannte Kusaschaltung (Kurzschlußläufersanftanlauf-Schaltung) wie in Bild 13-53, also mit einem Widerstand in einer einzigen Zuleitung zum Motor.

13.3.2.2 Y-Δ-Anlaufverfahren

Von Seiten der Maschine her bei Nennleistungen bis ca. 11 kW ist dieses Verfahren an folgende Bedingungen geknüpft:

- die Wicklungsanfänge und -enden der Ständerwicklung müssen im Klemmenkasten zugänglich sein, sonst läßt sich die Schaltung nicht realisieren;
- die Maschine muß in Δ-Schaltung im Dauerbetrieb gefahren werden dürfen, sonst wäre sie erheblich überlastet (Faktor 3 im Strom), siehe Abschnitt 8.5;
- die Lastcharakteristik muß zu dieser Maßnahme passen, sonst hat sie keinen Sinn;
- es muß sichergestellt sein, daß die Maschine nach dem ersten Hochlauf in Sternschaltung auch wirklich definitiv in Δ umgeschaltet wird, sonst fährt sie überlastet.

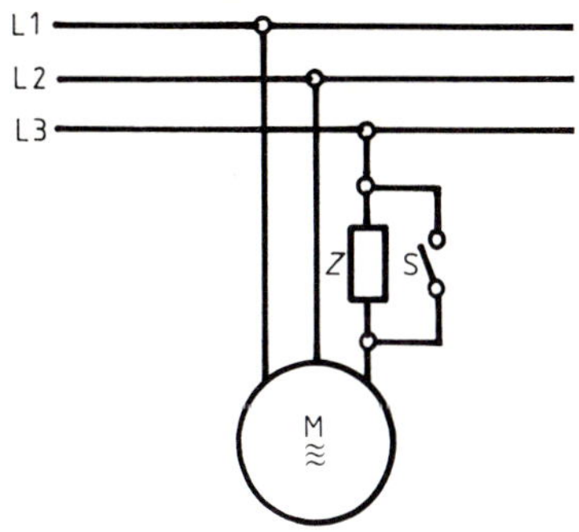

Bild 13-53 Bei der Kurzschlußläufer-sanftanlauf-Schaltung (KUSA-Schaltung) sorgt der einphasige Vorwiderstand für Unsymmetrien und so für eine Herabsetzung im gesamten Energieniveau, so daß die Maschine „sanft" anfährt. Nach vollzogenem Anlauf wird der Schalter S geschlossen.

Gesucht ist der Strom, der sich

1. bei Anlauf in Y-Schaltung,
2. nach dem Umschalten auf Δ-Schaltung einstellt, nachdem dabei die Maschine jeweils ihre Endgeschwindigkeit erreicht hat.

Lösungen: Als Lösungsansatz dient Bild 11-15.

1. Die Momentenkurve des Motors in Y-Schaltung wird mit der Lastkurve zum Schnitt gebracht. Man liest ab: $n_{BY} - 1320\ \text{min}^{-1}$.
   Dieses Drehzahlergebnis wird auf die *I*-Kurve in Bild 13-54 unten projiziert und auf der *I*-Kurve für *Y-Schaltung* abgelesen: $I_{BY} = 20$ A. Damit ist der Netzstrom gemeint (siehe Bild 13-55). Wird die Maschine nicht auf Δ weitergeschaltet, so bleibt der Strom auf diesem Wert stehen.
2. Nach dem Umschalten auf Δ springt sowohl das Motormomenten- als auch das Motorstrom-*Niveau* auf die entsprechenden Kurven in Bild 13-54 hoch. Der Motor hat jetzt ein erheblich größeres Be-

Sehr wichtig ist zwar das Ergebnis von Gl. (8.3) für das weitere Verständnis. Es besagt aber nicht, daß beim Umschalten von Y- auf Δ-Betrieb automatisch sich alle Strombeträge im Verhältnis 1 : 3 erhöhen. Vielmehr besagt Gl. (8.3) in Verbindung mit den Gln. (8.5) und (11.3) *speziell hier*:

- Beim Umschalten von Y- auf Δ-Schaltung steigt das *I*-, *P*- und *M*-Kurven-*Niveau* bei gleichen Drehzahlen (!) auf jeweils den 3-fachen Betrag des Y-Kurven-Niveaus.

Welche *I*-, *P*- und *M*-Werte sich betrieblich aber tatsächlich einstellen, hängt ganz vom individuellen Belastungsfall ab. Er muß von Fall zu Fall geprüft werden. Der entscheidende Ausgangspunkt ist wieder Bild 11-15: der Schnittpunkt zwischen der Last- und der Motorkennlinie, speziell die *dort* auftretende Drehzahl.

Die weiteren Zusammenhänge zeigt das Beispiel 13.6.

Beispiel 13.6: Y-Δ-Anlauf einer Asynchronmaschine

Gegeben sei eine Last entsprechend dem in Bild 13-54 eingetragenen *M-n*-Verlauf, sowie eine Asynchronmaschine mit Kurzschlußläufer. Ihr *M-n*- und ihr *I-n*-Verlauf sind auch in Bild 13-54 eingetragen, und zwar sowohl für Δ- als auch für Y-Schaltung. Dabei unterscheidet sich das Δ- vom Y-*Kurven-Niveau* jeweils durch den Faktor 3 analog Gl. (8.3).

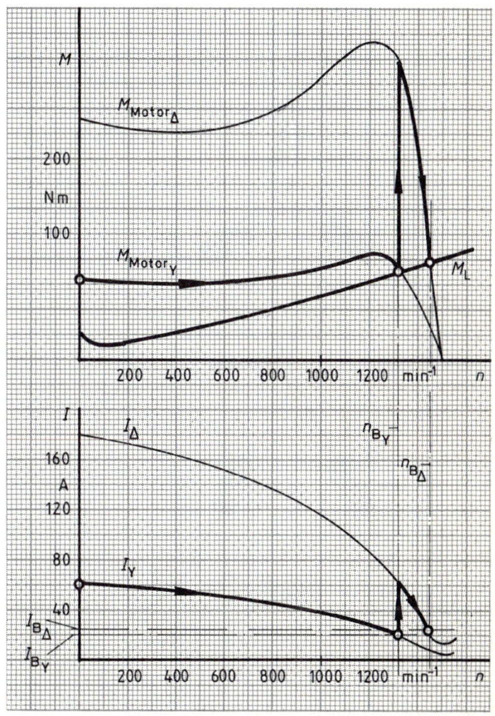

Bild 13-54 Momenten- und Netz-Stromverlauf zum Beispiel 13.6: Y-Δ-Anlauf einer Asynchronmaschine. Der Anlaufstrom beträgt $I_A = 60$ A, sinkt auf $I_{BY} = 20$ A ab, springt im Umschaltaugenblick wieder auf $I_{B\Delta} = 60$ A hoch und sinkt schließlich bei der definitiven Betriebsdrehzahl auf 24 A ab. Das gefährliche Dreieck-Anlaufstrom-Niveau tritt so nie auf.

schleunigungsmoment, mit dem er die Last auf die Drehzahl $n_{B\Delta} = 1450\ \text{min}^{-1}$ hochzieht. Mit dieser Drehzahl läuft die Maschine definitiv weiter.

Die Drehzahl $n_{B\Delta}$ wird wieder hinunterprojiziert, jetzt natürlich auf die I-Kurve in Δ-Schaltung. Man kann ablesen: $I_{B\Delta} = 24$ A. Auch damit ist der Netzstrom gemeint.

Auswertung: Man erkennt, daß nie ein größeres Stromniveau als 60 A auftrat. Bei direktem Einschalten des Motors in Δ-Schaltung wäre I_A auf 180 A gestiegen. Die TAB machen ab 60 A Anlaufstrom Auflagen in Richtung Anlaufhilfen, also z.B. hier. Das Netz wird mit der Y-Δ-Methode *in diesem Fall* wirksam entlastet.

Zu denken ist allerdings auch an den Motor. Die Stromstärke betrug $I_{BY} = 20$ A. Aus Bild 13-55 ist zu ersehen, daß diese 20 A unmittelbar im Strang auftreten, da bei Sternschaltung Netz- und Strangstrom identisch sind.

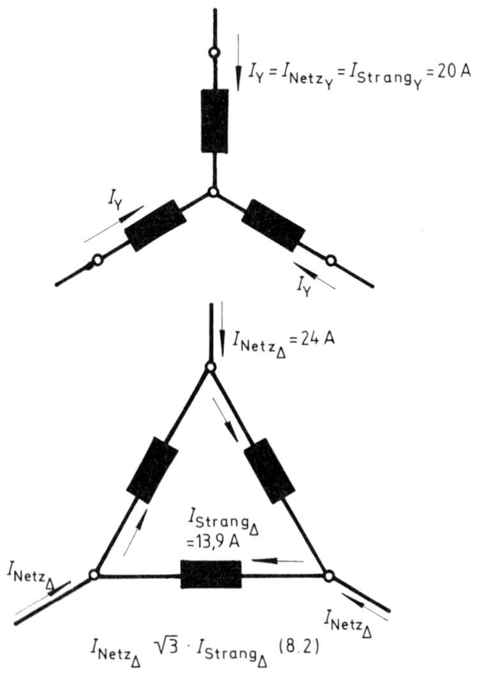

Bild 13-55 Der niedrigste Betriebsstrom beim Beispiel 13.6 lag für Sternschaltung bei $I_{BY} = 20$ A. Der niedrigste Betriebsstrom in Dreieckschaltung war $I_{B\Delta}$ = 24 A. Dem entspricht ein Strangstrom von $I_{Strang.\Delta} = I_{Netz\,\Delta}/\sqrt{3} = 24\ \text{A}/\sqrt{3} = 13{,}9$ A. Die Belastung der Maschine in Y ist mit 20 A somit effektiv höher als in Δ mit 13,9 A. Sie dürfte somit auch gar nicht ständig in Y so belastet bleiben.

Ferner war $I_{B\Delta_{Netz}} = 24$ A. Auf einen Wicklungsstrang entfallen davon allerdings wegen Gl. (8.2) nur:

$$I_{Strang} = \frac{I_{Netz}}{\sqrt{3}} = \frac{24\ \text{A}}{\sqrt{3}} = 13{,}9\ \text{A},$$

also nicht etwa entsprechend Gl. (8.3) das Dreifache des Stroms bei Y-Schaltung, sondern sogar weniger!

$$I_{BY} = 20\ \text{A}, \quad I_{B\Delta_{Strang}} = 13{,}9\ \text{A}.$$

Dieser Strom darf als der Nennstrom angesehen werden, wie ein Vergleich der Bilder 13-54 und 13-36 zeigt. Man erkennt daraus vor allem, daß der Strom bei Sternschaltung *auf die Dauer gar nicht zulässig wäre*! Beim Verhältnis 20/13,9 = 1,44 wäre die Maschine nach Gl. (1.28) um den Faktor $1{,}44^2 \approx 2$-fach überlastet.

Daher rührt die eingangs aufgeführte Bedingung: Die Maschine muß unbedingt auf Δ umgeschaltet werden, sobald sie in Y die Enddrehzahl erreicht hat, und zwar so bald wie möglich.

Einen Gefallen tut man beim Y-Δ-Anlauf also nicht der Maschine, sondern nur dem Netz, allerdings auch nur, wenn die Lastverhältnisse so liegen, wie im Bild 13-54 gezeigt. Würde die M_L-Kennlinie bei niedrigeren Drehzahlen in Y-Schaltung schon zum Schnitt mit der M_Y-Kurve führen, wäre also beim Umschalten in Δ mit einem erheblich höheren Stromsprung zu rechnen, beispielsweise schon bei $n_{BY} = 800\ \text{min}^{-1}$, so würde sich der Aufwand für die Y-Δ-Installation nicht lohnen und eine Netzentlastung wäre nicht mehr gegeben. Durch Umschalten schon bei $n_{BY} = 800\ \text{min}^{-1}$ würde das Netz einen Strom $I_\Delta = 136$ A „ausbaden" müssen. Die Umgebung des so eingeschalteten Motors auch.

Die Installation eines Y-Δ-Anlaufs ist bei Druckknopfbetätigung recht aufwendig. Von der Schaltanlage führen zweimal Zuleitungen zum Motor (daran ist auch die Schaltung erkenntlich: Der Klemmenkasten hat zwei Kabeleinführungen, davon eine, die Y-Zuleitung, dünneren Querschnitts). Es ist der dreifache Schaltschützenaufwand erforderlich: ein Netzschütz, ein Y-Schütz, ein Δ-Schütz, siehe Bild 21-19. Eine einfache Handschalter-Ausführung zeigt Bild 13-56.

Zusammenfassung: Y-Δ-Anlauf hat nur Sinn, wenn der Motor gegen kleine Last anlaufen muß und dabei schon in Y auf etwa 85 ... 90 % der Nenndrehzahl hochlaufen kann.

Soll ein Drehstrommotor am Netz 3 × 380/220 V nach dem Y-Δ-Anlaßverfahren in Betrieb genommen werden dürfen, so muß auf seinem Leistungsschild stehen:

380 VΔ oder: 380 V/660 V Δ/Y,

denn so und nur so ist (in Verbindung mit Tabelle 8-5) verbürgt, daß die betriebsmäßig dauernd vorliegende Dreieckschaltung auch zulässig ist.

Bild 13-56 Asynchron-Kurzschlußläufer-Motor für $I_N = 32$ A mit handbetätigtem, angebauten Stern-Dreieck-Schalter in Stellung „Aus". (Werkbild: *Heinrich Baumüller*, Nürnberg.)

13.3.2.3 Anlauf bei kleinerer Drehzahl

Voraussetzung für dieses Verfahren ist, daß die Maschine zwei Wicklungen oder eine oder mehrere polumschaltbare Wicklungen hat, somit also für verschiedene Drehfelddrehzahlen ausgelegt ist, wie sie der Tabelle 12-1 entsprechen.

Dabei pflegen die Leistungen polumschaltbarer Maschinen etwas unterschiedlich zu sein, eventuell sogar erheblich (z.B. bei polumschaltbaren Lüfterantrieben). In der niedrigeren Drehzahlstufe ist die Maschine meist auch für eine kleinere Leistung ausgelegt. Tabelle 13-5 läßt auf jeden Fall erkennen, daß bei der kleineren Drehzahl auch kleinere Ströme auftreten, auch beim Anfahren.

Tabelle 13-5 Vergleich der Anfahrströme bei polumschaltbaren Asynchronmaschinen etwa gleicher Nennleistungen. In jedem Fall ist der Anfahrstrom bei der höheren Polzahl (niedrigeren Drehzahl) der niedrigere.

Fall	Polzahlen	Nennleistungen kW	Nennströme A	Anfahrströme A
1	4/2	9,5/11	19,5/21,5	57/71,5
2	8/6	8,5/11	25,0/27,7	95/138,5
3	6/4	8,0/12	19,8/24,0	114,8/139,2

Fährt man also bei polumschaltbaren Maschinen unabhängig vom definitiven Betriebsziel auf jeden Fall in der kleineren Drehzahlstufe an, was sonst nicht unbedingt befolgt werden müßte, so kann man den Netzstrom dadurch kleiner halten. Der Unterschied gegenüber Anfahrt in der größeren Drehzahlstufe ist zwar nicht erheblich, aber immerhin ausnutzbar. Auf den Anfahrstrom bei der größeren Drehzahl springt der Strom beim Umschalten auf volle Drehzahl nicht hoch.

13.3.2.4 Spezielle Maschinen

Hiermit sind Konstruktionen gemeint:

1. Spezielle Läufernutformen, wie z.B. in Bild 13-13, also unterschiedliche Läufernutformen, oder mehrere Läuferkäfige konzentrisch zueinander, wie in Bild 13-14. Bild 13-57 zeigt, wie sich dabei gleichzeitig unterschiedliche Drehmoment-Drehzahl-Charakteristiken ergeben.

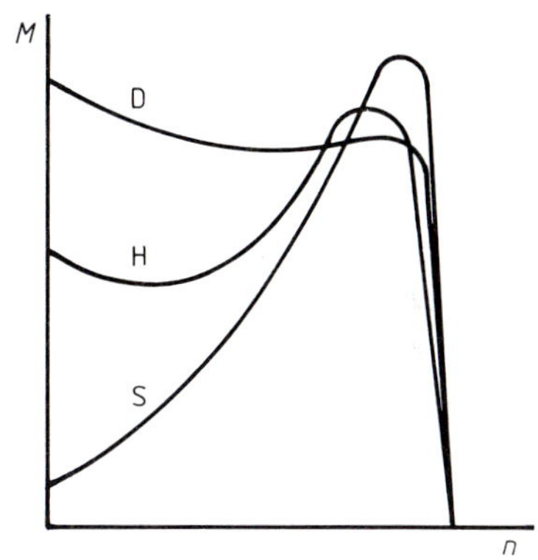

Bild 13-57 Beispiele möglicher Drehmoment-Drehzahl-Kurvenverläufe bei diversen Asynchronmaschine: D Doppelkäfigläufer, H Hochstabläufer, S Schleifringläufer.

2. Der Dokamotor (Doppel-Käfiganker-Motor). Bild 13-58 zeigt den Motor komplett. In Bild 13-59 sind zwei von sieben möglichen einstellbaren Situationen wiedergegeben:

   a) Normale Betriebssituation nach dem Anlauf. Die beiden Ständerteile sind gleichgeschaltet. Der von jeder Ständerhälfte im Läufer induzierte Strom schließt sich zu einem einzigen Läuferstrom.

b) Situation beim Anfahren. Die beiden Ständerwicklungshälften sind so geschaltet, daß in jeder Läuferhälfte einander gegenläufige Ströme induziert werden. (Übrigens ergeben sich die gezeichneten Läuferströme analog Bild 13-26). Die Kurzschlußringe in Läufermitte sind aus höherohmigem Material. Die beiden Läuferstromzweige können sich daher nicht so stark ausbilden wie im Dauerbetrieb. Der hierbei kleinere Strom wirkt transformatorisch in Richtung kleineren Anfahrstroms auf das Netz zurück.

Bild 13-58 Schnittbild eines Dokamotors. (Werkbild: *Bruncken-Elektrofabrikate GmbH,* Köln-Bickendorf.)

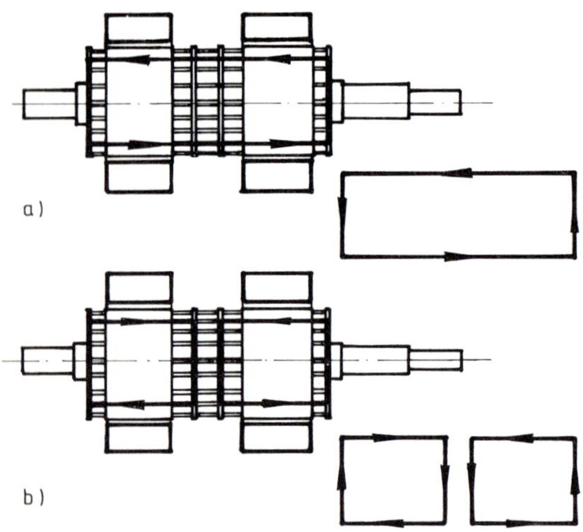

Bild 13-59 Stromwege beim Doka-Motor aus Bild 13-58. a) Situation im Dauerbetrieb, also nach dem Anlauf. b) Betrieb beim Anlauf. Die Ströme in der Mitte haben Material höheren Widerstands zu überwinden und bleiben so auf niedrigerem Niveau.

Diesen Maschinen ist ein stattliches Anfahrdrehmoment eigen, das unter Umständen so stark gar nicht erwünscht ist. Verwendet werden sie aber meist gerade an schwachen, weichen Netzen, in denen ohnehin der immer noch relativ große Anfahrstrom die Netzspannung mehr oder weniger stark einbrechen läßt, was sich aufs Drehmoment nach Gl. (13.5) quadratisch auswirkt. Dabei geht also wiederum so viel an Motortemperament verloren, daß das restliche Drehmoment meist gerade richtig liegt.

Allen diesen Konstruktionen ist jedenfalls eine erhebliche Reduzierung des Einschaltstroms gemeinsam.

Wie stark das Anfahrmoment bei Nennspannung allgemein erwartet werden darf, geht aus den Motorenlisten durch Spaltenangaben in dem Sinne hervor, daß von Läuferkennzahlen oder Klassifikationen oder dgl. die Rede ist, deren Schlüsselnummer in der Liste einem Drehmomentbild zugeordnet werden kann, siehe z.B. auch in Tabelle 11-3, Spalte: „Momentenkennlinie“, sowie Bild 13-37.

13.3.2.5 Schleifringläufer

Entsprechend Abschnitt 13.2.7.1 kann eine Asynchronmaschine mit Schleifringläufer unter anderem als Transformator angesehen werden. Dort wirken die Vorgänge auf der Ausgangsseite (hier: dem Läufer) auf die Eingangsseite (hier: den Ständer) zurück. Das heißt: Fließt im Läufer ein kleiner Strom, dann auch im Ständer und somit im Netz. Klein halten kann man einen Läuferstrom durch zusätzliche Widerstände im Läuferkreis, siehe Bilder 13-10 und 13-60.

Der große Unterschied gegenüber Vorwiderständen *vor dem Ständer* (Abschnitt 13.3.2.1) ist der, daß dort mit der dabei unvermeidbar herabgesetzten Ständerspannung nach Gl. (13.5) das ganze Momentenniveau (einschließlich Anfahrmoment) darunter litt. Wie jedoch Bild 13-61 erkennen läßt, leidet das Moment von Schleifringläufern durch Widerstände *im Läuferkreis nicht*. Das Anfahrmoment wächst sogar bei zu-

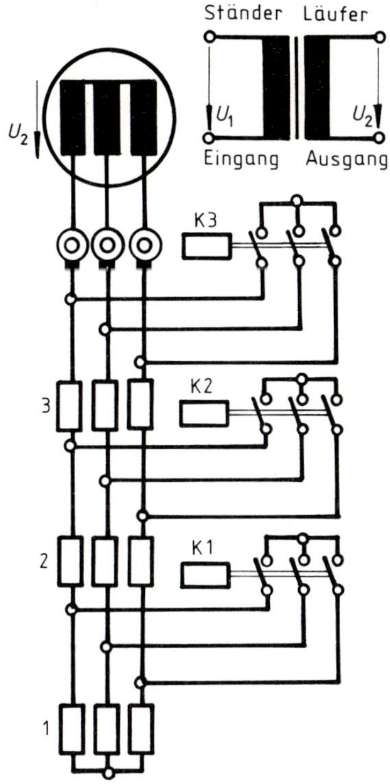

Bild 13-60 Läuferkreis einer Asynchron-Schleifringläufermaschine mit drei Gruppen von Vorwiderständen, die von den Schützen K1 bis K3 (in dieser Reihenfolge) nacheinander kurzgeschlossen werden. Oben rechts: (einphasiges) Ersatzschaltbild der Maschine im Vergleich zu einem Transformator. Genau wie dort wirkt eine (durch Vorwiderstände) verringerte ausgangs-(läufer-)seitige Leistungsentnahme gleichsinnig auf die Eingangsseite (Ständer und Netz) zurück.

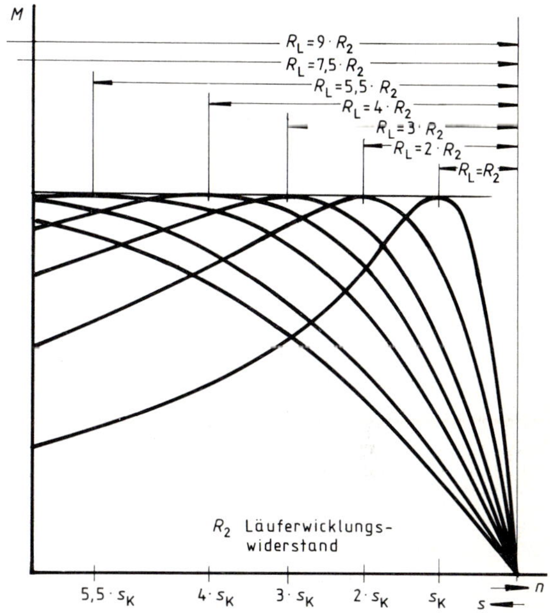

Bild 13-61 Drehmoment-Drehzahl-Kennlinien bei Asynchronmaschinen mit Schleifringläufer für verschiedene Vorwiderstände im Läuferkreis im Sinne von Gl. (13–20).

Entsprechend Bild 13-27 wurde die Abszisse der einfacheren Unterteilung wegen hier mit dem (Kipp-) Schlupf skaliert. Er steht im unmittelbaren Zusammenhang mit den Vorwiderständen.

nächst kleinen Vorwiderständen. Erst bei großen Vorwiderständen „gibt es nach". Man kann somit beliebig sanft anfahren, wenn die richtigen Vorwiderstandswerte gewählt werden.

Das Kippmoment des Schleifringläufers bleibt trotz Vorwiderständen im Läuferkreis in weitesten Bereichen erhalten (Bild 13-61).

13.3.2.6 Schaltkupplungen

Laut Abschnitt 13.3.1.1 ist der Anlaufstrom einer Asynchronmaschine bei Leerlauf und bei Belastung gleichgroß. Im Leerlauf klingt er allerdings erheblich schneller ab, womöglich so schnell, daß das Netz gar nichts davon „merkt" (es sei denn z.B. Computeranlagen ohne eigene Spannungsstabilisierung).

Läßt man also eine Asynchronmaschine leer anlaufen und schaltet, wie bei Kraftfahrzeugen die Last über eine Kupplung mit der Arbeitsmaschine zusammen, so kann man die Auswirkung aufs Netz erheblich verringern. Ein Kupplungsprinzip zeigte schon das Bild 6-33. Schaltkupplungen sind nicht billig. Unter Umständen sind sie aber die einzige Möglichkeit, in weichen Netzen anzufahren, z.B. als nachträgliche Maßnahme, wenn die Netzcharakteristik im Planungszustand des Antriebs nicht bekannt war oder im Lauf der Zeit das Netz allmählich „verkommen" sein sollte (zuviele Neuanlagen ohne rechtzeitige Netzerweiterung und Stabilisierung).

13.3.2.7 Sonstige Methoden

Wenn es darauf ankommt, besonders weich, sozusagen dosiert anzufahren, empfiehlt sich ein Zugriff in Richtung auf Gl. (12.1):

$$n_D = \frac{f}{p}.$$

Bei Absenkung der Frequenz auf genügend kleine Werte läuft die Maschine also frequenzproportional niedertourig an. Da sie dabei wenig Leistung aufnimmt, kommt auf das Netz auch nur geringer Strom zu. Ein solcherart teures Verfahren wird aber weniger dem Netz als vielmehr einer empfindlichen Arbeitsmaschine zuliebe praktiziert. Man benötigt dazu einen Umrichter entsprechend Abschnitt 10.4.

Wegen der Gln. (7.48) und (11.8) muß mit herabgesetzter Frequenz übrigens auch die Netzspannung herabgesetzt werden, sonst können die Verluste und damit die zulässige Erwärmung der Maschine zu groß werden, wenigstens bei länger dauerndem oder häufigem Anlauf.

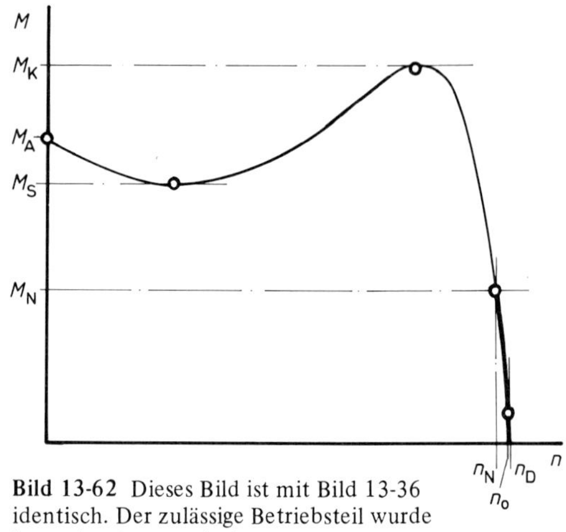

Bild 13-62 Dieses Bild ist mit Bild 13-36 identisch. Der zulässige Betriebsteil wurde besonders herausgehoben: $n_N \leqslant n_B \leqslant n_D$.

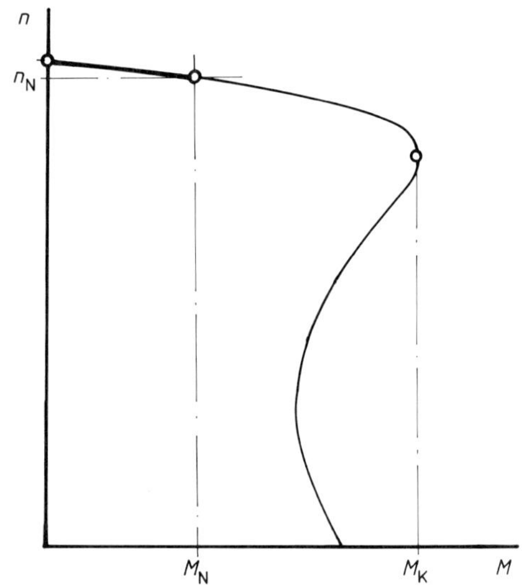

Bild 13-63 Dieses Bild geht aus Bild 13-62 durch Verdrehung und Spiegelung hervor. Es ist zweckmäßig, wenn gesucht ist, wie sich die Drehzahl einer Asynchronmaschine verändert, wobei die Belastung (das Moment) die unabhängige Variable ist. Der zulässige Betriebsteil kann ohne großen Fehler als Gerade betrachtet werden.

13.4 Drehzahlsteuerung der Asynchronmaschine

In Bildern, wie 13-36, 13-38 usw. lautet die Fragestellung z.B.:

> Welches Drehmoment verkraftet die Asynchronmaschine noch, und welche Drehzahl tritt dabei auf?

Steht jedoch nicht das Moment, sondern die Drehzahl zur Diskussion, so ist es naheliegend, die Achsen zu vertauschen. Daher zeigt Bild 13-62 zwar das gleiche Diagramm wie Bild 13-63 aber mit der Drehzahl als der Ordinate.

Der im Dauerbetrieb zulässige Teil des Diagramms ist hervorgehoben. Im Sinne der Bilder 11-16 muß eine Asynchronmaschine, diesem Diagrammverlauf nach zu schließen, als eine Maschine mit harter Kennlinie bezeichnet werden.

Man kann den Verlauf mathematisch einigermaßen richtig in die Gestalt der Gl. (13.19) einkleiden, der man sofort ansieht, daß sie so, der mathematischen Struktur nach zu schließen, einer Geraden entspricht:

$$\begin{array}{rcccl} n = & \boxed{-K_1 \cdot \dfrac{R_L}{(p \cdot \Phi_D)^2}} & \cdot M + & \boxed{K_2 \cdot \dfrac{f_1}{p}} & \quad (13.19) \\ y = & -m & \cdot x + & b & \end{array}$$

Hierbei sind K_1 und K_2 Konstanten, alle anderen Größen sind Variablen, mit denen sich die Drehzahl der Maschine steuern läßt, sofern sie in den einzelnen Fällen zugänglich sind. Ferner gilt für R_L in Gleichung (13.19):

$$R_L = R_2 + R_V. \quad (13.20)$$

In den Gleichungen (13.19) und (13.20) bedeuten die einzelnen Ausdrücke:

R_L Läuferwiderstand eines Schleifringläufers einschließlich etwaigem

R_V Vorwiderstand im Gegensatz zu

R_2 reiner Läufer-Wicklungswiderstand,

f_1 Ständernetzfrequenz, falls verstellbar, z.B. durch Umrichter,

Φ_D Ständerdrehfeld, über Gl. (7.48) mit der Ständerspannung verknüpft,

p Polpaarzahl der Ständerwicklung, falls umschaltbar auf andere Polzahl

K_1 und K_2 sind Maschinen-Konstanten.

13.4.1 Frequenzsteuerung; Stellgröße: f_1

In Gl. (13.19) wirkt sich f_1 unmittelbar im Ordinatenabschnitt b aus. Das bedeutet, daß sich von daher gesehen die in Bild 13-63 dick eingezeichnete Normalkennlinie parallel zu sich selbst abwärts verschiebt, wenn f_1 gesenkt wird. Dabei müssen noch folgende Zusammenhänge beachtet werden:

Mit sinkender Netzfrequenz f_1 wachsen:

1. der Netzstrom allgemein, Grund: Gl. (7.22),
2. Φ_D und B_D, Grund: Gln. (7.48) und (7.49),
3. wegen 2. auch die Eisenverluste, Grund: Gl. (11.8).

Es muß daher die Netzspannung U_1 analog mit f_1 zurückgenommen werden, wenn keine Überwärmungen auftreten sollen.

Dann wirkt sich auch der mit f_1 gleitende Einfluß von Φ_D nicht im Steigungsmaß der Geradengleichung (13.19) aus, siehe Bild 13-64 unterhalb der Normalkennlinie.

Wird f_1 jedoch gesteigert, so wirken die oben geschilderten Aktivitäten gerade umgekehrt. Wegen Gl. (7.48) sinkt dabei Φ_D:

$$U = 4{,}44 \cdot \overset{\uparrow}{f_1} \cdot N \cdot \overset{\downarrow}{\hat{\Phi}_D}.$$

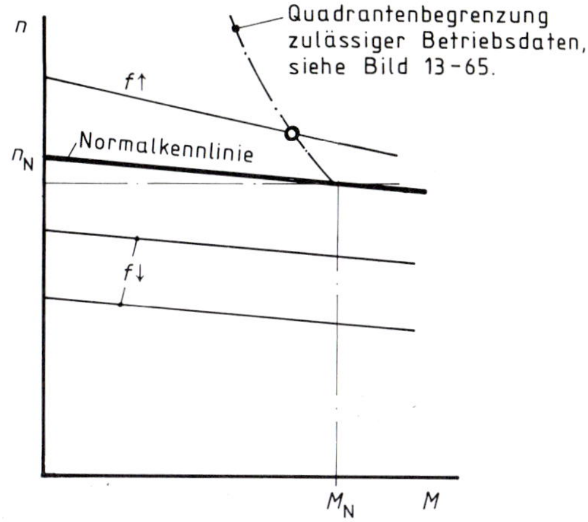

Bild 13-64 Veränderungen der n-M-Normalkennlinie durch Frequenzsteuerung.

Sinkendes Φ_D wirkt sich versteilernd auf das Steigungsmaß in Gl. (13.19) aus, siehe Bild 13-62 oberhalb der Normalkennlinie. Wollte man dem begegnen, so müßte die Netzspannung gleichzeitig mit f_1 gesteigert werden, wobei ab einem bestimmten Niveau jedoch der gesamte Netzstrom unzulässig ansteigt. Oberhalb der Normalkennlinie erhält man also eine weichere n-M-Charakteristik.

Bild 13-65 zeigt über Bild 13-64 hinaus die vollständigen, für alle vier Quadranten gültigen Drehzahlverstellmöglichkeiten. Die dort als unzulässig erklärten Bereiche sind die gleichen wie schon in Bild 11-27.

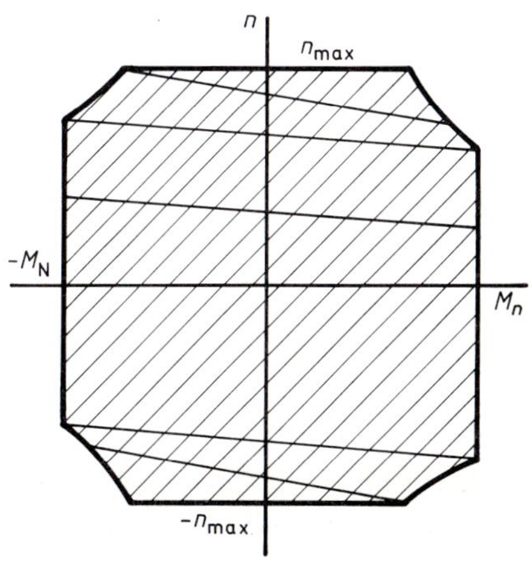

Bild 13-65 Frequenzsteuerung einer Asynchronmaschine in ihrer Auswirkung auf alle vier Quadranten; siehe hierzu auch Bild 11-27.

Man bedenke auch, daß normalerweise eine elektrische Maschine, im allgemeinen aber auch die damit gekuppelte Arbeitsmaschine bei einer Drehzahl $n_B = 1{,}2 \cdot n_N$ von seiten der auftretenden Zentrifugalkräftebeanspruchung „am Ende" ist (siehe Abschnitt 11.5.4).

Die Verstellung der Netzfrequenz mittels Umrichtern wird bis hinauf zu großen Motorleistungen praktiziert. Wichtige Anwendungen sind:

Lokomotivmotoren,	Zementrohrmühlen,
Pumpen und Lüfter,	Gruppenantriebe bei der Kunstfaserherstellung,
Prüfstände,	
Hebezeuge,	
Rollgänge,	Rührer, Zentrifugen,
Spulmaschinen,	große Gebläse
	und diverses anderes.

Die durch Frequenzsteuerung erzielbaren *n-M*-Charakteristiken können im Sinne von Bild 11-17 als geführt gelten: Die Drehzahlen bleiben stabil, solange die Nenndrehzahl nicht nennenswert überschritten wird.

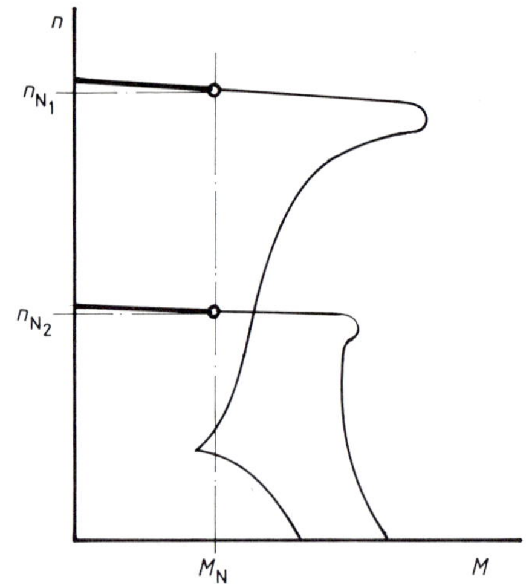

Bild 13-66 Drehmoment-Drehzahlkennlinien einer polumschaltbaren Asynchronmaschine bei einem Polpaarverhältnis von 1 : 2. Mitunter sind dabei besonders in der kleineren Polpaarstufe schroffe Einsattelungen zu beobachten und zu befürchten.

13.4.2 Polumschaltung; Stellgröße *p*

Die für diese Drehzahlsteuerung vorgesehene Maschine muß für diese Maßnahme von vornherein gewickelt sein. Ein nachträglicher Umbau kommt nur selten infrage.

Man erkennt aus Gl. (13.19), daß durch Änderung der Größe *p* sowohl der Ordinatenabschnitt *b* als auch das Steigungsmaß *m* der *n-M*-Geraden beeinflußt werden, d.h., die verstellte Kennlinie geht aus der Normalkennlinie nicht durch einfache Parallelverschiebung hervor, sondern die Kennlinie wird etwas flacher, „härter". Die Drehzahl ist nur in groben Sprüngen verstellbar (Bild 13-66).

Gebaut werden Maschinen mit 2, äußerstenfalls 3 getrennten Wicklungen, mit denen die einzelnen Polzahlen erhalten werden können, siehe z.B. die Bilder 12-11 und 12-13. Mit getrennten Wicklungen lassen sich im Einvernehmen mit Gl. (12.1) beliebige Drehzahlsprünge erreichen.

Drehzahlsprünge im Verhältnis 1 : 2 schafft man auch mit einer einzigen Wicklung, in der nach Bild 13-67 Strang-*Hälften* über Klemmenanschlüsse im Klemmenkasten umgeschaltet werden können. Solche Wicklungen sind als die sogenannten Dahlanderschaltungen bekannt, ferner als das PAM (Pol-Amplituden-Modulation; Siemens)-System.

Charakteristisch für polumschaltbare Maschinen ist, daß möglicherweise in der hohen Drehzahlstufe tiefe Einsattelungen auftreten (Bild 13-66), die zu erheblichen Anlaufschwierigkeiten führen können. Es empfiehlt sich dann der Anlauf in der niedrigeren Drehzahlstufe, falls die Lastcharakteristik dabei Erfolg verspricht.

Gebaut werden polumschaltbare Asynchronmotoren bis zu höchsten Leistungen. Schon im Abschnitt 13.3.2.3 wurde darauf hingewiesen, daß die zu den einzelnen Drehzahlen gehörenden Leistungen sich erheblich unterscheiden können. Typische Anwendungsgebiete für drehzahlverstellung durch Polumschaltung sind unter anderem:

Werkzeugmaschinen,	Waschautomaten,
Förderanlagen, z.B. Aufzüge (1 : 4 und mehr),	Zentrifugen,
	Kreiselpumpen,
	Lüfter
Mischanlagen	und andere.

Auch hier liegen stabile, geführte *n-M*-Charakteristiken vor, wie im Bild 11-17a).

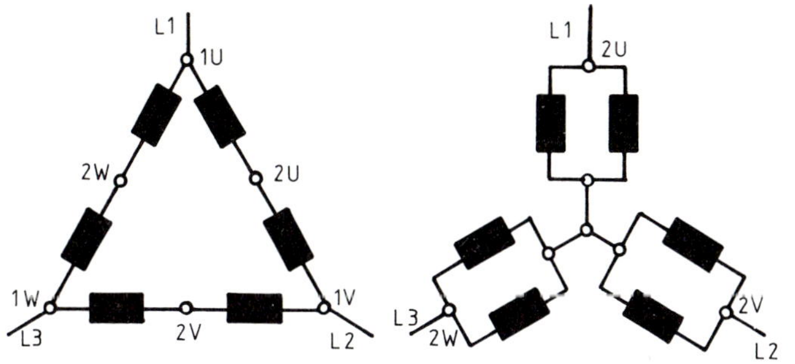

Bild 13-67
Ausführungsbeispiel für eine Dahlanderschaltung; linker Bildteil: niedrige, rechter Bildteil: hohe Drehzahl. Im Klemmenkasten finden sich die 6 einskizzierten Klemmen wieder.

13.4.3 Drehfeldsteuerung; Stellgröße: Φ_D

Aus Gl. (13.19) erkennt man zwar, daß die Drehzahl einer Asynchronmaschine auch über das Drehfeld steuerbar ist. Zum einen kann man aber die Größe Φ_D nicht unmittelbar verstellen, sondern nur mittelbar über Gl. (7.48), also von seiten der Ständerspannung U_1 her, zum andern verstellt sich damit über Gl. (13.5) auch das Momentenniveau, und zwar bekanntlich quadratisch, also erheblich.

Beispiel 13.7: Was ist eigentlich das Kippmoment?

Gegeben sei die Lastkennlinie M_L und die n-M-Kennlinie einer Asynchronmaschine mit Kurzschlußläufer in Bild 13-68: die dicker gezeichnete Kennlinie M_M. Sie gelte für den Betrieb an voller Nennspannung, also $U_{B1} = 100\,\%\ U_N$. Die Maschine sei auf volle Nenndrehzahl hochgelaufen: $n_{B1} = n_N = 1480\ \text{min}^{-1}$.

Gesucht: die Beträge, auf die die Motordrehzahl absinkt, wenn die Betriebsspannung abgesenkt wird auf

1. 70 % der Nennspannung,
2. 60 % der Nennspannung.

Lösungen: Siehe die dünnen Kennlinien in Bild 13-68. Sie errechnen sich aus der dick ausgezogenen, 100-%-Spannungs-Kennlinie durch quadratische Umrechnung, wie es der Zusammenhang mit Gl. (13.5) liefert. Man liest ab:

$n_{B1} = 1480\ \text{min}^{-1}$, Drehzahl bei Nennspannung,

$n_{B2} = 1460\ \text{min}^{-1}$, also die Drehzahl bei $U_{B2} = 70\,\%$ Nennspannung,

$n_{B3} = 1440\ \text{min}^{-1}$, also die Drehzahl bei $U_{B3} = 60\,\%$ Nennspannung.

Auswertung: Die Betriebsspannung ist gegenüber der Nennspannung um 40 % gesenkt. Die Drehzahl hat dabei nur um 40 min^{-1} nachgegeben. Das liegt an der harten Kennlinie einer Asynchronmaschine mit Kurzschlußläufer.

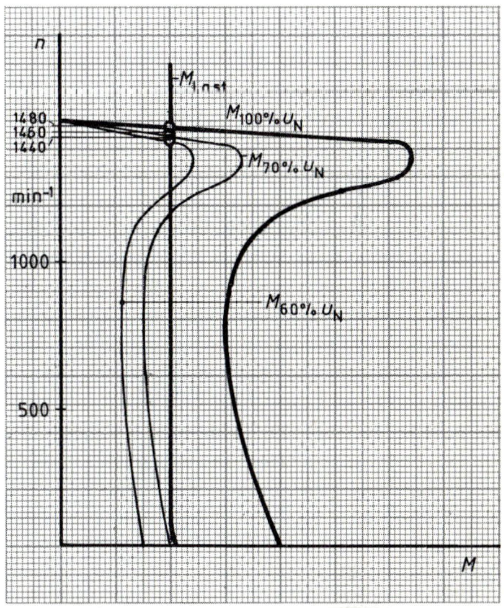

Bild 13-68 Bei einer Asynchronmaschine mit einer normalen n-M-Kennlinie sinkt mit sinkender Spannung natürlich die Betriebsdrehzahl auch *etwas*. Trotz erheblicher Spannungsveränderungen, hier: um 40 %, sinkt die Drehzahl jedoch nur um 40 min^{-1} gegenüber dem Betrieb bei Nennspannung, also praktisch überhaupt nicht. Sinkt die Spannung noch eine Kleinigkeit darunter, so bleibt die Maschine sogar abrupt stehen, wenn ihr Kippmoment überschritten wird.

Senkt man die Spannung noch tiefer ab, wobei ja auch das Moment der Maschine noch mehr „versackt“, so kommt gleich nach dem Fall der Betriebsspannung $U_{B3} = 0{,}6 \cdot U_N$ der Betriebsfall, wo es zwischen der Lastkennlinie M_L und der zuständigen Motorkennlinie gar keinen Schnittpunkt mehr gibt, wo also nicht einmal mehr das Kippmoment bis an die Lastkennlinie „hinlangt“. War die Maschine dabei vorher auf hoher Drehzahl, so kippt sie schlagartig ab, d.h., sie bleibt mehr oder weniger ruckartig stehen, sie wird abgewürgt.

Somit ist zu erkennen, daß bei einer normalen Asynchronmaschine mit Käfigläufer eine Drehzahlverstellung auf der Basis verstellter Ständerspannung nicht infrage kommt.

Auf die sich vollends noch stellende Frage der Zulässigkeit dieser Maßnahme wird hier zunächst noch nicht eingegangen. Siehe hierzu das Beispiel 13.9.

Beispiel 13.8: Schlupfmotor

Bild 13-16 zeigte den Läufer eines sogenannten Schlupfmotors. Charakteristisch ist hierfür ein höherohmiges Widerstandsmaterial im Läuferkäfig. Es verleiht der Maschinencharakteristik die Form, wie sie im Bild 13-69 skizziert und als gegeben zu betrachten ist. Die Maschine sei wieder mit der Last M_L belastet, wie schon im Bild 13-68. Die dick gezeichnete Kennlinie gelte auch hier für 100 % Nennspannung.

Gesucht die Beträge, auf die die Motordrehzahl absinkt, wenn die Betriebsspannung abgesenkt wird auf

1. 70 % der Nennspannung,
2. 60 % der Nennspannung.

Lösungen: Siehe die dünnen Kennlinien in Bild 13-69. Sie errechnen sich wieder aus Gl. (13.5) quadratisch über die Spannung.

Man liest ab:

n_{B_1} = 1430 min^{-1}	Drehzahl bei 100 % der Nennspannung,
n_{B_2} = 1140 min^{-1}	Drehzahl bei 70 % der Nennspannung,
n_{B_3} = 700 min^{-1}	Drehzahl bei 60 % der Nennspannung.

Auswertung: Im Gegensatz zum Beispiel 13.7 ist hier zu ersehen, daß *bei Vorliegen dieser Art Kennlinie* die Drehzahl der Maschine auf Spannungsverstellung auf einmal intensiv reagiert. Es kommt zwar die Drehzahleinstellung nach wie vor im Schnitt der Motor- mit der Lastkennlinie zustande, analog Bild 11-15. Die Kennlinien gehören aber von vornherein zum Typ weicher Kennlinien, wie in Bild 11-16c).

Man kann dementsprechend kaum von Drehzahl*führung* sprechen, sondern eher davon, daß die Last die Maschine bei dieser Verstellmethode mehr und mehr abwürgt. Im Fall von n_{B_3} würde z.B. eine kleine Lastschwankung ΔM von etwa + 25 % fehlen – und die Maschine steht definitiv.

Es ist sicher nicht sehr sinnvoll aber allgemein üblich, diese Verstellmethode als *Schlupfregulierung* zu bezeichnen, den dafür konzipierten Motor demnach auch als Schlupfmotor. Verwendung finden solche Motoren häufig bei kleineren Leistungen als Antriebe für

Pumpen und Lüfter,	Spulmaschinen,
Hebezeuge,	Drahtziehmaschinen u.a.

Auch die Maschine nach Bild 13-22 erfüllt die vorige Charakteristik.

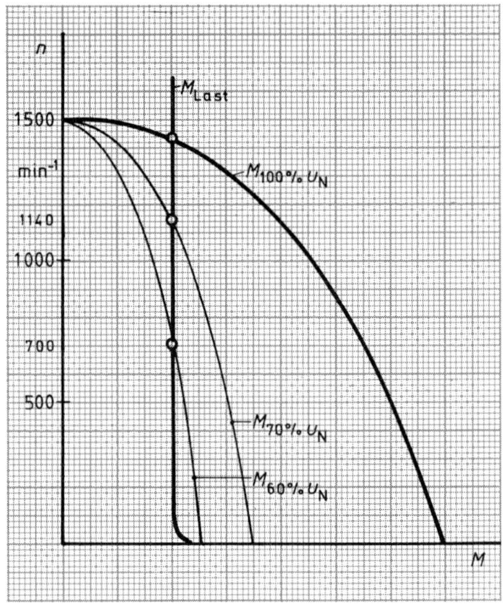

Bild 13-69 Eine Asynchronmaschine mit einer *n-M*-Kennlinie, wie sie einem Schlupfmotor zu eigen ist, kann mittels Spannungsverstellung in ihrer Drehzahl nennenswert verstellt werden. Zu beachten ist indessen die weiche Kennlinie. Sie führt zu starken Drehzahlschwankungen, wenn die Last schwankt *und niedrige Drehzahlen eingestellt wurden.*

13.4.4 Schleifringläufervorwiderstände; Stellgröße: Vorwiderstand R_V

Es wird an die Bilder 13-10, 13-11, 13-28 und 13-60, sowie an Gleichung (13.19) angeknüpft. Im Zähler des dortigen Steigungsmaßes m ist der Vorwiderstand R_V enthalten, siehe Gl. (13.20): $R_L = R_2 + R_V$. Damit ist wohl klar, daß so keine Käfigläufer drehzahlgesteuert werden können.

Bild 13-70 zeigt das gespiegelte Bild 13-61. Man sieht, daß die Kennlinien um so weichere Charakteristik haben, je größer der Vorwiderstand R_V gemacht wird. Daraus ergibt sich wiederum:

1. Man kann hier nicht wie bei der Frequenzsteuerungsmethode von einer straff geführten Drehzahlsteuerung sprechen. Dort war die Drehzahl mit und ohne Last praktisch gleichgroß. Hier dagegen gibt es erhebliche Schwankungen bei Laständerung, siehe Bild 13-70, Punkt P!

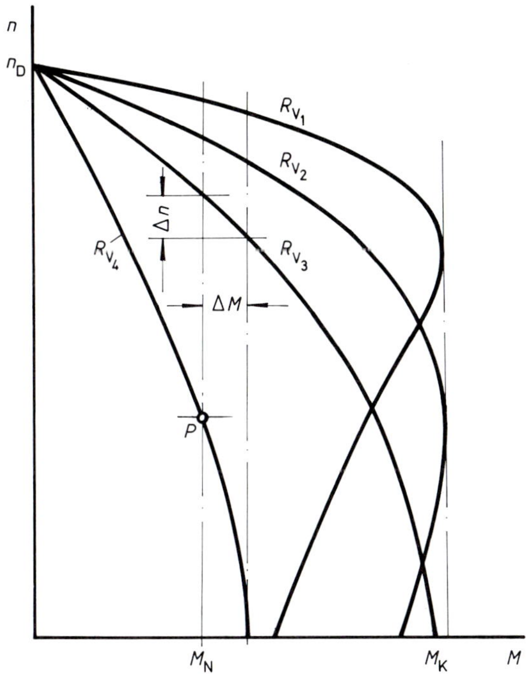

Bild 13-70 Einfluß des Läufer-Vorwiderstands R_V auf den *n-M*-Kennlinienverlauf einer Asynchronmaschine mit Schleifringläufer. Da mit wachsendem Vorwiderstand die Kennlinien immer weicher werden, treten bei Lastschwankungen große Drehzahlschwankungen auf.

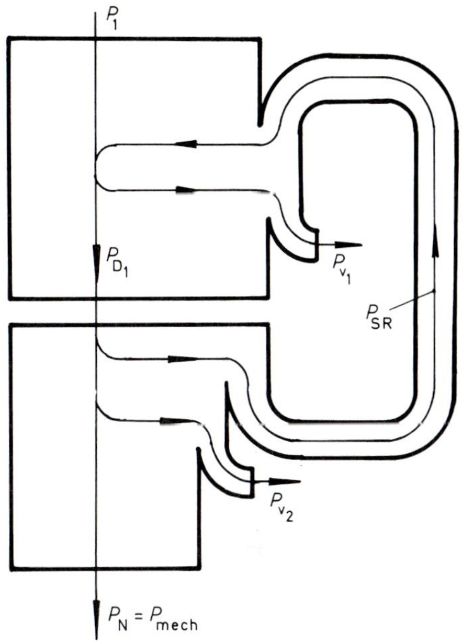

Bild 13-71 Im Gegensatz zu Bild 13-28 wird hier die Schleifringleistung nicht irgendwohin geführt (womöglich an Vorwiderstände), sondern nach passender Umrichtung in 50 Hz-Frequenz wieder dem Ständer zugeführt.

2. Ohne Last läßt sich die Drehzahl praktisch überhaupt nicht verstellen. Das ist zwar nicht besonders wichtig, da eine Maschine ja auch nicht für den Leerlauf angeschafft wird. Falls die Drehzahl aber geregelt und nicht nur gesteuert werden sollte, wird die Regelung um so anspruchsvoller, je weicher die *n-M*-Kennlinie ist.

Man muß des weiteren sehen, daß sozusagen diejenige Energie, die die Welle des Motors nicht treiben soll, als thermische Energie in den Vorwiderständen mehr oder weniger vernichtet wird, abgesehen davon, daß größere Wärmemengen u.U. eine erhebliche örtliche Belästigung darstellen können.

Aus Bild 13-28 war zu ersehen, wie man sich die Leistungsbilanz in einer Schleifringläufer-Asynchronmaschine vorstellen muß, wenn am Ende, an den Schleifringen, Vorwiderstände liegen.

Bild 13-71 zeigt dazu alternativ eine moderne bis hinauf zu größten Leistungen (ca. 30000 kW) praktizierte Methode. Die an den Schleifringen mit der Frequenz f_2 (siehe Bild 13-42) ankommende Wechselstromenergie wird über Umrichter wieder in 50 Hz (oder jedenfalls die passende Netzfrequenz) verwandelt und sozusagen „durch die Hintertür“ dem Ständer der Schleifringläufermaschine nutzbringend zugeführt (Bild 13-71). Man spricht dabei (wegen der diversen Energiegefällestufen, analog einem Wasserfall) von Kaskaden, speziell von der sogenannten *untersynchronen* (siehe Tabelle 13-1) *Stromrichterkaskade.*

Typische Anwendungsgebiete für Schleifringläufer sind bis zu großen und größten Leistungen:

Lüfter,	Windkanäle,
Verdichter,	Prüfstände,
Pumpen (auch Kesselspeisepumpen in Kraftwerken usw.),	Förderanlagen, Schaufelradantriebe für Bagger,
(Absaug-)Gebläse, z.B. für Zementöfen,	Pressen und vieles andere.

13.5 Bremsen der Asynchronmaschine

Mit Bremsverfahren sind hier rein elektrische Methoden gemeint, solche also, bei denen keinerlei äußere, mechanische Hilfsmittel erforderlich sind.

Mit keiner einzigen der folgenden Methoden kann eine heruntergebremste elektrische Maschine auch festgebremst gehalten werden. Hierfür sind mechanische Bremsen erforderlich.

13.5.1 Bremsen durch Drehzahlverstellung

Bei einem Kraftfahrzeug kann man erhebliche Bremswirkungen erzielen, indem man aus einem hohem Gang in einen niedrigeren zurückschaltet. Dabei kann es allerdings Getriebe- und vor allem Motordrehzahlprobleme geben. Aber es bremst.

Analog dazu läßt sich auch jede elektrische Maschine ohne solche Probleme durch die gleichen Maßnahmen bremsen, mit denen die Drehzahl herabgesetzt werden kann. Die Bremskraft ist um so stärker, je größer das drehzahlvermindernde Energiepotential ist. Die Maschine muß allerdings dafür gebaut sein. Ist sie das nicht, so kommen nur Verfahren wie die folgenden in Frage.

13.5.2 Gegenstrombremsen

Man versteht unter Gegenstrombremsen das Vertauschen zweier Netzanschlüsse. Nach Abschnitt 12.1.2.1 kehrt sich damit auch der Drehsinn (der „Drehwillen") der Maschine um (Bild 13-72).

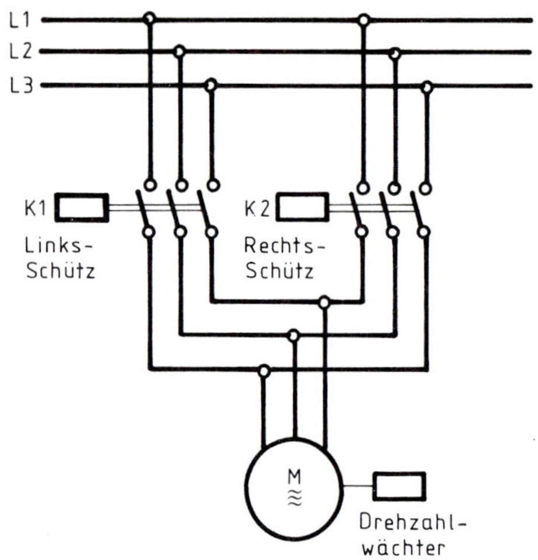

Bild 13-72 Eine primitive, wenn auch nicht selten anzutreffende Bremsmethode für eine Asynchronmaschine ist das Gegenstrombremsen: nach dem Abschalten werden zwei Phasen vertauscht und die Maschine so wieder an Spannung gelegt. Wird die Maschine dabei aber nicht beim Durchlaufen von $n = 0$ schnell wieder abgeschaltet, so läuft sie in entgegengesetztem Drehrichtungssinn wieder hoch.

Diese Maßnahme ist nur bei stark belasteter Maschine sinnvoll. Eine unbelastete Maschine würde womöglich innerhalb etwa 1 s in Gegendrehrichtung auf Nenndrehzahl sein und bleibt natürlich nicht bei $n = 0$ stehen. Selbst eine belastete Maschine bei $n = 0$ abzufangen und definitiv stillzusetzen, ist nicht einfach. Dieses Verfahren wird indessen trotzdem mitunter angewendet.

Wie man z.B. Bild 13-35 entnehmen kann, treten bei diesem Bremsverfahren maximale Ströme auf. Es ist also auf keinen Fall im Dauerbetrieb zulässig, wenn die Maschine laut Leistungsschildangaben nicht eigens dafür ausgelegt ist. Andernfalls empfiehlt sich Rückfrage beim Hersteller.

Selbstverständlich müssen die beiden Schalter K1 und K2 aus Bild 13-72 mechanisch oder elektrisch gegeneinander verriegelt sein. Falls beide gleichzeitig eingeschaltet würden, träfen die beiden „feindlichen" Netzphasen L1 und L3 im Sinne eines Kurzschlusses aufeinander.

13.5.3 Gleichstrombremsung

Bei diesem Verfahren wird zum Bremsen der Ständer der Maschine vom Drehstrom- oder vom Wechselspannungsnetz abgetrennt und stattdessen an Gleichspannung gelegt, mindestens Teile der Wicklung.

Der Gleichstrom liefert in der Ständerwicklung ein Gleichstrom-Magnetfeld, also kein Drehfeld mehr, sondern ein feststehendes Feld, wie es aus Bild 13-73 hervorgeht. Die Bilderfolge 13-74 zeigt die Induktionswirkungen im Läufer, wobei er mit seinem abzubremsenden Restschwung durch das feststehende Gleichstromfeld Φ_- hindurchfährt. Alle gleichnamigen Pole stoßen sich natürlich ab, Süd- und Nordpole ziehen sich an. Das Ergebnis ist eine Kraftwirkung auf den Läufer, die sich dem ursprünglichen Drehwillen entgegenstellt.

Mit Gleichstrom kann eine Asynchronmaschine sehr wirkungsvoll und gleichzeitig weich dosierbar abgebremst, aber nie festgebremst *gehalten* werden.

Dauerbetrieb mit regelmäßigen Bremsphasen ist nicht zulässig, es sei denn, die Maschine ist eigens dafür dimensioniert. Andernfalls ist Rückfrage beim Hersteller zweckmäßig.

Zusammenfassung:

Je nach Größe und Belastung läuft eine Asynchronmaschine nach dem Abschalten noch eine oder mehr Minuten weiter, wenn sie nicht gebremst wird. Schleifringläufer stehen wegen der Bürstenreibung auf den Schleifringen schneller als andere Asynchronmaschinen.

Vor allem aus Gründen der Unfallverhütung sollte keine Maschine ohne Bremse ausgeführt werden, es sei denn, daß sie durch die Eigenart des Einsatzes durch die Last ohnehin stark gebremst wird, sobald sie abgeschaltet ist.

Besonders die Gleichstrombremsung liefert sehr preiswerte und bedienungsfreundliche Lösungen zum Abbremsen von Asynchronmaschinen.

13.6 Vom Nennbetrieb abweichende Betriebsdaten

13.6.1 Abweichende Spannung

13.6.1.1 Zu hohe Betriebsspannung

Die im Abschnitt 11.5, Punkt 2.b) gemachten Aussagen treffen auch hier durchaus zu. Betrieb bei höherer als der Nennspannung ist also nicht

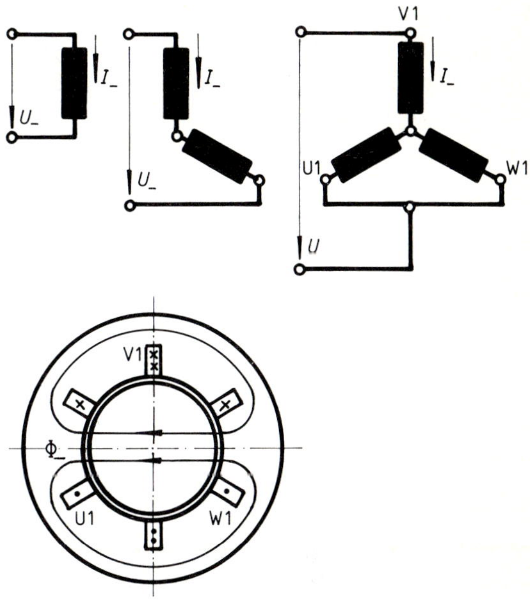

Bild 13-73 Auswahl möglicher Schaltungen zur Bremsung von Asynchronmotoren mit Gleichstrom. Es entsteht dabei kein Drehfeld, sondern ein feststehendes Feld, wie es z.B. im Bildteil links unten zur Schaltung rechts oben wiedergegeben ist.

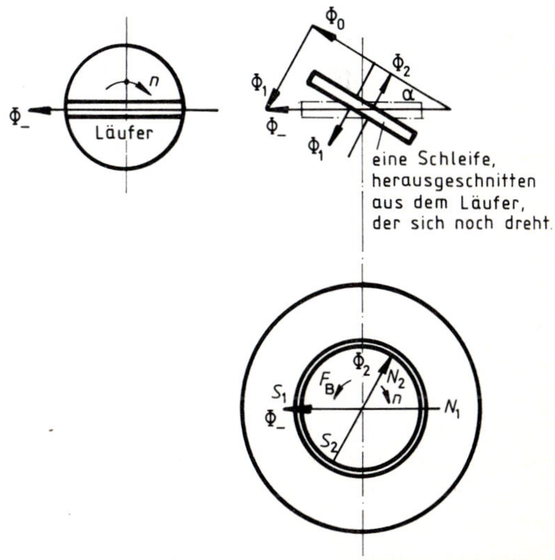

Bild 13-74 In der Läuferschleife rechts oben spielt sich durch die Drehbewegung des Läufer-Restschwungs ein Induktionsvorgang ähnlich wie in Bild 13-26 ab. Infolge der Polkräfte aufeinander kommt es zu einer wirkungsvollen Bremsung: Kraft F_B, allerdings nur, solange die Maschine noch läuft.

zulässig. Im Extremfall kann die Maschine theoretisch sogar schon im Leerlauf beschädigt werden, und zwar von seiten des Ständereisens durch zu hohe Eisenverluste.

13.6.1.2 Zu niedrige Betriebsspannung

Beispiel 13.9: Kann Unterspannung einer Asynchronmaschine schaden?

Gegeben seien die im Bild 13-75 dick eingezeichneten Kennlinien:

1. eine Lastkennlinie, M_L, z.B. die eines Generators, speziell die Nennlast,
2. die *M-n*-Kennlinie eines 4-kW-Kurzschlußläufer-Motors für $U = U_N = 380$ V,
3. dessen *I-n*-Kennlinie ebenfalls bei Nennspannung.

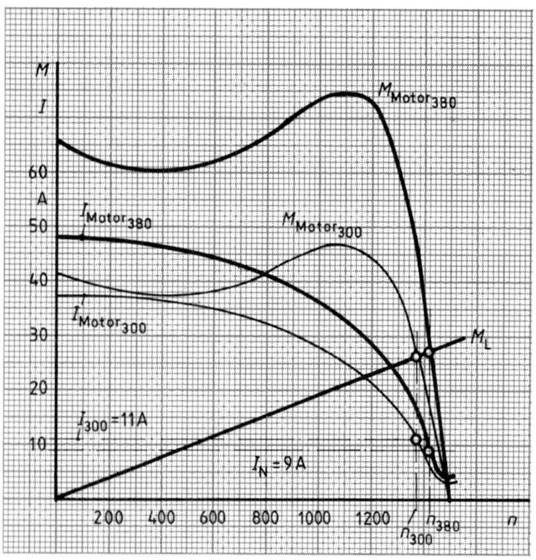

Bild 13-75 Im dargestellten Belastungsfall ist die Asynchronmaschine im Verhältnis $(11\ A/9\ A)^2 \approx 1{,}5$, also um 50 % überlastet, wenn die Betriebsspannung von 380 V auf 300 V absinken sollte. Der Betrieb ist so natürlich nicht zulässig.

Gesucht sind die Betriebsdaten *n* und *I*, wenn die Netzspannung auf den Betrag $U = 300$ V heruntergekommen ist.

Lösung: Nach Gl. (13.5) nimmt das ganze Momentenniveau im Verhältnis 300 V/380 V quadratisch ab. Die dünn gezeichnete *M*-Kurve geht aus der dicken durch den Faktor $(300/380)^2 = 0{,}79^2 = 0{,}62$ hervor.

Das Stromniveau sinkt dagegen nur im Verhältnis 300 V/380 V linear, also mit dem Faktor 0,79.

Bei voller Nennspannung ergibt sich aus dem Schnitt der M_L-Kurve mit der M_{380}-Kurve die Drehzahl $n_B = 1420\ \text{min}^{-1}$. Es ist die Nenndrehzahl, da laut Aufgabenstellung die Nenn*last* bei Nenn*spannung* (und sicherlich auch Nennfrequenz) vorliegt. Der Strom beträgt $I_N = 9$ A.

Bei 300 V schneiden sich die *M*-Kurven schon bei $n_B = 1370\ \text{min}^{-1}$. Den Strom liest man jetzt natürlich auf der I_{300}-Kurve ab, und zwar $I = 11$ A, also mehr als bei 380 V!

Auswertung: Das Ergebnis: mehr Strom bei weniger Spannung klingt auf ersten Blick paradox, wenn man ans Ohmsche Gesetz denkt. Es ist aber logisch, da die Drehzahl sinkt und damit der Strom steigen muß. Das Ohmsche Gesetz gilt ja auch nicht bei umlaufenden Systemen.

Über die Erfahrung des Beispiels 8.1 hinaus, aus dem zu ersehen war, daß eine Anlage (natürlich) nicht bei zu hoher Spannung betrieben werden darf, sieht man hier, daß *bei unverminderter Last* (!) auch Unterspannung gefährlich ist.

13.6.2 Abweichende Netzfrequenz

13.6.2.1 Zu hohe Frequenz

Wegen der Drehfeldgleichung wächst die Drehzahl etwa im Verhältnis der Frequenzen. Unbedenklich ist das nach Abschnitt 11.5, Punkt 4 bis zum Faktor 1,2, also z.B. beim Übergang von 50 Hz auf 60 Hz.

Darüberhinaus wäre mindestens der Hersteller zu befragen, ob nicht allmählich Zentrifugalprobleme auftreten, vor allem aber auch von seiten der Arbeitsmaschine.

13.6.2.2 Zu niedrige Frequenz

Im Extremfall: $f = 0$, Gleichstrom, entfällt in Gl. (7.22) der ganze Wechselstromwiderstandsanteil, die Maschine wäre akut gefährdet, weil der Strom erheblich ansteigt. (So allerdings nur für $n = 0$ vergleichbar).

Beim Übergang von 60-Hz-Maschinen auf ein 50-Hz-Netz kann die Maschine eventuell schon zu warm werden, und zwar auch schon im Leerlauf, wie die Gln. (7.49) und (11.8) erkennen lassen, siehe auch die Meßpunkte 92 und 93.

Hinweis:

Es empfiehlt sich, die folgenden Labor-Beispiele durch geschultes Personal vorführen zu lassen. Wegen der hohen Energiepotentiale könnten sonst schwerwiegende Gefährdungen nicht ausgeschlossen werden.

Beispiel 13.10: Einschaltstromstoß auf ein schwaches Netz (Labor)

Ein 4-kW-Drehstrom-Generator laut Bild 13-76 sei in Betrieb und zwar mit einer symmetrisch verteilten Grundlast von etwa 400 W. Die Betriebsdaten gehen aus dem Protokoll zum Meßpunkt 106 hervor (Tabelle 13-6).

Tabelle 13-6 Meßwerte zum Einschalten eines relativ großen Motors auf ein schwaches Netz. Die Frequenz beim Meßpunkt 107 wird nicht angezeigt, da der Frequenzmesser hierzu etwa 380 V benötigte. Sie ist daher drehzahlanalog *berechnet.* Ihre Änderung gegenüber Meßpunkt 106 wird allerdings im Oszilloskop gut sichtbar.

Meß-punkt	f / Hz	n_{Gen} / min^{-1}	U_Δ / V	U_Y / V	Situation
106	50	1500	380	220	Vor dem Einschalten des 1,5-kW-Motors
107	(48)	1440	250	145	Im Einschaltaugenblick

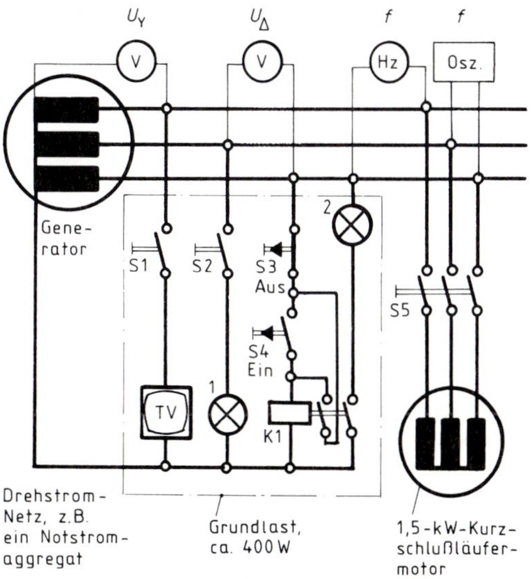

Bild 13-76 Veranschaulichung zum Beispiel 13.10: Einschaltstromstoß auf ein schwaches Netz. Die Grundlast sei schon am Netz des Notstromaggregats in Betrieb, indem noch der Schalter S5 betätigt und so noch der 1,5-kW-Motor eingeschaltet wird.

Nun wird unbelastet der 1,5-kW-Motor aus Bild 13-76 zugeschaltet, vorsorglich in Y-Schaltung, damit der Einschaltstromstoß nicht zu groß wird: Schalter S5. Im Mittelpunkt des Interesses steht die Rückwirkung des Laststoßes auf das Generatornetz, d.h. auf die Betriebsdaten der vorher schon vorhandenen Grundlast.

Das Ergebnis zeigt der Meßpunkt 107. Im Einschaltaugenblick ist zu beobachten:
Das gesamte Spannungsniveau bricht ein, und zwar um 35 ... 40 % (die Meßinstrumente sind verhältnismäßig träge). Im einzelnen nimmt man qualitativ wahr:

- Das Schirmbild des Fernsehers stürzt im Einschaltaugenblick des Motors auf etwa 25 % Bildfläche zusammen,
- Lampe 1 leuchtet erheblich schwächer.
- Das Schütz fällt überhaupt völlig ab, damit ist und bleibt die Lampe 2 vorerst ganz aus.

Alle Spannungswerte erholen sich mit zunehmendem Hochlauf des Motors einigermaßen wieder. Lampe 2 kann nur über das Schütz und von Hand wieder eingeschaltet werden.

Auswertung: Es sollte gezeigt werden, welche Unruhe in einem Netz ausgelöst werden kann, wenn eine verhältnismäßig große Last *ohne Anlaufhilfe* eingeschaltet wird, besonders wenn es sich um ein ziemlich „weiches" Netz handelt, z.B. ein Notstromaggregat, aber auch öffentliche Netzteile in Randbezirken.

Man versteht dann, weshalb von seiten der TAB (Technischen Anschlußbedingungen) verhältnismäßig enge Grenzen für Neuanlagen gesetzt werden. Die Last betrug hier bei Y-Inbetriebnahme 1,5/3 kW = 0,5 kW mit etwa dem 6-fachen Anlaufstrom, also 3 kW. Verfügbar sind 4 kW, wovon schon 0,4 kW ausgebucht waren.

Die unangenehmste Nebenwirkung beim Einschalten war das Abwerfen eines Netznachbarn, der über (oft unvermeidliche) Schützenschaltungen am Netz liegt. Besonders gefährdet sind ferner Computerprogramme. Bei Laststößen im Netz können sie völlig verloren gehen.

Beispiel 13.11: Einschaltstrom-Oszillogramm (Labor)

Ein Asynchron-Kurzschlußläufer-Motor mit den folgenden Leistungsdaten wird ans *öffentliche* Netz geschaltet.

U_Δ = 380 V bei Δ-Schaltung; P_N = 4 kW,

I_N = 8,8 A (Netz-Nennstrom bei Δ-Schaltung),

n_N = 1420 min^{-1}, f_N = 50 Hz.

Die Entwicklung des Einschaltstroms (Netzstrom) wird dabei über ein Speicheroszilloskop registriert, wie im Bild 13-77 zu sehen.

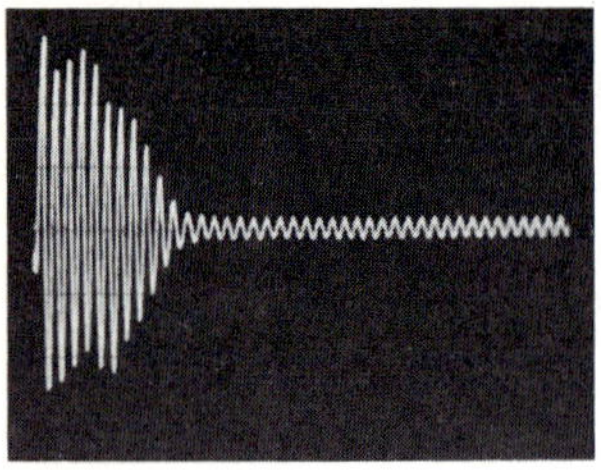

Meßpunkt 108:
Einschalten in Y bei Leerlauf

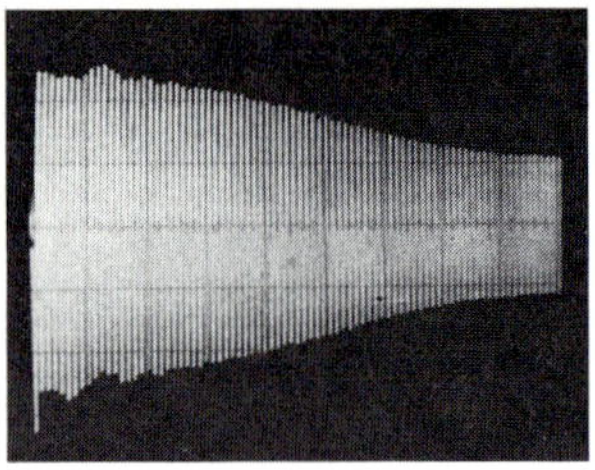

Meßpunkt 109:
Einschalten in Y bei Nennlast

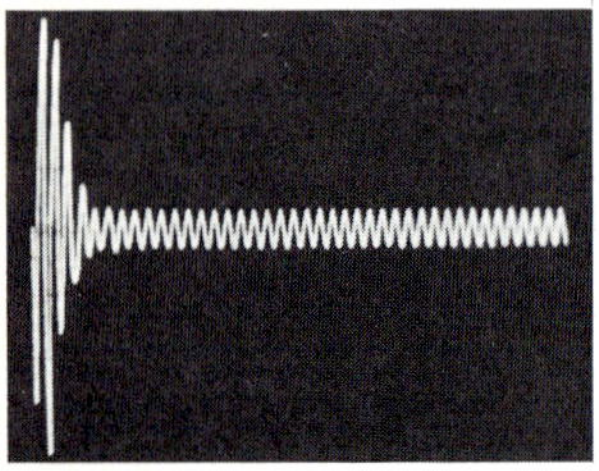

Meßpunkt 110:
Einschalten in Δ bei Leerlauf

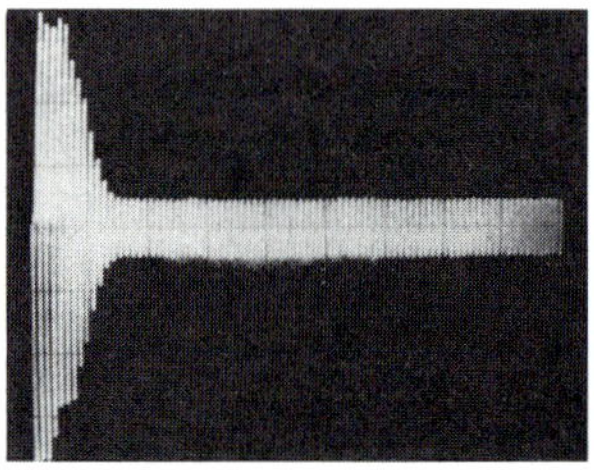

Meßpunkt 111:
Einschalten in Δ bei Nennlast

Bild 13-77
Vergleich der Einschaltoszillogramme.

Tabelle 13-7
Meßpunkte zum Einschaltstrom

Meß-punkt	Schal-tung	Last-grad	$\frac{a_v}{\text{V/cm}}$	$\frac{a_t}{\text{ms/cm}}$	Hoch-lauf-zeit in s
108	Y	Leer-lauf	0,2	200	0,24
109		Nenn-last		500	1,44
110	Δ	Leer-lauf	0,5	200	0,08
111		Nenn-last		500	0,28

Ergebnisse (Bild 13-77)

- Innerhalb der gleichen Schaltung ist das Niveau der Einschaltstromspitzen jeweils gleichgroß, unabhängig von der Belastung.
- Bei Leerlauf klingt der Strom natürlich deutlich schneller ab als bei Belastung (man beachte dabei auch den unterschiedlichen Zeitmaßstab; 1 Periodendauer beträgt bekanntlich $T = 20$ ms).
- Bei Dreieckschaltung ist bei dieser Maschine das Verhältnis $I_A/I_N = 7{,}6$, wie man aus dem Oszillogramm von Meßpunkt 111 ersieht. Der Dauerstrom ist ja hier der Nennstrom.
- Der Anlaufvorgang ist beendet, sobald sich der Strombetrag nicht mehr ändert. Das dauert beim Meßpunkt 111 (Δ) die äußerst kurze Zeit von $t = 0{,}28$ s. In Y-Schaltung quält sich der Motor erheblich länger mit hohem Strom ab.

Auswertung: Die Last erscheint (natürlich) nicht in der Einschaltstrom*spitze*, sondern vielmehr in deren *Dauer*.

Beispiel 13.12: Die Ermittlung des Schlupfs zwischen Leerlauf und Nennlast (Labor)

Die gleiche Maschine wie in Beispiel 13.11 wird während des Laufs mit einem Stroboskop angeblitzt. Das Auslösesignal wird der Netzfrequenz entlang getriggert, damit also unmittelbar analog der Drehfelddrehzahl.

Ergebnisse (siehe Tabelle 13-8): Man erkennt, daß die Welle scheinbar weiterläuft (Meßpunkte 112 und 113, und zwar:

- ganz langsam bei Leerlauf, ca. 0,5 min^{-1},
- etwas schneller bei Belastung, lastproportional.

Tabelle 13-8 Schlupfbeobachtungen an einer Asynchronmaschinenwelle.

Meß-punkt	Betriebsfall	Im Stroboskoplicht „läuft" die Welle
112	Leerlauf	ganz langsam.
113	Belastung	bei wachsender Last schneller.

Was man dabei „laufen" sieht, ist unmittelbar die Schlupfdrehzahl nach der Beziehung:

$$n_{Sch} = n_D - n_B$$

mit

n_D Drehfelddrehzahl,
n_B Betriebsdrehzahl.

Im Vergleich zum Lauf eines Synchronmotors ist zu sehen, daß dessen Schlupf völlig Null ist.

Hinweis: Die Auflösegenauigkeit eines guten mechanischen Drehzahlmessers ist im Vergleich zur stroboskopischen Darstellung sehr grob, im Leerlauf absolut unbrauchbar.

Auswertung: Der etwas abstrakte Begriff des Schlupfs wird durch die Meßpunkte 112 und 113 anschaulicher. Von dessen Verständnis hängt dasjenige weiterer Vorgänge ab, wie z.B. die Drehzahl- (bzw. Schlupf-)abhängigkeit der Läuferfrequenz f_2.

Beispiel 13.13: Ausfall einer Netzphase bei einer Kurzschlußläufer-Asynchronmaschine (Labor)

Die 4-kW-Maschine aus den Beispielen 13.11 und 13.12 wird wieder am öffentlichen Netz betrieben, jedoch nur mit zwei Phasen, entsprechend der Vorstellung, durch Leiterbruch oder dgl. sei z.B. eine Phase (Hauptleiter) ausgefallen. Tabelle 13-9 zeigt die Ergebnisse.

Auswertung: Das dieselartige schnarrende Geräusch bei Meßpunkt 117 ist nicht zu überhören. Es ist unverwechselbar. Nicht zu übersehen ist der unzulässige Stromanstieg in den intakt gebliebenen Phasen.

Dieser Betriebsfall kann z.B. auftreten, wenn sich eine von drei Sicherungen gelockert oder ausgelöst hat. Ehe die nächsten Sicherungen ansprechen können, kann die Wicklung der Maschine nicht unerheblich in Mitleidenschaft gezogen worden sein (Bild 13-78). Dieser Zustand kann etwa innerhalb einer Stunde oder schneller erreicht sein und zum Totalschaden führen.

Eine Asynchronmaschine sollte daher stets über einen Motorschutzschalter gesichert sein, der allpolig schaltet, wenn eine einzelne Phase ausgelöst hat.

Tabelle 13-9 Verhältnisse bei Phasenausfall. Der zulässige Netzstrom beträgt 8,8 A.

Meß-punkt	Situation	Schal-tung	$\frac{I}{A}$	Bemerkungen
114	beim Anlauf	Y	15	n bleibt 0
115		Δ	45	$n < n_N$
116	aus voller Drehzahl	Y	15	n würgt ab
117		Δ	21	$n < n_N$

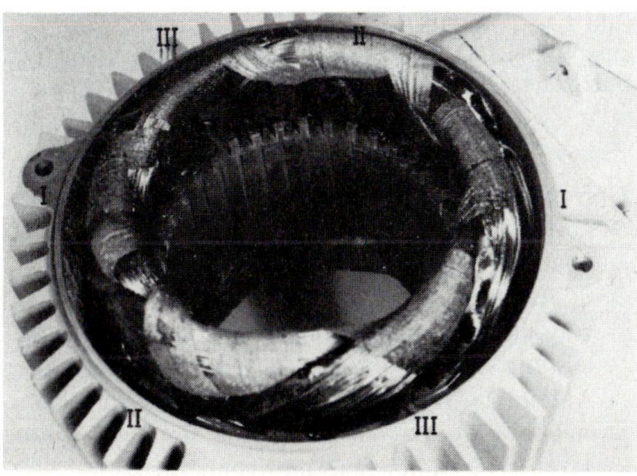

Bild 13-78 Schadensbild einer Asynchronmaschinen-Ständerwicklung nach Überlastung durch 2-Leiter-Anschluß in Y-Schaltung. Der Strang II ist noch wie neu. (Werkbild: *Eberhard Bauer*, Esslingen/Neckar.)

Beispiel 13.14: Steinmetzschaltung (Labor)

Die verwendete Maschine hat die folgenden Daten:

220 V/380 V,	Δ/Y, 0,06 kW,
0,45 A/0,26 A,	$\cos\varphi = 0{,}67$,
$1280\ \text{min}^{-1}$,	$f = 50$ Hz.

Die Maschine wird wie in Bild 13-79 geschaltet. Diese Schaltung ist unter der Bezeichnung Steinmetzschaltung bekannt und gilt als Verlegenheitslösung, wenn ein Drehstrommotor zulässig an einem Einphasen-Wechselstromnetz betrieben werden soll. In solchen Fällen werden Kondensatorkapazitäten gewählt, die sich aus der Faustformel ergeben:

$$C = \text{Leistungsbetrag in kW mal } 70\ \mu\text{F}.$$

Im obigen Fall ergibt das:

$$C \approx 0{,}06 \cdot 70\ \mu\text{F} = 4{,}2\ \mu\text{F}.$$

Der Motor darf so nur mit etwa 70 % seiner Nennleistung betrieben werden.

Soll der Drehsinn der Maschine umgekehrt werden, muß der Kondensator statt zwischen den Anschlüssen 2 und 3 zwischen die Anschlüsse 1 und 3 gelegt werden.

Auswertung: Die Maschine läuft ohne Schwierigkeiten auch am Einphasen-Wechselstromnetz an. Ihr Drehrichtungssinn ist eindeutig.

Wegen der sonst nicht unerheblichen Geräuschbildung ist dieser Betrieb für Motoren mit der Nennleistung von maximal etwa 2 kW geeignet.

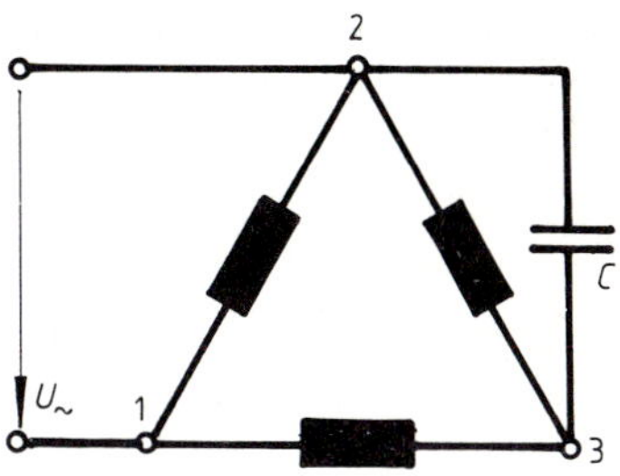

Bild 13-79 Ein Drehstrommotor liegt am Einphasen-Wechselstromnetz. In Verbindung mit dem dazugeschalteten Kondensator besteht Aussicht, daß der Drehstrommotor auch am Wechselstromnetz läuft: Steinmetzschaltung.

Beispiel 13.15: Anwurfmotor

Der gleiche Motor wie in Beispiel 13.14 wird nun einphasig, aber *ohne Kondensator* wie in Bild 13-80) betrieben.

Erwartungsgemäß rührt er sich nach dem Einschalten ans Netz nicht. Das kann er auch nicht, da in ihm kein Dreh-, sondern nur ein Wechselfeld wirksam ist, siehe Abschnitt 12.1.3.

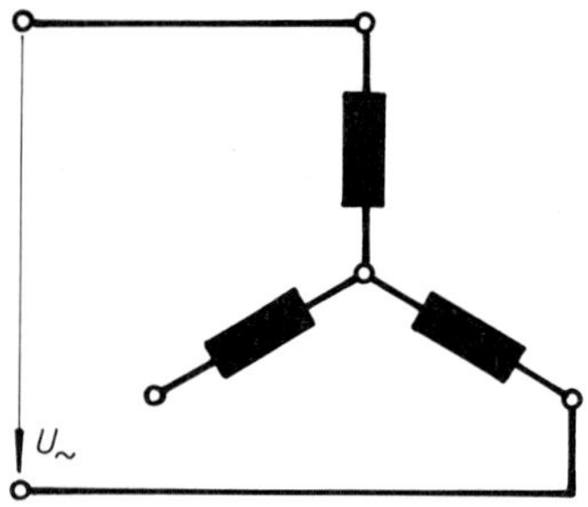

Bild 13-80 Ein Drehstrommotor läßt sich auch am Einphasenwechselstromnetz betreiben, wenn man ihn von Hand anwirft. Ein Strang bleibt dabei einfach unangeschlossen. Die Maschine kann in beiden Drehrichtungen angeworfen werden.

Dieses Wechselfeld kann man sich indessen aus zwei gegenläufigen und bei Stillstand gleichgroßen Drehfeldern zusammengesetzt vorstellen. Relativ zum Läufer zieht dabei das eine Drehfeld „den Kürzeren", wenn man den Läufer zugunsten des anderen Drehfelds etwas anstößt. In diesem Drehfelddrehsinn läuft alsbald der Läufer vollständig hoch. Stößt man den Läufer allerdings nach der anderen Seite an, so läuft er auch in dieser Richtung vollends hoch.

Genauso verhält sich jede einphasige Asynchronmaschine. Ist z.B. am Rasenmähermotor der Kondensator defekt, so läßt sich der Rasenmäher jetzt nach beiden Drehrichtungen auf Drehzahl bringen.

Hinweis: Der Motor bringt in der gezeichneten Schaltung natürlich nur einen Bruchteil seiner Nennleistung auf die Welle.

Auswertung: Der Motor hat keinen eindeutigen Drehrichtungssinn mehr!

Beispiel 13.16: Überlasteter Spaltpolmotor (Labor)

Seit etwa 15 min liege ein 60-W-Spaltpolmotor (z.B. für einen Laugenpumpenantrieb) an der Spannung einer Wechselstromsteckdose. Er ist festgebremst, weil z.B. ein Pumpenflügel verklemmt war. Bekannt seien die Motordaten:

$I_0 \approx I_N = 0{,}6$ A.

$I_A = 0{,}7$ A Anlaufstrom.

Mittlerweile ist der Motor so „gut betriebswarm", daß man ihn kaum noch anfassen kann. Es kann nur noch kurze Zeit dauern, bis seine Isolation den Flammpunkt erreicht hat, wenn man ihn nicht abschaltet.

Auswertung:

1. Das Verhältnis von Nenn- zu Leerlaufstrom beträgt normalerweise etwa 2 bis 4. *Hier (wie bei allen Spaltpolmotoren)* ist es erheblich kleiner.

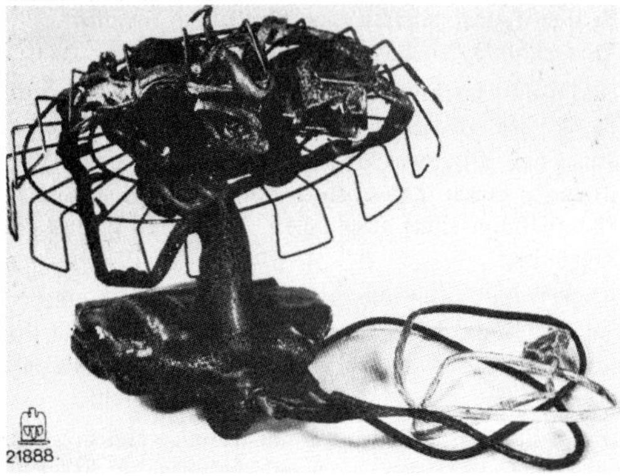

Bild 13-81 Reste eines zerstörten Ventilators. Er war blockiert worden (siehe Bild 13-82) und konnte so nicht anlaufen. Die Anschlußleitung hätte eine durchaus größere Belastung ausgehalten, nicht jedoch die Motorwicklung. Der Überlastschutz kann einen so ausgelösten Brand wegen der absolut gesehen kleinen Ströme nicht verhindern. (Quelle: *„Der Maschinenschaden"* Fachzeitschrift für Risikotechnologie.) [13]

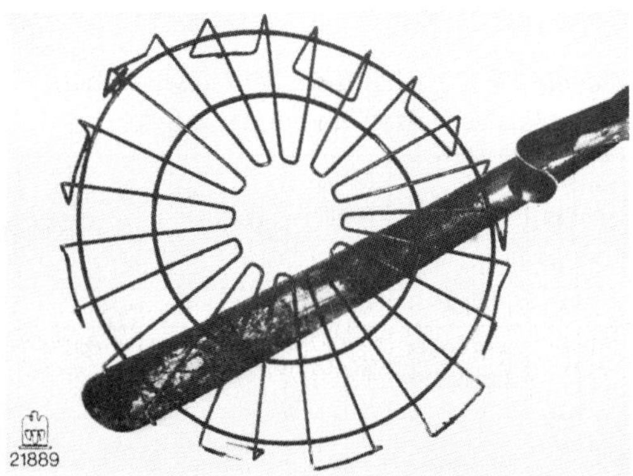

Bild 13-82 Offensichtliche Schadensursache zum Fall aus Bild 13-81. (Quelle: *„Der Maschinenschaden"* Fachzeitschrift für Risikotechnologie.)

2. Das Verhältnis von Anlauf- zu Nennstrom beträgt normalerweise etwa 2 bis 8, hier also (wie bei allen Spaltpolmotoren) ebenfalls erheblich weniger: 0,7/0,6 = 1,167.
3. Was die Maschine warm macht, ist ihre Verlustleistung. Von seiten der Kupferverluste ist das der Anteil $P_V = I^2 \cdot R$. Wegen des festgebremsten Zustands liegt die Verlustleistung um den Faktor $1{,}167^2 = 1{,}36$ höher als im Nennbetrieb.
4. Normalerweise wird man ein solches Gerät mit einer Sicherung (oder einem Automaten) mindestens des Niveaus 10 A sichern, wie alle Steckdosen auch. Die Maschine und ihr Betreiber haben

dabei keine Chance, daß die Überlastschutzkomponenten die bei $n = 0$ unvermeidliche Übererwärmung erfassen und verhindern (Bilder 13-81 und 13-82)!

5. Man kann sich vorstellen, um wieviel temperamentvoller ein normaler Asynchronmotor auf Blockierung reagiert, bei dem das Verhältnis I_A/I_N entsprechend größer ist.

Kein Elektromotor darf blockiert betrieben werden, wenn er nicht eigens dafür bemessen ist (Brandgefahr)![1)]

Beispiel 13.17: Anlauf einer Schleifringläufer-Asynchronmaschine (Labor)

Die verwendete Maschine hat die folgenden Daten:

Ständer:	220 V/380 V,	Δ/Y, 4 kW,
	16 A/9,3 A,	$\cos\varphi = 0{,}83$,
	1415 min^{-1},	$f = 50$ Hz,
Läufer:	135 V Y,	19,6 A.

Bei diesen Daten darf die Maschine in Y ans öffentliche Netz mit 3 · 380 V/220 V geschaltet werden, siehe Beispiel 8.1, Fall A. Dabei werden die Meßpunkte 118 bis 121 aufgenommen (Tabelle 13-10).

Tabelle 13-10 Anlaufstrom einer Schleifringläufer-Asynchronmaschine bei verschiedenen Vorwiderständen R_v und etwa Nennbelastung.

Meß-punkt	Ständer-schaltung	Läufervor-widerstand R_v in Ω	Anlaufstrom ca. $\frac{I}{A}$
118		0	40
119	Y	0,5	25
120		2,2	12
121		6	7

Auswertung: Ohne Vorwiderstand läuft die Maschine mit etwa dem 4-fachen Nennstrom an (Meßpunkt 118), also mit Kurzschlußläuferniveau, was ja auch nicht verwundert, denn ihr Läufer ist ja dann kurzgeschlossen.

Mit Läufervorwiderstand kann man den Anfahrstrom auf ein kleines Niveau begrenzen. Die Maschine fährt dann sehr netzschonend an, siehe die Meßpunkte 119 bis 121.

Je nach Netzverhältnissen und Lastcharakteristik (z.B. bei langandauerndem Schweranlauf) kann deshalb vom EVU verlangt werden, daß entweder der Anlagenbetreiber eine Schleifringläufer-Maschine verwenden *muß* oder eine eigene Trafoeinspeisung erstellt, was auch nicht immer möglich sein dürfte.

[1)] Eine solche Ausnahme stellt der Betriebsfall nach Bild 13-25 dar.

Beispiel 13.18: Drehzahlverstellung einer Schleifringläufer-Asynchronmaschine (Labor)

Es wird die gleiche Maschine verwendet wie in Beispiel 13.17. Aufgenommen werden die Meßpunkte 122 bis 128. Sie sind im Bild 13-83 wiedergegeben.

Auswertung: Generell kann man sagen:

- Eine Asynchronmaschine mit Schleifringläufer läßt sich über Läufer-Vorwiderstände R_v in der Drehzahl verstellen.

Man erkennt aus Bild 13-83, daß mit dieser Drehzahlverstellmethode allerdings

- die Drehzahl nur vermindert werden kann,
- die Drehzahl nur unter Last verstellt werden kann,
- die Drehzahl-Drehmoment-Kennlinie sehr „weich" ist, d.h., bei Lastschwankungen wird die Drehzahl erheblich mitschwanken,
- nur die Neigung der Kennlinie verstellt werden kann, nicht ihr Ursprung.

Diese Drehzahlverstellmethode kann natürlich auch zum Bremsen der Maschine herangezogen werden, was auch praktiziert wird.

Auswertung: Hinter dem Kurvenverlauf entlang den Meßpunkten 122 bis 124 hätte auch eine Asynchronmaschine mit Kurzschlußläufer gestanden haben können. Die Drehzahl ändert sich bei wachsender Last praktisch gar nicht: steifer Kennlinienverlauf.

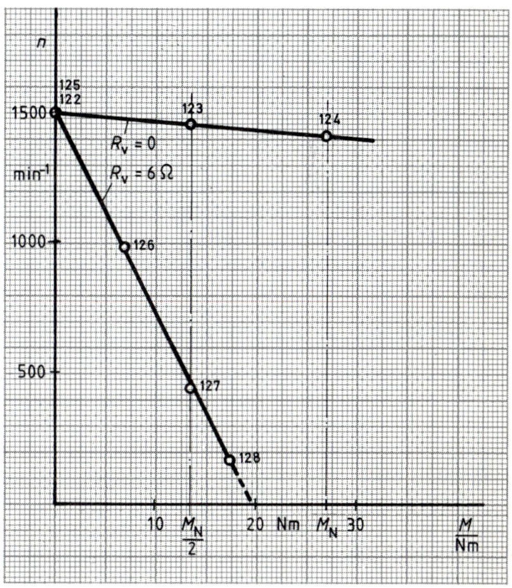

Bild 13-83 Hinter den Meßpunkten 122 bis 124 hätte auch eine Asynchronmaschine mit Kurzschlußläufer gestanden haben können, bzw. der Läufer war ja auch kurzgeschlossen: $R_V = 0$.

Bei den Meßpunkten 125 bis 128 zeigt sich die Drehzahlverstellbarkeit einer Schleifringläufermaschine. Man beachte hier wieder die äußerst weiche Kennlinie.

Tabelle 13-11 Meßpunkte 122 bis 128

Meß-punkt	Ständer-schal-tung	Läufervor-widerstand R_V in Ω	n_B / min⁻¹	M_L / J	I_1 / A
122			1497	0,0	5,1
123		0	1460	13,5	6,4
124			1415	27,0	9,3
125	Y		1460	0,0	5,2
126			977	6,8	5,6
127		6	440	13,5	6,4
128			160	17,7	6,9

Tabelle 13-12 Frequenzen und Drehzahlen in Verbindung mit Bild 13-84 und 13-85

Meß-punkt	$n_{1;2}$ / min^{-1}	f_1 / Hz	$f_{2;3}$ / Hz	n_{D3} / min^{-1}	n_{03} / min^{-1}
129	– 300		+ 60	+ 1800	+ 1765
130	0		+ 50	+ 1500	+ 1470
131	+ 750	50	+ 25	+ 750	+ 732
132	+ 1500		0	0	0
133	+ 1800		– 10	– 300	– 290

Die andere Kennlinie (entlang den Meßpunkten 125 bis 128) zeigt, daß die Schleifringläufer-Maschine über Vorwiderstände im Läuferkreis sehr gut in der Drehzahl verstellt werden kann. Die Kennlinie wird dabei jedoch sehr weich.

Beispiel 13.19: Frequenzwandler (Labor)

Es wird die Schleifringläufer-Asynchronmaschine wie in Beispiel 13.18 betrieben (Bild 13-84). Sie speist also von ihren Schleifringen aus eine 4-polige Kurzschlußläufer-Asynchronmaschine. Tabelle 13-12 zeigt die dabei aufgenommenen Meßpunkte 129 bis 133. Aus Bild 13-85 ersieht man die Meßergebnisse im Zusammenhang.

Die im Meßpunkt 133 erhaltene *negative* Frequenz f_2 ist als eine Größe zu deuten, die jedenfalls gegenüber allen anderen Meßpunkten ein Drehfeld mit umgekehrtem Drehwillen erwarten läßt, was das Versuchsergebnis auch deutlich zeigt: Maschine 3 dreht sich dann umgekehrt gegenüber vorher.

Maschine 1 ist im Drehsinn und ihrer Drehzahl im Bereich

$$-300\ \text{min}^{-1} \leqslant n_B \leqslant +1800\ \text{min}^{-1}$$

beliebig verstellbar. Analog der so erreichten Frequenzspanne

$$+60\ \text{Hz} \geqslant f_2 \geqslant -10\ \text{Hz}$$

ist auch die Maschine 3 (oder etwa alle gleichzeitig mit ihr betriebenen anderen Maschinen) in ihrer Drehzahl verstellbar, siehe die Drehzahl n_{0_3}. Bei Maschine 3 handelt es sich um eine 4-polige Drehstromasynchron-Kurzschlußläufermaschine im Leerlauf.

Auswertung:

1. eine Schleifringläufermaschine kann als Quelle variabler Frequenz betrieben werden (Frequenzwandler), also einen Umrichter in gewissen Grenzen ersetzen, siehe Bild 13-85.
2. Aus Bild 13-86 sieht man den Idealfall einer Drehzahlsteuerung: Die Drehzahl folgt proportional der Stellgröße (hier: der Frequenz) schon im Leerlauf. Auch im Gegendrehsinn liegt eine geführte Drehzahlsteuerung vor, im Gegensatz zu einer von der Last mehr oder weniger abgewürgten Drehzahlsteuerung, wie in den Bildern 13-69 und 13-83. Dort spricht man von der sogenannten Schlupfregulierung.

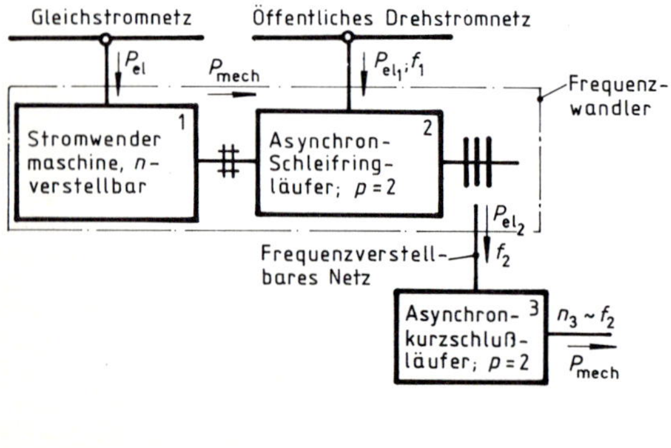

Bild 13-84 Zur Orientierung über die am Beispiel 13.19 beteiligten Maschinen und Netze.

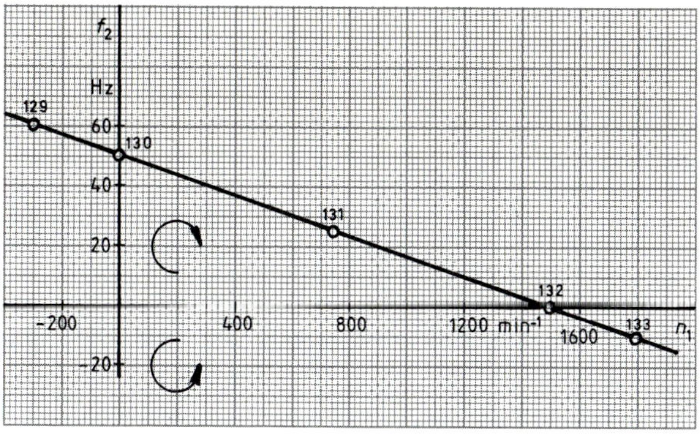

Bild 13-85
Diagramm zu den Meßpunkten 129 bis 133: Drehzahl der Maschine 1 aus Bild 13-84 in Verbindung mit der daraus erzielten Frequenz f_2 (Ordinate). Die Maschine 3 lauft zur Frequenz f_2 proportional, siesteht also beim Meßpunkt 132 still und hat beim Meßpunkt 133 einen anderen Drehrichtungssinn als bei den anderen Meßpunkten.

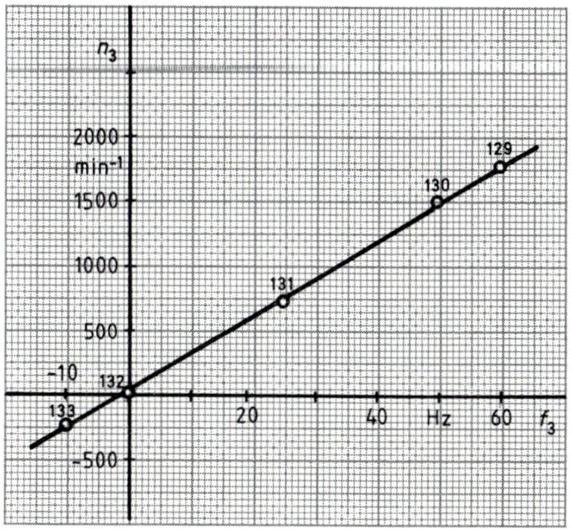

Bild 13-86 Diagramm zu den Meßpunkten 129 bis 133. Es bildet die Tabelle 13-12 von seiten ihrer Spalten 6 über Spalte 4 ab, letzten Endes die Drehfeldgleichung (12.1). Man erkennt, daß die Drehzahl streng proportional zur speisenden Netzfrequenz verläuft; hier ist es die Frequenz, die aus den Schleifringen der Maschine 2 in Bild 13-84 geliefert wird.

14 Synchronmaschine

14.1 Konstruktive Abgrenzung

Wie man aus Bild 11-1 erkennt, bildet die Synchronmaschine mit der Asynchronmaschine zusammen die Familie der Drehfeldmaschinen. Somit gilt auch für die Synchronmaschine die Drehfeldgleichung (12.1). Man findet die Synchronmaschine zwar auch als Motor, und zwar mit wachsender Tendenz. In erster Linie liegt ihre Bedeutung aber auf dem Gebiet der Generatoren.

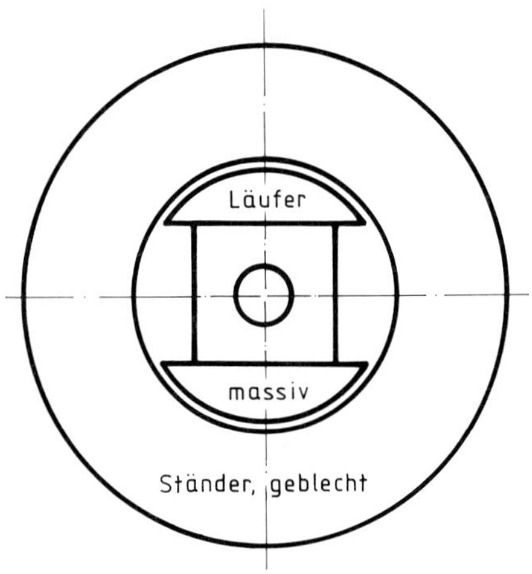

Bild 14-1 Bei der Synchronmaschine sieht der Ständer genauso aus wie bei der Asynchronmaschine. Der Läufer dagegen trägt (mehr oder weniger) ausgeprägte Pole.

Von wenigen Sonderfällen abgesehen liegt die Wechselstromwicklung im Ständer, wobei der Läufer die Erregerpole trägt (Bild 14-1). Der Ständer ist geblecht, der Läufer massiv.

Die Läuferpole können bei kleinen Maschinen Dauermagnete sein, wie man das typischerweise von Fahrrad-Generatoren kennt. Bei größeren Maschinen, schon ab Leistungen wie bei Kfz-Generatoren (den „Lichtmaschinen") werden die Pole elektrisch erregt, und zwar stets mit *Gleichstrom*. Im allgemeinen wird er der Erregerwicklung über Schleifringe zugeführt.

Man unterscheidet vor allem die in Tabelle 14-1 aufgeführten Maschinenbauweisen und Namen. Dem Zusammenhang zwischen Drehzahl und Pol(paar)zahl liegt die Drehfeldgleichung (12.1) zugrunde, ferner das Frequenzziel von $f = 50$ Hz (Europa). Die Kfz-Generatoren gehören zur Bauart der Klauenpolgeneratoren (siehe Bild 11-1).

Tabelle 14-1 Unterschiede zwischen Turbo- und Schenkelpol-Synchronmaschinen bei $f = 50$ Hz.

Maschinen-bezeichnung	Typischer Antrieb	Drehfeld-drehzahl min^{-1}	Polzahl $2p$	charakteristisch
Turbogenerator	Dampf- oder Gasturbine	3000 auch: 1500	2 auch: 4	langgestreckte Bauform
Schenkelpolgenerator	Wasserturbine oder Dieselmotor	1500, 1000, ... unter 100	4, 6, ... 60 und mehr	kurze Welle, großer Durchmesser

Gebaut werden Synchronmaschinen ein- und mehrphasig. Der Leistungsbereich liegt zwischen einigen Watt und einigen Gigawatt. Im letzteren Fall präsentieren sich die größten Maschinen der Erde überhaupt, auch von seiten der erforderlichen Antriebsturbinen. Größte bisher gebaute Leistungen liegen für Turbogeneratoren von Kernkraftwerken bei etwa 1600 MVA, speziell für das Wasserkraftwerk Itaipú in Brasilien/Paraguay bei 823,6 MVA (jeweils als Scheinleistung).

Gründe für das Anstreben derartiger Leistungsbeträge in einer Maschineneinheit sind die mit wachsender Leistung selbsttätig mitwachsenden Wirkungsgrade. Bei großen Kernkraftwerksgeneratoren liegen sie über 99 %.

Gleichzeitig erhebt sich bei so großen Leistungen aber ein wachsendes spezifisches Betriebsrisiko bei Schäden hinsichtlich der Kosten und der Versorgungssicherheit größerer Landesteile. Beim Ausfall eines derart großen Generators sind etwa 1 Million Einwohner eines Industrielandes einschließlich ihrer Industriebetriebe ohne elektrische Versorgung [14].

14.1.1 Ständerkonstruktionen

14.1.1.1 Turbo-Ständer

Bild 14-2 zeigt einen typischen Turbogeneratorständer. Es überwiegt deutlich die achsiale Baukomponente. Die Grenze für die Abmessungen und die Masse sind die Transportprofile der Bundesbahn und Straßen, sowie die Tragfähigkeit der betreffenden Brücken usw.

Bild 14-2 Ständer eines großen Kernkraftwerks-Generators: Synchronmaschine in Turbo-Bauform. Leistung: 1635 MVA bei 27,5 kV und 34,3 kA. (Werkbild: *Brown Boveri & Cie AG*, Mannheim.)

Ohne Läufer sieht der Ständer kleiner und mittlerer Maschinen genauso aus, wie der von gleichgroßen Asynchronmaschinen. Solche Maschinen werden bis zu Leistungen von maximal 130 MVA noch mit Luft gekühlt. Darüberhinaus macht die Wärmeabfuhr auf der Basis Luftkühlung Schwierigkeiten, ebenso wie der dazugehörige Lärm.

Charakteristisch sind bei größeren Leistungen die Komponenten für die Kühlung der Maschine. Man entnimmt der Tabelle 14-2 die Bauleistungen, innerhalb derer die eine oder die andere Kühlmethode wirtschaftlich ist. Bild 14-3 zeigt,

Tabelle 14-2 Wirtschaftlich vertretbare Kühlmedien in Abhängigkeit von der Bauleistung von Synchronmaschinen.

Leistungsgrenze in MVA	Kühlmedium
130	Luft
50 ... 1000	Wasserstoffgas
200 ... 1500	Öl (einige Firmen)
400 ... 1500	Wasser im Ständer Wasserstoffgas im Läufer
1000 ... 2500	Wasser überall
bis etwa 5000 [15]	supraleitfähig gekühlte Maschine

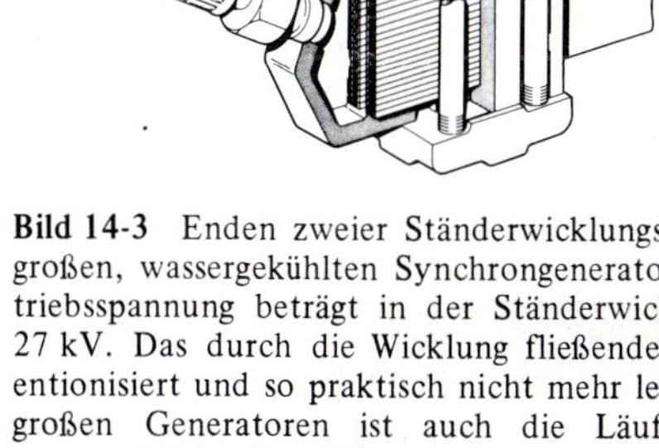

Bild 14-3 Enden zweier Ständerwicklungsstäbe eines großen, wassergekühlten Synchrongenerators. Die Betriebsspannung beträgt in der Ständerwicklung etwa 27 kV. Das durch die Wicklung fließende Wasser ist entionisiert und so praktisch nicht mehr leitfähig. Bei großen Generatoren ist auch die Läuferwicklung wassergekühlt. Das führt zu interessanten konstruktiven Lösungen. Links ist die Wasserzu- und Abführung zu erkennen. (Werkbild: *Siemens AG*)

daß das Kühlmedium auch die stromdurchflossenen Leiter durchströmt, die gegenüber dem Gehäuse unter Spannungen bis zu 27 kV stehen. Damit das auch bei Wasserkühlung möglich wird, verwendet man als Kühlmedium sogenanntes Reinstwasser. Es ist völlig entionisiertes H_2O und daher praktisch ein Isolator.

14.1.1.2 Schenkelpol-Ständer

Das Gehäuse baut im Vergleich zum großen Durchmesser verhältnismäßig kurz. Der Durchmesser wird dabei allerdings mitunter so groß, daß das Gehäuse zum Transport in bis zu 8 Teile geteilt werden muß, nicht zuletzt auch der Masse wegen. Zum Beispiel hat der Ständer für einen Generator zum Kraftwerk Itaipú eine Masse von etwa 1300 t bei einem Außendurchmesser von 19,7 m. Bild 14-4 zeigt einen der 18 Schenkelpol-Ständer für das Kraftwerk Itaipú. Auch hier ist die Ständerwicklung und Teile des Ständerblechpakets für direkte Wasserkühlung in den elektrisch aktiven Teilen konzipiert.

14.1.1.3 Klauenpol-Ständer

Hier handelt es sich um die aus jedem Kraftfahrzeug bekannten Drehstrom-Generatoren. Der Ständer hat eine normale Drehstrom-Wicklung. Die Proportionen sind nach keiner Seite hin ausgeprägt (Bild 14-5).

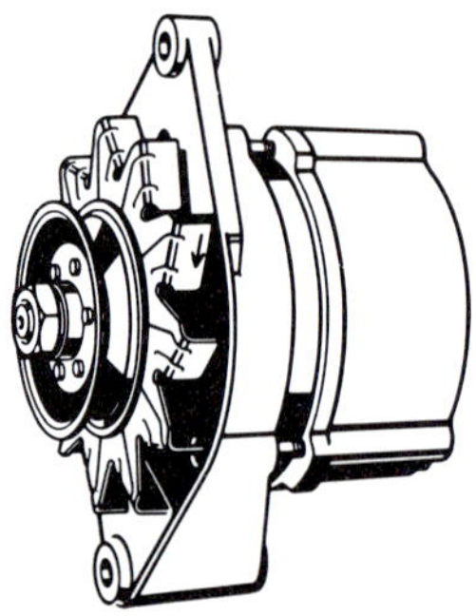

Bild 14-5 Drehstrom-Synchronmaschine, sogenannte Klauenpol-Variante, bekannt als Kraftfahrzeug-Generator („Lichtmaschine"). (Quelle: *Bosch*, Technische Unterrichtung, Generatoren.)

Bild 14-4 Im Ständer eines von 18 Wasserkraft-Synchrongeneratoren für das Kraftwerk Itaipú, einem brasilianisch-paraguayanischen Gemeinschaftsprojekt, hat bei 19,7 m Durchmesser und 6,5 m Höhe das 80 Mann starke komplette Symphonieorchester von Sao Paulo nebst allen Instrumenten Platz. Leistung eines Generators: 823,6 MVA bei 50 Hz (Paraguay) bzw. 766 MVA bei 60 Hz (Brasilien) bei je einem $\cos\varphi = 0{,}85$. (Werkbild: *Siemens AG*)

14.1.2 Luftspalt

Bei der Synchronmaschine stellt der Läufer ein vom Ständer völlig unabhängiges System dar. Im Gegensatz zur Asynchronmaschine hat der Läufer ein eigenes Magnetsystem, entweder aus Dauermagneten oder elektromagnetisch erregt. Infolgedessen kann der Luftspalt ohne Schaden für die Vorgänge im Läufer erheblich größer sein, das ist auch für die Montage viel angenehmer. Er liegt in der Größenordnung bis zu einigen Zentimetern.

14.1.3 Läuferkonstruktionen

Der Läufer heißt *hier* auch Polrad oder Induktor.

Bei kleinen Maschinen hat der Läufer Dauermagnete, siehe Fahrraddynamo. Bei größeren Maschinen werden die Läuferpole elektromagnetisch erregt. Hierzu braucht man Gleichspannung.

Früher waren daher die Synchronmaschinen-Läufer unmittelbar mit Gleichstromgenerator-Läufern gekuppelt, die die erforderliche Gleichspannung erzeugten (siehe Bild 16-8). Bei neueren Konzeptionen zieht man stationäre elektronische Stromrichtersysteme vor. Falls das dazu erforderliche Netz rundum jedoch ausgefallen sein sollte, hilft zur Erregung nur eine Akkubatterie oder ein Notstromaggregat.

Da alle Synchronmaschinenläufer gleichstromerregt sind, ist eine Blechung nicht erforderlich, sie sind stets massiv.

Bild 14-6 Über dem Läufer eines Synchron-Turbogenerators hängt das Wicklungsmaterial, das gerade Windung für Windung in die Nuten eingelegt wird. (Werkbild: *Brown Boveri & Cie AG*, Mannheim.)

Bild 14-7 Der Läufer aus Bild 14-6 ist meist aus einzelnen Teilen zusammengesetzt, die nach einem Schrumpfverfahren zusammengefügt werden. (Werkbild: *Brown-Boveri & Cie AG*, Mannheim).

14.1.3.1 Turbo-Läufer (Vollpol-Läufer)

In Bild 14-6 sieht man den Wickelvorgang eines Turboläufers. Die Betriebsspannung beträgt z.B. 220 V. Eine dicke Isolation ist daher nicht erforderlich.

Bei großen Maschinen ist die Läufermasse so groß, daß dessen Fertigung aus einem Stück zu riskant wäre, bzw. derzeit nur in Japan praktikabel ist. Aus diesem Grund ist es schon lange üblich, den Läufer aus kleineren Einzelteilen über eine Schraub-Schrumpf-Konstruktion zu fertigen. Bild 14-7 zeigt solche Einzelteile.

Aus Bild 14-8 geht der prinzipielle Zusammenhang zwischen Erregerstrom und Pollage bei einer zweipoligen Maschine hervor. Bei einer vierpoligen Maschine muß die Wicklung so liegen, daß am Umfang N- und S-Pole abwechseln: N–S–N–S.

Für die Turbo-Läufer ist die schlanke Bauform charakteristisch.

Bei schlagartigem Lastabwurf müssen sie einen Drehzahlanstieg um etwa 20 % aushalten können, ehe der Dampfturbinenregler wirksam werden kann, siehe allerdings hierzu Bild 14-36.

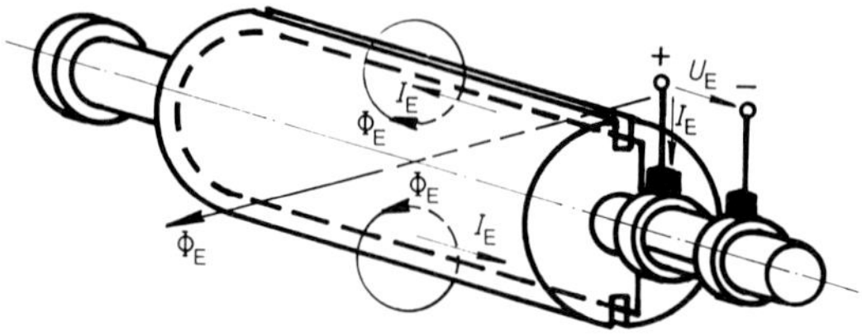

Bild 14-8 Prinzipdarstellung zur Gestalt und zu den Proportionen eines Synchronmaschinen-Turboläufers. Charakteristisch ist die Erregung durch Gleichstrom. Die ganze linke Läuferseite (Feldaustrittszone) ist natürlich der Nordpol, die rechte Läuferseite (Feldeintrittszone) demnach der Südpol.

14.1.3.2 Schenkelpol-Läufer

Man meint hier im Gegensatz zum kreisrunden Turbo- oder Vollpol-Läufer eine Konstruktion mit *ausgeprägten* Polen. Jeder ist entweder ein Dauermagnet oder er hat eine eigene Erregerwicklung. Im wesentlichen unterscheidet man dabei drei Konstruktionstypen.

1. Die Pole sitzen mehr oder weniger unmittelbar auf der Welle (Bild 14-9). Diese Lösung wird vor allem bei vier ausgeprägten Polen praktiziert.
2. Im Fall mehrerer Pole, z.B. 10 bis 20, bedarf es einer größeren Tragkonstruktion, einem meist massiven Ring oder dgl., der die Pole aufnimmt (Bild 14-10).
3. Sehr große Läufer, z.B. für Generatoren des Wasserkraftwerks Itaipú, haben bei einer Masse von 1961 t einen Außendurchmesser von 16 m. Nach dem Probelauf beim Hersteller muß ein solcher Läufer zum Transport in mehrere Teile zerlegt werden können. Damit es dann am Bestimmungsort nach der Wiedermontage keine größeren Unwuchtprobleme durch Flansche oder Lunkerkonzentrationszonen gibt, setzt man bei solch großen Konstruktionen die Pole meist in einen Ring aus einige Millimeter dicken und nicht gegeneinander isolierten Einzelblechen ein, einen sogenannten Schichtkranz. Er läßt sich nach dem Probelauf leicht wieder demontieren, transportieren und auf der Baustelle wieder zusammensetzen (Bild 14-11).

Bei schlagartigem Lastabwurf muß bei wasserturbinengetriebenen Schenkelpolläufern mit einem teilweise dramatischen Drehzahlanstieg gerechnet werden. Hierfür werden je nach Turbinenart und Quelle Werte zwischen der 1,6- und 2,5-fachen Nenndrehzahl genannt.

Bild 14-9 Synchronmaschine mit vierpoligem Schenkelpolläufer. Im Vordergrund erkennt man auf der gleichen Welle den Läufer der Gleichstrommaschine, mit der der Schenkelpolläufer erregt wird. (Werkbild: *Brown Boveri & Cie AG*, Mannheim).

Bild 14-10 Läufer einer zehnpoligen Schenkelpol-Synchronmaschine, montiert auf ein Gestell zum Verfahren in den Schleudertunnel. Auf den Stirnseiten jeweils ganz außen erkennt man die Kurzschlußringe, mit denen eine Anlauf-Käfigwicklung in den Polschenkeln abgeschlossen wird. (Werkbild: *Brown Boveri & Cie AG*, Mannheim).

Bild 14-11 Probeblechung eines Schichtkranzes für einen großen Schenkelpol-Synchrongenerator. Werkbild: *Brown Boveri & Cie AG*, Mannheim).

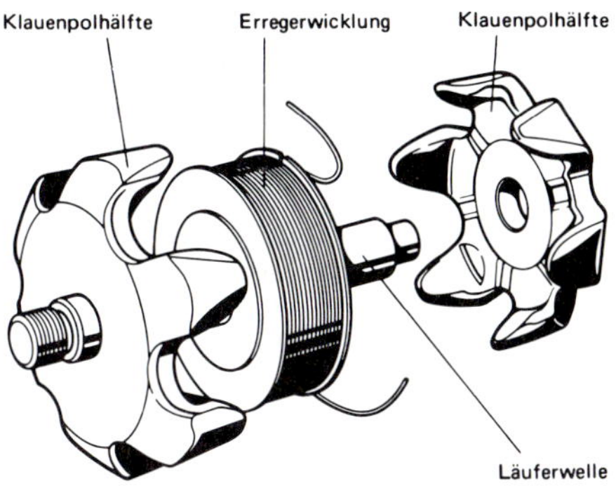

Bild 14-12 Klauenpolmaschinen-Läufer. Falls die Spule z.B. so erregt ist, daß das Magnetfeld auf den Betrachter zu zeigt, also in die rechte Klauenpolhälfte eintritt, so ist dort ein Südpol, aber in allen sechs rechten Klauen. Alle linken Klauen sind N-polig. Da die Klauen ineinandergreifen, wechselt so die Polarität von Pol zu Pol ab: für 12 Pole benötigt man nur *eine* Spule. (Quelle: *Bosch*, Technische Unterrichtung, Generatoren.)

Diese Drehzahl muß von der Turbine und dem Generator ausgehalten werden, bis die Wasserabsperrorgane geschlossen werden können (siehe hierzu Bild 11-34).

14.1.3.3 Klauenpol-Läufer

Bei Kfz-Generatoren müssen auf verhältnismäßig kleinem Läuferumfang viele Pole untergebracht werden. Dauermagnete scheiden aus, da die Erregung verstellbar sein muß. Müßte jeder Pol eine *eigene Erregerwicklung* haben, so wäre dafür kaum Platz vorhanden, abgesehen von der Betriebssicherheit.

Bild 14-12 zeigt die hier übliche Lösung mit einer einzigen Erregerspule. Sie erregt die beiden Spulenabschlußbleche samt deren Klauen, alle Klauen links z.B. als N-, alle rechts als S-Pole.

14.1.3.4 Dämpferwicklung

Außer der Erregerwicklung haben viele Turbo- und Schenkelpol-Läufer noch eine sogenannte Dämpferwicklung. Sie stellt eine Kurzschlußwicklung dar und hat die Aufgaben:

1. bei Motoren die an sich nicht dazu „begabte" Maschine in die Lage zu versetzen, asynchron als Motor anlaufen zu können;
2. bei Laststößen im Motor- oder Generatorbetrieb eine schnelle, pendelungsfreie Überleitung in die neue Betriebssituation herbeizuführen. Pendelbewegungen des Läufers werden dabei induktiv aufgezehrt: gedämpft, genau wie beim Ring in Beispiel 6.2 beim *Einschalten*.

Bild 14-13 Zweipoliger Läufer einer Turboläufer-Synchronmaschine. Die Erregerwicklung ist schon fertig verarbeitet. In den Nuten außen liegt ferner schon die Dämpferwicklung, deren Enden sind jedoch noch nicht „verdrahtet". (Werkbild: *Brown Boveri & Cie AG*, Mannheim).

14.2 Wirkungsweise der Synchronmaschine

14.2.1 Generator

14.2.1.1 Leerlauf

Aus Beispiel 6.7 ist schon bekannt, daß vor dem Hintergrund des Induktionsgesetzes (6.26) und der speziell für technische Zusammenhänge praktischeren Gl. (2.6) gilt:

$$U_q = c \cdot n \cdot \Phi_E. \qquad (2.3)$$

Wegen des schon in Bild 6-5 sichtbaren Restmagnetismus und der Abhängigkeit des Magnetfelds vom Erregerstrom I_E wird aus Gl. (2.6) ausführlicher und genauer:

$$U_q = c \cdot n \cdot [\Phi_{E_{rem}} + \Phi_E(I_E)]. \qquad (14.1)$$

Hierin bedeuten:

c Maschinenkonstante,
n Antriebsdrehzahl,
Φ_E Erregerfeld des Läufers
$\Phi_{E_{rem}}$ remanenter oder Restmagnetismus (auch ohne Erregerstrom, siehe Bilder 6-5 und 14-14).
I_E Erregerstrom (siehe Bild 14-8).

In Verbindung mit Bild 14-14 ergeben sich aus Gl. (14.1) die Kennlinien der Bilder 14-15. Daraus ist zu erkennen, daß auch ein unerregter Generator, also Fall $I_E = 0$, noch einige Spannung abgibt. Bei Generatoren für Hochspannung kann diese Spannung sogar im Auslauf des Generators noch gefährlich hoch sein. Man beachte in Bild 14-15 die Sättigungswirkung (Anstiegsabnahme).

Wegen des Zusammenhangs mit der Drehfeldgleichung (12.1) liegt mit der jeweiligen Landesnetzfrequenz f die Betriebsdrehzahl eines Netzgenerators unverrückbar fest mit $n_B = n_D$. Im Bedarfsfall ist die Spannung somit nur über die Erregung, also den Erregerstrom I_E verstellbar (siehe Gleichung (14.1)).

Auch bei Bordnetzgeneratoren von Fahrzeugen kann die Spannung frei nur über den Errgerstrom verstellt werden. Andernfalls müßte man auf die Bewegungsfreiheit mit der Motordrehzahl und der Fahrgeschwindigkeit verzichten.

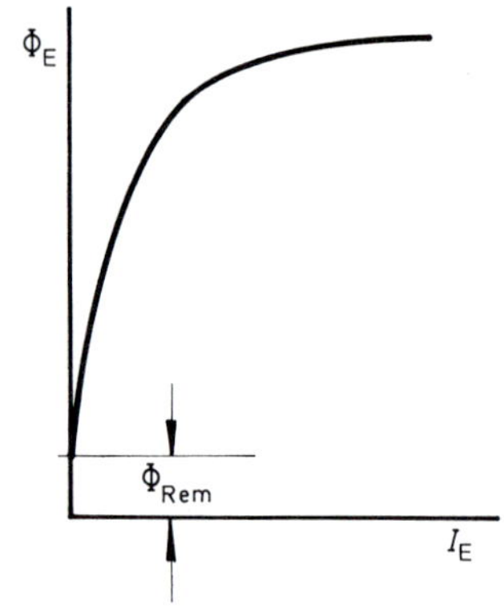

Bild 14-14 Zusammenhang zwischen der Läufererregung Φ_E in den Gln. (2.5) und (14.1) mit dem Erregerstrom I_E.

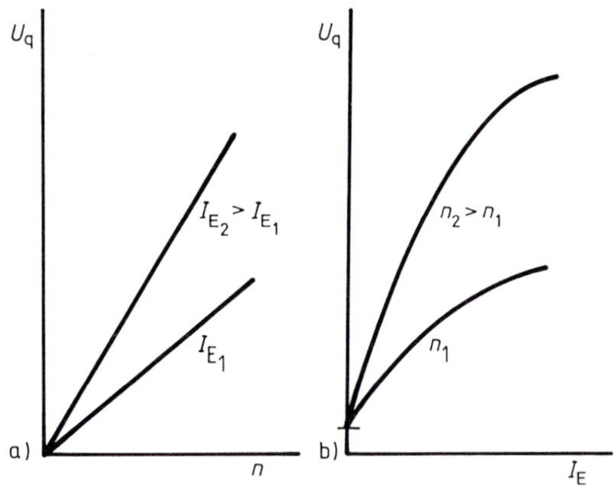

Bild 14-15 Die Quellenspannung eines Synchrongenerators abhängig a) von der Drehzahl n und b) von der Erregung I_E, sowie Parametereinflüssen.

Bei Synchron-Tachogeneratoren ist in Gl. (14.1) alles konstant außer der Drehzahl, $I_E = 0$. Sie arbeiten somit genauso wie Fahrradgeneratoren und liefern eine streng drehzahlproportionale Wechselspannung. Sie wirken auf ein Wechselspannungsvoltmeter, dessen Skala in $\min^{-1}$ geeicht ist. Der Antriebsdrehsinn ist also gleichgültig.

14.2.1.2 Belastung

Bei Leerlauf macht sich der innere oder Quellenwiderstand eines Generators bemerkbar, wie es mit Gl. (4.10) und in Bild 4-5 dargestellt war. Hier kommt speziell noch hinzu, daß im allgemeinen der ohmsche Quellenwiderstandsanteil R_q im Vergleich zum induktiven Quellenwiderstand vernachlässigt werden kann (Bild 14-16). Ferner machen sich Phasenverschiebungen, wie sie vom Abschnitt 7.4.2 her bekannt sind, stark bemerkbar.

Je nach Last*charakteristik* kann sich daher ein sehr unterschiedlicher Spannungsabfall einstellen.

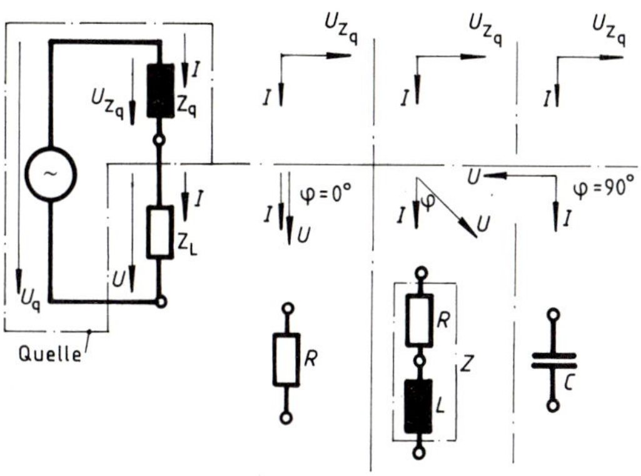

Bild 14-16 Bei einem Synchrongenerator ist die Phasenverschiebung zwischen Strom und der Spannung an der Last natürlich von der Lastcharakteristik abhängig.

Beispiel 14.1: Quellenspannung eines Synchrongenerators

Gegeben sei der Synchrongenerator aus Bild 14-16 mit seinem Quellenwiderstand $Z_q \approx X_{L_q}$, der Laststrom I = const. und drei Lastfälle Z_L, wie in Bild 14-16. Ihre Widerstandsbeträge seien gleichgroß, also

$$|R| = |Z| = |X_C|.$$

Die Netzklemmenspannung U soll bei jedem der drei gegebenen Last-Typen gleichgroß bleiben.

Gesucht: Wie muß abhängig vom Last-Typ die Quellenspannung U_q des Generators angepaßt werden?

Lösung: Für Bild 14-16 kann die Spannungsgleichung geschrieben werden:

$$U_q = U_{Z_q} + U \tag{14.2}$$

Dabei sind $U_{Z_q} = U_{X_{L_q}}$ für alle drei Lastfälle gleichgroß, die U-Pfeile zwar alle gleich*lang*, liegen aber wegen der unterschiedlichen Phasenlage verschieden. Bild 14-17 läßt erkennen, daß U_q den jeweiligen Lastverhältnissen erheblich unterschiedlich angepaßt werden muß.

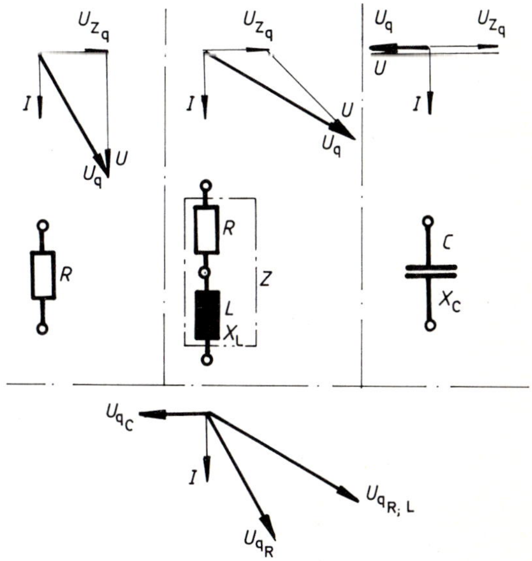

Bild 14-17 Lösungen zum Beispiel 14.1: Quellenspannung eines Synchrongenerators. Man erkennt aus der Gegenüberstellung ganz unten, daß die Quellenspannung stark von der Lastcharakteristik abhängig ist. Bei kapazitiver Last kann bzw. muß die Quellenspannung ganz klein gehalten werden.

Auswertung: Der Betriebsfall mit kapazitiver Belastung tritt so „reinrassig", wie er angenommen ist, zwar nicht auf, reichlich kapazitiv wirken jedoch *Kabelnetze*. Wird, z.B. nachts auf ein mehr oder weniger unbelastetes, also leerlaufendes Kabelnetz gespeist, so wächst die Klemmenspannung erheblich an, im Extremfall über das Isolationsniveau hinaus, wenn die Quellenspannung, also der Erregerstrom der Maschine nicht zurückgenommen wird: sogenannter Ferranti-Effekt.

14.2.2 Motor

14.2.2.1 Leerlauf; Anlauf

Es wird an Bild 11-26 angeknüpft. Bild 14-18 zeigt das vom Landesnetz versorgte Drehfeld Φ_D allein. Es könnte mit einer Wicklung z.B. nach Bild 12-11 erzeugt worden sein.

Das Magnetfeld aus Bild 14-19 entspricht genau demjenigen nach Bild 14-8. Der Läufer sei „irgendwie" auf die Ständerdrehfeld-Drehzahl gebracht worden.

Es ist dann wohl leicht einzusehen, daß im Bild 14-20 passende Pole „beisammen" bleiben und der Läufer *ohne jeden Schlupf*, also exakt mit der Drehfeld-Drehzahl umläuft: synchron. Das so beschriebene Prinzip ist ausgezeichnet geeignet, eine einmal laufende Maschine am Laufen zu *halten*.

Völlig ungeeignet ist es dagegen, eine Maschine so *anlaufen zu lassen*. Der Anlauf muß daher mit Fremdmitteln erfolgen. Besonders geeignet ist hierzu eine im Läufer untergebrachte Kurzschluß-Anlauf-Wicklung. Man erkennt sie z.B. aus Bild 14-10 in Form der beiden stirnseitigen Kurzschlußringe, mit denen ein in den Polen außen sitzendes Stabsystem zu einem Kurzschluß-Asynchronmaschinenkäfig vereinigt wird.

Es empfiehlt sich, während des asynchronen Anlaufs die Erregerwicklung über einen Widerstand zu schließen. Andernfalls können eventuell durch Induktionswirkungen hohe Spannungen auftreten, die die Erregerwicklungsisolation gefährden.

Ohne Anlaufkäfigwicklung (siehe auch Abschnitt 14.1.3.4) kann eine Synchronmaschine auch mittels eines Hilfsmotors auf Drehfelddrehzahl gebracht und dann zugeschaltet werden (siehe Abschnitt 14.4, Synchronisierung).

Mitunter wird auch, falls möglich, eine Synchronmaschine mittels Frequenzanlauf auf Nenndrehzahl gebracht. Hierzu muß die Frequenz auf kleine Werte herabgesetzt werden können (siehe Beispiel 14.3).

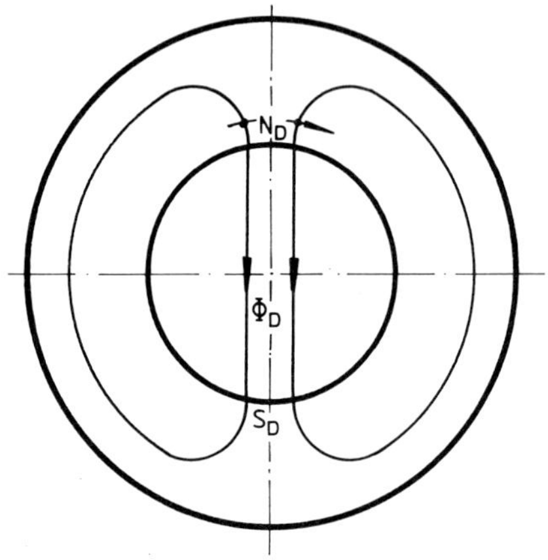

Bild 14-18 Das Ständerdrehfeld der Synchronmaschine und seine Pole N_D und S_D

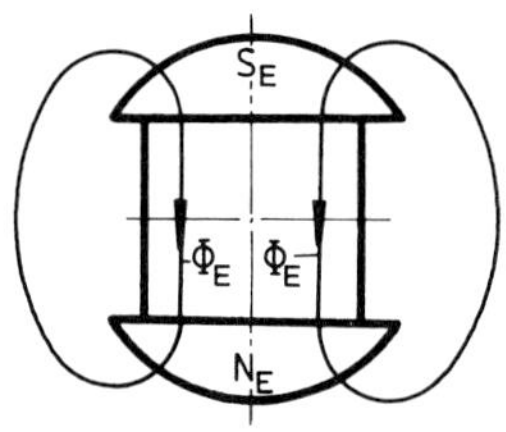

Bild 14-19
Das mit Gleichstrom erregte Erregerfeld des Läufers und seine Pole N_E und S_E.

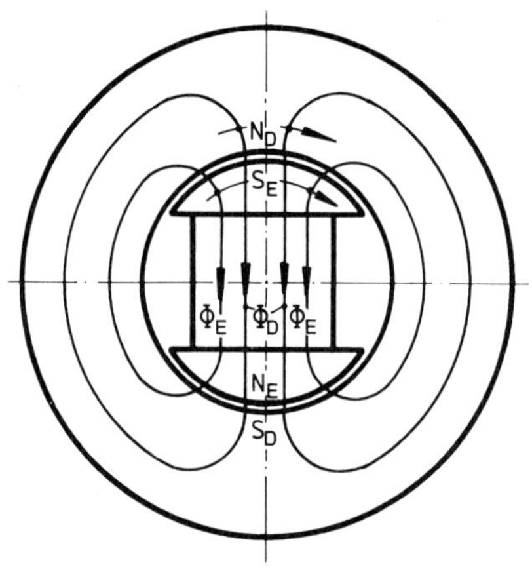

Bild 14-20 Ständer mit Läufer und ihre jeweiligen Felder liegen ineinander. Das umlaufende Drehfeld Φ_D zieht von seinen Polwirkungen her das Erregerfeld Φ_E mit. So verankern sich z.B. N_D mit S_E usw.

14.2.2.2 Belastung des Synchronmotors

Aus Bild 14-20 geht hervor, daß das Ständerdreh- und das Läuferfeld im Gegensatz zur Asynchronmaschine so miteinander verankert sind, daß das Läuferfeld *örtlich lokalisiert bleibt*, also nicht lastabhängig über den Läufer hinweggleitet. Daraus muß folgen:

$$n = n_D = \text{const.}, \tag{14.3}$$

was für die Synchronmaschine charakteristisch ist. Bild 14-21 beschreibt diesen Sachverhalt.

Wenn bei Belastung der Welle durch ein Gegenmoment schon nicht die Drehzahl nachgeben kann, so wird es die *Lage der beiden Felder zueinander* tun müssen. Bild 14-22 zeigt, wie sich die Lage der Felder gegenuber Bild 14-20 verdreht haben kann, solange die magnetische Verankerung *gerade noch hält*. In dieser Lage liegt das größte Moment vor, dessen die Maschine fähig ist. Jeder Läuferpol wird auf der einen Seite genauso stark gezogen, wie er auf der anderen Seite geschoben wird. Das größte Moment, das Kippmoment liegt im allgemeinen bei

$$M_{Kipp} \approx 2 \cdot M_N. \tag{14.4}$$

Der Momentenverlauf, aufgetragen über den Winkel zwischen Läufer- und Ständerfeld ist aus Bild 14-23 zu ersehen. Den Winkel nennt man auch den Lastwinkel β.

Aus Gl. (11.11) ist in Verbindung mit Gl. (7.48) ersichtlich, daß bei der Synchronmaschine die Spannungsabhängigkeit des Moments nur linear ist (im Gegensatz zur Asynchronmaschine), da ja das Läuferfeld nicht von der Ständerspannung abhängig ist. Im Rahmen zulässiger Läuferwicklungsbelastung kann das Drehmoment somit auch über die Läuferregung gestützt werden.

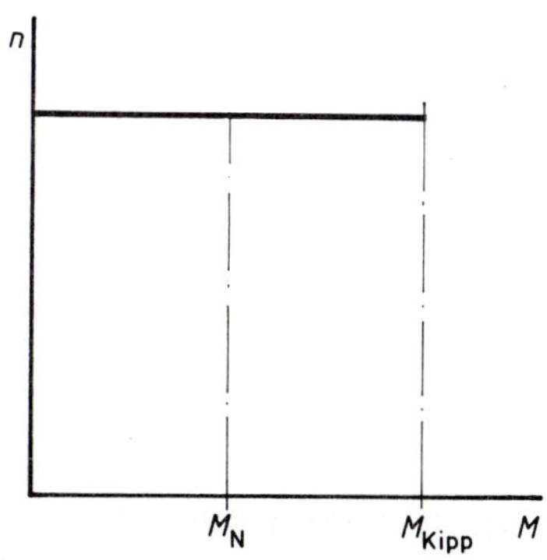

Bild 14-21 Drehmoment-Drehzahl-Kennlinie der Synchronmaschine. Die Drehzahl bleibt lastunabhängig konstant, ehe sie ab dem Kippmoment abkippt. Die Maschine bleibt dann unvermittelt stehen.

Wird das Kippmoment der Maschine überschritten, so „fällt sie außer Tritt" und bleibt stehen, es sei denn, sie hat eine Asynchron-Zusatzwicklung. Dann läuft sie überlastet asynchron weiter bis das asynchrone Kippmoment erreicht ist.

Besonders in letzter Zeit haben Synchronmaschinen auch als drehzahlverstellbare Antriebe an Bedeutung gewonnen, z.B. als Stromrichter-

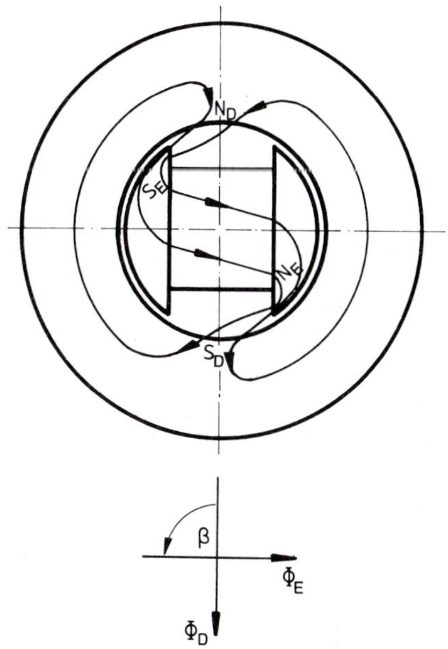

Bild 14-22 Der skizzierte Feldzustand läuft um. Der Einfachheit wegen wurde hier nicht in Dreh- und Erregerfeld unterschieden. Indessen ist davon auszugehen, daß das Dreh- und das Erregerfeld einzeln so wirken, wie es die Skizze unten erkennen läßt, daß also Φ_D und Φ_E aufeinander senkrecht stehen. Hier liegt das größte Moment vor, dessen die Maschine fähig ist.

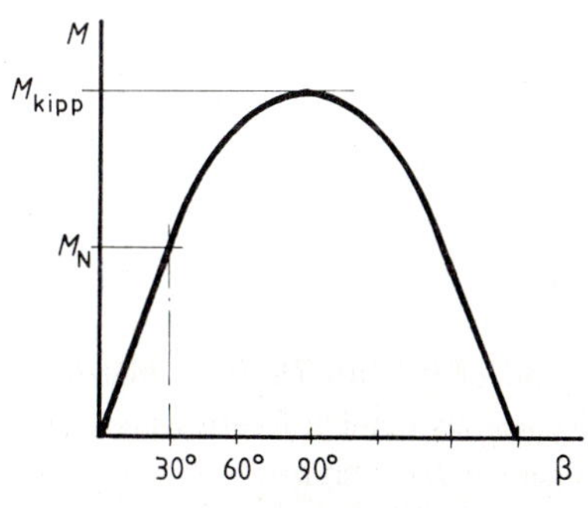

Bild 14-23 Verlauf des Moments über dem Lastwinkel β, wie er im Bild 14-22 unten erklärt war.

motoren. Auf der Basis der Drehfeldgleichung (12.1) erfolgt die Drehzahlverstellung mittels Umrichtern über die Frequenz.

Typische Anwendungsgebiete für Synchronmaschinen sind bei großen Drehzahlstellbereichen (1 : 10 bis 1 : 100) vor allem Antriebe für

- große Pumpen und Gebläse,
- Zementdrehöfen,
- Gruppenantriebe,
  - z.B. bei Textilmaschinen und Rollgängen,
- Einzelantriebe,
  - z.B. für Drehmaschinen,
- Uhren,
- Plattenspieler usw.

Besonders bei kleineren Maschinen gibt es eine Anzahl spezieller Konstruktionen.

14.2.2.3 Abbremsen eines Synchronmotors

Am wirksamsten ist es, den Motor in den Generatorzustand zu überführen. Hierzu wird der Ständer vom Drehstromnetz abgetrennt und auf Belastungswiderstände oder ein sonstiges Netz geschaltet. Im letzteren Fall ist dann Nutzbremsung möglich.

Auf jeden Fall muß dabei die Läufer-Erregung wirksam bleiben. Je nach ihrer Größe kann die Bremskraft in weiten Bereichen variiert werden.

14.3 Phasenschieberbetrieb

Das Ständerdrehfeld aus Bild 14-18 ist der typische Fall der Belastung eines Netzes *durch Entnahme (fast) reiner induktiver Blindenergie*. Die das Drehfeld im Motor auf-, ab- und umbauende Energie pendelt bekanntlich zwischen Netz und Maschine hin und her (siehe Abschnitt 7.8).

Beim Vergleich der Bilder 14-18 und 14-19 ist von seiten der Felder her festzustellen, daß ihre Struktur und alle sonstigen Eigenschaften austauschbar miteinander übereinstimmen. Es ist daher möglich, das normalerweise vom Netz her auf-, ab- und umgebaute *Drehfeld* identisch durch ein solches aus der Läufererregung zu ersetzen. Dazu gehört dann natürlich, daß die Ständerwicklung keine Blindwiderstandsbelastung mehr für das Drehstromnetz darstellt.

Im Gegenteil: Wird die Läufererregung noch vergrößert, so kann von der Ständerwicklung aus *induktive Blindenergie ins Netz geliefert werden,* die dann zwischen Netz und Maschine genauso hin- und herpendelt, wie vorher.

Wird eine Synchronmaschine ausschließlich mit diesem Ziel betrieben, wie man das aus Bild 14-24 sieht (die dortige Maschine hat kein Wellenende!), so nennt man diesen Betrieb Phasenschieber- oder Kompensatorbetrieb.

Bild 14-24 160 Mvar-Synchronkompensator (Phasenschiebermaschine), unmittelbar mit einem 180-MVA-Dreiphasen-Transformator gekoppelt. Deutlich zu sehen ist, daß der rotierende Teil der Anlage auf keiner Seite mit einer anderen rotierenden Maschine gekuppelt ist. Der Phasenschieber „läuft allein vor sich hin", typisch für eine reine Blindleistungsmaschine. (Werkbild: *Norsk Elektrisk & Brown Boveri (NEBB),* Oslo).

Diese Betriebsart läßt sich aber darüber hinaus sowohl jedem Generator- als auch jedem Motorbetrieb überlagern, solange keine der beteiligten Wicklungen mit mehr als dem jeweiligen Nennstrom belastet wird (Bild 14-25). Mitunter laufen beispielsweise in Wasserkraftwerken, die saisonbedingt gar kein Wasser mehr führen, die Synchrongeneratoren in der wasserlosen Zeit weiter als Phasenschieber.

Da jeder Industriebetrieb von seiten seiner Leuchtstofflampenanlagen und Drehfeldmaschinen stets größere Mengen von induktiver Blindenergie benötigt und bezahlen muß, kommt dem zweiten Quadranten in Bild 14-25 besondere Bedeutung zu. Man erkennt, daß ein Synchronmotor zwar zu seinem Betrieb Wirk-

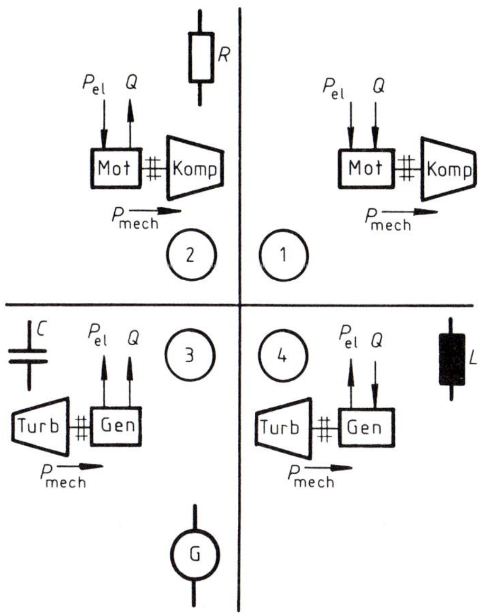

Bild 14-25 Normalerweise ist die Synchronmaschine konzipiert für den Betrieb im 3. Quadranten: als *Generator für Wirk- und Blindleistung.* Praktiziert wird aber durchaus auch der Motorbetrieb. Der besondere Vorteil ist dabei die Möglichkeit, gleichzeitig mit dem Betrieb als *Motor* auch Blindleistung ins Netz *abgeben zu können*: 2. Quadrant. Seltener praktiziert werden der 1. und der 4. Quadrant.

energie *aufnehmen* muß, die zu bezahlen ist, gleichzeitig kann er jedoch Blindenergie abgeben. Dadurch läßt sich mindestens die Blindenergiebilanz des betreffenden Betriebs bis hin zur völligen und individuell regelbaren Kompensation verbessern. Unter Umständen läßt sich Blindenergie auch noch ans Netz liefern und verkaufen.

Lohnend ist die Aufstellung eines Synchronmotors vor allem bei größeren Leistungen und für solche Arbeitsmaschinen, die im Dauerbetrieb laufen, z.B. Kompressoren und dgl. Die Synchronmaschine ist zwar etwas teurer als die Asynchronmaschine, von seiten der Blindleistungskompensation kann sich die größere Investition aber in abzählbarer Zeit auszahlen.

Bekanntlich ist für die Erregung eines Synchronmotors ein Gleichspannungsnetz erforderlich. Der Energiebedarf hierfür und damit dessen Kosten sind jedoch gering.

14.4 Generator-Inbetriebnahme; Synchronisierung

In Bild 14-26 ist der Einfachheit zuliebe die Situation einphasig gezeichnet, die beim Zuschalten eines Synchrongenerators an ein schon bestehendes Netz vorliegt. Wenn der Schalter S geschlossen wird, kann ein großer Ausgleichstrom I_a fließen, falls sich an den Schalterkontakten ungleiche Spannungen begegnen.

Im Idealfall sind Netz- und Maschinen-Spannung gleichgroß:

$$U_{q\text{Netz}} = U_{q\text{Masch}}.$$

Im ungünstigsten Fall sind beide Spannungen entgegengesetzt gleichgroß:

$$U_{q\text{Netz}} = -U_{q\text{Masch}}.$$

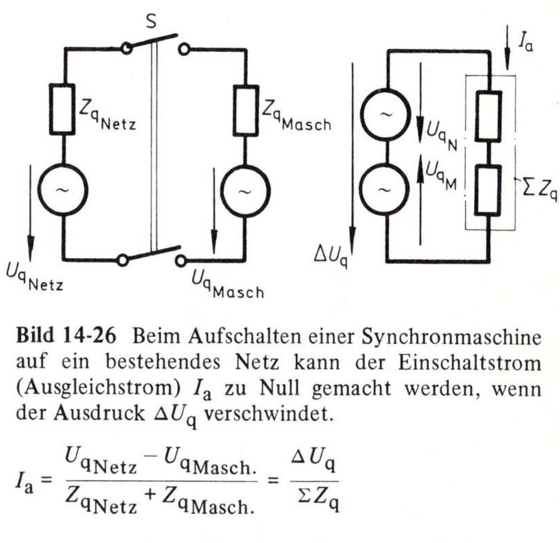

Bild 14-26 Beim Aufschalten einer Synchronmaschine auf ein bestehendes Netz kann der Einschaltstrom (Ausgleichstrom) I_a zu Null gemacht werden, wenn der Ausdruck ΔU_q verschwindet.

$$I_a = \frac{U_{q\text{Netz}} - U_{q\text{Masch.}}}{Z_{q\text{Netz}} + Z_{q\text{Masch.}}} = \frac{\Delta U_q}{\Sigma Z_q}$$

Der mögliche Ausgleichstrom I_a errechnet sich:

$$I_a = \frac{U_{q\text{Netz}} - U_{q\text{Masch}}}{Z_{q\text{Netz}} + Z_{q\text{Masch.}}} = \frac{\Delta U_q}{\Sigma Z_q}. \qquad (14.5)$$

Dabei sind die Z_q-Ausdrücke die Scheinwiderstände der betreffenden Quellen. Man muß davon ausgehen, daß alle Z_q-Werte sehr klein sind. Der Schalter S kann ohne Schaden geschlossen werden, wenn die Spannung zwischen allen

Kontakten Null ist. Das trifft nach Bild 14-27 zu, wenn in jedem Augenblick die beiden Spannungskurven, des Netzes und der Maschine, übereinstimmen. Andernfalls kann es große elektrische und mechanische Schäden an der Anlage geben (Bild 14-28).

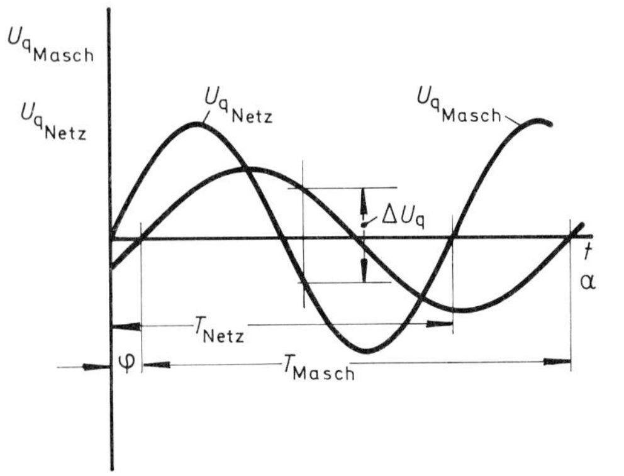

Bild 14-27 Wenn der Ausdruck ΔU_q aus Bild 14-26 einer sanften Inbetriebnahme zuliebe zu Null werden soll, dann müssen die beiden Kurven für die Netz- und die Maschinenspannung deckungsgleich ineinander geschoben werden.

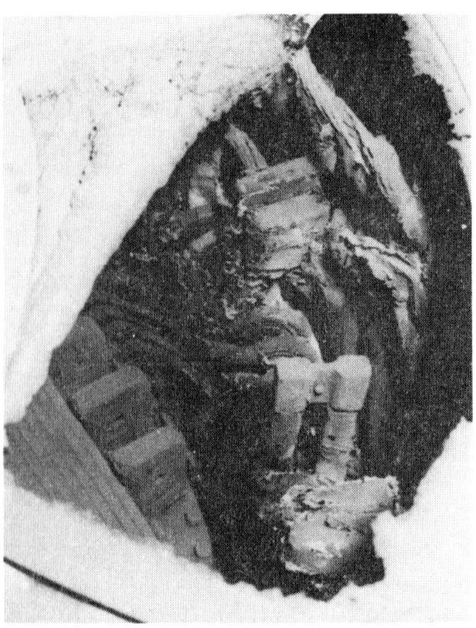

Bild 14-28 Blick in einen Dieselnotstromgenerator mit schweren Zerstörungen durch Aufschalten des stillstehenden Generators auf das Netz. (Quelle: „*Der Maschinenschaden*" – Fachzeitschrift für Risikotechnologie).

Beispiel 14.2: Synchronmaschine im Leerlauf bei Inselbetrieb (Labor)

Die Synchronmaschine mit den Daten entsprechend Bild 14-29 ist als Generator im Leerlauf in Betrieb, siehe hierzu die Meßpunkt 134 bis 138.

Grundlage der Meßergebnisse sind hierbei für die gemessene Quellenspannung die Gl. (14.1)

$$U_q = c \cdot n \cdot [\Phi_{E_{rem}} + \Phi_E(I_E)]$$

und für die Frequenz die Gl. (12.1)

$$f = n_D \cdot p.$$

Ergebnisse: Die Meßergebnisse sind aus den Diagrammen der Bilder 14-30 und 14-31 zu ersehen. Die im Oszilloskop abgebildete Spannung ist sinusförmig.

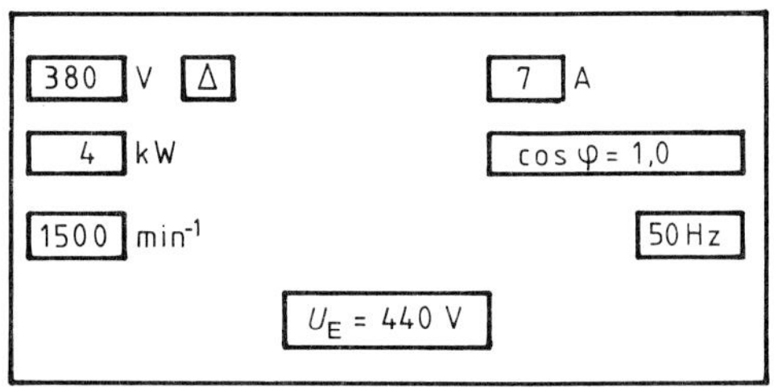

Bild 14-29 Die wesentlichsten Aussagen des Leistungsschildes zum Beispiel 14.2.

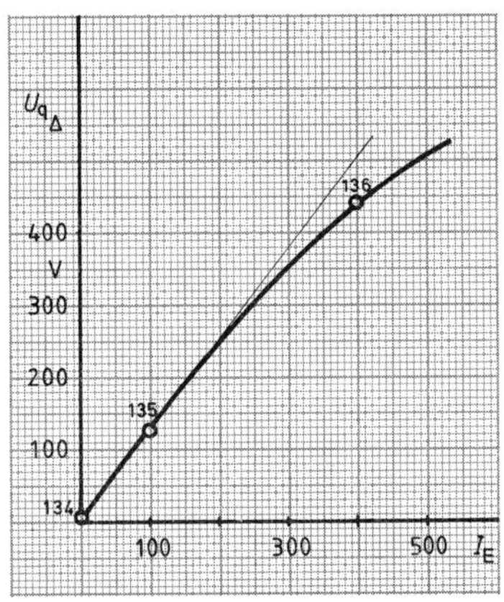

Bild 14-30 Diagrammverlauf zu den Meßpunkten 134 bis 136.

Auswertung:

1. Schon ohne Erregung ($I_E = 0$) tritt die Restspannung $U_{q_{Rem}} = 6$ V auf.
   Hier ist das beruhigend wenig. Bei Hochspannungsmaschinen liegt dieser Betrag analog zur Nennspannung höher. Das kann eventuell personalgefähr-

dend hoch sein, wenn man annimmt, es könne ohne Erregung noch gar keine Spannung da sein.

2. Analog den Meßpunkten 136 bis 138 verläuft auch die Spannung jedes Fahrzeuggenerators.
3. Wegen der Sättigung liefert vierfache Erregung nicht die vierfache Quellenspannung (Bild 14-30).
4. Für eine Synchronmaschine sind besonders folgende Leistungsdaten typisch.

$n = n_D$, reine Drehfelddrehzahl,

$\cos\varphi = 1$,[1]) das wäre bei der Asynchronmaschine nicht möglich ($\cos\varphi < 1$),

$U_E = 440$ V, Erregergleichspannung.

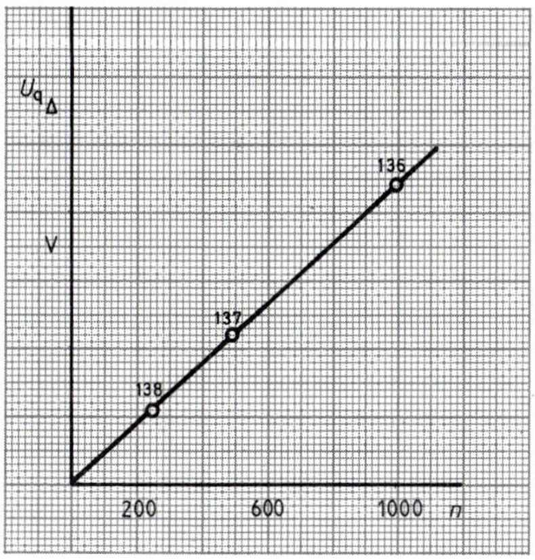

Bild 14-31 Diagrammverlauf zu den Meßpunkten 136 bis 138.

Tabelle 14-3 Meßdaten zur leerlaufenden Synchronmaschine (Bilder 14-30 und 14-31).

Meß-punkt	$\frac{n}{\text{min}^{-1}}$	$\frac{I_E}{\text{mA}}$	Schal-tung	Oszilloskop $\frac{l_t}{\text{cm}}$	Oszilloskop $\frac{a_t}{\text{ms/cm}}$	Oszilloskop $\frac{f}{\text{Hz}}$	$\frac{U_{q\Delta}}{\text{V}}$
134	1000	0	Y	6	5	$33\frac{1}{3}$	6
135		100					125
136		400					440
137	500				10	$16\frac{2}{3}$	220
138	250				20	$8\frac{1}{3}$	110

[1]) $\cos\varphi = 1{,}0$ ist hier zwar *typisch*, aber keineswegs für alle Synchronmaschinen allgemein *Regel*.

Beispiel 14.3: Synchronmaschine speist eine andere Drehfeldmaschine; Frequenzanlauf (Labor)

Die gleiche Maschine wie in Beispiel 14.2 ist direkt mit einer anderen Synchron- oder einer Asynchron-Maschine zusammengeschaltet (Bild 14-32). Falls die andere Maschine eine Synchronmaschine ist, so habe sie eine Käfig-Anlaufwicklung.

Sobald die Generatormaschine angefahren wird, kann man erkennen, daß die andere Maschine mitläuft, und zwar natürlich streng nach der Drehfeldgleichung:

$n_D = f/p$: Frequenzanlauf. (12.1)

Auswertung: Die wichtigste Anwendung sind die modernen Asynchron-Lokomotiv-Motoren, z.B. bei der 120- und DE 2500-Lokomotive. Die variable Frequenz wird dort allerdings über Umrichter erzeugt.

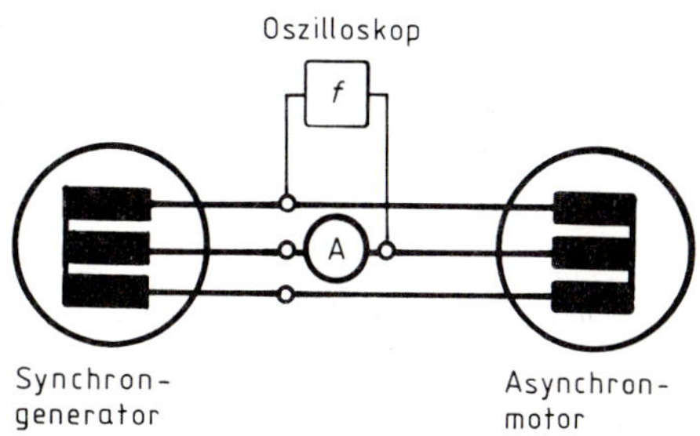

Bild 14-32 Schaltskizze zum Beispiel 14.3: Frequenzanlauf.

Beispiel 14.4: Belastung durch elektronische Komponenten (Labor)

Der Generator aus dem Beispiel 14.3 wird nacheinander belastet

1. mit einem Fernsehgerät älterer Bauart; es hat ein Einweg-Gleichrichter-Netzteil, siehe Tabelle 10-1 und Meßpunkt 139,
2. alternativ dazu mit einer Lampe, deren Helligkeit über ein Triac verstellt wird, siehe Bild 2-25 und Meßpunkt 140.

Auswertung: Im Bild 14-33 ist die Ausgangs-Sinus-Spannungskurve des unbelasteten Generators dünn eingezeichnet. Im Gegensatz dazu sieht man deutlich die starken Auswirkungen elektronischer Komponenten auf die Sinusform der Spannungskurve. Aus dem Abschnitt über Drosselspulen ist bekannt, daß die Zerklüftung und Verbeulung der Spannungskurve keineswegs nur von „kosmetischer" Bedeutung ist.

Von prozentual ähnlicher Auswirkung auf das *öffentliche Netz* können die Netzrückwirkungen großer Industrieanlagen ebenso sein, wie die Belastung des Netzes durch gehäuften Fernsehbetrieb. Bekannt ist der Blackout des Flutlichtsystems im Westfalenstadion

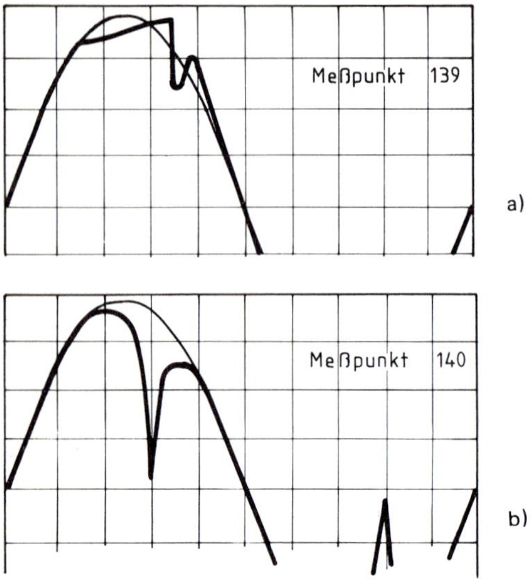

Bild 14-33 Die Sinusform der Spannung eines Synchrongenerators wird von einigen typischen Verbrauchern besonders stark beeinträchtigt. Meßpunkt 139: älteres Fernsehgerät, Meßpunkt 140: Triac in Verbindung mit horizontaler Anschnittsteuerung, wie z.B. in den Bildern 2-24 und 17-6.

Bild 14-34 Abgestimmte Filterkreisanlage zur Kompensation der 5. Oberschwingung 400 V/50 Hz. Grundwellenblindleistung 600 kVar, schaltbar in drei Stufen à 200 kvar. (Werkbild: *ERO-Starkstrom GmbH*, Landshut/Bayern.)

anläßlich der Fußballweltmeisterschaften 1974. Durch die Oberschwingungen in der Spannung versagten dort die Vorschaltgeräte der Lampen. Die Fernsehübertragung mußte daraufhin unterbrochen werden, weil die Sportplatzbeleuchtung nicht mehr funktionsfähig war.

Kompensationsanlagen, mit denen solche Schwierigkeiten verhindert werden, erfordern zwar große Investitionen (Drosselspulen). Zur Aufrechterhaltung einer gewissen Netzhygiene werden nach dem Verursacherprinzip die EVUs jedoch verlangen müssen, daß die Betreiber oberschwingungsreicher Anlagen für die Reinhaltung der Netzspannung Sorge zu tragen haben. Ein Lösungsbeispiel auf diesem Weg zeigt Bild 14-34: eine sogenannte Filterkreisanlage für ein durch Stromrichteranlagen belastetes Netz.

Beispiel 14.5: Synchronisieren eines Generators auf das öffentliche Netz (Labor)

Ausgangspunkte sind die Bilder 14-26 und 14-27 sowie der Wunsch, im Einschaltaugenblick zwischen den Schalterkontakten S keine Spannungsdifferenz mehr vorzufinden (Bild 14-35). Die Kurven der Maschinen- und der Netz-Spannung müssen somit deckungsgleich ineinanderliegen. Dann ist jeder Ausgleichstrom Null.

Zur Überwachung dieser Bedingung liegen Lampen parallel zu den Schalterkontakten. Solange sie leuchten, ist das ΔU_q in Gl. (14.5) noch größer als Null.

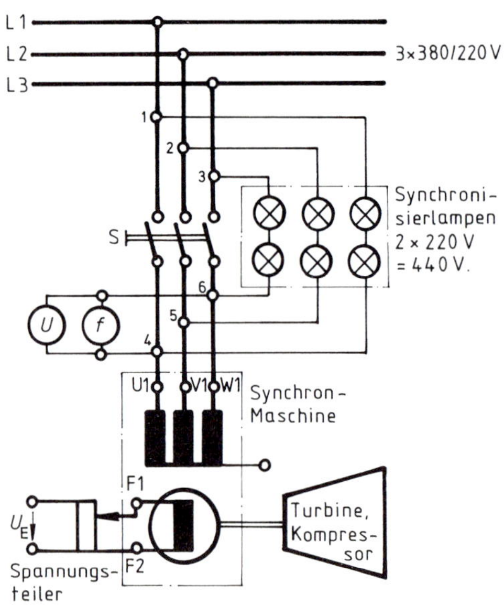

Bild 14-35 Der reine Leistungsteil zur Synchronisierung einer Synchronmaschine an ein bestehendes Netz L1, L2, L3. Der Schalter S darf nicht geschlossen werden, solange noch Synchronisierlampen leuchten.

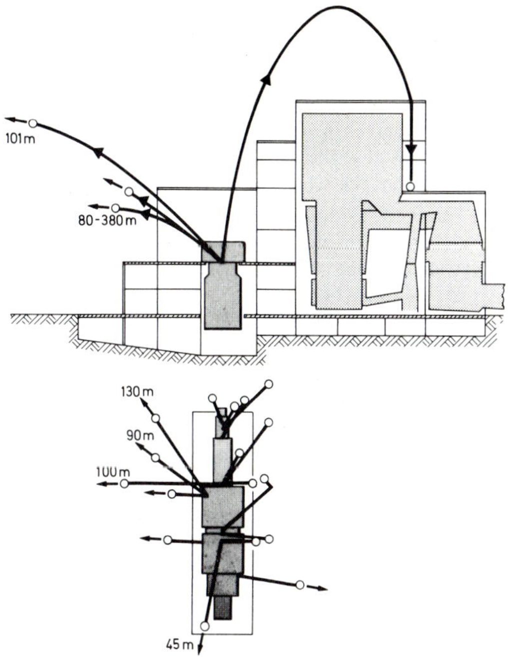

Bild 14-36 Flugbahnen und -weiten einzelner Bruchstücke einer 600-MW-Turbogruppe. Der Wellenstrang war an 17 Stellen gerissen. (Quelle: *„Der Maschinenschaden“* – Fachzeitschrift für Risikotechnologie).

Im ungünstigsten Fall kann es sogar $2 \cdot 220$ V = 440 V sein. Daher liegen zwischen je zwei Kontakten je zwei Lampen der Nennspannung 220 V.

Sobald *bei dieser Schaltung* sämtliche Lampen verlöscht sind, darf der Schalter geschlossen werden – die Maschine liegt dann am Netz, ist synchronisiert. Der Reihe nach empfiehlt es sich, den Synchronisiervorgang wie folgt vorzubereiten:

1. Die Maschine wird ohne Läufererregung I_E auf die Drehfelddrehzahl hochgefahren. Nun muß schon die Frequenz der Maschine mit der des Netzes übereinstimmen.
2. Der Läufer wird mit Gleichstrom I_E erregt, bis nach Gl. (14.1) die Nennspannung erreicht ist. Jetzt wird auch der Frequenzmesser anzeigen, da er erst ab einer Spannung von etwa 380 V anspricht. Allerdings ist die Frequenz auch dauernd mit einem Oszilloskop überwachbar.
3. Sobald die jeweiligen Spannungen und Frequenzen übereinstimmen, müßten die Lampen verlöschen. Die Kurven sind möglicherweise aber gegeneinander noch phasenverschoben, wie z.B. in Bild 7-5.

   Der Maschinensatz braucht jetzt einen passenden Drehzahl-„Schubs“ auf den Läufer, bis die Phasenlage stimmt, also $\varphi = 0$ ist. Ob der Drehzahl-Stoß verzögernd oder beschleunigend wirksam werden soll, sieht man, wenn man die Klemmen 1 und 3 an den Lampen vertauscht (nicht am Netz!):

   a) Die Phasenlage ist Null, wenn nur die Lampen zwischen den Klemmen 2 und 5 leuchten.

   b) Andernfalls wandert die Lampenhelligkeit reproduzierbar zur falschen Drehzahl zugeordnet. Man kann das ein für alle Mal festlegen (z.B. über ein Stroboskop).
4. Wenn man die Klemmenvertauschung wieder rückgängig macht, müssen für $\Delta U_q = 0$ und $\varphi = 0$ alle Lampen ausgehen. Andernfalls sind zwei Phasen vertauscht. So darf natürlich auf keinen Fall zugeschaltet werden, weil sich sonst zwei unterschiedliche Drehsinne auf der Welle begegnen. Das würde Wellenbruch bedeuten (Bild 14-36).

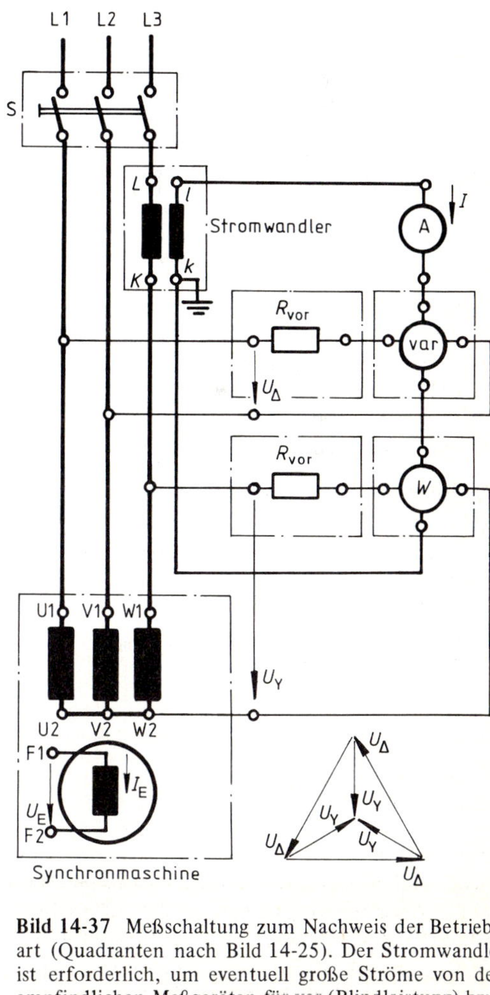

Bild 14-37 Meßschaltung zum Nachweis der Betriebsart (Quadranten nach Bild 14-25). Der Stromwandler ist erforderlich, um eventuell große Ströme von den empfindlichen Meßgeräten für var (Blindleistung) bzw. für *W* (Wirkleistung) fernzuhalten.

Beispiel 14.6: Lastwinkel zwischen Drehfeld und Polrad (Labor)

Sobald die Synchronmaschine ans Netz synchronisiert ist, kann sie als Motor, als Generator oder als Phasenschieber belastet werden. Der Betriebszustand ist über die Instrumente in Bild 14-37 überwachbar.

Die Instrumentenanzeige kann noch mit einem Stroboskop verdeutlicht werden. Wird der Läufer des Maschinensatzes nämlich stroboskopisch angeblitzt, so wird man ihn bei richtiger Blitzfrequenz „stehen" sehen. Belastet man jetzt die Maschine, quittiert am Ausschlag der Instrumente in Bild 14-37, so sieht man:

Der Läufer verdreht sich einmalig lastabhängig:

- bei motorischer Belastung *gegen* den Drehsinn,
- bei generatorischer Belastung *mit* dem Drehsinn,
- im Phasenschieberbetrieb *überhaupt nicht*,

siehe hierzu auch Bild 14-38.

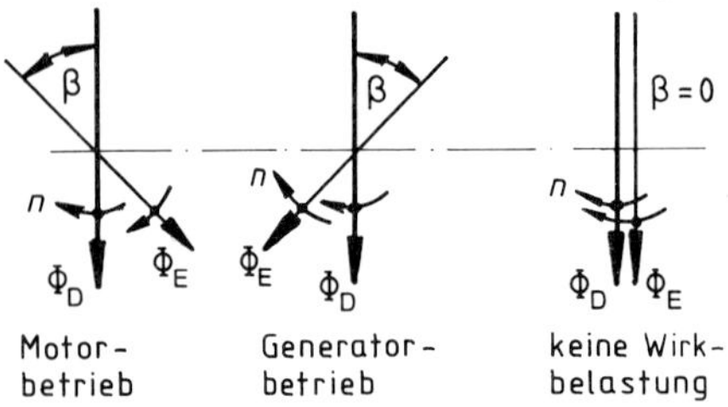

Bild 14-38 Je nach Belastungsart der Synchronmaschine verdreht sich die Lage des Läufers gegenüber dem Ständerdrehfeld Φ_D entweder gegen den Drehsinn (Motor) oder mit dem Drehsinn (Generator) oder überhaupt nicht (Leerlauf oder Blindleistungsbelastung allein).

Deutlich ist auch aus dem Instrumentenausschlag zu sehen:

> Bei einer Verstellung des Erregerstroms im Läufer reagiert nur der Blindleistungsmesser: var, also nicht die Wirkleistungsanzeige: W

Auswertung: Wirk- und Blindleistung haben jeweils ihre eigenen Bilanzebenen.

Beispiel 14.7: Überdrehzahl nach Lastabwurf

Die Versuchsmaschine wird beim Betrieb als Generator am Netz stark belastet und aus diesem Betrieb schlagartig vom Netz getrennt. Diese Maßnahme kann z.B. erforderlich gewesen sein, weil sich im Netz ein Kurzschluß abgespielt hat, der auf den Generator anteilig mit zurückgewirkt hat.

Im Augenblick des Lastabwurfs (Öffnens des Schalters in Bild 14-37) ist zu beobachten, daß die Drehzahl des Aggregats abrupt ansteigt (siehe Tabelle 14-4, Meßpunkte 141 und 142).

Tabelle 14-4 Verhalten der Synchronmaschine bei Lastabwurf.

Meß-punkt	Betriebsart	$\frac{n}{\text{min}^{-1}}$
141	Generator am öffentlichen Netz	1500
142	Leerlaufbetrieb unmittelbar nach Lastabwurf	circa 1800

Hier handelt es sich nur etwa um 20 % Drehzahlanstieg. Es wurde früher schon darauf hingewiesen, daß bei diesem Betriebsfall Zentrifugalprobleme auftreten können, wenn dieser Betriebsbereich erreicht wird, besonders bei wasserturbinengetriebenen Generatoren. Siehe auch hierzu vor allem Bild 14-36.

15 Gemeinsamkeiten bei Stromwendermaschinen

Bei allen hierzu gehörenden Maschinen interessiert fast ausschließlich nur noch der Motorbetrieb. Die Maschineneigenschaften als Motor haben den Stromwendermaschinen trotz der Fortschritte der Umrichtertechnik ihren Marktanteil von etwa 20 % nach wie vor erhalten.

15.1 Ständer von Stromwendermaschinen

15.1.1 Maschinen mit ausgeprägten Polen

Die Pole eines Ständers wie in Bild 15-1, die sogenannten Hauptpole, können aus dauermagnetischem Material sein. Sie sind dann natürlich massiv. Diese Ausführung ist nur bei der Gleichstrommaschine zu finden, eine Stromwendermaschine mit Dauermagneten funktioniert nicht an Wechselspannung.

Die Pole in Bild 15-1 können jedoch auch bei Gleichstrommaschinen eine Erregerwicklung haben. Dort fließt dann der Erregerstrom I_E. Stets müssen die Pole geblecht sein, wenn damit zu rechnen ist, daß

- die Maschine durch häufige Umkehr der Ständerpolarität in der Drehrichtung umgesteuert werden soll oder
- mit stark welliger Gleichspannung oder
- mit Wechselspannung gespeist wird.

Im letzteren Fall bilden die Ständerpole meist schon vom Blechschnitt her mit dem Ständerjochring eine Materialeinheit (Bild 15-2). Solche Maschinen können dann prinzipiell mit Gleich- *und* mit Wechselstrom (passender Spannung!) gespeist werden: Universalmaschinen.

Unkorrekterweise wird das Erregerfeld häufig auch einfach nur *das Feld* genannt. Das ist nicht sinnvoll, da es ja auch mindestens noch das Läuferfeld (Ankerfeld) gibt.

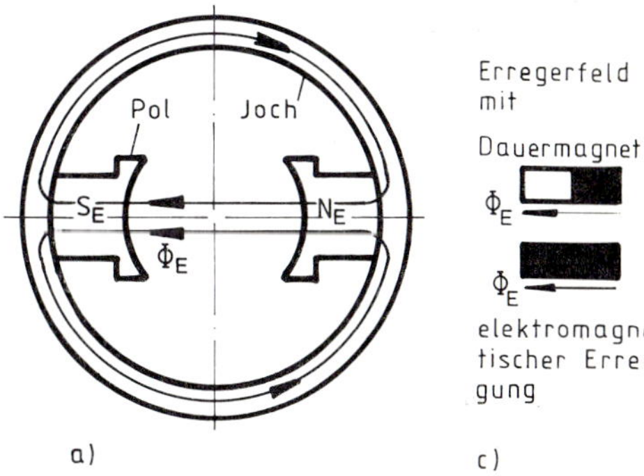

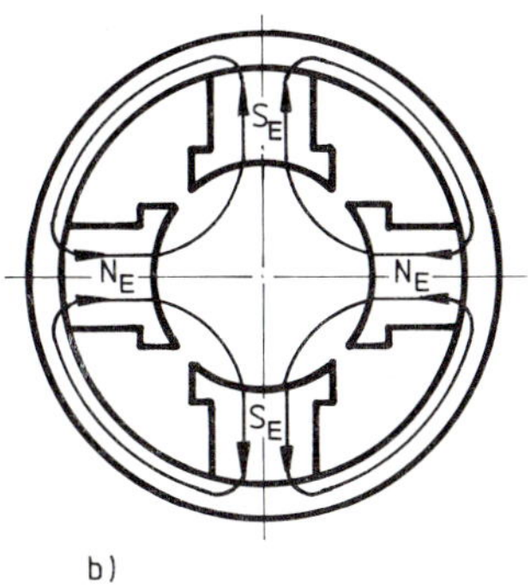

a) Ständer einer zweipoligen Stromwendermaschine
b) Ständer einer vierpoligen Stromwendermaschine (vier Hauptpole)
c) Schaltkurzzeichen

Bild 15-1 Der Ständer einer Stromwendermaschine kann zwei, vier oder mehr geradzahlige Pole haben. Die dargestellte Bauform der Pole heißt Hauptpole. Bei Gleichstrommaschinen können sie dauermagnetisch sein. Größere Maschinen haben zwischen den Hauptpolen noch die etwas schlankeren sogenannten Wendepole (siehe Bild 15-12).

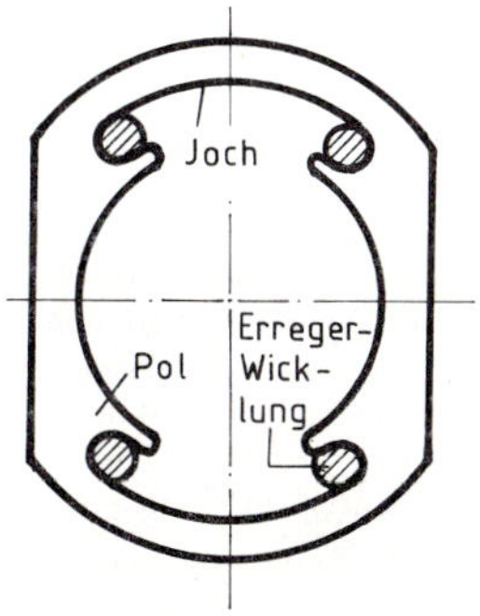

Bild 15-2
Ständer eines Universalmotors. Die Pole bilden mit dem Gehäuse eine zusammenhängende Einheit. Das Gehäuse ist aus einzelnen bildebenenparallelen Blechen geschichtet.

Die Maschine wird besser ausgenutzt, wenn sie mehr als ein Polpaar hat (siehe Bild 15.1b). Es gibt Maschinen mit vielen Polpaaren.

15.1.2 Maschinen mit verteilter Ständerwicklung

Man meint damit Maschinen mit einer Drehfeldwicklung in Nuten. Sie sieht genauso aus wie bei den Drehfeldmaschinen. Man begegnet ihr z.B. bei den (verhältnismäßig seltenen) Drehstrom-Stromwendermaschinen.

15.2 Läufer von Stromwendermaschinen

Bei Stromwendermaschinen (und im allgemeinen *nur hier*) heißt der Läufer auch Anker. Der Läufer ist stets geblecht, die Bleche sind voneinander isoliert.

Das Prinzipbild 15-3 zeigt die einzelnen typischen Bauelemente eines Stromwendermaschinen-Läufers (ohne Welle).

Der Stromwender heißt auch Kommutator bzw. Kollektor. Er besteht aus den einzelnen Stromwendersegmenten oder -lamellen.

Mit einer Läuferkonstruktion, wie im Bild 15-3 kann eine Stromwendermaschine zwar im Prinzip zum Funktionieren gebracht werden. Nach jeder halben Umdrehung gibt es aber einen Kurzschluß, weil die Bürsten durch die beiden Stromwendersegmente direkt verbunden werden. Aus dieser Stellung könnte die Maschine deshalb auch nicht als Motor anfahren.

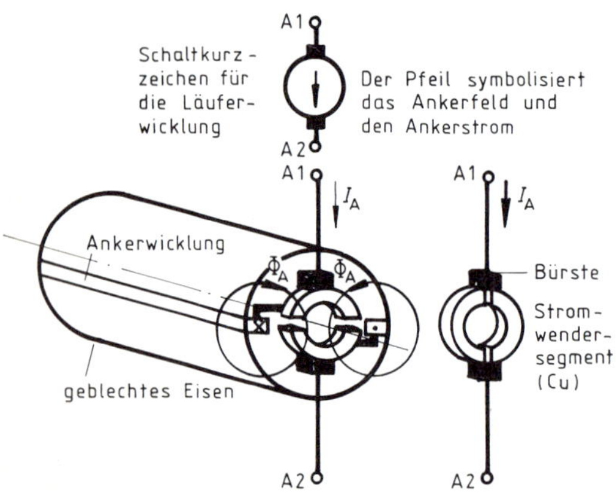

Bild 15-3 Prinzipskizze des einfachsten Stromwendermaschinenläufers (Ankers). So wird eine Maschine indessen nie gebaut, weil es nach jeder halben Umdrehung zwischen den Bürsten einen Kurzschluß gibt, wie in der Stellung rechts im Bild, da ja die Bürsten stehen bleiben, indem der ganze restliche Läuferkörper samt Stromwendersegmenten umläuft. Die Welle des Läufers ist hier weggelassen.

Das in Bild 15-3 eingezeichnete Magnetfeld ergibt sich in Verbindung mit dem Läuferstrom aus der Korkenzieherverknüpfung. Man spricht vom Ankerstrom I_A und vom Ankerfeld Φ_A.

Der Übersichtlichkeit zuliebe wurde im Bild 15-3 (und auch in den folgenden Bildern) nur eine einzige Windung gezeichnet. In Wirklichkeit hat eine Läuferwicklung meist viele Windungen. Man kann von ganzen Spulen sprechen.

In Bild 15-3 ist oben das Schaltkurzzeichen für einen Stromwender-Anker angegeben. Der Pfeil bedeutet sowohl den Strom als auch das Läufer-(Anker-)Feld bzw. deren Richtungssinn.

Technisch realistische Maschinen haben stets mindestens drei oder erheblich mehr Stromwendersegmente; man spricht dann von Lamellen, da sie sehr dünn werden. Der Betrieb ist ab drei Lamellen kurzschlußfrei aus allen Anfahrstellungen heraus möglich, wie das Beispiel 15.1 zeigt. Aus ihm geht auch in Verbindung mit Bild 11-24 stellvertretend für alle Stromwendermaschinen das Zustandekommen der Drehmomentbildung durch Polanziehung bzw. Polabstoßung hervor.

Beispiel 15.1: Wie arbeitet ein Stromwender?

Gegeben ist die schon aus Beispiel 7.14 bekannte Apparatur: ein Spielzeugmotor. Analog Bild 15-1 ist das Erregerfeld Φ_E mit den Erregerfeldpolen N_E und S_E, ferner der Ankerstrom I_A mit seinem Ankerfeld Φ_A, abhängig von den einzelnen betriebsbedingten Läuferstellungen, eingezeichnet.

Man muß davon ausgehen: Das Erregerfeldsystem und die Ankerstrombürsten stehen fest, alles andere ist drehbar. Stets ist nur eine von vielen Windungen der Ankerspulen gezeichnet.

Gesucht:

1. die Kraftwirkungen zwischen den Anker- und Erregerfeldpolen,
2. insbesondere die Entwicklung der Spulenströme, nachdem sich der Anker aus der Ausgangslage in die nächsten Lagen weiterdreht.

Lösungen:

1. Aus Bild 15-4 ist aus der dortigen Polbildung zu erkennen:

   Auf alle Ankerpolschenkel wird ein rechtsdrehendes Drehmoment ausgeübt, da alle Ankerpole im Uhrzeigersinn gezogen bzw. gedrückt werden.

   Ohne die Wirkung des Stromwenders würde der Läufer nach 90° Drehung eine stabile Gleichgewichtslage gefunden haben und sich nicht mehr weiterdrehen. Das wäre das Schrittmotorprinzip.

2. Schon nach einem Drehwinkel von etwa 15° verläßt das Stromwendersegment 2 die Bürste an Klemme A2. Es erfolgt eine Umpolung (*Wendung*) des Stroms in der Ankerspule 3 und damit auch eine Änderung der Polarität des Schenkels 3 aus N_A in S_A. Daraufhin wird der Polschenkel 3 vom Erregerpol S_E nicht mehr angezogen (und etwa festgehalten), sondern abgestoßen und damit weitergedreht.

   Die Stromrichtungsumkehr, die *Stromwendung*, geht aus dem Vergleich der Ersatzschaltbilder 15-4 und 15-5 hervor. Eine Strom*wendung* erfolgt nach etwa 45° in der Polspule 1 zusammen mit einer magnetischen Umpolung des Ankerpolschenkels 1.

Auswertung: Man erkennt, daß der gerade deshalb so genannte Stromwender durch Umkehr eines Stromrichtungssinnes rechtzeitig dafür sorgt, daß sich kein stabiles Gleichgewicht bildet, sondern ein kontinuierlich wirksames Drehmoment auftritt. Insbesondere am offenen Motor kann man sich davon anhand von einer Kompaßnadel leicht überzeugen.

Statt Stromwendung spricht man auch von Kommutierung.

Die permanenten Strom- und Feldrichtungsumkehrungen verlangen wegen der sonst unvermeidlichen Wirbelströme das schon erwähnte Blechen des Läufereisens.

Bei allen Stromwendermaschinen bringt die Stromwendung oft erhebliche Probleme mit sich, vor allem durch die beachtlichen Verschleißerscheinungen am Stromwender. Aus diesem Grund gibt es zwar elektronische bürstenlose Lösungen, die natürlich sowohl verschleiß- als auch funkenfrei arbeiten. Bisher konnten sie aber die mechanischen Stromwender trotz der genannten betrieblichen Probleme vor allem aus Preisgründen nicht verdrängen.

Geradezu charakteristisch für Stromwendermaschinen ist es, daß sie auf der BS (Bürstenseite) am Gehäuse einen Zugang zum Bürstenraum haben, von wo aus die Bürsten gewartet werden können (Bild 15-7: die mittels Schrauben lösbare Abdeckung rechts im Bild). Mitunter ist die Abdeckung durchsichtig. Man kann dann während des Betriebs ungefährdet beurteilen, ob die Bürsten (schon) feuern oder nicht.

Es gibt auch „stromwenderlose" Stromwendermaschinen. Sie haben elektronische Komponenten statt des mechanischen Stromwenders.

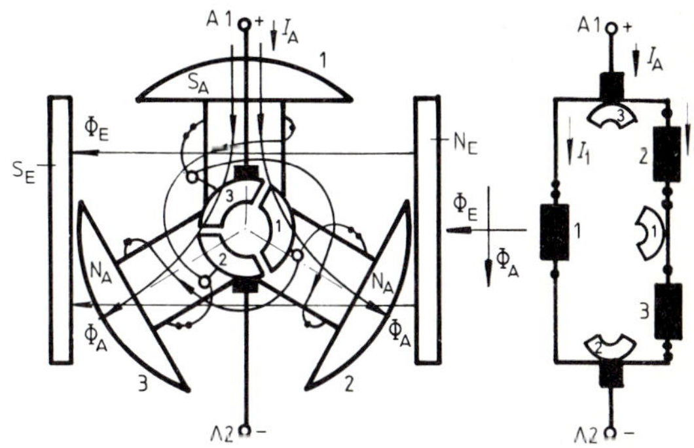

Bild 15-4 Erreger- (Index E) und Anker- (Index A) System eines Trixmotors zum Beispiel 15.1.

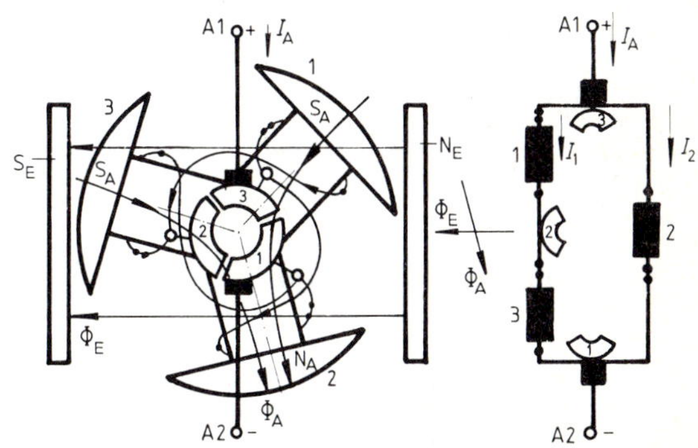

Bild 15-5 Der Trixmotor hat sich unter der Wirkung der Polkräfte nach rechts gedreht …

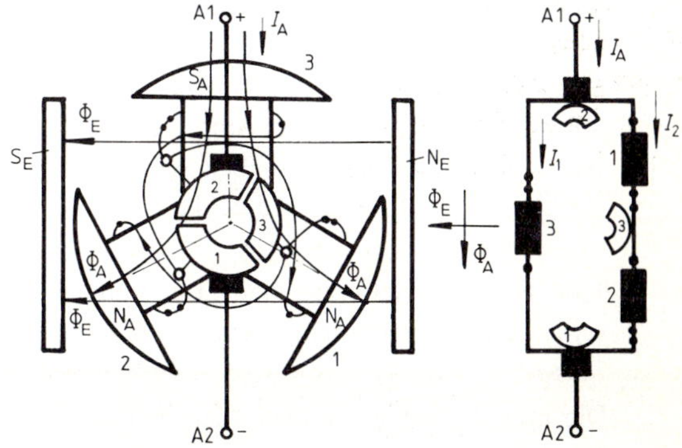

Bild 15-6 … und dreht sich weiter, solange Spannung zwischen A1 und A2 liegt.

Bild 15-7 Die abgebildete Gehäusebauform ist typisch für Gleichstrom- oder andere Stromwendermaschinen: Rechts neben dem Klemmenkasten erkennt man ein Fenster. Man soll hierdurch die einwandfreie Stromwendung erkennen oder aus dem etwaigen Feuern der Bürsten betriebliche Konsequenzen ziehen können. (Werkbild: *Felten & Guilleaume*, Nordenham).

15.3 Ankerwicklungen bei Stromwendermaschinen

Zu diesem „verwickelten" Thema können hier nur die wesentlichsten Gesichtspunkte genannt und ein grober Überblick gegeben werden. Das Verständnis der folgenden Abschnitte wird davon nicht berührt.

1. Bei allen Stromwendermaschinen kann jede Ankerwicklung (Läuferwicklung) *allein* als eine *Ringschaltung* der beteiligten Spulen aufgefaßt werden. Die Bindeglieder zwischen den einzelnen Spulen sind die Stromwendersegmente oder -lamellen (siehe hierzu die Bilder 15-4 bis 15-6, 15-8, 15-10 und 15-11.
2. Jede Spule besteht aus den zwei Spulenseiten, die in getrennten Nuten liegen, (Bild 15-8).
3. Die meisten Spulen bestehen aus mehreren Windungen. Typisch für Kfz-Anlassermotoren ist eine einzige Ankerwindung je Spule.

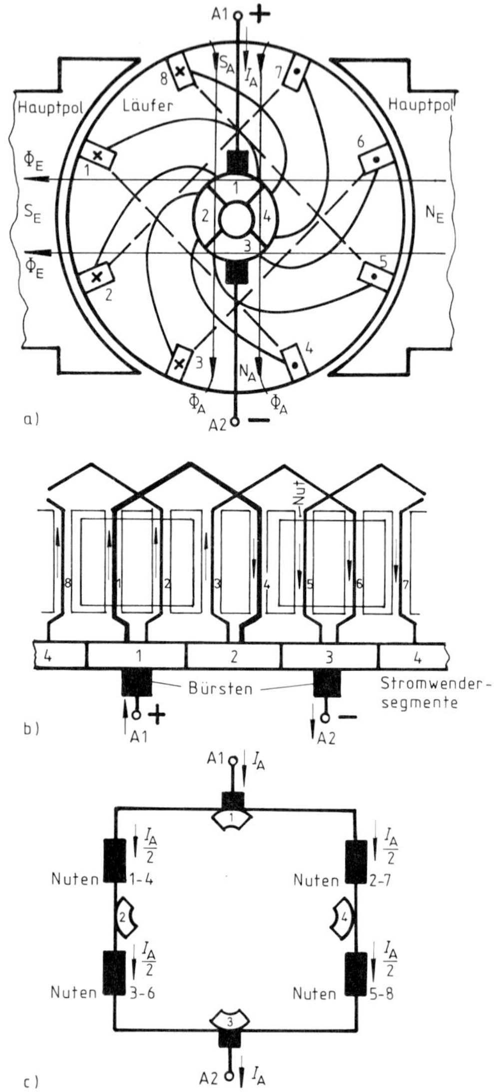

Bild 15-8 a) Beispiel einer Stromwendermaschine mit zwei Erregerfeld-Polen, acht Läufernuten und vier Stromwendersegmenten. b) Wickelschema; man erkennt daraus noch etwas übersichtlicher, wie sich der Ankerstrom I_A verteilt. c) So sähe das Schaltbild der einzelnen Spulen aus, wenn man sie auch ihren Nuten herausgenommen hätte; übrig bleibt ein „Kreis". Die diesem Beispiel ähnlichsten Läufer sind die der (einstäbigen) Anlassermotoren.

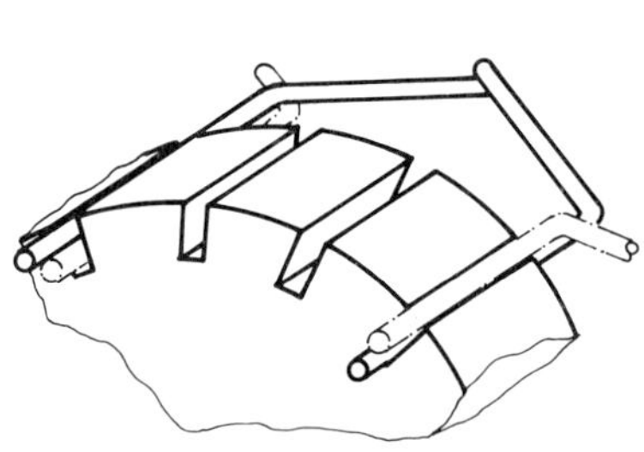

Bild 15-9 Beispiel für eine sogenannte Zweischicht-Läuferwicklung. In jeder Nut liegen zwei Spulenseiten.

4. Bei jeder Ankerspule liegt die eine Spulenseite unter einem Erregerpol (Hauptpol) *einer* Polarität, die andere Spulenseite unter einem Erregerpol der *entgegengesetzten* Polarität (Bild 15-8).
5. Die Ankerwicklung kann in den Ankernuten ein- oder zweischichtig untergebracht sein (Bild 15-9). Einschichtwicklungen lassen sich nicht in jeder Nutenzahl unterbringen, im Gegensatz zur Zweischichtwicklung (Bilder 15-10 und 15-11).
6. Bei Einschichtwicklungen hat der Stromwender nur halb so viele Lamellen, wie der Läufer Nuten hat (Bild 15-8).

   Bei Zweischichtwicklungen muß der Stromwender die gleiche Lamellenzahl haben wie Nuten (Bilder 15-10 und 15-11).

   Sollten einzelne Windungsgruppen einer Spule an separate Stromwendersegmente angeschlossen werden, erhöht sich die Segmentezahl um ein ganzzahliges Vielfaches.
7. Durch die Bürsten wird eine Ankerwicklung aus ihrer vorherigen freien Ringschaltung in mindestens zwei parallele Zweige gegliedert (Bilder 15-8 und 15-11), möglicherweise auch in mehr Zweige, z.B. in vier (Bild 15-10).
8. Die Verbindung zweier oder mehrerer Bürsten miteinander erzwingt eine andere Schaltung der Ankerwicklung (Bilder 15-10 und 15-11), sobald die Bürsten aufliegen.
9. Jede Ankerwicklung muß so viele Pole haben, wie der Ständer Hauptpole hat.

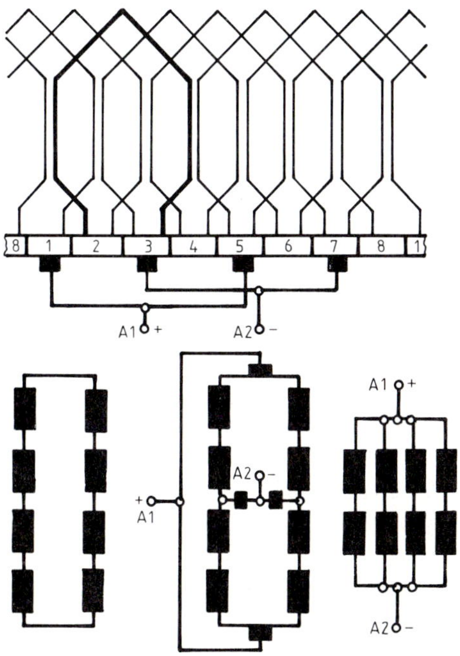

Bild 15-10 Wickelschema einer sogenannten Zweischicht-Schleifenwicklung, wie die Wicklung wegen der oben dick hervorgehobenen Spulenform heißt. *Ohne die Bürsten* erscheint die Wicklung wieder als ein geschlossener Kreis (wie schon Bild 15-8 unten). Mit Bürsten dagegen wird die Wicklung (siehe Mitte unten) in vier parallele Zweige zerlegt (siehe unten rechts), wie man mit etwas Geduld leicht nachprüfen kann.

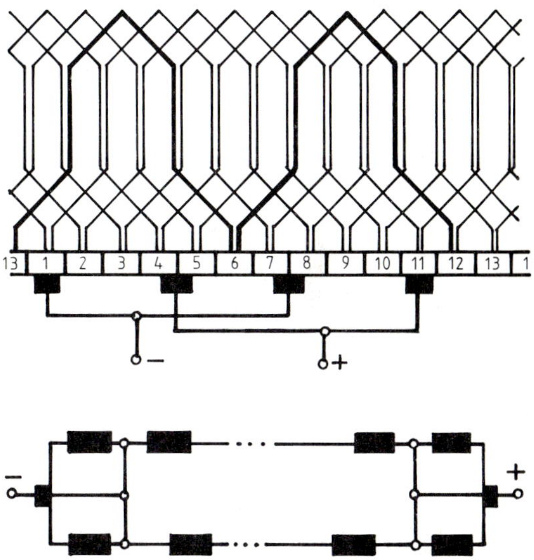

Bild 15-11 Das Wickelschema einer so genannten Wellenwicklung (siehe den dick hervorgehobenen Spulenverlauf). Aus dem reinen Schaltbild unten erkennt man, daß zwischen den Bürsten nur zwei parallele Zweige auftreten, ein Merkmal aller Wellenwicklungen, auch wenn noch so viele parallele Bürsten verwendet würden. Denkt man sich die Bürsten weg, so erscheint auch diese Wicklung als eine einfache Kreisschaltung, was *sämtlichen Stromwenderwicklungen gemeinsam ist*.

10. Innerhalb einer Polgruppe wirkt zwischen den Bürsten jede Ankerwicklung wie eine einzige Spule mit ihrem Ankerfeld. Das kommt auch mit dem Schaltzeichen in Bild 15-3 oben zum Ausdruck.
11. Durch Verschieben der Bürsten auf dem Stromwender kann das jeweilige Ankerfeld in seiner räumlichen Lage verdreht werden.
12. Es muß noch keineswegs ein Kurzschluß auftreten, wenn zwei Bürsten miteinander verbunden werden oder wenn zwei Bürsten bei laufendem Stromwender zwei benachbarte Stromwenderlamellen überbrücken. Es ändert sich dabei natürlich der Strom im Anker gegenüber vorher.
13. Zu einer kurzschlußartigen Wirkung kommt es allerdings dann, wenn bei der Überbrückung zweier Lamellen in der so kurzgeschlossenen Spule gerade eine Spannung induziert wird. Da ja die Ankerwicklung durch das Erregerfeld hindurchfährt, werden in ihr ständig Wechselspannungen induziert.

    Die Bürsten müssen daher normalerweise so stehen, daß die Spulenüberbrückung in einem Augenblick auftritt, in dem ein Nulldurchgang der induzierten Wechselspannung fällig ist. Andernfalls gibt es ein betriebsgefährdendes Bürstenfeuer, d.h., zwischen den Bürsten und dem Stromwender treten Funken auf.
14. Da bei Wechselstrombetrieb auch das Erregerfeld pulsiert, treten im Anker auf jeden Fall und bürstenstellungsunabhängig Spannungen auf. Das Bürstenfeuer ist daher bei Wechselstrom-Stromwendermaschinen stärker als bei Gleichstrommaschinen.
15. Moderne Maschinen ab Leistungen von etwa einigen Kilowatt haben entweder sogenannte Wendepole zwischen den Hauptpolen im Gehäuse mit einer eigenen Wicklung oder noch zusätzlich in den Polschuhen der Hauptpole eine sogenannte Kompensationswicklung (Bild 15-12).

    Beide Wicklungen liegen mit der Ankerwicklung in Reihe und haben die Aufgabe, lastabhängig für eine Kompensation des Bürstenfeuers zu sorgen. (Früher mußte man das Bürstenfeuer statt dessen lastabhängig jeweils von Hand durch Bürstenverschiebung in die feuerfreie „neutrale Zone“ in Ordnung bringen. Das klappte auch nur bei Gleichstrommaschinen.)

Bild 15-12 Blick in den Ständer einer Gleichstrommaschine. Man erkennt innen am Umfang die verschiedenen Pole, und zwar die breiten als Haupt-, die schmalen als Wendepole; ferner liegen in jedem Hauptpolschuh zehn Stäbe der sogenannten Kompensationswicklung. Von Hauptpol zu Hauptpol sieht man die Verbindungsstege der Kompensationswicklung laufen. (Werkbild: *AEG*).

16. Von der äußeren Gestalt der einzelnen Wicklungsspulen der Ankerwicklung her sind im wesentlichen zwei Formen zu unterscheiden:

    Schleifen- oder Parallelwicklung, (Bilder 15-8 und 15-10),
    Wellen- oder Reihenwicklung (Bild 15-11).

    Es gibt auch Kombinationen aus diesen Wicklungsarten, die Reihenparallelwicklung.
17. Zwischen den Ankerklemmen A1 und A2 einer Wellenwicklung treten bei noch so vielen Bürsten stets nur zwei parallele Ankerstromzweige auf (Bild 15-11). Teilweise werden Spulen von parallel geschalteten Bürsten überbrückt.

    Sinn der Bürstenparallelschaltung ist es, die spezifische Bürstenstrombelastung zu verkleinern.

18. Wie man besonders aus Bild 15-11 erkennen kann, läßt sich zwischen irgendwelchen Stromwenderlamellen (Spulen) im Sinne eines Spannungsteilers eine (Wechsel)Spannung abgreifen.
19. Der Stromwender einer Maschine sitzt im allgemeinen auf BS: Bürstenseite, jedenfalls nicht auf AS.
20. Es gibt Stromwendermaschinenläufer, die zwei Wicklungen haben:

    eine Drehstrom-Schleifringläuferwicklung, an die auch ein Drehstromsystem angeschlossen wird und

    eine Stromwender-Ankerwicklung, an der im Sinne von 18. Spannungen abgegriffen werden können.

15.4 Ankerrückwirkung

Sobald eine Ankerwicklung durch Belastung der Maschine unter Strom steht und sich infolgedessen ein mehr oder weniger starkes Ankerfeld ausbildet, schließt es sich natürlich auch in allen Gehäusezonen, die ihm im Weg liegen. Dabei ist es unvermeidlich, daß sich das Anker- und das Erregerfeld *überlagern.*

Das Ergebnis dieser Überlagerung ist, daß das Erregerfeld nicht mehr so symmetrisch ist, wie das noch in den Bildern 15-1 und 15-8 gezeichnet war. Wichtiger ist aber, daß es auch in seiner Feldstärke bzw. -dichte geändert hat. Hierdurch können sich betriebliche Nachteile einstellen, z.B. Beeinflussung des normalerweise zu erwartenden Kennlinienverlaufs und Bürstenfeuer.

Durch die im Abschnitt 15.3.15 erwähnten Wicklungen kann dieses Problem bei modernen Maschinen weitgehend ausgeräumt werden.

15.5 Schaltungen und Klemmenbezeichnungen von Stromwendermaschinen

Je nachdem, wie Stromwendermaschinen-Wicklungen in Verbindung miteinander geschaltet werden, ergeben sich bestimmte Klemmenbezeichnungen, die für die betreffenden Maschinen typisch sind. Man kann sie an Hand dieser Klemmenbezeichnungen identifizieren. Ferner gehen aus den Klemmenbezeichnungen auch die für die jeweilige Maschine typischen Betriebseigenschaften hervor, da diese schaltungsabhängig sind.

Die üblichen Schaltungen und die dazugehörigen Klemmenbezeichnungen sind in Tabelle 15-1 aufgeführt. Vor einigen Jahren wurden die bis dahin gültigen Klemmenbezeichnungen geändert in neue. In Tabelle 15-1 sind bereits die neuen Klemmenbezeichnungen aufgeführt.

Tabelle 15-1

Bezeichnung-	Schaltung (Motor), Klemmenanschluß für Rechtsdrehsinn
reiner („echter") Gleichstrommotor Dauermagnetfeld	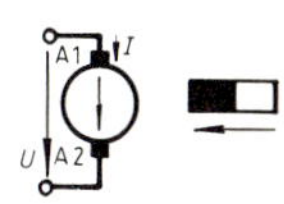
Reihenschlußschaltung Kennbuchstabe D	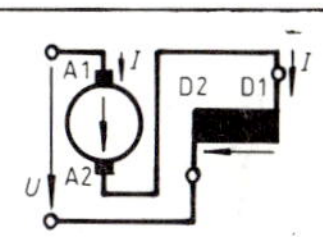
Nebenschlußschaltung Kennbuchstabe E	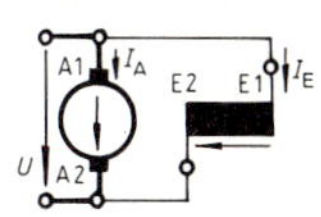
fremderregte Schaltung Kennbuchstabe F	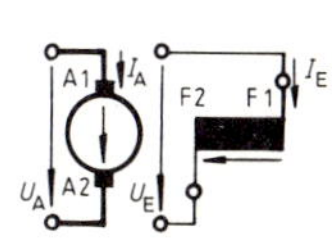
Doppelschluß- (oder Compound-) schaltung	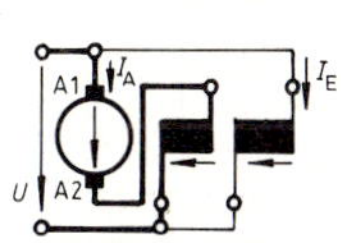
Krämermaschine (selten)	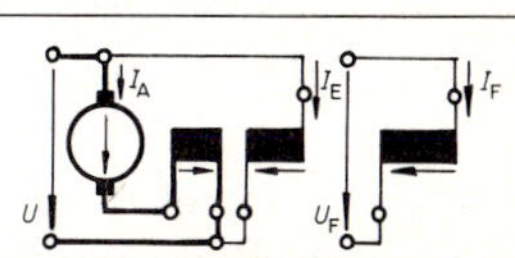

Zu beachten ist ferner:

- Die Widerstände und Induktivitäten von Reihenschlußwicklungen sind erheblich kleiner (mindestens eine 10-er-Potenz) als die von nebenschluß- und fremderregten Erregerwicklungen.

Das spielt in Verbindung mit Bild 6-16 bei allen Vorgängen in Erregerwicklungen eine Rolle, die möglichst kurzzeitig ablaufen sollen. Wie aus Gl. (6.29) hervorgeht, bedeutet große Induktivität eine große Zeitkonstante bei etwaigen Umschaltungen in Erregerwicklungen von nebenschluß- und fremderregten Maschinen.

15.6 Umsteuern von Stromwendermaschinen

Wie schon aus den Bildern 11-24, 15-4 und anderen hervorging, kann der Drehrichtungssinn von allen Stromwendermaschinen umgekehrt werden, indem man die Ankerklemmen, also die Netzanschlüsse an den Klemmen A1 und A2 vertauscht.

Sofern das Erregerfeld elektromagnetischen Ursprungs ist, also nicht von Dauermagneten stammt, kann man den Drehrichtungssinn auch durch Umkehr des Erregerfeldrichtungssinnes erreichen.

Bei sehr schnellen Reversieransprüchen kann sich aber die im Abschnitt 15.5 erwähnte große Induktivität bei nebenschluß- und fremderregten Maschinen nachteilig auswirken. Es wird daher die Umsteuerung im Ankerstromkreis vorgezogen, damit man schnell hin und her reversieren kann.

16 Gleichstrommaschine

16.1 Erklärung und Aufbau

Im Prinzip gibt es zwei Gleichstrommaschinenarten:

- eine Stromwendermaschine, die als Generator eigentlich Wechselstrom lieferte, wenn dieser nicht eben durch den Stromwender jeweils rechtzeitig gewendet, also eigentlich *mechanisch* gleichgerichtet würde,
- die sogenannte Unipolarmaschine; sie ist aus der Sicht des Generators „viel gleicher" als die vorherige, da sie unmittelbar völlig glatten Gleichstrom liefert, *ohne den Umweg über einen Stromwender oder sonstige Gleichrichtung nötig zu haben.*

Die Unipolarmaschine ist aber technisch aus bestimmten Gründen völlig bedeutungslos geblieben. Mit Gleichstrommaschine meint man daher stets die vorgenannte *Stromwender*maschine.

Auch sie spielt als Gleichstrom*generator* eigentlich keine Rolle mehr, da diese Aufgabe entweder über die Leistungselektronik aus dem öffentlichen Netz oder bei ortsveränderlichen Anlagen über Drehfeldmaschinen und anschließende Gleichrichtung, wie bei der so genannten Kfz-Drehstromlichtmaschine, billiger und betriebssicherer gelöst werden kann.

Die Gleichstrom(stromwender)maschine ist *die Maschine für anspruchsvollste Drehzahlverstell- und Regelbedürfnisse.* Da sie betrieblich auch häufig bei ganz niedrigen Drehzahlen (ohne Zwischengetriebe) voll belastet ist und sich wegen der niedrigen Drehzahlen nicht mehr selbst kühlen kann, ist für die Gleichstrommaschine oftmals äußerlich ein Aufbau charakteristisch, wie er aus den Bildern 16-1 und 16-2 hervorgeht: ein aufgesetzter Lüfter bzw. aufgesetzter Luft-Wasser- oder Luft-Luft-Kühler.

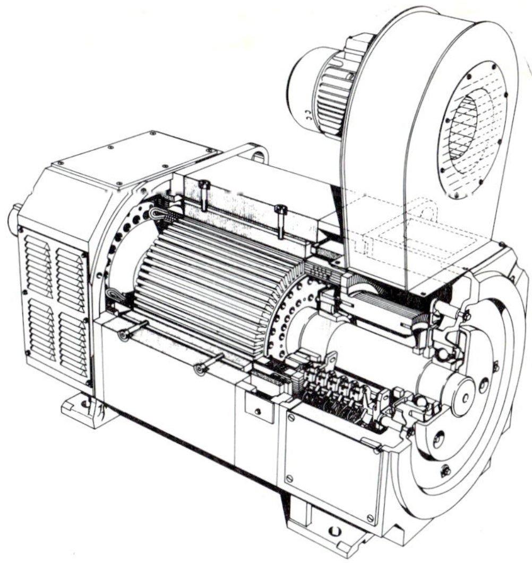

Bild 16-1 Gleichstrommotor mit aufgesetztem Lüfter zur Kühlung bei niedrigen Motordrehzahlen. Grundsätzlich ist so ein Lüfteraufbau auch bei Drehstromantrieben zu finden. Im allgemeinen ist er jedoch charakteristisch für Stromwendermaschinen. Hier sitzt der Lüfter unmittelbar über der Stromwenderzone. (Werkbild: *Felten & Guilleaume*, Nordenham.)

Bild 16-2 Gleichstrom-Motoren in Tandem-Ausführung mit aufgebauten Luft-Wasser-Kühlern für einen Draht-Fertigblock (Werkbild: *Brown Boveri & Cie AG*, Mannheim.)

Die „echte" (Stromwender-)Gleichstrommaschine funktioniert nicht mit Wechselstrom. Sie hat nämlich als Hauptpole Dauermagnete. Zu diesen Maschinen gehört auch die Ausführung als Gleichstrom-Scheibenläufer (Bild 16-3). Maschinen mit Dauermagnet-Erregung werden bis in die Größenordnung von etwa 1 kW gebaut. Besonders die äußerst massearmen und daher trägheitslosen Scheibenläufer werden als Vorschub- und Ansteuergeräte gern verwendet, da sie innerhalb von etwa $t = 10$ ms auf voller Drehzahl sind und genauso schnell reversiert werden können.

Bild 16-3 Scheibenläuferbauart einer Gleichstrommaschine. Links: der scheibenförmige Läufer (ohne Welle), rechts eines von zwei Gehäuseteilen mit 10 Erregermagnetpolen (Dauermagnete). Die zweite Gehäusehälfte ist auf dem Bild nicht zu sehen.

Bei allen Maschinen größerer Leistung haben die Hauptpole jedoch eigene Erregerwicklungen. Die Maschine in Bild 16-4 hat darüberhinaus noch einen geblechten Ständer. So kann sie ohne Schaden durch Wirbelstromwärme von einem Gleichstrom größerer Restwelligkeit erregt werden. Solche Ströme sind durch gröbere elektronische Bereitstellung zu erwarten.

Als charakteristisch für Gleichstrommotoren können Tachogeneratoren angesehen werden. Sie sind auf einem speziell hierfür herausgeführten BS-Wellenende angebracht (Bild 16-5). Tachometer sind mindestens ein Indiz für eine drehzahl*geregelte* Maschine. Neuerdings kann man sie natürlich mehr und mehr auch in Verbindung mit drehzahlgeregelten Drehfeldmaschinen sehen, die mittels Umrichtern frequenzgesteuert werden, siehe Abschnitte 13.4 und 14.2.2.2.

Bild 16-4 Vollgeblechter Gleichstrom-Nebenschlußmotor mit aufgesetztem Lüfter zur Wärmeabfuhr bei niedrigen Drehzahlen. (Werkbild: *Heinrich Baumüller*, Nürnberg.)

Bild 16-5 Gleichstrommotor 450 kW als Antrieb für eine Seilwinde, drehzahlgeregelt für das Hub- und Schließwerk einer Entladebrücke. Man erkennt auf der linken Maschinensitrnseite (GS) den Tachogeneratoren-Anbau zur Drehzahlerfassung. (Werkbild: *Siemens AG.*)

Die Gleichstrommaschine kann für eine Leistung von maximal etwa 20 MW gebaut werden. Die größte bisher gebaute Maschine hat eine Leistung von 12,8 MW (Siemens 1978). An sich teilt man aus Sicherheitsgründen die Leistung gern in mehrere Teilmaschinen auf, damit man im Bedarfsfall im Sinne einer Reservehaltung in einer Motoren*bank* Abhilfe schaffen kann.

Wegen der Bürstenreibung auf dem waschbrettartigen Stromwender läuft eine Gleichstrommaschine grundsätzlich lauter und ist auch (bürsten)verschleißfreudiger als vergleichbare Drehfeldmaschinen. Wegen des aufwendigen Stromwenders ist sie etwa um den Faktor 1,5 (große Maschinen) bis 3 (kleine Maschinen) teurer als eine Kurzschlußläufer-Asynchronmaschine.

Bei fremd- und nebenschlußerregten Gleichstrommaschinen hat die Erregerwicklung eine große Induktivität. Wird eine solche Wicklung schlagartig abgeschaltet, so kann es grundsätzlich Spannungsspitzen nach dem Muster von Bild 6-18 geben. Sie können zwischen den Erregerwicklungsklemmen zu Überschlägen und damit zu Schäden führen. Um solche Betriebsfälle zu vermeiden, werden diesen Erregerwicklungen meist Ohmsche Entladewiderstände parallelgeschaltet. Ihre Größe liegt etwa beim 10-fachen des Wicklungswiderstands. Die Widerstände bleiben während des Betriebs an Spannung.

16.2 Wirkungsweise

16.2.1 Generator

Im Prinzip ist eine Gleichstrommaschine nichts anderes als sozusagen eine „umgestülpte" Synchronmaschine mit einem mechanischen Gleichrichter: dem Stromwender. Für die Spannungsbildung im Gleichstromgenerator gilt daher im Prinzip ebenfalls Gl. (14.1), wie beim Synchrongenerator. Dort ging es um „ungepolte" Wechselspannung. Wegen der Polaritätsunterschiede bei Gleichspannung spielen bei den Größen n und I_E bzw. Φ_E die Vorzeichen eine zusätzliche Rolle:

$$U_{qA} = c_1 \cdot (\pm n) \cdot [\Phi_{E_{rem}} + \Phi_E(\pm I_E)] \quad (16.1)$$

mit

$$c_1 = \frac{z \cdot p}{a}, \text{ eine Maschinenkonstante.} \quad (16.2)$$

Hierin bedeuten über die Größen aus Gleichung (16.1) hinaus:

- z Anzahl der Ankerleiter (in Bild 15-11 waren es deren $2 \cdot 13 = 26$),
- p Polpaarzahl des Ankers (und des Erregerfeldes)
- a halbe Anzahl der parallelen Ankerzweige (in den Bildern 15-8 und 15-11 ist $a = 1$. In Bild 15-10 ist $a = 2$).

16.2.1.1 Tachogenerator

Diejenigen Tachogeneratoren, die keine Synchronmaschine sind, sind dauermagneterregte Gleichstromgeneratoren, für die wegen Gl. (16.1) mit $I_E = 0$ gilt:

$$U_{qA} = U_{q_{rem}} = c_1 \cdot (\pm n) \cdot \Phi_{E_{rem}}. \quad (16.3)$$

Die somit streng drehzahl-proportionale, aber drehrichtungsabhängige Anker-Quellenspannung U_{qA} des Tachogenerators (Bild 16-6)

- zeigt auf einem einfachen, in n umgeeichten Voltmeter die Drehzahl an, bzw.
- kann zur Drehzahlregelung unmittelbar weiterverarbeitet werden.

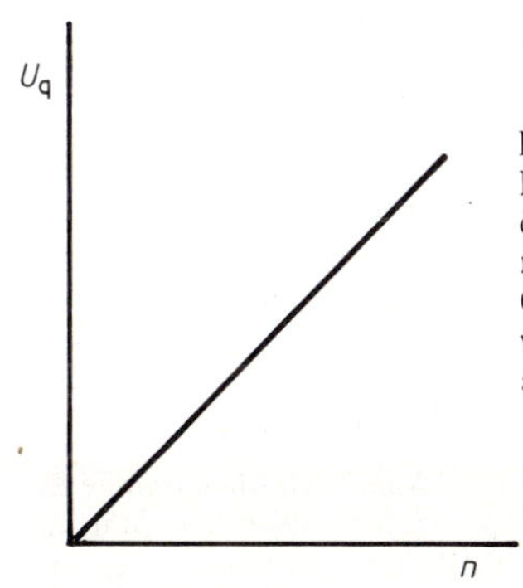

Bild 16-6
Die Quellenspannung des Dauermagnet-erregten Gleichstrom-Generators ist linear von der Drehzahl n abhängig.

16.2.1.2 Bordnetzgenerator

Bei den Fahrzeug-Bordnetzgeneratoren wurden bekanntlich die früher üblichen Gleichstrom-Generatoren („Lichtmaschinen") durch Synchronmaschinen mit nachgeschalteten (Brükken-)Gleichrichtern ersetzt. So oder so tritt aber der Betriebsfall eines leeren Akkus auf, so daß das Fahrzeug beispielsweise angeschleppt werden muß, damit wieder Zündspannung für den Ottomotor vorhanden ist. (Das Anschleppen von Dieselmotoren kommt aus verschiedenen Gründen nicht infrage, wenn der Akku ganz leer ist.) Der Erfolg des Anschleppens bei leerem Akku hängt davon ab, daß sich der Bordnetzgenerator *selbst erregen kann.* Analog Gl. (16.3) kann ab $n > 0$ mit einer kleinen Restquellenspannung gerechnet werden, die nach Bild 16-7 auch an der Erregung des Generators wirksam ist. Dessen Erregung und damit wieder nach Gl. (16.1) seine Quellenspannung wird von der etwas gewachsenen Erregung wieder stärker. So schaukelt sich die Ankerquellenspannung des Generators nach kurzer Zeit (etwa einige Sekunden) auf die volle Betriebsspannung auf: dynamoelektrisches Prinzip (W. v. Siemens, 1867).

Das Erregerfeld von Bordnetzgeneratoren benötigt entweder eine eigene Spannungsversorgung oder es muß, wie oben beschrieben, zum Ankerkreis parallelgeschaltet sein. Wegen Gl. (16.1) kommt es dabei auch auf die richtige Polarität der Erregerwicklungsanschlüsse an.

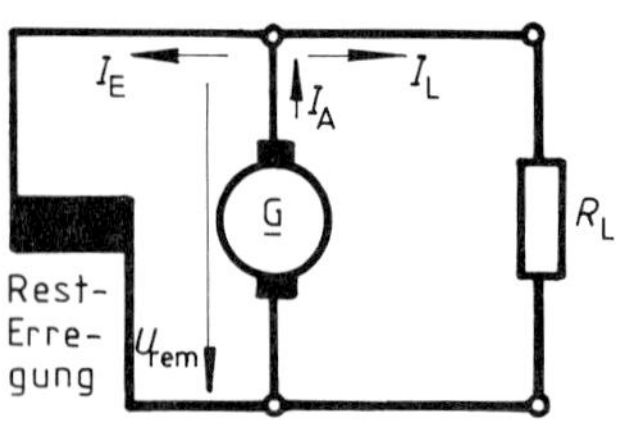

Bild 16-7 Jeder Generator kann sich ohne fremde Erregerquelle auch selbst erregen, wenn die Ständerhauptpole noch etwas Restmagnetismus haben. Es dauert eventuell einige Sekunden, bis sich die Quellenspannung der Maschine so auf den vollen Betrag aufgeschaukelt hat.

16.2.1.3 Erregergenerator

Bei neuzeitlichen Kraftwerksgeneratoren bezieht man die Gleichstromerregung für die Synchronmaschinen entweder (über Gleichrichteranlagen) aus dem öffentlichen Netz oder über Akkuanlagen oder Notstromversorgungen, falls das öffentliche Netz ausgefallen sein sollte.

Bei älteren Anlagen sind mit jedem Synchrongenerator eigene Gleichstrom(erreger)generatoren gekuppelt, evtl. mit Hilfserregermaschine, siehe Bilder 14-9 und 16-8, jeweils links vorn im Bild.

Bild 16-8 Die große Maschine im Vordergrund ist eine Synchron-Schenkelpolmaschine, die kleine Maschine links unmittelbar daneben ist der Erreger-Gleichstromgenerator für die Synchronmaschinen-Läufererregung. Die ganz kleine Maschine ganz links ist die Hilfserregermaschine zur Erregung der Erregermaschine. Baujahr: 1900. (Werkbild: *Brown Boveri & Cie AG,* Mannheim.)

16.2.1.4 Leonard-Generator

In Abschnitt 16.3.2 wird gezeigt, daß bei Gleichstrommotoren die

- Drehzahl *ankerspannungsabhängig* ist und der
- Drehrichtungssinn von der *Polarität der Ankerspannung* abhängt, siehe hierzu auch Abschnitt 15.6.

Vor allem bei Reversierbetrieb und Drehzahlsteuerung benutzte man früher häufig sogenannte Leonard-Umformer-Aggregate, wie in Bild 16-9 (sofern man nicht auch die früheren Quecksilberdampfgleichrichter dafür verwendete). Diese ältere Technik ist durch leistungselektronische Anlagen abgelöst worden. In der Praxis kommen aber noch viele ältere Leonard-Anlagen vor.

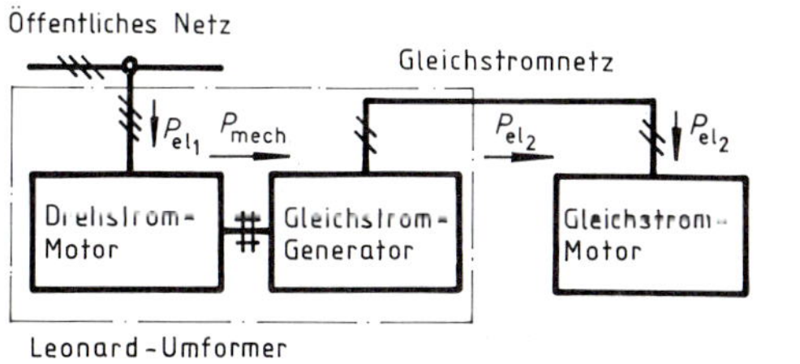

Bild 16-9 Übersichtsbild für einen aus einem Leonard-Umformer gespeisten Gleichstrommotor.

Bei Leonard-Generatoren wird die Generator(anker)spannung entsprechend Gl. (16.1) durch Verstellen von I_E verstellt. Das kann entsprechend Bild 16-10 speziell mittels des von Bild 4-43 her schon bekannten Umkehr- oder Leonard-Spannungsteilers geschehen. Wird der Schleifkontakt S verstellt, so verändert sich mit dem Generator-Erregerstrom auch die Generator-Ankerspannung U_{qA} und damit die Motor*drehzahl.*

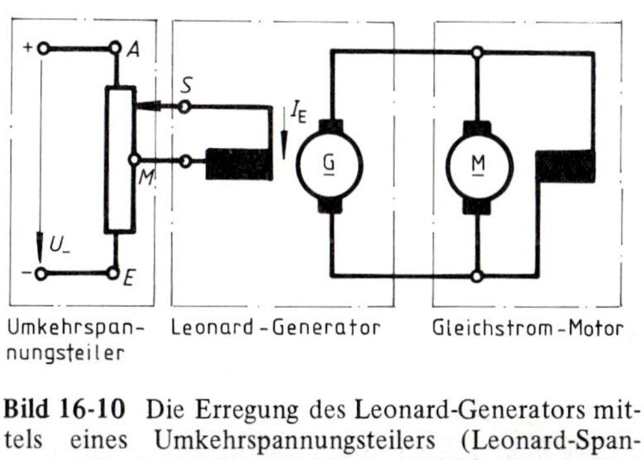

Bild 16-10 Die Erregung des Leonard-Generators mittels eines Umkehrspannungsteilers (Leonard-Spannungsteilers) entsprechend Beispiel 4.13. Durch Verschieben des Schleifkontakts S am Umkehrspannungsteiler wird der Betrag *und* der Richtungssinn der Generatorspannung verstellt. Damit läßt sich die Drehzahl *und* der Drehrichtungssinn des Gleichstrommotors verstellen.

Verstellt man den Schleifkontakt in die untere Spannungsteilerhälfte, so kehrt sich entsprechend den seinerzeitigen Meßpunkten 62 und 63 der Strom im Erregerkreis, damit die Generatorspannung und schließlich die Motordrehrichtung um. Der besondere Vorteil ist dabei noch, daß man vor allem zum Reversieren keine Motoranschlüsse umschalten muß.

Leonard-Anlagen sind bei ungünstigem Wirkungsgrad voluminös, laut und pflegebedürftig. Die leistungselektronischen Lösungen sind in jeder Beziehung günstiger, solange nur diese Fragen zu beantworten sind. Der Preis ist etwa der gleiche.

16.2.1.5 Innere Motor-Gegenspannung

Nach Gl. (16.1) tritt in jeder Windung einer elektrischen Maschine eine Spannung U_{qA} auf, sobald die Windung sich in einem Erregerfeld Φ_E dreht. Das ist natürlich bei einem Generator der Fall. Bei jedwedem Motorbetrieb liegt dieser Fall jedoch keineswegs anders. Diese innere Gegenspannung (früher Gegen-EMK genannt) kann nach außen allerdings erst richtig wirksam werden, wenn die Maschine über ihre eigenen Drehzahl„vorstellungen" hinaus fremd angetrieben wird. Bild 16-11 berücksichtigt diesen Sachverhalt im Ersatzschaltbild der Maschine durch das Glied mit dem Pfeil U_{qA}. Bei allen Betriebsfällen eines Motors wird es in Zukunft berücksichtigt werden müssen.

An sich liegt bei Drehfeldmaschinen natürlich der gleiche Sachverhalt vor. Dort sind allerdings die Zusammenhänge etwas unübersichtlicher. Deshalb erklärt man sie gern auf anderen Ebenen.

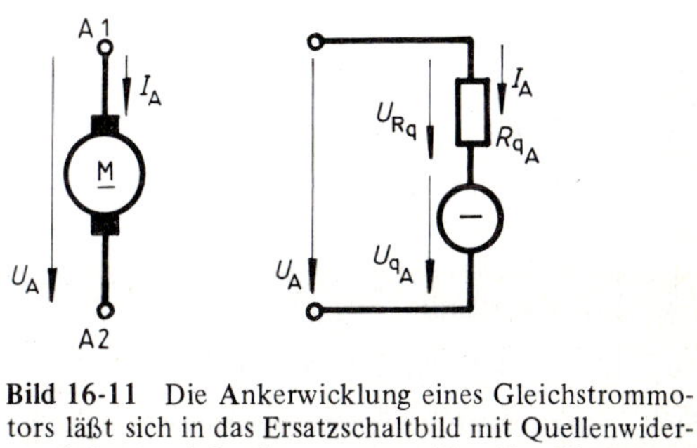

Bild 16-11 Die Ankerwicklung eines Gleichstrommotors läßt sich in das Ersatzschaltbild mit Quellenwiderstand R_{qA} und Quellenspannung U_{qA} überführen.

Abschließend sei festgehalten, daß Gleichstrom-*Generatoren zur Energieversorgung keine technische Bedeutung mehr haben.* Sie werden für diesen Zweck auch nicht mehr gebaut. Das Verständnis vieler Motorwirkungen erschließt sich aber nur über das Verständnis der Vorgänge im Generator, siehe besonders hierzu den Begriff der inneren Motorgegenspannung.

16.2.2 Motor

Alle Motorwirkungen gehen auf das Anker-Ersatzschaltbild nach Bild 16-11 zurück. Die jeweilige Schaltung der Maschine im Zusammenhang mit Tabelle 15-1 kann dabei zu speziellen Ergebnissen führen.

Die allgemeine Gl. (11.11) für die Drehmomentbildung lautet, auf die Verhältnisse der Gleichstrommaschine übertragen, hier:

$$M = c_2 \cdot \Phi_E \cdot I_A . \tag{16.4}$$

mit

$$c_2 = \frac{c_1}{2 \cdot \pi} \text{ als Maschinenkonstante.} \tag{16.5}$$

Hierin bedeuten ferner:

$\Phi_E = f(I_E)$ Erregerfeld,

I_A Ankerstrom.

Von der Anschaulichkeit der Wirkungsweise her sei auf die Bilder 11-24 sowie 15-4 bis 15-6 verwiesen.

Hinweis: Da sich beim Gleichstrommotor der Widerstand R_{q_A} genauso verhält wie beim Gleichstrom*generator* der Quellenwiderstand, wird der Ausdruck R_{q_A} auch beim Motor so genannt, andernorts ist oft stattdessen von R_i die Rede. Solange keine Verwechslungen auftreten können, genügt statt R_{q_A} auch einfach R_q.

16.3 Betrieb

Es wird hier nur auf den Motorbetrieb eingegangen.

16.3.1 Ankerstrom

16.3.1.1 Fremd- und Nebenschlußerregung

Das Ersatzschaltbild des Ankerkreises ist für die Maschine bei Fremd- und bei Nebenschlußerregung gleich. Man erkennt das aus Tabelle 15-1. Es ist mit Bild 16-11 identisch. Aus ihm kann man unmittelbar ablesen:

$$U_A = U_{R_q} + U_{q_A} = I_A \cdot R_q + c_1 \cdot n \cdot \Phi_E . \tag{16.6}$$

Daraus läßt sich I_A eliminieren. Man sieht sofort, daß I_A von n linear abhängig ist. Daher empfiehlt sich ein Anschrieb analog der Gleichung einer Geraden:

$$I_A = -\frac{c_1 \cdot \Phi_E(I_E)}{R_q} \cdot n + \frac{U_A}{R_q}, \tag{16.7}$$

$$y = \quad -m \cdot x + b.$$

Bild 16-12 zeigt den Verlauf der Gl. (16.7). Die Betriebsbereiche trennen sich an den Nullstellen voneinander.

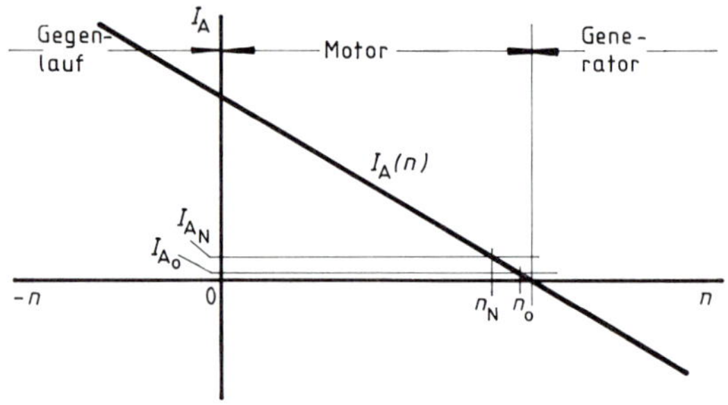

Bild 16-12 Zusammenhang des Ankerstroms mit der Drehzahl und den diversen möglichen Betriebsarten eines Gleichstrommotors.

Aus Gl. (16.7) läßt sich auch sofort aussagen, wie die Maschine beim Einschalten aus $n = 0$ heraus reagiert; es fließt ein großer Anlaufstrom:

$$I_{A_A} = \frac{U_A}{R_q} . \tag{16.8}$$

Dieser Strom ist deshalb recht stattlich, weil die Beträge für R_q ziemlich niedrig sind. Der Anlaufstrom kann in der Größenordnung des etwa 20-fachen Nennstroms der Maschine liegen, wenn die Maschine direkt eingeschaltet wird.

Die in Verbindung damit fälligen Anzugsmomente können der Arbeitsmaschine gefährlich werden, aber auch dem Antrieb selbst von seiten seiner Welle und des Fundaments.

Aus Gl. (16.8) geht hervor, daß der Anlaufstrom I_{AA} einfach durch einen Vorwiderstand begrenzt werden kann, den sogenannten Anlaßwiderstand R_{vor} (Bild 16-13). Er wird so bemessen, daß bei $n = 0$ etwa das 1,5-fache des Nennstroms auftritt. Gl. (16.8) geht also in den Ausdruck:

$$I_{AA} = \frac{U_A}{R_q + R_{vor}} \tag{16.9}$$

über, mit R_{vor} als Anlauf-Vorwiderstand. Dieser muß entweder den vollen Nennstrom des Ankers aushalten können, oder man muß ihn nach vollzogenem Hochlauf des Ankers voll herausnehmen (den Schleifkontakt auf die Stellung 0 % voll durchschalten). Andernfalls wird der Vorwiderstand zu warm.

Eleganter, wenn auch erheblich teurer ist es natürlich, die Maschine mit herabgesetzter Spannung anzufahren, in Gl. (16.8) also den Zähler zu verkleinern. Die Maschine fährt dann schön weich an.

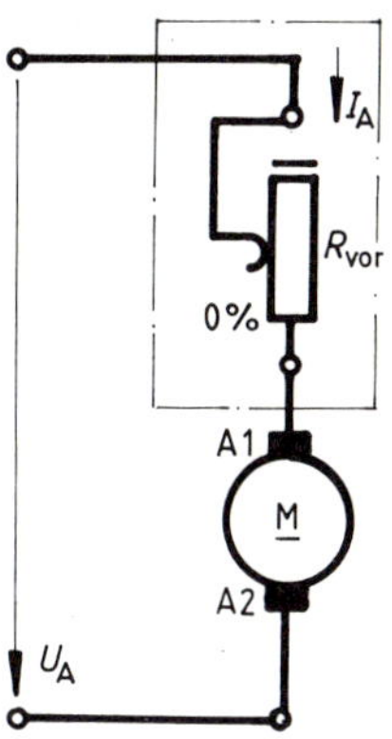

Bild 16-13
Zur Inbetriebnahme eines Gleichstrommotors muß ein (Anlaß-) Vorwiderstand R_{vor} in den Ankerkreis geschaltet werden, weil sonst der Ankerstrom beim Einschalten zu hoch und der Motor möglicherweise unzulässig beschleunigt wird.
Die energiefreundlichere, wenn auch erheblich aufwendigere Methode wäre die der Herabsetzung der Ankerspannung, bis die Maschine angelaufen ist.

16.3.1.2 Reihen- oder Hauptschlußerregung

Das Ersatzschaltbild für diese Schaltung leitet sich aus Tabelle 15-1 ab, wie es in Bild 16-14 wiedergegeben ist. Es gibt hier nur *einen einzigen Strom I*, ebenso nur eine einzige Spannung U. Aus Bild 16-14 liest man daher sofort ab:

$$U = U_R + U_{qA} \tag{16.10}$$

$$U = I \cdot (R_D + R_q) + c_1 \cdot n \cdot \Phi_E(I). \tag{16.11}$$

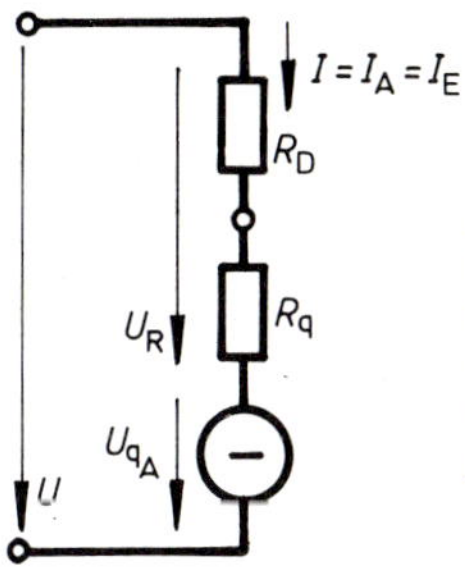

Bild 16-14
Ersatzschaltbild für einen Gleichstrommotor in Reihenschlußschaltung nach Tabelle 15-1.
R_D Erregerwicklungswiderstand (Reihenschluß)

Der einzige gemeinsame Anker- und gleichzeitig Erregerstrom hängt über Bild 6-5 mit dem Erregerfeld Φ_E zusammen. Dieser Zusammenhang ist offensichtlich nicht linear. Bei etwas großzügigerer Toleranz kann man aber ohne großen Fehler Gl. (16.11) in Gl. (16.12) übergehen lassen:

$$U = I \cdot (R_D + R_q) + c_3 \cdot n \cdot I, \tag{16.12}$$

$$U = I \cdot (\Sigma R + c_3 \cdot n). \tag{16.13}$$

Nach I aufgelöst erhält man:

$$I = \frac{U}{\Sigma R + c_3 \cdot n}. \tag{16.14}$$

Dieser Ausdruck ist in Bild 16-15 dargestellt. Es fällt auf, daß mit $n = 0$ ein reichlich großer Strom I verknüpft ist, der Anlaufstrom I_A. Man erkennt weiterhin, daß hier gar kein Platz für den Generatorbetrieb ist: hierbei müßte ja der Strom negativ werden. In dieser Schaltung ist das auch kein sinnvoller Betrieb.

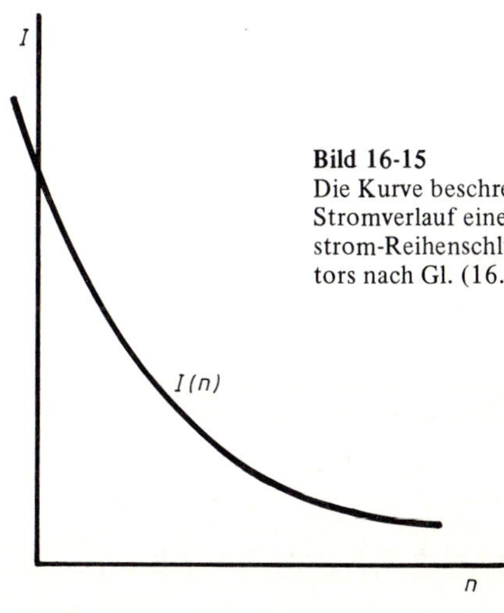

Bild 16-15
Die Kurve beschreibt den Stromverlauf eines Gleichstrom-Reihenschlußmotors nach Gl. (16.14).

Für $n = 0$ gilt sinngemäß der gleiche Ausdruck wie bei der fremderregten Schaltung; dementsprechend ist auch hier zum Anlauf ein Vorwiderstand üblich, genau wie dort (Gl. (16.9)).

16.3.2 Drehzahlverstellung

16.3.2.1 Fremderregte Gleichstrommaschine

Ausgangspunkt ist wieder das Ersatzschaltbild für diese Schaltung. Es ist in Bild 16-16 nochmals wiederholt. Der noch mit aufgenommene Anlasser-Widerstand R_{vor} aus Bild 16-13 bekommt hier eine weitere Aufgabe. Aus Bild 16-16 kann man wieder ablesen:

$$U_A = U_R + U_{q_A} = I_A \cdot (R_q + R_{\text{vor}}) + c_1 \cdot n \cdot \Phi_E . \qquad (16.15)$$

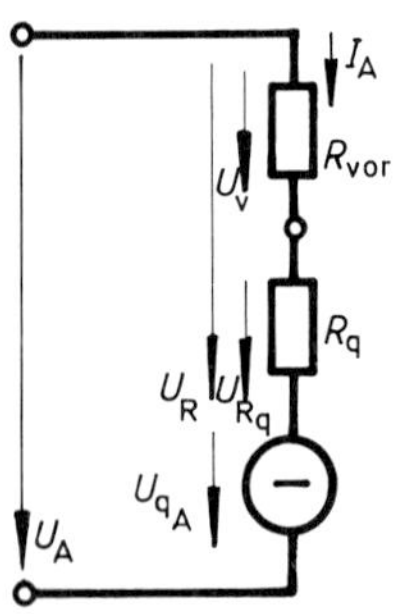

Bild 16-16
Ersatzschaltbild für den Ankerkreis eines Gleichstrommotors bei Fremderregung.

Der darin enthaltene Ankerstrom I_A kann aus Gl. (16.4) substituiert werden zu:

$$I_A = \frac{M}{c_2 \cdot \Phi_E} . \qquad (16.16)$$

Setzt man Gl. (16.16) in Gl. (16.15) ein, so erhält man einen zwischen n und M linearen Ausdruck, der deswegen auch wieder in Form der Gleichung einer Geraden geschrieben wird:

$$\begin{aligned} n &= \boxed{-\frac{R_q + R_{\text{vor}}}{c_1 \cdot c_2 \cdot \Phi_E^2}} \cdot M + \boxed{\frac{U_A}{c_1 \cdot \Phi_E}} , \qquad (16.17) \\ y &= \boxed{\quad -m} \cdot x + \boxed{b .} \end{aligned}$$

In Bild 16-17 ist der Verlauf des n-M-Zusammenhangs zu sehen. Die Kurve wird dort als Normalkennlinie bezeichnet und versteht sich speziell für den Nennbetriebsfall, also:

$$\left.\begin{aligned} U_A &= U_{AN} , \\ \Phi_E &= \Phi_{EN} , \end{aligned}\right\}$$

Diese Größen dürfen nicht überschritten werden, weil andernfalls der Anker bzw. die Erregerwicklung thermisch überlastet sind.

$$R_{\text{vor}} = 0.$$

Gl. (16.17) liefert unter anderem die wichtige Aussage: Die fremderregte Gleichstrommaschine kann schon im Leerlauf durch die Größen U_A und I_E beliebig in der Drehzahl verstellt werden; über die Größe R_{vor} läßt sich die Maschine nur bei Belastung in der Drehzahl verändern, und das nicht ohne Energieverluste.

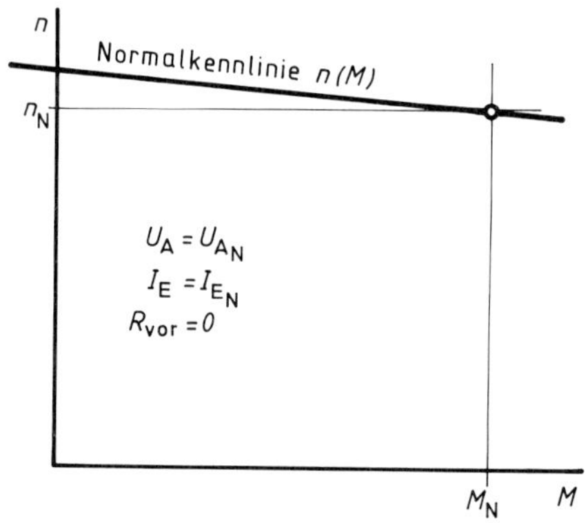

Bild 16-17 Drehzahl-Drehmoment-Kennlinie für einen Gleichstrommotor bei Fremderregung. Mit Normalkennlinie ist gemeint, daß alle Größen im Nennbetrieb gefahren werden.

Die Bilder 16-18 bis 16-20 zeigen den Einfluß der Stellgrößen auf die Normalkennlinie aus Bild 16-17, wenn die Drehzahl verstellt wird, also den Einfluß von R_{vor}, U_A und I_E. Stellglieder sind dabei:

- Stellwiderstände für die Fälle R_{vor} und I_E,
- Stromrichteranlagen für die Verstellung der Ankerspannung. Früher war das das Einsatzgebiet der Leonard-Umformer bzw. Quecksilberdampf-Geräte.

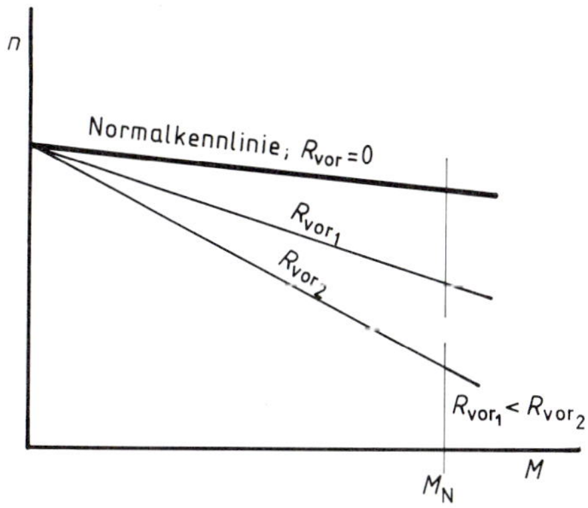

Bild 16-18 R_{vor}-Verstellung

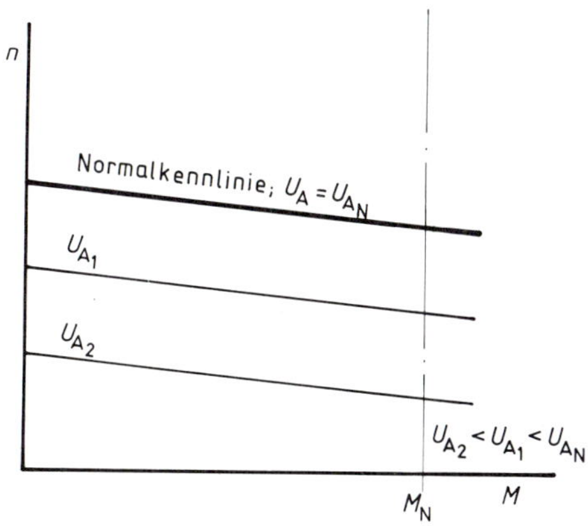

Bild 16-19 U_A-Verstellung

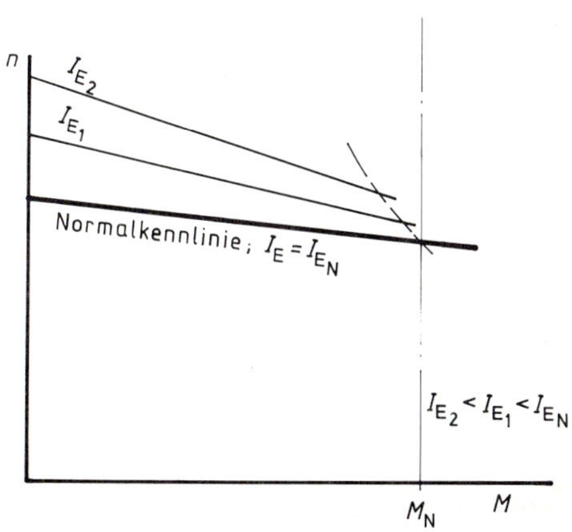

Bild 16-20 I_E-Verstellung. Die gestrichelte Linie ist die Grenzkennlinie, über die hinaus die Maschine wegen Überlastung gefährdet wäre, siehe auch Bild 11-27, 1. Quadrant.

Die Verstellung des Erregerstroms I_E wird üblicherweise durch einen sogenannten Feldsteller (widerstand) R_F praktiziert (Bild 16-21). Er darf auf keinen Fall in Spannungsteilerschaltung betrieben werden. Das hängt mit einer speziellen Eigenschaft der Gleichstrommaschine zusammen, der *äußerste Aufmerksamkeit zu widmen ist*! Besonders bei Leerlauf und in der Nähe davon kann es dramatische Betriebsfälle geben, wenn der Erregerstrom I_E zu klein ist, oder ganz ausfällt. Man erkennt das aus den Gln. (16.7) und (16.17) für $M \to 0$, $I_E \to 0$ und damit $\Phi_E \to \Phi_{E_{rem}}$; es wird dann:

$$n = \frac{U_A}{c_1 \cdot \Phi_{E_{rem}}} \tag{16.18}$$

bzw.

$$I_A \approx \frac{U_A}{R_q}. \tag{16.19}$$

Die Maschine strebt dabei einem mechanischen und einem elektrischen Selbstmord entgegen:

- mechanisch, indem sie durchgeht, bis sie auseinanderfliegt (wie diejenige aus Bild 11-34, wenn auch aus anderem Grund),
- elektrisch, indem ein äußerst großer Strom die Maschine gefährdet; R_q ist ja sehr klein (siehe Gleichung (16.19)).

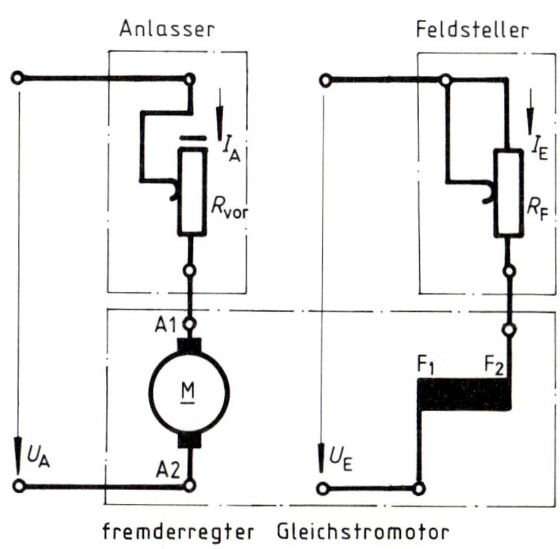

Bild 16-21 Fremderregter Gleichstrommotor mit Anlasser und Feldsteller.

Die Beschleunigung des Ankers kann dabei so gefährlich schnell gehen, daß die Maschine schon explodiert ist, ehe das Bedienungspersonal eingreifen kann, bzw. es noch zu tun wagt (Bild 16-22). Gegen diesen riskanten Betriebsfall muß man sich daher ausreichend und auf verschiedenen Ebenen gleichzeitig schützen durch Maßnahmen wie:

- Belehrung des Bedienungspersonals,
- Verbot von Steckverbindungen im Erregerkreis,
- Ausschließen von Leerlauf ohne Überwachung,
- flinke Sicherungen,
- Unterstromauslöser im Erregerstromkreis,
- Drehzahlwächter,

} die alle geeignet sein können, die Maschine noch rechtzeitig abzufangen, ehe sie zerreißt,

- Verbannung der Spannungsteilerschaltung im Erregerkreis, weil damit $I_E = 0$ eingestellt werden kann (siehe Meßpunkte 38 und 48) im Gegensatz zum Vorwiderstandsbetrieb aus Bild 16-21.

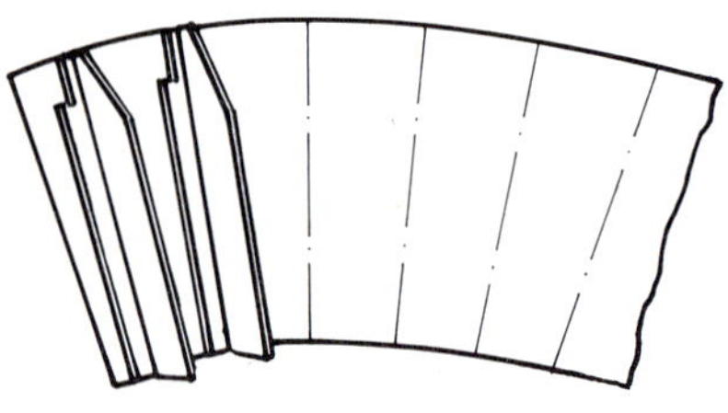

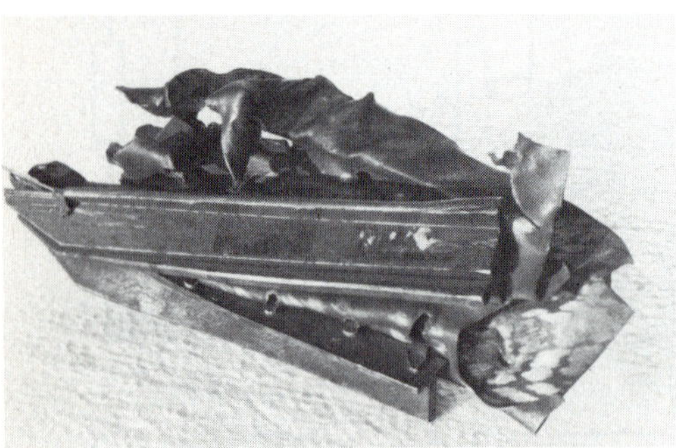

Bild 16-22 Distanzblech eines Gleichstrommotorläufers. Wegen fehlenden Erregerfelds war er durchgegangen und explodiert. Man erkennt das zusammengestauchte und zerrissene Blech mit den aufgepunkteten Distanzierungsstegen (für die Luftführung im Läufer).

Auch eine belastete Maschine kann bedenkliche Überdrehzahl erreichen, bedenklich unter Umständen eher für die Arbeitsmaschine als für den Antrieb. Die Last wird in aller Regel den Antrieb vor dem „äußersten" zurückhalten. Trotzdem ist auch bei Last noch größte Vorsicht geboten.

Grundsätzlich darf eine fremderregte Gleichstrommaschine im Ankerkreis erst dann eingeschaltet werden, wenn man sich (durch Meßinstrument) davon überzeugt hat, daß wirklich genügend Erregerstrom fließt, d.h. mindestens so viel, wie der kleinste auf dem Leistungsschild angegebene Erregerstrombetrag.

16.3.2.2 Nebenschlußerregte Gleichstrommaschine

Bei Nebenschlußerregung gilt Gl. (16.17) gleichlautend. Zu beachten ist jedoch, daß mit Verkleinerung der Ankerspannung U_A *hier* auch der Erregerstrom I_E mit herabgesetzt wird. Das wirkt sich von seiten der Kennlinie für Ankerspannungsverstellung aus, wie in Bild 16-23 dargestellt. Natürlich darf auch bei dieser Maschine der Erregerstrom nicht fehlen, sonst geht sie durch.

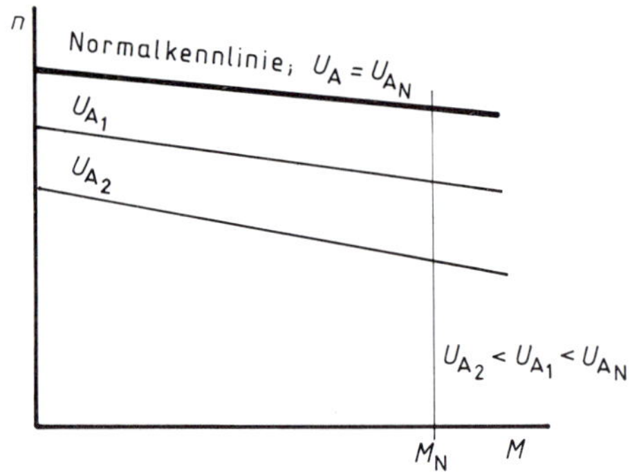

Bild 16-23 Drehzahl-Drehmoment-Kennlinien eines Gleichstrommotors mit Nebenschlußerregung. Die Linien verlaufen etwas divergierend zueinander.

Die Bezeichnung Nebenschlußmotor ist eine Art Markenzeichen. Von der ganzen Ausführung her besteht zwischen Fremd- und Nebenschlußerregung (bis auf die Klemmenbezeichnungen) kein Unterschied von seiten der Maschinenausführung.

Man spricht daher oft von diesen *beiden* Maschinen als Nebenschlußmotor im Gegensatz zum Reihenschlußmotor, der ganz andere Eigenschaften zeigt. Man bezeichnet auch die Charakteristik der Asynchronmaschine als eine Nebenschlußcharakteristik!

16.3.2.3 Reihenschlußerregte Maschine

Das Ersatzschaltbild 16-24 bringt für $R_{\text{Feldst.}} = \infty$ und $R_{\text{vor}} = 0$ in Erinnerung, daß für diese Maschine mit Gl. (16.4) gilt:

$$I_A = I_E = I = \frac{M}{c_2 \cdot \Phi_E(I)}. \qquad (16.20)$$

Infolgedessen kann man aus Bild 16-24 ablesen:

$$U = U_R + U_{q_A} = I \cdot (R_D + R_q) + c_1 \cdot n \cdot \Phi_E(I). \qquad (16.21)$$

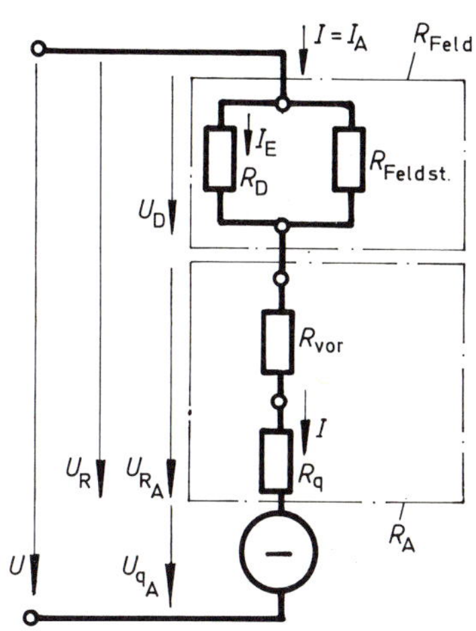

Bild 16-24 Ersatzschaltbild eines Gleichstrommotors in Reihenschlußschaltung mit Feldsteller und Anlaßvorwiderstand.

Mit einer gewissen Großzügigkeit, die durch geeignete „Konstante" wieder aufgefangen werden kann, läßt sich durch die folgende Vereinfachungskette zeigen, daß sich aus Gl. (16.20) ergibt:

$$I \sim \frac{M}{I}; \quad I^2 \sim M; \quad I \sim \sqrt{M}; \qquad \Phi_E \sim I; \quad \Phi_E \sim \sqrt{M}. \qquad (16.22)$$

Setzt man diese Ergebnisse für I und Φ_E in Gl. (16.21) wieder ein, so erhält man durch Formulierung neuer Konstanten:

$$n = \frac{1}{\sqrt{M}} \cdot U \cdot K_1 - K_2(I_E; R_{\text{vor}}). \qquad (16.23)$$

Gl. (16.23) wird durch Bild 16-25 dargestellt. Man erkennt den gegenüber dem Nebenschlußmotor gänzlich anderen Verlauf des Reihenschlußmotors. In dieser Gleichung sollte sichtbar bleiben, daß die Drehzahl des Reihenschlußmotors ebenfalls über die Größen U, I_E und R_{vor} verstellt werden kann. Dabei muß noch näher sichtbar gemacht werden, was hier tatsächlich noch der Erregerstrom ist und bleibt.

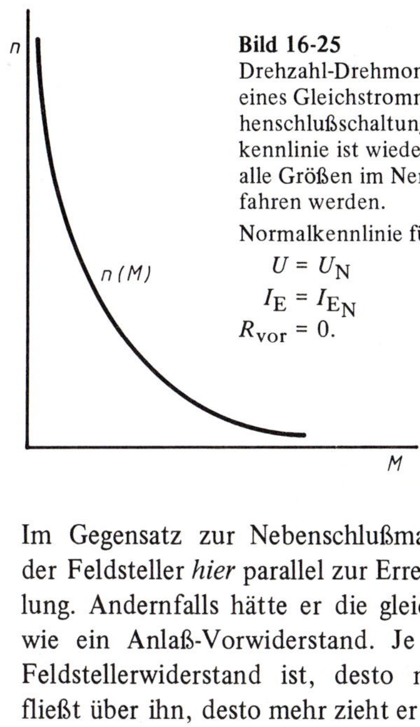

Bild 16-25
Drehzahl-Drehmoment-Kennlinie eines Gleichstrommotors in Reihenschlußschaltung. Mit Normalkennlinie ist wieder gemeint, daß alle Größen im Nennbetrieb gefahren werden.
Normalkennlinie für
$U = U_N$
$I_E = I_{EN}$
$R_{\text{vor}} = 0$.

Im Gegensatz zur Nebenschlußmaschine liegt der Feldsteller *hier* parallel zur Erregerfeldwicklung. Andernfalls hätte er die gleiche Wirkung wie ein Anlaß-Vorwiderstand. Je kleiner der Feldstellerwiderstand ist, desto mehr Strom fließt über ihn, desto mehr zieht er also von der Erregerwicklung wirklich Strom ab (siehe hierzu Bild 16-24).

Ein gewisser Restbetrag darf dabei wiederum nicht unterschritten werden, weil sonst die Maschine durchgeht.

Durchgehen kann aber die Reihenschlußmaschine im Gegensatz zur Nebenschlußmaschine nicht nur bei fehlendem Erregerfeld, also Fehlbedienung am Feldsteller. Wegen Gl. (16.20) ist, vom Feldsteller einmal abgesehen, der Erregerstrom *mit dem Ankerstrom identisch.*

Ohne Belastung, also ohne ein Gegen-Lastmoment ergibt sich aus Gl. (16.20) auch $I = 0$ mit $M = 0$, also ohne Last (im Leerlauf) ist somit praktisch $I_E = 0$.

Bei der Reihenschlußmaschine muß also jede Maßnahme vermieden werden, durch die die Maschine restlos entlastet wird, sonst geht sie dadurch schon durch! Sie ist also noch gefährlicher als die Nebenschlußtypen.

Damit verbietet sich z.B. ein Einsatz der Maschine in Verbindung mit jeglichen Riementrieben, bei deren Riß oder Abspringen die Maschine sofort durchgeht. Die häufigste Verwendung findet die Gleichstrom-Reihenschlußmaschine als Startermotor für Kfz. Bei Ritzelschäden fliegt sie deshalb leicht auseinander, wenn sie nicht noch eine Nebenschlußwicklung zusätzlich hat, durch die sich eine definierte Leerlaufdrehzahl einstellt. Man findet diese zusätzliche Wicklung bei neueren Startern.

Äußerlich kenntlich ist ein Reihenschlußmotor, falls die Erregerwicklung zugänglich ist, daran, daß deren Wicklungsquerschnitt genauso groß ist wie der des Ankers, sehr im Gegensatz zur Nebenschlußmaschine. Ein weiteres Kennzeichen sind die Klemmenbezeichnungen (siehe Tabelle 15-1).

Die Reihenschlußmaschine wird überall da verwendet, wo es auf ein hohes Anfahrmoment ankommt, wie z.B. bei Kraftfahrzeugen. Neuere Konzeptionen sehen jedoch auch dort Nebenschlußmotoren vor.

Die Bilder 16-26 bis 16-28 zeigen den Einfluß der Stellgrößen U, I_E und R_{vor} auf die Normalkennlinie des Bildes 16-25.

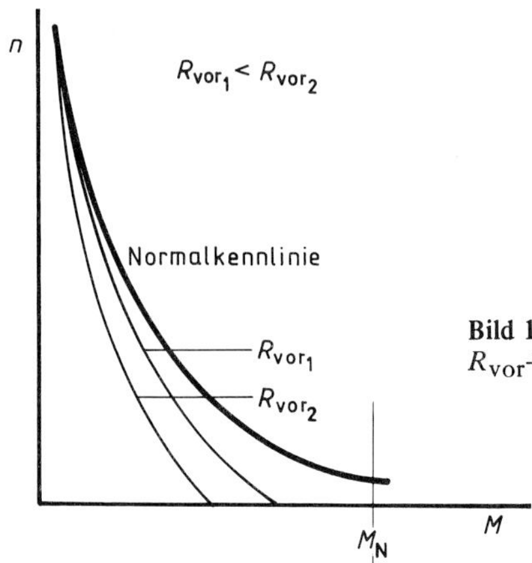

Bild 16-26
R_{vor}-Verstellung

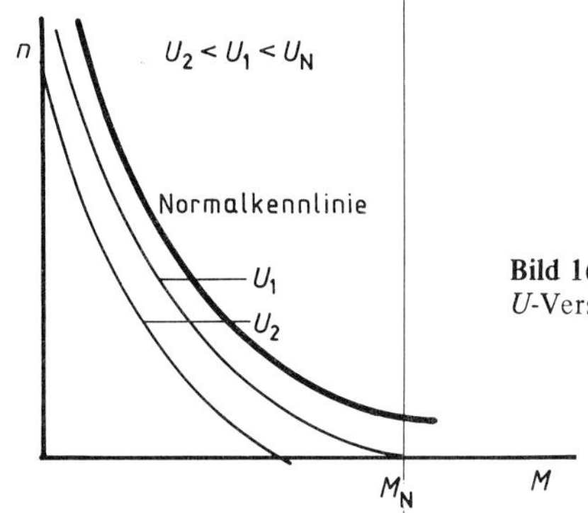

Bild 16-27
U-Verstellung

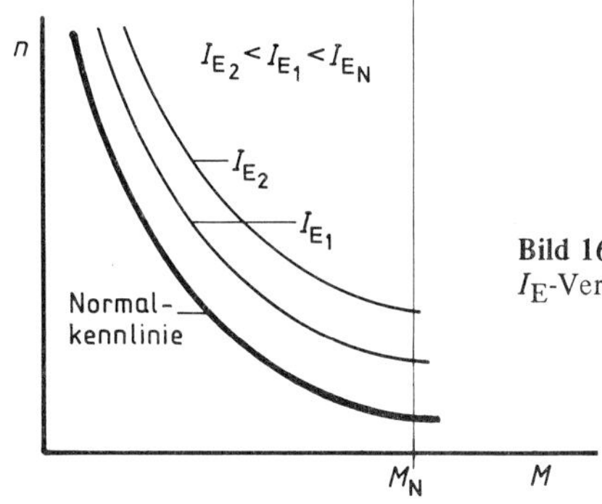

Bild 16-28
I_E-Verstellung

16.3.2.4 Doppelschlußerregte Gleichstrommaschine

Auf den Hauptpolen einer Gleichstrommaschine lassen sich ohne weiteres mehrere Erregerwicklungen unterbringen, z.B. eine solche in Nebenschluß- oder Fremderregung *und eine in Reihenschlußschaltung.* Man spricht dann von Doppelschluß- oder Compoundschaltung.

Bild 16-29 stellt nochmals die Kennlinien der beiden „reinrassigen" Schaltungen nebeneinander vor. Bild 16-30 zeigt mögliche Kurvenverläufe, je nach dem,

- wie stark man eine Reihenschlußwicklung an der „Charakterbildung" beteiligt und
- wie die Reihenschlußwicklung dabei geschaltet wird.

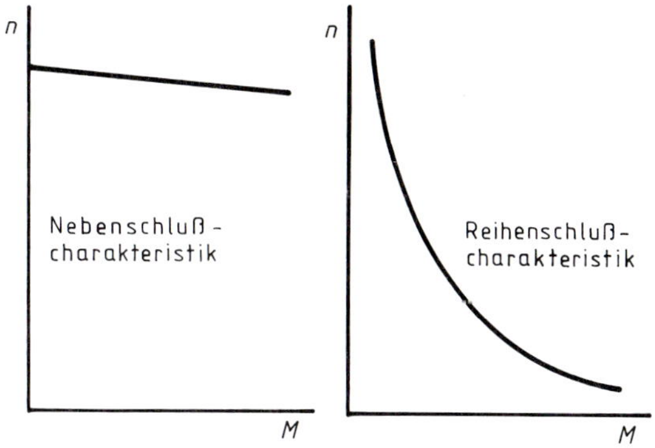

Bild 16-29 Gegenüberstellung der wichtigsten *n-M*-Charakteristiken von Gleichstrommotoren.

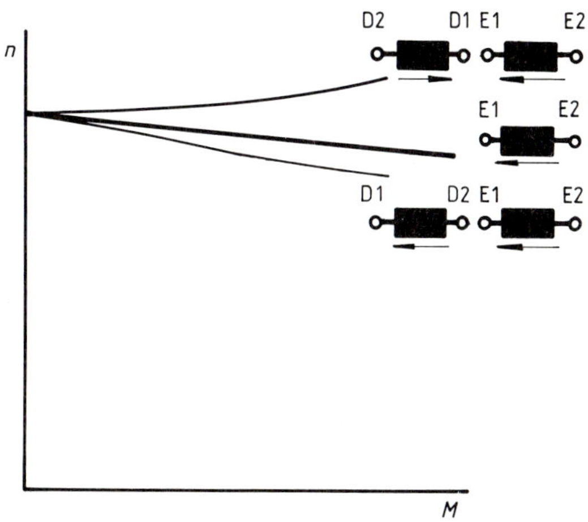

Bild 16-30 Auswirkung der Compoundierung auf die *n-M*-Kennlinie einer Nebenschlußcharakteristik. Oben: Gegencompoundierung, Mitte: keine Compoundierung, unten: Aufcompoundierung (die beiden Felder verstärken sich gegenseitig).

Der Einfluß der Reihenschlußwicklung kommt ja wegen Gl. (16.20) erst zum Tragen, wenn die Maschine *belastet wird*. Eine Schaltung mit Feldverstärkung muß demnach drehzahlsenkend wirken, bei feldschwächender Schaltung drehzahlsteigernd, und zwar um so mehr, je stärker die Maschine belastet wird! Die Maschine wird davon nicht gerade durchgehen, der Betrieb ist aber nicht stabil. Er hört sich auch „ungesund" an, wenn *n* nicht konstant bleibt. Man wird diesen Betrieb daher nicht gerade absichtlich einstellen. Es empfiehlt sich deshalb, etwaige Umsteuerung (Drehrichtungssinnwechsel) nicht über Umschaltungen im Erregerkreis vorzunehmen, sondern im Ankerkreis, also A1 und A2 zu vertauschen. Andernfalls vergißt oder übersieht man leicht, daß die Reihenschlußanschlüsse *mit vertauscht werden müssen.*

16.3.3 Bremsen der Gleichstrommaschine

Grundsätzlich kann mit allen Maßnahmen, mit denen man die Drehzahl verstellen kann, auch gebremst werden. Zur Dynamisierung dieses Vorgangs bietet sich darüber hinaus noch die Überführung in Generatorbetrieb an, womöglich in Richtung auf Kurzschluß, was allerdings auf Zulässigkeitsprobleme führen dürfte. Ferner kommt Drehrichtungsumkehr infrage, wobei die Gefahr des Hochlaufs im falschen Drehsinn besteht.

Der Idealfall beim Bremsen ist natürlich die Energie-Rückgewinnung. Dieses Ziel ist besonders in Verbindung mit ortsunabhängigen Anlagen akut, also Fahrzeugen. Die Bremsenergie soll dabei wieder in die Quelle zurückgeführt werden, damit die Reichweite des Fahrzeugs größer wird.

Das rein elektrische Festbremsen eines elektrischen Antriebs ist auch bei der Gleichstrommaschine nicht möglich. Dazu bedarf es also auch hier einer mechanischen Bremse.

Beispiel 16.1: Anfahren eines fremderregten Gleichstrommotors (Labor)

Eine fremderregte, belastete Gleichstrommaschine der Daten, wie sie in Bild 16-31 zu sehen sind, soll netz- und maschinenschonend in Betrieb genommen werden.

$R_q = R_A = 5{,}0\ \Omega$ = Ankerwiderstand

Die Widerstandsbeträge für die einzelnen Anlasserstufen lauten:

27,5 Ω, 20,4 Ω, 14,5 Ω, 9,1 Ω, 5,6 Ω, 2,8 Ω, 1,2 Ω, 0,2 Ω, 0,1 Ω.

Lösung: Die Reihenfolge, in der die Schalter S1 und S2 geschlossen werden, ist keinesfalls gleichgültig. Vielmehr ist dringend zu beachten: Der Anlasser, d.h. der Vorwiderstand R_{vor} im Ankerkreis *muß* in die gezeichnete Schleiferstellung gebracht werden. Dann wird der Schalter S1 geschlossen. Anhand des Instruments für I_E überzeugt man sich davon, daß der Erregerstrom auch tatsächlich fließt. Erst dann darf der

Schalter S2 geschlossen und damit der Strom I_A freigegeben werden, indem der Schleifkontakt SA in Richtung auf Klemme R geschoben wird.

Die Nachrechnung ergibt für den Einschaltstrom I_{A_A} im Ankerkreis nach Gl. (16.9) und den Bildern 16-31 und 16-32

$$I_{A_A} = \frac{U_A}{R_q + R_{vor}} = \frac{440\ \text{V}}{5\ \Omega + 27{,}5\ \Omega}$$

$$\underline{\underline{I_{A_A} = 13{,}54\ \text{A}.}}$$

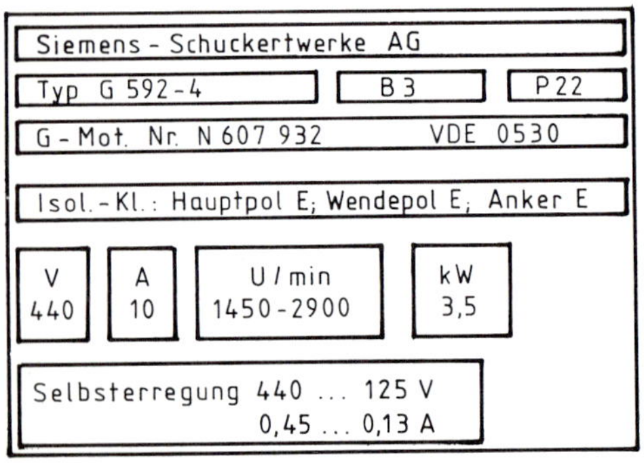

Bild 16-31 Leistungsschild und Anlasserwiderstände der Maschine aus Beispiel 16.1.

$R_q = R_A = 5{,}0\ \Omega$ = Ankerwiderstand.

Die Widerstandsbeträge für die einzelnen Anlasserstufen lauten:

27,5 Ω, 20,4 Ω, 14,5 Ω, 9,1 Ω, 5,6 Ω, 1,8 Ω, 1,2 Ω, 0,2 Ω, 0,1 Ω.

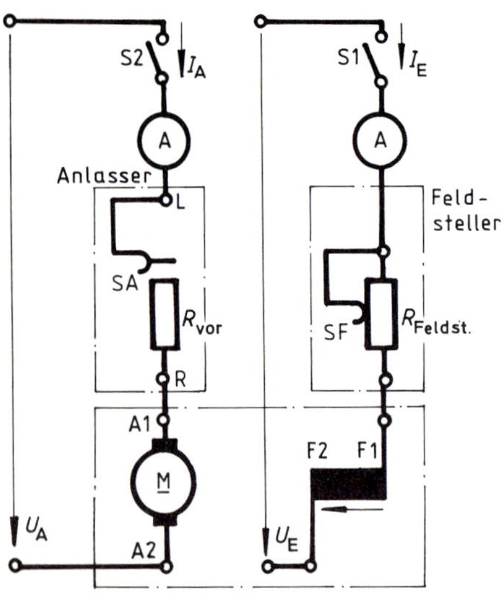

Bild 16-32 Schaltskizze und Geräteübersicht zum Beispiel 16.1: Anfahren eines fremderregten Gleichstrommotors.

Gegenüber dem Nennstrom von $I_{A_N} = 10$ A ist das das richtige Anfahrstromniveau, das man dieser Maschine guten Gewissens zumuten darf (zulässig bis zu etwa $1{,}5 \cdot I_{A_N}$). Mit wachsendem Hochlauf nimmt dieser Strombetrag ab. Daraufhin darf auf die nächste Anlaßwiderstands-Stufe weitergedreht werden:

$$R_{vor} = 20{,}4\ \Omega \text{ usw.}$$

Anstatt eines Vorwiderstands vor dem Anker hätte man sich natürlich auch mit entsprechender Herabsetzung der Ankerspannung „behelfen" dürfen. $U_A = 67{,}7$ V an $R_q = 5\ \Omega$ liefert den gleichen Anfahrstrom. Nicht jede Anlage wird jedoch mit verstellbarer Spannung ausgerüstet sein.

Würde erst S2 und dann S1 geschlossen, so fließt durch die Maschine ein zu hoher Strom. Ferner besteht die Gefahr, daß die Maschine durchgeht (siehe Gln. (16.18) und (16.19)).

Ohne Vorwiderstand R_{vor} kommt auf die Maschine ein unzulässig großes Anfahrmoment mit Gefahr für die Welle, das Fundament und schließlich auch für die Arbeitsmaschine zu.

Auswertung: Die Inbetriebnahme eines fremderregten Gleichstrommotors unterliegt einer eindeutigen Reihenfolge der Schaltmaßnahmen. Verstöße dagegen können erhebliche Schäden nach sich ziehen.

Beispiel 16.2: Drehzahlverstellung einer fremderregten Gleichstrommaschine im Leerlauf (Labor)

Die Maschine mit den Daten nach Bild 16-31 wird dahingehend untersucht, wie ihre Leerlaufdrehzahl

1. bei verstellter Ankerspannung U_A,
2. bei verstelltem Erregerstrom I_E

reagiert.

Lösungen: Siehe hierzu die Tabellen 16-1 und 16-2 sowie die Bilder 16-33 und 16-34. Man erkennt, daß die Maschine auf die Verstellung der Größen U_A und I_E *schon bei Leerlauf reagiert.* Wie man aus Gl. (16.17) ersieht, ist eine Verstellung über den Ankervorwiderstand R_{vor} nur bei Belastung möglich.

Tabelle 16-1 Leerlaufdrehzahl einer Gleichstrommaschine bei Spannungsverstellung

Meßpunkt	$\frac{I_E}{\text{mA}}$	$\frac{U_A}{\text{V}}$	$\frac{n}{\text{min}^{-1}}$
143	450	223	846
144		446	1710

Tabelle 16-2 Leerlaufdrehzahl einer Gleichstrommaschine bei Erregerstromverstellung

Meßpunkt	$\frac{U_A}{V}$	$\frac{I_E}{mA}$	$\frac{n}{min^{-1}}$
145		450	1710
146		400	1790
147	446	300	2015
148		200	2560
149		160	3100

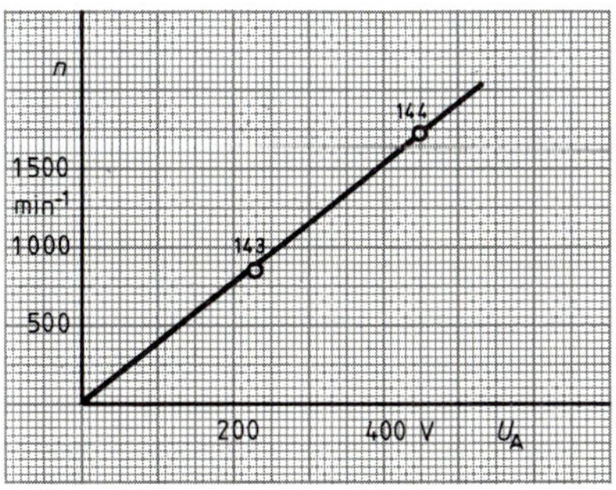

Bild 16-33 Skizze zu den Meßpunkten 143 und 144: Drehzahlverlauf über der Ankerspannung.

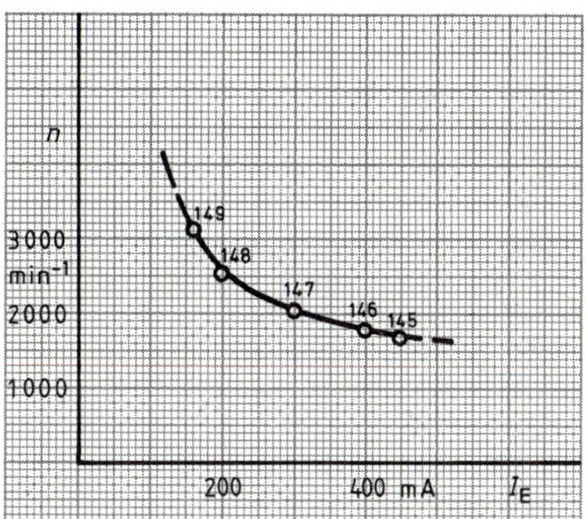

Bild 16-34 Skizze zu den Meßpunkten 145 bis 149: Drehzahlverlauf über dem Erregerstrom. Man erkennt die fatale Tendenz zur asymptotischen Drehzahlentwicklung (Durchgehen) für den Bereich $I_E \to 0$.

Auf Verstellung der Drehzahl über die Ankerspannung reagiert die Maschine streng proportional, bei der Verstellung über den Erregerstrom ergibt sich eine Hyperbel (siehe Bilder 16-33 und 16-34). Aus Bild 16-34 ist auch deutlich die Tendenz zu sehen, was aus der Drehzahl würde, wenn die Erregung noch weiter verkleinert wird oder gar gänzlich ausfällt.

Vor einem „Ausprobieren" des Durchgehens eines Motors kann nicht nachdrücklich genug gewarnt werden, wenn der Motor, wie hier, eine nennenswerte Leistung hat und womöglich ein kräftiges Netz dahinter steht.

Auswertung: Die Bilder 16-33 und 16-34 lassen erkennen, daß ein Gleichstrommotor *schon im Leerlauf* und in beliebigen Grenzen in der Drehzahl verstellt werden kann. Da die hierfür erforderlichen Stellgrößen: die Ankerspannung U_A und der Erregerstrom I_E leicht beeinflußbar sind, handelt es sich (abgesehen vom Anschaffungspreis und der Störanfälligkeit der Stromwenderzone) um eine ideale drehzahlverstellbare Maschine.

Beispiel 16.3: Belasteter Gleichstrommotor mit Compoundwicklung (Labor)

Die Maschine mit den Daten nach Bild 16-31 ist mit einer Compoundwicklung ausgestattet. Sie kann zur Ankerwicklung dazu-, dagegengeschaltet oder auch (wie bisher) ganz weggelassen werden (Bild 16-35). Ihr Einfluß auf den *n-M*-Kennlinienverlauf soll untersucht werden.

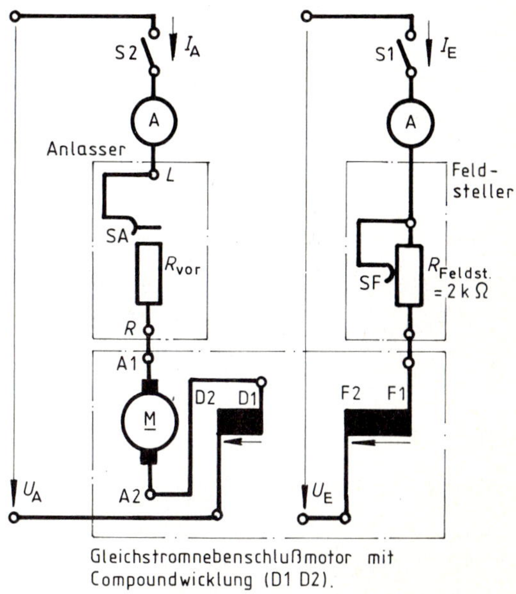

Bild 16-35 Schaltung und Geräteübersicht zum Beispiel 16.3: Gleichstrommotor mit Compoundwicklung.

Lösung: Tabelle 16-3 enthält die Meßergebnisse der Gleichstrommaschine bei Halblast und bei Nennlast, jeweils alternativ

1. ohne Compoundwicklung,
2. mit Compoundwicklung feldstärkend (aufcompoundierend),
3. mit Compoundwicklung feldschwächend (gegencompoundierend).

In Bild 16-36 sind die Kennlinien zu den Meßpunkten 150 bis 156 dargestellt. Man erkennt deutlich den Einfluß der Compoundwicklung analog Bild 16-30, also:

- drehzahlsenkend bei Feldstärkung,
- drehzahlsteigernd bei Feldschwächung,

Tabelle 16-3 Belastete Gleichstrommaschine, fremderregt mit Compoundwicklungseinfluß

Mepunkt	U_A / V	I_E / mA	M_L / Nm	n / min^{-1}	Bemerkungen
150	451	400	0	1820	Leerlauf
151			12,5	1780	→ ← gegenkompoundiert
152			25,0	1825!	
153			12,5	1770	ohne Compoundwicklung
154			25,0	1750	
155			12,5	1720	→ ← aufkompoundiert
156			25,0	1660	

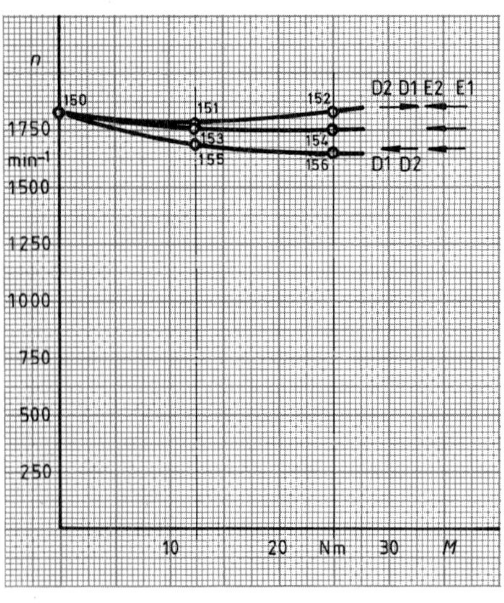

Bild 16-36 Lösungsdiagramm zu den Meßpunkten 150 bis 156: Drehzahl-Drehmomentkurven mit Compoundeinflüssen, vgl. hierzu Bild 16-30.

und zwar jeweils lastabhängig. Ein Drehzahl-Drehmomenten-Kennlinienverlauf, wie der entsprechend den Meßpunkten 150 bis 152 ist in der Technik einmalig: Drehzahl*zuwachs* bei Last*zunahme*. Der gegenüber Bild 16-17 etwas geschweifte Verlauf der Kurven rührt von der Ankerrückwirkung her, siehe 15.4.

Beispiel 16.4: Abbremsen einer fremderregten Gleichstrommaschine (Labor)

Die Maschine mit den Daten laut Bild 16-31 wird auf $n = 3000\ \text{min}^{-1}$ gebracht und abgeschaltet. Dabei wird festgestellt, daß eine Zeit von etwa $t_a = 30$ Sekunden vergeht, bis sie ausgelaufen, also völlig zum Stillstand gekommen ist, wenn keinerlei Last angekuppelt ist. Mit Last beträgt die Zeit t_a je nach Lastcharakteristik eine mehr oder weniger kürzere Zeit, jedoch immerhin so viel, daß es sich lohnt, die Maschine abzubremsen, damit sie schneller zum völligen Stillstand kommt.

Lösung: Die Maschine wird geschaltet, wie es im Bild 16-37 zeigt, d.h., der Läufer wird zum Abbremsen auf einen Ohmschen Widerstand geschaltet. Die Maschine geht während des Bremsvorgangs in Generatorbetrieb über. Hierzu sind folgende Schalterstellungen erforderlich:

Schalter S2 offen,
Schalter S1 und S3 geschlossen.

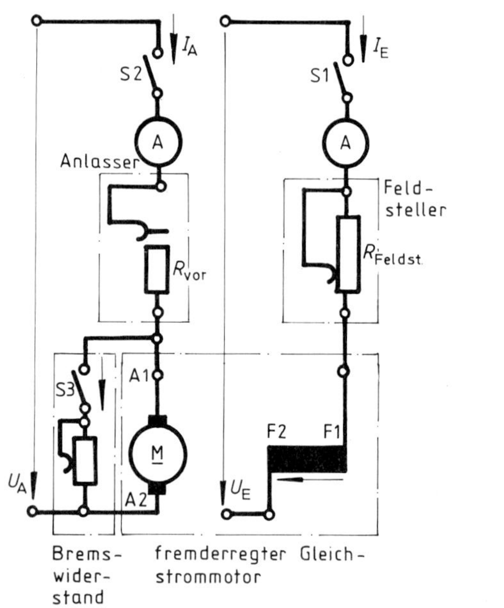

Bild 16-37 Schaltskizze und Geräte zum Beispiel 16.4 Abbremsen einer fremderregten Gleichstrommaschine.

Die Bremszeit kann eingestellt werden

1. von seiten der Größe des Bremswiderstands R_B her:

   $t_B \sim R_B$

2. von seiten des Erregerstroms I_E:

   $t_B \sim 1/I_E (R_{Feldst.})$.

Die Maschine kann auch im Leerlauf ohne weiteres innerhalb von $t_B = 1$ s stillgesetzt werden, notfalls auch schneller. Über die Zulässigkeit entscheidet die Höhe des bei der Bremsung im Läufer auftretenden Bremsstroms und die Häufigkeit, mit der er auftritt.

Der Bremswiderstand kann hier einen Ohmwert haben im Bereich von etwa $30\ \Omega \leqslant R_{Br.} \leqslant 100\ \Omega$ bei etwa 10 A Belastbarkeit.

Beim Bremsen über Widerstände im Läuferkreis wird die Schwungenergie natürlich phantasielos vernichtet. Das bessere Verfahren wäre das mit Energierückgewinnung, z.B. Pufferung in Akkumulatorenbatterien oder dgl. Es stellt aber hohe regeltechnische Ansprüche.

Selbstverständlich kann die Drehzahl der Maschine auch mit allen Maßnahmen verringert werden, mit denen sie abwärts verstellt werden kann, also über Spannungsabsenkung und durch einen Vorwiderstand im Läuferkreis, z.B. durch den Anlasser, wenn er für die eventuell großen Ströme genügend stark bemessen ist. Die Abbremsung ist dann aber nicht so schnell wirksam, wie durch das Verfahren nach Bild 16-37, also die generatorische Bremsung, bis hin zu kurzschlußartiger Belastung. Es läuft auf das Abbremsen einer Kurzschlußläufer-Asynchronmaschine hinaus.

17 Wechselstrom-Stromwendermaschine

17.1 Erklärung

Bild 11-1 rechts oben zeigt, wo diese Maschinen einzuordnen sind. Es handelt sich im wesentlichen um folgende drei Typen:

1. Der sogenannte Universalmotor. Der Name besagt, daß diese Maschine an Gleich- *und an Wechselspannung* betrieben werden kann. Man trifft sie im Leistungsbereich bis zu etwa 1 kW vor allem bei Haushaltsmaschinen als Antrieb für schnellaufende Geräte an (Bild 17-1), z.B. Staubsauger, Mixer, Rührmaschinen, elektrische Messer usw., ferner im gewerblichen Bereich, vor allem als Handbohrmaschinenantrieb (Bild 17-2). Typische Drehzahlbereiche liegen zwischen etwa 5000 min^{-1} und 20000 min^{-1}. Die Maschinen sind stets in Reihenschluß geschaltet und werden ausschließlich als Motoren betrieben. Damit sie unbelastet nicht durchgehen, ist z.B. eine Schaltung wie in Bild 17-3 möglich. Es bleibt dann auch ohne Last ein Mindesterregerstrom bestehen.
2. Lokomotivmotoren für elektrische Fernbahnen mit Leistungen bis zu etwa 1000 kW je Motor (Achse). Diese Motoren werden im allgemeinen in Verbindung mit Netzen der Frequenz von $16\frac{2}{3}$ Hz (Bild 17-4), stets in Reihenschlußschaltung betrieben.

Bild 17-1 Ausführungsbeispiel eines typischen Wechselstrom-Stromwender-Motors, z.B. als Staubsaugerantrieb. Man erkennt deutlich eine der beiden Bürsten, und zwar gehalten durch die schwarze Kappe rechts im Bild, sie kann hier als Hauptmerkmal des Motors gelten. (Werkbild: *GefeG*, Augsburg.)

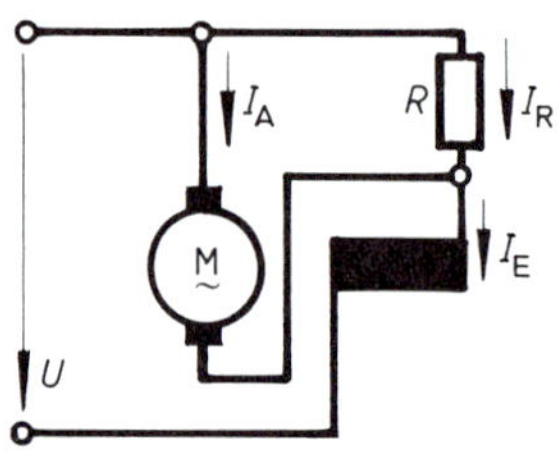

Bild 17-3 Schaltungen wie diese oder ähnliche sollen verhindern, daß der (Reihenschluß-)Motor ohne Last durchgeht. Es ist eine Frage der Bemessung des Widerstands R, welcher Strom I_E von I_R her mindestens fließt, auch wenn $I_A = 0$ ist.

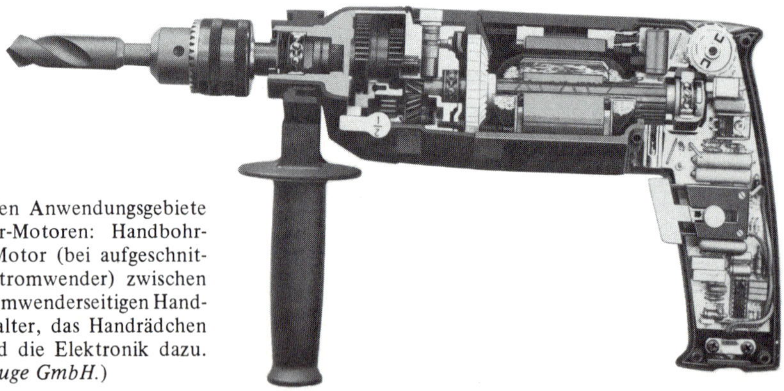

Bild 17-2 Eines der typischsten Anwendungsgebiete für Wechselstrom-Stromwender-Motoren: Handbohrmaschine. Man erkennt den Motor (bei aufgeschnittenem Ständer, Läufer und Stromwender) zwischen den beiden Handgriffen. Im stromwenderseitigen Handgriff sieht man noch den Schalter, das Handrädchen für die Drehzahlverstellung und die Elektronik dazu. (Werkbild: *AEG Elektrowerkzeuge GmbH.*)

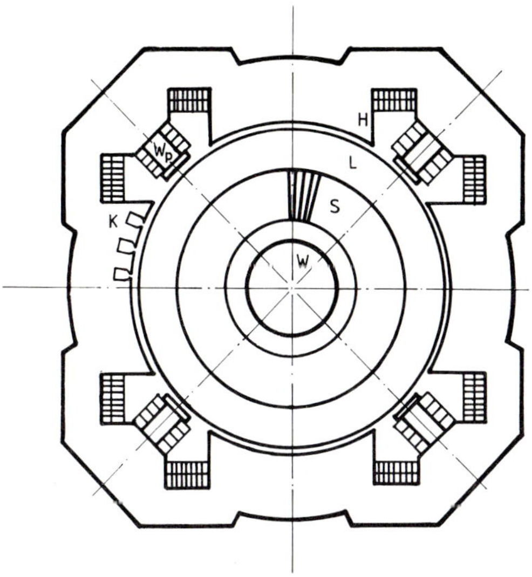

Bild 17-4 Beispiel für einen vierpoligen Wechselstrom-Stromwendermotor für eine Lokomotive. Zwischen den Hauptpolen (H) liegen die schmalen Wendepole (Wp). Dargestellt sind nur der Ständer (außen) und der Läufer (L) mit dem Stromwender (S) und der Welle (W). In den Hauptpolnuten (nur drei sind gezeichnet) liegt die Kompensationswicklung (K). Die Zeichnung ist stark vereinfacht, die Läufernuten sind z.B. nicht gezeichnet.

Generatorische Nutzbremsung ist im Generatorbetrieb (z.B. hangabwärts) prinzipiell möglich.

Diese Motorenart wird aber für neue Lokomotiven nicht mehr verwendet. Sie werden künftig ausschließlich mit frequenzgesteuerten Drehstrommotoren ausgestattet, mit denen die Nutzbremsung auch leichter durchführbar ist. Ferner ist der Wirkungsgrad höher und die Störanfälligkeit erheblich niedriger als bei den früheren Stromwendermotoren.

3. Der sogenannte Repulsionsmotor. Sein Ständer liegt am Wechselstromnetz und hat eine verteilte Wicklung wie eine Einphasen-Asynchronmaschine. Der Läufer ist ein Stromwendertyp. Seine Bürsten sind miteinander kurzschlüssig verbunden und können über einen Handhebel auf dem Stromwender verschoben werden (siehe Bilder 17-7 und 17-8). Damit kann der Motordrehsinn und innerhalb jedes Drehsinns die Drehzahl stufenlos verstellt werden.

Nach großer Verbreitung als Lokomotivmotor in Zeiten um die Jahrhundertwende begegnet man dem Repulsionsmotor heute nur noch in Verbindung mit anspruchsloseren Anlagen, wo es vor allem auf Drehzahlkonstanz und Wirkungsgrad nicht ankommt, z.B. in der Landwirtschaft und in medizinischen Labors, dort z.B. als Antrieb für Rührgeräte usw. mit verstellbarer Drehzahl und -richtung.

17.2 Wirkungsweise

17.2.1 Drehmomentbildung

17.2.1.1 Universal- und Lokomotivmotor

Die Drehmomentbildung erfolgt genauso, wie bei jeder anderen Stromwendermaschine (Bild 17-5). Zwar kehrt sich innerhalb einer Wechselstromperiode der Strom- und damit der Feldrichtungssinn um. Diese Umkehr erfolgt aber *gleichzeitig* sowohl in der Ständer-(Erregerfeld-) als auch in der Läufer-(Anker-)Wicklung. Infolgedessen schwingt der Läufer nicht etwa im Rhythmus der Netzfrequenz hin und her, wie er es bei dauermagnetischem Ständer tun müßte, sondern dreht sich kontinuierlich.

Soll der Drehsinn umgekehrt werden, so muß ein Klemmenpaar am Läufer oder am Ständer vertauscht werden.

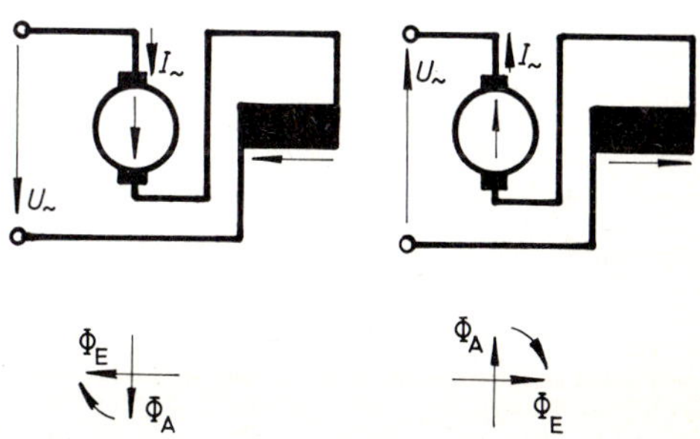

Bild 17-5 Der Universalmotor erfährt ein konstantes Drehmoment gleichen Drehsinns. Bei der Umkehr der Wechselspannung kehrt sich der Strom *und* das Feld in beiden Wicklungen um.

Für die Drehzahlsteuerung kommen auch hier die gleichen Maßnahmen infrage wie bei der Gleichstrom-Reihenschlußmaschine. Sie haben auch die gleichen Auswirkungen. Bei Haushaltgeräten ist die Drehzahlverstellung z.B. stufig über Anzapfungen im Erregerkreis üblich, so z.B. um die Drehzahl von Rührgeräten zu verstellen.

Im Bereich der Handbohrmaschinen ist vor allem die sogenannte (horizontale) Anschnittsteuerung üblich geworden. Mittels Triacs (siehe Abschnitt 2.7.7) kann der Zeitpunkt verstellt werden, ab dem der Strom überhaupt durchgelassen wird (Bild 17-6). Das entspricht einer Verstellung der Spannung bei der Reihenschluß-Gleichstrommaschine. Gleichzeitig läßt sich damit ein hoher Anlaufstrom reduzieren.

Im einfachsten Fall genügt schon das Zwischenschalten einer Diode, die als Einweggleichrichter wirkt (siehe Tabelle 10-1), um die Drehzahl spürbar zu verstellen (zu senken), da dadurch die Spannung an der Maschine herabgesetzt wird.

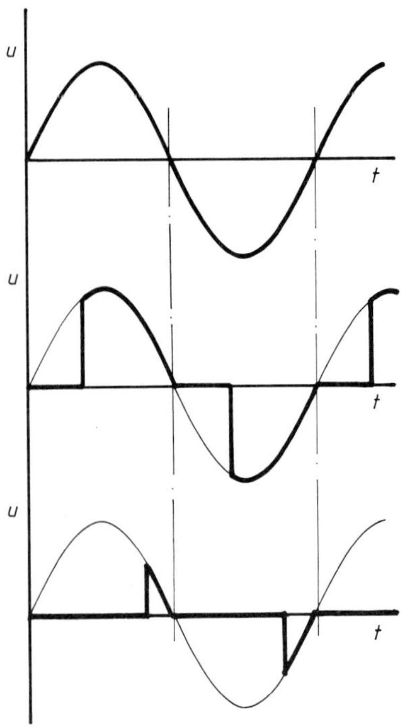

Bild 17-6 Über die Möglichkeiten des Bildes 2-24 hinaus wird hier auch noch die negative Halbwelle der Wechselspannung angeschnitten. Damit läßt sich die Spannung in weiteren Grenzen verstellen als im Bild 2-24.

17.2.1.2 Repulsionsmotor

Die Läuferwicklung in Bild 17-8 kann als eine (einzige) Spule angesehen werden. Hierauf war schon im Abschnitt 15.3.10 hingewiesen worden. Die Ständerwicklung liefert ein *räumlich feststehendes Wechselfeld* Φ_S.

Die Maschine hat ihren Namen Repulsions- (= Abstoß-)Maschine von der Tatsache, daß sich hier im Gegensatz zu allen anderen Maschinen die Felder von Ständer und Läufer *nicht ineinanderziehen*, sondern sich deren *Pole abstoßen*. Die Abstoßungskraft und damit die Läuferdrehzahl ist eine Frage der Bürstenverdrehung (Bild 17-8).

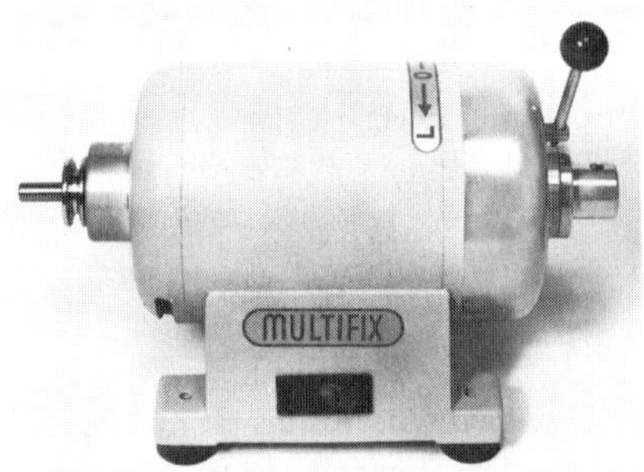

Bild 17-7 Ausführungsbeispiel eines Repulsionsmotors. Das Wellenende ist links. An dem Handhebel rechts oben kann die Drehzahl stufenlos verstellt werden. Ferner kann man damit den Drehrichtungssinn vorgeben: Drehung nach links: Linkslauf und umgekehrt. (Werkbild: *Multifix*, Schwäbisch-Gmünd.)

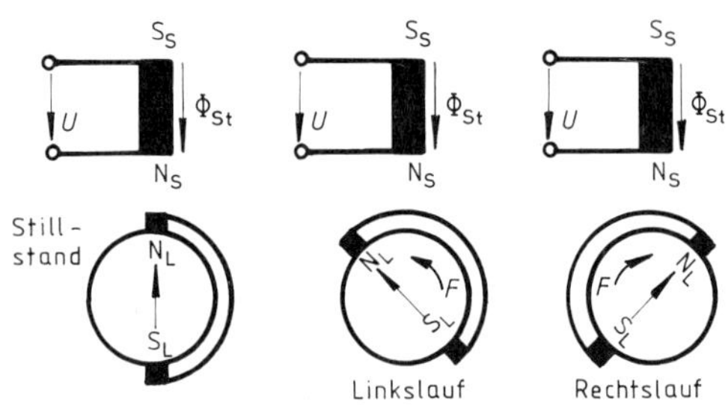

Bild 17-8 Zur Wirkungsweise des Repulsionsmotors. Oben jeweils die Ständerwicklung, sein Feld und die Spulenpolaritäten. Darunter für verschiedene Bürstenstellungen die dazugehörigen Pole und die daraus resultierenden Kraftwirkungen *F*.

17.2.2 Stromwendung bei Einphasenwechselstrommaschinen

Sobald die Maschine läuft, wird nach Gl. (2.6) im Läufer eine *innere Gegenspannung* U_{qA} induziert (siehe Abschnitt 16.2.1.5). Wegen Gl. (6.26) (Induktionsgesetz) muß bei Wechselstrombetrieb im Läufer noch zusätzlich eine *netzfrequenz-proportionale* Spannung U_f induziert werden, sobald die Erregerwicklung von Wechselstrom durchflossen wird, also dort ein Wechselfeld auftritt, das ja auch den Läufer durchsetzt. Schon im Stillstand muß der Läufer wie die Ausgangsseite eines Transformators wirken.

Bei Stromwendermaschinen sind alle Bürsten ohnehin schon durch den Abrieb an den Stromwendersegmenten und die Stromwendungsprobleme stark beansprucht. Lastabhängig tritt ein mehr oder weniger großes Bürstenfeuer auf. Die frequenzabhängig induzierte vorgenannte Spannung U_f wirkt sich auf die Stromwendung durch zusätzliches Bürstenfeuer ungünstig aus.

Aus diesem Grund ist speziell für Lokomotivmotoren mit Stromwendern üblich gewesen und für diese charakteristisch:

1. Sie wurden stets mit Wendepol- und Kompensationswicklungen ausgerüstet (siehe Bild 17-4). In diesem Bild sind links oben ein Wendepol und im linken Hauptpol die Nuten für die Kompensationswicklung zu sehen.
2. Da das zusätzliche Bürstenfeuer frequenzproportional ist, kann man es durch niedrigere Frequenz entschärfen. Aus diesem Grund wurden alle Lokomotiven Deutschlands, teilweise aber auch im Ausland an einem Netz mit der Frequenz $16\frac{2}{3}$ Hz betrieben.

Beispiel 17.1: Universalmotor an Wechsel- und an Gleichspannung

Ein Universalmotor (Staubsaugerantrieb) hat die Daten:

$$U = 220\text{ V}, \quad f = 50\text{ Hz}, \quad P_{auf} = 220\text{ W}.$$

Er hat eine Hilfsnebenschlußwicklung; seine Drehzahl im Leerlauf wird also auf zulässige Beträge beschränkt bleiben. (Andernfalls könnte die Maschine im Leerlauf durchgehen.) Der Motor soll im Leerlauf an Wechsel- und an Gleichspannung hinsichtlich

Stromaufnahme (und -wendung) sowie dazugehöriger Drehzahl

durchgemessen und seine Eigenschaften bei den beiden Betriebsfällen miteinander verglichen werden.

Lösung: Aus den Bildern 17-9 und 17-10 sind die Kurvenverläufe zu den Meßpunkten aus den einzelnen Betriebsfällen zu ersehen.

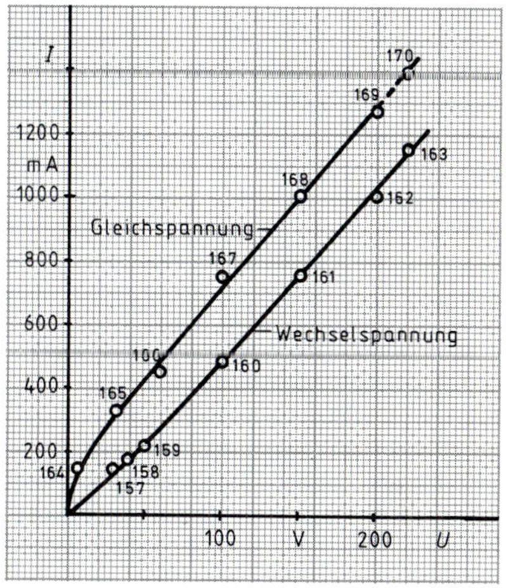

Bild 17-9 Diagramm zu den Meßpunkten 157 bis 170. Das Stromniveau liegt bei Gleichspannungsbetrieb deutlich höher als bei Wechselspannung. Siehe hierzu die Konsequenz aus dem Beispiel 7.8, Abschnitt 2e).

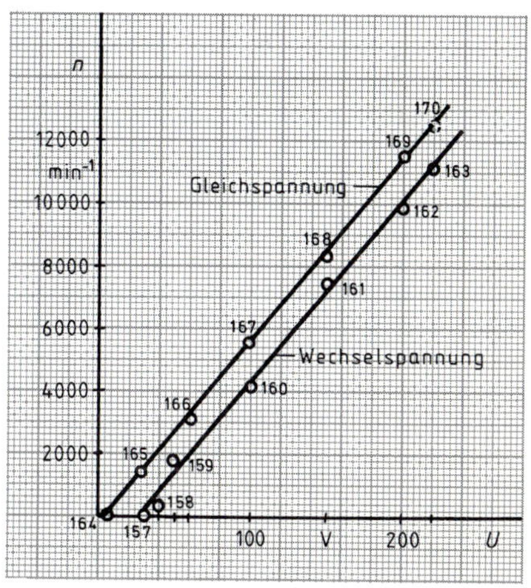

Bild 17-10 Diagramm zum Beispiel: Universalmotor an Gleich- und Wechselspannung, Meßpunkte 157 bis 170. Bei Gleichspannung liegt das gesamte Drehzahlniveau höher als bei Wechselspannung. Die Maschine läuft ferner schon bei erheblich niedrigerer Spannung an. Sie tut das bei Gleichspannung „glatt“ bei Wechselspannung etwas „rupfig“. Der Wechselspannungsbetrieb ist von stärkerem Bürstenfeuer begleitet als der Gleichspannungsbetrieb.

Auswertung:

1. Bei vergleichbaren Gleichspannungen erreicht die Maschine höhere Drehzahlen als im Wechselstrombetrieb.
2. Im Gleichstrombetrieb läuft die Maschine bei erheblich niedrigerer Spannung an als im Wechselstrombetrieb.
3. Bei Gleichstrom ist das Stromniveau höher als bei Wechselstrombetrieb. Von den Grundlagen her ist das auch nicht verwunderlich: Im Gleichstrombetrieb können sich die Induktivitäten der einzelnen Wicklungen nicht auswirken im Gegensatz zu Wechselstrombetrieb. Deshalb wurde auch der Meßpunkt 170 nicht riskiert. Schon bei 200 V Gleichspannung lag der Strom höher als bei 220 V Wechselspannung.
4. Von dem schwächeren Bürstenfeuer bei vergleichbaren Strömen her zu schließen, läuft die Maschine zwar „lieber" an Gleich- als an Wechselspannung. Auf keinen Fall darf die Maschine aber unbesehen einfach beliebig an beiden Spannungsarten betrieben werden. Die zulässigen Spannungsbeträge können bei verschiedenen Motoren sehr unterschiedlich sein. Zulässig ist stets nur diejenige Spannung, bei der höchstens der Nennstrom auftritt. Er muß hierfür bekannt sein, sonst kann man keine Aussagen machen. Entscheidend hierfür ist speziell der zulässige Effektivwert. An ihm sollte man sich insbesondere bei Mischstrombetrieb orientieren, wie er bei gröberer Gleichrichtung (stark welligem Gleichstrom) auftreten kann.

   Mit speziellen sogenannten Effektivwertstrommessern (siehe z.B. Meßpunkte 104 und 105) kann der Effektivwert unmittelbar gemessen werden (im Gegensatz zum ebenfalls meßbaren arithmetischen Mittelwert, der Anzeige von Dreh*spul*meßinstrumenten).

Wie seinerzeit aus den Meßpunkten 104 und 105 hervorging, würde ein Dreh*spul*instrument bei welligem Gleichstrom die tatsächliche, womöglich schon prekäre Betriebssituation „verharmlosen".

Tabelle 17-1 Wechselstrombetrieb eines Universalmotors.

Meßpunkt	$\frac{U}{\text{V}}$	Spannungsart	$\frac{I}{\text{mA}}$	$\frac{n}{\text{min}^{-1}}$	Bemerkungen
157	30	50-Hz-Wechselspannung	145	0	mit wachsender Spannung ab etwa 100 V erhebliches Bürstenfeuer
158	40		175	erstes Durchdrehen	
159	50		215	1800	
160	100		475	4090	
161	150		775	7350	
162	200		1000	9830	
163	220		1150	11200	

Tabelle 17-2 Gleichstrombetrieb eines Universalmotors

Meßpunkt	$\frac{U}{\text{V}}$	Spannungsart	$\frac{I}{\text{mA}}$	$\frac{n}{\text{min}^{-1}}$	Bemerkungen
164	6	Gleichspannung	150	erstes Durchdrehen	mit wachsender Spannung ab etwa 150 V erhebl. Bürstenfeuer
165	30		320	1300	
166	60		450	3000	
167	100		730	5550	
168	150		1000	8260	
169	200		1270	11500	
170	220		wird nicht riskiert		

18 Drehstrom-Stromwendermaschine

Mit dem Motor in Bild 18-1 schlägt die Familie der Drehstrom-Stromwendermaschinen eine Brücke zwischen den Drehfeld- und den Stromwendermaschinen, siehe auch Bild 11-1. Es handelt sich um sehr wichtige drehzahlverstellbare Antriebe, die ihren Platz trotz der Fortschritte der Leistungselektronik behauptet haben.

Bild 18-1 Ausführungsbeispiel eines läufergespeisten Drehstrom-Nebenschluß-Motors. Die Drehzahl kann durch Bürstenverstellung verändert werden. Das kann über ein Handrad am Motor geschehen oder über einen Servomotor, der druckknopfgesteuert ist. Im Bild erkennt man in dem Aufsatz oben auf dem Motor die letztere Lösung. (Werkbild: *Elektra-Faurndau*, Göppingen-Faurndau.)

18.1 Läufergespeister Drehstromnebenschlußmotor (LDNM)

In Bild 18-2 ist das Bild 13-43 wiederholt und ergänzt. Es verknüpft bei einer Asynchronmaschine (nachweisbar und zugänglich nur bei Schleifringausstattung) die Betriebsdrehzahl mit der (schlupfproportionalen) Läuferfrequenz f_2 und der Läuferspannung U_2. Wegen dieser zu-

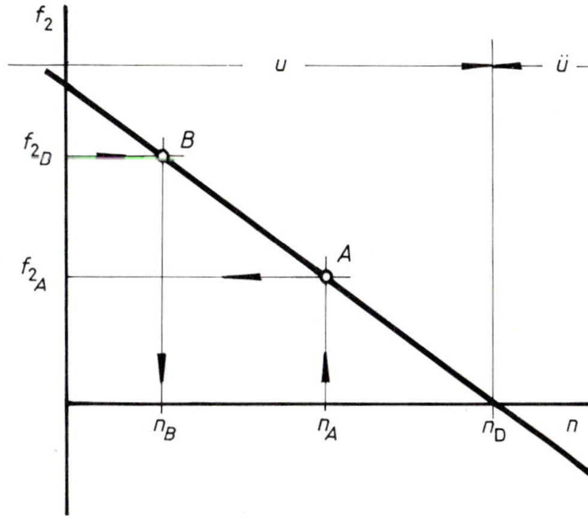

Bild 18-2 Beim Bild 13-43 wäre ein Punkt, wie hier z.B. A, interpretiert worden: Bei der Drehzahl n_A tritt die Läuferfrequenz f_{2_A} auf. Umgekehrt kann man genauso richtig z.B. für B sagen: Sorgt man dafür, daß die Frequenz f_{2_B} auftritt, so gehört dazu gesetzmäßig nach Gl. (13.17) die Drehzahl n_{2_B}. Das ist im *untersynchronen* Bereich u nicht anders als im *übersynchronen* Bereich $ü$.

verlässigen gesetzmäßigen Verknüpfung der Größen f_2, U_2 und n kann man davon ausgehen:

- Man braucht nur die Läuferfrequenz f_2 und/oder die Läuferspannung U_2 zu verändern, dann muß sich die Drehzahl der Maschine ebenfalls ändern, und zwar in Richtung auf einen neuen Gleichgewichtszustand.

Genau das ist das Wirkungsprinzip der LDNM. Die Realisierung ist verhältnismäßig einfach. Es sind dazu keine Apparaturen außerhalb der Maschine erforderlich.

18.1.1 Aufbau der LDNM

18.1.1.1 Läufer

Aus Bild 18-3 geht hervor, daß der Läufer zwei voneinander isolierte Wicklungen hat:

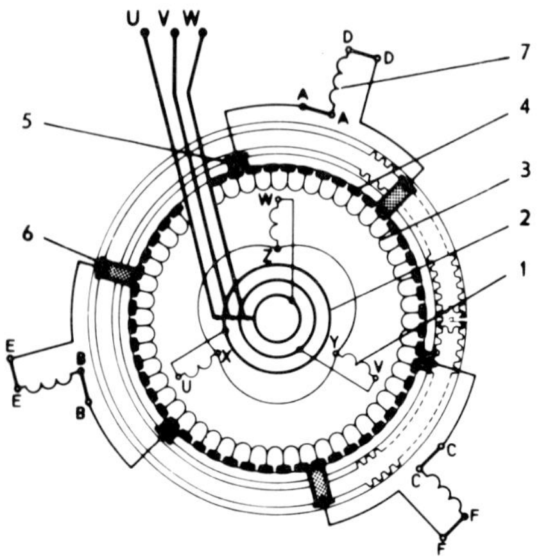

Bild 18-3 Prinzipskizze zum läufergespeisten Drehstrom-Nebenschluß-Motor. Es bedeuten:
1 Drehstromwicklung, die über die Schleifringe 2 und die Klemmen U, V und W am Drehstromnetz liegt. Die Stromwenderwicklung 3 steht mit dem Stromwender 4 in Verbindung. Auf ihm läßt sich der Bürstensatz 5 und 6 verschieben, sowohl komplett als auch einzeln gegeneinander (siehe Bilder 18-4 und 18-5). An die Bürsten 5 und 6 ist die Ständer-Drehfeldwicklung angeschlossen. (Werkbild: *Elektra-Faurndau*, Göppingen-Faurndau.)

1. eine Drehstromwicklung *U, V, W*, die über Schleifringe am öffentlichen Drehstromnetz liegt,
2. eine Stromwenderwicklung in den gleichen Nuten wie die Drehstromwicklung.

   Auf dem Stromwender liegen dreimal zwei Bürsten. Über eine Mechanik lassen sich je zwei Bürsten radialsymmetrisch auf dem Stromwender gegeneinander verschieben, bis hin zu der Stellung, daß ein Bürstenpaar auf der gleichen Stromwenderlamelle liegt: Kurzschlußstellung der Bürsten (Bilder 18-4, 18-5 und 18-6).

18.1.1.2 Ständer

Der Ständer hat eine normale, verteilte Drehstrom-Drehfeldwicklung in Nuten des dortigen

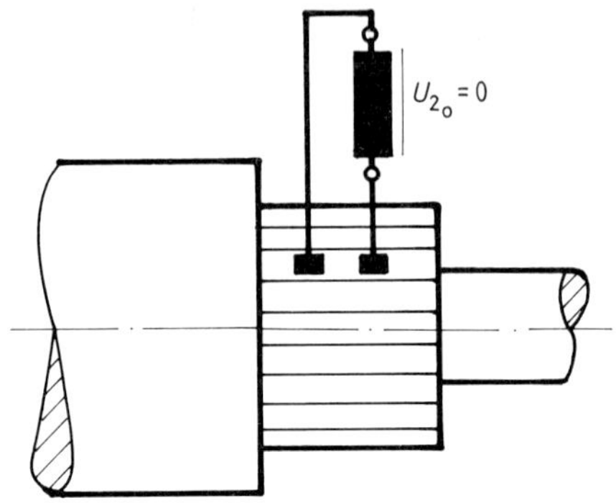

Bild 18-4 Von einer der drei gezeichneten Ständerphasen wird in dieser Bürstenstellung gerade keine Spannung abgegriffen. Der Ständer ist somit über die betreffende Stromwenderlamelle kurzgeschlossen. In dieser Stellung arbeitet die Maschine wie ein Asynchronmaschinen-Kurzschlußläufer, allerdings läufergespeist.

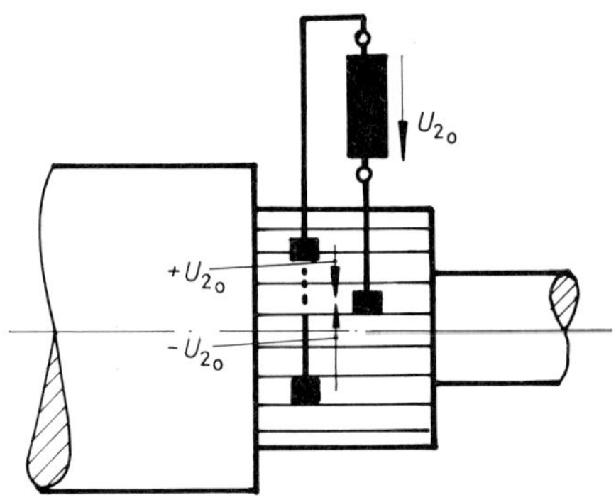

Bild 18-5 Je nach Bürstenlage kann die Spannung U_{2_0} und die Frequenz f_2 in positiver oder negativer Situation abgegriffen werden. Damit lassen sich entsprechend Bild 18-2 unterschiedlichste Fälle f_2 erzwingen, die zur Drehzahlverstellbarkeit in weitem Bereich führen.

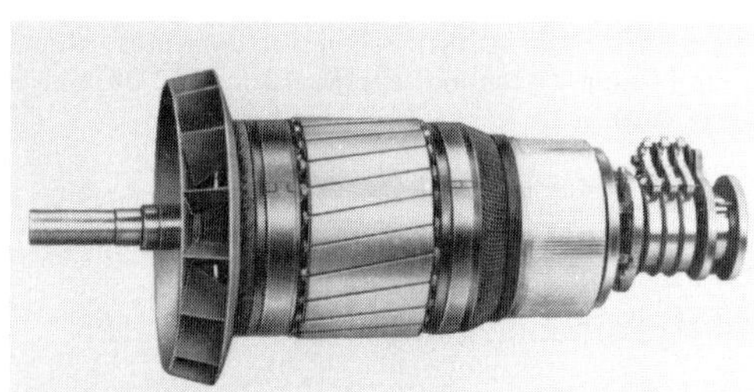

Bild 18-6 Läufer eines läufergespeisten Drehstrom-Nebenschluß-Motors. Ganz rechts sieht man die Schleifringe mit daraufliegenden Bürstenhaltern (letztere sind im Gehäuse befestigt zu denken) sowie links daneben den Stromwender. (Werkbild: *Elektra-Faurndau*, Göppingen-Faurndau.)

Blechpakets. Aus Bild 18-3 ist zu ersehen, daß die Ständerwicklungen A-D, B-E und C-F an die Bürsten der Stromwenderwicklung angeschlossen sind.

18.1.2 Wirkungsweise des LDNM

In der Kurzschlußbürstenstellung unterscheidet sich der LDNM in seinem ganzen Betriebsverhalten in nichts von einer Asynchronmaschine mit Kurzschlußläufer.

Über eine Verstellung der Bürstensätze kann jedoch die Drehzahl der Maschine in weiten Grenzen verstellt werden. Das geht aus folgendem hervor: Die Läufer-*Drehstromwicklung* transformiert in die Läufer-*Stromwenderwicklung und* in die *Ständerwicklung Spannungen.* Die Spannung in der Ständerwicklung schwingt mit der Schlupffrequenz f_2 (siehe Abschnitt 13.2.7.2). Die Spannung in der Stromwenderwicklung hat natürlich die gleiche Frequenz wie die des öffentlichen Netzes (siehe Abschnitt 13.2.7.1).

Zwischen zwei Bürsten kann jedoch im Sinne von Abschnitt 15.3.18 eine bestimmte Spannung abgegriffen werden, und zwar eine Wechselspannung, zu der gesetzmäßig eine bestimmte, drehzahlabhängige Frequenz gehört. Durch eine gegebene Bürstenstellung auf dem Stromwender ergibt sich somit wegen der Reihenschaltung der Ständerwicklung mit der Stromwenderwicklung zwischen den Bürsten:

- die Schlupf-Ständerspannung wird mit der zwischen den Bürsten abgegriffenen Spannung (je nach Bürstenstellung) additiv oder subtraktiv überlagert (Bilder 18-4 und 18-5).

Damit kann der Arbeitspunkt der Maschine im Sinne des Bildes 18-2 in weitesten Grenzen verstellt werden, sowohl in Richtung unter- als auch übersynchronen Laufs.

Ergänzend ist noch mitzuteilen: Durch Verdrehen des *gesamten Bürstensystems*, also unter Beibehaltung der gegenseitigen Winkellagen, läßt sich der Leistungsfaktor der Maschine verstellen.

Der Drehsinn der Maschine wird durch Vertauschen zweier Netzanschlüsse umgekehrt.

18.1.3 Betriebseigenschaften

Bild 18-7 zeigt die möglichen Betriebskurven der LDNM. Mögliche Stellbereiche liegen zwischen etwa 1:3 und 1:50 mit etwa $n_{max} = 1{,}5 \cdot n_D$. Typische Werte für das Anzugsmoment liegen bei $M_A/M_N = 1{,}4$ bis 3,0 mit Strömen von etwa $I_A/I_N = 1{,}5$ bis 2,0.

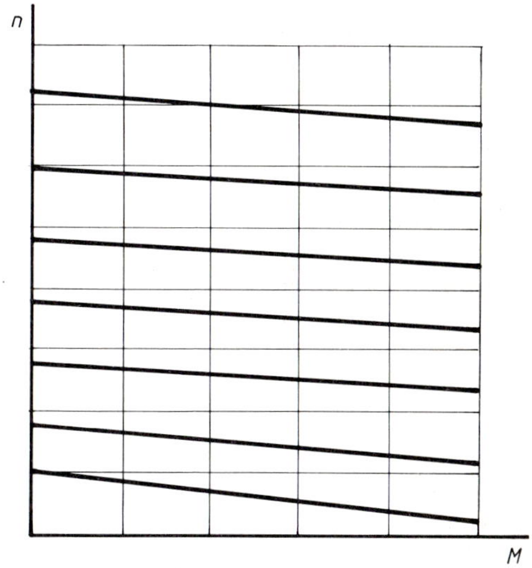

Bild 18-7 Drehzahl-Drehmoment-Kennlinien bei verschiedenen Bürstenstellungen als Parameter. Man erkennt deutlich das Herkommen von der Asynchronmaschine und die Nebenschlußcharakteristik. Die Stellwinkel liegen dabei zwischen 0° und etwa 220–250° (nach Angaben von Firma *Elektra Faurndau*).

Bei Inbetriebnahme der Maschine soll sie auf der niedrigsten Drehzahlstufe stehen. Dabei ist auch der Anzugsstrom minimal.

Gebremst werden kann die Maschine entweder durch Gegenstrombremsung oder durch Gleichstrom, genau wie die Asynchronmaschine auch.

18.1.4 Typische Anwendungsgebiete der LDNM

Besonders geeignet ist der LDNM für den Bereich der Textil- und Papierindustrie. Man findet ihn jedoch auch als Antrieb für Gebläse, Pumpen, Pressen und diverses andere, z.B. Walzwerke.

Der besondere Vorteil der Maschine liegt vor allem darin, daß sie unmittelbar an das übliche öffentliche Netz angeschlossen werden kann, keine Sonderspannungen oder -frequenzen benötigt und daß außerhalb der Maschine keinerlei Zubehör wie Elektronik, Vorwiderstände usw. anfällt.

Gerade auch die Tatsache, daß von dieser Maschine *trotz bester Drehzahlverstellmöglichkeiten* keine nachteiligen Rückwirkungen auf das Netz ausgehen, wie sonst oft durch elektronische Anlagen (siehe Bild 14-33), macht die Maschine sehr interessant.

Gebaut wird sie listenmäßig

- 4-polig zwischen 1 kW und etwa 132 kW,
- 6-polig zwischen 1 kW und etwa 220 kW.

Im Prinzip sind bis zu 70 kW/Polpaar möglich.

Als Nachteil dieser Maschine müssen außer dem Preis auch die beiden Verschleißzonen gesehen werden:

- Bürsten in Verbindung mit Schleifringen und noch ungünstiger
- Bürsten in Verbindung mit einem Stromwender.

18.2 Sonstige Drehstrom-Stromwendermaschinen

Neben der oben beschriebenen läufergespeisten Drehstrom-Nebenschlußmaschine gibt es vor allem noch die ständergespeiste Ausführung. Sie ist besonders für größere Leistungen anzutreffen und funktioniert ähnlich wie der LDNM. Die Drehzahlverstellung erfolgt indessen über einen Stell-Transformator.

Im Gegensatz zum LDNM wird die SDNM erheblich seltener verwendet. Sie ist im allgemeinen durch elektronische Lösungen ersetzt worden.

19 Mechanik des elektrischen Antriebs

19.1 Typische Lastkennlinien der Arbeitsmaschinen

Bild 19-1 zeigt Beispiele zu den wichtigsten Lastkennlinien von Arbeitsmaschinen aus den üblichen Industrieanlagen. Dabei ist der Einfachheit halber jeweils das Losreißmoment beim Anlauf weggelassen. Im Einzelfall kann es natürlich unterschiedlich groß sein und ist den Kennlinien bei $n = 0$ hinzuzufügen.

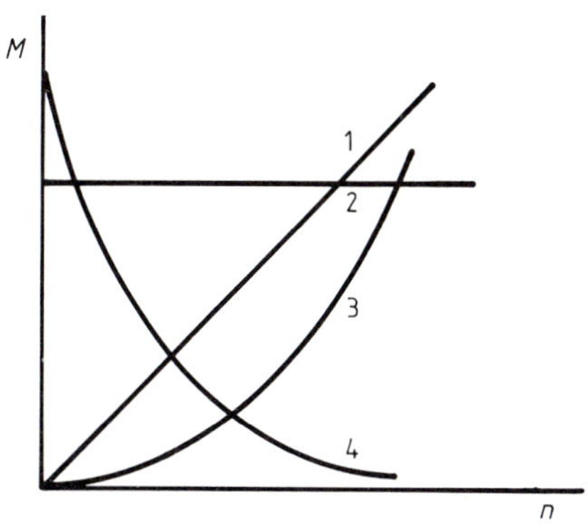

Bild 19-1 Die wichtigsten typischen Lastkennlinien. Es handelt sich dabei z.B. um:

1 Kalander, Heißmangel, Generator (incl. Wirbelstrombremse),
2 Hubwerke und andere schwerkraftüberwindende Anlagen, Zahnradpumpen,
3 Pumpen, Lüfter usw., Zentrifugen, Rührer,
4 Wickelmaschinen für Papier, Blech, usw., Schälmaschinen.

Ferner gibt es eine Anzahl von Arbeitsmaschinen und Fällen, die sich in das in Bild 19-1 gezeichnete *M*-*n*-Schema nicht einfügen, z.B., wenn es gar keine *M*-*n*-Abhängigkeit ist, sondern eine Momenten-Weg- oder Momenten-Winkel-Funktion.

Es ist ohnehin Sache des Projekteurs, sich bei der Auslegung eines Antriebs genau auf die örtlich tatsächlich vorliegenden *M*-*n*- oder dgl. Verhältnisse mit dem Kunden abzustimmen. Andernfalls ist der Antrieb falsch dimensioniert. Bild 19-1 kann nur qualitative Strukturen aufzeigen.

19.2 Typische Antriebskennlinien

Es war Sache der vorangegangenen Kapitel, die *M*-*n*-Verhältnisse der *elektrischen Antriebe* aufzuzeigen. Der besseren Übersicht wegen sind sie im Bild 19-2 noch einmal nebeneinandergestellt. Es wurde schon darauf hingewiesen, daß genausogut die *n*-*M*-Achsen-Darstellung üblich und im Einzelfall zweckmäßig ist. Es kommt ganz auf das Problem an, was man jeweils vorzieht. In den Kapiteln 16 bis 18 war nur von *n*-*M*-Darstellungen die Rede. Bild 19-2 zeigt auch sie in *M*-*n*-Darstellung.

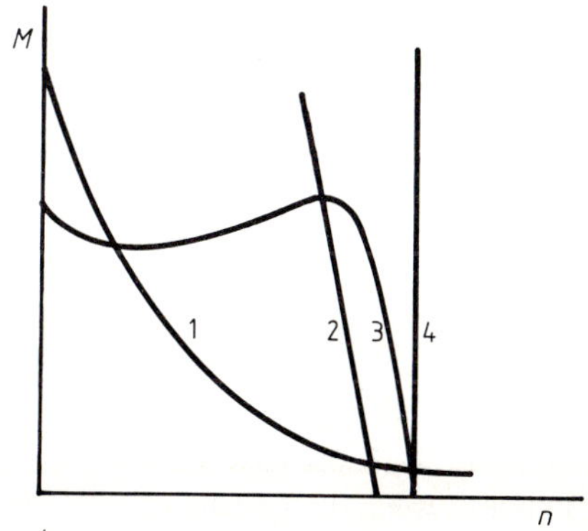

Bild 19-2 Die wichtigsten Antriebskennlinien, wie sie zu den zuvor behandelten Antrieben gehören: 1 Reihenschluß-, 2 Nebenschluß-, 3 Asynchron-, 4 Synchron-Charakteristik.

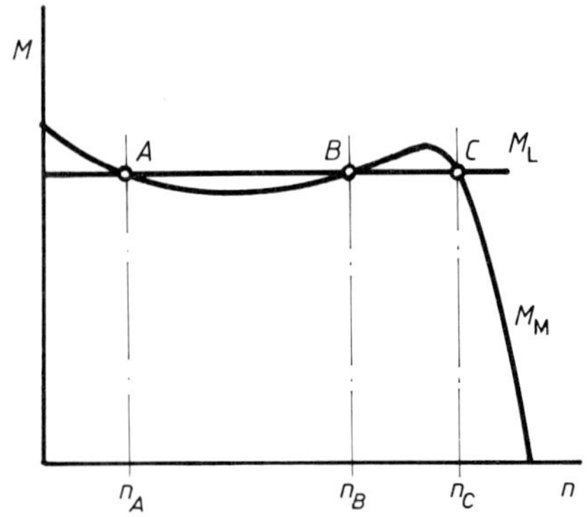

Bild 19-3 Bei gegebener Last- und Antriebscharakteristik, wie hier, können natürlich auf keinen Fall alle drei Drehzahlen gleichzeitig (!) auftreten. Sogenannte stabile Drehzahlen sind n_A und n_C. Ein Drehzahl-Betriebsfall wie n_B ist instabil, er läuft bei Lastschwankungen davon.

Es wird hier an Bild 11-16 erinnert, aus dem schon hervorging: Im Schnittpunkt einer Last- und einer Antriebskennlinie stellt sich im Sinne eines mechanischen Gleichgewichts die jeweilige Betriebs-Drehzahl ein.

Dabei ergibt sich unter Umständen auch einmal (unerwünschterweise) der Sonderfall, daß zwei oder gar drei Schnittpunkte zwischen Last- und Antriebs-Kennlinie auftreten, wie in Bild 19-3. Hierzu ist zweierlei anzumerken:

1. Im Rahmen des Abschnitts 13.2.6, speziell Bild 13-36, ist *hierbei* sowieso keiner der drei Schnittpunkte zulässig, die weitere Fragestellung daher ohnehin etwas akademisch.
2. Der Schnittpunkt *B* ist ein sogenannter instabiler (oder labiler) Arbeitspunkt. Er läßt sich zwar einstellen, aber ein Arbeitspunkt ist nur stabil, wenn *bei wachsender Drehzahl das Antriebsmoment kleiner ist als das Lastmoment.* Bei einer Lastschwankung läuft die Drehzahl daher stets aus einem Arbeitspunktetyp wie *B* in Bild 19-3 weg und zwar jeweils wieder stabil

- in den Punkt *A*, wenn die Last wächst,
- in den Punkt *C*, wenn die Last sinkt.

Die dort angefahrenen Punkte bzw. Zonen sind dann definitiv stabil.

19.3 Trägheitsmoment

Jeder Körper hat ein (Massen)Trägheitsmoment *J*. Es ist schon aus Tabelle 11-3, Spalte 6 bekannt und sozusagen als das „rotierende Pendant" zum bekannteren Kraftwirkungsgesetz aufzufassen:

$$F = m \cdot a \qquad (19.1)$$

$$M_B = J \cdot \epsilon. \qquad (19.2)$$

Hierin sind:

F beschleunigende Kraft,
m Masse,
a Beschleunigung,
M_B Beschleunigungsmoment,
J (Massen)Trägheitsmoment,
ϵ Winkelbeschleunigung.

Das Trägheitsmoment ist bei der Frage nach der Zeit, die ein elektrischer Antrieb für seinen Hochlauf (aber auch für den Auslauf) benötigt, eine wichtige Schlüsselgröße.

Das Trägheitsmoment für einen elektrischen Antrieb allein kann stets vom Hersteller erfragt werden. Bei listenmäßigen Maschinen pflegt es in den Listen für jeden einzelnen Typ mit ausgedruckt zu sein.

Für die Arbeitsmaschinen und gegebenenfalls für Getriebe, Kupplungen und dgl. gilt das gleiche. Ferner gibt es Handbücher, aus denen für gängige Profile praktische fertige Formeln entnommen werden können.

Andernfalls muß das Trägheitsmoment entweder nach seiner Definition ermittelt

$$J = \int r^2 \cdot \mathrm{d}m \qquad (19.3)$$

oder experimentell bestimmt werden, z.B. über einen Auslaufversuch.

Bei der Entnahme aus Listen ist zu beachten:

- Trägheitsmomente können einfach zueinander addiert werden, wenn sich ihre Angaben auf *die gleiche Drehzahl beziehen.*
- Andernfalls müssen die Trägheitsmomente erst auf die zu erwartende Betriebsdrehzahl umgerechnet und dürfen erst dann addiert

werden. Die Umrechnung erfolgt nach der Beziehung:

$$J' = J \cdot \frac{n^2}{n'^2}\,. \qquad (19.4)$$

Hierin ist n' die betriebsfremde Drehzahlangabe.

19.4 Beschleunigungsmoment

In Bild 19-4 ist ein Arbeitspunkt A eingetragen, der sich aus den beiden Kennlinien M_M und M_L ergibt. Man kann daraus die Betriebsdrehzahl n_B ablesen. Sie stellt sich am Punkt A ein, weil dort der Motor die Last nicht mehr weiter beschleunigen kann. Für Punkt A gilt nämlich:

$$M_B = M_M - M_L = 0. \qquad (19.5)$$

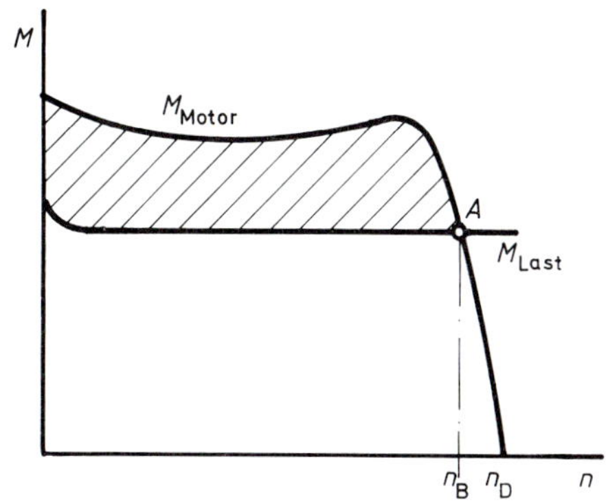

Bild 19-4 Der mit der Last L belastete Motor läuft bis zum Arbeitspunkt A auf die Betriebsdrehzahl n_B hoch. Für noch höhere Drehzahlen wäre ein noch höheres Motormoment erforderlich, als es hinter dem Arbeitspunkt A offensichtlich vorliegt.

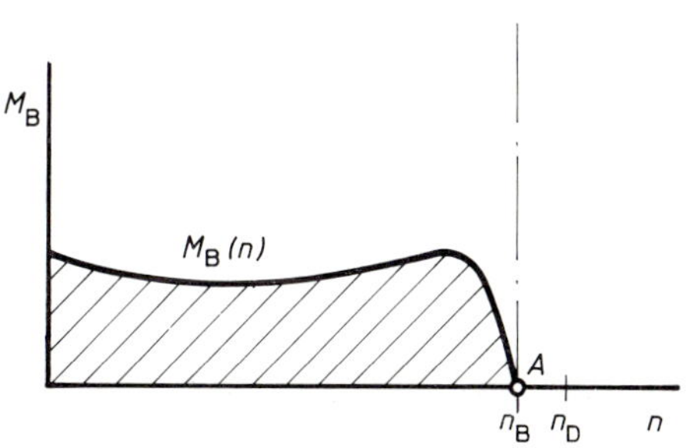

Bild 19-5 Der Kurvenverlauf $M_B(n)$ ist zu sehen als die Differenz der Kurven M_{Motor} und M_{Last} aus Bild 19-4; sowohl hier wie dort sind also die schraffierten Flächen gleichgroß.

Zwischen allen Ordinaten für jeweils die Kurvenpunkte M_M und M_L kann man die Differenz der Momentenkurven ablesen, also den Betrag für M_B, das Beschleunigungsmoment und dieses über der Drehzahl auftragen. Man erhält so Bild 19-5.

Oft begeht man keinen allzugroßen Fehler wenn man ein Ergebnis wie das aus Bild 19-5 rektifiziert und von einem mittleren Beschleunigungsmoment M_{B_m} spricht und so tut, als ob es über den ganzen Drehzahlbereich hinweg konstant sei. Es kommt ganz auf das jeweilige Problem an.

19.5 Anfahrzeit

Für die Winkelbeschleunigung ϵ aus Gl. (19.2) gilt die Definition:

$$\epsilon = \frac{2 \cdot \pi \cdot n}{t} = \frac{\omega}{t}. \qquad (19.6)$$

Daraus kann man t eliminieren:

$$t = \frac{2 \cdot \pi \cdot n}{\epsilon}. \qquad (19.7)$$

Aus Gl. (19.2) erhält man für ϵ:

$$\epsilon = \frac{M_B}{J}. \qquad (19.8)$$

Gl. (19.8) kann man in Gl. (19.7) einsetzen und erhält für die Anfahrzeit eines Antriebs:

$$t_A = \frac{2 \cdot \pi}{M_B} \cdot J \cdot n. \qquad (19.9)$$

Hierin ist natürlich für J die Gesamtsumme aller Massenträgheitsmomente einzusetzen.

Im allgemeinen beträgt die Anfahrzeit eines belasteten Antriebs höchstens wenige Sekunden, wenn er richtig dimensioniert ist. Da alle anderen Größen mehr oder weniger festliegen, erkennt man aus Gl. (19.9), daß nur das Beschleunigungsmoment die wesentliche Größe ist, um einen Anfahrvorgang abzukürzen, falls sich das Problem so stellt. Dabei kann man im allgemeinen das Trägheitsmoment des Motors gegenüber demjenigen seiner Umgebung vernachlässigen.

Praktische Anlaufzeiten können je nach Anwendungsfall in Grenzen zwischen dem 1- bis

10^4-fachen liegen, nämlich z.B. etwa 10 ms bei Scheibenläufern als Vorschubantrieb und z.B. 1 ... 5 min bei Drehstrom-Asynchron-Schleifringläufern als Antrieb für Zentrifugen oder Holzschleifer in der Papierindustrie.

Aus den vorangegangenen Kapiteln ist bekannt: Je länger ein Anlauf dauert, um so länger wird der Motor bei zu hohen Strömen „gequält", siehe besonders z.B. Bild 13-36. Je kürzer der Anlauf dagegen dauert, um so stärker muß das Netz herhalten und um so härter ist auch jegliche mechanische Beanspruchung am Motor und an der Last, wie z.B. an der Welle und am Fundament, sowie am Werkzeug und am Werkstück bzw. Material.

Je *sicherer* der Anlauf auch bei möglicherweise etwas geschwächtem Netz noch erfolgen soll, um so breiter muß auch das Streuband zwischen den Momentenkurven sein, wie es im Bild 13-37 zu sehen war, um so höher müssen die Läuferkennzahlen sein, wie sie aus diesen Kennlinien oder Motorenlisten auch hervorgehen. In Bild 13-37 bedeutet z.B. die Angabe KL 1,6:

> der Antrieb läuft noch sicher gegen das 1,6-fache Nennmoment an.

Bei anderen Herstellern kann diese Angabe z.B. Momentenklassifikation oder dgl. heißen.

20 Thermik des elektrischen Antriebs

20.1 Nennleistung

Die Bemessung der Maschine hinsichtlich des *Moments* sorgte für das richtige *Kräftegleichgewicht*. Das war eine Frage des Hebelarms und damit u.a. die der Proportionen der Maschine.

Dagegen geht es bei der Bemessung für die richtige *Leistung* um die Frage des Maschinen*volumens*, damit die zu erwartende Wärmeleistung aufgenommen werden kann, ohne daß die Wicklung oder sonstige Teile der Maschine beschädigt werden.

Dabei ist die Frage der Nennleistung teilweise reine Definitionssache, im Gegensatz zur Momentenbestimmung, bei der es sich unerbittlich zeigen wird, ob die Maschine gegen die Last jederzeit ankommt oder nicht. Etwaige Fehler bei der Festlegung der Leistung können durch bessere Kühlung eventuell noch nachträglich wettgemacht werden, solche im Zusammenhang mit Momenten und Kräften natürlich nicht mehr.

Die Nennleistung der Maschine muß selbstverständlich auch den Wirkungsgrad der Arbeitsmaschine mit berücksichtigen (siehe Bild 11-19). Die Nennleistung wird bei elektrischen Maschinen stets angegeben für alle

- Motoren in Watt, kW, MW usw.,
- Wechsel- und Drehstrom-Generatoren sowie bei Transformatoren in VA, kVA, MVA usw.

Die Antriebsleistung z.B. für einen Kernkraftwerksgenerator von $S = 1333$ MVA bei einem $\cos\varphi = 0{,}75$ ist somit für dessen Turbine nur die Wirkleistung. Sie errechnet sich mit Hilfe der Gln. (7.24) und (7.25) zu:

$$P = S \cdot \cos\varphi = 1333\ \text{MVA} \cdot 0{,}75 = 1000\ \text{MW}.$$

Die „Differenz“ zwischen S und P ist ja die Blindleistung, siehe hierzu auch Bild 14-25, speziell den 3. Quadranten: Dem Generator wird dort von der Turbine her die Wirkleistung zugeführt, von seiner Erregereinrichtung her die Blindleistung (Bild 20-1).

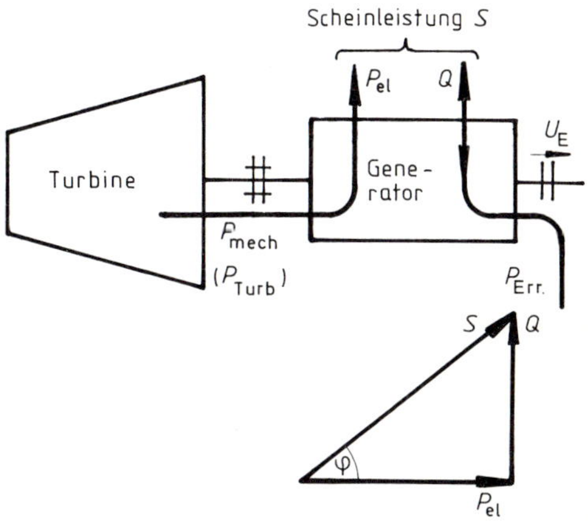

Bild 20-1 Die Turbine muß nur diejenige Leistung abdecken, die der Generator einschließlich der Generatorverluste als Wirkleistung P_{el} ins Netz „schieben“ soll.

Mit der Blindleistungsbilanz hat die Turbine grundsätzlich nichts zu tun. Sie kann entweder aus einem völlig davon abgekoppelten System entnommen werden, oder aus einem Erregermaschinensatz, den die Turbine zwar mit antreibt, damit er einmal auf die pendelnde Blindleistung erregt wird. Diese Blindleistung bleibt ja aber im System, sie „schluckt“ keinen zusätzlichen Dampf (oder Wasser), von geringfügigen Verlusten abgesehen.

Der Generator muß von seiner Ständerwicklung her unbedingt für den Strom entsprechend der Scheinleistung bemessen sein, nicht nur für die Wirkleistung.

Im folgenden wird die Bemessung von Motoren untersucht. Dabei sind vor allem zwei Fälle zu unterscheiden:

1. Konstante Betriebsdaten,
2. (rhythmisch) schwankende Betriebsdaten.

20.1.1 Konstante Betriebsdaten

Mit diesem Betriebsfall ist gemeint, daß während der gesamten Betriebszeit alle Größen konstant bleiben, vor allem die Drehzahl, die Last, die Umgebungsbedingungen usw. Möglicherweise wird ferner die Maschine nur einmal am Tag ein- und nach vielen Betriebsstunden wieder ausgeschaltet. Für solche einfachste Probleme stehen die üblichen Beziehungen zur Verfügung, von denen die wichtigsten in Tabelle 20-1 zusammengestellt sind.

Tabelle 20-1 Diverse Leistungsformeln

Aufgabe	Nutzleistung im Sinne von P_3, Bild 11-19	Gleichungs-Nummer
Geradlinige Bewegung, Flüssigkeitsförderung etc.	$P = F \cdot v = F \cdot \frac{s}{t}$	(20.1)
Rotierende Bewegung	$P = M \cdot \omega = M \cdot 2 \cdot \pi \cdot n$	(11.2)
Lüfterantrieb	$P = V \cdot p$ (p Überdruck am Luftaustritt)	(20.2)

Beispiel 20.1 Lüfterantrieb

Von einem Lüfter werden die folgenden Daten erwartet:

$$V = 20\ \text{m}^3 \cdot \text{min}^{-1}$$

$$p = 3\ \text{bar},\ 1\ \text{bar} = 10^5\ \text{Pa} = 10^5\ \frac{\text{N}}{\text{m}^2}$$

$$\eta_{\text{Lüfter}} = 0{,}8.$$

Für diesen Lüfter ist ein Antrieb auszuwählen, d.h., gesucht ist dessen Nennleistung.

Lösung: Der Antriebsmotor muß an seiner Welle die Leistung P_2 aufbringen können, die sich aus der Lüfterleistung über Gl. (11.6) in Verbindung mit Bild 11-19 errechnet:

$$P_2 = \frac{P_3}{\eta_{\text{Arb}}} = \frac{P_{\text{Lüfter}}}{\eta_{\text{Lüfter}}} = \frac{20\ \text{m}^3 \cdot \text{min}^{-1} \cdot 3\ \text{bar}}{0{,}8}$$

$$P_2 = \frac{20\ \text{m}^3 \cdot 3 \cdot 10^5\ \text{N}}{60\ \text{s} \cdot \text{m}^2 \cdot 0{,}8} = 125\,000\ \frac{\text{Nm}}{\text{s}} = 125\ \text{k}\ \frac{\text{Ws}}{\text{s}}$$

$$P_2 = 125\ \text{kW}.$$

Die nächste Normmotorennennleistung heißt:

$$P_\text{N} = 132\ \text{kW}.$$

20.1.2 Schwankende Betriebsdaten

Bei vielen Anlagen wechselt die Belastung nach bekannten Rhythmen, z.B. in Transferstraßen, bei vielen Werkzeugmaschinen-Automaten und anderen Anlagen, wie Walzwerken, so wie es Bild 20-2 zeigt. Es handelt sich um periodische Lastwechsel mit der Spieldauer $t = T_{\text{Spiel}}$. Dabei ergeben sich folgende Auswirkungen für den elektrischen Antrieb: Laut Gl. (11.11) ist das vom Motor aufzubringende Moment dem Strom proportional:

$$M = c \cdot \Phi_1 \cdot I_2. \tag{11.11}$$

Wegen Gl. (1.28) ist die Erwärmung der elektrischen Maschine durch ihre Verlustleistung dem Strom*quadrat* proportional:

$$P_\text{v} = I^2 \cdot R. \tag{1.27}$$

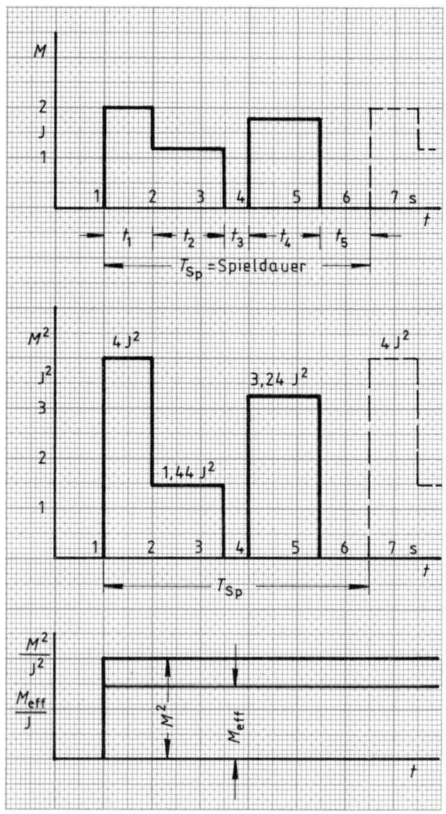

Bild 20-2 Diagramme und Daten zum Beispiel 20.2: Schwankende Leistung, Ermittlung des effektiven Moments.

Soweit besteht kein Unterschied gegenüber einer Belastung mit konstantem Lastmoment.

Mit schwankendem Moment M schwankt jedoch der Strom, seine Auswirkungen sind quadratisch wirksam. Die dazugehörenden Zeitflächen müssen also sehr wohl individuell, aber in ihrer Gesamtsumme erfaßt werden. Das geschieht in Form der Flächen aus dem Produkt $M^2 \cdot t$ in der Mitte von Bild 20-2. Die Summe dieser Flächen ist jetzt für die tatsächliche Wärmebelastung des Antriebs repräsentativ, der er gewachsen sein muß. Mit Gl. (20.1) ergibt sich aus dieser Summe ein Momentenmittelwert. Man nennt ihn das *effektive Moment*:

$$M_{\text{eff}} = \sqrt{\frac{M_1^2 \cdot t_1 + M_2^2 \cdot t_2 + \ldots + M_n^2 \cdot t_n}{T_{\text{Sp}}}}. \quad (20.3)$$

Die Ermittlung der Leistung einer rotierenden Last mit rhythmischen Lastspielen präsentiert sich nach Gl. (11.2) dann in der Form:

$$P_{\text{N}} = 2 \cdot \pi \cdot n_{\text{N}} \cdot M_{\text{eff}}. \quad (20.4)$$

Wird nach der so ermittelten Leistung ein Antrieb aus einer Liste ausgesucht, so muß natürlich sichergestellt sein, daß er jedes der einzelnen Teillastmomente auch ohne Gefahr bewältigt.

Der Antrieb darf dabei *zeitweise* durchaus thermisch überlastet sein (siehe Abschnitt 20.2, speziell Bild 20-8), begreiflicherweise darf er aber von keiner einzigen dieser Lasten abgewürgt werden. Andernfalls müßte solange ein größerer Antrieb ausgewählt werden, bis dessen Momentenverlauf erkennen läßt, daß jedes Lastmoment abgedeckt wird.

Statt eines größeren Motors kann auch an einen solchen höherer Klassifikation gedacht werden (siehe Bild 13-37 und Abschnitt 19.5). Nähere Einzelheiten zeigt das Beispiel 20.2.

Beispiel 20.2: Dimensionierung eines Antriebs bei schwankender Belastung

Für ein Lastspiel wie im Bild 20-2 ist ein elektrischer Antrieb zu dimensionieren, der mit einer Drehzahl im Bereich bei etwa $1300 \ldots 1500\ \text{min}^{-1}$ arbeiten soll (ohne Drehzahlverstellung).

Lösung: Die Lösung erfolgt durch Anwendung von Gl. (20.3). Hierzu sind einige Teilschritte zweckmäßig:

1. Teilschritt: Registrierung der M- und t-Beträge. Die Einheit Nm wird mit Joule gleichgesetzt, weil kürzer, siehe Gl. (1.16).

   $M_1 = 2{,}0$ J, $t_1 = 1{,}0$ s
   $M_2 = 1{,}2$ J, $t_2 = 1{,}5$ s
   $M_3 = 0{,}0$ J, $t_3 = 0{,}5$ s
   $M_4 = 1{,}8$ J, $t_4 = 1{,}5$ s
   $M_5 = 0{,}0$ J, $t_5 = 1{,}0$ s

   Daraus werden die Ausdrücke $M_1^2 \cdot t_1 \ldots$ für den Zähler von Gl. (20.1) gebildet.

2. Teilschritt: Bildung der $M^2 \cdot t$-Terme und deren Summierung.

   $M_1^2 \cdot t_1 = 4{,}00\ \text{J}^2 \cdot 1{,}0\ \text{s} = 4{,}00\ \text{J}^2 \cdot \text{s}$
   $M_2^2 \cdot t_2 = 1{,}44\ \text{J}^2 \cdot 1{,}5\ \text{s} = 2{,}16\ \text{J}^2 \cdot \text{s}$
   $M_3^2 \cdot t_3 = 0{,}00\ \text{J}^2 \cdot 0{,}5\ \text{s} = 0{,}00\ \text{J}^2 \cdot \text{s}$
   $M_4^2 \cdot t_4 = 3{,}24\ \text{J}^2 \cdot 1{,}5\ \text{s} = 4{,}86\ \text{J}^2 \cdot \text{s}$
   $M_5^2 \cdot t_5 = 0{,}00\ \text{J}^2 \cdot 1{,}0\ \text{s} = 0{,}00\ \text{J}^2 \cdot \text{s}$

   Zählersumme der Wurzel $\hat{=}\ 11{,}02\ \text{J}^2 \cdot \text{s}$

3. Teilschritt: Radikandenberechnung und Effektives Moment mit $T_{\text{Sp}} = t_1 + t_2 + \ldots + t_5 = 5{,}5$ s:

   Radikand: $11{,}02\ \text{J}^2 \cdot \text{s} : 5{,}5\ \text{s} = 2{,}002\ \text{J}^2$

   $M_{\text{eff}} = \sqrt{2{,}003\ \text{J}^2} \approx 1{,}42$ J.

4. Teilschritt: Einsetzen in Gl. (20.4):

   $P_{\text{N}} = 2 \cdot \pi \cdot n_{\text{N}} \cdot M_{\text{eff}}$.

   Ein vorweggenommener grober Überschlag ergibt bei der gewünschten Drehzahl eine Leistung in der Nähe von 0,25 kW. Die Nenndrehzahl dort lautet nach Tabelle 11-3 $1325\ \text{min}^{-1}$.

   $P_{\text{N}} = 2 \cdot \pi \cdot 1325\ \text{min}^{-1} \cdot 1{,}41$ J,

   $$P_{\text{N}} = \frac{2 \cdot \pi \cdot 1325 \cdot 1{,}42\ \text{Ws}}{60\ \text{s}} = 0{,}197\ \text{kW}.$$

   Gewählt wird somit definitiv ein Normmotor mit $P_{\text{N}} = 0{,}25$ kW bei $n_{\text{N}} = 1325\ \text{min}^{-1}$.

Auswertung: Man erkennt deutlich, welcher Unterschied hier auftritt, je nachdem, ob man einfach pauschal das maximale Teilmoment $M_1 = 2$ J in Gl. (11.2) einsetzt und

$P = 0{,}277$ kW, Normleistung: $P_{\text{N}} = 0{,}37$ kW

erhält: oder ob man nach dem gezeigten Verfahren rechnet und dabei sieht, daß man mit einem Antrieb erheblich kleinerer Leistung auskommt. Billiger ist dann nicht nur die Investition, sondern auch alle Folgekosten, z.B. der Energieverbrauch u.a. Tabelle 11-3 zeigt auch, daß das Moment von 2 J durchaus bewältigt wird.

20.2 Betriebsarten

Man unterscheidet 8 Betriebsarten und bezeichnet mit S1 bis S8 (Tabelle 20-2), je nachdem, welchen Temperaturbeanspruchungen eine elektrische Maschine während ihres Betriebs ausgesetzt ist. Dabei stehen zwei Vorgänge im Vordergrund.

20.2.1 Belastungs-Leistungs-Kurve

Ganz grob unterscheidet man zunächst zwischen Dauerbetrieb und Betrieb mit irgendwelchen Unterbrechungen (Bilder 20-3 und 20-4). Dazu können des weiteren noch Anlaufs- und Bremsphasen kommen.

20.2.2 Temperaturverlaufs-Kurve

Man muß davon ausgehen, daß sich eine Maschine nach einer Exponentialfunktion erwärmt. Für die dabei maßgeblichen Zeitkonstanten gilt größenordnungsmäßig, je nachdem, wie intensiv die Maschine gekühlt wird, für die

- Erwärmung auf Endtemperatur: etwa 5 ... 30 min,
- Abkühlung: die 3- bis 5-fache Zeit der Erwärmung.

Siehe hierzu auch die Bilder 20-5 und 20-6.

Bei Betrieb mit Unterbrechungen und Verhältnissen, wie sie schon im Bild 20-2 gezeigt worden sind, ist mit Temperaturverlaufsformen zu rechnen, wie sie die Bilder 20-7 und 20-8 zeigen.

Würden Maschinen, denen diese Kurven zugrundeliegen, im Dauerbetrieb gefahren, ohne daß man ihnen ausreichend lange Abkühlungspausen gönnt, in denen sie sich auf genügend niedrige Betriebstemperatur abkühlen können, so wären sie schnell ruiniert.

Es ist also im Sinne der Bilder 20-7 und 20-8, sowie der Tabelle 20-2 streng zu unterscheiden zwischen Leistungsschildangaben für

Dauerbetrieb,
Kurzzeitbetrieb und
Aussetzbetrieb.

Ein besonders typisches Beispiel für Kurzzeitbetrieb ist der Kraftfahrzeugstarter. Nach aller Erfahrung ist er nur in der Größenordnung einer Sekunde in Betrieb, ehe er wieder, vielleicht nach Stunden, neu betätigt wird.

Bei Startschwierigkeiten, d.h., wenn der Brennkraftmotor nicht augenblicklich anspringt und mehrere Sekunden lang Startversuche gemacht werden müssen, gilt der Hinweis in den Bedienungsanleitungen, man solle nach einigen Startversuchen eine längere Pause einlegen, nicht so sehr wegen der Akkubatterie, sondern vielmehr aus der Besorgnis heraus, der Starter könne dabei zu stark erwärmt werden.

Natürlich tut man auch der Batterie einen Gefallen, wenn man ihr eine Entladepause gönnt. Das in solchen Fällen erheblich strapaziertere Glied ist jedoch der Starter, besonders, wenn man berücksichtigt, daß bei jedem neuen Startversuch wieder der große Einschaltstrom aus Beispiel 4.1 mit Hunderten von Ampere auftritt.

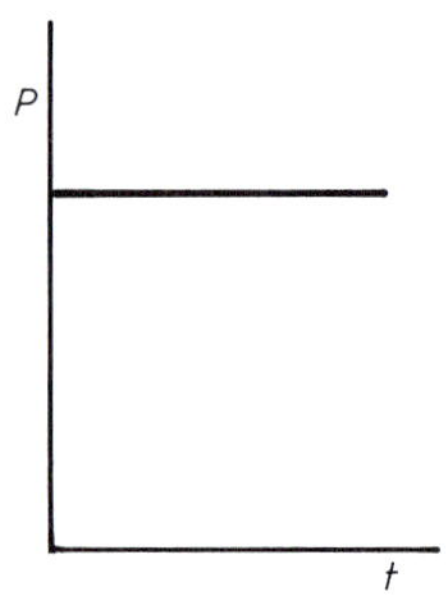

Bild 20-3
Dauerbetrieb, typisch z.B. für Lüfter- und Pumpenantriebe (besonders: Heißwasserumwälzpumpe).

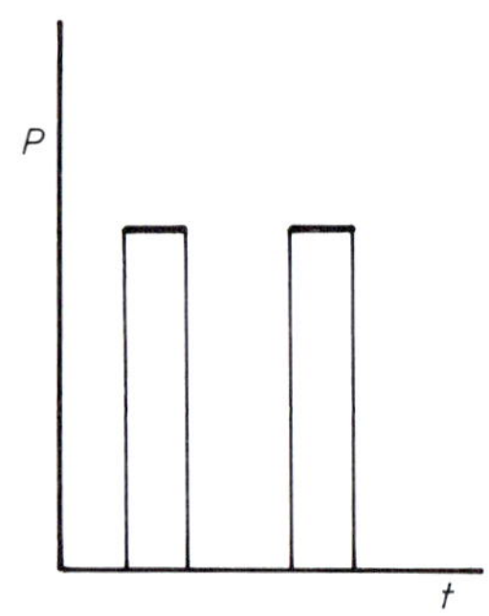

Bild 20-4
Unterbrochener Betrieb, z.B. typisch für Aufzugsbetrieb.

Tabelle 20-2 Betriebsarten

Betriebsarten Kurzzeichen	Temperaturverlauf — Leistungsverlauf —	Erläuterungen	frühere Kurzzeichen	Normwerte *Vermerk auf dem Leistungsschild*	Beispiel
Dauerbetrieb S 1	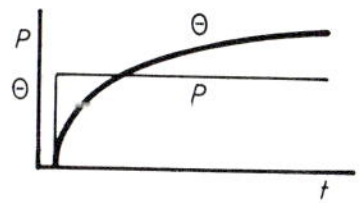	Der Belastungszustand bleibt dauernd konstant. Die Einschaltdauer reicht aus, daß die Maschine den thermischen Beharrungs-Zustand erreicht.	DB	—— *kein Vermerk*	Lüfterantrieb
Kurzzeitbetrieb S 2	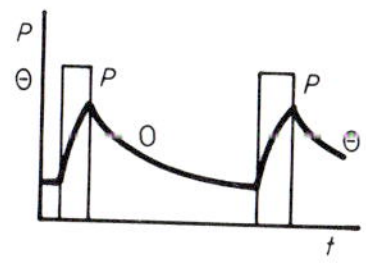	Der Belastungszustand dauert nicht so lange an, daß der thermische Beharrungszustand erreicht wird. Die nachfolgende Pause ist so lang, daß die Maschinentemperatur höchstens noch 2 K höher liegt als die des Kühlmittels.	KB	Empfohlen: 10 min, 30 min, 60 min, 90 min *zum Beispiel:* *S 2–30 min*	Dosenöffner: KB 5 Min. Kfz-Starter: KB 1 Min.
Aussetzbetrieb ohne Einfluß des Anlaufvorgangs S 3	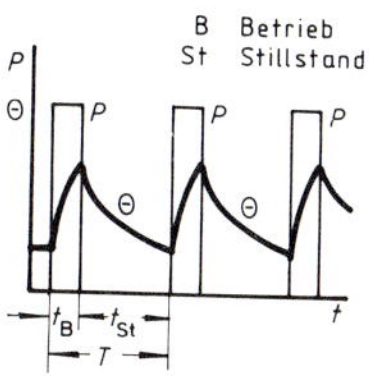 Dieser Skizze liegt eine Betriebsdauer von t_B = 25% zu grunde	Der Betrieb setzt sich aus einer Folge gleichartiger Spiele zusammen. Jedes Spiel umfaßt eine Zeit konstanter Belastung und eine Pause. Der Anlaufstrom beeinflußt hier die Erwärmung nicht merklich. Der thermische Beharrungszustand wird im allg. nicht erreicht. Falls nicht anders vereinbart, ist die Spieldauer T 10 min.	AB	Einschaltdauer *ED* = 15 %, 25 %, 40 % und 60 %. Damit sind gemeint: $ED = \frac{t_B \cdot 100\,\%}{t_B + t_{St}}$ *zum Beispiel:* *S 3–25 %*	Hubwerkantrieb
Aussetzbetrieb *mit* Einfluß des Anlaufvorgangs S 4	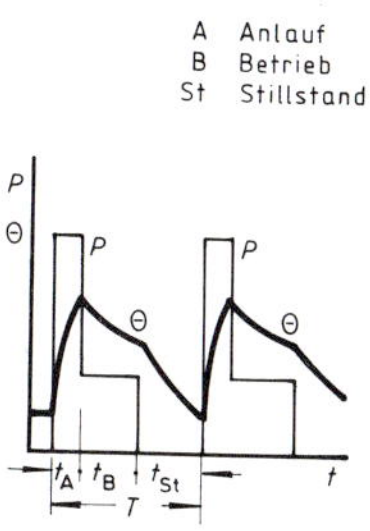	Wie Betrieb S 3, jedoch mit dem einen Unterschied: Der Anlaufstrom beeinflußt hier die Erwärmung erheblich. Spieldauer = 10 min, falls nichts anderes vereinbart ist. Andernfalls kann es als c/h = cycles/hour = Spiele/Stunde vermerkt sein, siehe Beispiel →	AB	Einschaltdauer *ED* = 15 %, 25 %, 40 % und 60 %. Damit sind gemeint: $ED = \frac{t_B \cdot 100\,\%}{t_A + t_B + t_{St}}$ *zum Beispiel:* *S 4 – 25 % – 120 c/h – FI 2*[1])	Hubwerkantrieb bei großen Schwungmassen

[1]) Mit FI ist gemeint das Verhältnis der Schwungmasse des Gesamtantriebs zur Schwungmasse des Motorläufers allein. FI 2 verlangt, daß dieses Verhältnis höchstens gleich 2 sein darf.

Man unterscheidet noch Betriebsarten bis hinauf zu S 8. Einzelheiten entnehme man den Bestimmungen VDE 0530. Je höher die Zahl, desto „härter" die Belastung.

Die weiteren Unterschiede in groben Zügen:

- S 5 Aussetzbetrieb mit Einfluß des Anlaufvorgangs und elektrischer Bremsung,
- S 6 Durchlaufbetrieb mit Aussetzbelastung,
- S 7 Ununterbrochener Betrieb mit Anlauf und elektrischer Bremsung,
- S 8 Ununterbrochener Betrieb mit periodischer Drehzahländerung.

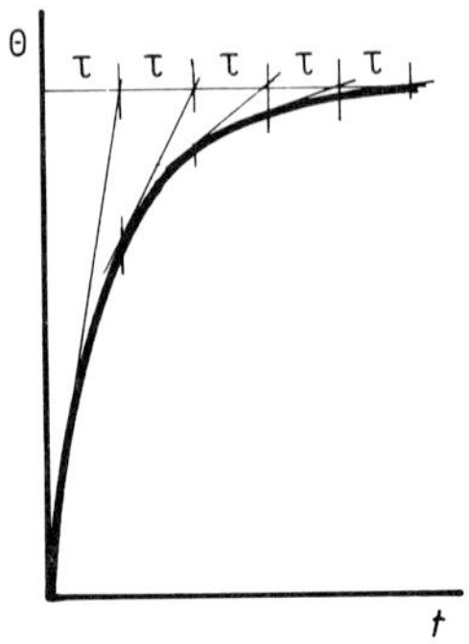

Bild 20-5
Temperaturverlaufskurve bei der Erwärmung einer elektrischen Maschine.

τ Erwärmungszeitkonstante. Nach $t \approx 5 \cdot \tau$ ändert sich die Temperatur θ nicht mehr.

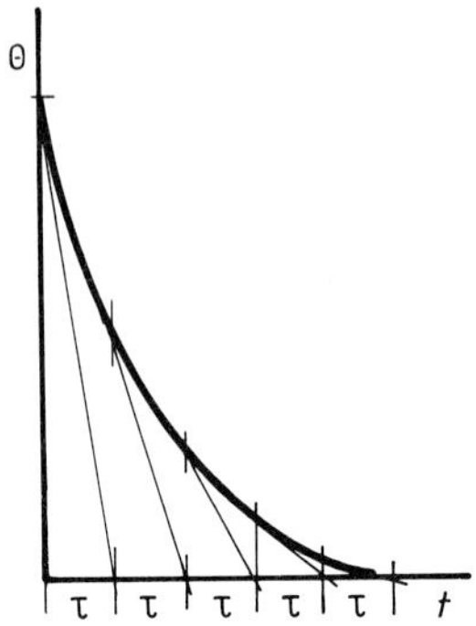

Bild 20-6
Temperaturverlaufskurve bei der Abkühlung einer elektrischen Maschine.

τ Abkühlungszeitkonstante. Nach $t \approx 5 \cdot \tau$ ändert sich die Temperatur θ nicht mehr.

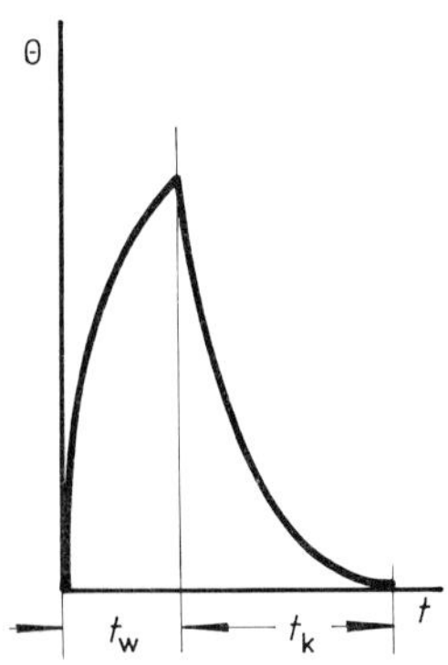

Bild 20-7
Nach dem Abschalten der Maschine kühlt sie sich vollständig ab.

Indexbedeutungen:

w Erwärmungs-
k Abkühlungs-

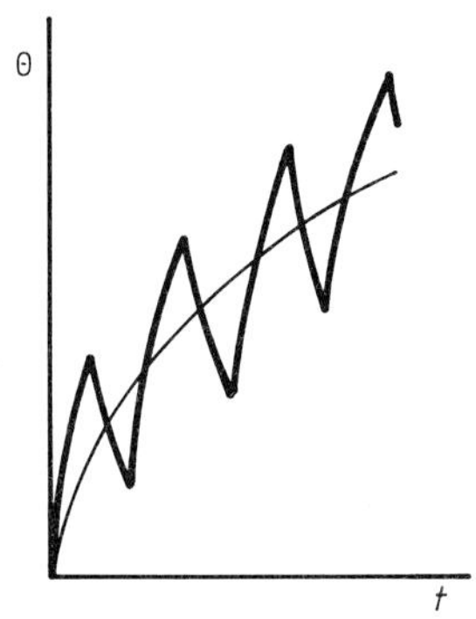

Bild 20-8
Die Maschinentemperatur pendelt sich auf die Endtemperatur ein.

Würde ein solcher Starter, der z.B. mit einer Nennleistung von 1 kW gestempelt ist, tatsächlich im Dauerbetrieb mit 1 kW belastet, so wäre er nach kurzer Zeit verbrannt.

20.3 Besondere Betriebsbedingungen

Der Auslegung der üblichen europäischen Normmotoren liegen die Vorstellungen zugrunde, die Maschine werde bei einer

Umgebungstemperatur von maximal	θ = 40 °C,
Aufstellungshöhe von maximal	h = 1000 m,
Frequenz von	f = 50 Hz

betrieben. Sollten im Betrieb Abweichungen gegenüber diesen stillschweigenden Voraussetzungen zu erwarten sein, so geben die Bilder 20-9 bis 20-11 Minderungsfaktoren an, die beim Betrieb berücksichtigt werden müssen. Diese Faktoren stehen im Zusammenhang mit Gl. (20.3):

$$P_{zul} = \frac{P_N}{k_H \cdot k_T \cdot k_F} \qquad (20.5)$$

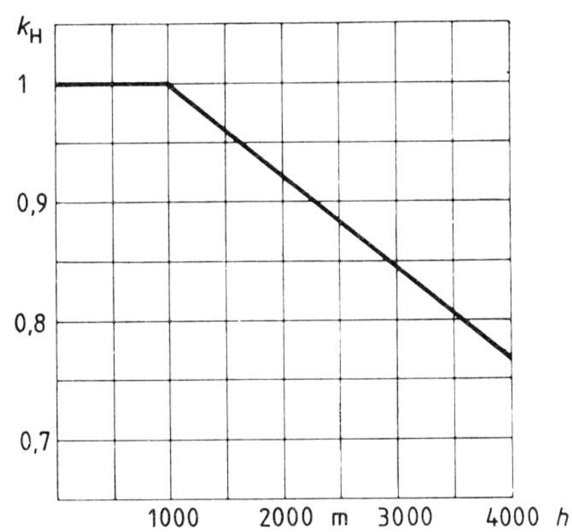

Bild 20-9 Faktor k_H bei abnormaler Aufstellungshöhe.

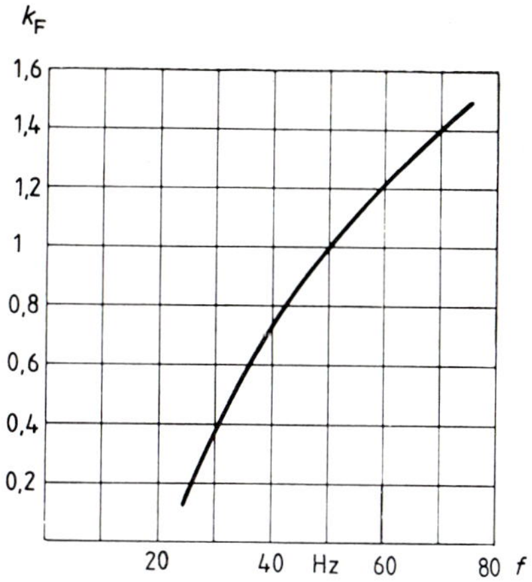

Bild 20-10 Faktor k_F bei abnormaler Frequenz.

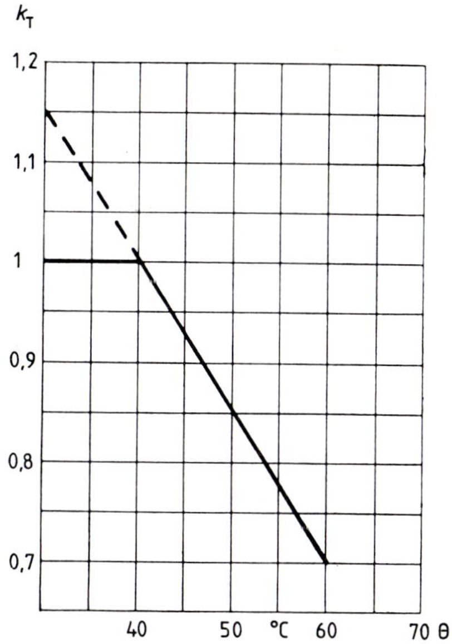

Bild 20-11 Faktor k_T bei abnormaler Umgebungstemperatur

21 Steuerungen

21.1 Erklärung, Aufgaben, Ziele

Bei einer elektrischen Steuerung ist zwischen zwei Zonen zu unterscheiden:

- Hauptstrom, man meint damit die Energieseite,
- Steuerstrom, damit sind gemeint die Zonen für Schutz gegen Überlast, Kurzschluß usw., Befehlsgeräte, wie Ein, Aus, Hand/Automatik, Logik, wie Verriegelung, Folgesteuerung, usw., Überwachung, Meldung, Warnung usw., EDV-Bereich incl. Programmierung, Optimierung, Dokumentierung des Betriebs.

Sowohl auf der Haupt- als auch auf der Steuerstromseite läßt sich im Prinzip alles in klassischer Kontakt-Bauweise lösen. Die funktionsmäßig günstigere, von seiten des Personenschutzes keineswegs aber sicherere Lösung besteht auf jedem Fall ab einem gewissen EDV-Anspruchspegel aus kontaktlosen, also elektronischen Komponenten.

Der Oberbegriff der selbsttätigen Schalter heißt Relais. Die dabei üblichen, meist etwas robusteren Ausführungen nennt man Schütze (Einzahl: *das* Schütz). Man spricht auch von elektronischen Schützen. Im allgemeinen meint man mit Schütz jedoch ein Gerät, bei dem durch einen elektromagnetisch betätigten Anker Kontakte geschlossen und durch Federdruck wieder geöffnet werden (Bild 21-1).

Die Betätigungsorgane heißen im allgemeinen Taster (Bild 21-2).

Ob man bei elektrischen Steuerungen einer elektronischen Lösung den Vorzug gibt, ist nicht nur eine Frage des Preises und der Sorge vor Kontaktverschleiß, sondern auch eine Frage

a)

b)

Bild 21-1 a) Leistungsschütz und b) Leistungsschütz mit Überlastschutz unten am Schütz. (Werkbild: *Klöckner-Moeller*, Bonn.)

der Schulung des Personals, der Ersatzteilbeschaffung, der Anfälligkeit gegen (Schalt- oder atmosphärische) Überspannungen und ihre ungünstigen Auswirkungen auf empfindliche elektronische Baugruppen. Die Kontakt-Technik gilt als die robustere, leichter reparierbare, *sicherere* und übersichtlichere. Bei kleineren Anlagen sollte man ihr unbedingt den Vorzug geben.

Ab einem Anlageumfang von etwa 50 Ein/Ausgangsfunktionen, ferner bei einer Anlage, die womöglich nach einem flexiblen, leicht änderbaren *Programm* gefahren werden können soll, empfiehlt sich dagegen dringend von vornherein die Planung auf elektronischer Basis. Die eigentliche Logikseite der Steuerung besteht in solchen Anlagen nicht mehr aus einem Schrank voller Schütze oder Relais mit vielen Drahtverbindungen, die bei anderen logischen Abhängigkeiten umgeklemmt werden müßten, sondern stattdessen aus einer Computeranlage mit einer Tonbandkassette oder dgl. Die Kassette wird im Bedarfsfall gegen eine andere ausgewechselt.

Dementsprechend schnell einfach und billig ist damit der gesamte Anlagencharakter umstellbar. Man spricht in diesem Zusammenhang von Speicherprogrammierbaren Steuerungen (SPS) (Bild 21-3). Dabei ist stillschweigend vorausgesetzt, daß nicht auch die Energieseite der Anlage geändert werden muß (was natürlich nicht per Kassette oder dgl. möglich wäre).

Bild 21-2 Einige Ausführungsformen von Tastern.
(Werkbild: *Klöckner-Moeller*, Bonn.)

Bild 21-3 Programmiergerät für eine speicherprogrammierbare Steuerung.
(Werkbild: *Klöckner-Moeller*, Bonn.)

21.2 Komponenten elektrischer Steuerungen

Tabelle 21-1 führt die üblichen Komponenten auf, die im Zusammenhang mit einer elektrischen Steuerung eine Rolle spielen. Damit sie in Verbindung mit Schaltplänen leicht und vor allem *reproduzierbar eindeutig* auffindbar sind, erhält jede Komponente einen sogenannten Kennbuchstaben, ferner eine Nummer dahinter, auch wenn eine Komponente nur ein einziges Mal vorkommt, z.B. K1.

Tabelle 21-1 Kennbuchstaben

Kennbuchstabe	Art des Betriebsmittels	Beispiele
A	Baugruppen	Gerätekombinationen, die eine konstruktive Einheit bilden, aber nicht eindeutig anderen Kennbuchstaben zugeordnet werden können.
B	Umsetzer von nichtelektrischen auf elektrische Größen und umgekehrt	Meßumformer für Druck, Menge, Temperatur, Drehzahl, Niveau, Näherungsinitiatoren
C	Kondensatoren	
D	Binäre Elemente Verzögerungseinrichtungen Speichereinrichtungen	Einrichtungen und integrierte Schaltkreise der binären und digitalen Steuerungs-, Regelungs- und Rechentechnik
E	Verschiedenes	Einrichtungen, die an anderer Stelle in dieser Tabelle nicht aufgeführt sind, wie: Beleuchtungen, Heizungen
F	Schutzeinrichtungen	Leitungsschutzschalter, Sicherungen, (Motor-)Schutzrelais, Druckwächter
G	Generatoren Stromversorgungen	Generatoren, Umformer, Netzgeräte, Ladegeräte, Batterien
H	Meldeeinrichtungen	Leuchtmelder, Hupen, Fallklappenrelais
K	Schütze, Relais	Leistungs- und Hilfsschütze, Zeitrelais, Hilfsrelais
L	Induktivitäten	Drosselspulen
M	Motoren	
N	Verstärker, Regler	Einrichtungen der analogen Steuerungs-, Regelungs- und Rechentechnik
P	Meßgeräte, Prüfeinrichtungen	anzeigende und registrierende Meßeinrichtungen
Q	Starkstrom-Schaltgeräte	Leistungs-(selbst)Schalter, Trenner, Motor-(schutz) Schalter
R	Widerstände	
S	Steuerschalter	Befehlsgeräte, Taster, Wahlschalter, Grenztaster
T	Transformatoren	Strom- und Spannungswandler
U	Modulatoren, Umsetzer von elektrischen Größen	Kodiereinrichtungen, Inverter, Diskriminator, Frequenzwandler
V	Halbleiter, Röhren	Transistoren, Thyristoren, Dioden, Elektronenröhren
W	Leitungen	Sammelschienen, Leitungen, Kabel
X	Klemmen, Stecker, Steckdosen	
Y	elektrisch betätigte mechanische Einrichtungen	Bremsen, Kupplungen, Ventile
Z	Filter, Entzerrer, Begrenzer	R/C- und L/C-Filter, Funkentstör-, Funkenlöscheinrichtungen, Dämpfungseinrichtungen

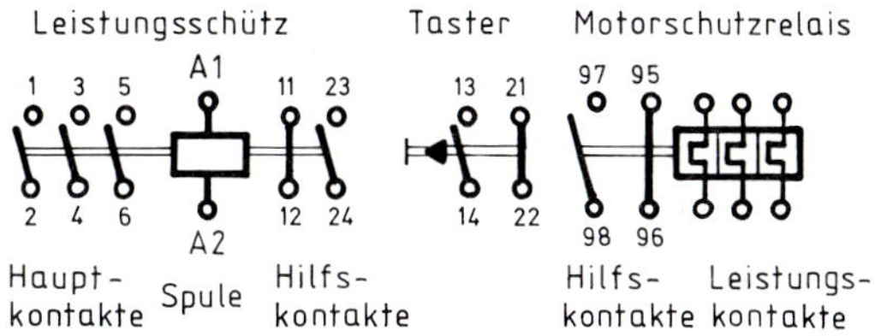

Bild 21-4 Beispiele für Kontaktbezeichnungen bei Leistungsschützen, Tastern und Motorschutzrelais. Bei letzteren haben die Leistungskontakte keine Bezeichnungen.

Jede Komponente bekommt Kontaktziffern. Man unterscheidet dabei Ordnungs- (oder Platz-) Ziffern sowie Funktionsziffern (Bild 21-4).

Alle Öffner haben die Funktionsziffern 1 und 2, alle Schließer die Funktionsziffern 3 und 4. Dazu tritt entsprechend der Lage der Kontakte eine fortlaufende Ordnungsziffer. Diese Ziffern stehen nicht nur in den Schaltplänen, sondern auch auf jedem Gerät. So ist (z.B. bei Störungen, aber auch schon bei der Montage) jeder einzelne Kontakt eindeutig auffindbar.

Alle Komponenten werden im unbetätigten Zustand gezeichnet.

Die im folgenden aufgeführten Einzelbeschreibungen können nur einen kleinen Überblick über eine ungewöhnlich variantenreiche Technik liefern. Teilweise gehen auch Kontaktsysteme in hybrider Form in kontaktlose, elektronische Systeme über.

21.2.1 Taster

Taster sind die Bindeglieder zwischen der Anlage und dem Personal oder automatischen Betätigungskomponenten, z.B. Wegbegrenzung oder dgl. Tabelle 21-2 zeigt die Möglichkeiten, wie Taster betätigt werden können und wie die Schaltzeichen in den Schaltplänen dabei aussehen.

Taster pflegen stets paarweise angeboten zu werden, und zwar ein Schließer zusammen und gleichzeitig betätigt mit einem Öffner. Damit lassen sich nützliche Steuerungsziele erreichen. Es gibt kontaktlose (elektronische) Taster, wie sie ja auch von den Sensortasten der Rundfunk- und Fernsehgeräte usw. her bekannt sind.

Tabelle 21-2

Schaltzeichen	Bedeutung
	mechanische Verbindung
	Handbetätigung
	mechanische Verbindung, jedoch mit selbsttätiger Rückstellung nach abgeschlossener Betätigung
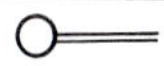	Antrieb durch Schaltnocken
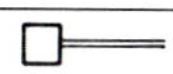	Kraftantrieb allgemein
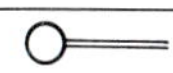	Motorantrieb
	mechanische Verbindung bei getrennter Darstellung der Kontaktebenen, z.B. im Stromlaufplan.

21.2.2 Schütze

21.2.2.1 Leistungsschütze

Leistungsschütze sollen große Ströme ein- und ausschalten, bis hin zu Kurzschlußströmen.

Die richtige Auswahl eines Schützes hängt von verschiedenen Gesichtspunkten ab, z.B. der Stromart, der Art der Anlage, der erwarteten Schützenlebensdauer (abhängig von der Schalthäufigkeit), den Umgebungsbedingungen und anderem.

Leistungsschütze haben zwei Kontaktebenen:

- Hauptkontakte mit den Ziffern 1 bis 6,
- Hilfskontakte mit Ordnungs- und Funktionsziffern.

Dazu kommen gegebenenfalls noch Schutzkomponenten für Überstrom und Überlast.

Die Hauptkontakte haben die Aufgabe, die großen Ströme der Energieseite zu schalten. Sie müssen besondere Eigenschaften haben, wenn sie unbeschadet schalten sollen:

- Gleichstrom, der ja nicht rhythmisch verlöscht, wie Wechselstrom in jeder Periode zweimal,
- Kondensatoren beim Einschalten; Bild 6-15 läßt erwarten, daß durch den starken Einschaltstrom die Kontakte verschweißen und nie mehr ausgeschaltet werden können,

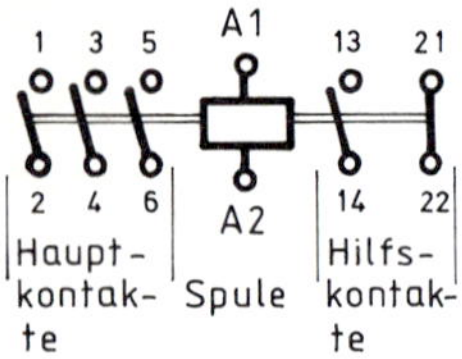

Bild 21-5
Kontakte bei einem Leistungsschütz, hier mit zwei Hilfskontakt-Ebenen. Ein Leistungsschütz kann auch mit mehr als zwei Hilfskontaktebenen ausgestattet werden.

- Induktivitäten beim Ausschalten; Bild 6-18 zeigt die große Spannungsspitze, die Isolationsschäden verursachen kann.

Die Hilfskontakte eines Leistungsschützes haben reine Steuerungsaufgaben (z.B. Bild 21-5).

Die Betätigungsspulen für Leistungsschütze werden für verschiedene Stromarten und Betätigungsspannungen angeboten. Für niedrige Akku-Gleichspannung spricht die Netzunabhängigkeit und die Möglichkeit, unter Strom gefahrlos Wartungsarbeiten an der Anlage vornehmen zu können, wenigstens im Bereich der Steuerseite.

Für höhere Betätigungsspannungen, z.B. der Ebene von 220 V spricht die erfahrungsmäßig größere Schaltzuverlässigkeit der Anlage.

Die richtige Auswahl eines Schützes ist eine mitunter schwierige Frage, die ferner über die Zuverlässigkeit der Anlage zentral mit entscheidet. Sie gehört in die Hände eines Fachmannes.

Im Bedarfsfall sind Schütze lieferbar, deren Hilfskontakte im Vergleich zu den Hauptkontakten früher oder später betätigt werden (Bild 21-6).

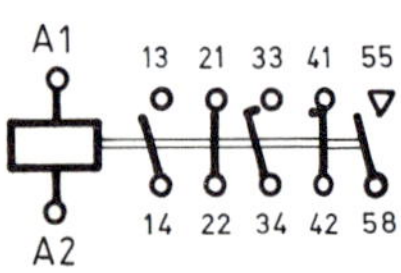

Bild 21-6 Hilfsschütz. Es hat keine Hauptkontakte. Die Kontakte der Schaltebenen 3 und 4 bedeuten dabei:

Der Schließer 33/34 schließt vor dem Schließer 13/14.

Der Öffner 41/42 öffnet nach dem Öffner 21/22.

Das Kontaktpaar 55 und 58 hat sogenannte Wisch-Funktion: bei Betätigung bleibt es nicht geschlossen, sondern es gibt nur kurzzeitig Kontakt, gedacht z.B. für Hupenbetätigung. (Es gibt auch Wischer-Öffner; sie haben die Funktionsziffern 5 und 6 statt 5 und 8.)

21.2.2.2 Hilfsschütze

Hilfsschütze haben keine Haupt-, sondern nur Hilfskontakte. Mit einem Hilfsschütz kann also keine, bzw. höchstens nur eine ganz kleine Leistung (1 kW bis 2 kW) geschaltet werden.

Man benutzt Hilfsschütze zur Ansteuerung von Leistungsschützen und anderen Komponenten von Steuerungen, die also keine Leistung, sondern reine Logikfunktionen und dgl. haben. Ferner kann mit einem Hilfsschütz auch das möglicherweise nicht ausreichende Hilfskontaktereservoir eines gegebenen ursprünglich so ausreichenden Leistungsschützes erweitert werden.

Genau wie bei den Hilfskontakten von Leistungsschützen gibt es auch hier Kontaktgruppen mit wahlweise vor- oder nacheilenden Kontakten, darüberhinaus aber auch Wischkontakte mit Kontaktgabe nur „im Vorbeifahren" an einem Schließerpartner. Bild 21-7 zeigt ein Hilfsschütz.

Bild 21-7 Hilfsschütz mit vier Öffnern und vier Schließern, (Werkbild: *Klöckner-Moeller*, Bonn.)

21.2.2.3 Zeitrelais

Zeitrelais gehören an sich in die Gruppe (und Listen) der Hilfsschütze. Wenn sie angesteuert werden, schließen sich ihre Hilfskontakte nicht sofort, sondern erst nach einer einstellbaren Zeit.

Es gibt Zeitrelais mit reichlich unterschiedlichen Zeitbereichen, innerhalb derer wiederum die Zeit kontinuierlich verstellt werden kann. Es läßt sich so ein Verzögerungszeitraum zwischen Bruchteilen von Sekunden und etwa 30 Stunden einstellen, mit mehreren Zeitrelais hintereinander natürlich auch beliebig längere Zeiträume. (Leider nicht auch in die schon abgelaufene Zeit rückwärts.)

Der Antrieb ist ein Synchronwechselstrommotor, es gibt aber auch andere Prinzipien, z.B. auf der Basis von

Thermistoren,
Kondensatoren,
Pneumatik,

die ihre ganz bestimmten jeweils günstigsten Einsatzgebiete haben.

Bei der Auswahl muß daran gedacht werden, ob bei ausgefallener und wiederkehrender Netzspannung die angefangene Zeit weiterlaufen oder von vorn beginnen soll. Bei nichtelektrischen Schaltgliedern muß bedacht werden, ob und wie man bei Störungen die Anlage auch wieder ausschalten kann!

Bild 21-8 zeigt ein Zeitrelais mit Motor.

Bild 21-8 Zeitrelais (Werkbild: *Klöckner-Moeller,* Bonn.)

21.3 Schaltpläne

Je nach Gesprächspartner, Darstellungsziel und vertretbarem Aufwand unterscheidet man mehrere Schaltplanarten, die mehr oder weniger klar umrissene Erwartungen erfüllen. Dazu gehören unter anderem:

einfache Schaltskizzen,
Netzplan,
Installationsplan,
Übersichts(schalt)plan,
Bauschaltplan,
Wirkschaltplan,
Stromlaufplan.

Typisch z.B. für die Verständigung im Kraftfahrzeugbau ist der Wirkschaltplan. Charakteristisch ist hierfür:

- Die Objekte sind an Ort und Stelle eingezeichnet, z.B. die Scheinwerfer in den Kotflügeln; die Leitungen verlaufen so, wie sie auch tatsächlich im Fahrzeug verlegt werden (Bild 21-9).

Charakteristisch dagegen für einen Stromlaufplan sind folgende Gesichtspunkte:

- Oberster Wunsch ist die Übersichtlichkeit der Anlage. Haupt- und Steuerstromkreise sind streng getrennt.
- Infolgedessen gelingt meistens eine völlig kreuzungsfreie, leicht verständliche Darstellung, die, von links nach rechts verfolgt, auch den logischen zeitlichen Ablauf der Steuerung erkennen läßt.
- Die einzelnen Komponenten werden dabei in einzelne Kontaktgruppen zerlegt. Da jede Komponente Kennbuchstaben, Nummer und Kontaktbezeichnungen trägt, ist der Zusammenhang leicht erkennbar.
- Man kann so die sonst vom Leitungsverlauf oft sehr schwierig zu entziffernden Wirkschaltpläne durch einfache, ausschließlich vertikale Leitungsverläufe ersetzen.

Der Schaltplan für einen Lastkraftwagen nimmt als Wirkschaltplan etwa das Format DIN A 0 an. Überträgt man ihn in einen Stromlaufplan, so braucht man zwar nicht mehr schwindelfrei zu sein, um ihn zu entziffern. Er hat aber etwa eine Länge von 7 m!

Mit Ausnahme der Kfz-Industrie, die sinnvollerweise nach dem Wirkschaltplan gleich ihre Kabelbäume für die Kraftfahrzeuge herstellen läßt, werden sämtliche Schaltpläne der Technik als Stromlaufplan gezeichnet (Bild 21-10).

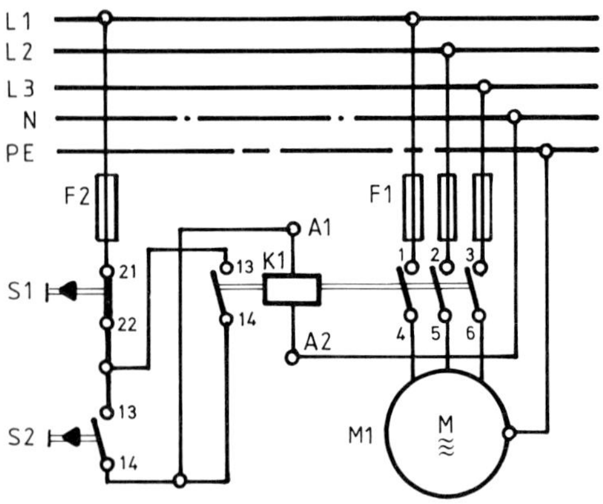

Bild 21-9 Beispiel für einen Wirkschaltplan. Bei Betätigung des Tasters S1 zieht das Schütz K1 mit allen Kontakten gleichzeitig an: der Motor M1 liegt an Spannung; das Schütz K1 hält sich über seine Hilfskontakte 13/14 selbst, auch wenn S1 nicht mehr betätigt wird.

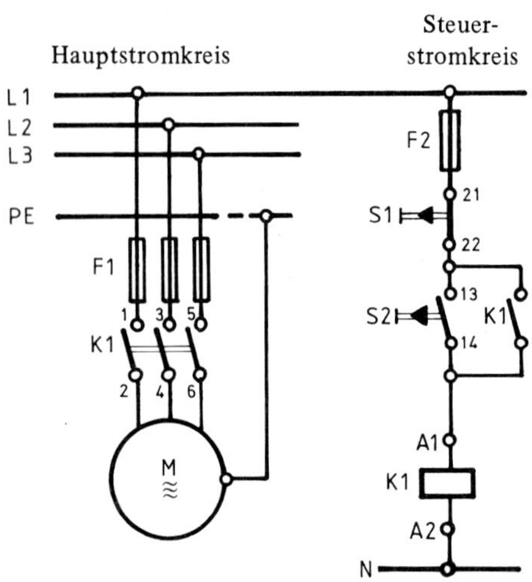

Bild 21-10 Beispiel für einen Stromlaufplan. In diesem Fall beschreibt er exakt die gleiche Aufgabenstellung wie der Wirkschaltplan aus Bild 21-9: es ist identisch die gleiche Schaltung von seiten der *Verdrahtung – nur ist alles anders (übersichtlicher und kreuzungsfrei) gezeichnet.*

Die Kennzeichnung K1 steht hier an zwei Stellen mehr im Plan als in Bild 21-9, damit man erkennt, daß diese Objekte vom Schütz K1 her betätigt werden.

21.4 Systematik der Stromlaufplanerstellung

Häufig kann man für alle möglichen Bedarfsfälle auf Industrieveröffentlichungen zurückgreifen und deren fertige Schaltpläne benutzen, ohne sie im einzelnen selbst konzipieren zu müssen. Es ist jedoch zweckmäßig, die *Entstehung* eines Stromlaufplans an einfachen Beispielen zu verfolgen.

Bei aller Verwirrung, die von den oft meterlangen Plänen ausgeht, läßt sich meist alles auf einfachste Grundgedanken und Bauelemente zurückführen. Man kann jeden Stromlaufplanabschnitt in die vier Zonen gliedern:

Schutz,
Befehl,
Logik (und Meldung),
Schütze.

(Steuerungen der Praxis sind zwar stets danach aufgebaut, diese Begriffe sind aber nie so wie in Bild 21-12 und Bild 21-16 danebengeschrieben.)

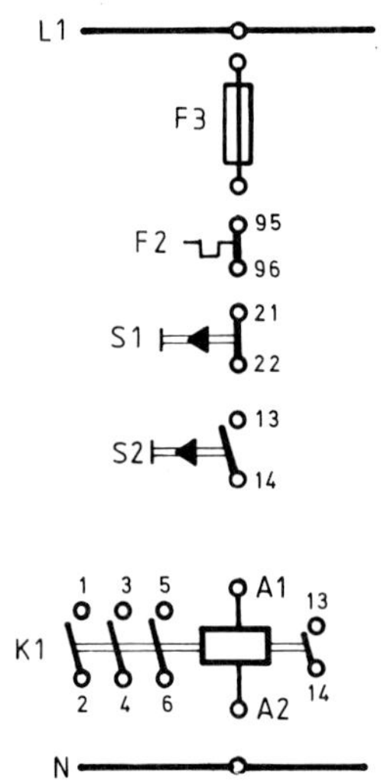

Bild 21-11
Alle Stromlaufpläne können so angelegt werden. In allen Stromlaufplänen kommen diese Komponenten vor.

Die Logik-Zone erscheint nur bei anspruchsvolleren Plänen, die anderen Zonen aber stets, und zwar in einer gesetzmäßigen, stereotypen Reihenfolge.

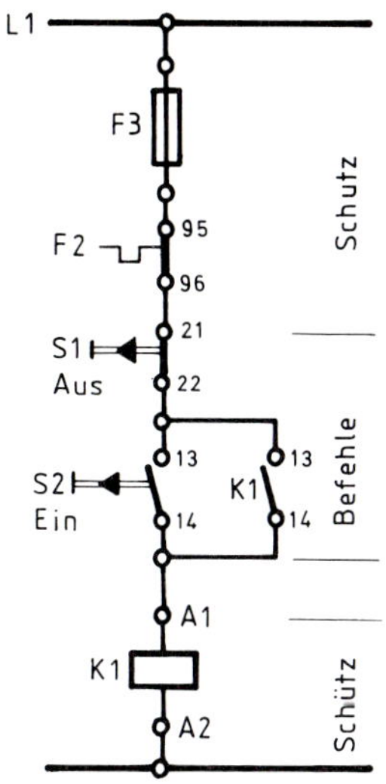

Bild 21-12
Die Komponenten aus Bild 21-11 sind miteinander verknüpft. Eine „Logik" gibt es hier (noch) nicht.

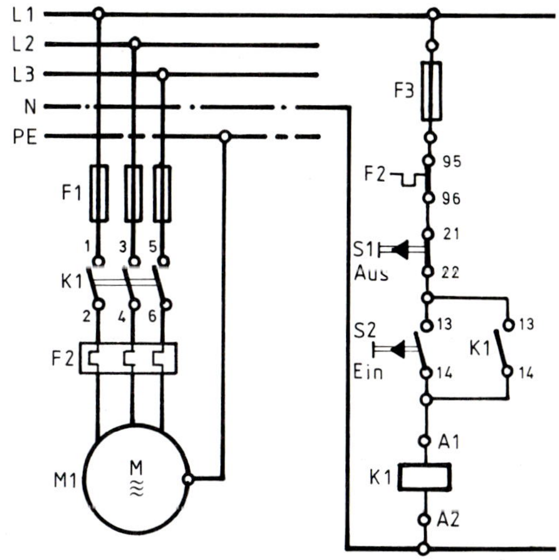

Bild 21-13 Der vollständige Stromlaufplan, d.h., über das Bild 21-12 hinaus (Steuerschaltplan) ist hier auch die Hauptstromseite mit gezeichnet (links). Man beachte besonders: Komponenten mit gleicher Betriebsmittelkennzeichnung sprechen alle gleichzeitig an, also alle K1-Glieder sowie die F2-Glieder.

Beispiel 21.1: Steuerung eines Drehstrommotors mit Überlastschutz

Ein Drehstrommotor soll von einer Stelle aus ein- und ausgeschaltet werden können. Als Schaltglied diene ein Leistungsschütz. Die Betätigung erfolge durch Taster.

Gesucht ist der Stromlaufplan.

Lösung: Bild 21-11 zeigt zunächst *allein die an der Steuerung des Motors beteiligten Komponenten.* So könnte auch die Vorbereitung eines Wirkschaltplans noch aussehen. Die Komponenten sind noch nicht durchverdrahtet. Man soll aus diesem Bild erkennen, aus welcher Anordnungs-*Vorbereitung* heraus man sich die Bauelemente aufzeichnen soll. Dabei ist noch ein Schönheitsfehler: Sämtliche Kontakte des Schützes werden im *Stromlaufplan* nicht neben dem Schütz, sondern im *tatsächlichen Stromlauf* angeordnet, siehe Bild 21-12 hinsichtlich der Hilfskontakte $K1^{13}_{14}$.

Hier ist schon alles durchverbunden. Die Steuerung funktioniert nun folgendermaßen: Druck auf S2 läßt Steuerstrom aus L1 durchs Schütz fließen; das Schütz zieht an; alle Schützenkontakte werden mitbetätigt, hier: schließen. Dabei auch das Hilfskontaktpaar $K1^{13}_{14}$.

Würde nun der Finger wieder von S2 genommen, so bleibt das Schütz trotzdem noch unter Strom: es hält sich selbst. Die Kontakte $K1^{13}_{14}$ heißen *hier Selbsthaltekontakte.*

Will man das Schütz (und damit den ganzen Antrieb) wieder abschalten, so betätigt man hierzu den Taster S1: Aus.

Bild 21-13 zeigt die gesamte Steuerung der Anlage.

Auswertung: Die hier behandelte Anlage könnte man *noch* genauso gut durch einen normalen Ein-Aus-Stellschalter (einrastend) mit Sicherungen oder besser mit einem sogenannten Motorschutzschalter betätigen (Bild 21-14). Er liegt unmittelbar im Leitungszug und

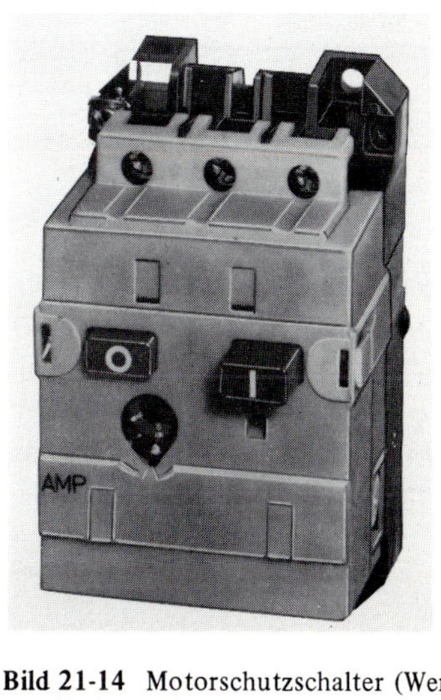

Bild 21-14 Motorschutzschalter (Werkbild: *Klöckner-Moeller,* Bonn)

schützt den Motor, besser als Sicherungen es können, gegen *Überlastung*. Zusätzliche Sicherungen schützen gegen Kurzschluß. Für eine Schützenschaltung sprach bis hierhin eigentlich noch nichts.

Beispiel 21.2: Steuerung eines Drehstrommotors von mehreren Stellen aus

Der gleiche Drehstrommotor wie im Beispiel 21.1 soll von drei Stellen aus ein- und ausgeschaltet werden können.

Lösung: Bild 21-15 zeigt nur die steuerstromseitige Lösung. Hauptstromseitig ändert sich gegenüber Bild 21-13 nichts. Aus Bild 21-15 sieht man, wie die Aus- und Ein-Schalter im Leitungszug des Stromlaufplans liegen.

Auswertung: Man erkennt, daß hier die völlige Unabhängigkeit und Gleichberechtigung der einzelnen Befehlsgeräte ohne Schwierigkeit erreichbar ist. Mit Stellschaltern ginge es zwar noch. Es könnte denen aber z.B. keine eindeutige Betriebsstellung mehr zugeordnet werden.

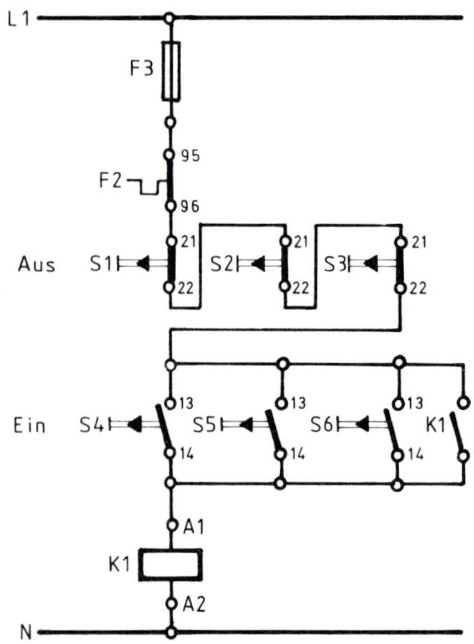

Bild 21-15 Lösung des Steuerstromkreises zum Beispiel 21.2: Steuerung eines Drehstrommotors von mehreren Stellen aus.

Beispiel 21.3: Steuerung eines Motors bei zwei Drehrichtungen und deren Verriegelung

Ein Motor soll mit einem Schütz für einen bestimmten Drehsinn ans Netz gelegt werden. Mit einem zweiten Schütz soll der Motor für den entgegengesetzten Drehsinn eingeschaltet werden. Natürlich soll ausgeschlossen sein, daß beide Drehsinne gleichzeitig verlangt werden, da damit ein Netzkurzschluß verbunden wäre. Die beiden Schütze sind also gegeneinander *elektrisch zu verriegeln*. Der jeweilige Betriebszustand soll über Leuchtmelder sichtbar sein.

Lösung: Bild 21-16 läßt klar die schon früher erwähnten Zonen erkennen:

Schutz, Befehle, Logik (und Meldung), Schütz.

In der Logik-Zone ist die Verriegelung der jeweils zueinander „feindlichen" Schütze untergebracht.

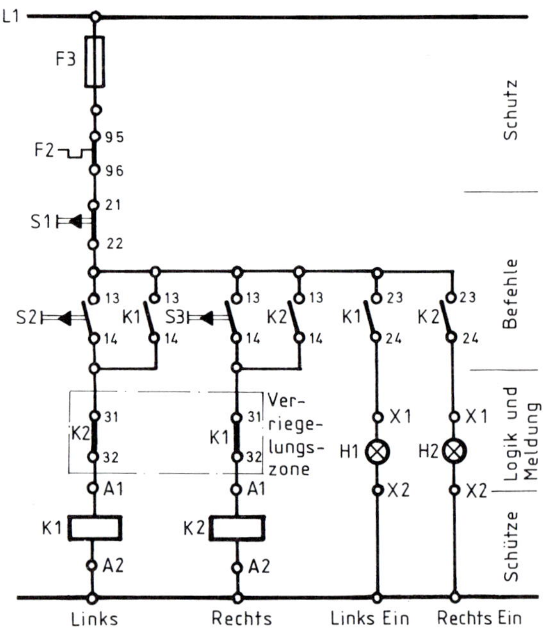

Bild 21-16 Lösung des Steuerstromkreises zum Beispiel 21.3: Steuerung eines Motors bei zwei Drehrichtungen und deren Verriegelung. Die hier speziell zum Lernen eingetragenen Hinweise: „Schutz, Befehle, Logik und Meldung und Schütze" finden sich in üblichen Stromlaufplänen nie. Sie wurden hier nur zur Orientierung angegeben, damit man sich daran gewöhnen soll, wo solche Funktionen hingehören und wo sie daher zu suchen sind.

Auswertung: Spätestens hier erkennt man die Grenzen von Stellschaltern in Verbindung mit anspruchsvolleren logischen Steuerungen. Die hier genannten Bedingungen ließen sich ohne Schütze nicht mehr befriedigend erfüllen.

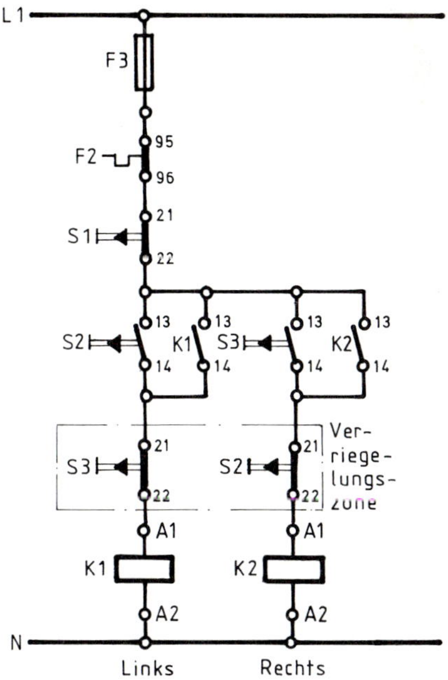

Bild 21-17 Die Melder H sind hier weggelassen. Ansonsten unterscheiden sich die beiden Bilder bzw. Verriegelungsprinzipien ausschließlich durch den *Inhalt der Verriegelungszone.*

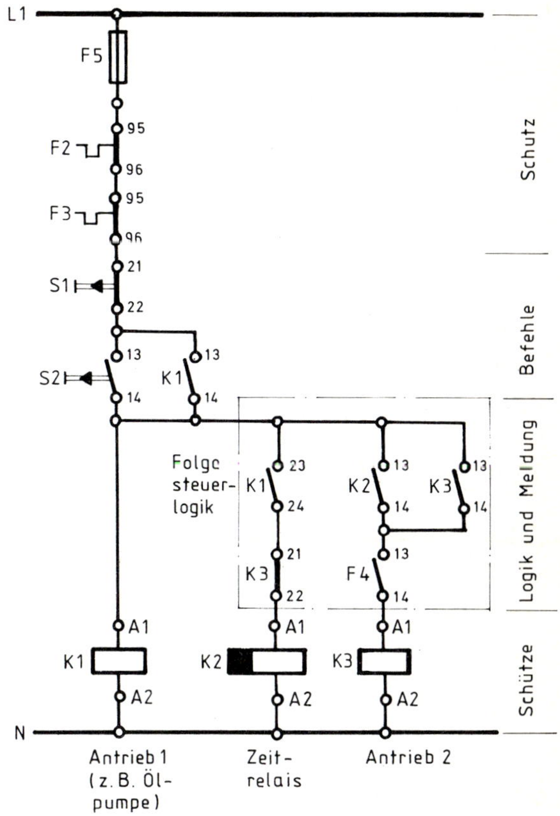

Bild 21-18 Lösung zum Beispiel 21.4: Folgesteuerung zweier Antriebe (nur Steuerstromkreis).

Beide Antriebe haben einen Überlastschutz. (Ihre Sicherungen liegen im Hauptstromkreis.)

Der K3-Öffner hat die Aufgabe, das Zeitrelais nach getaner Arbeit wieder abzutrennen.

Der Schließer F4 quittiert (mechanisch) vorhandenen Öldruck.

Bild 21-17 zeigt eine Alternative zum Verriegelungsprinzip über *Schützenhilfskontakte*: Hier wird die Verriegelung über die Öffnerpaare der jeweiligen Ein-Taster realisiert, d.h., wenn der Motor z.B. für Linkslauf am Netz liegt und der Ein-Taster für Rechtslauf gedrückt wird, wird das Schütz für Linkslauf abgeworfen. Im Gegensatz zur Schaltung nach Bild 21-16 setzt sich dabei der andere Drehsinn augenblicklich ohne weitere Wartezeit durch!

Laut Bild 21-16 konnte auf anderen Drehsinn nicht umgeschaltet werden, ohne vorher die Aus-Taste zu betätigen. Das war jedenfalls „die zahmere Tour". Bild 21-17 verlangt vom Motor den Start aus voller Gegendrehrichtung, eine „brutale Betriebsart", für die der Motor eigens bemessen sein muß, wenn er das aushalten soll (siehe Bild 13-35).

Beispiel 21.4: Folgesteuerung zweier Antriebe abhängig voneinander

Zwei Antriebe sind über Schütze nacheinander in Betrieb zu nehmen, z.B. Antrieb I als Öldrucklieferant für die Lager von Antrieb II. Auf keinen Fall darf der Antrieb II ans Netz gehen, ehe der Öldruck aufgebaut ist.

Gesucht ist allein der Steuerkreis.

Lösung: Bild 21-18 zeigt eine von mehreren denkbaren Lösungen. Zu beachten ist besonders die Logikzone. Die Abhängigkeit ist hier über ein einmal eingestelltes Zeitrelais realisiert. Es wird auf die Zeit eingestellt, die erfahrungsgemäß verstreicht, bis der Antrieb I angelaufen und der Öldruck aufgebaut ist – sofern man sich darauf verlassen kann. Vorsorglich ist in der Logikzone auch ein Schließer des Öldruckschalters eingebaut, F4, so daß an sich nichts passieren kann, es sei denn, der Öldruckschalter ist beim vorhergehenden Mal hängen geblieben, der Antrieb I am Netz, der Öldruck aber aus irgendeinem Grund trotzdem gar nicht aufgebaut (Leck im Drucksystem oder dgl.).

Gleichgültig, wie man sich nun absichern will, werden diese Maßnahmen in der Logikzone unterzubringen sein, und zwar als Schließer im Steuerzweig des Schützes für Antrieb II.

Auswertung: Mittlerweile kann man die bisher kennengelernten Erfahrungen beim Entwurf von Schützensteuerungen in zwei Lehrsätze zusammenfassen:

> Alle Ausschalt-, Lösch-, Verriegelungs-, Folge- und sonstigen *negativen* Bedingungen lassen sich durch *Reihenschaltung* der so zueinander in Abhängigkeit zu bringenden Komponenten erfüllen.

> Alle Einschalt-, Setz-, Selbsthalte-, Stütz-, und sonstigen *positiven* Bedingungen lassen sich durch *Parallelschaltung* der so zueinander in Abhängigkeit zu bringenden Komponenten erfüllen.

Bild 21-19 zeigt das Schaltbild für den Haupt- und Steuerstromkreis einer automatischen Stern-Dreieck-Anlaufschaltung eines Drehstrom-Asynchron-Käfigläufer-Motors. Dieser geht in Δ-Betrieb über, nachdem ihn das Zeitrelais dahin überführt hat. Nach welcher Zeit das sinnvoll ist, muß vorher irgendwann einmal ausprobiert worden sein. Es läßt sich auch ein lastabhängiger Automatismus dazu denken, ab wann die Umschaltung erfolgen soll. Der Steuerungsablauf sieht vor:

- Netzschütz – Sternschütz – Zeitrelais jeweils ein, Motor und Zeitrelais laufen an.
- Nach Ablauf des Zeitrelais: Sternschütz schaltet ab, Dreieckschütz ein, Zeitrelais ab.

Die Beispiele 21.1 bis 21.4 sollten zeigen:

1. die typischen elektrischen und gleichzeitig auch die anwenderseitigen Aufgabenstellungen, die im Anspruchspegel natürlich beliebig erweiterungsfähig sind,
2. die als Lösungsmuster stereotyp immer wiederkehrenden Ansätze, mit denen sich auch schwierigere Probleme prinzipiell lösen lassen.

Vom reinen papierenen Entwurf her ist es dabei völlig unerheblich, ob die Steuerung nachher auch wirklich mit den bisher behandel-

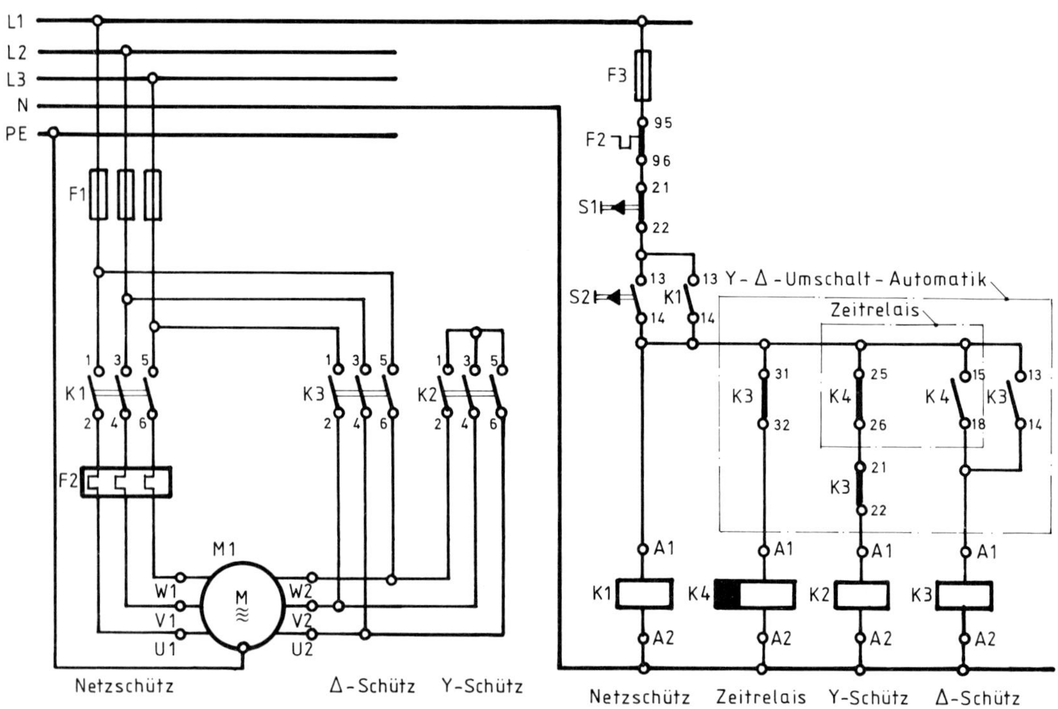

Bild 21-19 Stromlaufplan für automatischen Y-Δ-Anlauf eines Asynchron-Kurzschlußläufers, 1 Drehrichtung, links: Haupt-, rechts: Steuerstromkreise. Das Y-Schütz K2 bedarf hier keinerlei Hilfskontakte. Es gibt auch andere Schaltungsmöglichkeiten als die hier gezeigte.

ten, also kontakt*behafteten*, oder aber mit kontakt*losen*, also elektronischen Bauelementen ausgestattet wird.

Grundsätzlich ist hierzu zu bemerken: An sich spricht alles für eine Lösung mit elektronischen Komponenten, da ja gerade durch Kontaktverschleiß Betriebsstörungen auftreten können. Andererseits gibt es keinen vernünftigen Grund, den Fall auszuschließen, daß die Sperrschicht eines elektronischen Bauelements nicht durchschlagen sollte und dadurch eine elektrische Anlage *unbeabsichtigt in Betrieb gehen kann*!

Aus Gründen der Personensicherheit spricht daher alles dafür, eine Steuerung *nie* mit elektronischen Komponenten auszustatten, es sei denn, daß mindestens die entscheidende letzte Leistungszone durch eine sichtbare *mechanische, womöglich durch Schlösser usw. notfalls verschließbare Trennstelle gesichert ist und so überschaubar bleibt.* In elektronische Komponenten kann man nie *hinein*schauen.

Präzedenz*unfälle* durch elektronische Steuerungen liegen durchaus vor.

22 Steuerungen durch mikroelektronische Baugruppen

Der (zahlenmäßige) Schwerpunkt elektrischer Steuerungen liegt derzeit noch weltweit auf kontaktbehafteten Komponenten, auch von seiten der Steuerungs*logik* her. Diese Ausführung lief auch Hand in Hand mit Anlagen für eine sehr langzeitdisponierte Nutzungsdauer, sowie eine gut überschaubare Markt-, Produkt- und Produktionsstruktur.

Charakteristisch für moderne Anlagen sind dagegen Eigenschaften und Erwartungshaltungen, wie sie in Tabelle 22-1 zusammengestellt sind.

Tabelle 22-1 Ansprüche an moderne Produktionsanlagen

Flexibilität
„Intelligenz“
Automatisierung
Dokumentation
Kommunikation

Die technischen Fortschritte auf dem Gebiet der Halbleitertechnologie in den 60er- und 70er-Jahren einerseits, die Entwicklung digitaler Techniken und die Aufbereitung geeigneter Programme und technischer Sprachen andererseits ermöglichte die schnelle Verwirklichung jeglicher technischer Ansprüche.

Eine Schlüsselfunktion fiel dabei der Technik im Bereich der Mikroprozessoren und Mikrocomputer, sowie deren Peripheriegeräten zu. Da der Markt üblicherweise alles annimmt, was angeboten wird *und* irgendwie attraktiv ist, muß vermutet werden, daß gegen Ende dieses Jahrtausends kaum noch ein elektrischer Antrieb ohne Mikrocomputerzusatzgeräte ausgerüstet wird.

Tabelle 22-2 Über mikroelektronisch gesteuerte Anlagen erreichbare Ziele

Projektierung, Inbetriebsetzung, Wartung,
Fehlerdiagnose, Testroutinen,
betriebliche Optimierungen hinsichtlich Wirkungsgrad, Auslastung, Leistungsfaktor, Erwärmung, Energieverbrauch usw.,
Eingriffe in den Charakter der Anlage während des Betriebs (siehe Bild 21-3),
Reproduzierbarkeit von Betriebsdaten bei kleinsten Toleranzen,
Funktionssicherheit, Verfügbarkeit,
selbsttätige Anpaßbarkeit der Anlage auf veränderte Parameter,
Überwachung der Tendenz- und Grenzwerte,
Schutz der Anlage,
Dokumentation des Betriebsablaufs einschließlich etwaiger Störungen,
Korrespondenz und Kommunikation mit der Steuerung (siehe Bild 22-1),
Regelung in weitestem Bereich,
allgemein: Ziele, an die man früher kaum zu denken wagte, sind ohne weiteres erreichbar.

Attraktiv sind mikroelektrische Anlagen durch Aspekte, wie sie in Tabelle 22-2 aufgelistet sind.

Neben der verständlichen Euphorie, die solche Aussichten erwarten lassen, muß sehr deutlich gesehen werden, daß durchaus Nachteile mit solchen Anlagen verbunden sein können. Sie werden komplexer und komplizierter, sie können nur von Personal mit erheblich spezielleren Fachkenntnissen bedient werden. Die Wartung ist anspruchsvoller und nur durch esoterisches Fachpersonal möglich. Die Anlage ist gegen alle möglichen Umwelteinflüsse empfindlich, vor

Bild 22-1 Steuerung mit Drucker zur Dokumentation. Die Steuerung ermöglicht es, Folge-, Verknüpfungs- und Ablaufsteuerungen ohne die übliche interne Verdrahtung zu realisieren. Dabei ersetzt ein *Programm* die anwendungsorientierte Verdrahtung. (Werkbild: *Klöckner-Moeller,* Bonn.)

allem aus dem Netz selbst, hinsichtlich Spannungsschwankungen und Oberschwingungen, wobei Anlagen dieser Art ihrerseits von der Energieseite her beträchtliche Oberschwingungen im Netz *verursachen* können. Die Anlagen sind eventuell manipulierbar, ohne daß schnelle Abhilfe möglich ist. Die Anlagen sind bei der derzeitigen Marktdynamik womöglich schnell veraltet. Die Auswirkungen auf die Arbeitsplätze sind nicht immer nur positiv.

23 Sicherheit elektrischer Anlagen

Sicherheit ist ein im allgemeinen nicht konkret meßbarer, relativer Begriff. Im Gegensatz zu den üblichen Problemen der Physik und Technik mit ihren klaren Strukturen und Problemen, die sich eindeutig lösen lassen, spricht man bezeichnenderweise von Sicherheits-*Philosophie*, womöglich auch noch im Plural. Daraus kann man dann noch vollends interpretieren, daß verschiedene Denkansätze und „Heilswege" möglich sind, wenn eine Anlage „sicher" gemacht werden soll – und daß dabei alle Wege mehr oder weniger fragwürdig sind.

Eine Anlage kann trotz ihres Schutzes, sogar *wegen ihres Schutzes*, kritisch werden (siehe Beispiele 8.4 und 8.5). Durch viele Schutzauflagen kann sie ihre Konkurrenzfähigkeit verlieren oder unbezahlbar werden, wie derzeit die Anlagen der Kerntechnik.

Gesehen werden muß allerdings auch sehr deutlich die rein rechnerische Relation zwischen den Folgekosten bei einem tödlichen Unfall in Höhe von etwa 1 Million DM/Person für die Hinterbliebenen-Versorgung und die häufig im Kontrast dazu stehenden Kosten von oft einigen Hundert DM, mit denen der betreffende Unfall sicher vermieden worden wäre.

Man kann elektrische Anlagen als ausgesprochene Risikotechnologie bezeichnen. Was deren Sicherheit anbelangt, läßt sich begreiflicherweise nicht in wenige Lehrsätze fassen. Als Denkansätze können immerhin die folgenden dienen:

- Hohe Energiepotentiale sind zu vermeiden.
- Auch bei Störungen muß die Anlage in einen betriebssicheren Zustand gebracht werden können.

Hierzu in Kürze einige Beispiele:

- Was schon liegt, kann nicht erst umfallen.
- Wo schroffe Kanten fehlen, verletzt man sich nicht so heftig.
- Die Herabsetzung der *Konzentration* entzündlicher Materialien (z.B. in Lagerräumen) vermeidet Großbrände.
- Zwischen kurzgeschlossenen oder geerdeten Zonen können sich keine gefährlichen Spannungen aufbauen. (Hierbei sind allerdings wichtige VDE-Bestimmungen zu beachten!)
- Wäre die Spannung an Badezimmersteckdosen z.B. 24 V statt 220 V, so würde es gar keine Folgen mehr haben, einen Föhn mit in die Badewanne zu nehmen.
- Bei Netzausfall muß eine elektrische Anlage auch ohne Fremdenergie in die Aus-Stellung finden, womöglich festgebremst: fail safe-Prinzip.

Gerade elektrischen Anlagen wohnt ein beachtliches Talent zur Selbstzerstörung inne, gepaart mit einem spezifisch hohen Kostenniveau. Die von elektrischen Anlagen ausgehenden Gefährdungspotentiale sind meist recht komplex, z.B.:

- Explosion,
- Feuer mit Brand oder Verqualmung und Verrußung,
- mechanische Verletzungen,
- Elektrisierung mit Herzstillstand oder mindestens Verbrennungen jeden Grades,
- Blendung durch Lichtbögen,
- Gehörschäden durch zu laute Maschinen,
- Strahlung,
- Magnetisierung,
- Funkstörungen,
- Schwingungen mit Resonanzgefahr auf die Umgebung und anderes mehr.

Man kann davon ausgehen, daß jedem der zahlreichen Unfallverhütungs-Paragraphen der einschlägigen Vorschriften ein konkreter, schmerzhafter, tödlicher und wiederholungsverdächtiger Unfall zugrunde lag.

Eine stattliche Anzahl von Behörden und Institutionen haben durch ihre Vorschriften, Bestimmungen oder Empfehlungen dazu beigetragen, Unfälle zu vermeiden. Tabelle 23-1 zählt besonders wichtige Institutionen auf, auf die auch ein umfangreiches Veröffentlichungswerk zurückgeht. Seine Einzelheiten liegen meist etwaigen Straf- und Zivil-Prozeßentscheidungen und Urteilen zugrunde.

Tabelle 23-1 Sicherheitsberatung durch Behörden und Institutionen

Institutionen und Behörden mit Vorschriftenwerken zur Unfallverhütung
Verband Deutscher Elektrotechniker (VDE) e.V. in Verbindung mit DIN-Normen
Berufsgenossenschaften (BG) mit ihren berufsspezifischen Unfallverhütungsvorschriften (UVV) [16]
Gewerbeaufsichtsämter, in Verbindung mit dem Technischen Überwachungsverein (TÜV)
Örtliche Energie-Versorgungs-Unternehmen (EVU) und ihre Technischen Anschlußbedingungen (TAB)
Sonstige Behörden, wie z.B. die Physikalisch-Technische Bundesanstalt (PTB) in Braunschweig

Besonders sei auch auf einige spezielle Versicherungsunternehmen hingewiesen, die einerseits das technische Risiko und seine Folgeschäden (z.B. Produktionsausfall) versichern, andererseits aber auch gleichzeitig eigene Schadensforschung und Schadensverhütung mit einem reichhaltigen, allgemein zugänglichen Veröffentlichungsmaterial, sowie einen Kunden-Beratungsdienst betreiben [5].

Einen hervorragenden Überblick zum Thema Sicherheit elektrischer (und sonstiger) Anlagen kann auch der Besucher technischer Messen gewinnen, z.B. bei der jährlich stattfindenden Hannovermesse. Die sicherheitstechnisch aktiven Institutionen sind dort im allgemeinen auch vertreten (mindestens durch ihre Dachverbände) und geben Informationsmaterial aus.

Gerade die Sicherheit elektrischer Anlagen, vor deren Gefahren unsere körperlichen Sinne uns nicht warnen können, ist eine besondere technische Herausforderung, die letzten Endes auch über die Konkurrenzfähigkeit einer Anlage mit entscheidet. Eine Anlage, die Angst verbreitet, kann kein vernünftiges Arbeitsklima aufkommen lassen oder gar Spaß machen. Und das ist ja gerade der eigentliche Sinn einer elektrischen Anlage. Ihr Betrieb soll Spaß machen und zur Lebensqualität beitragen.

Literaturangaben

Lfd. Nr.	Quelle	Bezug auf Seite
[1]	Nummern-Verzeichnis der VDE Bestimmungen, gemeint ist hier der Katalog, (z.B. von 1982): VDE-Vorschriftenwerk, kostenlos vom VDE-Verlag. In eiligen Fällen auch: **Bildschirmtext** **Neu seit 1.1.1982** Neue VDE-Bestimmungen über BTX abrufbar! Als Ergänzung zum VDE-Katalog '82 veröffentlichen wir die neuen VDE-Bestimmungen und die Entwürfe hierzu im BTX-Programm. Dieses wird alle 14 Tage aktualisiert. **VDE-Katalog '82 und Ergänzungen über BTX – jederzeit das komplette VDE-Vorschriftenwerk einschließlich der neuesten Veröffentlichungen. Und das rund um die Uhr.** **Wählen Sie im Berliner oder Düsseldorfer BTX-Programm!** ***661#** Berlin/Düsseldorf VDE-VERLAG GmbH Bismarckstraße 33 1000 Berlin 12	1
[2]	Z.B.: Hörnig, H., Schneider, K., Schutz durch VDE 0100, VDE-Verlag 1975, 3. Auflage	1
[3]	Z.B. Fritzsch, Harald, Quarks – Urstoff unserer Welt, R. Piper-Verlag München Zürich, 1981	1
[4]	Haufe, H. und andere, Bemessung und Schutz von Leitungen und Kabeln nach DIN 57100/VDE 0100, Teil 430 und 523, VDE-Verlag, Berlin, 1981, 2. Auflage	12
[5]	Allianz, Handbuch der Schadenverhütung, München 1972	35
[6]	Bosch, Technische Unterrichtung: Elektrische Startanlagen	41
[7]	Bosch, Technische Unterrichtung: 1. Batteriezündanlagen, 2. Elektronik 2	44
[8]	v. Weiß, A., Allgemeine Elektrotechnik, Vieweg Verlag, 1981, S. 94 ff.	81
[9]	Mazzola, Guerino, „Weltraumblitz im Mikrochip" in: „Die Zeit", Nr. 1, 1.1.1982, Seite 9 f., Hamburg	83
[10]	Blumhagen, H.-J., Schutzmaßnahmen bei indirektem Berühren in landwirtschaftlichen Betrieben, etz b, Band 30, 1978, Heft 2, Seiten 49 + 50	143
[11]	Z.B. Katechismus für die Ankerwickelei, Raskop, F., Technischer Verlag, H. Cran, Berlin, 1964, 13. Auflage	181
[12]	wie [8], jedoch Seite 260 ff.	194
[13]	Dvorski Rusky, Brandschaden durch einen Ventilator, in: „Der Maschinenschaden", Heft 5/1976, Seite 211 ff.	224
[14]	Heinrichs, F., Turbogeneratoren, in: KWU-Fachaufsätze '78, Mülheim/R., S. 238 ff.	229
[15]	etz, Band 103, Heft 22/23, S. 1240	229
[16]	Siller, E. und J. Schliephacke, Unfallverhütungsvorschrift „Allgemeine Vorschriften", VBG 1, Berufsgenossenschaft der Feinmechanik und Elektrotechnik, Gustav-Heinemann-Ufer 130, 5000 Köln 51, 1. Auflage 1982 Egyptien, H.-H. und andere, Elektrische Anlage und Betriebsmitteln, VBG 4, Die neue Unfallverhütungsvorschrift, 2. Auflage, sonst wie vor.	305

Sachwortverzeichnis